电力专业技术监督培训教材

电气设备性能监督

开关类设备及直流电源

国家电网有限公司　编

中国电力出版社
CHINA ELECTRIC POWER PRESS

内 容 提 要

国家电网有限公司编写了《电力专业技术监督培训教材》，包括电气设备性能监督（7 类设备）、金属监督、电能质量监督、化学监督 10 个分册。

本书为《电气设备性能监督　开关类设备及直流电源》分册，共 4 章，主要内容为概述，开关类设备及直流电源的技术监督基本知识、《全过程技术监督精益化管理实施细则》条款解析、技术监督典型案例。

本书主要可供电力企业及相关单位从事开关类设备及直流电源技术监督工作的各级管理和技术人员学习使用。

图书在版编目（CIP）数据

电气设备性能监督. 开关类设备及直流电源 / 国家电网有限公司编. —北京：中国电力出版社，2022.3
电力专业技术监督培训教材
ISBN 978-7-5198-5474-4

Ⅰ. ①电…　Ⅱ. ①国…　Ⅲ. ①电气设备–技术监督–技术培训–教材②开关–技术监督–技术培训–教材③直流电源–技术监督–技术培训–教材　Ⅳ. ①TM92

中国版本图书馆 CIP 数据核字（2021）第 049071 号

出版发行：中国电力出版社
地　　址：北京市东城区北京站西街 19 号（邮政编码 100005）
网　　址：http://www.cepp.sgcc.com.cn
责任编辑：刘　薇（010-63412357）
责任校对：黄　蓓　郝军燕　李　楠
装帧设计：张俊霞
责任印制：石　雷

印　　刷：三河市万龙印装有限公司
版　　次：2022 年 3 月第一版
印　　次：2022 年 3 月北京第一次印刷
开　　本：889 毫米×1194 毫米　16 开本
印　　张：26
字　　数：710 千字
印　　数：0001—3000 册
定　　价：110.00 元

《电力专业技术监督培训教材 电气设备性能监督　开关类设备及直流电源》

编　委　会

前言

随着我国电网规模的不断扩大，经济社会发展对电力供应可靠性和电能质量的要求不断提升，保障电网设备安全稳定运行意义重大。技术监督工作以提升设备全过程精益化管理水平为中心，依据技术标准和预防事故措施，针对电网设备开展全过程、全方位、全覆盖的监督、检查和调整，是电力企业的基础和核心工作之一。为加大技术监督管控力度，突出监督工作重点，国家电网有限公司设备管理部于 2020 年发布修订版《全过程技术监督精益化管理实施细则》，明确了规划可研、工程设计、设备采购、设备制造、设备验收、设备安装、设备调试、竣工验收、运维检修和退役报废等监督阶段的具体监督要求。

为进一步加强技术监督工作培训学习，深化技术监督工作开展，提升技术监督工作水平，确保修订版《全过程技术监督精益化管理实施细则》精准落地、有效执行，国家电网有限公司编写了《电力专业技术监督培训教材》，包括电气设备性能监督（7 类设备）、金属监督、电能质量监督、化学监督 10 个分册。

本书为《电气设备性能监督　开关类设备及直流电源》分册，共 4 章，主要内容为概述，开关类设备及直流电源的技术监督基本知识、《全过程技术监督精益化管理实施细则》条款解析、技术监督典型案例。

本书由国家电网有限公司设备管理部组织，国网江苏省电力有限公司、国网重庆市电力公司、国网河北省电力有限公司及国家电网有限公司技术学院分公司等选派专家共同编写。本套教材在编写过程中得到了许多单位的大力支持，也得到了许多专家的指导帮助，在此表示衷心感谢！

鉴于编写人员水平有限、编写时间仓促，书中难免有不妥或疏漏之处，敬请读者批评指正。

编　者

2021 年 12 月

前言

目 录

1

概　述

1.1 技术监督工作简介

1.1.1 总体要求

技术监督是指在电力设备全过程管理的规划可研、工程设计、设备采购、设备制造、设备验收、设备安装、设备调试、竣工验收、运维检修、退役报废等阶段，采用有效的检测、试验、抽查和核查资料等手段，监督国家电网有限公司有关技术标准和预防设备事故措施在各阶段的执行落实情况，分析评价电力设备健康状况、运行风险和安全水平，并反馈到发展、基建、运检、营销、科技、信通、物资、调度等部门，以确保电力设备安全可靠经济运行。

技术监督工作以提升设备全过程精益化管理水平为中心，在专业技术监督基础上，以设备为对象，依据技术标准和预防事故措施并充分考虑实际情况，全过程、全方位、全覆盖地开展监督工作。

技术监督工作实行统一制度、统一标准、统一流程、依法监督和分级管理的原则，坚持技术监督管理与技术监督执行分开、技术监督与技术服务分开、技术监督与日常设备管理分开，检查技术监督工作独立开展。

技术监督工作应坚持“公平、公正、公开、独立”的工作原则，按全过程、闭环管理方式开展工作，并建立动态管理、预警和跟踪、告警和跟踪、报告、例会五项制度。

1.1.2 全过程技术监督简述

技术监督贯穿设备的全寿命周期，在电能质量、电气设备性能、化学、电测、金属、热工、保护与控制、自动化、信息通信、节能、环保、水机、水工、土建等各个专业方面，对电力设备（电网输变配电一、二次设备，发电设备，自动化、信息通信设备等）的健康水平和安全、质量经济运行方面的重要参数、性能和指标，以及生产活动过程进行监督、检查、调整及考核评价。

技术监督工作以技术标准和预防事故措施为依据，以《全过程技术监督精益化管理实施细则》为抓手，对当年所有新投运工程开展全过程技术监督，选取一定比例对已投运工程开展运维检修阶段的技术监督，对设备质量进行抽检，有重点、有针对性地开展专项技术监督工作，后一阶段应对前一阶段开展闭环监督。

全过程技术监督不同阶段具体要求如下：

（1）规划可研阶段。规划可研阶段是指工程设计前进行的可研及可研报告审查工作阶段。该阶段技术监督工作由各级发展部门组织技术监督实施单位，通过参加可研审查会等方式监督并评价规划可研阶段工作是否满足国家、行业和国家电网有限公司有关可研规划标准、设备选型标准、预防事故措施、差异化设计、环保等要求。

各级发展部门应组织各级经研院（所）将规划可研阶段的技术监督工作计划和信息及时录入管理系统。

（2）工程设计阶段。工程设计阶段是指工程核准或可研批复后进行工程设计的工作阶段。该阶段技术监督工作由各级基建部门组织技术监督实施单位通过参加初设（初步设计）评审会等方式监督并评价工程设计工作是否满足国家、行业和国家电网有限公司有关工程设计标准、设备选型标准、预防事故措施、差异化设计、环保等要求，对不符合要求的出具技术监督告（预）警单。

各级基建部门应组织各级经研院（所）将工程设计阶段的技术监督工作计划和信息及时录入管理系统。

（3）设备采购阶段。设备采购阶段是指根据设备招标合同及技术规范书进行设备采购的工作阶段。该阶段技术监督工作由各级物资部门组织技术监督实施单位通过参与设备招标技术文件审查、技术协议审查及设计联络会等方式监督并评价设备招、评标环节所选设备是否符合安全可靠、技术先进、运行稳定、高性价比的原则，对明令停止供货（或停止使用）、不满足预防事故措施、未经鉴定、未经入网检测或入网检测不合格的产品以技术监督告（预）警单形式提出书面禁用意见。

各级物资部门应组织各级电力科学研究院（简称电科院）（地市检修分公司）将设备采购阶段的技术监督工作计划和信息及时录入管理系统。设备采购阶段存在的问题如不能及时发现，可能导致后续安装、竣工等阶段出现问题，整改周期较长。因此，应尽量在设备采购阶段对设备质量进行把关，避免因设备采购不到位引起的系列问题。

（4）设备制造阶段。设备制造阶段是指在设备完成招标采购后，在相应厂家进行设备制造的工作阶段。该阶段技术监督工作由各级物资部门组织技术监督实施单位监督并评价设备制造过程中订货合同、有关技术标准及《国家电网有限公司关于印发十八项电网重大反事故措施（修订版）的通知》（国家电网设备〔2018〕979 号）（简称反措）的执行情况，必要时可派监督人员到制造厂采取过程见证、部件抽测、试验复测等方式开展专项技术监督，对不符合要求的出具技术监督告（预）警单。

各级物资部门应组织各级电科院（地市检修分公司）将设备制造阶段的技术监督工作计划和信息及时录入管理系统。

（5）设备验收阶段。设备验收阶段是指设备在制造厂完成生产后，在现场安装前进行验收的工作阶段，包括出厂验收和现场验收。该阶段技术监督工作由各级物资部门组织技术监督实施单位在出厂验收阶段通过试验见证、报告审查、项目抽检等方式监督并评价设备制造工艺、装置性能、检测报告等是否满足订货合同、设计图纸、相关标准和招投标文件要求；在现场验收阶段，监督并评价设备供货单与供货合同及实物一致性以及设备运输、储存过程是否符合要求，对不符合要求的出具技术监督告（预）警单。

各级物资部门应组织各级电科院（地市检修分公司）将设备验收阶段的技术监督工作计划和信息及时录入管理系统。

（6）设备安装阶段。设备安装阶段是指设备在完成验收工作后，在现场进行安装的工作阶段。该阶段技术监督工作由各级基建部门组织技术监督实施单位通过查阅资料、现场抽查、抽检等方式监督并评价安装单位及人员资质、工艺控制资料、安装过程是否符合相关规定，对重要工艺环节开展安装质量抽检，对不符合要求的出具技术监督告（预）警单。

各级基建部门应组织各级电科院（地市检修分公司）将设备安装阶段的技术监督工作计划和信息及时录入管理系统。

（7）设备调试阶段。设备调试阶段是指设备完成安装后，进行调试的工作阶段。该阶段技术监督工作由各级基建部门组织技术监督实施单位通过查阅资料、现场抽查、抽检等方式监督并评价调试方式、参数设置、试验成果、重要记录、调试仪器设备、调试人员是否满足相关标准和反措的要求，对不符合要求的出具技术监督告（预）警单。

各级基建部门应组织各级电科院（地市检修分公司）将设备调试阶段的技术监督工作计划和信息及时录入管理系统。

（8）竣工验收阶段。竣工验收阶段是指输变电工程项目竣工后，检验工程项目是否符合设计规划及设备安装质量要求的阶段。该阶段技术监督工作由各级基建部门组织技术监督实施单位对前期各阶段技术监督发现问题的整改落实情况进行监督检查和评价，运检部门参与竣工验收阶段中设备交接验收的技术监督工作，对不符合要求的出具技术监督告（预）警单。

各级基建部门应组织各级电科院（地市检修分公司）将竣工验收阶段的技术监督工作计划和信息及时录入管理系统。

（9）运维检修阶段。运维检修阶段是指设备运行期间，对设备进行运维检修的工作阶段。该阶段技术监督工作由各级运检部门组织技术监督实施单位通过现场检查、试验抽检、系统远程抽查、单位互查等方式监督并评价设备状态信息收集、状态评价、检修策略制订、检修计划编制、检修实施和绩效评价等工作中相关技术标准和反措的执行情况，对不符合要求的出具技术监督告（预）警单。

各级运检部门应组织各级电科院（地市检修分公司）将运维检修阶段的技术监督工作计划和信息及时录入管理系统。

（10）退役报废阶段。退役报废阶段是指设备完成使用寿命后，退出运行的工作阶段。该阶段技术监督工作由各级运检部门组织技术监督实施单位通过报告检查、台账检查等方式监督并评价设备退役报废处理过程中相关技术标准和反措的执行情况，对不符合要求的出具技术监督告（预）警单。

各级运检部门应组织各级电科院（地市检修分公司）将退役报废阶段的技术监督工作计划和信息及时录入管理系统。

1.2　开关类设备及直流电源全过程技术监督工作简介

1.2.1　规划可研阶段

（1）组合电器。电气设备性能方面，应重点关注 GIS 设备参数选择、GIS 设备户内外安装方式以及 GIS 设备分期建设规划合理性。控制与保护方面，应重点关注不同电压等级及不同应用场合下电流互感器设备选型的合理性。

（2）断路器。电气设备性能方面，应重点关注断路器设备参数选择合理性以及隔离断路器系统

接线方式。

（3）隔离开关。电气设备性能方面，应重点关注设备额定电流、额定电压、额定短时耐受电流、额定峰值耐受电流、额定短路持续时间、额定短路关合电流、小电流开合能力、外绝缘水平、抗震水平、海拔要求、破冰能力等电气性能参数是否满足要求相关技术标准、反事故措施要求以及属地电网规划要求。此外，还应注意设备是否存在未消除的家族性缺陷。

（4）开关柜。电气设备性能方面，应重点关注开关柜设备选型、参数选择、系统接线方式。

（5）直流电源。电气设备性能方面，应重点关注蓄电池选型、配置以及充电装置（含一体化电源）的选型、配置，还应关注设备环境适用性（海拔、温度、抗震等）是否满足相关标准及反事故措施要求。

1.2.2 工程设计阶段

（1）组合电器。电气设备性能方面，应重点关注 GIS 室安全配置、GIS 气室分隔合理性、GIS 母线设备配置合理性、GIS 避雷器结构合理性、盆式绝缘子结构型式合理性、电缆终端选型、断路器选型、GIS 设备分期建设计划合理性、控制回路设计。电测方面，应重点关注计量装置选型。控制与保护方面，应重点关注电流互感器设备选型的合理性。土建专业方面，应重点关注基础型式。

（2）断路器。电气设备性能方面，应重点关注断路器选型、罐式断路器局放传感器选型（如需要）、电气连接及安全接地。保护与控制方面，应重点关注控制回路设计、罐式断路器用电流互感器二次绕组及系统保护。

（3）隔离开关。电气设备性能方面，应重点关注设备额定电流、额定电压、额定短时耐受电流、额定峰值耐受电流、额定短路持续时间、额定短路关合电流、小电流开合能力、外绝缘水平、抗震水平、海拔要求、破冰能力等电气性能参数，联闭锁设计，接地点设置，接地开关软连接，操动机构箱，动静触头安全距离，电源设置等是否满足要求相关技术标准、反事故措施要求。

（4）开关柜。电气设备性能方面，应重点关注设备布置合理性、避雷器配置、电流互感器配置、电压互感器回路、站用变压器回路、接地、直流供电方式等是否满足相关技术标准、反事故措施要求。

（5）直流电源。电气设备性能方面，应重点关注直流系统接线方式、网络供电方式、蓄电池安装位置、个数和容量选择、充电装置（含一体化电源）的选型及配置、微机监控装置、蓄电池（电压巡检仪和蓄电池内阻测试仪等）在线监测装置配置、蓄电池室配置、保护电器配置、电缆敷设、绝缘监测装置配置是否满足相关标准及反事故措施要求。

1.2.3 设备采购阶段

（1）组合电器。电气设备性能方面，应重点关注 GIS 母线设备配置合理性、GIS 气室分隔合理性、GIS 伸缩节配置合理性、GIS 避雷器结构合理性、电缆终端选型、防误功能、气体监测系统、预留间隔、压力释放装置。控制与保护方面，应重点关注电流互感器设备选型。电测方面，应重点关注计量装置选型合理性。

（2）断路器。电气设备性能方面，应重点关注设备选型合理性、机械磨合、绝缘件、压力释放装置（若有）、密度继电器、户外汇控柜、机构箱。保护与控制方面，应重点关注控制回路设计。

（3）隔离开关。电气设备性能方面，应重点关注设备额定电流、额定短时耐受电流、额定峰值耐受电流、额定短路持续时间、额定短路关合电流、小电流开合能力、抗震水平、海拔要求、破冰能力等电气性能参数，绝缘子，操动机构箱，联闭锁设计，电源设置，操动机构，导电回路，传动部件，接地点，均压环，屏蔽环，同期性等是否满足要求设备招标技术规范书、供应商投标文件、相关技术标准及反事故措施要求。金属方面，应重点关注导电部件、操作部件、传动部件及支座金属材质、工艺、尺寸等是否满足设备招标技术规范书、供应商投标文件、相关技术标准及反事故措施要求。

（4）开关柜。电气设备性能方面，应重点关注开关柜选型、互换性要求、关键组部件、柜内环境控制、断路器功能特性、绝缘性能、接地、泄压通道、防误功能、充气式开关柜等是否满足要求设备招标技术规范书、供应商投标文件、相关技术标准及反事故措施要求。金属方面，应重点关注开关柜金属是否满足要求设备招标技术规范书、供应商投标文件、相关技术标准及反事故措施要求。

（5）直流电源。电气设备性能方面，应重点关注直流设备型式试验报告和厂家资质证明材料、设备选型合理性是否满足相关标准及反事故措施要求、蓄电池组质量、充电装置功能、直流监控装置功能、直流电源屏柜防护等级、绝缘监测装置功能、各附件功能是否满足相关标准及反事故措施要求。

1.2.4　设备制造阶段

（1）组合电器。电气设备性能方面，应重点关注吸附剂安装、密封面组装、绝缘件、气体监测系统、伸缩节、预留间隔、防爆膜安全动作值及抽检比例。金属专业方面，应重点关注金属原材料验收及焊缝无损检测情况核查。

（2）断路器。电气设备性能方面，应重点关注机械磨合、户外汇控柜、机构箱、绝缘件、密度继电器及压力释放装置。金属专业方面，应重点关注断路器触头、导体镀银层厚度检测及罐体气密性、水压试验（罐式断路器）。

（3）隔离开关。电气设备性能方面，应重点关注监造工作、关注监造工作、导电回路、操动机构箱、绝缘子超声波探伤是否满足订货合同、相关技术标准、反事故措施以及制造厂工艺要求。金属方面，应重点关注导电部件、操作部件、传动部件及支座金属材质、工艺、尺寸等是否满足设备招标技术规范书、供应商投标文件、相关技术标准及反事故措施要求。

（4）开关柜。电气设备性能方面，应重点关注功能特性、绝缘件、电流互感器、断路器等是否满足相关标准及反事故措施要求。金属方面，应重点关注充气式开关柜、金属是否满足相关标准及反事故措施要求。

（5）直流电源。电气设备性能方面，应重点关注设备监造报告、蓄电池核对性放电、事故放电能力及冲击放电能力试验、充电装置功能、现场检查保护电器配置是否满足相关标准及反事故措施要求。

1.2.5　设备验收阶段

（1）组合电器。电气设备性能方面，应重点关注耐压试验、GIS 运输以及 GIS 设备到货验收及保管。化学专业方面，应重点关注 SF_6 气体资料检查。电气测量方面，应重点关注计量装置。金属专业方面，应重点关注 GIS 壳体对接焊缝超声波检测。

（2）断路器。电气设备性能方面，应重点关注断路器设备到货验收及保管、主回路的绝缘试验、机械特性测试、辅助开关与主触头时间配合试验、主回路电阻。化学专业方面，应重点关注 SF_6 气体资料齐全。金属专业方面，应重点关注不锈钢部件材质分析。

（3）隔离开关。电气设备性能方面，应重点关注出厂调试基本要求、辅助与控制回路绝缘试验、主回路电阻测量、机械特性与机械操作试验、产品到货验收及保管是否满足设备招标技术规范书、供应商投标文件、相关技术标准及反事故措施要求。土建专业方面，应重点关注设备支架安装工艺、施工偏差是否满足工程应用要求。

（4）开关柜。电气设备性能方面，应重点关注出厂试验、柜体结构、接地、泄压通道、运输和存储、电气性能专项监督等方面是否满足相关标准及反事故措施要求。金属方面，应重点关注材质要求、金属专项监督是否满足相关标准及反事故措施要求。保护与控制方面，重点关注保护与控制是否满足相关标准及反事故措施要求。

（5）直流电源。电气设备性能方面，应重点关注直流屏出厂验收、高频电源模块出厂验收、绝缘监测装置出厂验收、储存运输、到货验收及各试验报告是否满足相关标准及反事故措施要求。

1.2.6 设备安装阶段

（1）组合电器。电气设备性能方面，应重点关注安装环境检查、电气安装场地条件、吸附剂安装、导体连接、绝缘件管理、电气连接及安全接地、气体监测系统检查、产品密封性措施落实、抽真空处理。化学专业方面，应重点关注 SF_6 气体质量检查。金属专业方面，应重点关注与支架的焊接是否规范。土建专业方面，应重点关注室外 GIS 设备基础沉降是否满足要求，隐蔽工程是否处理合格。

（2）断路器。电气设备性能方面，应重点关注安装环境检查、绝缘件管理、导流部分检查、现场端子箱见证、电气连接及安全接地、密度继电器（压力表）。土建专业方面，应重点关注隐蔽工程检查。化学专业方面，应重点关注 SF_6 气体质量检查。

（3）隔离开关。电气设备性能方面，应重点关注安装质量管理、隐蔽工程施工、螺栓安装工艺、导电回路安装工艺、操动机构安装工艺、传动部件安装工艺、绝缘子安装工艺、安全接地工艺、均压环安装工艺是否满足相关技术标准及反事故措施要求。金属方面，应重点关注导电杆和触头的镀银层厚度、硬度是否满足设备招标技术规范书、供应商投标文件、相关技术标准及反事故措施要求。

（4）开关柜。电气设备性能方面，应重点关注安装工艺、封堵、泄压通道、接地、二次回路、绝缘件等是否满足相关技术标准及反事故措施要求。

（5）直流电源。电气设备性能方面，应重点关注柜体基本要求、蓄电池室（柜）要求、蓄电池组要求、充电柜是否散热良好、电缆敷设是否满足相关标准及反事故措施要求。保护与控制方面，应重点关注直流供电方式是否满足要求。

1.2.7 设备调试阶段

（1）组合电器。电气设备性能方面，应重点关注整体耐压试验、回路电阻试验、密封试验、闭锁回路检查、伸缩节、气体密度继电器校验是否满足标准要求。

（2）断路器。电气设备性能方面，应重点关注断路器并联电容器试验（若有）、合闸电阻试验（若有）、检漏（密封试验）试验、回路电阻试验、弹簧机构检查、液压机构检查以及气体密度继电器试验。保护与控制方面，应重点关注电流互感器（如配置）试验。

（3）隔离开关。电气设备性能方面，应重点关注调试准备工作、手动操作力矩测试、主回路电阻测试、辅助与控制回路绝缘试验、操动机构动作调试、同期性调试、绝缘子探伤检测、联闭锁可靠性调试等试验项目是否满足相关技术标准及反事故措施要求。

（4）开关柜。电气设备性能方面，应重点关注真空断路器试验、二次回路试验、避雷器试验等试验项目是否完整，试验结果是否满足相关技术标准。保护与控制方面，应重点关注互感器试验、保护与控制相关试验项目是否满足相关技术标准。化学专业方面，应重点关注绝缘气体的湿度试验、密封性试验、密度继电器校验校验等试验项目是否满足相关技术标准。

（5）直流电源。电气设备性能方面，应重点关注绝缘试验、交流进线切换试验、充电装置输出试验、绝缘监测装置调试、蓄电池单体内阻测试、蓄电池全组核对性放电试验、空气开关级差配合特性校核试验、连续供电试验、表计试验、事故照明切换试验、保护及报警功能试验及各试验报告是否满足相关标准及反事故措施要求。

1.2.8　竣工验收阶段

（1）组合电器。电气设备性能方面，应重点关设备外观、整体耐压试验、气体监测系统、检漏（密封试验）试验、压力释放装置、伸缩节、电气连接及安全接地是否满足相关标准及反事故措施要求。化学专业方面，应重点关注 SF_6 气体监测设备配置、SF_6 气体纯度检测是否符合产品技术文件规定。保护与控制方面，应重点关注电流互感器端子接线及接地准确可靠。土建专业方面，应重点关注室外 GIS 设备基础沉降是否满足标准要求。

（2）断路器。电气设备性能方面，应重点关注设备外观、密度继电器检查、弹簧机构试验记录检查、液压机构试验记录检查、断路器操作及位置指示、就地、远方功能切换、并联电容器试验（若有）、检漏（密封试验）试验、合闸电阻试验（若有）、电气连接及安全接地。化学专业方面，应重点关注 SF_6 气体检测。保护与控制方面，应重点关注互感器极性检查、抽头变比及回路检查、电流互感器二次绕组分配。

（3）隔离开关。电气设备性能方面，应重点关注竣工验收准备工作、安装投运技术文件、专用工具与备品备件、本体与机构箱外观、电气连接与安全接地、联锁装置检查、机构与传动部件、防误操作电源、同期性是否符合相关技术标准及反事故措施要求；辅助与控制回路绝缘试验、主回路电阻测量、机械特性与机械操作试验等设备调试报告是否齐全、试验结果是否满足相关技术标准及反事故措施要求。金属方面，应重点关注导电部件、操动机构、传动部件、支座是否满足设备招标技术规范书、供应商投标文件、相关技术标准及反事故措施要求。

（4）开关柜。电气设备性能方面，应重点关注功能特性配置、反事故措施落实、二次回路检查、防误功能检查、接地配置、封堵情况检查、泄压通道检查等结果是否符合相关技术标准及反事故措施要求。土建方面，应重点开关室环境配置情况是否符合相关技术标准及反事故措施要求。

（5）直流电源。电气设备性能方面，应重点关注系统设备的配置、蓄电池安装、充电机交流投切检查、相关验收试验、技术资料、设计联络文件归档及各试验报告是否满足相关标准及反事故措施要求。

1.2.9　运维检修阶段

（1）组合电器。电气设备性能方面，应重点关注运行巡视、状态检测、状态评价与检修决策、故障/缺陷处理是否满足相关技术标准要求，反事故措施执行是否到位。化学专业方面，应重点关注氧量仪和 SF_6 浓度报警仪配置是否满足相关技术标准要求。金属专业方面，应重点关注 GIS 波纹管支撑、连接部位是否满足相关技术标准要求。

（2）断路器。电气设备性能方面，应重点关注运行巡视、状态检测、状态评价与检修决策、故障/缺陷处理、反事故措施落实及气体密度继电器试验。化学专业方面，应重点关注补气用新气检测情况、SF_6 废气处理。

（3）隔离开关。电气设备性能方面，应重点关注运行巡视、专业巡视、技术档案完整性、绝缘专业管理、故障/缺陷管理、状态评价、检修试验、检修、试验装备是否满足先关技术标准要求，反事故措施执行是否到位。土建专业方面，应重点关注设备基础沉降速度与观测次数是否满先关技术标准要求。

（4）开关柜。电气设备性能方面，应重点关注运行巡视、状态检测、状态评价与检修决策、缺陷处理等是否满足相关技术标准及反事故措施要求，反事故措施落实是否到位。

（5）直流电源。电气设备性能方面，应重点关注例行巡视、专业巡视、故障/缺陷管理、定期轮换试验、蓄电池单体电压内阻测量、周期试验是否满足相关标准及反事故措施要求。

1.2.10 退役报废阶段

对于开关类设备，应重点关注设备退役转备品、退役报废的审批手续、保存管理、信息更新、额定电流、再利用管理、报废管理是否满足相关技术标准及反事故措施要求。

对于直流电源，应重点关注蓄电池、充电装置、屏柜及其他附件退役鉴定审批手续、退役再利用管理、备品设备存放管理、报废鉴定审批手续、报废后处置是否满足相关标准及反事故措施要求。

2

开关类设备及直流电源技术监督基本知识

2.1 开关类设备及直流电源简介

2.1.1 组合电器

2.1.1.1 组合电器分类

组合电器是指将两种或两种以上的高压电气设备，按电力系统主接线要求组成一个有机的整体而各电器设备元件仍能保持原规定功能的装置。组合电器按变电站的接线方式不同可分为单母线、双母线、单（双）分段、桥形接线、3/2 接线等。组合电器按罐体结构形式可分为：① 全三相共箱型，主要用于 72.5/126kV 设备；② 母线三相共箱，其他设备分箱型；③ 全三相分箱型，主要用于 550kV 及以上设备。组合电器主要包括以下三种类型。

1. GIS

气体绝缘金属封闭开关设备（gas insulated switchgear，GIS）是将断路器、隔离开关、接地开关、电流和电压互感器、避雷器和母线等功能单元全部封闭在完整并接地的金属壳体内，以 SF_6 气体或其他气体作为绝缘介质的一种成套开关设备和控制设备。按结构形式 GIS 可分为三相共箱型和三相分箱型，其中 110kV 及以下设备大多采用三相共箱型；而 220kV 及以上设备大多采用三相分箱；还有部分设备为主母线三相共箱，分支母线三相分箱。不同结构形式设备如图 2－1～图 2－3 所示。

2. HGIS

混合气体绝缘开关设备（hybrid gas insulated switch gear，HGIS）是一种介于 GIS 和 AIS（空气绝缘的敞开式开关设备）之间的新型高压开关设备。HGIS 设备结构与 GIS 基本相同，是将除母线外的断路器、隔离开关、接地开关、快速接地开关、电流互感器等功能单元封闭于完整并接地的金属壳体内，以 SF_6 气体或其他气体为绝缘介质的一种高压开关设备，也就是一种不含气体绝缘封闭母线，或不含气体绝缘母线、母线避雷器与电压互感器的 GIS。HGIS 设备如图 2－4 所示。

图 2-1　GIS 三相共箱结构

图 2-2　GIS 三相分箱结构

图 2-3　主母线三相共箱，分支母线三相分箱

图 2-4 HGIS 设备

与 GIS 相比，HGIS 的最大特点在于母线采用常规导线，接线清晰、简洁、紧凑，而 GIS 母线缺陷率较高，且消缺停电范围大。另外，HGIS 布置方式灵活，按照断路器可分为“3+0”“1+2”“1+1+1”等多种组合方式，适合现场常规空气绝缘开关设备改造工程应用。

3. PASS

插接式成套开关装置（plug and switch system，PASS），在结构上具有紧凑化、小型化、连接电缆和占地少的特点，在性能上具有可靠性高、维护量少的特点。它把 1 个开关间隔所有必要的功能全部集成在同 1 个罩壳中，并且根据变电站的接线图要求装上 2 或 3 只套管。

PASS 设备在 1 个共同气室内布置了断路器、进出线侧组合隔离开关及接地开关、组合式光电电流电压互感器、复合绝缘套管。二次设备就地安装中，使用了传感器信号处理接口（PISA）进行数据的采集、处理和数字化的传输。这样可根据间隔或变电站必需功能将组成高压开关设备的元件数减少到最低程度。随着现代电力电子技术的发展，使产品的质量减少了很多。每一单元在厂里完全组装并试验好，在运输时，组合电器已是除套管外全都预装配好的设备。到现场只需将光纤电缆插入就地控制柜和主设备即可投入运行。这种组合模块化的设计，减少了变电站的用地面积，符合快速安装和维护量少的特点。

PASS 设备由于一次部分模块化的设计，可以根据用户不同的要求组合成各种不同接线形式的高压配电装置，如单母线接线、双母线接线、内桥接线、外桥接线和一个半接线等。图 2-5 为复合式组合电器的线路、变压器间隔结构总体布置图。

PASS 与传统的 AIS 变电站相比还有更多的优点，如：

（1）PASS 占地面积小，比 AIS 变电站节省 60%的空间，因为 AIS 采用空气绝缘，而 PASS 采用 SF_6 气体绝缘，占地面积将大大减少。

（2）免维护，由于 PASS 吸收了 GIS 的技术，节省了 AIS 需要的定期维护的工作量。

（3）耗能小，利用 PASS 技术建造的变电站与传统的 AIS 变电站相比，能量损耗极小，可忽略不计。

（4）安装、更换方便，一般安装一个间隔只需 3 个小时，另外 PASS 可以拆成单个部件，84%可以回收，且 PASS 不含油，节能、环保。对于国家大力提倡电力系统无油化建设，这无疑是一种比较好的产品。

从 PASS 的上述优点来看，既吸收了 GIS 与 AIS 的成功运行经验，又解决了 GIS 由于集成度过高带来的负面影响，以及 AIS 由于面积过大而在老站改造和新建变电站中带来的诸多问题，并且更符合减少投资、节能降耗和环保的要求。从国外、国内的变电站发展趋势来看，利用 PASS 对变电站进行改造和建设不失为一种最佳选择。

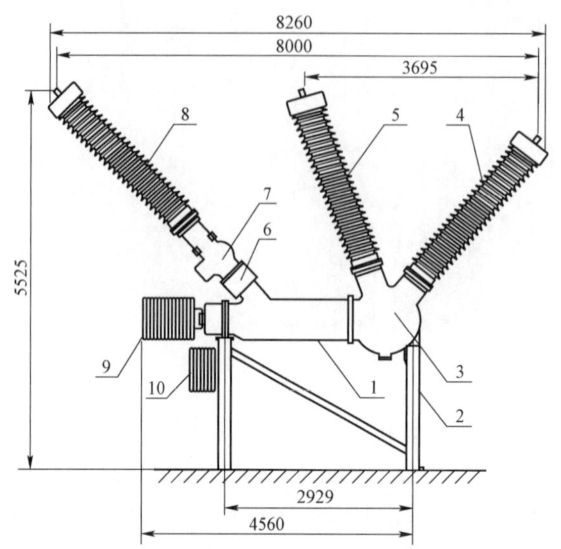

图 2-5　复合式组合电器的线路、变压器间隔结构总体布置图

1—断路器灭弧室；2—支架；3—母线侧组合式隔离及接地开关；4—进线复合绝缘套管 1；5—进线复合绝缘套管 2；6—组合式光电电流电压互感器；7—出线侧组合隔离及接地开关；8—出线复合绝缘套管；9—液压操动机构；10—操作柜

2.1.1.2　组合电器功能单元

1. 断路器单元

组合电器断路器按照现场布置方式分为立式和卧式两种，如图 2-6 所示。立式用于 220kV 及以下电压等级的组合电器；220kV 以上电压等级的组合电器受安装厂房高度和变电站空间走廊的限制，多采用卧式结构。

(a)　　(b)

图 2-6　断路器外部结构

（a）卧式；（b）立式

1—断路器；2—操动机构

断路器内部导电回路由导体和灭弧室组件构成。如图 2-7、图 2-8 所示，当断路器接到分闸命令后，以活塞、动弧触头、拉杆等组成的刚性运动部件在分闸弹簧的作用下向左运动。在运动过程中，静主触头与动主触头分离，电流转移至仍闭合的两个弧触头上，随后弧触头分离形成电弧。

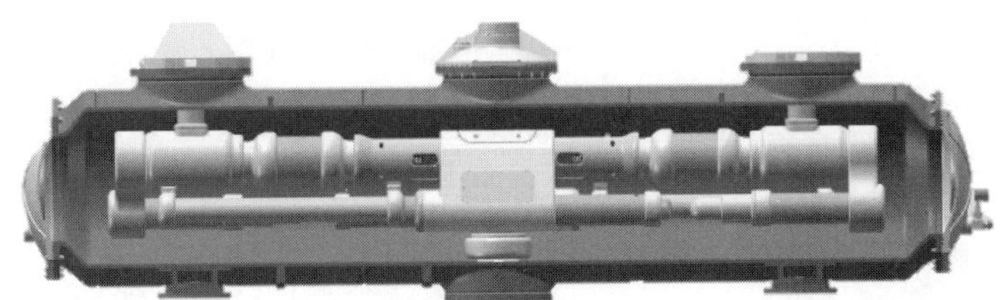

图 2-7 断路器内部结构

在开断短路电流时，由于开断电流较大，弧触头间的电弧能量大，弧区热气流流入热膨胀室，在热膨胀室进行热交换，形成低温高压气体；此时，由于热膨胀室压力大于压气室压力，单向阀关闭。当电流过零时，热膨胀室的高压气体吹弧，带走电弧能量，熄灭电弧。同时在分闸过程中，压气室的压力开始被压缩，但到达一定的气压值时，底部的弹性释压阀打开，一边压气，另一边放气，使机构不需要克服更多的压气反力，从而大大降低了操作功。

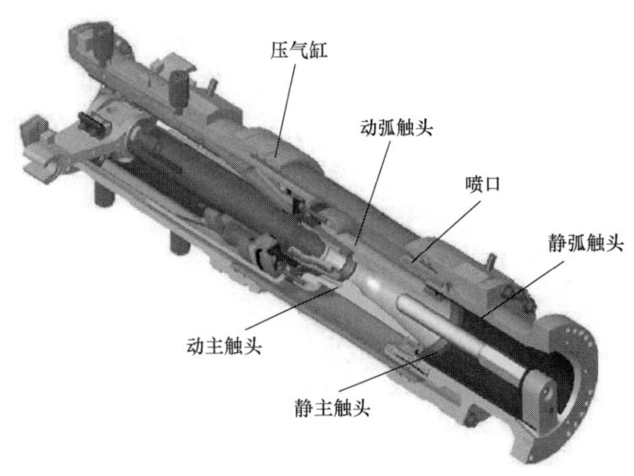

图 2-8 灭弧室结构

在开断小电流时（通常在几千安以下），由于电弧能量小，热膨胀室内产生压力小。此时压气室内的压力高于膨胀室内压力，单向阀打开，被压缩的气体断口吹去。在电流过零时，这些具有一定压力的气体吹向断口使电弧熄灭。

部分断路器装设合闸电阻，可起到防止换流变压器的励磁涌流，线路两侧的断路器装有合闸电阻，可补偿线路的振荡，防止振荡过电压。合闸电阻主要由电阻片，绝缘杆，传动连杆，动、静主触头，动、静弧触头及弹簧等组成。电阻提前接入时间为 8～11ms，如图 2-9 所示。

对于两个以上断口的断路器，在断口并联电容器（见图 2-10），主要有两个作用：① 使串联断口的电压分布均匀；② 降低短路开断时恢复电压初期的增长速度以改善开断条件。

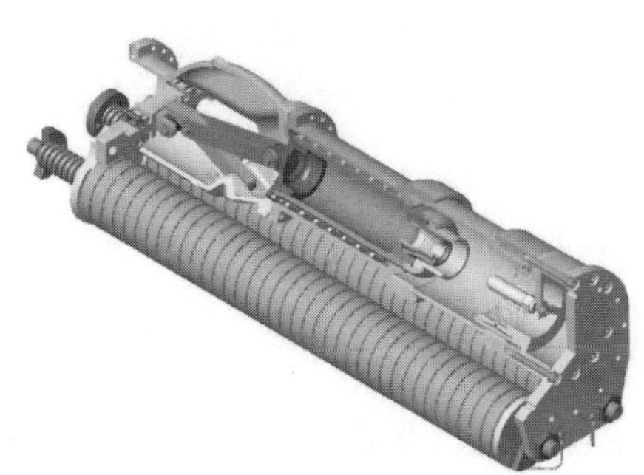

图 2-9 合闸电阻装配示意图

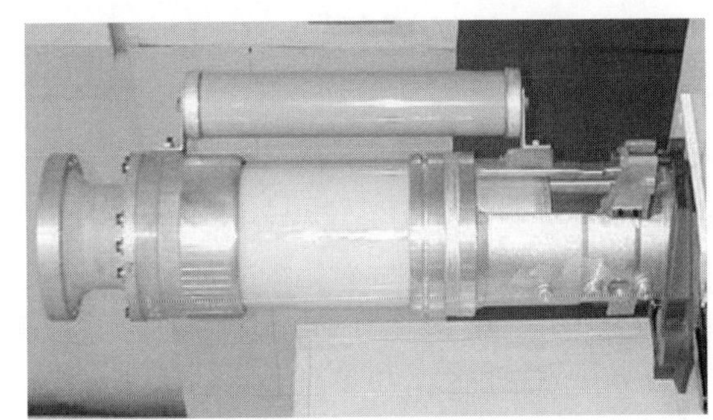

图 2-10 均压电容外观

2. 隔离开关单元

GIS 设备的电场属于不均匀电场，隔离开关动静触头均设计成同轴圆柱体，能够互相插入，如图 2-11 所示。

3. 电压互感器单元

GIS 用电压互感器有电磁式和电容式两种。GIS 母线作为电压互感器的一次绕组，二次绕组用

图 2–11 隔离开关内部结构

1—盆式绝缘子；2—隔离触头座；3—外壳；4—动触头座

于测量和保护。电压互感器作为独立气室，与母线气室用盆式绝缘子隔开。

目前常用的母线电压互感器为单极电磁式，垂直安装。它们通过盆式绝缘子与 GIS 母线相连接。电压互感器由两个测量绕组、保护用绕组和辅助开口三角绕组组成。其外部结构如图 2–12 所示。

由于主变压器及线路均设置三相电压互感器，母线电压互感器只用于电压型母线保护和母线电压测量，所以根据现场运行实际，一般只在一相母线上安装电压互感器就能够满足要求。GIS 线路电压互感器也是作为独立气室垂直安装在线路分支母线上。

4. 电流互感器单元

GIS 用电流互感器如图 2–13 所示。电流互感器套在 GIS 母线管上，母线作为电流互感器的一次绕组，母线管的外面包着环形铁芯，与母线同芯，二次绕组在铁芯的外面。在正常使用条件下，其一次电流和二次电流成正比，且在连接方法正确时其相位差接近于零。

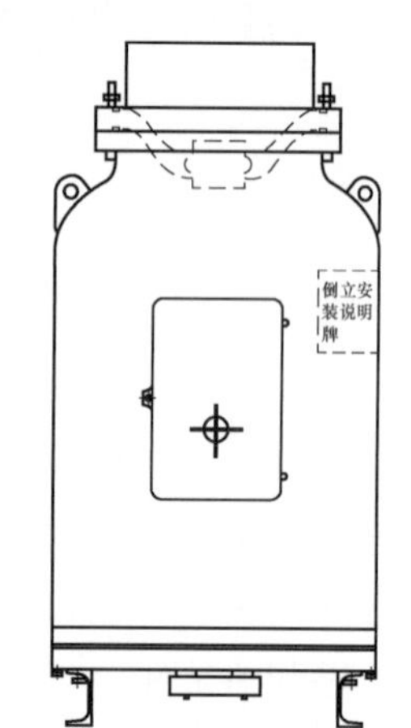

图 2–12 GIS 用电压互感器

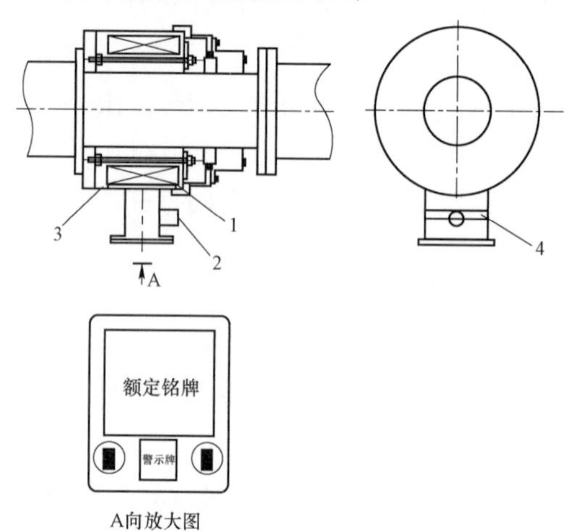

图 2–13 GIS 用电流互感器

1—电流互感器线圈；2—电缆引线孔；3—外罩；4—端子排

5. 避雷器单元

避雷器的作用是保护电力系统中各种电器设备免受雷电过电压、操作过电压、工频暂态过电压冲击，对绝缘配合水平的确定十分重要。金属氧化物避雷器额定电压主要取决于安装地点的工频电压升高，选择合理的避雷器，其残压水平尽可能低，以降低线路的保护水平。GIS 罐式避雷器采用金属外壳内充 SF_6 气体，与瓷外套避雷器相比结构尺寸大幅减小，不存在外绝缘问题，无防污问题。

用于 GIS 的避雷器有两种：① 带磁吹火花间隙和碳化硅非线性电阻串联而成的避雷器；② 没有火花间隙的氧化锌避雷器。由于氧化锌避雷器有较强的吸收能力和较高的通流容量，所以在实际中应用比较广泛。

GIS 母线使用非线性无间隙金属氧化物电阻片、金属外壳封闭、SF_6 气体绝缘型避雷器较多，三相母线分别装设一只避雷器，其外部结构如图 2–14 所示。

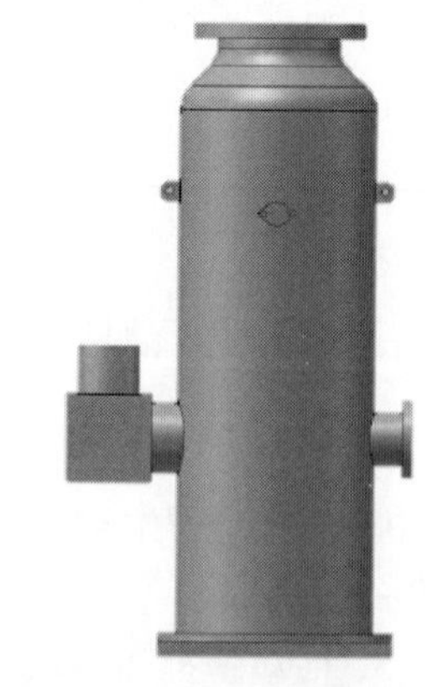
图 2–14 避雷器外部结构图

6. 汇控柜、机构箱

每串设备设置一个就地汇控柜，柜内有就地控制、信号、保护和报警所需的各种元件，以及对断路器、隔离开关、接地开关进行电气操作的控制开关和由辅助开关提供的元件状态指示。安装和检修 GIS 设备，或者当遥控系统失灵时，在就地控制柜模拟图上直接进行倒闸操作，完成对设备状态的改变。当远方监视系统失灵时，可通过就地控制柜上的监视信号能够监视到设备运行状况。

在柜面上，按照单线模拟图线路，分别在母线、线路上按照接线方式安装断路器、快速接地开关、隔离开关及接地开关的操作把手和指示灯，还安装了就地/远方转换开关、辅助继电器、报警装置、辅助开关、连接内部和外部用端子排等。在汇控柜上装有继电器和检测汇控柜内温湿度的控制器。为了促进汇控柜内的空气循环，在底部安装有通风口。为防止昆虫等的侵入，在通风口安装有防虫网罩。为防止水汽凝结，在汇控柜及断路器操动机构箱内装有调节温度和湿度的电加热器。汇控柜及断路器操动机构箱都有就地操作把手或者按钮，在就地操作回路装有闭锁装置，闭锁装置的钥匙要有专人负责保管。

2.1.1.3 组合电器关键元件

1. 气体隔室

由于不同功能部件内 SF_6 气体压力要求不同，同时也为了检修方便，将组合电器内部相同压力或不同压力的各电气元件的气室间设置使气体互不相通的密封间隔，称为气隔，每一个气隔也叫一个气室。根据多年运维检修经验，一般每个气室的 SF_6 气体用气量不应超过 300kg。

设置独立气室具有以下优点：

（1）可以将不同 SF_6 气体压力的各电气元件分隔开。

（2）有特殊要求的元件（如避雷器、电压互感器等）可以单独设立一个气室。

（3）在检修时可以减少停电范围。

（4）可以减少检修时 SF_6 气体的回收和充放气工作量。

（5）有利于安装和扩建工作。

GIS 中断路器与其他电气元件必须分为不同的气室，原因如下：

（1）由于断路器气室内 SF_6 气体压力的选定要满足灭弧和绝缘两方面的要求，而其他电气元件内 SF_6 气体压力只需考虑绝缘性能方面的要求，两种气室的 SF_6 气压一般会不同，所以不能连为一体。

（2）断路器气室内的 SF_6 气体在电弧高温作用下可能分解成多种有腐蚀性和毒性的物质，会对设备内部各元件产生一定危害，因此应将断路器气室与其他气室隔离，这样就不会影响其他气室电气元件的性能。

（3）相比于其他部件，断路器的检修概率比较高，断路器气室与其他气室分开后，断路器气室检修时就不会影响到其他部件气室，因而缩小了检修范围。

2. 金属壳体

将一次导电部分封闭在充气的金属壳体中，再通过必要的调整、连接组装起来。

壳体是用铝合金铸造或铝合金焊接而成，由于电气设备都装在壳体内，那么这个 GIS 的外壳，必须满足以下要求：

（1）能充分满足 GIS 设备的各项强度要求，能够诱导循环电流、磁滞现象及外电流最小化，其金属材质应具有较强的防腐性能。

（2）GIS 的外壳应能满足在异常情况下的气体压力，并能满足因故障电流产生的短暂内部电弧，且对其他结构不会产生影响，能够充分承受电弧引起的压力上升。

（3）GIS 壳体的保护方式有：① 用防爆装置，即压力释放装置（也叫防爆膜）；② 采用快速接地开关。

（4）GIS 的外壳连接螺栓部位使用密封垫圈，凸缘相接触的外面用硅树脂进行处理，里面则进行防水处理，避免部件生锈而引发漏气缺陷。

（5）GIS 外壳的允许感应电压。通过人体的安全电流必须不大于 1mA，在 GIS 安装后现场运行时，其外壳的正常感应电压、故障感应电压都应满足人体单手接触壳体和双手同时接触壳体的最小值，人体接触单相壳体和同时接触两相壳体的感应电压也应满足人体允许的最小值。

3. 绝缘子

GIS 设备中的绝缘子有隔断气室用的盆式绝缘子（见图 2–15）和支撑 GIS 母线等元件的支撑绝缘子两种。

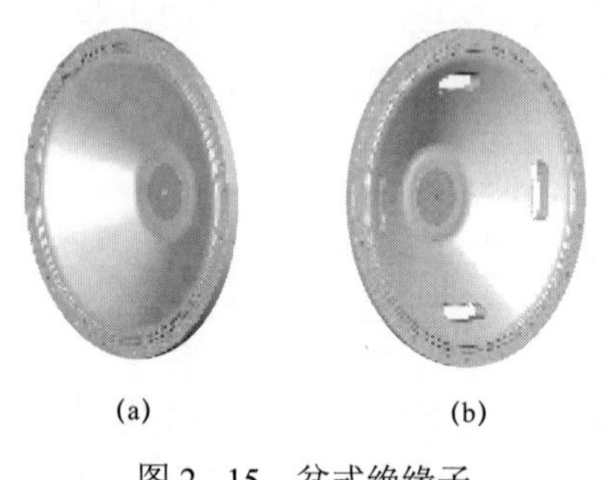

图 2–15　盆式绝缘子
（a）不通气盆式绝缘子；（b）通气盆式绝缘子

支撑绝缘子和盆式绝缘子都是用环氧树脂在真空状态下浇注而成，其内部不能有气泡、裂纹等。隔离用的盆式绝缘子在正常情况下，具备承受隔离两个气室间有可能发生的最大压力差的机械强度，也就是说既能承受隔离的一侧因持续的内部电弧达到最大气体压力状态，另一侧则是正常状态时的压力差；又能承受隔离的一侧气室在维修及正常状态下有可能发生的最大压力，即一侧气室的气体压力在正常状态时，其另一侧由于检修而处于真空状态时的压力。

当 GIS 设备发生故障时，支撑绝缘子和盆式绝缘子的强度能够满足抵御故障时产生的电磁力，充分保持导体与外壳的有效间隔距离。

4. 伸缩节（金属波纹管）

由于 GIS 设备各部件间组成复杂，在现场运行时会由于环境温度的变化，金属筒体会发生热胀冷缩现象，同时 GIS 设备的基础也可能有较小沉降、位移，为了避免由于上述原因而导致的事故，需要在 GIS 母线或者出线间隔安装一定数量的伸缩节。按照其作用可分为以下三类。

（1）径向补偿母线（见图 2–16）。波纹管为不锈钢材质，补偿基础误差、安装误差，也可与母线一同使用，补偿由基础沉降引起的径向误差。

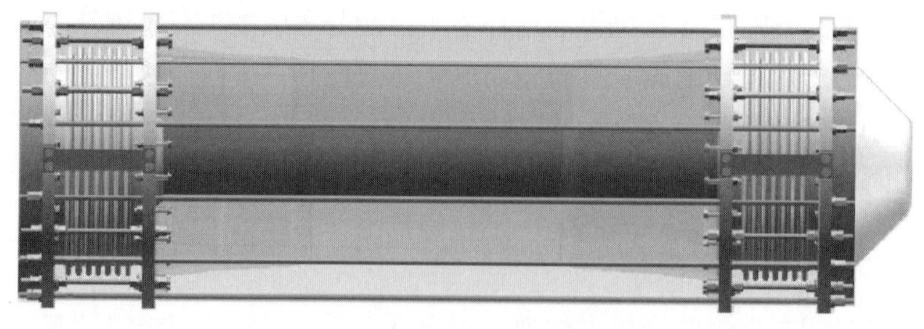

图 2–16　径向补偿母线结构示意图

（2）自平衡波纹管（见图 2–17）。波纹管为不锈钢材质，可补偿热胀冷缩引起的母线轴向长度变化和安装误差。

（3）可拆卸单元（见图 2–18）。波纹管为不锈钢材质，主要用于间隔与母线连接，方便间隔或模块整体拆出检修。

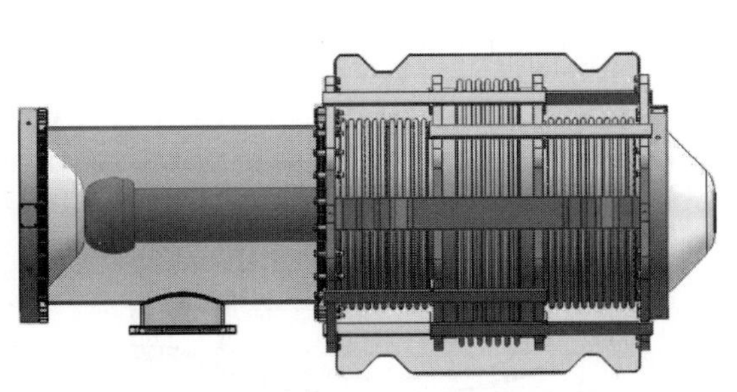

图 2-17　自平衡波纹管结构示意图

图 2-18　可拆卸单元结构示意图

5. 套管

用出线套管将导线引出气室，以便能够连接裸露的导线，主要包括瓷质套管和硅橡胶复合套管两种，见图 2-19、图 2-20。

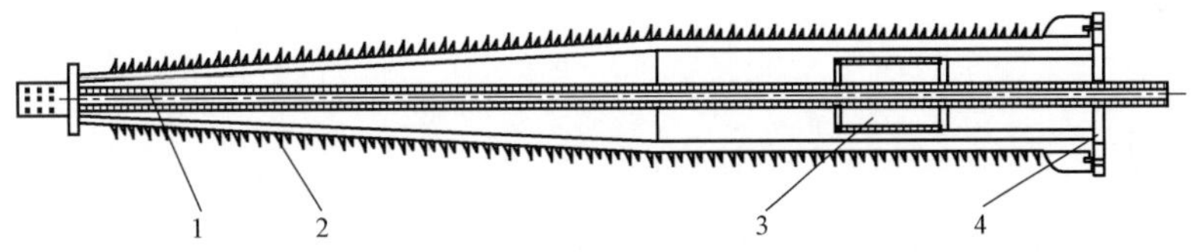

图 2-19　瓷套管外部结构

1—导电杆；2—套管；3—屏蔽罩；4—法兰

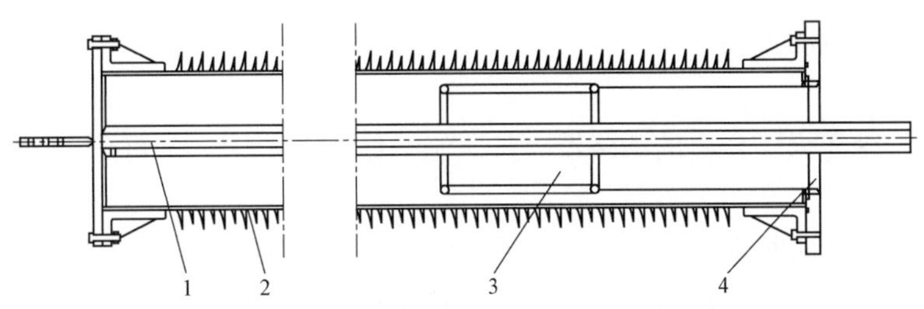

图 2-20　硅橡胶复合套管外部结构

1—导电杆；2—套管；3—屏蔽罩；4—法兰

6. SF_6气体密度继电器（见图 2-21）

为了监视 GIS 设备密封是否良好，气室中的 SF_6气体是否有泄漏，在 GIS 设备每个气室装设压力表或者密度计来监视气室压力变化情况。压力表受环境温度影响较大，密度计装有温度补偿装置，受环境温度影响较小。GIS 设备的每个气室均装有 SF_6气体密度继电器或者压力表，并直接与罐体相连。

使用于 GIS 设备中的密度计均带有信号接点，也叫密度继电器，是一种使用接点附着型压力计。一般断路器气室正常压力为 0.55M～0.6MPa，除断路器以外的其他气室正常压力为 0.5M～0.55MPa。个别厂家 GIS 设备气室的压力要求较低，如 110kV 线路电压互感器气室的额定压力是 0.4MPa，报警值为 0.35MPa。所有 GIS 设备气室压力在正常范围内，可以进行倒闸操作。

7. 吸附器（见图 2-22）

在 GIS 设备每个气室中均安装有吸附器，目的是吸收 SF_6气体中的微水及 SF_6气体分解产物。所使用吸附剂的主要成分是活性氧化铝 Al_2O_3，它能吸附 SOF_2、SO_2F_2、SO_2、S_2F100、SOF_4等分解物，但不吸收 SF_6气体，所以在 GIS 设备中被广泛使用。

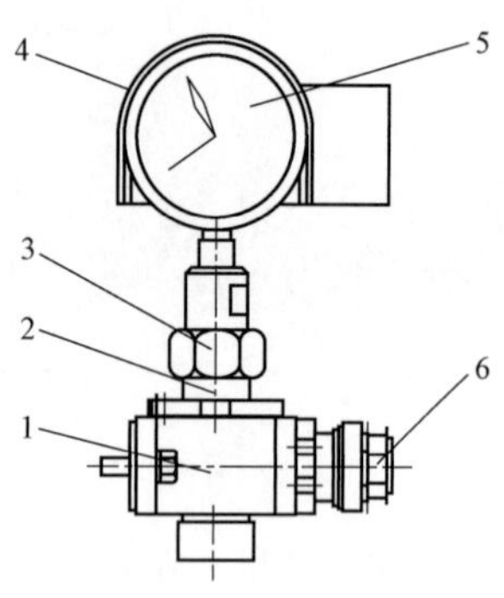

图 2-21　密度继电器

1—阀座；2—自封接头；3—接头；4—罩；5—SF_6 密度计；6—护盖

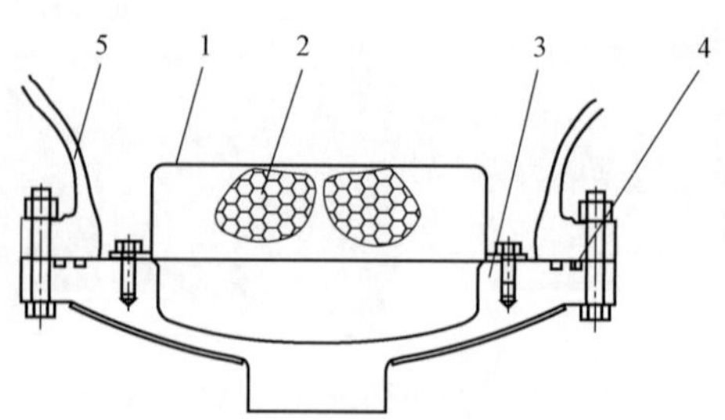

图 2-22　吸附器示意图

1—罩；2—吸附剂；3—法兰；4—O 型圈；5—气室外壳

2.1.2　断路器

2.1.2.1　断路器分类

3kV 及以上电力系统中使用的断路器称为高压断路器。它不仅能够开断、关合和承载高压电路中的空载电流和负荷电流，而且当系统发生故障时，通过继电保护装置的作用，也能在规定时间内切断过负荷电流和短路电流。它具有完善的灭弧结构和足够的断流能力。

按照绝缘和灭弧介质的不同，断路器可大致分为以下几类：

1. 油断路器

以绝缘油作为绝缘和灭弧介质的断路器。按照绝缘结构的不同，又可分为多油断路器和少油断路器。

（1）多油断路器。多油断路器的结构原理图及实物图分别如图 2-23、图 2-24 所示。其触头单元放置在装有绝缘油的、由钢板焊成的油箱中，油箱接地。油既用来熄灭电弧，又作为断路器导电部分之间以及导电部分与接地的油箱之间的绝缘介质。由于用油量多，因此称为多油断路器。

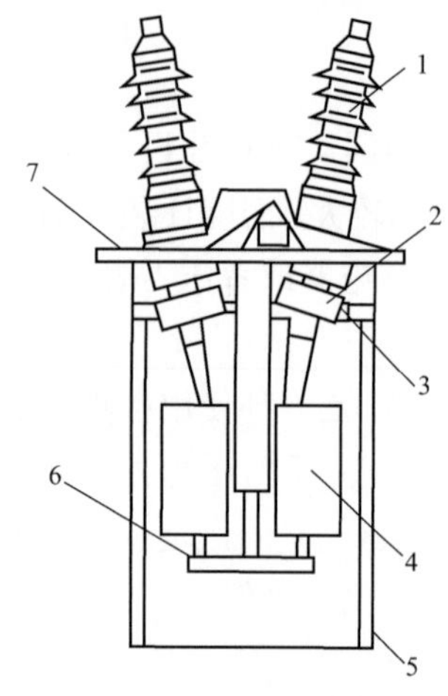

图 2-23　多油断路器结构图

1—绝缘套管；2—电流互感器；3—绝缘油（变压器油）；
4—静触头和灭弧室；5—油箱；6—横梁（动触头）；7—箱盖

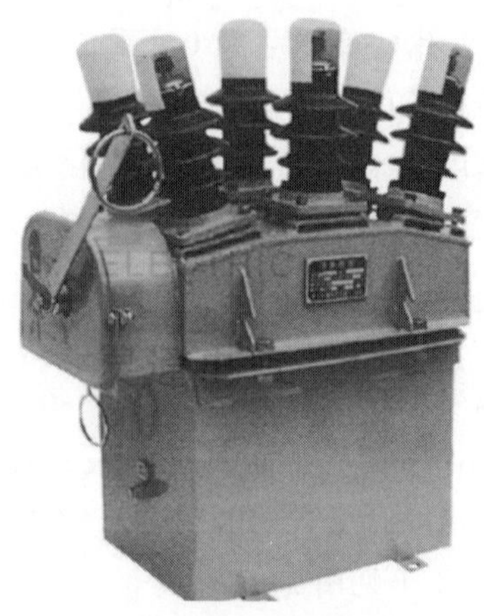

图 2-24　多油断路器实物图

多油断路器的缺点是油量多，钢材消耗也多。油量多不仅给检修断路器带来困难，而且增加了爆炸和火灾的危险性。但多油断路器也有自己的特点，如断路器内部带有电流互感器，配套性强；油量虽多，但在户外使用时不易受大气条件的影响。目前我国只保留 35kV 电压等级少量型号的产品，以满足特殊情况的需求，其他电压等级的多油断路器已停止生产。

（2）少油断路器。少油断路器中，绝缘油用于熄灭电弧并作为触头间的绝缘介质，但不再作为对地绝缘。对地绝缘主要采用固体绝缘件，如瓷件、环氧玻璃布板、棒、环氧树脂浇铸件等。因此，绝缘油用量比多油断路器少得多。少油断路器多用于 6～220kV 系统。

2. 真空断路器

利用真空作为触头间的绝缘与灭弧介质的断路器称为真空断路器。其结构与其他断路器大致相同，主要由操动机构、支撑用绝缘子和真空灭弧室组成，其结构原理图和实物图分别如图 2-25、图 2-26 所示。真空灭弧室外壳由玻璃或陶瓷制成，动触头运动时的密封靠其中的波纹管，动、静触头的外周还装有屏蔽罩。由于真空灭弧室绝缘性能好，触头开距小，电弧电压低，电弧能量小，因此其机械寿命和电气寿命都很高，爆炸危险性小，特别适于要求频繁操作的场所。其缺点是在开断感性负载或容性负载时，由于截流、重燃等原因容易引起过电压；且其操动机构使用了弹簧，容易产生合闸弹跳与合闸反弹，会造成较高的过电压并烧损触头。真空断路器目前广泛用于 35kV 及以下的配电系统中。

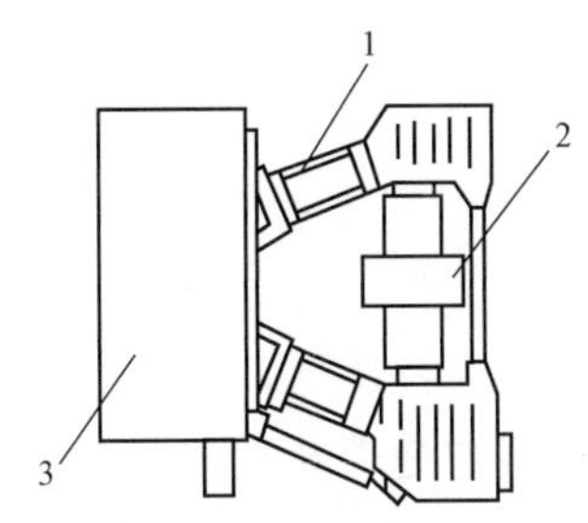

图 2-25　真空断路器结构图

1—绝缘子；2—真空灭弧室；3—操动机构

图 2-26　真空断路器实物图

3. SF_6 断路器

SF_6 断路器是利用 SF_6 作为介质的断路器，其绝缘及灭弧能力优异。按其结构形式可分为绝缘子支柱式和落地罐式。SF_6 断路器多用于 35kV 及以上系统。

（1）绝缘子支柱式。其结构及实物图分别如图 2-27、图 2-28 所示。灭弧室与接地装置之间的绝缘由支柱瓷套来承担，灭弧室装在支持瓷套的上部，装在瓷套内，一般每个瓷套内装一个断口，随着电压等级的提高，支持瓷套的高度以及串联灭弧室的个数也将增加。支持瓷套的下端与操动机构相连，通过支持瓷套内的绝缘拉杆带动触头完成断路器的分合闸操作。灭弧室可布置成“T”型或“Y”型，如断路器超过二个断口就要在灭弧室瓷套边上装设并联均压容器，对于 330kV 及以上的 SF_6 断路器应根据过电压计算结果决定是否装设合闸电阻。

其结构特点是安置触头和灭弧室的容器（可以是金属筒也可以是绝缘筒）处于高电位，靠支持瓷柱对地绝缘，它可以用串联若干个开断元件和加高对地绝缘的方法组成更高电压等级的断路器。其特点是系列性好，且用气量少，价格低，SF_6 气体维护量少，但存在抗震性能不如落地罐式 SF_6

断路器，电流互感器要单独安装等不利之处。由于受瓷套的限制，断口的耐受电压水平不可能做得很高；受机械性能的影响，瓷套长度不可能做得很长。

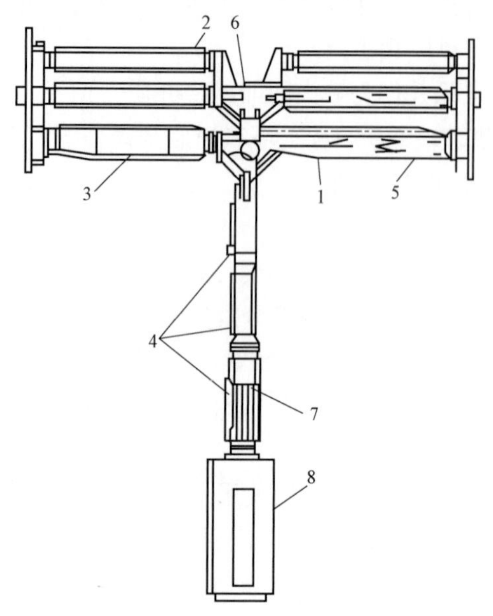

图 2-27　绝缘子支柱式断路器结构图

1—并联电容；2—端子；3—灭弧室瓷套；4—支持瓷套；5—合闸电阻；6—灭弧室；7—绝缘拉杆；8—操动机构箱

图 2-28　绝缘子支柱式断路器实物图

（2）落地罐式。其结构及实物图分别如图 2-29、图 2-30 所示。其导电部分和灭弧室在充有 SF_6 气体的金属箱体内，箱体接地，带电部分与箱体之间的绝缘由 SF_6 气体承担；随着断路器额定电压的提高，断口（灭弧室）也随之增多，为了均压，每个灭弧室都装设了并联电容器；电流经高压引线通过箱体上装设的两个高压套管引入，一般都装设了套管式电流互感器，引线套管内腔充 SF_6 气体。对于 330kV 及以上的 SF_6 断路器还应根据过电压计算结果决定是否装设合闸电阻。

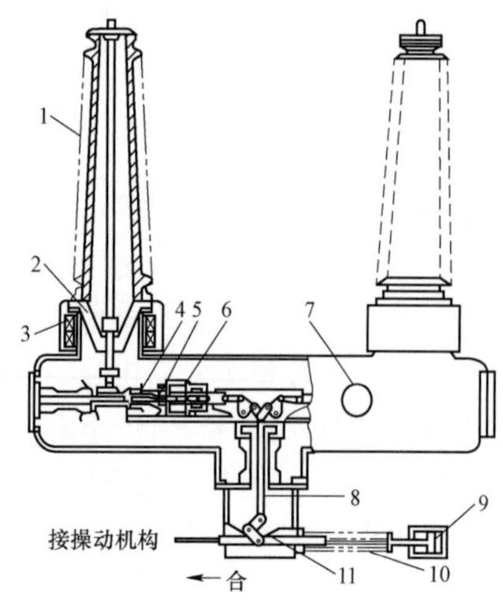

图 2-29　罐式断路器结构图

1—套管；2—支持绝缘子；3—电流互感器；4—静触头；5—动触头；6—喷口工作缸；7—检修窗；8—绝缘操作杆；9—油缓冲器；10—合闸弹簧；11—操作杆

图 2-30　罐式断路器实物图

其结构特点是触头和灭弧室安装在接地金属箱中，导电回路由绝缘套管引入，对地绝缘由 SF_6 气体承担。由于结构紧凑，重心低，抗震能力强，适用于强震地区；且有运行可靠性高、绝缘能力强的优点。断路器的断口和灭弧室在 SF_6 中，不像绝缘子支柱式断路器外绝缘受瓷套限制，因此以罐式断路器为基础，可以集成其他高压电器元件，形成 HGIS、GIS 等系列复合开关设备。从适应外部环境低温角来看，大容积罐式 SF_6 断路器可以在罐内装设加热器，而绝缘子支柱式则不行，虽可以通过使用混合气体，如 SF_6+N_2 或 SF_6+CF_4 等方法来解决，但其灭弧室性能不如 SF_6 气体。

此外，还有压缩空气断路器、电磁断路器以及自产气式断路器，但一般它们的开断能力不大，多用于 20kV 以下配电变压器。

2.1.2.2 断路器功能单元

1. 灭弧室单元

断路器的灭弧室使电路分断过程中产生的电弧在密闭小室的高压力下于数十毫秒内快速熄灭，从而切断电路。下面介绍几种典型灭弧室结构。

（1）真空灭弧室。真空灭弧室典型结构如图 2-31 所示，动静触头分别焊在动、静导电杆上，用波纹管实现密封。动触头位于灭弧室的下部，在机构驱动力的作用下，能在灭弧室内沿轴向移动，完成分、合闸。在与动触头连接的导电杆周围和外壳之间装有导向管，用以保证动触头在上、下方向准确地运动。导向管采用低摩擦力的绝缘材料制作。

真空灭弧室内常用的屏蔽罩有主屏蔽罩、波纹管屏蔽罩和均压屏蔽罩。屏蔽罩可采用铜或钢制成，要求具有较高的热导率和优良的凝结能力。主屏蔽罩装设在触头的周围，一般固定在绝缘外壳内的中部。

波纹管屏蔽罩包在波纹管的周围，防止金属蒸汽溅落在波纹管上影响波纹管的工作和降低其使用寿命。均压屏蔽罩装设在触头附近，用于改善触头间的电场分布。

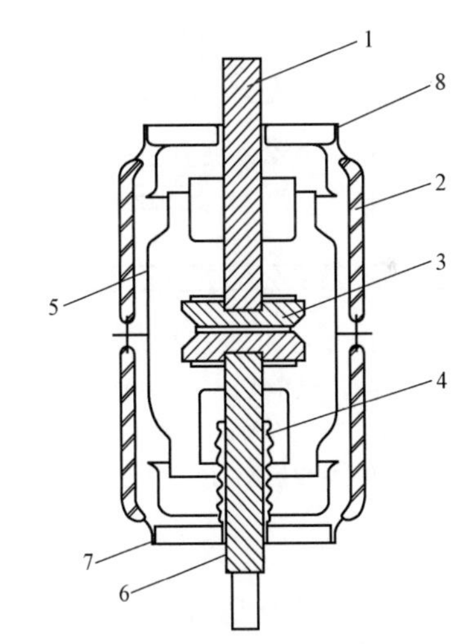

图 2-31 真空灭弧室结构图

1—静导电杆；2—绝缘外壳；3—触头；4—波纹管；5—屏蔽罩；6—动导电杆；7—动端盖板；8—静端盖板

波纹管能保证动触头在一定行程范围内运动时，不破坏灭弧室的密封状态。波纹管通常采用不锈钢制成有液压成形和膜片焊接两种。真空断路器触头每分合一次，波纹管便产生一次机械变形，长期频繁和剧烈的变形容易使波纹管因材料疲劳而损坏，导致灭弧室漏气而无法使用。波纹管是真空灭弧室中最易损坏的部件，其金属的疲劳寿命决定了真空灭弧室的机械寿命。

（2）变开距灭弧室。SF_6 断路器灭弧室典型结构按触头运动方式可分为变开距和定开距灭弧室。由于在灭弧过程中，触头的开距是变化的，故称为变开距灭弧室。变开距灭弧室按吹弧方式分为单向纵吹和双向纵吹，单吹式适用于中小容量断路器，高压大容量断路器采用双向纵吹居多。

变开距灭弧室结构如图 2-32 所示。触头系统由工作触头、弧触头和中间触头组成，工作触头和中间触头放在外侧，主喷口用聚四氟乙烯或以聚四氟乙烯为主的填料制成的复合材料等绝缘材料制成。为了使分闸过程中压气室的气体集中向喷嘴吹弧而在合闸过程中不致在压气室形成真空，故设置了逆止阀。在分闸时，逆止阀堵住小孔，让 SF_6 气体集中向喷嘴吹弧。合闸时，逆止阀打开，使压气室与活塞的内腔相通，SF_6 气体从活塞小孔充入压气室，为下一次分闸做好准备。

变开距灭弧室内的气吹时间较充裕，气体利用率高。喷嘴与动弧触头分开，根据气流场设计的喷嘴形状有助于提高气吹效果。可按绝缘要求来设计开距，断口间隙可达 150～160mm，因此，断口电压可做得较高，便于提高灭弧室的工作电压。由于开距大、电弧长，电弧电压高，电弧能量大，对提高开断电流不利。绝缘喷嘴易被电弧烧伤，会影响弧隙的介质强度。

（3）定开距灭弧室。图 2-33 为定开距灭弧室结构图。断路器的触头由两个带嘴的空心静触头和动触头组成。在关合时，动触头跨接于静触头之间，构成电流通路；开断时，断路器的弧隙由两个静触头保持固定的开距，故称为定开距结构。由绝缘材料制成的固定活塞和与动触头连成一体的压气罩之间围成压气室。通常采用对称双向吹弧方式。这种结构的喷口采用耐电弧性能好的金属或石墨等导电材料制成。石墨能耐高温，在电弧作用下直接由固态变成气态，逸出功大，表面烧损轻。定开距灭弧室断口电场均匀，灭弧开距小，触头从分离位置到熄弧位置的行程很短，126kV 的断路器只有 30mm，电弧能量较小，熄弧能力强，燃弧时间短，可以开断很大的短路电流，但是压气室的体积较大。

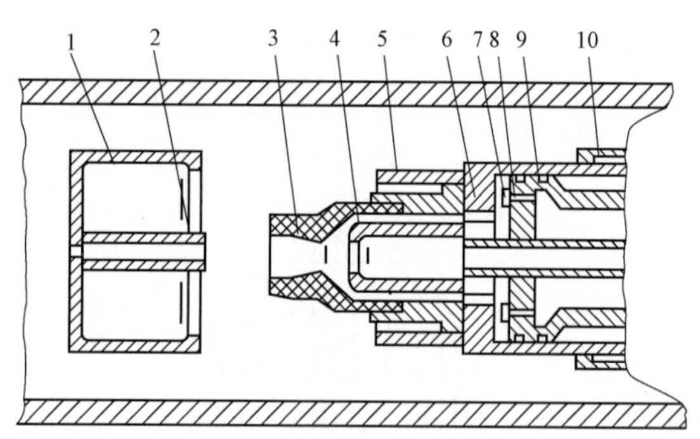

图 2-32 变开距灭弧室

1—主静触头；2—弧静触头；3—喷嘴；4—弧动触头；5—主动触头；6—压气缸；7—逆止阀；8—压气室；9—固定活塞；10—中间触头

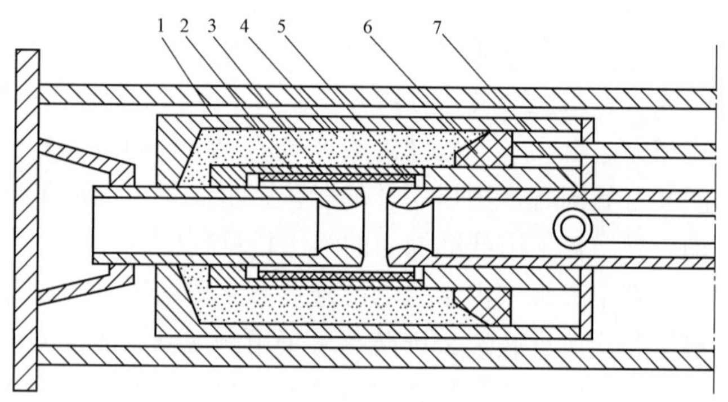

图 2-33 定开距灭弧室结构图

1—压气罩；2—动触头；3—静触头；4—压气室；5—静触头；6—固定活塞；7—拉杆

2. 导电部分

导电部分执行接通或断开电路的任务，其核心部分是触头。断路器触头按其结构可分为可断触头和滑动触头两种。其中可断触头是在工作过程中可以分开的触头，可分为以下几种：

（1）对接式触头，如图 2-34（a）所示。这种触头的优点是结构简单，分断速度快；缺点是接触面不够稳定，关合时易发生触头弹跳，由于触头间无相对运动，故基本上没有自净作用，触头容易被电弧烧伤、动热稳定性较差。因此，对接式触头只适用于 1000A 以下的断路器中。

（2）插入式触头，如图 2-34（b）～图 2-34（f）所示。其结构特点是所需接触压力较小，有自洁作用，无弹跳现象，触头磨损小，动热稳定性好。缺点是除了刀形触头［见图 2-34（b）、（c）］外，结构复杂，分断时间长。刀形触头结构简单，广泛用于手动操作的高低压电器，如刀开关、隔离开关等；瓣形触头又称插座式或梅花形触头，如图 2-34（d）所示，其静触头是由多瓣独立的触指组成一个圆环，如同插座状，动触头是圆形导电杆，接通时导电杆插入插座内，由强力弹簧或弹簧钢片把触指压向导电杆，静触指与动触头间形成线接触，插座式触头接触面工作可靠，接触电阻稳定，结构复杂，断开时间较长，广泛用于少油断路器中作为主触头和灭弧触头，为了使触头具有抗电弧烧伤能力，常在外套的端部加装铜钨合金保护环，在动触头的端部镶嵌铜钨合金制成的耐弧端；指形触头如图 2-34（e）、（f）所示，它由成对的装在载流体两侧的接触指、楔形触头和夹紧弹簧组成，其优点是动稳定性好，有自洁作用；缺点是不易与灭弧室配合，工作表面易被电弧烧伤，用在少油断路器中作工作触头，在一些隔离开关中也有应用。

（3）滑动触头也叫中间触头，是指在工作中被连接的导体总是保持接触，能由一个接触面沿着另一个接触面滑动的触头，这种触头的作用是给移动的受电器供电，如电机的滑环碳刷行车的滑线装置、断路器的滑动触头等，可分为以下几种：

1）豆形触头。如图 2-34（g）所示，它的静触指分上、下两层，均匀分布在上、下触头座的圆周上，每一触指配有小弹簧作缓冲，以减少摩擦力和防止动触杆卡涩，动触杆从其中心孔通过。这种触头接触点多，在较小的接触压力下，具有良好的导电能力，而且结构紧凑，缺点是通用性差。

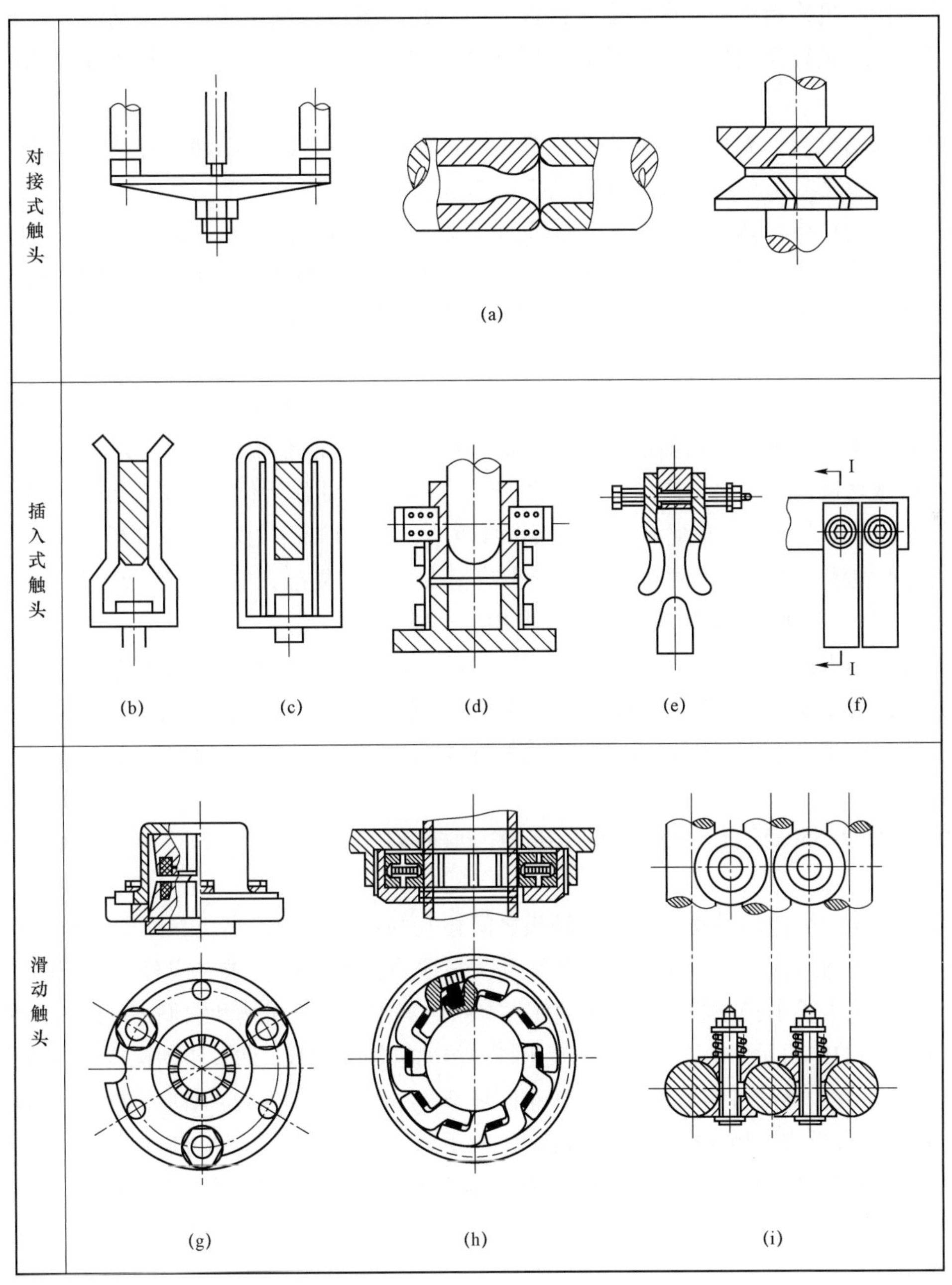

图 2-34　触头的结构与分类

2）“Z”形滑动触头。如图 2-34（h）所示，“Z”形触头的结构与插座式触头相近。它是把“Z”形触指 2（静触头）装在导电座里面，用弹簧 4 保持触指的位置，并将触指紧压在圆形导电座 3 和动触杆 1 上。这种触头结构简单、工作可靠，没有导电片，高度低，接触稳定而有自洁作用。

3）滚动式滑动触头。如图 2-34（i）所示，滚动式滑动触头是在工作中，导体由一个接触面沿着另一个接触面滑动的触头。它由圆形导电杆 2、成对的滚轮 3、固定导电杆 1 以及弹簧 5 等组成。弹簧的作用是保持滚轮和可动导电杆以及固定导电杆的接触压力。在接通和断开过程中，滚轮沿着导电杆上、下滚动。滚动式滑动触头接触面的摩擦力小，自洁作用较差。

3. 操动机构

断路器的操动机构指独立于断路器本体以外的对断路器进行操作的机械操动装置。其主要任务是将其他形式的能量转换成机械能，使断路器准确地进行分、合闸操作。常见的操动机构大体可分为如下四类：

（1）电磁操动机构。靠直流螺管电磁铁产生的电磁力进行合闸，以储能弹簧分闸的机构，用于 110kV 及以下的断路器，有逐渐被其他较先进机构取代的趋势。

（2）弹簧操动机构。弹簧操动机构结构简单、制造工艺要求适中、体积小、操作噪声小、对环境无污染、耐气候条件好、免运行维护、可靠性高；出力特性和断路器负载特性匹配较差，合理设计非常重要；对反力敏感；输出功较小，制造大输出功弹簧机构会强化冲击和振动且成本升高很快。

一般适用于 10～35kV 断路器、126～252kV 自能式灭弧室高压 SF_6 断路器。国外有用于 550kV 自能式灭弧室高压六氟化硫断路器的产品。弹簧操动机构是目前系统内应用最为广泛的操动机构。

（3）液压操动机构。用氮气或碟簧作为贮能介质、用液压油作为传动介质，容易获得高压力；动作快、反应灵敏、输出功大、免运行维护、操作噪声小、可靠性高；出力特性和断路器负载特性匹配较好，对反力不敏感；环境温度对机械特性的影响稍大、结构复杂、制造工艺及材料的要求很高。

一般用于 126～1100kV 压气式灭弧室高压 SF_6 断路器。

（4）气动操动机构。一般为气动分闸，弹簧合闸，用压缩空气作为储能和传动介质，介质惯性小；动作快、反应灵敏、输出功大、环温对机械特性的影响很小、结构稍复杂、制造工艺要求适中，表面处理工艺要求高；出力特性和断路器负载特性匹配较好，对反力不敏感；操作噪声大、对气源质量要求非常高。

一般用于 126～550kV 压气式灭弧室高压 SF_6 断路器。

4. 传动机构

传动系统是操动机构的做功元件与动触头之间相互联系的纽带，高压断路器的操动机构和本体在分、合闸过程中通过传动系统传递能量和运动，按照设计的性能要求完成分、合闸的操作。高压断路器的传动系统主要由操动机构中的传动元件、断路器中的提升机构和它们之间的传动机构三部分组成。操动机构中的传动元件由连杆机构或液压气动传动机构等构成，通过传动机构与断路器的提升杆相连。传动机构是连接操动机构与提升机构的中间环节，起改变运动方向、增加行程并向断路器传递能量的作用。由于提升机构与操动机构总是相隔一定的距离，而且两者的运动方向也不一致，因此需要有传动机构，一般由连杆机构组成。提升机构是带动断路器动触头按一定轨迹运动的机构，它将传动机构的运动变为动触头的直线或近似直线运动，使断路器分、合闸，所以也叫变直机构。

5. 绝缘支撑元件

支撑固定通断元件，并实现与各结构部分之间的绝缘作用。

6. 基座

用于支撑、固定和安装开关电器的各结构部分，使之成为一个整体。

2.1.3 隔离开关

2.1.3.1 隔离开关分类

隔离开关是指在分闸位置时，提供按规定要求隔离断口的机械开关装置。当开断和闭合微小电流时，或当隔离开关的每极两接线端子间的电压变动很小时，隔离开关能使电路分和合，也能承载异常条件（例如短路）下规定时间内的电流。

隔离开关的用途主要是：① 使需要检修或分段的线路和设备与带电线路相互隔离；② 带电进行分闸、合闸、变换双母线或其他不长的并联线路的接线；③ 用以分合套管、母线、不长的电缆等的充电电流以及测量用互感器或分压器等的电流；④ 自动快速隔离。

隔离开关在输配电装置中的用量很大，为了满足在不同接线和不同场地条件下达到经济、合理的布置，以及适应不同用途和工作条件的要求，发展形成了不同结构形式的众多品种和规格产品。常见的分类方法有：① 按使用环境可分为户外式和户内式；② 按极数可分为单极和三极；③ 按有无接地开关可分为带接地开关和不带接地开关；④ 按用途可分为一般用、快速分闸用和变压器中性点用等。

1. 按支持绝缘子分类方法

按支持绝缘子数量来划分，可分为单柱式、双柱式和三柱式。

（1）单柱式隔离开关。

单柱式隔离开关的支持绝缘子只有一个，其瓷柱结构因厂家不同各有不同。支持绝缘子起绝缘作用，导电部分是一个固定在支持绝缘子顶上的可伸缩折架，借助折架的伸缩，动触头便能与悬挂在母线上的静触头接触或分开，完成分合闸动作。闸刀的动作方式可分为双臂折架式、单臂折架式（半折架式）。

1）双臂折架式（GW6 型）。双臂折架式在单柱式隔离开关的发展初期应用较为广泛，目前在电力系统中使用较多的是单柱双臂伸缩对称式，如 GW6 型，见图 2-35。

2）垂直伸缩式（GW10 型）。垂直伸缩式与双臂折架式的区别主要是只用双臂折架式的半边折架，减轻了导电系统的质量，减小了分闸冲击力，如 GW10 型（见图 2-36）、GW16 型，法国 MG 公司 SSP 型等。

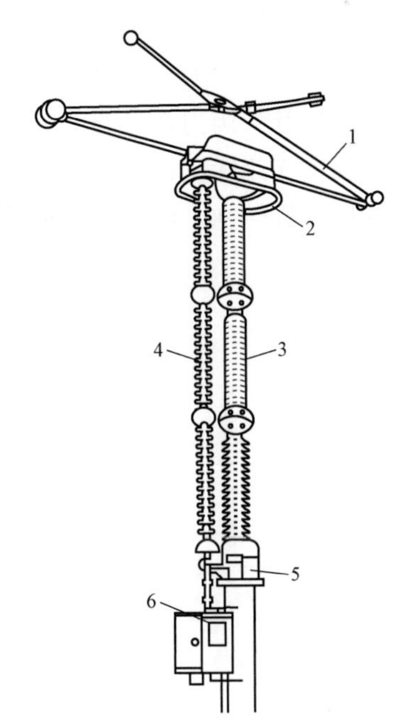

图 2-35 GW6-330 型单柱式隔离开关外形图

1—双臂折架；2—均压环；3—支持绝缘子；4—操作瓷柱；5—底座；6—操动机构

单柱式隔离开关特点：

a. 单柱式不需笨重而庞大的底座，因而满足电力建设中占地面积小的要求，能有效地利用变电站的安装面积，有较好的经济效果。

b. 主要用于架空母线下，可在架空母线下面直接将垂直空间用作电气隔离断口。作为母线隔离开关，除节省占地面积外，还可减少引接导线，分合状态特别清新。

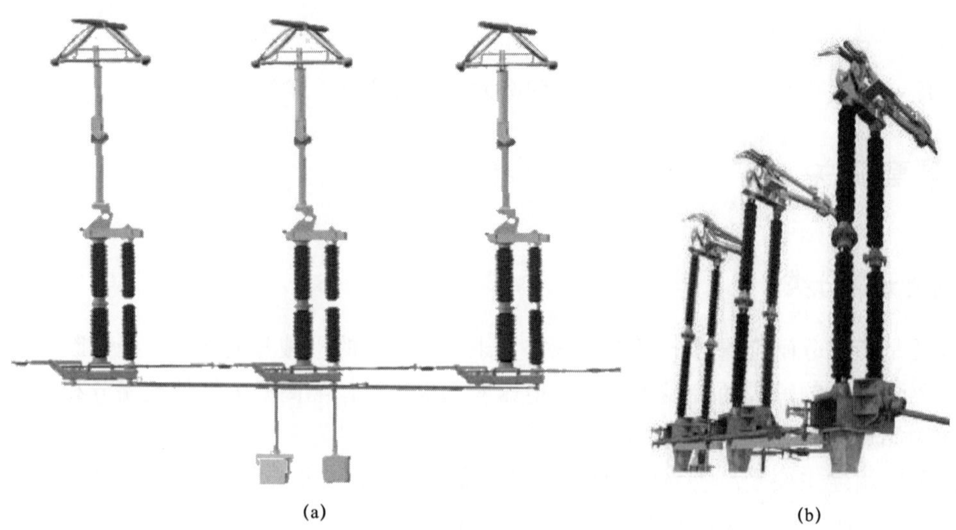

(a)　　(b)

图 2-36　单臂折架式隔离开关（GW10 型）
（a）效果图；（b）实物图

c. 分合闸时折架上部受力较大，另外在单臂折架式（半折架式）中，由于重心偏移、分闸位置对支柱产生附加弯矩，因此必须提高绝缘支柱强度。

（2）双柱式隔离开关。

双柱式隔离开关由两个支撑绝缘子组成，一个断口。按导电系统闸刀的动作方式分为水平回转式（也称中心断路式）、单刀垂直回转式（也称垂直断路式）、双刀垂直回转式和水平伸缩式。

1）水平回转式隔离开关。水平回转式隔离开关由同时起支撑和转动作用的两根绝缘支柱组成。闸刀分成两段，固定在支柱上。分合闸时，水平回转形成隔离间隙。此结构除承受母线拉力和电动力外，还承受隔离开关在终点位置制动时的重力。

该型隔离开关国内常见的就是 GW4 型和 GW5 型（见图 2-37、图 2-38）。闸刀的触指臂和触头臂分别固定在绝缘支柱顶端。操动机构驱动一侧绝缘支柱旋转，并通过伞齿轮或连杆带动另一侧绝缘支柱反向旋转 90°，使导电闸刀回转，实现隔离开关分、合闸。

图 2-37　GW4 型隔离开关

图 2-38　GW5A/GW5D 型隔离开关

GW4 型成Π型布置；GW5 型交角成 50°，呈 V 形布置。

2）水平伸缩式隔离开关。水平伸缩式隔离开关采用双柱水平伸缩式结构，分闸后动触头上折叠收拢，形成水平方向的绝缘断口。触头为插入式，分闸后形成水平的绝缘断口。代表型号 GW11（见图 2－39）、GW17、GW23 型等。

(a) (b)

图 2－39 GW11 型隔离开关

（a）效果图；（b）实物图

双柱式结构特点：

a. 结构简单、动作可靠。

b. 单刀垂直回转式及伸缩式在整个操作范围内，电流通路均受到严格导向，开关安全性较高。

c. 占地面积小，节约投资。

（3）三柱式隔离开关。

三柱式隔离开关两端的绝缘支柱是静止的，中间的转动支柱由操动机构驱动，带动导电闸刀水平回转，与两端固定支柱上的静触头接触或分离，实现隔离开关合闸或分闸。分闸状态形成两个串联的水平绝缘断口。导电闸刀在分、合闸过程中，通过翻转机构实现两步动作、水平摆动及自身翻转。

三柱式隔离开主要是水平双断口型，代表型号为 GW7 型（见图 2－40）。

图 2－40 GW7 型隔离开关

经对国内户外隔离开关的结构、特点进行汇总分析，如表 2–1 所示。

表 2–1　　国内户外隔离开关不同结构型式及特点

型式		厂家	型号	额定电压（kV）	特点			
					相间距离	轴向长度	占用空间	其他
单柱式	双臂折架式	新东北电气	GW6	220～500	小	小	少	折架较重，冲击稍大
	垂直伸缩式	西开	GW10	220～500	小	小	少	折架轻巧，冲击小
		平高电气	GW16	220～500				
双柱式	水平回转式	新东北电气、西开等	GW4	35～220	大	中	大	支持绝缘子受扭矩
		新东北电气、西开等	GW5	35～110	大	中	大	支持绝缘子受扭矩和弯矩
	水平伸缩式	西开	GW11	220～500	小	中	中	操动力矩较小、平稳
		新东北电气	GW12 GW21	220～500				
		平高电气	GW17	220～500				
三柱式	水平回转式	西开、平高电气和新东北电气	GW7	220～500	大	大	大	转动绝缘子分别受扭矩或弯矩

2. 按使用环境分类方法

户外式隔离开关分为手动三相联动型和单相直接操作型。户外式高压隔离开关运行中，经常受到风雨、冰雪、灰尘的影响，工作环境较差。因此，对户外式隔离开关的要求较高，应具有防冰能力和较高的机械强度。隔离开关的操作方式可分为手动操作、电动操作、压缩空气操作和液压操作。隔离开关还可以用作接地开关用。

户内式隔离开关，一般为三相联动型，手动操作，在成套配电装置内，装于断路器的母线侧和负荷侧或作为接地开关用。

（1）户内式隔离开关。

1）GN19 型隔离开关。GN19 型隔离开关为户内闸刀式三极隔离开关。每相导电部分主要由触刀（动触头）和静触头组成。静触头是安装在固定于底架上面的两个支持绝缘子上，触刀的一端通过螺栓轴销与一个静触头链接，转动触刀与另一端静触头构成可分连接。触刀中间有拉杆绝缘子，两端都有夹紧弹簧，维持触刀对静触头的压力。三相平行安装。拉杆绝缘子与安装在底架上的主轴相连，主轴通过拐臂和连杆与操动机构相连。主轴的两端都伸出底座，操动机构可装在任何一侧。触刀由两片槽形铜片组成，不仅增大了散热面积，而且提高了机械强度和动稳定性。额定电流 1000A 以上的 GN19 隔离开关，在触刀接触处槽形铜片两侧，还装有磁锁压板，当巨大的短路电流通过时，增大接触压力，提高了隔离开关的动、热稳定性。GN19 型隔离开关分为平装型和穿墙型，平装型如图 2–41 所示；穿墙型如图 2–42 所示。穿墙型又分为触刀转动侧装套管绝缘子，静触头侧装套管绝缘子、静触头侧和触刀转动侧都装套管绝缘子三种。

2）GN22 型隔离开关。GN22 型隔离开关是一种户内闸刀式三相隔离开关，如图 2–43 所示。其主要特点是采用了合闸—锁紧两步动作。所谓合闸—锁紧两步动作，当合闸时主轴转动的前 80° 为合闸位移角，用于闸刀转动，使其从断开极限位置转到合闸极限位置。主轴转动的后 10° 为接触锁紧角，用于锁紧机构将触刀锁紧。当主轴转动前 80° 时，触刀能灵活地转动，合闸到位后，由挡块、摇杆、顶销和限位销构成的定位限动机构使其转换为第二步锁紧动作，通过滑块带动连杆运动，从而使两侧顶杆推出，借助磁锁板的杠杆作用，将顶杆的推力放大 5.5 倍，压紧在触刀上，形成接触压力，使触刀锁紧。分闸操作的动作过程与合闸时的相反。

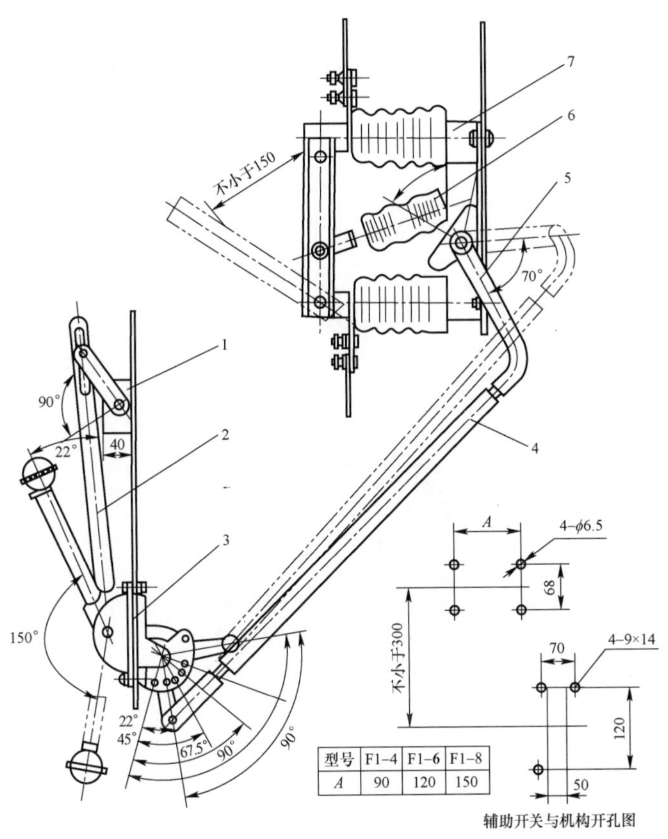

型号	F1-4	F1-6	F1-8
A	90	120	150

图 2-41　GN19 平装型隔离开关

1—辅助开关；2—连动臂；3—CS6-1 型操动机构；4—连杆；5—拐臂；6—拉杆绝缘子；7—隔离开关

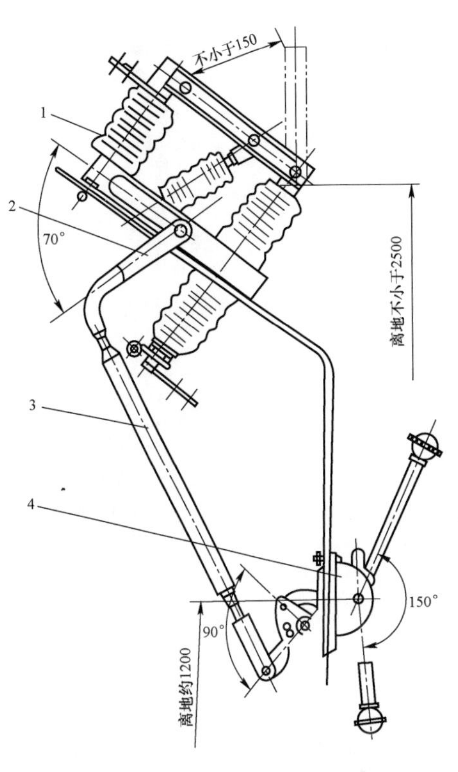

图 2-42　GN19 穿墙型隔离开关

1—隔离开关；2—拐臂；3—连杆；4—GS6-1 型操动机构

（2）户外式隔离开关。

1）GW4 系列。GW4 系列隔离开关为户外双柱式隔离开关，它由底座、棒型瓷柱和导电部分组成，如图 2-44 所示。每极有两个瓷柱，分装在底座两端的轴承座上，并用交叉连杆相连，可以转动。导电闸刀分成相等的两段，分别固定在瓷柱的顶端。触头由柱形触头、触子、触头座、弹簧组成，其上装有防护罩，用于防雨、冰雪及尘土。隔离开关的分、合操作，由传动轴通过连杆机构带动两侧棒型瓷柱沿相反方向各自回转 90°，使闸刀在水平面上转动，实现分、合闸。在底座两端可以装设一把或两把接地开关，当主闸刀分开后，利用接地开关将待检修设备或线路接地，以保证安全。为防止误操作，在主闸刀和接地开关之间加操作闭锁。GW4 电压等级有 12/40.5/126/252kV，结构特点是结构简单，维护方便，当触头接触位置受引线影响。

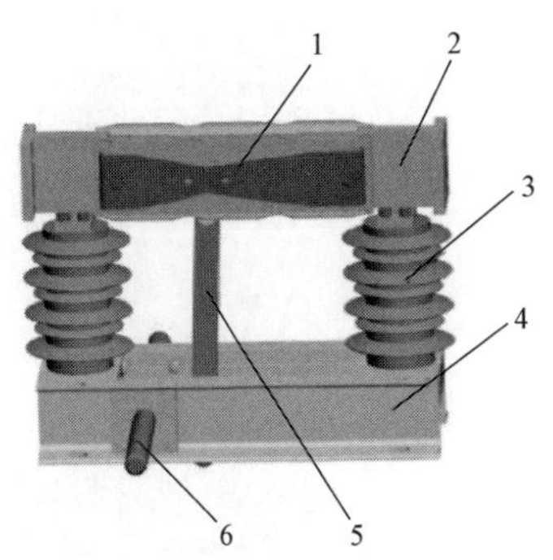

图 2-43　GN22 型隔离开关

1—导电触头；2—接线端子；3—绝缘子；4—底架；5—绝缘拉杆；6—转动主轴

2）GW5 系列。GW5 系列隔离开关（见图 2-45），其棒型瓷柱作 V 型布置，是双柱式隔离开关的改进型。

GW5 系列采用特殊铜合金制成自力型触指。依靠触指自身的弹力夹紧触头，触头采用铜板弯成，与导电臂联结面积大，分合过程中触头与触指摩擦行程短，操作力小。导电回路转动部位采用双回

图 2-44　GW4 系列隔离开关

稳态结构，该结构两转动部件通过软联结导电，软联结与动部件采用固定接触方式，保证了转动部件不会因联结方式引起的故障，双回结构通过软联结的放大、缩小圆周轨迹，实现了可靠的转动过渡。

GW5D 隔离开关的主触头与导电杆装配固定联结，弹簧和触指间设有绝缘垫，从而避免弹簧因通流退火的可能；采用双侧 U 型触指的设计，故障电流产生的电动力为促使触指夹紧触头的方向，进一步增大了触指压力。

接线座带有通风散热的防护罩，既可防止污染物及冰雪损坏导电带，又可防止鸟类做窝，如图 2-46 所示。

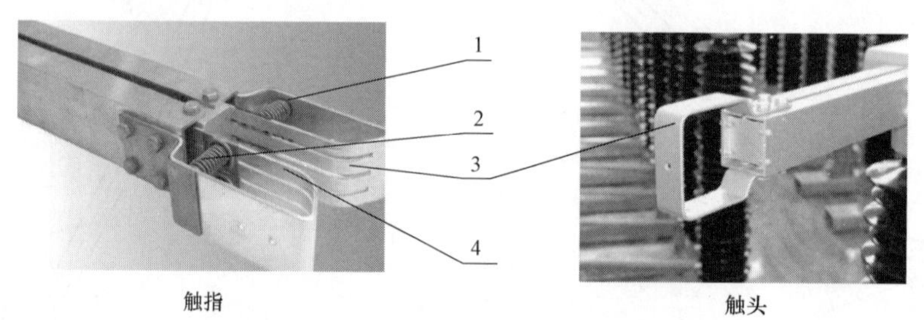

图 2-45　GW5D 隔离开关的主触头

1—绝缘垫；2—不锈钢弹簧；3—紫铜镀银；4—U 型触指

轴承采用角接触球轴承和深沟球轴承配对使用，能承受较大径向和轴向负荷，且基本不产生径向和轴向的间隙，稳定性好，轴承座为全密封结构（二道密封），润滑脂采用二硫化钼锂基润滑脂（高寒地区则采用抗低温性能优良的特殊润滑脂），密封性能好，能防水防潮，见图 2-47。

图 2-46　防鸟护罩

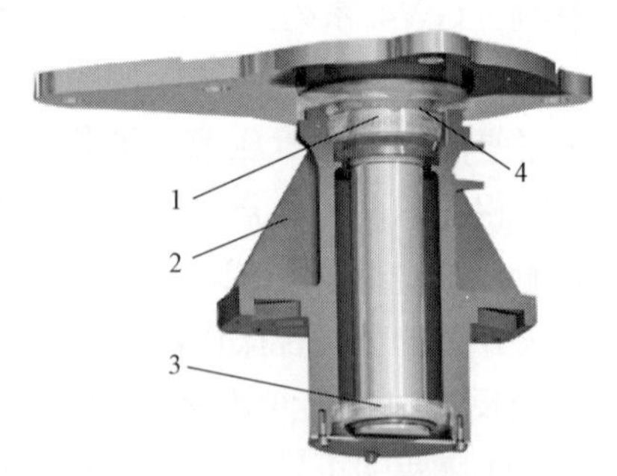

图 2-47　全密封结构轴承

1—角接触球轴承；2—轴承座；3—深沟球轴承；4—油封

3）GW6 系列。GW6 系列隔离开关为单柱垂直伸缩剪刀结构，三相由三个单极组成，每极具有两瓷柱，即支持瓷柱和操作瓷柱。动触头固定在导电折架上，通过操作瓷柱和传动机构去操动导电折架，使导电折架上下运动。静触头固定在架空母线上或悬挂在架空软母线上。动触头垂直收缩向下运动，即可形成电气绝缘断口。这种结构活动部分少，折架各部件导电，额定电流大，质量轻。该系列全国各地均有使用，电压等级有 126/252/330/550kV，结构特点是分闸后导电管不占用相间的距离，能节省占地面积。

4）GW7 系列。GW7 系列隔离开关为户外三柱双断点水平转动式隔离开关。每相有三组支持瓷柱，每相瓷柱顶部装有均压环，以改善电场分布情况。两端的瓷柱是固定不动的，顶部均装有由触子、触头座、弹簧及防护罩组成的静触头，中间瓷柱可转动 70°。动触头闸刀由紫铜管制成，固定在中间瓷柱的顶部。隔离开关的分、合闸是由操动机构带动中间瓷柱转动实现的。

GW7 系列隔离开关，具有结构简单、运行可靠、维修工作量少、较高的机械强度和绝缘强度等特点，配用电动或手动操动机构。使用场合与 GW4 基本相同，电压等级只有 126/252kV，且 126kV 的产品使用较少，结构特点是因其分闸后导电管占用相间距离比较小，可以节省占地面积；引线对触头接触位置影响小；造价高。

GW7B 系列隔离开关（72.5～800kV）中，泰州换流站 1000kV 敞开式使用的是长高 GW7。

5）GW10 系列。GW10 系列隔离形状为单柱垂直伸缩式隔离开关。分闸后，动触头向左折叠收拢，形成上、下方向绝缘断口。

6）GW11 系列。GW11 系列隔离开关是双柱水平伸缩式结构，分闸后动触头上折叠收拢，形成水平方向的绝缘断口。

7）GW16/17 系列。GW16/17 型隔离开关的动触头系统是机械手式的单臂折叠式。传动部件密封在主刀导电管内部，不受外界环境的影响。主刀导电管内的平衡弹簧用来平衡主刀的重力矩，使分、合闸动作十分轻便平稳，动触头采用钳夹式结构夹紧静触头导线杆，夹紧力由导电管内的夹进弹簧来保证。采用顶压脱扣装置来保障隔离开关的可靠合闸。

8）GW22 系列。GW22 系列隔离开关属单柱垂直断口折叠式，底座上装有支柱绝缘子与操作绝缘子，还装有连杆和拐臂等，另外还装有主闸刀与接地闸刀间的机械连锁部件（仅操作极上），底座上有安装孔，可直接安装在水泥或钢架基础上。

操作绝缘子的顺时针转动可驱动主闸刀伸开并合闸，逆时针转动则使其合拢折叠，处于分闸状态，形成可见的垂直断口。电压等级有 126/252/330/550kV，结构特点是分闸后导电管不占用相间距离，能节约占地面积，结构较复杂，价格较高。

9）GW23B 系列。导电部分采用高导电率铝合金型材制成，导电臂折叠部位电流通过软连接传输，没有活动接点，导电可靠，实现少维护、免检查及长期可靠运行。

隔离开关采用单臂折叠伸缩结构，传动部件及平衡弹簧均密封在导电管内，减少自然环境对产品的影响，外形紧凑简洁。传动基座采用连杆结构，与采用伞齿轮的产品相比结构简单，调整方便。

动触头采用插入式，具有自清扫能力。126、252kV 的静触头中的 U 形触指一端固定在触头座上，形成固定接触，导电可靠；另一端通过外压式弹簧及触指自身弹力对动触头产生接触压力，短路电流通过时自动增加触头夹紧力。触指弹簧为不锈钢材质并有绝缘隔垫，弹簧不锈蚀不分流。动、静触头上装有引弧触头，使隔离开关具有良好的开合母线转换电流及电容、电感小电流的性能。电压等级有 126/252/330/550kV，结构特点是分闸后导电管不占用相间的距离，能节约占地面积，结构复杂，价格较高。

363、550kV 的插入式触头，采用封闭式的动静触头，合闸时静触棒插入梅花形触头中，接触可靠，通流能力高，承受短路电流能力强。无论分闸或合闸位置，动静触头都完全封闭，有效地防止雨雪、沙尘及大气污染对触头的影响，非常适合在恶劣的环境下长期运行。动、静触头上可装设引弧触头，使隔离开关具有优良的开合母线转换电流及电容、电感小电流的能力。

363kV 及以上接地开关为单臂立开式结构，触头为插入式，结构简单。分、合闸时接地导电杆分两步动作，合闸时，接地导电杆从水平向上转动升至静触头处，再向上直动插入梅花触头中，接触可靠，承受短路电流能力强。

10）GW27 系列。GW27 系列隔离开关是一种三柱水平旋转双断口隔离开关。主闸刀通过定位弹簧系统、球形万向节系统及静触头限位系统等，使分、合闸过程从传统的单一水平运动，改为水平运动和轴向旋转的复合运动，这样合闸过程减缓了静触头所受的冲击力，同时中间旋转绝缘子所受的扭矩也相应减小，机械性能好，操作力小，动作稳定可靠，机械寿命长。

接地闸刀是单臂直抡插入式，合闸时先旋转、后竖直向上插入静触头，结构简单，工作可靠。

11）GW28/29 系列。GW28 系列隔离开关是双柱、水平断口、单臂折叠插入式。GW29 系列隔离开关是单柱、垂直断口、单臂折叠插入式。

GW28/29 型产品的动、静触头接触采用插入式，静触棒插入到玫瑰形动触指中，并设有辅助动、静触头。从触指、触棒到传动系统都采用了全封闭结构，尤其是触指、触棒的结构。

在传动系统中，该型隔离开关在结构上采用了齿轮、齿条啮合位置调整装置和齿轮、齿条啮合间隙调整装置，从而使齿轮、齿条啮合更为合理。还增加了上导电管相对于下导电管合闸状态时的限位装置。这些措施确保了合闸状态时，上、下导电管位于同一轴线上，使产品的结构稳定性更好。

该产品的连接叉与上导电管、齿轮箱与下导电管分别焊在一起，并采取了良好的密封措施，避免了因上、下导电管内积存雨水而对传动系统造成的侵害。

12）CR/DR 型。CR 型隔离开关是西门子公司生产的中心断口隔离开关，额定电压 126～252kV。DR 型隔离开关是西门子公司生产的双面型隔离开关，额定电压 72.5～363kV。CR/DR 型隔离开关如图 2-48 所示。

CR/DR 型产品采用特殊的石墨镀银（干润滑技术），使铜合金触指能保持稳定的接触压力，并具有自洁功能，触指和触头采用点接触设计保证了接触的稳定性。

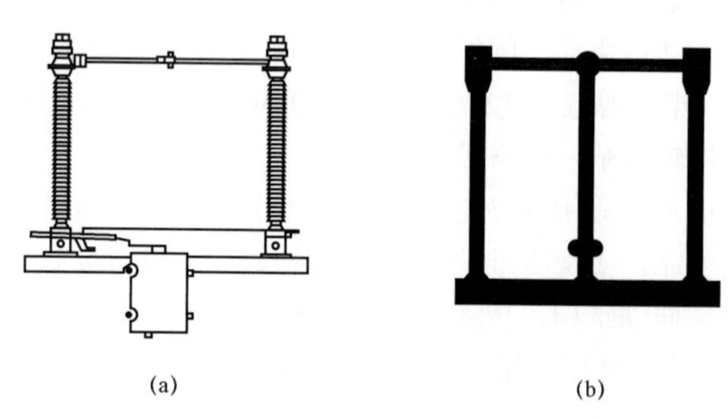

(a)　　(b)

图 2-48　CR/DR 型隔离开关

（a）CR 型；（b）DR 型

13）KR/YR 型。KR 型隔离开关是西门子公司生产的双柱水平伸缩式隔离开关，额定电压 126～550kV。YR 型隔离开关是西门子公司生产的单柱单臂垂直伸缩式隔离开关，额定电压 126～550kV。KR/YR 型隔离开关如图 2-49 所示。

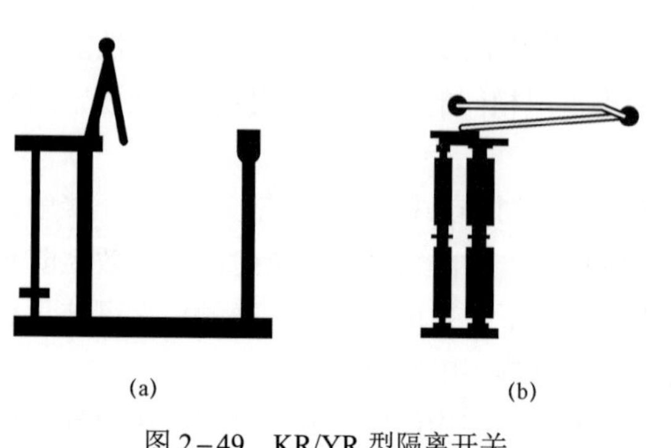

(a)　　(b)

图 2-49　KR/YR 型隔离开关

（a）KR 型；（b）YR 型

KR/YR 的触指采用 U 型结构，确保大电流通过时，紧紧抓握静触头。合闸时安装于动触头顶端的导向杆相互靠拢，防止静触头滑出；并采用机电分离设计，电流流经折臂铰接部位左右两侧的软导电片，旋转区域的软连接设计减少了摩擦，增加了使用寿命。

14）PR 型。PR 型隔离开关是西门子公司生产的单柱双臂垂直伸缩式隔离开关，额定电压 126～500kV。

该型隔离开关的动静触头上的导电片由银锡和合金（$AgSnO_2$）制成，合金触头耐高温电弧烧灼，可分合 1600A 的母线转换电流即无须附加切母线环流触头。并使用聚甲醛树脂套管（一种特殊尼龙）作为转动部位的机械轴，不会生锈，无润滑要求。

15）SPO/SPV 型。SPV（L）型隔离开关为阿尔斯通生产的单柱单臂垂直伸缩式隔离开关，额定电压为 550kV，一般用于母线侧，SPV 型隔离开关静触头为触指式，SPVL 型隔离开关静触头为喇叭口式。各型隔离开关如图 2－50～图 2－52 所示。

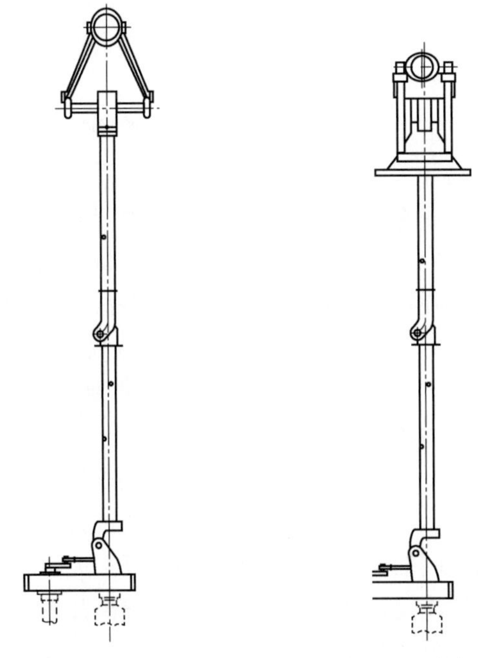

图 2－50　SPV 型隔离开关　　图 2－51　SPVL 型隔离开关

SPO（L）型隔离开关为双柱单臂水平伸缩式，额定电压为 550kV，一般用于线路侧，SPO 型隔离开关静触头为触指式，SPOL 型隔离开关静触头为喇叭口式。

该型号隔离开关额定持续电流为 3150/4000A，可分合 1600A 的母线转换电流，喇叭口隔离开关的动、静触头都在内部，运行环境良好，设备状态保持良好，使用寿命长。

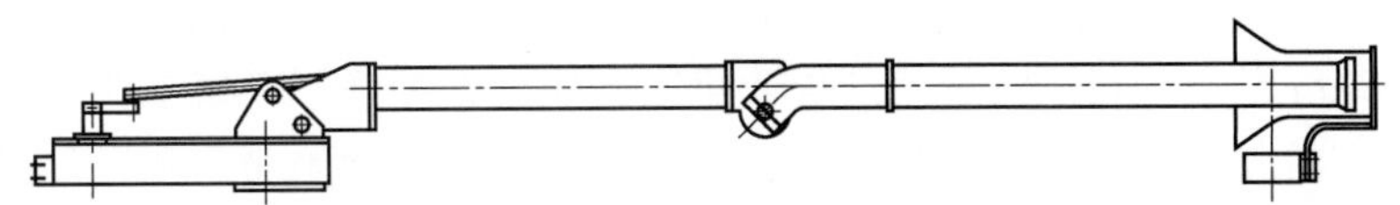

图 2－52　SPOL 型隔离开关

16）SSP 型。SSP 型隔离开关为法国 EGIC 生产的垂直伸缩式的三相交流户外高压电器，适用电压等级为 252～550kV。供高压线路在无符合电流情况下进行切换以及对被检修的高压母线、断路器等电气设备与带电高压线路进行电气隔离之用。该隔离开关由 3 相组成，按照需要可三相联动也可单相操作，具有操作力小，结构简单，动、静触头允许有较大接触范围等优点。

2.1.3.2　隔离开关结构

隔离开关的类型很多，按照部件的功能，可以分为导电系统、支柱绝缘子和操作绝缘子、操动机构和机械传动系统及底座。

1. 导电系统

隔离开关的导电系统是指隔离开关主导电回路，是系统电流流经的部分，包括接线端子装配部分、端子与导电杆的连接部分、导电杆、动触头和静触头装配等。隔离开关的主导电回路是电力系统主回路的组成部分，承受额定电流的通过，所以导电回路的设计应能耐受 1.1 倍额定电流而不超过允许温升值。

隔离开关的连接部分是指导电系统中各个部件之间的连接，包括接线端子与接线座的连接、接线座与导电杆的连接、导电杆与导电杆的连接（折叠式动触杆）、动触头与静触头之间的连接。这些连接部分有固定连接，也有活动连接，包括旋转部件的导电连接，这些连接部位的连接可靠性是保证导电系统可靠导电的关键。接线端子及载流部分应清洁，且应接触良好，接线端子（或触头）镀银层无脱落，可挠连接应无折损，表面应无严重凹陷及锈蚀，设备连接端子应涂以薄层电力复合脂。

隔离开关的触头是在合闸状态下系统电流通过的关键部位，它由动、静触头间通过一定的压力接触后形成电流通道。长久地保持动、静触头之间的必需的接压力是保证开关长期可靠运行的关键。触头弹簧应进行防腐防锈处理，应尽量采用外压式触头，如采用内压式触头，其触头弹簧必须采用可靠的防弹簧分流措施。对于静触头悬挂在母线上的单柱式隔离开关或接地开关，静触头应满足额定接触区的要求。触头间应接触紧密，两侧的接触压力应均匀且符合产品技术文件要求，当采用插入连接时，导体插入深度应符合产品技术文件要求。触头表面应平整、清洁，并涂以薄层中性凡士林。

2. 支柱绝缘子和操作绝缘子

隔离开关的支柱绝缘子是用以支撑其导电系统并使其与地绝缘的绝缘子，同时它还将支撑隔离开关的进、出引线；操作绝缘子则通过其转动将操动机构的操作力传递至与地绝缘的动触头系统，完成分合闸的操作。不同形式的隔离开关，支柱绝缘子同时也可作为操作绝缘子，既起支持作用，也起操作作用，如双柱式或三柱式隔离开关；但对于单柱式隔离开关，则要分设支柱绝缘子和操作绝缘子，各司其职。不管是支柱绝缘子还是操作绝缘子，它们既是电气元件也是机械部件。

支柱绝缘子应垂直于底座平面（V 形隔离开关除外），且连接牢固；同一绝缘子柱的各绝缘子中心线应在同一条直线上；同相各绝缘子柱的中心线应在同一垂直平面内。对于易发生黏雪、覆冰的区域，支柱绝缘子在采用大小相间的防污伞形结构基础上，每隔一段距离应采用一个超大直径伞裙（可采用硅橡胶增爬裙），支柱绝缘子所用伞裙伸出长度 8～10cm；当绝缘子表面灰密为等值盐密的 5 倍及以下时，支柱绝缘子统一爬电比距应满足要求。爬距不满足规定时，可复合支柱或复合空心绝缘子，也可将未满足污区爬距要求的绝缘子涂覆 RTV。绝缘子表面应清洁、无裂纹、破损、焊接残留斑点等缺陷，绝缘子与金属法兰胶装部位应牢固密实，在绝缘子金属法兰与瓷件的胶装部位涂以性能良好的防水密封胶。在钳夹最不利的位置下，隔离开关支柱绝缘子和硬母线的支柱绝缘子不应受额外的作用力。

3. 操动机构和机械传动系统

隔离开关的分合闸是通过操动机构和包括操作绝缘子在内的机械传动系统来实现的，操动机构分为人力操作和动力操作两种机构。人力或动力操作可分为直接操作和储能操作，储能操作一般是使用弹簧，可以是手动储能，也可以是电动机储能，或者是用压缩介质储能。在机械传动系统中，还包括隔离开关和接地开关之间的防止误操作的机构联锁装置，以及机械连接的分合闸位置指示器。

电动、手动操作应平稳、灵活、无卡涩，电动机的转向应正确，分合闸指示应与实际位置相符、限位装置应准确可靠、辅助开关动作应正确。操动机构输出轴与其本体传动轴应采用无级调节的连接方式。隔离开关、接地开关平衡弹簧应调整到操作力矩最小并加以固定，接地开关垂直连杆应涂以黑色油漆标识。折臂式隔离开关主拐臂调整应过死点。

传动机构拐臂、连杆、轴齿、弹簧等部件表面不应有划痕、锈蚀、变形等缺陷，具有良好的防腐性能。轴销应采用优质防腐防锈材质，且具有良好的耐磨性能，轴套应采用自润滑无油轴套，其耐磨、耐腐蚀、润滑性能与轴应匹配，转动连接轴承座应采用全密封结构，至少应有两道密封，不允许设注油孔。轴承润滑必须采用二硫化钼锂基脂润滑剂，保证在设备周围空气温度范围内能起到良好的润滑作用，严禁使用黄油等易失效变质的润滑脂。

机构箱应密闭良好、防雨防潮性能良好，箱内安装有防潮装置时，加热装置应完好，加热器与各元件、电缆及电线的距离应大于 50mm；机构箱内控制和信号回路应正确并符合《电气装置安装工程盘、柜及二次回路接线施工及验收规范》（GB 50171—2012）的有关规定。

4. 底座

隔离开关的底座是支柱和操作绝缘子的装配和固定基础，也是操动机构和机械传动系统的装配基础。隔离开关的底座可分为共底座和分离底座，分离底座中，每极的动、静触头分别装在两个底座上。

2.1.4 开关柜

2.1.4.1 开关柜分类

开关柜是金属封闭开关设备的俗称。按照《3.6kV～40.5kV 交流金属封闭开关设备和控制设备》（GB 3906—2020）关于 3～35kV 金属封闭开关设备的定义，金属封闭开关设备是指除进出线外，完全被金属外壳包住的开关设备。

1. 空气绝缘开关柜

按断路器安装方式可分为固定式开关柜和移开式（手车式）开关柜。移开式（手车式）开关柜内的主要电器元件（如断路器）是安装在可抽出的手车上的。固定式开关柜柜内所有的电器元件（如断路器或负荷开关等）均为固定式安装。

移开式（手车式）开关柜按手车安放位置，可分为落地手车和中置手车两种。落地手车本身落地，推入柜内，如图 2-53 所示。中置手车装于柜子中部，手车的装卸需要装载车，如图 2-54 所示。

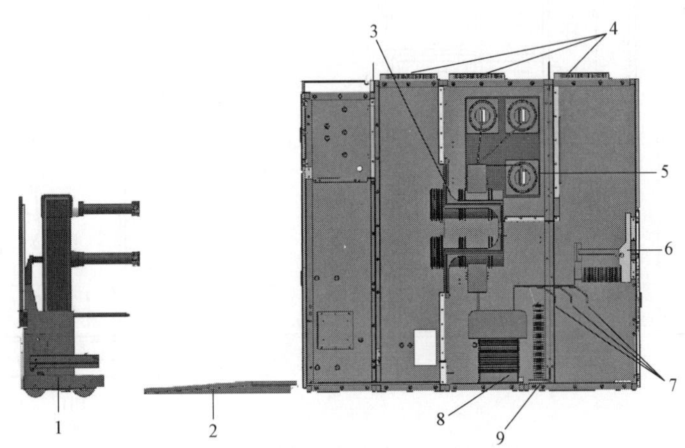

图 2-53　落地手车开关柜示例图

1—断路器；2—引轨；3—触头盒；4—泄压盖；5—套管；6—接地开关；7—接电缆；8—电流互感器；9—避雷器

按柜体结构可分为金属封闭间隔式开关柜、金属封闭铠装式开关柜、金属封闭箱式开关柜和敞开式开关柜。金属封闭铠装式各室间用金属板隔离且接地，用型号中字母 K 来表示，如 KYN 型。金属封闭间隔式各室间用一个或多个非金属板隔离，用型号中字母 J 来表示，如 JYN 型。金属封闭箱式具有金属外壳，但间隔数目少于铠装式或间隔式，用型号中字母 X 来表示；敞开式无防护等级要求，外壳有部分是敞开的开关设备，如 GG-1 型。JYN 和 KYN 型开关柜的典型结构如图 2-55 所示。

根据主回路隔室打开时其他隔室和/或功能单元是否可继续带电分为 LSC1 和 LSC2 两类。LSC2 有可触及隔室，打开功能单元的任意一个可触及隔室，所有其他功能单元仍旧可以继续带电正常运行，单母线开关柜的母线隔室除外。LSC1 是指除 LSC2 类外的开关柜，即维修期间开关柜必须停电，从系统上退出运行。

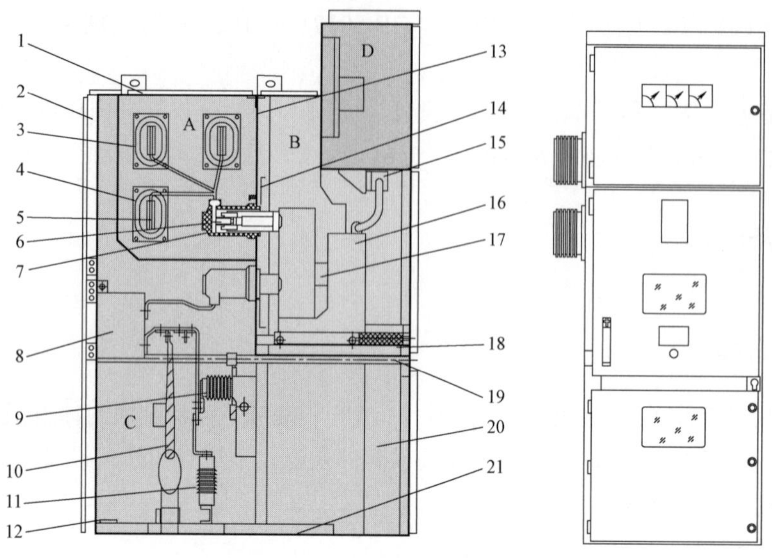

图 2-54 中置手车开关柜示例图

A—母线室；B—断路器手车室；C—电缆室；D—继电器仪表室；1—泄压装置；2—外壳；3—分支小母线；4—穿墙套管；5—主母线；6—静触头；7—静触头盒；8—电流互感器；9—接地开关；10—电缆；11—避雷器；12—接地母线；13—装卸式隔板；14—活门；15—二次插头；16—断路器手车；17—加热装置；18—可抽出式水平隔板；19—接地开关操动机构；20—控制小线槽；21—底板

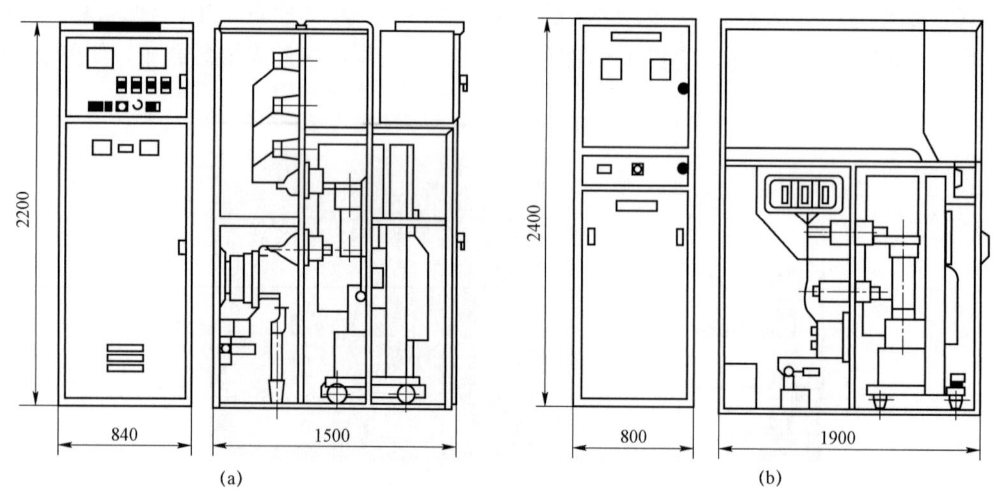

图 2-55 开关柜典型柜体结构设计

（a）JYN 型移开式金属封闭开关柜；（b）KYN 型移开式金属铠装开关柜

2. 充气柜

气体绝缘开关柜（充气柜）是将高压元件，如母线、断路器、隔离开关、互感器、电力电缆等封闭在充有较低压力（一般 0.02M～0.05MPa）气体的壳体内，如图 2-56 所示。它具有如下的优点：① 利用 SF_6气体绝缘，大大缩小了充气柜的体积及占地面积，有利于向小型化发展；② 因高压元件封闭在充 SF_6气体或者其他气体的壳体内，故不受外界环境的影响；③ 配用了免维护的真空开关，大大提高了可靠性。

3. 固体绝缘开关柜

采用固体介质将开关设备主回路高压元件全部包覆或固封组成的绝缘结构，除外部连接外，全部装配完成并封闭在接地的金属外壳内的开关设备和控制设备，如图 2-57 所示。

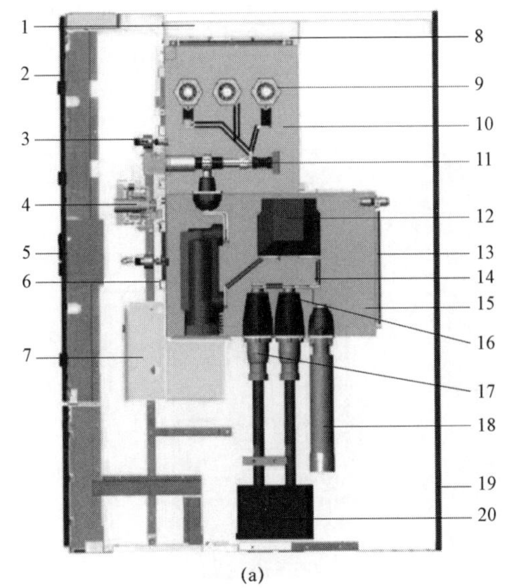

(a)

(b)

图 2-56 充气柜

(a) 结构图；(b) 实物图

1—柜架；2—控制室门；3—气体密度继电器；4—三工位开关操动机构；5—保护控制单元；6—真空断路器；7—真空断路器操作机构；8—主母线气室泄压口；9—主母线及连接插座；10—主母线气室；11—三工位开关；12—内置式电流互感器（可选）；13—断路器气室泄压口；14—支母线；15—断路器气室；16—电缆插座；17—电缆插头；18—插拔式避雷器；19—电缆室盖板；20—外置式电流互感器（可选）

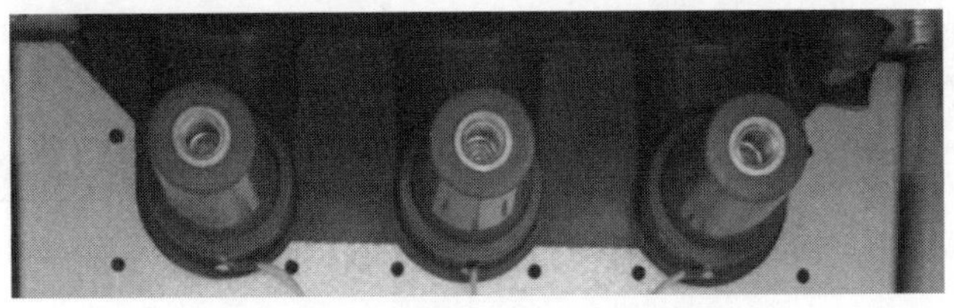

图 2-57 导体固封部件实物示例图

固体绝缘开关柜目前处于初期应用阶段，更多的应用在环网柜，变电站中较为少见。其具有结构紧凑、环境适应能力强、环保等优点，但也存在运行经验不足、制造工艺不稳定、长期运行绝缘下降隐患、价格较贵、存在散热瓶颈等问题。

2.1.4.2 开关柜功能结构

开关柜中的主要电气元件通常都有独立的隔室，用隔板分隔成断路器室、母线室、电缆室、继电器仪表室。开关柜上还设有泄压通道，用于发生内部故障电弧时泄放压力。各功能隔室通过金属隔板相互隔离，如图 2-58 所示。

1. 仪器仪表室

仪器仪表室位于柜体前部上方，其面板上安装有微机保护测控装置、保护出口压板、指示灯、切换开关等；室内安装有微机保护测控装置工作电源开关、储能电机电源开关、控制回路电源开关和端子排等，如图 2-59 所示。

2. 断路器室

断路器室位于柜体的前中部，其下部两侧安装了供断路器底盘车滑行的导轨，供断路器手车在内滑行和工作；其上部右前方装有航空插件的静触头座；其后壁上装有遮蔽上下静触头盒的活动帘板，如图 2–60 所示。

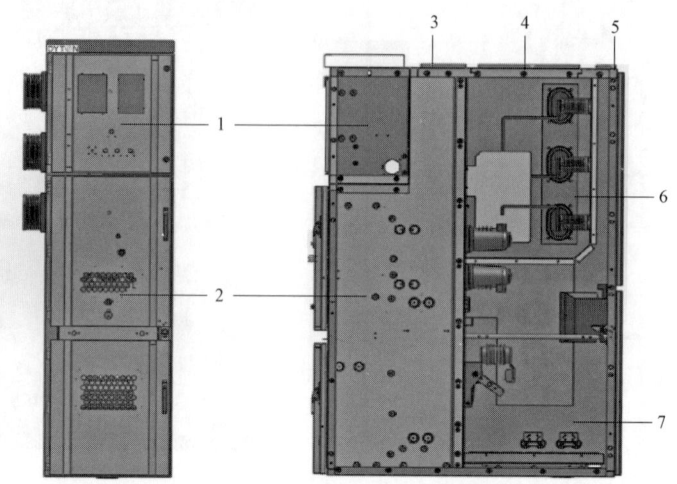

图 2–58　开关柜功能结构示例图

1—仪表室；2—手车室；3—手车室泄压；4—母线室泄压；5—电缆室泄压；6—母线室；7—电缆室

图 2–59　仪器仪表室实物示例图

图 2–60　断路器室实物示例图

3. 母线室

母线室位于柜体后上部，室内安装有主母线、穿墙套管和静触头盒，如图 2–61 所示。主母线由一个开关柜引至另一个开关柜时，由穿墙套管固定和支撑，主母线经分支母线和静触头盒连接。母线室顶部安装有压力释放装置。当某个高压隔室故障产生燃弧气体时，可以经各自独立的泄压通道，使泄压板朝上并向后打开，泄放燃弧气体。

4. 电缆室

电缆室位于柜体的后下部，如图 2–62 所示。根据运行要求，室内可安装电流互感器、快速接地开关、电压互感器、避雷器、零序电流互感器等元器件。接地开关与断路器手车、柜后封板之间配有“机械闭锁”装置。只有手车处于试验位置、且柜后封板封闭后，才能合上接地开关。

2.1.4.3　开关柜关键元件

1. 真空断路器

开关柜内断路器大多是真空断路器，少量 SF_6 断路器。对于电容器组电流大于 400A 的电容器回路，开关柜一般配置 SF_6 断路器。真空断路器应选用操动机构与本体一体化的结构。

真空断路器按结构大致可分为三类：

（1）分体式。通常采用悬挂布置或综合布置。断路器的灭弧室部分和操动机构部分为分体式，如图 2-63 所示。

（2）整体式。断路器的灭弧室和操动机构设置在一个几何尺寸尽量小的共同框架上，如图 2-64 所示。

图 2-61　母线室实物示例图

图 2-62　电缆室实物示例图

图 2-63　分体式真空断路器操动机构箱实物示例图

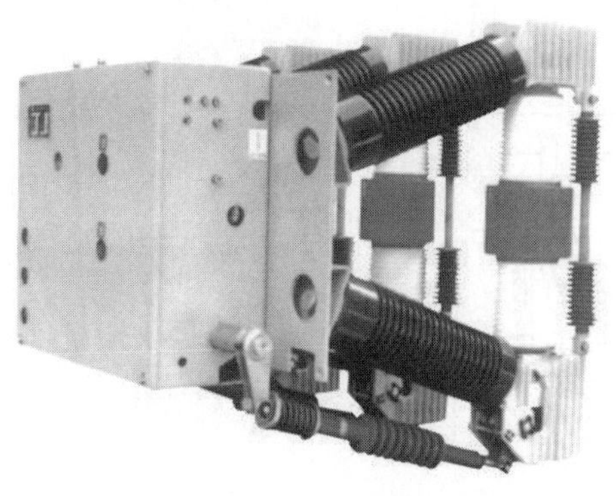

图 2-64　整体式真空断路器实物示例图

（3）整体式复合绝缘或全绝缘型。由一浇注的绝缘框架或管状绝缘体支撑真空灭弧室，有效地防止真空灭弧室受到机械或电气的损害，同时改善了电场分布，使相与地的绝缘可满足湿热及严重污秽环境要求，如图 2-65 所示。

将真空灭弧室和断路器相关的导电零件同时嵌入到环氧树脂或热塑性材料这类容易固化的固体绝缘材料中形成极柱，使整个断路器极柱成为一个整体的部件（见图 2-66），有以下两个优势：① 模块化设计，结构简单，可拆卸零件少，可靠性高；② 极高的绝缘杆能力，它将表面绝缘变成体积绝缘，相比空气绝缘，减少了环境的影响，大大提高了绝缘强度。

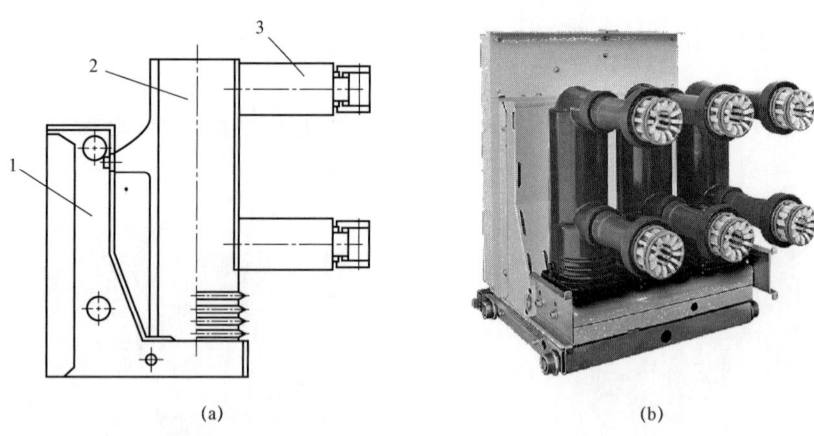

图 2-65　整体式复合绝缘或全绝缘型真空断路器

（a）结构图；（b）实物图

1—机构箱；2—绝缘筒；3—出线

2. 手车

断路器手车主要由灭弧室、绝缘支撑、传动机构、操动机构和底盘车组成。手车可分为落地式手车和中置式手车，如图 2-67 所示。手车室内安装有轨道和导向装置，供手车推进和拉出。手车在柜体内有工作位置、试验位置和断开位置，当手车需要移出柜体检查和维护时，直接拉出或利用专用装载车就可方便地取出。

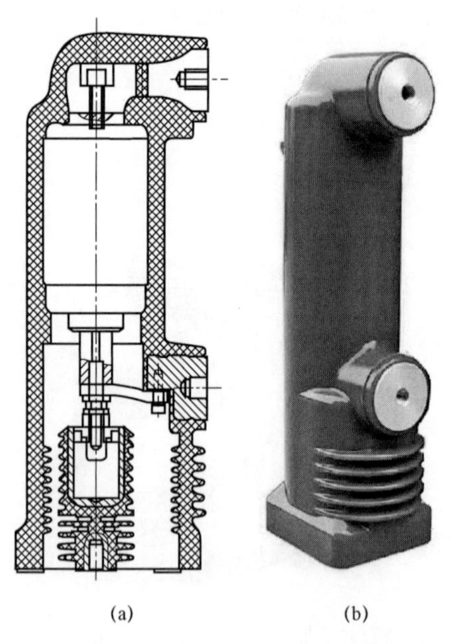

图 2-66　固封极柱结构和实物图

（a）结构图；（b）实物图

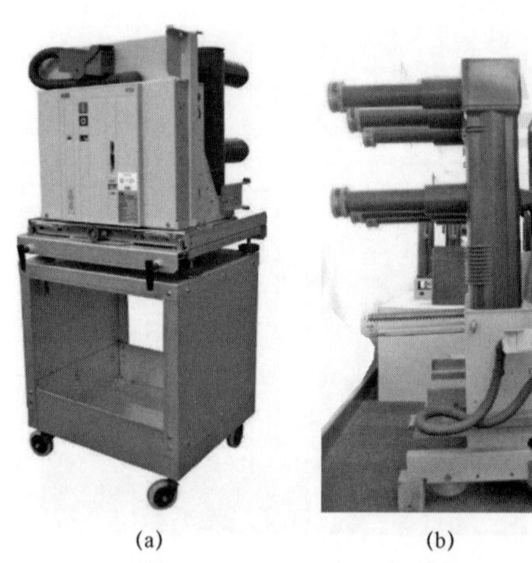

图 2-67　断路器手车实物图

（a）中置式手车；（b）落地式手车

手车中装设有接地装置，能与柜体接地导体可靠地连接。手车室底盘上装有丝杆螺母推进机构、联锁机构等。丝杆螺母推进机构可轻便地使手车在断开位置、试验位置和工作位置之间移动，借助丝杆螺母的自锁可使手车可靠地锁定在工作位置，防止因电动力的作用引起手车窜动而引发事故。联锁机构保证手车及其他部件的操作必须按规定的操作程序操作才能得以进行。

除断路器手车外，还有互感器手车、计量手车、熔断器手车、隔离手车等，如图 2-68 所示。

(a) (b) (c) (d)

图 2－68　其他类型手车实物示例图

(a) 互感器手车；(b) 计量手车；(c) 熔断器手车；(d) 隔离手车

3. 接地开关

接地开关可手动和电动（如有）操作，每组接地开关应装设一个机械式的分/合闸位置指示器。开关柜应装设接地开关观察窗，以便操作人员检查触头的位置。接地开关如图 2－69 所示。

4. 电流互感器

应根据系统短路容量合理选择电流互感器的容量、变比和特性，满足保护装置整定配合和可靠性的要求。电流互感器应同时提供励磁特性曲线、拐点电压，75℃时最大二次电阻值等数据。电流互感器如图 2－70 所示。

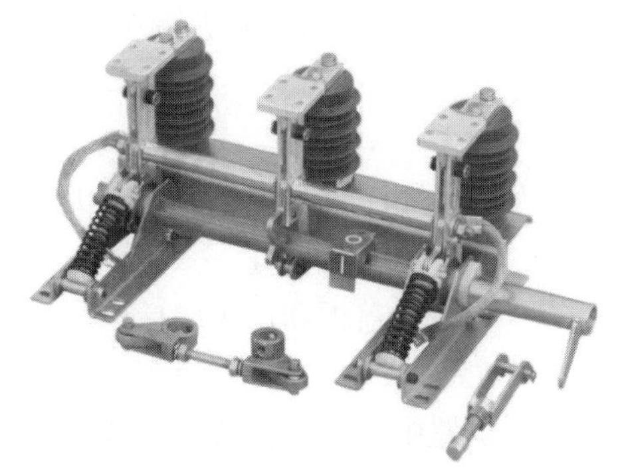

图 2－69　接地开关

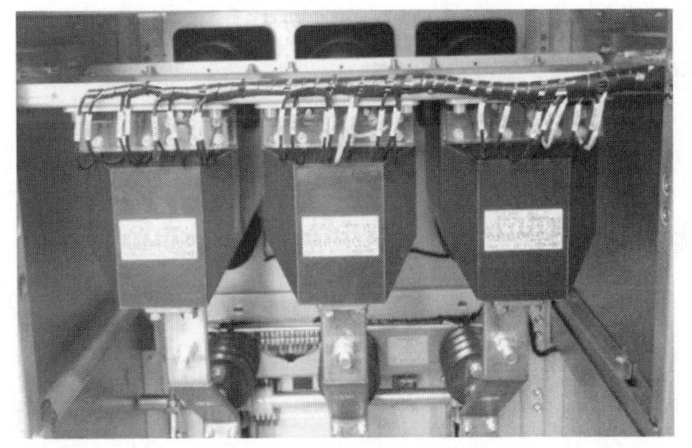

图 2－70　电流互感器

5. 电压互感器

开关柜内电压互感器应选用励磁特性饱和点较高、铁芯磁通不饱和且空载电流不显著增大的电压互感器，电压互感器柜内应有与开关柜参数相匹配的高压熔断器，且建议选用快速熔断器。电压互感器如图 2－71 所示。

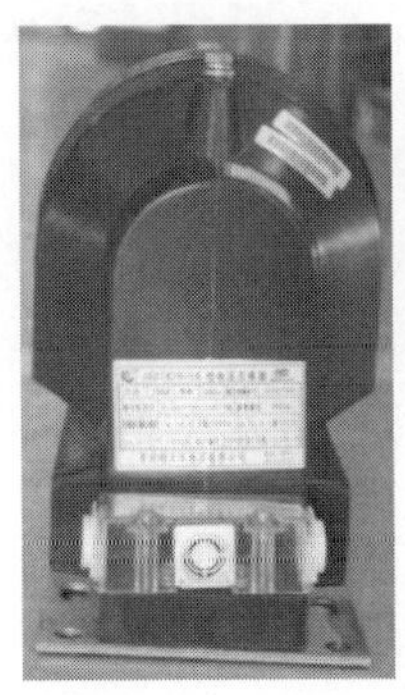

图 2－71　电压互感器

6. 避雷器

开关柜内避雷器应选用复合绝缘交流无间隙金属氧化物避雷器，如图 2-72 所示。根据运行经验，除电压互感器、电容器回路、专用负荷出线回路开关柜外，避雷器建议装设在柜外。

7. 站用变压器

站用变压器应采用干式、低损耗、散热好、全工况的加强绝缘型产品。站用变回路的开关设备应选用负荷开关或断路器。

图 2-72　避雷器

8. 压力释放装置

限制隔室内部压力的装置。封闭式开关柜必须设置压力释放通道，如图 2-73 所示。当产生内部故障电弧时，泄压通道将被自动打开，释放内部压力，压力排泄方向应可靠避开人员和其他设备，泄压盖板泄压侧应选用尼龙螺栓进行固定。

9. 外壳

开关柜的一部分，它能够提供规定的防护等级，以保护内部设备不受外界影响、防止人员接近或触及带电部分、防止人员触及运动部分。

开关柜的外壳，至少要满足 IP3X 的防护等级。作为外壳一部分的盖板和门关闭后，应具有与外壳相同的防护等级。

如果可移开部件处于接地位置、试验位置、隔离位置或移开位置中的任一位置时，其隔板或活门均为外壳的一部分，则它们应是金属的并接地，且应提供与外壳相同的防护等级。

开关柜侧板应使用非导磁材料或采取可靠措施避免形成闭合磁路，如图 2-74 所示。

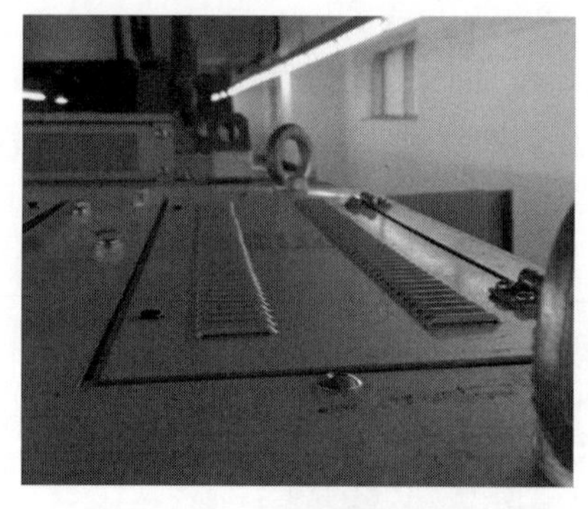

图 2-73　压力释放通道

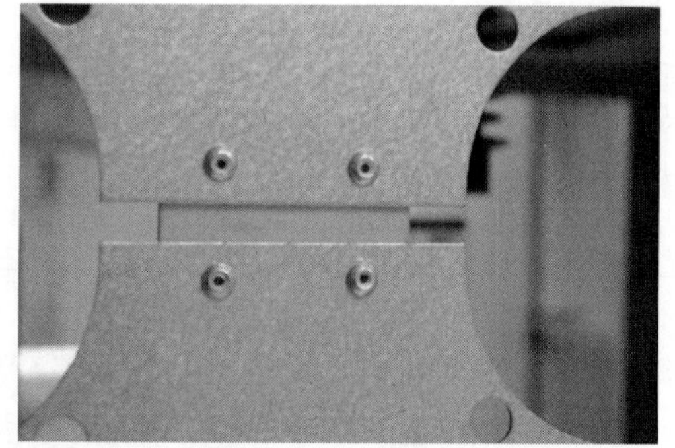

图 2-74　开关柜侧板开缺口并用不锈钢材料防止涡流

10. 带电显示装置

用以显示设备上带有运行电压的装置，由传感单元、显示单元、连接点（可选的）、联锁信号输出单元（可选的）等组成。其联锁信号输出单元应在传感单元发出“有电”或“无电”信号的同时对高压电气设备的联锁装置发出“闭锁”或“解锁”指令。

开关柜出线侧应装设具有自检功能的带电显示装置，并与线路侧接地开关实行联锁，具有自检功能和不具有自检功能的带电显示装置，如图 2–75 所示。

部分带电显示器上还设置有验电孔。在需要验电时，可以使用验电器对验电孔直接进行二次验电确认。

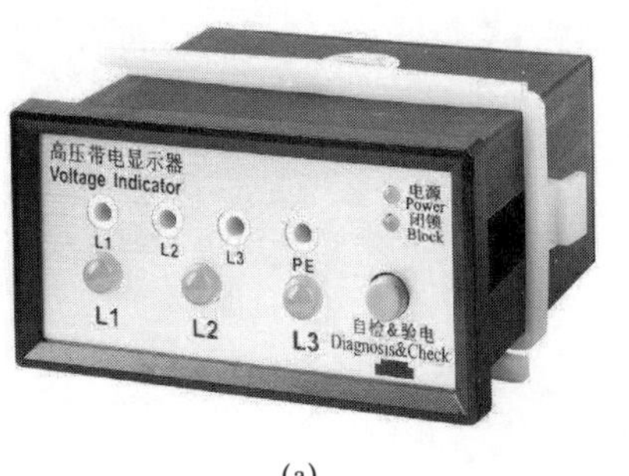

(a)

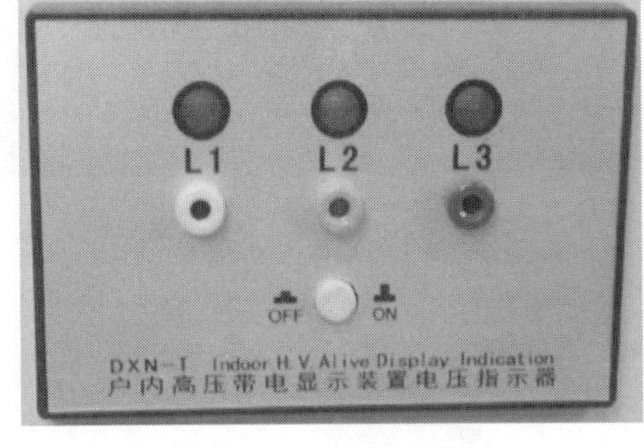

(b)

图 2–75　带电显示装置

（a）具有自检功能；（b）不具有自检功能

11. 隔板

隔板是金属封闭开关设备和控制设备的一个部件，它将一个隔室与另一个隔室隔开并提供规定的防护等级。用于屏蔽的可动活门是隔板的一部分（见图 2–76）。隔板上可以装有允许隔室间相互连接的部件（如套管、触头盒）。

为避免磁滞、涡流发热效应，柜内金属隔板、侧板、母线隔板等应使用非导磁材料或采取可靠措施避免形成闭合磁路。

图 2–76　隔板开缺口防止涡流

12. 活门

活门是金属封闭开关设备和控制设备的一种部件，它具有两个可以转换的位置，一个位置允许可移开部件的触头或隔离开关的动触头可以与固定触头相接合；在另一个位置时，成为外壳或隔板的一部分，遮挡住固定触头。

活门由金属板制成，在手车移向工作位置的过程中，活门被手车上的驱动块和联杆打开，手车移开后活门自动关闭，上下活门能分别开启，如图 2–77 所示。手车在试验位置时，活门将手车与主回路隔离。在活门机构的左右侧连板上可设置自锁装置（见图 2–78），满足断路器抽出后，不能直接拉动上、下活门的要求，在检修时，可锁定带电侧活门，从而确保操作、维修人员的安全。

13. 微机继电保护装置

微机继电保护装置（见图 2–79）通过接入的电流互感器、电压互感器等测量元件的信号，通过分析电流、电压数值的变化做出相应的保护动作，发出命令给执行机构迅速分断主回路，如相间短路保护、过负荷保护等。根据规程要求，线路和母线设备的继电保护装置宜设在就地开关柜上。

14. 综合位置模拟显示装置

综合位置模拟显示装置（见图 2–80）通常具有一次回路模拟图、开关状态、断路器位置、接地闸刀位置、弹簧储能状态、高压带电指示等功能，并且还具有高压带电闭锁、温湿度控制等控制功能。装置由模拟指示部分、高压带电指示部分、温湿度控制部分组成。通常安装在开关柜前柜门上。

图 2-77　上、下活门开启

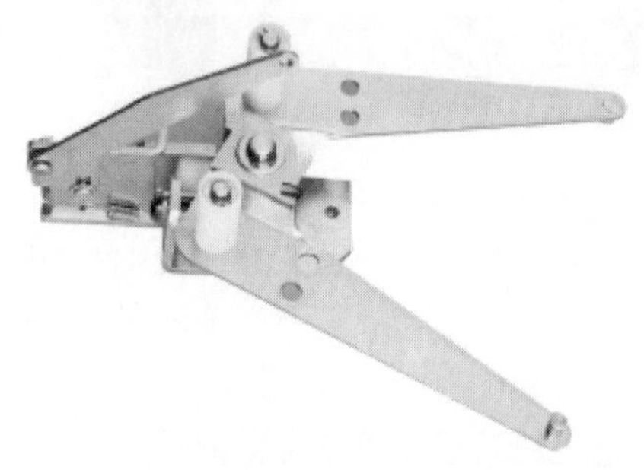

图 2-78　活门机构自锁装置

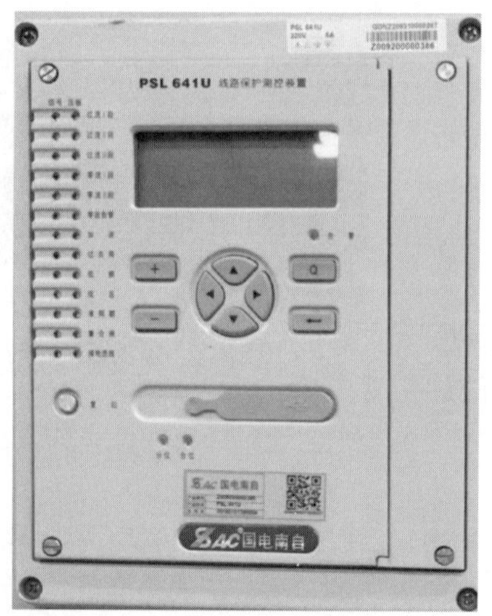

图 2-79　保护测控装置

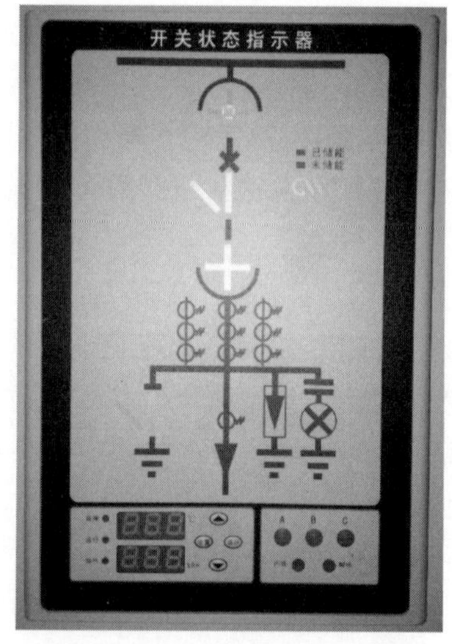

图 2-80　综合位置模拟显示装置

15. 接地回路

将高压导电部件同设施的接地系统相连的导体、连接以及接地装置的导电部件。

柜体的接地端子经紧固螺钉或螺栓连接到接地铜排（见图 2-81），将相邻的接地铜排连接起来构成接地主母线，接地主母线经电缆与配电室接地网相连。

为适应开关柜柜门灵活开闭，要求柜门的接地采用软铜线连接（见图 2-82）。

16. 穿墙套管与触头盒

穿墙套管是用于母排穿过柜体的绝缘件，触头盒用于手车柜的静触头穿过隔板连接到电源侧和负荷侧的绝缘件，均起到绝缘隔离和连接过渡作用。触头盒母线室部分见图 2-83。

双屏蔽指在绝缘件的内壁、外层分别增设导电层，导电内层与带电体连接，导电外层与绝缘件安装孔嵌件相连。双层屏蔽起到了增大高压电极/地电极的曲率半径，使电场分布趋向均匀；内、外屏蔽消除了母线与绝缘件内壁、柜体与绝缘件外壁的电压差，从而避免绝缘件内、外壁的放电，极大地降低了该部位的局放水平。由于 35kV 设备放电现象更严重，采购规程未对 10kV 设备提出要求，但推荐 10kV 设备采用内外双屏蔽结构。图 2-84 为带内屏蔽的穿墙套管。

图 2-81　柜体接地铜排

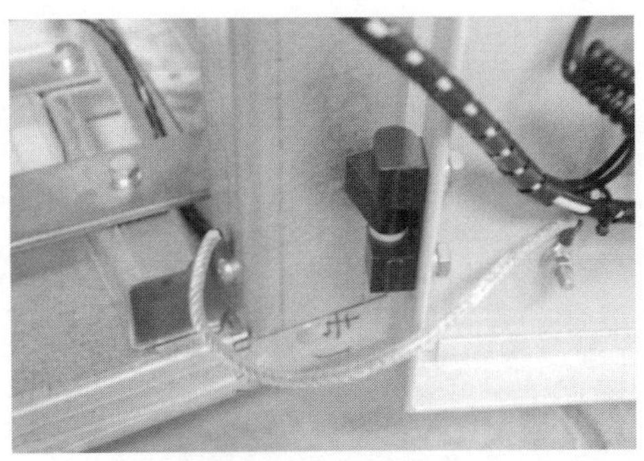

图 2-82　柜门软连接接地

图 2-83　触头盒母线室部分

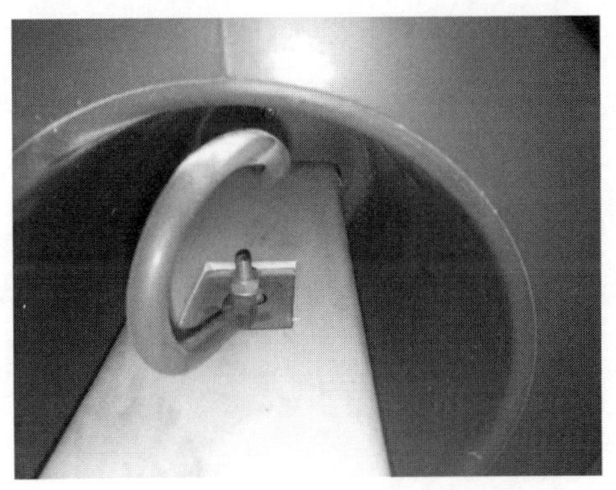

图 2-84　带内屏蔽的穿墙套管

17. 绝缘子

用于母排的绝缘和机械固定支撑的绝缘件。母线室绝缘子如图 2-85 所示。

18. 观察窗

观察窗至少应达到对外壳规定的防护等级。观察窗应该使用机械强度与外壳相当的透明遮板，同时应有足够的电气间隙和静电屏蔽等措施（如在观察窗的内侧加一个适当的接地金属编织网），以防止形成危险的静电电荷。高压带电部分与观察窗的可触及表面之间的绝缘应能耐受《高压开关设备和控制设备标准的共用技术要求》（DL/T 593—2016）4.2 规定的对地和极间的试验电压。

观察窗可设置在前中门、前下门、后下门等位置。观察窗的大小应在满足燃弧试验要求的基础上，尽量增大。通过观察窗可以观察手车隔离、试验、工作位置，接地开关分、合闸位置，断路器面板上的分合指示、分合按钮，电缆接头有无放电、变色，开关柜内是否有凝露等异常现象。观察窗如图 2-86 所示。

图 2-85　母线室绝缘子

19. 驱潮加热设施

为了防止在高湿度或温度变化较大的气候环境中产生凝露带来危险，在断路器室和电缆室内可分别设驱潮及加热装置，并配以温、湿度自动控制器，应具有自动启停和人工整定功能，防止开关柜在上述环境中使用和防止绝缘水平下降。开关柜内加热器与二次线缆的距离应大于 50mm。加热器及温湿度控制器如图 2－87、图 2－88 所示。

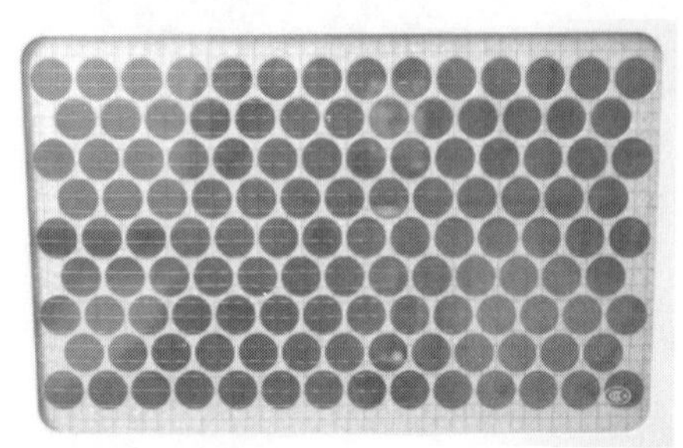

图 2－86 观察窗

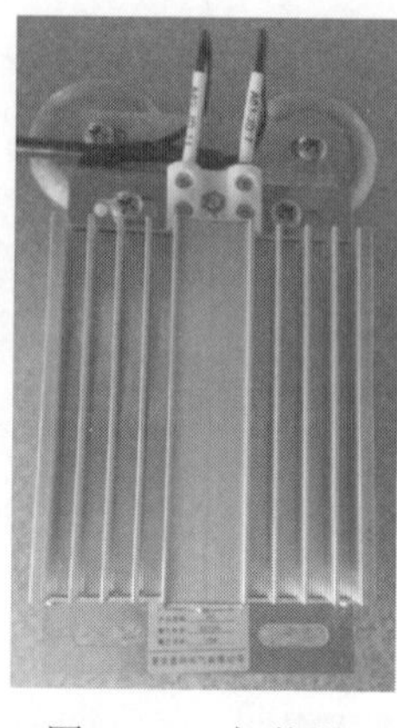

图 2－87 加热器

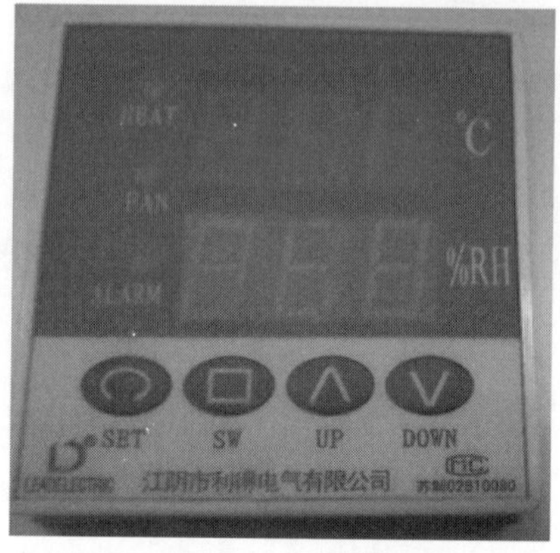

图 2－88 温湿度控制器

20. 风机

为防止过热故障，对于额定电流不小于 4000A 的大电流开关柜或总路开关柜，建议采用风机对柜内强制风冷，风机应具有自动启停功能。为保证风机可靠运行，对风机的运行状态，应具备远方监视、异常告警功能，宜达到不停电更换风机功能。应在设备巡视时检查大电流开关柜或进线柜的风机运行情况。

2.1.5 直流电源

直流电源系统是发电厂、变电站设备操作电源以及保护装置的可靠电源，主要由蓄电池、充电装置、绝缘监测装置、微机监控装置、馈线网络、保护电器等附件组成。直流电源规划、设计、设备选型是否合理、适当，能否安全、稳定及可靠供给，对保障电力设备的正常运行有着至关重要的作用。

2.1.5.1 直流电源分类

直流电源是维持电路中形成稳恒电压的装置系统，它是发电厂、变电站可靠的控制电源。在正常情况下，变电站直流系统为控制信号，继电保护，自动装置，断路器跳、合闸操作回路提供可靠的电源。当发生交流电源消失的事故情况下为事故照明、交流不停电源和需要使用直流电源作为控制电源及动力电源的设备继续保持一段时间的持续供电，直至事故处理完毕恢复交流供电。目前，发电厂、变电站直流电源主要采用蓄电池、高频开关充电装置组成的直流控制电源系统，按结构可分为单蓄单充直流电源系统、单蓄双充直流电源系统、双蓄双充直流电源系统、双蓄三充直流电源系统（见图 2－89）。按电压等级可分为 48、110、220V 直流电源。

图 2－89 双蓄三充直流电源系统

2.1.5.2 直流电源功能单元

1. 蓄电池单元

目前变电站直流电源常用的蓄电池有镉镍蓄电池和铅酸蓄电池两种类型。镉镍蓄电池是指采用金属镉作负极活性物质、氢氧化镍作正极活性物质的碱性蓄电池，有圆柱密封式、扣式、方形密封式等多种类型。但是其记忆效应严重，镉的排放对生态环境影响较铅大得多，目前广泛应用的是阀控密封铅酸蓄电池（见图 2–90）。铅酸蓄电池是指用铅和二氧化铅分别作为负极和正极的活性物质，以硫酸水溶液作为电解液的电池，按用途和外形结构分为固定型和移动型，固定型铅酸蓄电池又分为开口式、封闭式、防酸隔爆式、消氢式和阀控密封式等。铅酸蓄电池的优点是适用温度和电流范围大、储存性能好、化学能和电能转换效率高、充放电循环次数多、端电压高、容量大、无记忆效应。缺点为内阻大、自放电电流较大、维护复杂、需要有良好的通风环境、抗震性能较差。

2. 充电装置单元

目前充电装置主要有高频开关模块型和晶闸管整流型两种。

（1）高频开关模块型充电装置。单块额定电流通常为 5、10、20、40A 等，由于具有体积小、质量轻、技术性能、指标先进、使用维护方便、效率高、可靠性高、自动化水平高等优点，因此应用广泛。

（2）晶闸管整流型充电装置。接线简单，输出功率较大，价格较便宜，技术性能满足直流系统要求。

直流电源系统中，充电装置可采用高频开关模块型，也可选用晶闸管整流型。目前广泛应用的是高频开关模块型充电装置，见图 2–91。

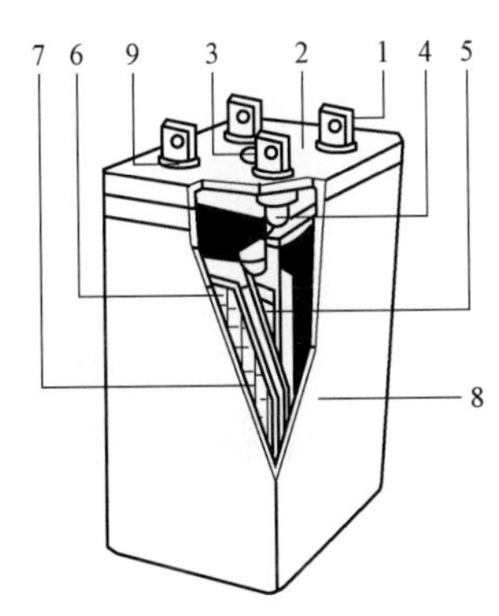

图 2–90　阀控密封铅酸蓄电池

1—接线端子；2—盖；3—安全阀；4—极柱；5—正极板；6—隔板；7—负极板；8—外壳；9—端子胶

图 2–91　高频开关模块型充电装置

3. 绝缘监测装置单元

直流电源系统应设置直流绝缘监测装置，当直流系统发生接地故障或绝缘下降至规定值时，绝缘监测装置应可靠动作，并发出信号。绝缘监测装置应能测出正、负母线对地的电压值和绝缘电阻值，并能测出各分支路回路绝缘电阻值。其电压和绝缘电阻监测范围及精度见表 2–2、表 2–3。

表 2-2　　电压监测的范围和精度

显示项目	检测范围	测量精度
母线电压 U_b	$80\%U_n \leqslant U_b \leqslant 130\%U_n$	±1.0%
母线对地直流电压 U_d	$U_d \leqslant 10\%U_n$	应显示具体数值
	$10\%U_n \leqslant U_d \leqslant 130\%U_n$	±1.0%
母线对地交流电压 U_a	$U_n < 10V$	应显示具体数值
	$10V \leqslant U_a \leqslant 242V$	±5.0%

注　U_n为直流系统标称电压。

表 2-3　　对地绝缘电阻测量精度

项目	对地绝缘电阻检测范围 R_i（kΩ）	测量精度
系统对地绝缘电阻	$R_i < 10$	应显示具体数值
	$10 \leqslant R_i \leqslant 60$	±5%
	$61 < R_i \leqslant 200$	±10%
	$201 < R_i$	应显示具体数值
支路对地绝缘电阻	$R_i < 10$	应显示具体数值
	$10 \leqslant R_i \leqslant 50$	±15%
	$51 < R_i \leqslant 100$	±25%
	$101 < R_i$	应显示具体数值

绝缘监测装置分为在线监测和离线监测两种，电力系统中采用功能较完善的微机型在线监测装置（见图 2-92），具有单极一点或多点、双极同支路或不同支路接地时告警选线、母线电压异常告警选线、母线对地电压偏差告警选线、交流窜电告警选线、直流互窜告警选线等功能。

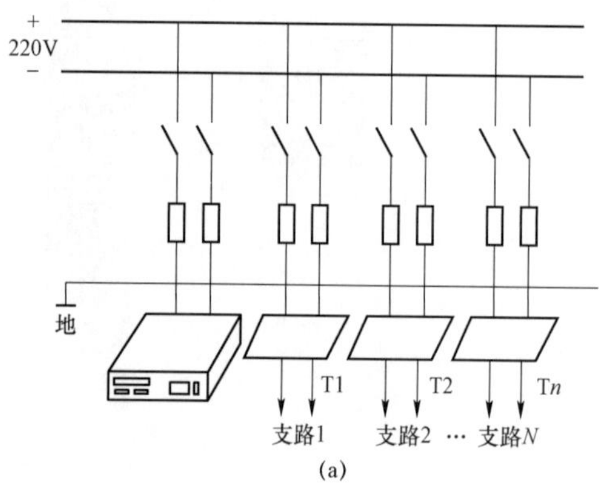

(a)

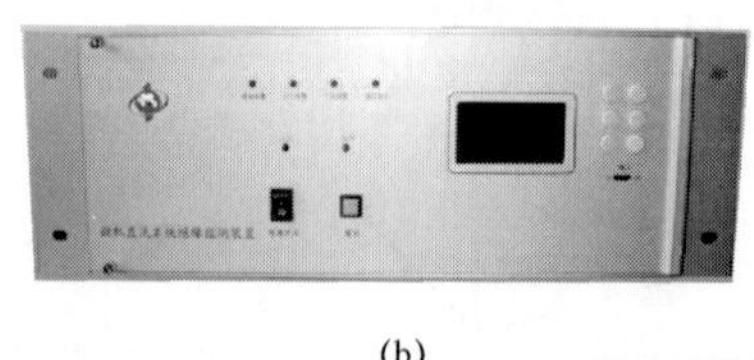
(b)

图 2-92　微机型在线绝缘监测装置
（a）接线图；（b）实物图

4. 微机监控装置单元（见图 2-93）

微机监控单元的基本功能是完成直流电源系统和监控中心的信息交流，是对被监控设备实施遥信、遥测、遥调和遥控，完成被监控设备的配置、操作的装置，具有采集功能、显示功能、管理控制功能、报警功能。

5. 馈线网络单元

为了提高直流馈电的可靠性，直流馈线网络采用辐射供电方式。辐射供电网络是以电源点即直流柜上的直流母线为中心，直接向各用电负荷供电的一种方式，具有减少干扰源，一个设备由1～2条馈线直接供电，具有方便检修、便于寻找故障点、压降小、便于配置级差等特点，见图2-94。

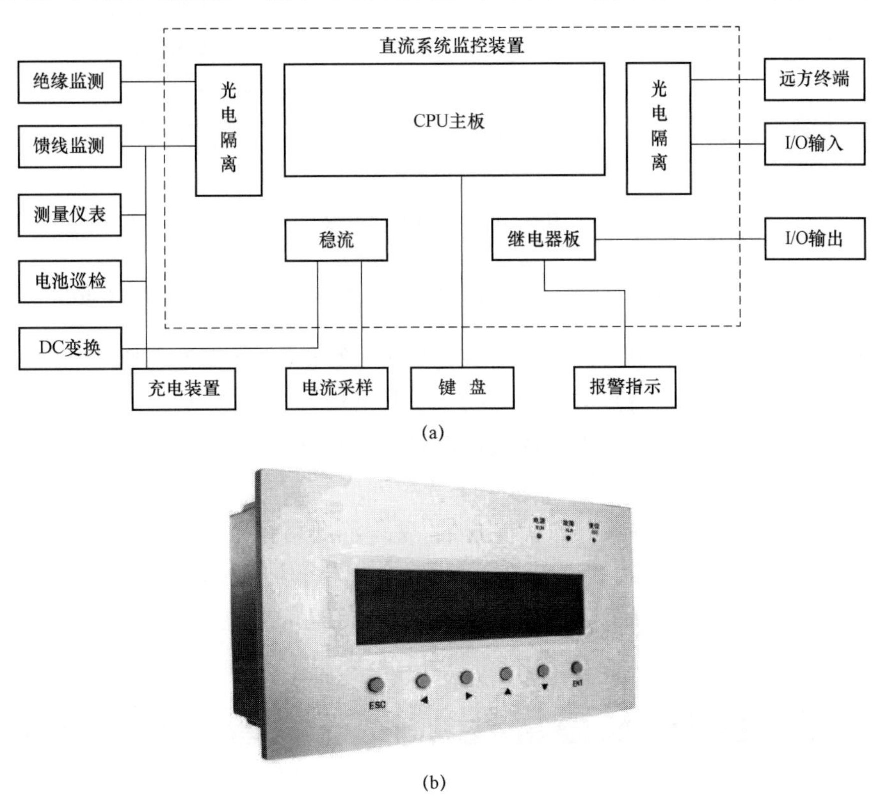

图2-93 微机监控装置

（a）原理图；（b）实物图

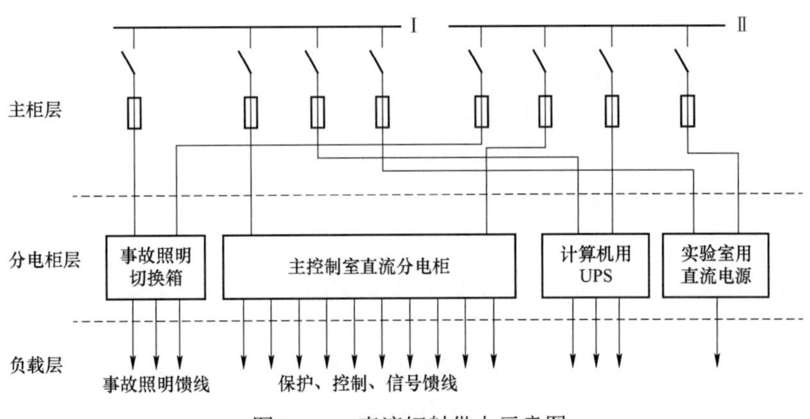

图2-94 直流辐射供电示意图

2.1.5.3 直流电源关键元件

1. 直流保护电器

当直流发生短路故障时，感受不同短路电流的断路器将以不同的时间从直流系统中切除，按照动作时间的不同，断路器保护特性可以分为三类，见图2-95。

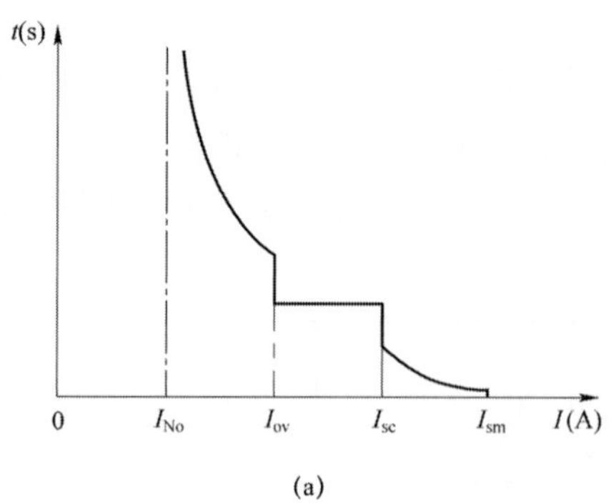

(a)

(b)

图 2－95　直流保护电器

（a）原理图；（b）实物图

0～I_{No}—正常运行电流；I_{No}～I_{ov}—过载电流；I_{ov}～I_{sc}—一般短路电流；I_{sc}～I_{sm}—大短路电流

（1）过载长延时保护。故障电流较小，经过长延时（数秒到 1h 内）动作切除故障的保护。

（2）短路瞬时保护。故障电流较大，瞬时动作（几毫秒）切除故障的保护。

（3）短路延时保护。故障电流较大，经较短延时（几十毫秒）切除故障的保护。

2. 直流常规仪表

直流柜上应装设下列长测表计：① 直流主母线、蓄电池回路和充电装置输出回路的直流电压表；② 蓄电池回路和充电装置输出回路的直流电流表；③ 直流分电柜应装设直流电压表。

直流柜和直流分电柜上所有测量表计，宜采用 1.5 指针式或 4 位半精度数字式表计。

2.2　开关类设备及直流电源技术监督依据的标准体系

2.2.1　组合电器

组合电器包含 SF_6 断路器、隔离/接地开关、电流互感器、电压互感器、避雷器、母线等诸多功能单元，采用 SF_6 气体作为绝缘介质，因此其标准体系包含对多类功能单元技术条件、设计选型、安装施工、交接试验、运行维护、状态评价、竣工验收等方面的要求以及国家电网有限公司发布的一系列反事故措施文件，具体分类如下：

1. 组合电器设备整体及各功能单元产品及技术要求

主要是对组合电器及其内部功能单元与绝缘介质的使用条件、额定参数、设计与结构以及试验等方面的相关要求，具体包括：

《高压开关设备和控制设备标准的共用技术要求》（GB/T 11022—2011）；

《继电保护和安全自动装置技术规程》（GB/T 14285—2006）；

《电能计量装置技术管理规程》（DL/T 448—2016）；

《气体绝缘金属封闭开关设备技术条件》（DL/T 617—2010）；

《国家电网公司电力安全工作规程（变电部分）》（Q/GDW 1799.1—2013）；

《交流高压开关设备技术监督导则》（Q/GDW 11074—2013）。

2. 组合电器设备及其功能单元设计选型标准

主要是电网规划设计单位在开展组合电器选型、参数核算以及零部件设计等工作时依据的产品设计、计算规程及选用导则，具体包括：

《气体绝缘金属封闭开关设备选用导则》（DL/T 728—2013）；

《电流互感器和电压互感器选择及计算规程》（DL/T 866—2015）；

《导体和电器选择设计技术规定》（DL/T 5222—2005）。

3. 组合电器设备安装施工及验收规范

主要是设备安装单位在开展组合电器安装工程的施工与质量验收时依据的相关规范，具体包括：

《电气装置安装工程　高压电器施工及验收规范》（GB 50147—2010）；

《电气装置安装工程　母线装置施工及验收规范》（GB 50149—2010）；

《铝制焊接容器》（JB/T 4734—2002）；

《承压设备无损检测　第 3 部分：超声检测》（NB/T 47013.3—2015）；

《电力工程施工测量技术规范》（DL/T 5445—2010）；

《六氟化硫封闭组合电器（GIS 和 HGIS）验收规范》（Q/GDW－10－J440—2008）；

《变电站设备验收规范　第 27 部分：土建设施》（Q/GDW 11651.27—2016）。

4. 组合电器设备检测试验标准

主要是设备检测试验负责单位在开展组合电器现场调试、交接试验以及检验测量等工作时依据的相关标准，具体包括：

《电气装置安装工程电气设备交接试验标准》（GB 50150—2016）；

《高压开关设备和控制设备标准的共用技术要求》（DL/T 593—2016）；

《铝制焊接容器》（JB/T 4734—2002）；

《承压设备无损检测　第 3 部分：超声检测》（NB/T 47013.3—2015）；

《气体绝缘金属封闭开关设备现场交接试验规程》（DL/T 618—2011）；

《继电保护和电网安全自动装置检验规程》（DL/T 995—2016）。

5. 组合电器运维检修相关标准

主要是指设备运维单位在开展组合电器状态检修、运行维护、预防性试验、状态评价等工作时依据的相关标准。具体包括：

《六氟化硫电气设备中气体管理和检测导则》（GB/T 8905—2012）；

《气体绝缘金属封闭开关设备运行及维护规程》（DL/T 603—2017）；

《输变电设备状态检修试验规程》（Q/GDW 1168—2013）。

6. 组合电器技术监督相关标准

主要是指技术监督单位在开展组合电器与所用 SF_6 气体全过程技术监督时依据的相关规定。具体包括：

《电网金属技术监督规程》（DL/T 1424—2015）；

《交流高压开关设备技术监督导则》（Q/GDW 11074—2013）；

《电网一次设备报废技术评估导则》（Q/GDW 11772—2017）。

7. 组合电器反事故措施文件

主要是指在组合电器设计选型、运输、安装、试验、验收和运行维护等全过程管理方面制订的一系列反事故措施，具体包括：

《关于印发〈关于加强气体绝缘金属封闭开关设备全过程管理重点措施〉的通知》（国家电网生〔2011〕1223 号）；

《国家电网公司关于印发户外 GIS 设备伸缩节反事故措施和故障分析报告的通知》（国家电网运

检〔2015〕902号）；

《国网基建部关于印发GIS安装质量管控重点措施的通知》（基建安质〔2016〕7号）；

《国网基建部关于发布输变电工程设计常见病案例清册的通知》（基建技术〔2016〕65号）；

《电网设备技术标准差异条款统一意见》（国家电网科〔2017〕549号）；

《国家电网有限公司关于印发十八项电网重大反事故措施（修订版）的通知》（国家电网设备〔2018〕979号）。

2.2.2 断路器

断路器技术监督标准体系包含对多类功能单元技术条件、设计选型、安装施工、交接试验、运行维护、状态评价、竣工验收等方面的要求以及国家电网公司发布的一系列反事故措施文件，具体分类如下：

1. 断路器设备整体及各功能单元产品及技术要求

主要是对断路器及其内部功能单元与绝缘介质的使用条件、额定参数、设计与结构以及试验等方面的相关要求，具体包括：

《气体绝缘金属封闭开关设备技术条件》（DL/T 617—2010）；

《高压开关设备和控制设备标准的共用技术要求》（DL/T 593—2016）；

《高压开关设备和控制设备标准的共用技术要求》（GB/T 11022—2011）；

《126kV～550kV交流断路器采购标准　第1部分：通用技术规范》（Q/GDW 13082.1—2018）。

2. 断路器设备及其功能单元设计选型标准

主要是电网规划设计单位在开展断路器选型、参数核算以及零部件设计等工作时依据的产品设计、计算规程及选用导则，具体包括：

《导体和电器选择设计技术规定》（DL/T 5222—2005）；

《气体绝缘金属封闭开关设备选用导则》（DL/T 728—2013）；

《国家电网公司防止变电站全停十六项措施（试行）》（国家电网运检〔2015〕376号）。

3. 断路器设备安装施工及验收规范

主要是设备安装单位在开展断路器安装工程的施工与质量验收时依据的相关规范，具体包括：

《电气装置安装工程　高压电器施工及验收规范》（GB 50147—2010）；

《电气装置安装工程　母线装置施工及验收规范》（GB 50149—2010）；

《电气装置安装工程　质量检验及评定规程　第6部分：接地装置施工质量检验》（DL/T 5161.6—2018）；

《电气装置安装工程　接地装置施工及验收规范》（GB 50169—2016）；

《国家电网公司变电验收管理通用细则　第2分册：断路器验收细则》（国家电网企管〔2017〕206号）；

《国家电网公司变电验收管理通用细则　第27分册：土建设施验收细则》（国家电网企管〔2017〕206号）；

《国家电网公司变电评价管理通用细则　第2分册：断路器精益化评价细则》（国家电网企管〔2017〕206号）；

《变电站精益化管理评价细则　第三节　断路器评价细则》（国家电网企管〔2017〕206号）；

《输变电工程建设标准强制性条文实施管理规程》（Q/GDW 248.5—2015）；

《输变电工程设备安装质量管理重点措施（试行）》（基建安质〔2014〕38 号）。

4. 断路器设备检测试验标准

主要是设备检测试验负责单位在开展断路器现场调试、交接试验以及检验测量等工作时依据的相关标准，具体包括：

《电气装置安装工程电气设备交接试验标准》（GB 50150—2016）；

《国家电网公司变电站精益化管理评价细则　第 3 分册：断路器评价细则》（国家电网企管〔2017〕206 号）；

《气体绝缘金属封闭开关设备现场交接试验规程》（DL/T 618—2011）；

《继电保护和电网安全自动装置检验规程》（DL/T 995—2016）。

5. 断路器运维检修相关标准

主要是指设备运维单位在开展组合电器状态检修、运行维护、预防性试验、状态评价等工作时依据的相关标准。具体包括：

《气体绝缘金属封闭开关设备运行及维护规程》（DL/T 603—2017）；

《输变电设备状态检修试验规程》（Q/GDW 1168—2013）；

《气体绝缘金属封闭开关设备选用导则》（DL/T 728—2013）；

《输变电设备状态检修试验规程》（DL/T 393—2010）；

《国家电网公司变电检修通用管理规定》（国家电网企管〔2017〕206 号）；

《国家电网公司变电运维管理通用细则　第 4 分册：隔离开关运维细则》（国家电网企管〔2017〕206 号）；

《国家电网公司输变电装备配置管理规范》；

《六氟化硫电气设备中气体管理和检测导则》（GB/T 8905—2012）。

6. 断路器技术监督相关标准

主要是指技术监督单位在开展断路器与所用 SF_6 气体全过程技术监督时依据的相关规定。具体包括：

《交流高压开关设备技术监督导则》（国家电网企管〔2014〕890 号）；

《交流高压开关设备技术监督导则》（Q/GDW 11074—2013）；

《六氟化硫电气设备气体监督导则》（DL/T 595—2016）。

7. 断路器反事故措施发文

主要是指在断路器设计选型、运输、安装、试验、验收和运行维护等全过程管理方面制订的一系列反事故措施，具体包括：

《关于加强气体绝缘金属封闭开关设备全过程管理重点措施》（国家电网生〔2011〕1223 号）；

《国家电网有限公司关于印发十八项电网重大反事故措施（修订版）的通知》（国家电网设备〔2018〕979 号）；

《电网设备技术标准差异条款统一意见》（国家电网科〔2017〕549 号）。

2.2.3 隔离开关

1. 隔离开关整体及各功能单元产品及技术要求

主要是对隔离开关其功能单元与绝缘介质的使用条件、额定参数、设计与结构以及试验等方面的相关要求，具体包括：

《高压交流隔离开关和接地开关》（DL/T 486—2010）；

《高压开关设备和控制设备标准的共用技术要求》（GB/T 11022—2011）；

《电力系统污区分级与外绝缘选择标准　第1部分：交流系统》（Q/GDW 1152.1—2014）；

《电气装置安装工程　高压电器施工及验收规范》（GB 50147—2010）；

《高压交流隔离开关和接地开关》（GB 1985—2014）；

《126kV～550kV交流三相隔离开关/接地开关采购标准　第1部分：通用技术规范》；

《高压开关设备和控制设备标准的共用技术要求》（DL/T 593—2016）；

《标称电压高于1000V系统用户内和户外支柱绝缘子　第1部分：瓷或玻璃绝缘子的试验》（GB/T 8287.1—2008）。

2. 隔离开关设备及其功能单元设计选型标准

主要是电网规划设计单位在开展隔离开关选型、参数核算以及零部件设计等工作时依据的产品设计、计算规程及选用导则，具体包括：

《高压配电装置设计规程》（DL/T 5352—2018）；

《导体和电器选择设计技术规定》（DL/T 5222—2005）；

《高压开关设备和控制设备的抗震要求》（GB/T 13540—2009）；

《火力发电厂、变电站二次接线设计技术规程》（DL/T 5136—2012）。

3. 隔离开关设备安装施工及验收规范

主要是设备安装单位在开展隔离开关安装工程的施工与质量验收时依据的相关规范，具体包括：

《变电站精益化管理评价细则　第四节　隔离开关评价细则》（国家电网企管〔2017〕206号）；

《高压交流隔离开关和接地开关》（GB 1985—2004）；

《标称电压高于1000V系统用户内和户外支柱绝缘子　第1部分：瓷或玻璃绝缘子的试验》（GB/T 8287.1—2008）；

《国家电网公司变电验收管理通用细则》；

《电气装置安装工程　盘、柜及二次回路接线施工及验收规范》（GB 50171—2012）；

《导体和电器选择设计技术规定》（DL/T 5222—2005）；

《电气装置安装工程　接地装置施工及验收规范》（GB 50169—2016）；

《国家电网公司输变电工程标准工艺（三）工艺标准库》（2012年版）工艺编号0102030202工艺标准。

4. 隔离开关设备检测试验标准

主要是设备检测试验负责单位在开展隔离开关现场调试、交接试验以及检验测量等工作时依据的相关标准，具体包括：

《输变电设备状态检修试验规程》（Q/GDW 1168—2013）；

《电气装置安装工程　电气设备交接试验标准》（GB 50150—2016）；

《建筑变形测量规范》（JGJ 8—2016）；

《输变电设备状态检修试验规程》（DL/T 393—2010）；

《1000kV交流电气设备预防性试验规程》（GB/Z 24846—2009）。

5. 隔离开关运维检修相关标准

主要是指设备运维单位在开展隔离开关状态检修、运行维护、预防性试验、状态评价等工作时依据的相关标准。具体包括：

《国家电网公司变电检修通用管理规定》；

《国家电网公司变电运维管理通用细则　第 2 分册　断路器运维细则》（国家电网企管〔2017〕206 号）；

《国家电网公司输变电装备配置管理规范》。

6. 隔离开关技术监督相关标准

主要是指技术监督单位在开展隔离开关全过程技术监督时依据的相关规定。具体包括：

《交流高压开关设备技术监督导则》（Q/GDW 11074—2013）；

《电网金属技术监督规程》（DL/T 1424—2015）。

7. 隔离开关反事故措施发文

主要是指在隔离开关设计选型、运输、安装、试验、验收和运行维护等全过程管理方面制订的一系列反事故措施，具体包括：

《防止电气误操作装置管理规定》（国家电网生〔2003〕243 号）；

《国家电网有限公司关于印发十八项电网重大反事故措施（修订版）的通知》（国家电网设备〔2018〕979 号）；

《防止电力生产事故的二十五项重点要求》（国能安全〔2014〕161 号）；

《国家电网公司关于印发电网设备技术标准差异条款统一意见的通知》（国家电网科〔2017〕549 号）。

2.2.4　开关柜

开关柜包含真空断路器、隔离/接地开关、电流互感器、电压互感器、避雷器、母线等诸多功能单元，采用空气、SF_6 气体或氮气作为柜体内绝缘介质，因此其标准体系包含对多类功能单元技术条件、设计选型、安装施工、交接试验、运行维护、状态评价、竣工验收等方面的要求以及国网公司发布的一系列反事故措施文件，具体分类如下：

1. 开关柜设备整体及各功能单元产品及技术要求

主要是对开关柜及其内部功能单元与绝缘介质的使用条件、额定参数、设计与结构以及试验等方面的相关要求，具体包括：

《3～35kV 交流金属封闭开关设备和控制设备》（GB 3906—2020）；

《高压开关设备和控制设备标准的共用技术要求》（GB/T 11022—2011）；

《220kV～750kV 变电站设计技术规程》（DL/T 5218—2012）；

《3.6kV～40.5kV 交流金属封闭开关设备和控制设备》（DL/T 404—2018）；

《高压开关设备和控制设备标准的共用技术要求》（DL/T 593—2016）；

《继电保护和安全自动装置运行管理规程》（DL/T 587—2016）；

《12kV～40.5kV 高压开关柜采购标准　第 1 部分：通用技术规范》（Q/GDW 13088.1—2014）。

2. 开关柜设备及其功能单元设计选型标准

主要是电网规划设计单位在开展开关柜选型、参数核算以及零部件设计等工作时依据的产品设计、计算规程及选用导则，具体包括：

《导体和电器选择设计技术规定》（DL/T 5222—2005）；

《3～110kV 高压配电装置设计规范》（GB 50060—2008）；

《火力发电厂与变电站设计防火规范》（GB 50229—2019）；

《火力发电厂、变电站二次接线设计规程》（DL/T 5136—2012）；

《电力装置电测量仪表装置设计规范》（GB/T 50063—2017）；

《塑料　燃烧性能的测定　水平法和垂直法》（GB/T 2408—2008）；

《10kV 高压开关柜选型技术原则和检测技术规范》（Q/GDW 11252—2014）；

《国网基建部关于进一步明确变电站通用设计开关柜选型技术原则的通知》（基建技术〔2014〕48 号）；

《10kV～110（66）kV 线路保护及辅助装置标准化设计规范》（Q/GDW 766—2012）；

《防止电力生产事故二十五项重点要求及编制释义》（国电调〔2002〕138 号）。

3. 开关柜设备安装施工及验收规范

主要是设备安装单位在开展开关柜安装工程的施工与质量验收时依据的相关规范，具体包括：

《电气装置安装工程　高压电器施工及验收规范》（GB 50147—2010）；

《交流电气装置的接地设计规范》（GB/T 50065—2011）；

《电气装置安装工程　盘、柜及二次回路接线施工及验收规范》（GB 50171—2012）；

《国家电网公司输变电工程标准工艺（六）标准工艺设计图集（变电工程部分）》。

4. 开关柜设备检测试验标准

主要是设备检测试验负责单位在开展开关柜现场调试、交接试验以及检验测量等工作时依据的相关标准，具体包括：

《电气装置安装工程电气设备交接试验标准》（GB 50150—2016）；

《接地装置特性参数测量导则》（DL/T 475—2017）；

《电能计量装置技术管理规程》（DL/T 448—2016）；

《110（66）～750kV 智能变电站一次设备技术要求及接口规范　第 12 部分：高压开关柜》（Q/GDW 11071.12—2013）。

5. 开关柜运维检修相关标准

主要是指设备运维单位在开展开关柜状态检修、运行维护、预防性试验、状态评价等工作时依据的相关标准。具体包括：

《12（7.2）kV～40.5kV 交流金属封闭开关设备状态检修导则》（Q/GDW 612—2011）；

《输变电设备状态检修试验规程》（Q/GDW 1168—2013）；

《国家电网公司电力安全工作规程变电部分》（Q/GDW 1799.1—2013）；

《国家电网公司关于印发变电和直流专业精益化管理评价规范的通知》（国家电网运检〔2015〕224 号）；

《国家电网公司无人值守变电站运维管理规定》［国网（运检/4）302—2014］；

《国网运检部关于印发基于不停电检测的开关柜状态检修工作指导意见的通知》（运检技术〔2015〕166 号）。

6. 开关柜技术监督相关标准

主要是指技术监督单位在开展开关柜全过程技术监督时依据的相关规定。具体包括：

《交流高压开关设备技术监督导则》（Q/GDW 11074—2013）；

《电网金属技术监督规程》（DL/T 1424—2015）。

7. 开关柜反事故措施发文

主要是指在开关柜设计选型、运输、安装、试验、验收和运行维护等全过程管理方面制订的一系列反事故措施，具体包括：

《国家电网有限公司关于印发十八项电网重大反事故措施（修订版）的通知》（国家电网设备〔2018〕979 号）；

《国家电网公司关于印发电网设备技术标准差异条款统一意见的通知》(国家电网科〔2017〕549 号);

《防止变电站全停十六项措施(试行)》(国家电网运检〔2015〕376 号)。

2.2.5 直流电源

直流电源和交直流一体化电源包含蓄电池、充电装置、监控装置和绝缘监测装置等多个组成部分,因此其标准体系包含对每部分的技术条件、设计选型、安装施工、交接试验、运行维护、状态评价、竣工验收等方面的要求以及国家电网有限公司发布的一系列反事故措施文件,具体分类如下:

1. 直流电源设备整体及各功能单元产品及技术要求

主要是对直流电源、一体化电源系统整体及其蓄电池、监控装置、整流逆变、绝缘监测装置等部分的使用条件、额定参数、设计与结构以及试验、监造、采购等方面的相关要求,具体包括:

电力工程直流电源设备通用技术条件及安全要求(GB/T 19826—2014);

电力用直流电源监控装置(DL/T 856—2018);

发电厂、变电所蓄电池用整流逆变设备技术条件(DL/T 857—2004);

电力用直流和交流一体化不间断电源设备(DL/T 1074—2019);

直流电源系统绝缘监测装置技术条件(DL/T 1392—2014);

电力设备监造技术导则(DL/T 586—2008);

站用交直流一体化电源系统技术规范(Q/GDW 576—2010);

变电站直流系统绝缘监测装置技术规范(Q/GDW 1969—2013);

变电站直流电源系统技术标准(Q/GDW 11310—2014);

国家电网有限公司直流电源系统物资采购标准 2018 年版。

2. 直流电源设备及其功能单元设计、选型及制造标准

主要是电网规划设计单位在开展直流电源系统选型、参数核算以及零部件设计等工作时依据的产品设计、计算规程及选用导则,具体包括:

固定型阀控式铅酸蓄电池　第 1 部分:技术条件(GB/T 19638.1—2014);

固定型阀控式铅酸蓄电池　第 2 部分:产品品种和规格(GB/T 19638.2—2014);

电力用固定型阀控式铅酸蓄电池(DL/T 637—2019);

电力用直流电源设备(DL/T 459—2017);

电力工程直流系统设计技术规程(DL/T 5044—2014)。

3. 直流电源设备安装施工及验收规范

主要是设备安装单位在开展直流电源安装工程的施工与质量验收时依据的相关规范,具体包括:

电气装置安装工程蓄电池施工及验收规范(GB 50172—2012);

智能设备交接验收规范　第 4 部分:站用交直流一体化电源(Q/GDW 753.4—2012)。

4. 直流电源运维检修相关标准

主要是指设备运维单位在开展直流电源状态检修、运行维护、检修试验、状态评价等工作时依据的相关标准。具体包括:

电力系统用蓄电池直流电源装置运行与维护技术规程(DL/T 724—2021);

变电站直流系统状态检修导则(Q/GDW 606—2011);

变电站直流系统状态评价导则(Q/GDW 607—2011);

《输变电一次设备缺陷分类标准（试行）》（国网生变电〔2011〕53 号）；

《国家电网公司输变电设备检修规范》（国家电网生技〔2005〕173 号）；

《国家电网公司无人值守变电站运维管理规定》（国网运检/4 302—2014）；

《国家电网公司变电运维管理规定　第 24 分册：站用直流电源系统运维细则》（国家电网企管〔2017〕828 号）；

《国家电网公司变电评价管理规定　第 26 分册：站用直流电源系统精益化评价细则》（国家电网企管〔2017〕830 号）；

《国家电网公司变电检修管理规定　第 27 分册：站用直流电源系统检修细则》（国家电网企管〔2017〕831 号）。

5. 直流电源技术监督相关标准

主要是指技术监督单位在开展直流电源全过程技术监督时依据的相关规定。具体包括：

直流电源系统技术监督导则（Q/GDW 11078—2013）。

6. 直流电源反事故措施发文

主要是指直流电源设备在退役报废阶段全过程管理方面依据的管理规定，具体包括：

《国家电网公司电网实物资产管理规定》（国家电网企管〔2014〕1118 号）。

7. 直流电源反事故措施发文

主要是指在直流电源设计选型、运输、安装、试验、验收和运行维护等全过程管理方面制订的一系列反事故措施，具体包括：

《国家电网公司预防直流电源系统事故措施》（国家电网生〔2004〕641 号）；

《国家电网有限公司关于印发十八项电网重大反事故措施（修订版）的通知》（国家电网设备〔2018〕979 号）；

《电网设备技术标准差异条款统一意见》（国家电网科〔2014〕315 号）；

《防止电力生产事故的二十五项重点要求》（国能安全〔2014〕161 号）；

《国家电网公司关于印发电网设备技术标准差异条款统一意见的通知》（国家电网科〔2017〕549 号）。

2.3　开关类设备及直流电源技术监督方法

2.3.1　资料检查

2.3.1.1　组合电器

通过查阅工程可研报告、产品图纸、技术规范书、工艺文件、试验报告、试验方案等文件资料，判断监督要点是否满足监督要求。

1. 规划可研阶段

组合电器规划可研阶段监督要求见表 2–4。

表 2-4　　组合电器规划可研阶段监督要求

监督项目	检查资料	监督要求
GIS 设备参数选择	工程可研报告和相关批复，属地电网规划	GIS 设备额定短时耐受电流、额定峰值耐受电流、额定短路开断电流、外绝缘水平、环境适用性（海拔、污秽、温度、抗震等）满足现场运行实际要求和远景发展规划需求
GIS 设备户内外安装方式	工程可研报告和相关批复	1. 用于低温（年最低温度为-30℃及以下）、日温差超过 25K、重污秽 e 级或沿海 d 级地区、城市中心区、周边有重污染源（如钢厂、化工厂、水泥厂等）的 363kV 及以下 GIS，应采用户内安装方式。 2. 550kV 及以上 GIS 经充分论证后确定布置方式
GIS 设备分期建设规划合理性	工程可研报告和相关批复	1. 如计划扩建母线，宜在扩建接口处预装一个内有隔离开关（配置有就地工作电源）或可拆卸导体的独立隔室，气室压力应纳入监控后台。 2. 如计划扩建出线间隔，宜将母线隔离开关、接地开关与就地工作电源一次上全
电流互感器设备选型	工程可研报告和相关批复	1. 330kV 及以上系统保护、高压侧为 330kV 及以上的变压器和 300MW 及以上的发电机变压器组差动保护用电流互感器宜采用 TPY 电流互感器。 2. 220kV 系统保护、高压侧为 220kV 的变压器和 100MW 级～200MW 级的发电机变压器组差动保护用电流互感器可采用 P 类、PR 类或 PX 类电流互感器。互感器可按稳态短路条件进行计算选择，为减轻可能发生的暂态饱和影响宜具有适当暂态系数。 3. 110kV 及以下系统保护用电流互感器可采用 P 类电流互感器。 4. 330～1000kV 线路保护宜选用 TPY 级电流互感器

2. 工程设计阶段

组合电器工程设计阶段监督要求见表 2-5。

表 2-5　　组合电器工程设计阶段监督要求

监督项目	检查资料	监督要求
GIS 室安全配置	GIS 配电室设施配置情况的一次、二次图纸	1. GIS 配电装置室低位区应安装能报警的氧量仪和 SF_6 气体泄漏报警仪，在工作人员入口处应装设显示器。 2. 室内应安装有足够的通风排气装置，且排气出风口应设置在室内底部，照明、报警和通风排气装置的电源空开，应布置于配电室外
GIS 气室分隔合理性	GIS 气室分隔图、设计资料和平面布置图	1. GIS 最大气室的气体处理时间不超过 8h。252kV 及以下设备单个气室长度不超过 15m，且单个主母线气室对应间隔不超过 3 个。 2. 双母线结构的 GIS，同一间隔的不同母线隔离开关应各自设置独立隔室。252kV 及以上 GIS 母线隔离开关禁止采用与母线共隔室的设计结构。 3. 550kV 及以下 GIS 的单个主母线隔室的 SF_6 气体总量不宜超过 300kg。 4. 盆式绝缘子应尽量避免水平布置
GIS 母线设备配置合理性	GIS 气室分隔图、GIS 接线图和平面布置图	1. 双母线、单母线或桥形接线中，GIS 母线避雷器和电压互感器应设置独立的隔离开关。 2. 3/2 断路器接线中，GIS 母线避雷器和电压互感器不应装设隔离开关，宜设置可拆卸导体作为隔离装置。可拆卸导体应设置于独立的气室内。 3. 架空进线的 GIS 线路间隔的避雷器和线路电压互感器宜采用外置结构
GIS 避雷器结构合理性	母线避雷器和出线避雷器资料、GIS 气室分隔图和平面布置图	GIS 内的 SF_6 避雷器应做成单独的气隔，并应装设防爆装置、监视压力的压力表（或密度继电器）和补气用的阀门
盆式绝缘子结构型式合理性	GIS 具体结构图纸	新投运 GIS 采用带金属法兰的盆式绝缘子时，应预留窗口用于特高频局部放电检测。采用此结构的盆式绝缘子可取消罐体对接处的跨接片，但生产厂家应提供型式试验依据。如需采用跨接片，户外 GIS 罐体上应有专用跨接部位，禁止通过法兰螺栓直连
电缆终端选型	电缆终端图纸	110（66）kV 及以上电压等级电缆的 GIS 终端和油浸终端宜选择插拔式，人员密集区域或有防爆要求场所的应选择复合套管终端

续表

监督项目	检查资料	监督要求
断路器选型	设备材料明细表，断路器的一次和二次图纸	220kV及以上电压等级线路、变压器、母线、高压电抗器、串联电容器补偿装置等输变电设备的保护应按双重化配置，相关断路器的选型应与保护双重化配置相适应，220kV及以上电压等级断路器必须具备双跳闸线圈机构。1000kV变电站内的110kV母线保护宜按双套配置，330kV变电站内的110kV母线保护宜按双套配置
GIS设备分期建设计划合理性	扩建间隔的一次、二次图纸	1. 同一分段的同侧GIS母线原则上一次建成。如计划扩建母线，宜在扩建接口处预装可拆卸导体的独立隔室；如计划扩建出线间隔，应将母线隔离开关、接地开关与就地工作电源一次上全。预留间隔气室应加装密度继电器并接入监控系统。 2. 新投的252kV母联（分段）、主变压器、高压电抗器断路器应选用三相机械联动设备
控制回路设计	断路器的二次图纸	1. 断路器二次回路不应采用RC加速设计。 2. 同一间隔内的多台隔离开关的电机电源，在端子箱内必须分别设置独立的开断设备
计量装置选型	工程设计资料、设备材料明细表	1. 计量用互感器的准确度等级不应低于标准规定。 2. 电能计量装置中电压互感器二次回路电压降不应大于其额定二次电压的0.2%。 3. 计量用互感器二次回路的连接导线应采用铜质单芯绝缘线。对电流二次回路，连接导线截面积应按电流互感器的额定二次负荷计算确定，至少应不小于4mm²。对电压二次回路，连接导线截面积应按允许的电压降计算确定，至少应不小于2.5mm²。 4. 互感器实际二次负荷的选择应保证接入其二次回路的实际负荷在25%～100%额定二次负荷范围内。二次回路接入静止式电能表时，电压互感器额定二次负荷不宜超过10VA，额定二次负荷不宜超过5VA。电流互感器额定二次负荷的功率因数应为.8～1.0；电压互感器额定二次功率因数应与实际二次负荷的功率因数接近。 5. 电流互感器额定一次电流的确定，应保证其在正常运行中的实际负荷电流达到额定值的60%左右，至少应不小于30%。否则应选用高动热稳定电流互感器以减小变化
电流互感器设备选型	工程设计资料、设备材料明细表	1. 330kV及以上系统保护、高压侧为330kV及以上的变压器和300MW及以上的发电机变压器组差动保护用电流互感器宜采用TPY电流互感器。 2. 220kV系统保护、高压侧为220kV的变压器和100MW级～200MW级的发电机变压器组差动保护用电流互感器可采用P类、PR类或PX类电流互感器。互感器可按稳态短路条件进行计算选择，为减轻可能发生的暂态饱和影响宜具有适当暂态系数。 3. 110kV及以下系统保护用电流互感器可采用P类电流互感器。 4. 330～1000kV系统线路保护用电流互感器宜选用TPY级电流互感器
基础型式	GIS的土建图纸	1. 对于地质结构较松、地震频繁等易引发地基沉降的地区，施工时应对回填土区域进行夯实，并对设备区域场区地表防水进行规范处理。 2. GIS设备基础采用混凝土浇筑时，应将不同基础钢架整体浇注，防止不同钢架纵向位移不同引发伸缩节变形

3. 设备采购阶段

组合电器设备采购阶段监督要求见表2-6。

表2-6　　组合电器设备采购阶段监督要求

监督项目	检查资料	监督要求
GIS母线设备配置合理性	设备招标技术规范书、供应商投标文件和相应一次图纸	1. 双母线、单母线或桥形接线中，GIS母线避雷器和电压互感器应设置独立的隔离开关。 2. 3/2断路器接线中，GIS母线避雷器和电压互感器不应装设隔离开关，宜设置可拆卸导体作为隔离装置。可拆卸导体应设置于独立的气室内。 3. 架空进线的GIS线路间隔的避雷器和线路电压互感器宜采用外置结构

续表

监督项目	检查资料	监督要求
GIS 气室分隔合理性	GIS 气室分隔图和平面布置图，以及在招标技术规范书或订货技术协议书	1. GIS 最大气室的气体处理时间不超过 8h。252kV 及以下设备单个气室长度不超过 15m，且单个主母线气室对应间隔不超过 3 个。 2. 双母线结构的 GIS，同一间隔的不同母线隔离开关应各自设置独立隔室。252kV 及以上 GIS 母线隔离开关禁止采用与母线共隔室的设计结构。 3. 三相分箱的 GIS 母线及断路器气室，禁止采用管路连接。独立气室应安装单独的密度继电器，密度继电器表计应朝向巡视通道。 4. 550kV 及以下 GIS 的单个主母线隔室的 SF_6 气体总量不宜超过 300kg。 5. 盆式绝缘子应尽量避免水平布置
GIS 伸缩节配置合理性	GIS 气室分隔图和平面布置图，以及厂家提供的确定伸缩节选型及设置数量的计算报告	1. GIS 配置伸缩节的位置和数量应充分考虑安装地点的气候特点、基础沉降、允许位移量和位移方向等因素。 2. 制造商应根据伸缩节在 GIS 设备中的作用，选择不同型式的伸缩节（普通安装型、压力平衡型和横向补偿型），并在设备招标技术规范书中明确。 3. 采用压力平衡型伸缩节时，每两个伸缩节间的母线筒长度不宜超过 40m。 4. 生产厂家应在设备投标、资料确认等阶段提供工程伸缩节配置方案。方案内容包括伸缩节类型、数量、位置及“伸缩节（状态）伸缩量－环境温度”对应明细表等调整参数。 5. 伸缩节配置应满足跨不均匀沉降部位（室外不同基础、室内伸缩缝等）的要求。 6. 用于轴向补偿的伸缩节应配备伸缩量计量尺
GIS 避雷器结构合理性	设备招标技术规范书和供应商投标文件	GIS 内的 SF_6 避雷器应做成单独的气隔，并应装设防爆装置、监视压力的压力表（或密度继电器）和补气用的阀门
电缆终端选型	电缆终端图纸	110（66）kV 及以上电压等级电缆的 GIS 终端和油浸终端宜选择插拔式，人员密集区域或有防爆要求场所的应选择复合套管终端
防误功能	GIS 设备的二次图纸	成套 SF_6 组合电器防误功能应齐全、性能良好
气体监测系统	厂家设计图纸	1. 每个封闭压力系统（隔室）应设置密度监视装置，制造厂应给出补气报警密度值，对断路器室还应给出闭锁断路器分、合闸的密度值。 2. 密度监视装置需设置运行中可更换密度表（密度继电器）的自封接头或阀门。在此部位还应设置抽真空及充气的自封接头或阀门，并带有封盖。当选用密度继电器时，还应设置真空压力表及气体温度压力曲线铭牌，在曲线上应标明气体额定值、补气值曲线。在断路器隔室曲线图上还应标有闭锁值曲线。各曲线应用不同颜色表示。 3. 密度监视装置可以按 GIS 的间隔集中布置，也可以分散在各隔室附近。当采用集中布置时，管道直径要足够大，以提高抽真空的效率及真空极限。 4. 密度监视装置、压力表、自封接头或阀门及管道均应有可靠的固定措施。 5. 应有防止内部故障短路电流发生时在气体监视系统上可能产生的分流现象的措施。 6. 气体监视系统的接头密封工艺结构应与 GIS 的主件密封工艺结构一致。 7. SF_6 密度继电器与 GIS 本体之间的连接方式应满足不拆卸校验密度继电器的要求。密度继电器应装设在与 GIS 本体同一运行环境温度的位置，其密度继电器应满足环境温度在－40～－25℃时准确度不低于 2.5 级的要求。 8. 三相分箱的 GIS 母线及断路器气室，禁止采用管路连接。独立气室应安装单独的密度继电器，密度继电器表计应朝向巡视通道。 9. 户外安装的密度继电器应采取防止密度继电器二次接头受潮的防雨措施
预留间隔	扩建间隔的一次、二次图纸	同一分段的同侧 GIS 母线原则上一次建成。如计划扩建母线，宜在扩建接口处预装可拆卸导体的独立隔室；如计划扩建出线间隔，应将母线隔离开关、接地开关与就地工作电源一次上全。预留间隔气室应加装密度继电器并接入监控系统

续表

监督项目	检查资料	监督要求
电流互感器设备选型	GIS 的一次和二次图纸	1. 330kV 及以上系统保护、高压侧为 330kV 及以上的变压器和 300MW 及以上的发电机变压器组差动保护用电流互感器宜采用 TPY 电流互感器。 2. 220kV 系统保护、高压侧为 220kV 的变压器和 100～200MW 级的发电机变压器组差动保护用电流互感器可采用 P 类、PR 类或 PX 类电流互感器。互感器可按稳态短路条件进行计算选择，为减轻可能发生的暂态饱和影响宜具有适当暂态系数。 3. 110kV 及以下系统保护用电流互感器可采用 P 类电流互感器。 4. 330～1000kV 系统线路保护用电流互感器宜选用 TPY 级电流互感器
计量装置选型合理性	GIS 的一次和二次图纸	1. 计量用互感器的准确度等级不应低于标准规定。 2. 电能计量装置中电压互感器二次回路电压降不应大于其额定二次电压的 0.2%。 3. 计量用互感器二次回路的连接导线应采用铜质单芯绝缘线。对电流二次回路，连接导线截面积应按电流互感器的额定二次负荷计算确定，至少应不小于 4mm^2。对电压二次回路，连接导线截面积应按允许的电压降计算确定，至少应不小于 2.5mm^2。 4. 互感器实际二次负荷的选择应保证接入其二次回路的实际负荷在 25%～100%额定二次负荷范围内。二次回路接入静止式电能表时，电压互感器额定二次负荷不宜超过 10VA，额定二次负荷不宜超过 5VA。电流互感器额定二次负荷的功率因数应为 0.8～1.0；电压互感器额定二次功率因数应与实际二次负荷的功率因数接近。 5. 电流互感器额定一次电流的确定，应保证其在正常运行中的实际负荷电流达到额定值的 60%左右，至少应不小于 30%。否则应选用高动热稳定电流互感器以减小变化
压力释放装置	厂家防爆膜设计文件和防爆膜出厂检测报告	压力释放装置应根据其动作原理，对安全动作值进行试验验证，其安全动作值应大于或等于规定动作值。对不可恢复型的压力释放装置，每批次的抽检量不得小于 10%

4. 设备制造阶段

组合电器设备制造阶段监督要求见表 2-7。

表 2-7　组合电器设备制造阶段监督要求

监督项目	检查资料	监督要求
吸附剂安装	厂家相关工艺文件	吸附剂罩的材质应选用不锈钢或其他高强度材料，结构应设计合理。吸附剂应选用不易粉化的材料并装于专用袋中，绑扎牢固
密封面组装	厂家相关工艺文件	1. 制造厂应严格按工艺文件要求涂抹硅脂，避免因硅脂过量造成盆式绝缘子表面闪络。 2. 户外 GIS 法兰对接面宜采用双密封，并在法兰接缝、安装螺孔、跨接片接触面周边、法兰对接面注胶孔、盆式绝缘子浇注孔等部位涂防水胶
绝缘件	厂家相关绝缘件检测工艺文件、检测报告	1. GIS 内绝缘件应逐只进行 X 射线探伤试验、工频耐压试验和局部放电试验，局部放电量不大于 3pC。 2. 252kV 及以上瓷空心绝缘子应逐支进行超声纵波探伤检测，由 GIS 制造厂完成，并将试验结果随出厂试验报告提交用户
气体监测系统	厂家设计图纸，密封工艺和气体监测系统技术参数文件	1. 每个封闭压力系统（隔室）应设置密度监视装置，制造厂应给出补气报警密度值，对断路器室还应给出闭锁断路器分、合闸的密度值。 2. 密度监视装置可以是密度表，也可以是密度继电器，并设置运行中可更换密度表（密度继电器）的自封接头或阀门。在此部位还应设置抽真空及充气的自封接头或阀门，并带有封盖。当选用密度继电器时，还应设置真空压力表及气体温度压力曲线铭牌，在曲线上应标明气体额定值、补气值曲线。在断路器隔室曲线图上还应标有闭锁值曲线。各曲线应用不同颜色表示。 3. 密度监视装置可以按 GIS 的间隔集中布置，也可以分散在各隔室附近。当采用集中布置时，管道直径要足够大，以提高抽真空的效率及真空极限。 4. 密度监视装置、压力表、自封接头或阀门及管道均应有可靠的固定措施。 5. 应有防止内部故障短路电流发生时在气体监视系统上可能产生的分流现象的措施。

续表

监督项目	检查资料	监督要求
气体监测系统	厂家设计图纸，密封工艺和气体监测系统技术参数文件	6. 气体监视系统的接头密封工艺结构应与GIS的主件密封工艺结构一致。 7. SF_6密度继电器与GIS本体之间的连接方式应满足不拆卸校验密度继电器的要求。密度继电器应装设在与GIS本体同一运行环境温度的位置，其密度继电器应满足环境温度在–40～–25℃时准确度不低于2.5级的要求。 8. 三相分箱的GIS母线及断路器气室，禁止采用管路连接。独立气室应安装单独的密度继电器，密度继电器表计应朝向巡视通道。 9. 户外安装的密度继电器应采取防止密度继电器二次接头受潮的防雨措施
伸缩节	厂家伸缩节设计图纸、检测报告	1. 伸缩节两侧法兰端面平面度公差不大于0.2mm，密封平面的平面度公差不大于0.1mm，伸缩节两侧法兰端面对于波纹管本体轴线的垂直度公差不大于0.5mm。 2. 伸缩节中的波纹管本体不允许有环向焊接头，所有焊接缝要修整平滑；伸缩节中波纹管若为多层式，纵向焊接接头应沿圆周方向均匀错开；多层波纹管直边端部应采用熔融焊，使端口各层熔为整体。 3. 对伸缩节中的直焊缝应进行100%的X射线探伤，环向焊缝进行100%着色检查，缺陷等级应不低于JB/T 4730.5规定的Ⅰ级。 4. 伸缩节制造厂家在伸缩节制造完成后，应进行例行水压试验，试验压力为1.5倍的设计压力，到达规定试验压力后保持压力不少于10min，伸缩节不得有渗漏、损坏、失稳等异常现象；试验压力下的波距相对零压力下波距的最大波距变化率应不大于15%。 5. 伸缩节在通过例行水压试验后还应进行气密性试验，试验压力为设计压力，伸缩节内充SF_6气体，到达设计压力后保持24h，年泄漏率不大于0.5%
预留间隔	厂家设计图纸	同一分段的同侧GIS母线原则上一次建成。如计划扩建母线，宜在扩建接口处预装可拆卸导体的独立隔室；如计划扩建出线间隔，应将母线隔离开关、接地开关与就地工作电源一次上全。预留间隔气室应加装密度继电器并接入监控系统
金属原材料验收	厂家金属部件工艺文件和部件检验报告	生产厂家应对金属材料和部件材质进行质量检测，对罐体、传动杆、拐臂、轴承（销）等关键金属部件应按工程抽样开展金属材质成分检测，按批次开展金相试验抽检，并提供相应报告
焊缝无损检测情况核查	厂家焊接检测工艺文件、检测人员证书和作业指导文件	生产厂家应对GIS及罐式断路器罐体焊缝进行无损探伤检测，保证罐体焊缝100%合格
防爆膜	厂家防爆膜设计文件和防爆膜出厂检测报告	1. 防爆膜安全动作值应大于或等于规定动作值，出厂时对不可恢复型的压力释放装置，出厂时每批次的抽检量不得小于10%。 2. 装配前应检查并确认防爆膜是否受外力损伤，装配时应保证防爆膜泄压方向正确、定位准确，防爆膜泄压挡板的结构和方向应避免在运行中积水、结冰、误碰。防爆膜喷口不应朝向巡视通道
压力释放装置	压力表校验记录和压力释放阀校验记录或厂家提供的抽检记录	压力释放装置应根据其动作原理，对安全动作值进行试验验证，其安全动作值应大于或等于规定动作值。对不可恢复型的压力释放装置，每批次的抽检量不得小于10%

5. 设备验收阶段

组合电器设备验收阶段监督要求见表2–8。

表2–8　　组合电器设备验收阶段监督要求

监督项目	检查资料	监督要求
耐压试验	厂家相关试验方案和出厂试验报告	GIS出厂绝缘试验宜在装配完整的间隔上进行，252kV及以上设备还应进行正负极性各3次雷电冲击耐压试验
运输	厂家相关试验方案和出厂试验报告	GIS出厂运输时，应在断路器、隔离开关、电压互感器、避雷器和363kV及以上套管运输单元上加装三维冲击记录仪，其他运输单元加装振动指示器。运输中如出现冲击加速度大于3g或不满足产品技术文件要求的情况，产品运至现场后应打开相应隔室检查各部件是否完好，必要时可增加试验项目或返厂处理
GIS设备到货验收及保管	设备到货交接记录（应是签批后的正式版本）	1. 设备技术参数应与设计要求一致。 2. 所有元件、附件、备件及专用工器具应齐全，符合订货合同约定，且应无损伤变形及锈蚀。 3. 对运至现场的GIS的保管符合要求

续表

监督项目	检查资料	监督要求
SF_6质量检查	厂家提供的SF_6气体资料	制造厂应该规定开关设备和控制设备中使用气体的种类、要求的数量、质量和密度，并为用户提供更新气体和保持所要求气体的数量和质量的必要说明。密封压力系统除外
计量装置	GIS的一次和二次图纸	1. 计量用互感器的准确度等级不应低于标准规定。 2. 电能计量装置中电压互感器二次回路电压降不应大于其额定二次电压的0.2%。 3. 计量用互感器二次回路的连接导线应采用铜质单芯绝缘线。对电流二次回路，连接导线截面积应按电流互感器的额定二次负荷计算确定，至少应不小于4mm²。对电压二次回路，连接导线截面积应按允许的电压降计算确定，至少应不小于2.5mm²。 4. 互感器实际二次负荷的选择应保证接入其二次回路的实际负荷在25%～100%额定二次负荷范围内。二次回路接入静止式电能表时，电压互感器额定二次负荷不宜超过10VA，额定二次负荷不宜超过5VA。电流互感器额定二次负荷的功率因数应为0.8～1.0；电压互感器额定二次功率因数应与实际二次负荷的功率因数接近。 5. 电流互感器额定一次电流的确定，应保证其在正常运行中的实际负荷电流达到额定值的60%左右，至少应不小于30%。否则应选用高动热稳定电流互感器以减小变化

6. 设备安装阶段

组合电器设备安装阶段监督要求见表2–9。

表2–9　组合电器设备安装阶段监督要求

监督项目	检查资料	监督要求
安装环境检查	GIS安装方案对环境的要求	1. 装配工作应在无风沙、无雨雪、空气相对湿度小于80%的条件下进行，并应采取防尘、防潮措施。 2. 产品技术文件要求搭建防尘室时，所搭建的防尘室应符合产品技术文件要求。 3. 应按产品技术文件要求进行内检，参加现场内检的人员着装应符合产品技术文件要求。 4. 产品技术文件要求所有单元的开盖、内检及连接工作应在防尘室内进行时，防尘室内及安装单元应按产品技术文件要求充入经过滤尘的干燥空气；工作间断时，安装单元应及时封闭并充入经过滤尘的干燥空气，保持微正压。 5. 所有GIS安装作业现场必须安装温湿度、洁净度实时检测设备，实现对环境条件的实时查询和自动告警，确保安装环境符合要求。 6. GIS、罐式断路器现场安装时应采取防尘棚等有效措施，确保安装环境的洁净度。800kV及以上GIS现场安装时采用专用移动厂房，GIS间隔扩建可根据现场实际情况采取同等有效的防尘措施
电气安装场地条件	GIS安装方案对环境的要求	1. 室内安装的GIS：GIS室的土建工程宜全部完成，室内应清洁，通风良好，门窗、孔洞应封堵完成；室内所安装的起重设备应经专业部门检查验收合格。 2. 室外安装的GIS：不应有扬尘及产生扬尘的环境，否则，应采取防尘措施；起重机停靠的地基应坚固。 3. 产品和设计所要求的均压接地网施工应已完成。 4. 装有SF_6设备的配电装置室和SF_6气体实验室，应装设强力通风装置，风口应设置在室内底部，排风口不应朝向居民住宅或行人；在室内，设备充装SF_6气体时，周围环境相对湿度应不大于80%，同时应开启通风系统，并避免SF_6气体泄漏到工作区，工作区空气中SF_6气体含量不得超过1000μL/L
吸附剂安装	厂家相关工艺文件	吸附剂罩的材质应选用不锈钢或其他高强度材料，结构应设计合理。吸附剂应选用不易粉化的材料并装于专用袋中，绑扎牢固
导体连接	GIS安装作业指导书、导体安装专用工器具台账和回路电阻安装测试记录	1. 检查导电部件镀银层应良好、表面光滑、无脱落。 2. 连接插件的触头中心应对准插口，不得卡阻，插入深度应符合产品技术文件要求且回路电阻合格。 3. 接触电阻应符合产品技术文件要求，不宜超过产品技术文件规定值的1.1倍。 4. 安装过程中，对于电缆及母线的连接处等难以直接观察的部位，应利用有效的检测仪器和手段进行核查，确保连接可靠

续表

监督项目	检查资料	监督要求
绝缘件管理	GIS 安装作业指导书	1. 现场安装时，应保证绝缘拉杆、盆式绝缘子、支持绝缘件的干燥和清洁，不得发生磕碰和划伤，应按制造厂技术规范要求严格控制其在空气中的暴露时间。 2. 套管的安装、套管的导体插入深度均应符合产品技术文件要求
电气连接及安全接地	GIS 一次图纸和相应的计算书	1. 凡不属于主回路或辅助回路的且需要接地的所有金属部分都应接地。外壳、构架等的相互电气连接宜采用紧固连接（如螺栓连接或焊接），以保证电气上连通。 2. GIS 接地回路导体应有足够的截面，具有通过接地短路电流的能力。 3. 126kV 及以下 GIS 紧固接地螺栓的直径不得小于 12mm；252kV 及以上 GIS 紧固接地螺栓的直径不得小于 16mm。 4. 新投运 GIS 采用带金属法兰的盆式绝缘子时，应预留窗口用于特高频局部放电检测。采用此结构的盆式绝缘子可取消罐体对接处的跨接片，但生产厂家应提供型式试验依据。如需采用跨接片，户外 GIS 罐体上应有专用跨接部位，禁止通过法兰螺栓直连。 5. 由一次设备（如变压器、断路器、隔离开关和电流、电压互感器等）直接引出的二次电缆的屏蔽层应使用截面不小于 $4mm^2$ 多股铜质软导线仅在就地端子箱处一点接地，在一次设备的接线盒（箱）处不接地，二次电缆经金属管从一次设备的接线盒（箱）引至电缆沟，并将金属管的上端与一次设备的底座或金属外壳良好焊接，金属管另一端应在距一次设备 3～5m 之外与主接地网焊接。 6. 变电站内端子箱、机构箱、智能控制柜、汇控柜等屏柜内的交直流接线，不应接在同一段端子排上。 7. 电压互感器、避雷器、快速接地开关应采用专用接地线接地
气体监测系统检查	厂家设计图纸，密封工艺和气体监测系统技术参数文件	1. 每个封闭压力系统（隔室）应设置密度监视装置，制造厂应给出补气报警密度值，对断路器室还应给出闭锁断路器分、合闸的密度值。 2. 密度监视装置可以是密度表，也可以是密度继电器，并设置运行中可更换密度表（密度继电器）的自封接头或阀门。在此部位还应设置抽真空及充气的自封接头或阀门，并带有封盖。当选用密度继电器时，还应设置真空压力表及气体温度压力曲线铭牌，在曲线上应标明气体额定值、补气值曲线。在断路器隔室曲线图上还应标有闭锁值曲线。各曲线应用不同颜色表示。 3. 密度监视装置可以按 GIS 的间隔集中布置，也可以分散在各隔室附近。当采用集中布置时，管道直径要足够大，以提高抽真空的效率及真空极限。 4. 密度监视装置、压力表、自封接头或阀门及管道均应有可靠的固定措施。 5. 应有防止内部故障短路电流发生时在气体监视系统上可能产生的分流现象的措施。 6. 气体监视系统的接头密封工艺结构应与 GIS 的主件密封工艺结构一致。 7. SF_6 密度继电器与 GIS 本体之间的连接方式应满足不拆卸校验密度继电器的要求。密度继电器应装设在与 GIS 本体同一运行环境温度的位置，其密度继电器应满足环境温度在 –40～–25℃时准确度不低于 2.5 级的要求。 8. 三相分箱的 GIS 母线及断路器气室，禁止采用管路连接。独立气室应安装单独的密度继电器，密度继电器表计应朝向巡视通道。 9. 户外安装的密度继电器应采取防止密度继电器二次接头受潮的防雨措施
产品密封性措施落实	GIS 安装作业指导书和安装记录	1. 密封槽面应清洁、无划伤痕迹；已用过的密封垫（圈）不得重复使用；新密封垫应无损伤；涂密封脂时，不得使其流入密封垫（圈）内侧而与六氟化硫气体接触。 2. 螺栓连接和紧固应使用力矩扳手，其力矩值应符合产品技术文件要求。 3. 产品的安装、检测及试验工作全部完成后，应按产品技术文件要求对产品进行密封防水处理
抽真空处理	GIS 抽真空作业指导书和抽真空作业记录	1. SF_6 开关设备进行抽真空处理时，应采用出口带有电磁阀的真空处理设备，在使用前应检查电磁阀，确保动作可靠，在真空处理结束后应检查抽真空管的滤芯是否存在油渍。 2. 禁止使用麦氏真空计
SF_6 气体质量检查	厂家提供的 SF_6 气体出厂资料、气体抽检报告和 GIS 设备充气后的气体检测记录	1. SF_6 气体必须经 SF_6 气体质量监督管理中心抽检合格，并出具检测报告。 2. 充气设备现场安装应先进行抽真空处理，再注入绝缘气体。SF_6 气体注入设备后应对设备内气体进行 SF_6 纯度检测。对于使用 SF_6 混合气体的设备，应测量混合气体的比例
罐体与支架的焊接	厂家支架焊接工艺文件	断路器罐体材质为 1Cr18Ni9 不锈钢或铝合金，支座材质为 Q235 碳钢，断路器罐体和支座间为异种钢焊接。焊接过程可添加垫板，垫板材质与罐体相同

续表

监督项目	检查资料	监督要求
隐蔽工程检查	土建、接地引下线、地网等隐蔽工程的中间验收记录和资料，组合电器组部件安装、抽真空的中间验收记录和资料	验收人员依据变电站土建工程设计、施工、验收相关国家、行业及企业标准，进行变电站土建隐蔽工程验收及检验；隐蔽工程验收包括地基验槽、钢筋工程、地下混凝土工程、埋件埋管螺栓、地下防水防腐工程、屋面工程、幕墙及门窗、资料等

7. 设备调试阶段

组合电器设备调试阶段监督要求见表 2-10。

表 2-10　　组合电器设备调试阶段监督要求

监督项目	检查资料	监督要求
整体耐压试验	交接试验报告和耐压试验方案（应是签批后的正式版本）	1. 交接试验时，应在交流耐压试验的同时进行局放检测，交流耐压值应为出厂值的 100%。有条件时还应进行冲击耐压试验。试验中如发生放电，应先确定放电气室并查找放电点，经过处理后重新试验。 2. 若金属氧化物避雷器、电磁式电压互感器与母线之间连接有隔离开关，在工频耐压试验前进行老练试验时，可将隔离开关合上，加额定电压检查电磁式电压互感器的变比以及金属氧化物避雷器阻性电流和全电流
回路电阻试验	交接试验报告	1. 在 GIS 每个间隔或整体装置上进行回路电阻测量的状况，应尽可能与制造厂的出厂试验时的状况相接近，以便使测量结果能与厂值比较。 2. 制造厂应提供每个元件（或每个单元）的回路电阻值。测试值应符合产品技术条件的规定，并不得超过出厂实测值的 120%，还应注意三相平衡度的比较
密封试验	交接试验报告	每个封闭压力系统或隔室允许的相对年漏气率应不大于 0.5%
闭锁回路见证	二次图纸	1. 断路器、隔离开关和接地开关电气闭锁回路应直接使用断路器、隔离开关、接地开关的辅助触点，严禁使用重动继电器；操作断路器、隔离开关等设备时，应确保待操作设备及其状态正确，并以现场状态为准。 2. 对 GIS 的不同元件之间设置的各种联锁与闭锁装置均应边行不少于 3 次的操作试验，其联锁与闭锁应可靠准确
伸缩节	伸缩节调整报告	伸缩节安装完成后，应根据生产厂家提供的“伸缩节（状态）伸缩量-环境温度”对应参数明细表等技术资料进行调整和验收
气体密度继电器校验	气体密度继电器调试记录	气体密度继电器应校验其接点动作值与返回值，并符合其产品技术条件规定

8. 竣工验收阶段

组合电器竣工验收阶段监督要求见表 2-11。

表 2-11　　组合电器竣工验收阶段监督要求

监督项目	检查资料	监督要求
整体耐压试验	交接试验报告和耐压试验方案（应是签批后的正式版本）	1. 交接试验时，应在交流耐压试验的同时进行局放检测，交流耐压值应为出厂值的 100%。有条件时还应进行冲击耐压试验。试验中如发生放电，应先确定放电气室并查找放电点，经过处理后重新试验。 2. 若金属氧化物避雷器、电磁式电压互感器与母线之间连接有隔离开关，在工频耐压试验前进行老练试验时，可将隔离开关合上，加额定电压检查电磁式电压互感器的变比以及金属氧化物避雷器阻性电流和全电流
气体监测系统	厂家设计图纸，密封工艺和气体监测系统技术参数文件	1. 每个封闭压力系统（隔室）应设置密度监视装置，制造厂应给出补气报警密度值，对断路器室还应给出闭锁断路器分、合闸的密度值。 2. 密度监视装置可以是密度表，也可以是密度继电器，并设置运行中可更换密度表（密度继电器）的自封接头或阀门。在此部位还应设置抽真空及充气的自封接头或阀门，并带有封盖。当选用密度继电器时，还应设置真空压力表及气体温度压力曲线铭牌，在曲线上应标明气体额定值、补气值曲线。在断路器隔室曲线图上还应标有闭锁值曲线。各曲线应用不同颜色表示。 3. 密度监视装置可以按 GIS 的间隔集中布置，也可以分散在各隔室附近。当采用集中布置时，管道直径要足够大，以提高抽真空的效率及真空极限。 4. 密度监视装置、压力表、自封接头或阀门及管道均应有可靠的固定措施。

续表

监督项目	检查资料	监督要求
气体监测系统	厂家设计图纸，密封工艺和气体监测系统技术参数文件	5. 应有防止内部故障短路电流发生时在气体监视系统上可能产生的分流现象的措施。 6. 气体监视系统的接头密封工艺结构应与GIS的主件密封工艺结构一致。 7. SF_6密度继电器与GIS本体之间的连接方式应满足不拆卸校验密度继电器的要求。密度继电器应装设在与GIS本体同一运行环境温度的位置，其密度继电器应满足环境温度在-40～-25℃时准确度不低于2.5级的要求。 8. 三相分箱的GIS母线及断路器气室，禁止采用管路连接。独立气室应安装单独的密度继电器，密度继电器表计应朝向巡视通道
检漏（密封试验）试验	断路器交接试验报告	每个封闭压力系统或隔室允许的相对年漏气率应不大于0.5%
伸缩节	伸缩节调整报告	伸缩节安装完成后，应根据生产厂家提供的“伸缩节（状态）伸缩量-环境温度”对应参数明细表等技术资料进行调整和验收
SF_6气体监测设备	GIS安装方案对环境的要求	装有SF_6设备的配电装置室和SF_6气体实验室，应装设强力通风装置，风口应设置在室内底部，排风口不应朝向居民住宅或行人；在室内，设备充装SF_6气体时，周围环境相对湿度应不大于80%，同时应开启通风系统，并避免SF_6气体泄漏到工作区，工作区空气中SF_6气体含量不得超过1000μL/L
SF_6气体检测	交接试验报告中气体检测部分	1. 交接试验时，应对所有断路器隔室进行SF_6气体纯度检测，其他隔室可进行抽测；对于使用SF_6混合气体的设备，应测量混合气体的比例。 2. SF_6气体压力、泄漏率和含水量应符合《电气装置安装工程电气设备交接试验标准》(GB 50150—2016)及产品技术文件的规定
电流回路检查	二次图纸	1. 应检查电流互感器二次绕组所有二次接线的正确性及端子排引线螺钉压接的可靠性。 2. 应检查电流二次回路的接地点与接地状况，电流互感器的二次回路必须分别且只能有一点接地；由几组电流互感器二次组合的电流回路，应在有直接电气连接处一点接地
室外GIS设备基础沉降	GIS基础施工图是否明确沉降变形监测内容，观测数据是否满足规范要求	结合设计单位对GIS地基土类型和沉降速率大小确定的时间和频率，判定是否满足要求；整个施工期观测次数原则上不少于6次；每次沉降观测结束，应及时处理观测数据，分析观测成果

9. 运维检修阶段

组合电器运维检修阶段监督要求见表2-12。

表2-12　组合电器运维检修阶段监督要求

监督项目	检查资料	监督要求
运行巡视	巡视记录	1. 运行巡视周期应符合相关规定。 2. 巡视项目重点关注：① SF_6气体压力表指示是否正常，并记录压力值；② 避雷器在线监测仪指示是否正常，并记录泄漏电流值和动作次数；③ 带电显示器是否正常；④ 汇控柜状态（分、合闸指示，加热器投入，柜门密封）是否正常；⑤ 液压（气动）机构是否漏油（气）；⑥ 室内SF_6气体含量是否达标；⑦ 室内抽风机开机是否正常
状态检测	测试记录	1. 带电检测周期、项目应符合相关规定。 2. 停电试验应按规定周期开展，试验项目齐全；当对试验结果有怀疑时应进行复测，必要时开展诊断性试验。 3. 应加强运行中GIS的带电检测和在线监测工作。在迎峰度夏前、A类或B类检修后、经受大负荷冲击后应进行局放检测，对于局放量异常的设备，应同时结合SF_6气体分解物检测技术进行综合分析和判断。 4. 户外GIS应按照“伸缩节（状态）伸缩量-环境温度”曲线定期核查伸缩节伸缩量，每季度至少开展一次，且在温度最高和最低的季节每月核查一次
状态评价与检修决策	查阅资料	1. 状态评价应基于巡检及例行试验、诊断性试验、在线监测、带电检测、家族缺陷、不良工况等状态信息，包括其现象强度、量值大小以及发展趋势，结合与同类设备的比较，作出综合判断。 2. 应遵循“应修必修，修必修好”的原则，依据设备状态评价的结果，考虑设备风险因素，动态制定设备的检修策略，合理安排检修计划和内容

续表

监督项目	检查资料	监督要求
故障/缺陷处理	缺陷、故障记录	1. 缺陷定级应正确，缺陷处理应闭环。 2. 在诊断性试验中，应在机械特性试验中同步记录触头行程曲线，并确保在规定的参考机械行程特性包络线范围内。 3. 巡视时，如发现断路器、快速接地开关缓冲器存在漏油现象，应立即安排处理。 4. 倒闸操作前后，发现 GIS 三相电流不平衡时应及时查找原因并处理。 5. 组合电器处理故障/缺陷时需回收 SF_6 气体时，应统一回收、集中处理，并做好处置记录，严禁向大气排放
反事故措施落实	查阅资料/现场检查	1. 定期检查设备架构、GIS 母线筒位移与沉降情况。 2. 例行试验中应对断路器主触头与合闸电阻触头的时间配合关系进行测试，并测量合闸电阻的阻值。 3. 例行试验中应测试断路器合－分时间。对 252kV 及以上断路器，合－分时间应满足电力系统安全稳定要求。 4. 例行试验中，应检查瓷绝缘子胶装部位防水密封胶完好性，必要时重新复涂防水密封胶。 5. 3 年内未动作过的 72.5kV 及以上断路器，应进行分/合闸操作
变形量检查	试验报告	定期检查 GIS 波纹管支撑、连接部位，发现变形超标应处理

10. 退役报废阶段

组合电器退役报废阶段监督要求见表 2－13。

表 2－13　　组合电器退役报废阶段监督要求

监督项目	检查资料	监督要求
技术鉴定	组合电器退役设备评估报告	1. 电网一次设备进行报废处理，应满足以下条件之一： （1）国家规定强制淘汰报废； （2）设备厂家无法提供关键零部件供应，无备品备件供应，不能修复，无法使用； （3）运行日久，其主要结构、机件陈旧，损坏严重，经大修、技术改造仍不能满足安全生产要求； （4）退役设备虽然能修复但费用太大，修复后可使用的年限不长，效率不高，在经济上不可行； （5）腐蚀严重，继续使用存在事故隐患，且无法修复； （6）退役设备无再利用价值或再利用价值小； （7）严重污染环境，无法修治； （8）技术落后不能满足生产需要； （9）存在严重质量问题不能继续运行； （10）因运营方式改变全部或部分拆除，且无法再安装使用； （11）遭受自然灾害或突发意外事故，导致毁损，无法修复。 2. 组合电器组合电器满足下列技术条件之一，且无法修复，宜进行整体或局部报废： （1）主要技术指标（导电回路电阻、交流耐压试验、动热稳定要求、气体泄漏率等）不能满足 DL/T 393—2010《输变电设备状态检修试验规程》要求； （2）组合电器内关键组件（套管、断路器、隔离开关、互感器、避雷器等）不能满足 DL/T 393—2010《输变电设备状态检修试验规程》要求，可局部报废
废油、废气处置	退役报废设备处理记录	退役报废设备中的废油、废气严禁随意向环境中排放，确需在现场处理的，应统一回收、集中处理，并做好处置记录，严禁向大气排放

2.3.1.2　断路器

通过查阅工程可研报告、产品图纸、技术规范书、工艺文件、试验报告、试验方案等文件资料，判断监督要点是否满足监督要求。

1. 设备制造阶段

断路器设备制造阶段监督要求见表 2–14。

表 2–14　　断路器设备制造阶段监督要求

监督项目	检查资料	监督要求
监造记录	监造方案；监造计划、监理通知单、监造报告	资料齐全
工艺流程卡		资料齐全
断路器标准化作业指导书		资料齐全
产品组装图纸	密度继电器、压力释放装置产品组装图纸	资料齐全
试验报告	1. 焊缝无损检测情况测试报告（罐式断路器）； 2. 水压和气密性检测试验报告（罐式断路器）； 3. 断路器镀银层检测试验报告	资料齐全

2. 设备验收阶段

断路器设备验收阶段监督要求见表 2–15。

表 2–15　　断路器设备验收阶段监督要求

监督项目	检查资料	监督要求
设备到货交接记录	断路器出厂证件及技术资料	资料齐全
断路器出厂试验报告	1. 主回路的绝缘试验报告； 2. 断路器机械特性测试报告； 3. 辅助开关与主触头时间配合试验报告； 4. 二次回路工频耐压试验报告； 5. 主回路电阻试验报告	资料齐全，试验结果合格，满足标准要求（参考断路器全过程技术监督精益化管理评价细则）
SF_6 气体资料	1. 应该规定开关设备和控制设备中使用气体的种类、要求的数量、质量和密度； 2. 提供更新气体和保持所要求气体的数量和质量的必要说明	资料齐全
电流互感器资料	出厂合格证及试验资料	资料齐全

3. 设备安装阶段

断路器设备安装阶段监督要求见表 2–16。

表 2–16　　断路器设备安装阶段监督要求

监督项目	检查资料	监督要求
断路器安装作业指导文件	现场应具备统一的安装作业指导文件	资料齐全
密度继电器、压力表产品合格证明和检验报告		资料齐全
SF_6 气体质量检查相关资料	1. 断路器生产厂商应提供设备充装用 SF_6 气体出厂资料，包括批号、日期、数量、检测报告及合格证明文件； 2. SF_6 新气必须经 SF_6 气体质量监督管理中心抽检合格，并出具检测报告	资料齐全

4. 设备调试阶段

断路器设备调试阶段监督要求见表 2–17。

表 2-17　　断路器设备调试阶段监督要求

监督项目	检查资料	监督要求
调试方案	安装调试阶段开关设备技术监督应监督安装单位及人员资质、工艺控制资料、安装过程是否符合相关规定，对重要工艺环节开展安装质量抽检；在设备单体调试、系统调试、系统启动调试过程中，监督调试方案、重要记录、调试仪器设备、调试人员是否满足相关标准和预防事故措施的要求	资料齐全
调试报告 （交接试验报告）	应包括下列内容： 1. 测量绝缘电阻； 2. 测量每相导电回路的电阻； 3. 交流耐压试验； 4. 断路器均压电容器的试验； 5. 测量断路器的分、合闸时间； 6. 测量断路器的分、合闸速度； 7. 测量断路器主、辅触头分、合闸的同期性及配合时间； 8. 测量断路器合闸电阻的投入时间及电阻值； 9. 测量断路器分、合闸线圈绝缘电阻及直流电阻； 10. 断路器操动机构的试验； 11. 套管式电流互感器的试验； 12. 测量断路器内 SF_6 气体的含水量； 13. 密封性试验； 14. 气体密度继电器、压力表和压力动作阀的检查	报告齐全，试验结果合格，满足标准要求（参考断路器全过程技术监督精益化管理评价细则）

5. 竣工验收阶段

断路器竣工验收阶段监督要求见表 2-18。

表 2-18　　断路器竣工验收阶段监督要求

监督项目	检查资料	监督要求
安装投运技术文件	包括采购技术协议或技术规范书、出厂试验报告、交接试验报告、安装质量检验及评定报告、设备监造报告、竣工图纸、设备安装使用说明书	资料齐全
技术档案	现场查看 1 台断路器的履历卡片、工程竣工图纸、设备说明书、诊断性试验记录（如有）、出厂试验报告、安装检查及安装过程记录、安装过程中设备缺陷通知单、设备缺陷处理记录、重要材料和附件的工厂检验报告	资料齐全

6. 运维检修阶段

断路器运维检修阶段监督要求见表 2-19。

表 2-19　　断路器运维检修阶段监督要求

监督项目	检查资料	监督要求
运行巡视记录	变电站运行规程和运行巡视记录应一致	查阅资料
技术档案	履历卡片、工程竣工图纸、设备说明书、诊断性试验记录（如有）、带电检测试验记录、断路器保护和测量装置的校验记录、断路器事故及异常运行记录、历次试验记录、建立红外图谱库	资料齐全
报告/技改计划	每年应进行短路容量计算、载流量校核、接地网校核、污秽等级与爬距校核，不满足要求的应纳入技改计划	查阅资料
故障/缺陷管理相关资料	1. 缺陷记录； 2. 断路器故障应急预案、应急演练记录、应急备品台账	查阅资料，相关规定满足标准要求（参考断路器全过程技术监督精益化管理评价细则）
检修试验相关资料	1. 所辖变电站的年度检修计划、年度设备状态评价报告以及 PMS 系统； 2. 查勘记录； 3. 检修方案； 4. 检修报告； 5. 班组标准化作业指导卡	查阅资料，相关规定满足标准要求（参考断路器全过程技术监督精益化管理评价细则）

续表

监督项目	检查资料	监督要求
资料仪器台账/送检计划		查阅资料
SF_6气体台账		查阅资料
沉降观测记录		查阅资料
气体密度继电器校验报告		查阅资料

7. 退役报废阶段

断路器退役报废阶段监督要求见表 2-20。

表 2-20　断路器退役报废阶段监督要求

监督项目	检查资料	监督要求
设备退役转备品相关资料	1. 项目可研报告、项目建议书、断路器鉴定意见； 2. 核查 PMS 系统，抽查 1 台退役断路器相关记录； 3. 退役设备台账、退役设备定期试验记录，现场检查备品设备存储条件，抽查 1 台备品设备的台账和定期试验记录； 4. 断路器备品台账和再利用记录	查阅资料，相关规定满足标准要求（参考断路器全过程技术监督精益化管理评价细则）
设备退役报废相关资料	应抽查 1 台退役断路器及其资产管理相关台账和信息系统、退役设备评估报告、报废处理记录	查阅资料，相关规定满足标准要求（参考断路器全过程技术监督精益化管理评价细则）

2.3.1.3　隔离开关

通过查阅工程可研报告、产品图纸、技术规范书、工艺文件、试验报告、试验方案等文件资料，判断监督要点是否满足监督要求。

1. 规划可研阶段

隔离开关规划可研阶段监督要求见表 2-21。

表 2-21　隔离开关规划可研阶段监督要求

监督项目	检查资料	监督要求
隔离开关参数选择	工程可研报告和相关批复、属地电网规划、计算说明书等	1. 海拔超过 1000m 地区的隔离开关应满足当地海拔要求。 2. 额定电流水平应满足要求。 3. 应满足当地抗震水平的要求。 4. 在规定的覆冰厚度下，户外隔离开关的主闸刀应能用所配用的操动机构使其可靠地分闸和合闸。 5. 额定电压和额定绝缘水平应满足要求。 6. 隔离开关额定短时耐受电流和额定短路持续时间应满足要求。 7. 隔离开关额定峰值耐受电流和接地开关的额定短路关合电流应满足要求。 8. 接地开关开合感应电流应满足要求。 9. 隔离开关的小容性电流开合能力应满足：额定电压为 126～363kV，1.0A（有效值）；额定电压为 550kV 及以上，2.0A（有效值）。 10. 隔离开关的小感性电流开合能力应满足：额定电压为 126～363kV，0.5A（有效值）；额定电压为 550kV 及以上，1.0A（有效值）。 11. 当绝缘子表面灰密为等值盐密的 5 倍及以下时，支柱绝缘子统一爬电比距应满足要求。爬距不满足规定时，可采用复合支柱或复合空心绝缘子，也可将未满足污区爬距要求的绝缘子涂覆 RTV。 12. 风沙活动严重、严寒、重污秽、多风地区以及采用悬吊式管形母线的变电站，不宜选用配钳夹式触头的单臂伸缩式隔离开关
隔离开关选型合理性	工程可研报告和相关批复	不应选用存在未消除家族性缺陷的设备

2. 工程设计阶段

隔离开关工程设计阶段监督要求见表 2-22。

表 2-22 隔离开关工程设计阶段监督要求

监督项目	检查资料	监督要求
隔离开关参数选择	设计图纸和相关计算说明书	1. 不应选用存在未消除家族性缺陷的设备。 2. 海拔超过 1000m 地区的隔离开关应满足当地海拔要求。 3. 当绝缘子表面灰密为等值盐密的 5 倍及以下时，支柱绝缘子统一爬电比距应满足要求。爬距不满足规定时，可采用复合支柱或复合空心绝缘子，也可将未满足污区爬距要求的绝缘子涂覆 RTV。 4. 在规定的覆冰厚度下，户外隔离开关的主闸刀应能用所配用的操动机构使其可靠地分闸和合闸。 5. 额定电流水平应满足要求。 6. 额定电压和额定绝缘水平应满足要求。 7. 隔离开关额定短时耐受电流和额定短路持续时间应满足要求。 8. 隔离开关额定峰值耐受电流和接地开关的额定短路关合电流应满足要求。 9. 接地开关开合感应电流应满足要求。 10. 应满足抗震水平的要求。 11. 隔离开关的小容性电流开合能力应满足：额定电压为 126～363kV，1.0A（有效值）；额定电压为 550kV 及以上，2.0A（有效值）。 12. 隔离开关小感性电流开合能力应满足：额定电压为 126～363kV，0.5A（有效值）；额定电压为 550kV 及以上，1.0A（有效值）。 13. 风沙活动严重、严寒、重污秽、多风地区以及采用悬吊式管形母线的变电站，不宜选用配钳夹式触头的单臂伸缩式隔离开关。 14. 40.5kV 及以上隔离开关母线转换电流开合能力应满足要求
联闭锁设计	设计图纸	1. 隔离开关处于合闸位置时，接地开关不能合闸；接地开关处于合闸位置时，隔离开关不能合闸。 2. 手动操作时应闭锁电动操作。 3. 断路器和两侧隔离开关间应有可靠联锁。 4. 断路器、隔离开关和接地开关电气闭锁回路应直接使用断路器、隔离开关、接地开关的辅助触点，严禁使用重动继电器
隔离开关和接地开关的接地	产品图纸	1. 隔离开关（接地开关）金属架构底架上应设置可靠的适用于规定故障条件的接地端子，主设备及设备架构等应有两根与主地网不同干线连接的接地引下线，并且每根接地引下线均应符合热稳定校核的要求。 2. 当操动机构与隔离开关或接地开关的金属底座没有安装在一起时，并在电气上没有连接时，操动机构上应设有保护接地符号的接地端子
对接地开关的专项要求	设计图纸和相关计算说明书	1. 不承载短路电流时，铜质软连接截面积应不小于 50mm^2，如果采取其他材料则应具有等效截面积。 2. 软连接用以承载短路电流时，应该按照承载短路电流计算最大值设计截面
操动机构箱	产品图纸	1. 户外设备的箱体应选用不锈钢、铸铝或具有防腐措施的材料，应具有防潮、防腐、防小动物进入等功能。 2. 操动机构箱且防护等级户外不得低于 IP44，户内不得低于 IP3X；箱体应可三侧开门，正向门与两侧门之间有连锁功能，只有正向门打开后其两侧的门才能打开。 3. 同一间隔内的多台隔离开关的电机电源，在端子箱内必须分别设置独立的开断设备。 4. 加热器与各元件、电缆及电线的设计距离应大于 50mm
安全距离要求	产品图纸	单柱垂直开启式隔离开关在分闸状态下，动静触头最小安全距离不应小于配电装置的最小安全净距 B_1 值
电源设置	产品图纸	防误装置使用的直流电源应与继电保护、控制回路的电源分开

3. 设备采购阶段

隔离开关设备采购阶段监督要求见表 2-23。

表 2-23　　隔离开关设备采购阶段监督要求

监督项目	检查资料	监督要求
隔离开关技术参数	设备招标技术规范书和供应商投标文件，有条件时，应与规划阶段监督结果进行核对	1. 额定电流、动热稳定电流和允许时间，隔离开关开合感应电流能力、绝缘子抗弯抗扭能力应满足工程具体要求。 2. 在规定的覆冰厚度下，户外隔离开关的主闸刀应能用所配用的操动机构使其可靠地分闸和合闸。 3. 海拔超过 1000m 地区的隔离开关应满足当地海拔要求
绝缘子	设备招标技术规范书、供应商投标文件，以及厂家设计图纸	1. 应在绝缘子金属法兰与瓷件的胶装部位涂以性能良好的防水密封胶。 2. 当绝缘子表面灰密为等值盐密的 5 倍及以下时，支柱绝缘子统一爬电比距应满足要求。爬距不满足规定时，可采用复合支柱或复合空心绝缘子，也可将未满足污区爬距要求的绝缘子涂覆 RTV。 3. 瓷绝缘子应采用高强瓷。瓷绝缘子金属附件应采用上砂水泥胶装。瓷绝缘子出厂前应进行逐只无损探伤
操动机构箱	设备招标技术规范书、供应商投标文件，以及厂家设计图纸	1. 户外设备的箱体应具有防潮、防腐、防小动物进入等功能。 2. 操动机构箱且防护等级户外不得低于 IP44，户内不得低于 IP3X；箱体应可三侧开门，正向门与两侧门之间有连锁功能，只有正向门打开后其两侧的门才能打开。 3. 同一间隔内的多台隔离开关的电机电源，在端子箱内必须分别设置独立的开断设备。 4. 端子箱、机构箱等屏柜内的交直流接线，不应接在同一段端子排上
联闭锁设计	设备招标技术规范书、供应商投标文件，以及厂家设计图纸	1. 隔离开关处于合闸位置时，接地开关不能合闸；接地开关处于合闸位置时，隔离开关不能合闸。 2. 手动操作时应闭锁电动操作。 3. 断路器和两侧隔离开关间应有可靠联锁。 4. 断路器、隔离开关和接地开关电气闭锁回路应直接使用断路器、隔离开关、接地开关的辅助触点，严禁使用重动继电器
导电回路	设备招标技术规范书、供应商投标文件，以及厂家设计图纸	1. 导电回路的设计应能耐受 1.1 倍额定电流而不超过允许温升值。 2. 隔离开关宜采用外压式或自力式触头，触头弹簧应进行防腐、防锈处理。内拉式触头应采用可靠绝缘措施以防止弹簧分流。 3. 单柱式隔离开关和接地开关的静触头装配应由制造厂提供，并应满足额定接触区的要求。 4. 在钳夹最不利的位置下，隔离开关支柱绝缘子和硬母线的支柱绝缘子不应受额外的作用力。 5. 上下导电臂之间的中间接头、导电臂与导电底座之间应采用叠片式软导电带连接，叠片式铝制软导电带应有不锈钢片保护。 6. 配钳夹式触头的单臂伸缩式隔离开关导电臂应采用全密封结构。 7. 隔离开关、接地开关导电臂及底座等位置应采取能防止鸟类筑巢的结构
操动机构和传动部件	设备招标技术规范书、供应商投标文件，以及厂家设计图纸	1. 转动连接轴承座应采用全密封结构，至少应有两道密封，不允许设注油孔。轴承润滑必须采用二硫化钼锂基脂润滑剂，保证在设备周围空气温度范围内能起到良好的润滑作用，严禁使用黄油等易失效变质的润滑脂。 2. 轴销应采用优质防腐防锈材质，且具有良好的耐磨性能，轴套应采用自润滑无油轴套，其耐磨、耐腐蚀、润滑性能与轴应匹配。万向轴承须有防尘设计。 3. 传动连杆应选用满足强度和刚度要求的多棱型钢、不锈钢无缝钢管或热镀锌无缝钢管。 4. 传动连杆应采用装配式结构。 5. 操动机构输出轴与其本体传动轴应采用无级调节的连接方式。 6. 操动机构内应装设一套能可靠切断电动机电源的过载保护装置。电机电源消失时，控制回路应解除自保持。 7. 隔离开关应具备防止自动分闸的结构设计
隔离开关和接地开关的接地	设备招标技术规范书、供应商投标文件，以及厂家设计图纸	1. 隔离开关（接地开关）金属架构底架上应设置可靠的适用于规定故障条件的接地端子，主设备及设备架构等应有两根与主地网不同干线连接的接地引下线，并且每根接地引下线均应符合热稳定校核的要求。 2. 当操动机构与隔离开关或接地开关的金属底座没有安装在一起时，并在电气上没有连接时，操动机构上应设有保护接地符号的接地端子
均压环和屏蔽环	设备招标技术规范书、供应商投标文件，以及厂家设计图纸	均压环和屏蔽环应无划痕、毛刺，宜在最低处打排水孔

续表

监督项目	检查资料	监督要求
导电部件	设备招标技术规范书、供应商投标文件，以及厂家设计图纸	1. 导电部件的弹簧触头应为牌号不低于 T2 的纯铜。 2. 触头、导电杆等接触部位应镀银，镀银层厚度不应小于 20μm，硬度应大于 120HV。 3. 触指压力应符合设计要求。 4. 导电杆、接线座无变形、破损、裂纹等缺陷，规格、材质应符合设计要求。 5. 镀银层应为银白色，呈无光泽或半光泽，不应为高光亮镀层，镀层应结晶细致、平滑、均匀、连续；表面无裂纹、起泡、脱落、缺边、掉角、毛刺、针孔、色斑、腐蚀锈斑和划伤、碰伤等缺陷。 6. 导电回路不同金属接触应采取镀银、搪锡等有效过渡措施。 7. 导电臂、接线板、静触头横担铝板不应采用 2 系和 7 系铝合金，应采用 5 系或 6 系铝合金
操动机构	设备招标技术规范书、供应商投标文件，以及厂家设计图纸	1. 夹紧、复位弹簧的表面应无划痕、碰磨、裂纹等缺陷；内外径、自由高度、垂直度、直线度、总圈数、节距均匀度等符合设计及 GB/T 23934 要求，其表面宜为磷化电泳工艺防腐处理，涂层厚度不应小于 90μm，附着力不小于 5MPa。 2. 机构箱材质宜为 Mn 含量不大于 2%的奥氏体型不锈钢或铝合金，且厚度不应小于 2mm。 3. 封闭箱体内的机构零部件宜电镀锌，电镀锌后应钝化处理，镀锌层的技术指标应符合 GB/T 9799 的要求；机构零部件电镀层厚度不宜小于 18μm，紧固件电镀层厚度不宜小于 6μm
传动机构部件	设备招标技术规范书、供应商投标文件，以及厂家设计图纸	1. 传动机构拐臂、连杆、轴齿、弹簧等部件应具有良好的防腐性能，不锈钢材质部件宜采用锻造工艺。 2. 隔离开关使用的连杆、拐臂等传动件应采用装配式结构，不得在施工现场进行切焊配装。 3. 拐臂、连杆、传动轴、凸轮表面不应有划痕、锈蚀、变形等缺陷，材质宜为镀锌钢、不锈钢或铝合金。 4. 隔离开关和接地开关的不锈钢部件禁止采用铸造件，铸铝合金传动部件禁止采用砂型铸造。隔离开关和接地开关用于传动的空心管材应有疏水通道

4. 设备制造阶段

隔离开关设备制造阶段监督要求见表 2–24。

表 2–24　隔离开关设备制造阶段监督要求

监督项目	检查资料	监督要求
导电回路	厂家相关工艺文件和设计图纸	1. 导电回路的设计应能耐受 1.1 倍额定电流而不超过允许温升值。 2. 隔离开关宜采用外压式或自力式触头，触头弹簧应进行防腐、防锈处理。内拉式触头应采用可靠绝缘措施以防止弹簧分流。 3. 单柱式隔离开关和接地开关的静触头装配应由制造厂提供，并应满足额定接触区的要求。 4. 在钳夹最不利的位置下，隔离开关支柱绝缘子和硬母线的支柱绝缘子不应受额外的作用力。 5. 上下导电臂之间的中间接头、导电臂与导电底座之间应采用叠片式软导电带连接，叠片式铝制软导电带应有不锈钢片保护。 6. 配钳夹式触头的单臂伸缩式隔离开关导电臂应采用全密封结构。 7. 隔离开关、接地开关导电臂及底座等位置应采取能防止鸟类筑巢的结构
出厂调试基本要求	厂家相关工艺文件和调试报告	隔离开关和接地开关应在生产厂家内进行整台组装和出厂试验。需拆装发运的设备应按相、按柱做好标记，其连接部位应做好特殊标记
操动机构箱	厂家相关工艺文件和调试报告	1. 户外设备的箱体应具有防潮、防腐、防小动物进入等功能。 2. 操动机构箱且防护等级户外不得低于 IP44，户内不得低于 IP3X；箱体应可三侧开门，正向门与两侧门之间有连锁功能，只有正向门打开后其两侧的门才能打开。 3. 同一间隔内的多台隔离开关的电机电源，在端子箱内必须分别设置独立的开断设备。 4. 端子箱、机构箱等屏柜内的交直流接线，不应接在同一段端子排上
绝缘子超声波探伤	厂家相关工艺文件和检测报告	应在安装金属附件前，逐个进行支柱绝缘子超声波探伤检查，试验方法和程序符合 JB/T 9674—1999《超声波探测瓷件内部缺陷》

续表

监督项目	检查资料	监督要求
导电部件	设备招标技术规范书、供应商投标文件，以及厂家设计图纸	1. 导电部件的弹簧触头应为牌号不低于T2的纯铜。 2. 触头、导电杆等接触部位应镀银，镀银层厚度不应小于20μm，硬度应大于120HV。 3. 触指压力应符合设计要求。 4. 导电杆、接线座无变形、破损、裂纹等缺陷，规格、材质应符合设计要求。 5. 镀银层应为银白色，呈无光泽或半光泽，不应为高光亮镀层，镀层应结晶细致、平滑、均匀、连续；表面无裂纹、起泡、脱落、缺边、掉角、毛刺、针孔、色斑、腐蚀锈斑和划伤、碰伤等缺陷。 6. 导电回路不同金属接触应采取镀银、搪锡等有效过渡措施
操动机构	设备招标技术规范书、供应商投标文件，以及厂家设计图纸	1. 夹紧、复位弹簧的表面应无划痕、碰磨、裂纹等缺陷；内外径、自由高度、垂直度、直线度、总圈数、节距均匀度等符合设计及GB/T 23934要求，其表面宜为磷化电泳工艺防腐处理，涂层厚度不应小于90μm，附着力不小于5MPa。 2. 机构箱材质宜为Mn含量不大于2%的奥氏体型不锈钢或铝合金，且厚度不应小于2mm。 3. 封闭箱体内的机构零部件宜电镀锌，电镀锌后应钝化处理，镀锌层的技术指标应符合GB/T 9799的要求：机构零部件电镀层厚度不宜小于18μm，紧固件电镀层厚度不宜小于6μm
传动机构部件	设备招标技术规范书、供应商投标文件，以及厂家设计图纸	1. 传动机构拐臂、连杆、轴齿、弹簧等部件应具有良好的防腐性能，不锈钢材质部件宜采用锻造工艺。 2. 隔离开关使用的连杆、拐臂等传动件应采用装配式结构，不得在施工现场进行切焊配装。 3. 拐臂、连杆、传动轴、凸轮表面不应有划痕、锈蚀、变形等缺陷，材质宜为镀锌钢、不锈钢或铝合金。 4. 隔离开关和接地开关的不锈钢部件禁止采用铸造件，铸铝合金传动部件禁止采用砂型铸造。隔离开关和接地开关用于传动的空心管材应有疏水通道
支座	设备招标技术规范书、供应商投标文件，以及厂家设计图纸	1. 支座材质应为热镀锌钢或不锈钢，其支撑钢结构件的最小厚度不应小于8mm。 2. 若采用热镀锌钢，镀层局部厚度不小于70μm，平均厚度不低于85μm，箱体顶部应有防渗漏措施

5. 设备验收阶段

隔离开关设备验收阶段监督要求见表2-25。

表2-25　　隔离开关设备验收阶段监督要求

监督项目	检查资料	监督要求
隔离开关到货验收及保管	设备到货交接记录（应是签批后的正式版本）	1. 对运至现场的隔离开关的保管应符合以下要求：设备运输箱应按其不同保管要求置与室内或室外平整、无积水且坚硬的场地；设备运输箱应按箱体标注安置；瓷件应安置稳妥；装有触头及操动机构金属传动部件的箱子应有防潮措施。 2. 运输箱外观应无损伤和碰撞变形痕迹，瓷件应无裂纹和破损。 3. 设备应无损伤变形和锈蚀、漆层完好。 4. 镀锌设备支架应无变形、镀锌层完好、无锈蚀、无脱落、色泽一致。 5. 瓷件应无裂纹、破损，复合绝缘子无损伤；瓷瓶与金属法兰胶装部位应牢固密实，并应涂有性能良好的防水胶；法兰结合面应平整、无外伤或铸造砂眼；支柱瓷瓶外观不得有裂纹、损伤；支柱绝缘子元件的直线度应不大于1.5/0.008h（h为元件高度），每只绝缘子应有探伤合格证。 6. 导电部分可挠连接应无折损，接线端子（或触头）镀银层应完好
出厂试验基本要求	厂家相关试验方案	隔离开关和接地开关的出厂试验必须在完全组装好的整台设备进行。需要拆装出厂的产品，应在拆装前将重要连接处做好标记并按极发运
主回路电阻的测量	厂家相关试验方案和出厂试验报告	出厂试验主回路电阻测试应尽可能在与型式试验相似的条件（周围空气温度和测量部位）下进行，试验电流应在100A至额定电流范围内，测得的电阻不应超过温升试验（型式试验）前测得电阻的1.2倍
金属镀层检查	厂家出厂试验报告和相关工艺文件	导电杆和触头的镀银层厚度应不小于20μm，硬度应不小于120HV

6. 设备安装阶段

隔离开关设备安装阶段监督要求见表 2-26。

表 2-26　隔离开关设备安装阶段监督要求

监督项目	检查资料	监督要求
隔离开关安装质量管理	安装单位资质证明材料、安装质量抽检记录、设备安装作业指导书（应是签批后的正式版本）、安装记录	1. 安装单位及人员资质、工艺控制资料、安装过程应符合规定。 2. 对重要工艺环节开展安装质量抽检
隐蔽工程检查	土建、接地引下线、地网等隐蔽工程的中间验收记录和资料	隐蔽工程（土建工程质量、接地引下线、地网）、中间验收应按要求开展、资料应齐全完备
螺栓安装	厂家相关工艺文件、厂家设计图纸、安装作业指导书	1. 设备安装用的紧固件应采用镀锌或不锈钢制品，户外用的紧固件采用镀锌制品时应采用热镀锌工艺；外露地脚螺栓应采用热镀锌制品。 2. 安装螺栓宜由下向上穿入。 3. 隔离开关组装完毕，应用力矩扳手检查所有安装部位的螺栓，其力矩值应符合产品技术文件要求
导电回路安装	安装作业指导书、厂家设计图纸	1. 接线端子及载流部分应清洁，且应接触良好，接线端子（或触头）镀银层无脱落，可挠连接应无折损，表面应无严重凹陷及锈蚀，设备连接端子应涂以薄层电力复合脂。 2. 触头表面应平整、清洁，并涂以薄层中性凡士林。 3. 触头间应接触紧密，两侧的接触压力应均匀且符合产品技术文件要求，当采用插入连接时，导体插入深度应符合产品技术文件要求
操动机构安装	安装作业指导书、厂家设计图纸	1. 操动机构的零部件应齐全，所有固定连接部件应紧固，转动部分应涂以适合当地气候条件的润滑脂。 2. 电动、手动操作应平稳、灵活、无卡涩，电动机的转向应正确，分合闸指示应与实际位置相符、限位装置应准确可靠、辅助开关动作应正确。 3. 折臂式隔离开关主拐臂调整应过死点。 4. 机构箱应密闭良好、防雨防潮性能良好，箱内安装有防潮装置时，加热装置应完好，加热器与各元件、电缆及电线的距离应大于 50mm；机构箱内控制和信号回路应正确并符合《电气装置安装工程盘、柜及二次回路接线施工及验收规范》(GB 50171—2012) 的有关规定。 5. 防误装置电源应与继电保护及控制回路电源独立
传动部件安装	安装作业指导书、厂家设计图纸	1. 隔离开关的底座传动部分应灵活，并涂以适合当地气候条件的润滑脂。 2. 拉杆的内径应与操动机构轴的直径相配合，两者间的间隙不应大于 1mm；连接部分的销子不应松动。 3. 隔离开关、接地开关平衡弹簧应调整到操作力矩最小并加以固定，接地开关垂直连杆应涂以黑色油漆标识
绝缘子安装	安装作业指导书	1. 绝缘子表面应清洁，无裂纹、破损、焊接残留斑点等缺陷，绝缘子与金属法兰胶装部位应牢固密实，在绝缘子金属法兰与瓷件的胶装部位涂以性能良好的防水密封胶。 2. 支柱绝缘子不得有裂纹、损伤，并不得修补。外观检查有疑问时，应作探伤试验。 3. 支柱绝缘子应垂直于底座平面（V 形隔离开关除外），且连接牢固；同一绝缘子柱的各绝缘子中心线应在同一垂直线上；同相各绝缘子柱的中心线应在同一垂直平面内
电气连接及安全接地	安装作业指导书、厂家设计图纸、相关计算说明书	1. 隔离开关（接地开关）金属架构应设置可靠的接地点，宜有两根与主地网不同干线连接的接地引下线，并且每根接地引下线均应符合热稳定校核的要求。 2. 如果金属外壳和操动机构不与隔离开关或接地开关的金属底座安装在一起，并在电气上没有联结时，则金属外壳和操动机构上应提供标有保护接地符号的接地端子。 3. 凡不属于主回路或辅助回路的且需要接地的所有金属部分都应接地（如爬梯等）。 4. 接地回路导体应有足够的截面，具有通过接地短路电流的能力。 5. 外壳、构架等的相互电气连接宜采用紧固连接（如螺栓连接或焊接），以保证电气上连通。 6. 由开关场的隔离开关和电流至开关场就地端子箱之间的二次电缆应经金属管从一次设备的接线盒（箱）引至电缆沟，并将金属管的上端与上述设备的底座和金属外壳良好焊接，下端就近与主接地网良好焊接。上述二次电缆的屏蔽层在就地端子箱处单端使用截面积不小于 $4mm^2$ 的多股铜质软导线可靠连接至等电位接地网的铜排上，在一次设备的接线盒（箱）处不接地

续表

监督项目	检查资料	监督要求
接地装置材质	安装作业指导书、厂家设计图纸	除临时接地装置外，接地装置应采用热镀锌钢材，水平敷设的可采用圆钢和扁钢，垂直敷设的可采用角钢和钢管，腐蚀比较严重地区的接地装置，应适当加大截面或采用阴极保护等措施
均压环、屏蔽环安装	安装作业指导书、厂家设计图纸	1. 均压环和屏蔽环应安装牢固、平正。 2. 均压环和屏蔽环应无划痕、毛刺。 3. 均压环和屏蔽环宜在最低处打排水孔
设备支架安装	安装作业指导书	隔离开关支架封顶板及铁件无变形、扭曲，水平偏差符合产品技术文件要求，安装后支架行、列的定位轴线偏差不应超过 5mm，支架顶部标高偏差不应超过 5mm，同相根开允许偏差不超过 10mm
施工偏差检查	土建安装记录	同组隔离开关应在同一直线上，偏差应不超过 5mm

7. 设备调试阶段

隔离开关设备调试阶段监督要求见表 2–27。

表 2–27　　隔离开关设备调试阶段监督要求

监督项目	检查资料	监督要求
调试准备工作	调试方案（应是签批后的正式版本）	设备单体调试、系统调试、系统启动调试的调试方案、重要记录、调试仪器设备、调试人员应满足相关标准和预防事故措施的要求
调试报告检查	交接试验报告（应是签批后的正式版本）	试验项目应齐全，满足标准要求；试验结果合格，满足标准要求
手动操作力矩测试	测试报告	新安装的隔离开关手动操作力矩应满足相关技术要求
导电回路电阻值测量	交接试验报告	1. 宜采用电流不小于 100A 的直流压降法。 2. 回路电阻测试结果不应大于出厂值的 1.2 倍
辅助和控制回路的绝缘试验	交接试验报告	隔离开关（接地开关）操动机构辅助和控制回路绝缘交接试验应进行工频试验，试验电压为 2kV，持续时间 1min，试验不应发生放电
操动机构动作调试	交接试验报告	1. 操动机构线圈的最低动作电压应符合产品技术要求。 2. 操动机构在其额定电压的 80%～110%范围（电动机操动机构、二次控制线圈和电磁闭锁装置）/额定气压的 85%～110%范围时（压缩空气操动机构），应保证隔离开关和接地开关可靠分闸和合闸。 3. 折臂式隔离开关主拐臂调整应过死点
同期调试	交接试验报告	隔离开关三相联动时不同期数值应符合产品技术文件要求。无规定时，最大值不应超过 20mm
绝缘子探伤检测	交接试验报告	支柱瓷绝缘子应在设备安装完好并完成所有的连接后逐支进行超声探伤检测
联闭锁可靠性调试	交接试验报告	1. 隔离开关处于合闸位置时，接地开关不能合闸；接地开关处于合闸位置时，隔离开关不能合闸。 2. 手动操作时应闭锁电动操作。 3. 断路器和两侧隔离开关间应有可靠联锁。 4. 隔离开关电气闭锁回路不能用重动继电器，应直接用隔离开关的辅助触点

8. 竣工验收阶段

隔离开关竣工验收阶段监督要求见表 2–28。

表 2–28　　隔离开关竣工验收阶段监督要求

监督项目	检查资料	监督要求
竣工验收准备工作	前期问题整改记录、生产信息系统，抽查 1 个间隔的安装调试信息是否录入 PMS 系统	1. 前期各阶段发现的问题已整改，并验收合格。 2. 相关反事故措施应落实。 3. 相关安装调试信息已录入生产管理信息系统

续表

监督项目	检查资料	监督要求
安装投运技术文件	采购技术协议或技术规范书、出厂试验报告、交接试验报告、安装质量检验及评定报告、设备监造报告、竣工图纸、设备安装使用说明书	隔离开关安装投运技术文件应包含： 1. 变更设计的证明文件。 2. 制造厂提供的产品说明书、出厂试验记录、合格证件及安装图纸等技术文件。 3. 安装技术记录。 4. 交接试验记录。 5. 备品、备件及专用工具清单。 6. 安装报告。 7. 订货技术协议或技术规范
专用工具、备品备件	订货合同、到货验收记录以及专用工器具、备品备件台账	专用工具、备品备件数量符合订货合同，存放及使用厂家应给出文字说明
操动机构动作调试	隔离开关交接试验报告、出厂试验报告	1. 电动、手动操作应平稳、灵活、无卡涩，电动机的转向应正确，分合闸指示应与实际位置相符、限位装置应准确可靠、辅助开关动作应正确。 2. 操动机构线圈的最低动作电压应符合产品技术要求。 3. 操动机构在其额定电压的 80%～110%范围/额定气压的 85%～110%范围时，应保证隔离开关和接地开关可靠分闸和合闸。 4. 折臂式隔离开关主拐臂调整应过死点
导电回路电阻值测量	隔离开关交接试验报告、出厂试验报告	1. 宜采用电流不小于 100A 的直流压降法。 2. 测试结果不应大于出厂值的 1.2 倍
控制及辅助回路的绝缘试验	隔离开关交接试验报告、出厂试验报告	隔离开关（接地开关）操动机构辅助和控制回路绝缘交接试验应进行工频试验，试验电压为 2kV，持续时间 1min，试验不应发生放电
导电部件	设备招标技术规范书、供应商投标文件，以及厂家设计图纸	1. 导电部件的弹簧触头应为牌号不低于 T2 的纯铜。 2. 触头、导电杆等接触部位应镀银，镀银层厚度不应小于 20μm，硬度应大于 120HV。 3. 触指压力应符合设计要求。 4. 导电杆、接线座无变形、破损、裂纹等缺陷，规格、材质应符合设计要求。 5. 镀银层应为银白色，呈无光泽或半光泽，不应为高光亮镀层，镀层应结晶细致、平滑、均匀、连续；表面无裂纹、起泡、脱落、缺边、掉角、毛刺、针孔、色斑、腐蚀锈斑和划伤、碰伤等缺陷
操动机构	设备招标技术规范书、供应商投标文件，以及厂家设计图纸	1. 夹紧、复位弹簧的表面应无划痕、碰磨、裂纹等缺陷；内外径、自由高度、垂直度、直线度、总圈数、节距均匀度等符合设计及 GB/T 23934 要求，其表面宜为磷化电泳工艺防腐处理，涂层厚度不应小于 90μm，附着力不小于 5MPa。 2. 机构箱材质宜为 Mn 含量不大于 2%的奥氏体型不锈钢或铝合金，且厚度不应小于 2mm。 3. 封闭箱体内的机构零部件宜电镀锌，电镀锌后应钝化处理，镀锌层的技术指标应符合 GB/T 9799 的要求；机构零部件电镀层厚度不宜小于 18μm，紧固件电镀层厚度不宜小于 6μm
传动机构部件	设备招标技术规范书、供应商投标文件，以及厂家设计图纸	1. 传动机构拐臂、连杆、轴齿、弹簧等部件应具有良好的防腐性能，不锈钢材质部件宜采用锻造工艺。 2. 隔离开关使用的连杆、拐臂等传动件应采用装配式结构，不得在施工现场进行切焊配装。 3. 拐臂、连杆、传动轴、凸轮表面不应有划痕、锈蚀、变形等缺陷，材质宜为镀锌钢、不锈钢或铝合金
支座	设备招标技术规范书、供应商投标文件，以及厂家设计图纸	支座材质应为热镀锌钢或不锈钢，其支撑钢结构件的最小厚度不应小于 8mm，箱体顶部应有防渗漏措施

9. 运维检修阶段

隔离开关运维检修阶段监督要求见表 2-29。

表 2-29　　隔离开关运维检修阶段监督要求

监督项目	检查资料	监督要求
运行巡视	变电站运行规程和运行巡视记录	隔离开关巡视周期应满足要求
		隔离开关巡视项目应包括： 1. 检查是否有影响设备安全运行的异物。 2. 检查支柱绝缘子是否有破损、裂纹。 3. 检查传动部件、触头、高压引线、接地线等外观是否有异常。 4. 检查分、合闸位置及指示是否正确。 5. 检测开关触头等电气连接部位红外热像图显示有无异常，判断时应考虑检测前 3 小时内的负荷电流及其变化情况
专业巡视	检修巡视记录	隔离开关专业巡视周期应满足要求： 1. 220kV 及以上电压等级变电站每半年至少一次。 2. 110kV 及以下电压等级变电站每年至少一次。 3. 专业巡视原则上安排在迎峰度冬和迎峰度夏前集中开展。 4. 特殊保电前或经受异常工况、恶劣天气等自然灾害后适时开展。 5. 新投运的设备、对核心部件或主体进行解体检修后重新投运的设备，宜加强巡视
		隔离开关专业巡视项目应齐全
绝缘专业管理	年度相关校核报告和技改计划	污区等级处于 c 级及以上交流特高压站、直流换流站、核电、大型能源基地电力外送站及跨大区联络 330kV 及以上变电站，污区等级处于 d 级及以上污秽区 220kV 及以上变电站，应涂覆防污闪涂料
		每年进行短路容量计算、载流量校核、接地网校核、污秽等级与爬距校核，不满足要求的应纳入技改计划
故障/缺陷管理	缺陷记录、事故分析报告、应急抢修记录，现场抽查一个站的历史缺陷记录，检查闭环情况	1. 缺陷记录应包含运行巡视、检修巡视、带电检测、检修过程中发现的缺陷；现场缺陷应有记录；检修班组应结合消缺，对记录中不严谨的缺陷现象表述进行完善；缺陷原因应明确；更换的部件应明确。 2. 家族性缺陷的整改应到位。 3. 缺陷定级应准确、处理应闭环。 4. 事故应急处理应到位，如事故分析报告、应急抢修记录等
		各级运检部门应制定完善抢修预案和流程，建立常备的抢修组织和队伍，开展相关培训并组织应急演练
状态评价	抽查 1 个间隔的设备台账和运行记录	1. 年度定期评价应在 4 月 30 日前完成，5 月 15 日前，省检修公司各分部（中心）、市检修公司和县公司应完成所辖设备定期评价报告，5 月 31 日前，省检修（分）公司、地（市）公司应完成所辖设备定期评价工作并将相关报告上报省设备状态评价中心。 2. 新设备投运后的首次评价，应在 1 个月内组织开展，并在 3 个月内完成；缺陷发现后的评价应在生产管理信息系统登录缺陷时立即开展，并随缺陷流转过程由相关人员同步进行复评；家族缺陷评价应在家族缺陷发布后 1 个月内完成；经历不良工况后评价在设备经受不良工况后 1 周内完成；检修评价在检修试验工作完成后 2 周内完成；重大保电活动、电网迎峰度夏、迎峰度冬等专项评价应在活动开始前 1 个月内完成
检修试验	变电站年度检修计划、年度设备状态评价报告以及 PMS 系统	检修周期应满足要求：A、B 类检修（必要时）；C 类检修（110kV 及以上电压等级设备最长 7 年）；D 类检修应满足相关规程要求
检修试验	隔离开关相关检修试验报告	检修项目重点关注：绝缘子外观应良好；RTV 涂层外观、憎水性良好；检修后主回路电阻测量结果应合格；分合闸操作应可靠；低电压动作特性应合格；二次回路绝缘应良好；设备有缺陷、隐患尚未消除、经历了有明显震感的地震、基础沉降时进行支柱绝缘子探伤合格
	年内大中小型检修项目各 1 个的查勘记录	检修工作开展前应按检修项目类别开展设备信息收集和现场查勘，并填写查勘记录
	年内大中小型检修项目各 1 个的检修方案	检修工作应编制检修方案

续表

监督项目	检查资料	监督要求
检修试验	隔离开关设备相关检修试验报告	1. 检修、试验报告是否完整、及时，测试数据应满足要求。 2. 隔离开关应操作灵活可靠，传动部分应无锈蚀、卡涩，保证操作灵活；操动机构线圈最低动作电压符合标准要求。 3. 二次回路接线紧固，绝缘电阻不低于 2MΩ；各辅助接点接触良好，无烧损。 4. 大修后应严格按照有关检修工艺进行调整与测量，分、合闸均应到位。 5. 检修后的隔离开关应进行导电回路电阻测试
检修、试验装备	仪器台账和送检计划	装备定期进行试验、校验的情况，重点检查安全工器具试验情况、有强制性要求的仪器校验情况、尚无明确校验标准仪器的比对试验情况，备品备件试验情况
反事故措施执行情况	隔离开关设备相关检修试验报告	1. 对不符合国家电网公司《关于高压隔离开关订货的有关规定（试行）》完善化技术要求的 72.5kV 及以上电压等级隔离开关、接地开关应进行完善化改造或更换。 2. 对于 GW6 型等类似结构的隔离开关，应在检修中检查操动机构蜗轮、蜗杆的啮合情况，确认没有倒转现象；应检查并确认隔离开关主拐臂调整过死点、平衡弹簧的张力合适。 3. 隔离开关各运动部位用润滑脂宜采用性能良好的二硫化钼锂基润滑脂。 4. 对运行 10 年以上的隔离开关，每 5 年对隔离开关中间法兰和根部进行无损探伤
沉降观测	基础沉降观测记录	观测次数应视地基土类型和沉降速度大小而定。一般在第一年观测 3～4 次，第二年 2～3 次，第三年后每年 1 次，直至稳定为止

10. 退役报废阶段

隔离开关退役报废阶段监督要求见表 2－30。

表 2－30　　隔离开关退役报废阶段监督要求

监督项目	检查资料	监督要求
设备退役转备品	项目可研报告、项目建议书、隔离开关鉴定意见	隔离开关退役鉴定审批手续应规范： 1. 各单位及所属单位发展部在项目可研阶段对拟拆除隔离开关进行评估论证，在项目可行性研究报告或项目建议书中提出拟拆除隔离开关作为备品备件、再利用等处置建议。 2. 国网运检部、各单位及所属单位运检部根据项目可研审批权限，在项目可研评审时同步审查拟拆除隔离开关处置建议。 3. 在项目实施过程中，项目管理部门应按照批复的拟拆除隔离开关处置意见，组织实施相关隔离开关拆除工作。隔离开关拆除后由国网运检部门组织开展技术鉴定，确定其留作备品、再利用或报废的处置意见。履行鉴定手续后的保管隔离开关由物资部门负责后续保管工作。 4. 需修复后再利用的隔离开关，应由运检部门编制修理项目并组织实施
	核查 PMS 系统，抽查 1 台退役隔离开关相关记录	隔离开关退役、再利用信息应及时更新： 1. 隔离开关退役、调拨时应同步更新 PMS 系统、ERP 系统信息，确保资产管理各专业系统数据完备准确，保证资产账、卡、物动态一致。 2. 隔离开关退役后，由资产运维单位（部门）及时进行设备台账信息变更，并通过系统集成同步更新资产状态信息。 3. 隔离开关调出、调入单位在 ERP 系统履行资产调拨程序，做好业务管理系统中设备信息变更维护工作。产权所属发生变化时，调出、调入单位应同时做好相关设备台账及历史信息移交，保证设备信息完整
设备退役转备品	退役设备台账、退役设备定期试验记录，现场检查备品设备存储条件，抽查 1 台备品设备的台账和定期试验记录	隔离开关备品设备存放管理应规范： 1. 物资管理单位对入库的退役隔离开关，应根据退役资产入库单上的资产信息及时维护台账，隔离开关备品备件的台账清册应做到基础信息详实、准确，图纸、合格证、说明书等原始资料应妥善保管。仓储管理人员应定期盘库，对台账进行核对，确保做到账、卡、物一致，定期或根据实际需要进行台账发布。 2. 物资管理单位（运检部门配合）应根据隔离开关仓储要求妥善保管，备品备件存放的环境温度、湿度应满足存放保管要求，同时应做好防火、防潮、防水、防腐、防盗和清洁卫生工作；设备上的易损伤、易丢失的重要零部件、材料均应单独保管，并应注意编号，以免混淆和丢失。 3. 物资部门配合运检部门定期组织相关人员，对库存备品备件进行检查维护及必要的试验，保证库存备品备件的合格与完备。对于经检查不符合技术要求的备品备件应及时更换

续表

监督项目	检查资料	监督要求
设备退役转备品	隔离开关备品台账和再利用记录	隔离开关再利用管理： 1. 各单位及所属单位应加强隔离开关再利用管理，最大限度发挥资产效益。退役隔离开关再利用优先在本单位内部进行，不同单位间退役隔离开关再利用工作由上级单位统一组织。 2. 工程项目原则上优先选用库存可再利用隔离开关，基建、技改和其他项目可研阶段应统筹考虑隔离开关再利用，在项目可行性研究报告或项目建议书中提出是否使用再利用隔离开关及相应再利用方案。 3. 对于使用再利用隔离开关的工程项目，项目单位（部门）应根据可研批复办理资产出库领用手续；对跨单位再利用的隔离开关应办理资产调拨手续。 4. 各单位及所属单位应加强库存可再利用隔离开关的修复、试验、维护保养及信息发布等工作，每年对库存可再利用隔离开关进行状态评价，对不符合再利用条件的隔离开关履行固定资产报废程序，并及时发布相关信息
设备退役报废	隔离开关资产管理相关台账和信息系统，抽查1台退役隔离开关	隔离开关报废信息应及时更新： 1. 隔离开关报废时应同步更新PMS系统、ERP系统信息，确保资产管理各专业系统数据完备准确，保证资产账、卡、物动态一致。 2. 隔离开关退役后，由资产运维单位（部门）及时进行设备台账信息变更，并通过系统集成同步更新资产状态信息
	隔离开关退役设备评估报告，抽查1台退役隔离开关	隔离开关在下列情况下，可作报废处理： 1. 隔离开关操作次数大于其制造厂给出的机械操作次数限值。 2. 设备额定电流小于所安装回路的最大负荷电流。 3. 运行日久，其主要结构、机件陈旧，损坏严重，经鉴定再给予大修也不能符合生产要求；或虽然能修复但费用太大，修复后可使用的年限不长、效率不高、在经济上不可行。 4. 腐蚀严重，继续使用将会发生事故，又无法修复。 5. 淘汰产品，无零配件供应，不能利用和修复；国家规定强制淘汰报废；技术落后不能满足生产需要。 6. 存在严重质量问题或其他原因，不能继续运行。 7. 进口设备不能国产化，无零配件供应，不能修复，无法使用。 8. 遭受自然灾害或突发意外事故，导致毁损，无法修复
	隔离开关报废处理记录，抽查1台退役隔离开关	隔离开关报废管理管理要求： 1. 隔离开关报废应按照国家电网公司固定资产管理要求履行相应审批程序，其中公司总部电网资产和整站隔离开关设备、原值在2000万元及以上且净值在1000万元及以上的隔离开关报废由公司总部审批，各单位填制固定资产报废审批表并履行内部程序后，上报公司总部办理固定资产报废审批手续。 2. 隔离开关履行报废审批程序后，应按照公司废旧物资处置管理有关规定统一处置，严禁留用或私自变卖，防止废旧设备重新流入电网

2.3.1.4 开关柜

1. 规划可研阶段

开关柜规划可研阶段监督要求见表2-31。

表2-31　开关柜规划可研阶段监督要求

监督项目	检查资料	监督要求
设备选型、参数选择	可研报告、可研审查意见、相关批复、属地电网的发展规划等	1. 工程应用中开关柜主要以空气绝缘为主，对空间有较高要求或高海拔地区可采用气体绝缘开关柜。采用气体绝缘开关柜时，应优先环保气体作为绝缘介质。 2. 断路器额定电流的选定应考虑到电网发展的需要。 3. 开关柜额定短路开断电流应满足现场运行实际要求和远景发展规划需求
系统接线方式	可研报告、可研审查意见、相关批复、属地电网的发展规划等	系统接线方式应符合要求： 1. 当变电站装有两台及以上主变压器时，6～10kV电气接线宜采用单母线分段，分段方式应满足当其中一台主变压器停运时，有利于其他主变压器的负荷分配的要求。 2. 220kV变电站中的35、10kV配电装置宜采用单母线接线，并根据主变压器台数确定母线分段数量

2. 工程设计阶段

开关柜工程设计阶段监督要求见表 2–32。

表 2–32　开关柜工程设计阶段监督要求

监督项目	检查资料	监督要求
设备布置合理性	设计图纸	1. 开关柜内避雷器、电压互感器等设备应经隔离开关（或隔离手车）与母线相连，严禁与母线直接连接。 2. 主变压器中、低压侧进线避雷器不宜布置在进线开关柜内
避雷器配置	设计图纸	1. 空气绝缘开关柜应选用硅橡胶外套氧化锌避雷器。 2. 选用电容器组用金属氧化物避雷器时，应充分考虑其通流容量
电流互感器配置	设计图纸	1. 所选用电流互感器的动、热稳定性能应满足安装地点系统短路容量的远期要求，一次绕组串联时也应满足安装地点系统短路容量的要求。 2. 电流互感器应三相配置。 3. 电流互感器额定一次电流的确定，应保证其在正常运行中的实际负荷电流达到额定值的 60%左右，至少不应小于 30%，否则，应选用高动热稳定电流互感器，以减小变比
电压互感器回路	设计图纸	1. 在电压互感器一次绕组中对地间串接线性或非线性消谐电阻、加零序电压互感器或在开口绕组加阻尼或其他专门消除此类谐振的装置。 2. 开关柜内装有电压互感器时，电压互感器高压侧应有防止内部故障的高压熔断器，其开断电流应与开关柜参数相匹配
站用变压器回路	设计图纸	1. 新建变电站的站用变压器、接地变压器不应布置在开关柜内或紧靠开关柜布置，避免其故障时影响开关柜运行。 2. 站用变高压侧宜采用断路器作为保护电器。 3. 站用变压器应采用干式、低损耗、散热好、全工况的加强绝缘型产品，产品损耗值应满足规定。 4. 站用变压器应能在单相接地的情况下持续运行 8h 以上，在布置上考虑方便调换和试验
接地	设计图纸	接地导体应采用铜质导体，在规定的接地故障条件下，在额定短时耐受时间为 3s 时，其电流密度不应超过 110A/mm^2，但最小截面积不应小于 240mm^2
直流供电方式	设计图纸	35（10）kV 开关柜直流供电采用每段母线辐射供电方式
开关室环境要求	配电室设施配置情况，配电室布置图，环境温、湿度资料	1. 在 SF_6 配电装置室低位区应安装能报警的氧量仪和 SF_6 泄漏报警仪，在工作人员入口处应装设显示器。 2. 配电室内环境温度超过 5～30℃范围，应配置空调等有效的调温设施，室内日最大相对湿度超过 95%或月最大相对湿度超过 75%的，应配置工业除湿机或空调。配电室排风机控制开关应在室外。 3. 开关柜配电室内各种通道的宽度应满足规范要求。 4. 在电缆从室外进入室内的入口处、敷设两个及以上间隔电缆的主电缆沟道和到单个间隔或设备分支电缆沟道的交界处应设置防火墙，在主电缆沟道内每间隔 60m 应设置一道防火墙

3. 设备采购阶段

开关柜设备采购阶段监督要求见表 2–33。

表 2–33　开关柜设备采购阶段监督要求

监督项目	检查资料	监督要求
开关柜选型	技术规范书/投标文件	1. 开关柜应选用 LSC2 类（具备运行连续性功能）产品。 2. 开关柜应选用 IAC 级（内部故障级别）产品
互换性要求	技术规范书/投标文件	类型、额定值和结构相同的所有可移开部件和元件在机械和电气上应有互换性
关键组部件	技术规范书/投标文件	1. 开关柜门模拟显示图必须与其内部接线一致，开关柜可触及隔室、不可触及隔室、活门和机构等关键部位在出厂时应设置明显的安全警示标识，并加以文字说明。柜内隔离活门、静触头盒固定板应采用金属材质并可靠接地，与带电部位满足空气绝缘净距离要求。 2. 开关柜的观察窗应使用机械强度与外壳相当、内有接地屏蔽网的钢化玻璃遮板，并通过开关柜内部燃弧试验。玻璃遮板应安装牢固，且满足运行时观察分/合闸位置、储能指示等需要。

续表

监督项目	检查资料	监督要求
关键组部件	技术规范书/投标文件	3. 额定电流1600A及以上的开关柜应在主导电回路周边采取有效隔磁措施。 4. 开关柜电气闭锁应单独设置电源回路，且与其他回路独立。 5. 温控器（加热器）、继电器等二次元件应取得“3C”认证或通过与“3C”认证同等的性能试验，外壳绝缘材料阻燃等级应满足V－0级，并提供第三方检测报告
柜内环境控制	技术规范书/投标文件	1. 柜内各隔室均安装常加热型驱潮加热器，加热器应与温湿度控制器相结合，且在每柜安装一控制开关（带辅助触点）。加热、驱潮装置与邻近元件、电缆及电线的距离应大于50mm。 2. 开关柜如有强制降温装置，应装设带防护罩、风道布局合理的强排通风装置、进风口应有防尘网。风机启动值应按照厂家要求设置合理，风机故障应发出报警信号
断路器功能特性	技术规范书/投标文件	1. 断路器操动机构应具有紧急分闸功能，并具有防误碰措施。 2. 断路器动作次数计数器不得带有复归机构。 3. SF_6断路器应选用带温度补偿功能的压力表式SF_6密度继电器。密度继电器应装设在与被监测气室处于同一运行环境温度的位置
绝缘性能	技术规范书/投标文件	1. 高压开关柜其外绝缘应满足以下条件：① 空气绝缘净距离：相间和相间对地，≥100mm（对7.2kV），≥125mm（对12kV），≥180mm（对24kV），≥300mm（对40.5kV）；带电体至门，≥130mm（对7.2kV），≥155mm（对12kV），≥210mm（对24kV），≥330mm（对40.5kV）；② 最小标称统一爬电比距要求：瓷质绝缘≥ $\sqrt{3}$ ×18mm/kV，有机绝缘≥ $\sqrt{3}$ ×20mm/kV。 2. 新安装开关柜禁止使用绝缘隔板。即使母线加装绝缘护套和热缩绝缘材料，也应满足空气绝缘净距离要求。 3. 24kV及以上开关柜内的穿柜套管应采用双屏蔽结构，其等电位连线（均压环）应长度适中，并与母线及部件内壁可靠连接。 4. 高压开关柜内的进出线套管、机械活门、母排拐弯处等场强较为集中的部位，应采取倒角处理等措施。 5. 开关柜中所有绝缘件装配前均应进行局部放电检测，单个绝缘件局部放电量不大于3pC。 6. 开关柜中的绝缘件应采用阻燃性绝缘材料，阻燃等级需达到V－0级。 7. 电缆连接端子距离开关柜底部应不小于700mm
接地	技术规范书/投标文件	1. 装有电器的可开启柜的门应采用截面积不小于 $4mm^2$ 且端部压接有终端附件的多股软铜导线与接地的金属构架可靠连接。 2. 二次控制仪表室专用接地铜排应符合规范要求
泄压通道	技术规范书/投标文件	1. 开关柜各高压隔室均应设有泄压通道或压力释放装置。当开关柜内产生内部故障电弧时，压力释放装置应能可靠打开，压力释放方向应避开巡视通道和其他设备。 2. 泄压盖板泄压侧应选用尼龙螺栓进行固定。 3. 柜顶装有封闭母线桥架的开关柜，其母线舱也应设置专用的泄压通道或压力释放装置
防误功能	技术规范书/投标文件	1. 开关柜应满足“五防”和联锁要求。 2. 新投开关柜应装设具有自检功能的带电显示装置，并与接地开关及柜门实现强制闭锁；配电装置有倒送电源时，间隔网门应装有带电显示装置的强制闭锁。带电显示装置应装设在仪表室
充气式开关柜	技术规范书/投标文件	母线TV可实现带电投切功能
金属	技术规范书/投标文件	1. 开关柜母线材质为T2铜，导电率不小于97%IACS。 2. 开关柜内母线搭接面、隔离开关触头、手车触头表面应镀银，且镀银层厚度不小于8μm。 3. 紧固弹簧及触头座应为06Cr19Ni10奥氏体不锈钢。 4. 柜体应采用敷铝锌钢板弯折后拴接而成或采用优质防锈处理的冷轧钢板制成，板厚不应小于2mm。门开启角度应大于120°，并设有定位装置。 5. 充气式开关柜充气隔室应采用3mm及以上的304不锈钢制造，充气隔室焊缝应进行无损探伤检测。主框架及门板的板材厚度不小于2mm。 6. 充气式开关柜母线连接器导体材质应为T2铜，电导率不小于56S/m，截面设计应满足额定电流的温升要求，绝缘件装配前均应进行局部放电试验，$1.1U_r$ 电压下单个绝缘件局部放电量不大于3pC

4. 设备制造阶段

开关柜设备制造阶段监督要求见表2－34。

表 2－34　　开关柜设备制造阶段监督要求

监督项目	检查资料	监督要求
功能特性	设计图纸、试验报告	1. 开关柜应选用 LSC2 类（具备运行连续性功能）、“五防”功能完备的产品。新投开关柜应装设具有自检功能的带电显示装置，并与接地开关（柜门）实现强制闭锁，带电显示装置应装设在仪表室。 2. 开关柜应选用 IAC 级（内部故障级别）产品，生产厂家应提供相应型式试验报告（附试验试品照片）。选用开关柜时应确认其母线室、断路器室、电缆室相互独立，且均通过相应内部燃弧试验；燃弧时间应不小于 0.5s，试验电流为额定短时耐受电流
绝缘件	设计图纸，绝缘件局放检测记录	1. 开关柜所有绝缘件装配前均应进行局部放电试验，单个绝缘件局部放电量不大于 3pC。 2. 开关柜中的绝缘件应采用阻燃性绝缘材料，阻燃等级需达到 V－0 级。 3. 24kV 及以上开关柜内的穿柜套管应采用双屏蔽结构，其等电位连线（均压环）应长度适中，并与母线及部件内壁可靠连接
电流互感器	电流互感器伏安特性检测记录	开关柜内的电流互感器在出厂前应做伏安特性筛选，同一柜内的三相电流互感器伏安特性应相互匹配
断路器	断路器检测报告	断路器出厂试验前应进行不少于 200 次的机械操作试验（其中每 100 次操作试验的最后 20 次应为重合闸操作试验）。真空断路器灭弧室出厂前应逐台进行老炼试验，并提供老炼试验报告；用于投切并联电容器的真空断路器出厂前应整台进行老炼试验，并提供老炼试验报告。断路器动作次数计数器不得带有复归机构
充气式开关柜	查阅充气隔室、母线连接器的材质、厚度、焊缝等检测记录	1. 充气柜充气隔室应采用 3mm 及以上的 304 不锈钢制造，充气隔室焊缝应进行无损探伤检测。主框架及门板的板材厚度不小于 2mm。 2. 母线连接器导体材质应为 T2 铜，电导率不小于 56S/m，截面设计应满足额定电流的温升要求，绝缘件装配前均应进行局部放电试验，$1.1U_r$ 电压下单个绝缘件局部放电量不大于 3pC

5. 设备验收阶段

开关柜设备验收阶段监督要求见表 2－35。

表 2－35　　开关柜设备验收阶段监督要求

监督项目	检查资料	监督要求
出厂试验	出厂试验报告/旁站见证	1. 开关柜出厂试验项目应齐全，结果应满足标准规范要求。 2. 相同规格的组件应通过互换性检查
柜体结构	查阅资料（开关柜设计图纸及检测报告）/现场检查	1. 高压开关柜的外绝缘应满足相关要求。 2. 新安装开关柜禁止使用绝缘隔板。即使母线加装绝缘护套和热缩绝缘材料，也应满足空气绝缘净距离要求。 3. 开关柜内避雷器、电压互感器等设备应经隔离开关（或隔离手车）与母线相连，严禁与母线直接连接。开关柜门模拟显示图必须与其内部接线一致，开关柜可触及隔室、不可触及隔室、活门和机构等关键部位在出厂时应设置明显的安全警示标识，并加以文字说明。柜内隔离活门、静触头盒固定板应采用金属材质并可靠接地，与带电部位满足空气绝缘净距离要求。 4. 电缆连接端子距离开关柜底部应不小于 700mm。 5. 额定电流 1600A 及以上的开关柜应在主导电回路周边采取有效隔磁措施。 6. 开关柜的观察窗应使用机械强度与外壳相当、内有接地屏蔽网的钢化玻璃遮板，并通过开关柜内部燃弧试验。玻璃遮板应安装牢固，且满足运行时观察分/合闸位置、储能指示等需要。 7. 进出线套管、机械活门、母排拐弯处等场强较为集中的部位，应采取倒角处理等措施
接地	对设计图纸、接地等电位短接情况进行检查	1. 开关柜接地母线材质、截面积应满足要求。 2. 二次控制仪表室应设有专用接地铜排，截面积不小于 100mm²，铜排两端应装设足够的螺栓以备接至变电站的等电位接地网上。 3. 开关柜柜门、互感器接地端子、观察窗接地、开关柜手车接地、柜内金属活门等均应短接接地
材质要求	查阅充气隔室、母线连接器的材质、厚度、焊缝等检测记录，或进行试验验证	1. 充气柜充气隔室应采用 3mm 及以上的 304 不锈钢制造，充气隔室焊缝应进行无损探伤检测。 2. 母线连接器导体材质应为 T2 铜，电导率不小于 56S/m，截面设计应满足额定电流的温升要求

6. 设备安装阶段

设备安装阶段，监督项目主要通过现场检查、现场验证两种方式完成。

7. 设备调试阶段

开关柜设备调试阶段监督要求见表 2-36。

表 2-36　开关柜设备调试阶段监督要求

监督项目	检查资料	监督要求
避雷器试验	查阅避雷器试验报告/抽样送检	柜内避雷器的交接试验报告项目应齐全，结果应满足要求
互感器试验	查阅互感器试验报告/抽样送检	开关柜中的互感器试验项目应齐全，试验结果应满足相关标准要求

8. 竣工验收阶段

竣工验收项目通过现场验证和检查方式完成。

9. 运维检修阶段

开关柜运维检修阶段监督要求见表 2-37。

表 2-37　开关柜运维检修阶段监督要求

监督项目	检查资料	监督要求
运行巡视	查阅资料（巡视记录）	1. 运行巡视周期应符合相关规定。 2. 巡视项目重点关注：开关室空调等设备运行情况，氧量仪和 SF_6 泄漏报警仪定期检验情况和运行情况，开关柜内声响、异味情况
状态检测	查阅资料（测试记录）/现场检测	1. 带电检测周期、项目应符合相关规定。 2. 停电试验应按规定周期开展，试验项目齐全；当对试验结果有怀疑时应进行复测，必要时开展诊断性试验
状态评价与检修决策	查阅资料	1. 状态评价应基于巡检及例行试验、诊断性试验、在线监测、带电检测、家族缺陷、不良工况等状态信息，包括其现象强度、量值大小以及发展趋势，结合与同类设备的比较，做出综合判断。 2. 开关柜的状态检修策略既包括年度检修计划的制定，也包括缺陷处理、试验、不停电的维修和检查等。检修策略应根据设备状态评价的结果动态调整。 3. 每年应进行短路容量计算、载流量校核，不满足要求的应纳入技改计划
缺陷处理	查阅资料（缺陷记录）/现场检查	加强带电显示闭锁装置的运行维护，保证其与接地开关（柜门）间强制闭锁的运行可靠性。防误操作闭锁装置或带电显示装置失灵时应尽快处理
反事故措施落实	查阅资料	1. 未经型式试验考核前，不得进行柜体开孔等降低开关柜内部故障防护性能的改造。 2. 投切并联电容器、交流滤波器用断路器必须选用 C2 级断路器。 3. 高压开关柜内手车开关拉出后，隔离带电部位的挡板应可靠封闭，禁止开启

10. 退役报废阶段

开关柜退役报废阶段监督要求见表 2-38。

表 2-38　开关柜退役报废阶段监督要求

监督项目	检查资料	监督要求
技术鉴定	查阅资料/现场检查，包括开关柜退役设备评估报告	1. 电网一次设备进行报废处理，应满足以下条件之一： （1）国家规定强制淘汰报废； （2）设备厂家无法提供关键零部件供应，无备品备件供应，不能修复，无法使用； （3）运行日久，其主要结构、机件陈旧，损坏严重，经大修、技术改造仍不能满足安全生产要求；

续表

监督项目	检查资料	监督要求
技术鉴定	查阅资料/现场检查，包括开关柜退役设备评估报告	（4）退役设备虽然能修复但费用太大，修复后可使用的年限不长，效率不高，在经济上不可行； （5）腐蚀严重，继续使用存在事故隐患，且无法修复； （6）退役设备无再利用价值或再利用价值小； （7）严重污染环境，无法修治； （8）技术落后不能满足生产需要； （9）存在严重质量问题不能继续运行； （10）因运营方式改变全部或部分拆除，且无法再安装使用； （11）遭受自然灾害或突发意外事故，导致毁损，无法修复。 2. 开关柜满足下列技术条件之一，且无法修复，宜进行报废： （1）主要技术指标不符合 Q/GDW 1168 技术要求，且无法修复； （2）“五防”闭锁功能不完善，且无法修复； （3）柜内元部件外绝缘爬距不满足开关柜加强绝缘技术要求，母线室、断路器室、电缆室为连通结构； （4）网门结构的开关柜，外壳防护性能不满足安全运行要求； （5）内部故障电流大小和短路持续时间（IAC 等级水平）达不到技术标准要求； （6）开关柜未设置泄压通道，且无法修复； （7）开关柜内关键组件不能满足 Q/GDW 1168 技术要求及电网发展需要，且无法修复，可局部报废

2.3.1.5　直流电源

（1）规划可研阶段。查阅资料，包括工程可研报告、可研报告评审意见和可研批复文件等。

（2）工程设计阶段。查阅直流电源系统初设报告、设计图纸、系统图，查阅蓄电池参数选取值，查阅蓄电池室施工图纸。

（3）设备采购阶段。查阅资料包括投标文件、评估报告，蓄电池组、充电装置、高频开关电源模块、微机监控装置、直流屏柜等设备的型式试验报告。查阅设备招标资料（技术规范书）。

（4）设备制造阶段。查阅直流电源设备的监造报告、监造大纲等文件。查阅直流电源设备制造过程中资料工艺流程卡、试验记录、蓄电池安全阀抽检报告等。

（5）设备验收阶段。查阅资料包括直流电源设备的订货合同、设计图纸、招投标文件、出厂技术文件、试验报告、产品说明书、合格证和相关检测报告等。查阅设备的温升试验报告及现场检查满载情况下温升是否不超过极限值。检查蓄电池开路电压和内阻测试记录。

（6）设备调试阶段。查阅设备调试报告，包括交流切换试验记录结果和充电机参数测试结果等，应满足对高频模块与相控式充电机的参数要求。查阅蓄电池内阻测试报告，查阅蓄电池容量试验报告，查阅直流熔断器配置图和级差校验试验报告。

（7）竣工验收阶段。

查看直流电源系统网络图，是否存在不满足馈出网络辐射状供电情况。检查蓄电池核对性放电试验记录，在三次循环之内是否达到 100%容量要求，试验方法是否规范。检查蓄电池组内阻测试记录，蓄电池内阻一致性是否满足要求。检查蓄电池端电压测试记录，判断端电压的均衡性能符合标准要求。

检查充电装置的试验报告，判断是否稳压精度不大于±0.5%、稳流精度不大于±1%、输出电压纹波系数不大于 0.5%的技术要求。

检查试验报告中蓄电池出口保护熔断器熔断报警模拟试验结果是否正确，蓄电池组各种脱离直流母线的模拟试验是否齐全，报警信号是否正确。

检查绝缘监测试验报告，试验项目是否齐全。

检查直流电源设备说明书是否与实际设备型号相符，试验报告项目是否齐全。检查设计联络文件、系统设备配置一览表、系统网络图、保护电器配置一览表、设备安装图是否齐全。

（8）运维检修阶段。

查阅直流电源设备例行巡视记录、蓄电池电压测试记录表，是否按期对蓄电池组全部单体电压进行测试。

查阅蓄电池消缺及处理试验记录，充电装置消缺及处理试验记录，直流屏相关部件消缺及处理试验记录。查阅运行记录中是否对备用充电机定期进行轮换试验。查阅蓄电池内阻测试记录表。查阅蓄电池核对性放电试验报告和核对性放电试验工作计划，检查放电试验方法是否符合要求，是否按要求的试验周期开展试验。查阅充电装置检测试验报告。

（9）退役报废阶段。

包括项目可研报告、项目建议书、直流电源设备鉴定意见等。查阅资料：① 设备台账/试验记录；② 直流电源设备备品台账/再利用记录；③ 项目可研报告/项目建议书/直流电源设备鉴定意见；④ 直流电源设备鉴定意见；⑤ 设备运行年限、检修记录改造记录。现场检查（存储仓库）。

2.3.2 旁站监督

2.3.2.1 组合电器

通过现场查看安装施工、试验检测过程和结果，判断监督要点是否满足监督要求。

1. 设备制造阶段

组合电器设备制造阶段监督要求见表 2–39。

表 2–39　　组合电器设备制造阶段监督要求

监督项目	监督方法	监督要求
吸附剂安装	现场查看厂家相关工艺文件	吸附剂罩的材质应选用不锈钢或其他高强度材料，结构应设计合理。吸附剂应选用不易粉化的材料并装于专用袋中，绑扎牢固
密封面组装	现场抽查 1 处密封面对接情况，检查密封面组装是否按相关工艺文件要求进行	1. 制造厂应严格按工艺文件要求涂抹硅脂，避免因硅脂过量造成盆式绝缘子表面闪络。 2. 户外 GIS 法兰对接面宜采用双密封，并在法兰接缝、安装螺孔、跨接片接触面周边、法兰对接面注胶孔、盆式绝缘子浇注孔等部位涂防水胶
绝缘件	现场查看厂家试验装置和试验工装是否满足要求，运用厂家试验设备现场试验或送第三方检测 1 只绝缘件是否满足要求	1. GIS 内绝缘件应逐只进行 X 射线探伤试验、工频耐压试验和局部放电试验，局部放电量不大于 3pC。 2. 252kV 及以上瓷空心绝缘子应逐支进行超声纵波探伤检测，由 GIS 制造厂完成，并将试验结果随出厂试验报告提交用户
伸缩节	现场抽查各种类型伸缩节各 1 只，并查看厂家试验装置和试验工装是否满足伸缩节试验要求	1. 伸缩节两侧法兰端面平面度公差不大于 0.2mm，密封平面的平面度公差不大于 0.1mm，伸缩节两侧法兰端面对于波纹管本体轴线的垂直度公差不大于 0.5mm。 2. 伸缩节中的波纹管本体不允许有环向焊接头，所有焊接缝要修整平滑；伸缩节中波纹管若为多层式，纵向焊接接头应沿圆周方向均匀错开；多层波纹管直边端部应采用熔融焊，使端口各层熔为整体。 3. 对伸缩节中的直焊缝应进行 100%的 X 射线探伤，环向焊缝进行 100%着色检查，缺陷等级应不低于 JB/T 4730.5 规定的 Ⅰ 级。 4. 伸缩节制造厂家在伸缩节制造完成后，应进行例行水压试验，试验压力为 1.5 倍的设计压力，到达规定试验压力后保持压力不少于 10min，伸缩节不得有渗漏、损坏、失稳等异常现象；试验压力下的波距相对零压力下波距的最大波距变化率应不大于 15%。 5. 伸缩节在通过例行水压试验后还应进行气密性试验，试验压力为设计压力，伸缩节内充 SF_6 气体，到达设计压力后保持 24h，年泄漏率不大于 0.5%

续表

监督项目	监督方法	监督要求
焊缝无损检测情况核查	现场核对检测人员证书并见证检测过程	生产厂家应对 GIS 及罐式断路器罐体焊缝进行无损探伤检测，保证罐体焊缝 100%合格

2. 设备验收阶段

组合电器设备验收阶段监督要求见表 2−40。

表 2−40　组合电器设备验收阶段监督要求

监督项目	监督方法	监督要求
耐压试验	现场查看厂家试验装置和试验工装是否满足要求	GIS 出厂绝缘试验宜在装配完整的间隔上进行，252kV 及以上设备还应进行正负极性各 3 次雷电冲击耐压试验
运输	现场查看厂家试验装置和试验工装是否满足要求	GIS 出厂运输时，应在断路器、隔离开关、电压互感器、避雷器和 363kV 及以上套管运输单元上加装三维冲击记录仪，其他运输单元加装振动指示器。运输中如出现冲击加速度大于 3g 或不满足产品技术文件要求的情况，产品运至现场后应打开相应隔室检查各部件是否完好，必要时可增加试验项目或返厂处理
GIS 设备到货验收及保管	现场查看 GIS 保管环境	1. 设备技术参数应与设计要求一致。 2. 所有元件、附件、备件及专用工器具应齐全，符合订货合同约定，且应无损伤变形及锈蚀。 3. 对运至现场的 GIS 的保管符合要求
SF_6 质量检查	现场查看 SF_6 气瓶标注是否符合厂家资料	制造厂应该规定开关设备和控制设备中使用气体的种类、要求的数量、质量和密度，并为用户提供更新气体和保持所要求气体的数量和质量的必要说明。密封压力系统除外
GIS 壳体对接焊缝超声波检测	新建变电工程每个厂家每种型号的 GIS 壳体按照纵缝 10%（长度）、环缝 5%（长度）抽检	GIS 壳体圆筒部分的纵向焊接接头属 A 类焊接接头，环向焊接接头属 B 类焊接接头，超声检测不低于Ⅱ级合格

3. 设备安装阶段

组合电器设备安装阶段监督要求见表 2−41。

表 2−41　组合电器设备安装阶段监督要求

监督项目	监督方法	监督要求
安装环境检查	现场查看 GIS 安装环境	1. 装配工作应在无风沙、雨雪，空气相对湿度小于 80%的条件下进行，并应采取防尘、防潮措施。 2. 产品技术文件要求搭建防尘室时，所搭建的防尘室应符合产品技术文件要求。 3. 应按产品技术文件要求进行内检，参加现场内检的人员着装应符合产品技术文件要求。 4. 产品技术文件要求所有单元的开盖、内检及连接工作应在防尘室内进行时，防尘室内及安装单元应按产品技术文件要求充入经过滤尘的干燥空气；工作间断时，安装单元应及时封闭并充入经过滤尘的干燥空气，保持微正压。 5. 所有 GIS 安装作业现场必须安装温度、湿度、洁净度实时检测设备，实现对环境条件的实时查询和自动告警，确保安装环境符合要求。 6. GIS、罐式断路器现场安装时应采取防尘棚等有效措施，确保安装环境的洁净度。800kV 及以上 GIS 现场安装时采用专用移动厂房，GIS 间隔扩建可根据现场实际情况采取同等有效的防尘措施
电气安装场地条件	现场查看 GIS 安装环境	1. 室内安装的 GIS：GIS 室的土建工程宜全部完成，室内应清洁、通风良好，门窗、孔洞应封堵完成；室内所安装的起重设备应经专业部门检查验收合格。 2. 室外安装的 GIS：不应有扬尘及产生扬尘的环境，否则应采取防尘措施；起重机停靠的地基应坚固。 3. 产品和设计所要求的均压接地网施工应已完成。 4. 装有 SF_6 设备的配电装置室和 SF_6 气体实验室应装设强力通风装置，风口应设置在室内底部，排风口不应朝向居民住宅或行人；在室内，设备充装 SF_6 气体时，周围环境相对湿度应不大于 80%，同时应开启通风系统，并避免 SF_6 气体泄漏到工作区，工作区空气中 SF_6 气体含量不得超过 1000μL/L

续表

监督项目	监督方法	监督要求
导体连接	现场查看 GIS 导体安装专用工器具使用情况	1. 检查导电部件镀银层应良好、表面光滑、无脱落。 2. 连接插件的触头中心应对准插口，不得卡阻，插入深度应符合产品技术文件要求且回路电阻合格。 3. 接触电阻应符合产品技术文件要求，不宜超过产品技术文件规定值的 1.1 倍。 4. 安装过程中，对于电缆及母线的连接处等难以直接观察的部位，应利用有效的检测仪器和手段进行核查，确保连接可靠
绝缘件管理	现场查看 GIS 绝缘件安装情况	1. 现场安装时，应保证绝缘拉杆、盆式绝缘子、支持绝缘件的干燥和清洁，不得发生磕碰和划伤，应按制造厂技术规范要求严格控制其在空气中的暴露时间。 2. 套管的安装、套管的导体插入深度均应符合产品技术文件要求
电气连接及安全接地	现场查看 1 个间隔电气连接及安全接地情况	1. 凡不属于主回路或辅助回路的且需要接地的所有金属部分都应接地。外壳、构架等的相互电气连接宜采用紧固连接（如螺栓连接或焊接），以保证电气连通。 2. GIS 接地回路导体应有足够大的截面，具有通过接地短路电流的能力。 3. 126kV 及以下 GIS 紧固接地螺栓的直径不得小于 12mm；252kV 及以上 GIS 紧固接地螺栓的直径不得小于 16mm。 4. 新投运 GIS 采用带金属法兰的盆式绝缘子时，应预留窗口用于特高频局部放电检测。采用此结构的盆式绝缘子可取消罐体对接处的跨接片，但生产厂家应提供型式试验依据。如需采用跨接片，户外 GIS 罐体上应有专用跨接部位，禁止通过法兰螺栓直连。 5. 由一次设备（如变压器、断路器、隔离开关和电流、电压互感器等）直接引出的二次电缆的屏蔽层应使用截面积不小于 4mm^2 的多股铜质软导线仅在就地端子箱处一点接地，在一次设备的接线盒（箱）处不接地，二次电缆经金属管从一次设备的接线盒（箱）引至电缆沟，并将金属管的上端与一次设备的底座或金属外壳良好焊接，金属管另一端应在距一次设备 5m 之外与主接地网焊接。 6. 变电站内端子箱、机构箱、智能控制柜、汇控柜等屏柜内的交直流接线，不应接在同一段端子排上。 7. 电压互感器、避雷器、快速接地开关应采用专用接地线接地
室外 GIS 设备基础沉降	现场检查基准点、工作基点设置及保护，GIS 基础沉降监测点设置位置、数量是否满足设计及规范要求，GIS 基础混凝土结构有无严重贯穿性裂缝	结合设计单位对 GIS 地基土类型和沉降速率大小确定的时间和频率，判定是否满足要求；整个施工期观测次数原则上不少于 6 次；每次沉降观测结束，应及时处理观测数据，分析观测成果
隐蔽工程检查	现场查看 GIS 组部件安装、抽真空的操作现场情况	验收人员依据变电站土建工程设计、施工、验收相关国家、行业及企业标准，进行变电站土建隐蔽工程验收及检验；隐蔽工程验收包括地基验槽、钢筋工程、地下混凝土工程、埋件埋管螺栓、地下防水防腐工程、屋面工程、幕墙及门窗、资料等

4. 设备调试阶段

组合电器设备调试阶段监督要求见表 2－42。

表 2－42　　组合电器设备调试阶段监督要求

监督项目	监督方法	监督要求
整体耐压试验	现场见证试验全过程	1. 交接试验时，应在交流耐压试验的同时进行局部放电检测，交流耐压值应为出厂值的 100%。有条件时还应进行冲击耐压试验。试验中如发生放电，应先确定放电气室并查找放电点，经过处理后重新试验。 2. 若金属氧化物避雷器、电磁式电压互感器与母线之间连接有隔离开关，在工频耐压试验前进行老练试验时，可将隔离开关合上，加额定电压检查电磁式电压互感器的变比以及金属氧化物避雷器阻性电流和全电流

5. 竣工验收阶段

组合电器竣工验收阶段监督要求见表 2－43。

表 2-43　　组合电器竣工验收阶段监督要求

监督项目	监督方法	监督要求
设备外观	现场查看 1 个间隔	1. GIS 应安装牢靠、外观清洁。 2. 瓷套应完整无损、表面清洁。 3. 所有柜、箱防雨防潮性能应良好，本体电缆防护应良好。 4. 油漆应完好，出厂铭牌、相色标志、内部元件标示应正确。 5. 带电显示装置显示应正确。 6. 户外断路器应采取防止密度继电器二次接头受潮的防雨措施
压力释放装置	现场查看 1 个间隔	压力释放装置应装设导流板来控制溢出的方向，使得在正常运行时可触及位置工作的运行人员没有危险
电气连接及安全接地	现场查看 1 个间隔	1. 凡不属于主回路或辅助回路的且需要接地的所有金属部分都应接地。外壳、构架等的相互电气连接宜采用紧固连接（如螺栓连接或焊接），以保证电气连通。 2. GIS 接地回路导体应有足够大的截面，具有通过接地短路电流的能力。 3. 126kV 及以下 GIS 紧固接地螺栓的直径不得小于 12mm；252kV 及以上 GIS 紧固接地螺栓的直径不得小于 16mm。 4. 采用带金属法兰的盆式绝缘子可取消罐体对接处的跨接片，但生产厂家应提供型式试验依据。如需采用跨接片，户外 GIS 罐体上应有专用跨接部位，禁止通过法兰螺栓直连。 5. 由一次设备（如变压器、断路器、隔离开关和电流、电压互感器等）直接引出的二次电缆的屏蔽层应使用截面积不小于 $4mm^2$ 的多股铜质软导线仅在就地端子箱处一点接地，在一次设备的接线盒（箱）处不接地，二次电缆经金属管从一次设备的接线盒（箱）引至电缆沟，并将金属管的上端与一次设备的底座或金属外壳良好焊接，金属管另一端应在距一次设备 5m 之外与主接地网焊接
SF_6 气体监测设备	现场查看 GIS 安装环境	装有 SF_6 设备的配电装置室和 SF_6 气体实验室应装设强力通风装置，风口应设置在室内底部，排风口不应朝向居民住宅或行人；在室内，设备充装 SF_6 气体时，周围环境相对湿度应不大于 80%，同时应开启通风系统，并避免 SF_6 气体泄漏到工作区，工作区空气中 SF_6 气体含量不得超过 1000μL/L
电流回路检查	抽查 1 个间隔的实际接线是否与图纸相符	1. 应检查电流互感器二次绕组所有二次接线的正确性及端子排引线螺钉压接的可靠性。 2. 应检查电流二次回路的接地点与接地状况，电流互感器的二次回路必须分别且只能有一点接地；由几组电流互感器二次组合的电流回路，应在有直接电气连接处一点接地
室外 GIS 设备基础沉降	现场查看基准点、工作基点设置及保护，GIS 基础沉降监测点设置位置、数量是否满足设计及规范要求，GIS 基础混凝土结构有无严重贯穿性裂缝	结合设计单位对 GIS 地基土类型和沉降速率大小确定的时间和频率，判定是否满足要求；整个施工期观测次数原则上不少于 6 次；每次沉降观测结束，应及时处理观测数据，分析观测成果

6. 运维检修阶段

组合电器运维检修阶段监督要求见表 2-44。

表 2-44　　组合电器运维检修阶段监督要求

监督项目	监督方法	监督要求
状态检测	现场检测	1. 带电检测周期、项目应符合相关规定。 2. 停电试验应按规定周期开展，试验项目齐全；当对试验结果有怀疑时应进行复测，必要时开展诊断性试验。 3. 应加强运行中 GIS 的带电检测和在线监测工作。在迎峰度夏前、A 类或 B 类检修后、经受大负荷冲击后应进行局部放电检测，对于局部放电量异常的设备，应同时结合 SF_6 气体分解物检测技术进行综合分析和判断。 4. 户外 GIS 应按照“伸缩节（状态）伸缩量-环境温度”曲线定期核查伸缩节伸缩量，每季度至少开展一次，且在温度最高和最低的季节每月核查一次
故障/缺陷处理	现场检查	1. 缺陷定级应正确，缺陷处理应闭环。 2. 在诊断性试验中，应在机械特性试验中同步记录触头行程曲线，并确保在规定的参考机械行程特性包络线范围内。

续表

监督项目	监督方法	监督要求
故障/缺陷处理	现场检查	3. 巡视时，如发现断路器、快速接地开关缓冲器存在漏油现象，应立即安排处理。 4. 倒闸操作前后，发现 GIS 三相电流不平衡时应及时查找原因并处理。 5. 组合电器处理故障/缺陷时需回收 SF_6 气体时，应统一回收、集中处理，并做好处置记录，严禁向大气排放
反事故措施落实	现场检查	1. 定期检查设备架构、GIS 母线筒位移与沉降情况。 2. 例行试验中应对断路器主触头与合闸电阻触头的时间配合关系进行测试，并测量合闸电阻的阻值。 3. 例行试验中应测试断路器合－分时间。对 252kV 及以上断路器，合－分时间应满足电力系统安全稳定要求。 4. 例行试验中，应检查瓷绝缘子胶装部位防水密封胶完好性，必要时重新复涂防水密封胶。 5. 3 年内未动作过的 72.5kV 及以上断路器，应进行分/合闸操作
室内 SF_6 安全性要求	现场检查，抽查 1 处 GIS 配电室	GIS 配电装置室内应设置一定数量的氧量仪和 SF_6 浓度报警仪

2.3.2.2 断路器

通过现场查看安装施工、试验检测过程和结果，判断监督要点是否满足监督要求。

1. 设备制造阶段

断路器设备制造阶段监督要求见表 2–45。

表 2–45　断路器设备制造阶段监督要求

监督项目	监督方法	监督要求
现场查看	1. 断路器机械磨合操作； 2. 户外汇控柜、机构箱； 3. 密度继电器安装； 4. 压力释放装置安装； 5. 断路器镀银层； 6. 罐体纵环焊缝	现场查看，相关标准参考断路器全过程技术监督精益化管理评价细则
试验旁站	绝缘件试验	旁站见证，相关标准参考断路器全过程技术监督精益化管理评价细则

2. 设备验收阶段

断路器设备验收阶段监督要求见表 2–46。

表 2–46　断路器设备验收阶段监督要求

监督项目	监督方法	监督要求
现场查看	1. 现场查看每批各 1 只 SF_6 气瓶，检查其标注是否符合厂家资料； 2. 现场查看 1 个间隔的电流互感器铭牌，检查其标注是否符合厂家资料	现场查看，相关标准参考断路器全过程技术监督精益化管理评价细则
试验旁站	1. 主回路的绝缘试验； 2. 断路器机械特性测试； 3. 辅助开关与主触头时间配合试验； 4. 二次回路工频耐压试验； 5. 主回路电阻试验	旁站见证，相关标准参考断路器全过程技术监督精益化管理评价细则

3. 设备安装阶段

断路器设备安装阶段监督要求见表 2–47。

表 2-47　断路器设备安装阶段监督要求

监督项目	监督方法	监督要求
现场查看	1. 断路器安装环境检查； 2. 绝缘部件检查； 3. 导流部分检查； 4. 现场端子箱见证； 5. 电气连接及安全接地检查； 6. 基础施工偏差检查； 7. 隐蔽工程检查； 8. 密度继电器检查； 9. SF_6气体质量检查	现场查看，相关标准参考断路器全过程技术监督精益化管理评价细则
试验旁站	1. 辅助开关与主触头时间配合试验； 2. SF_6气体湿度和纯度检测	旁站见证，相关标准参考断路器全过程技术监督精益化管理评价细则

4. 设备调试阶段

断路器设备调试阶段监督要求见表 2-48。

表 2-48　断路器设备调试阶段监督要求

监督项目	监督方法	监督要求
试验旁站	1. 断路器交接试验； 2. 断路器防跳试验	旁站见证，相关标准参考断路器全过程技术监督精益化管理评价细则

5. 竣工验收阶段

断路器竣工验收阶段监督要求见表 2-49。

表 2-49　断路器竣工验收阶段监督要求

监督项目	监督方法	监督要求
现场查看	抽查一台断路器，检查其： 1. 专用工具配置完整性；备品备件配置完整性； 2. 设备外观、线夹及引线、密度继电器、SF_6气体压力、弹簧机构、液压机构、断路器操作及位置指示、就地/远方功能切换、动作计数器、控制电缆接地、加热、驱潮装置、电气连接及安全接地	现场查看，相关标准参考断路器全过程技术监督精益化管理评价细则
试验旁站	抽查一台断路器，检查其： 1. 断路器交接试验； 2. 断路器防跳试验	旁站见证，相关标准参考断路器全过程技术监督精益化管理评价细则

6. 运维检修阶段

断路器运维检修阶段监督要求见表 2-50。

表 2-50　断路器运维检修阶段监督要求

监督项目	监督方法	监督要求
现场查看	1. 结合现场核查是否存在现场缺陷没有记录的情况； 2. 仪器配置及备品设备配置； 3. 断路器短路电流开断能力应满足安装地点的最新要求； 4. SF_6气体检查； 5. 对气动机构宜加装汽水分离装置和自动排污装置，对液压机构应注意液压油油质的变化	现场查看，相关标准参考断路器全过程技术监督精益化管理评价细则

续表

监督项目	监督方法	监督要求
试验旁站	抽查一台断路器，检查其： 1. 断路器交接试验； 2. 断路器防跳试验	旁站见证，相关标准参考断路器全过程技术监督精益化管理评价细则

2.3.2.3 隔离开关

设备制造阶段通过现场查看安装施工、试验检测过程和结果，判断监督要点是否满足监督要求。

1. 设备制造阶段

隔离开关设备制造阶段监督要求见表 2-51。

表 2-51　　隔离开关设备制造阶段监督要求

监督项目	监督方法	监督要求
导电回路	现场抽查 1 台隔离开关，检查实物是否满足要求	1. 导电回路的设计应能耐受 1.1 倍额定电流而不超过允许温升值。 2. 隔离开关宜采用外压式或自力式触头，触头弹簧应进行防腐、防锈处理。内拉式触头应采用可靠绝缘措施以防止弹簧分流。 3. 单柱式隔离开关和接地开关的静触头装配应由制造厂提供，并应满足额定接触区的要求。 4. 在钳夹最不利的位置下，隔离开关支柱绝缘子和硬母线的支柱绝缘子不应受额外的作用力。 5. 上下导电臂之间的中间接头、导电臂与导电底座之间应采用叠片式软导电带连接，叠片式铝制软导电带应有不锈钢片保护。 6. 配钳夹式触头的单臂仲缩式隔离开关导电臂应采用全密封结构。 7. 隔离开关、接地开关导电臂及底座等位置应采取能防止鸟类筑巢的结构
出厂调试基本要求	现场查看实物是否满足要求	隔离开关和接地开关应在生产厂家内进行整台组装和出厂试验。需拆装发运的设备应按相、按柱做好标记，其连接部位应做好特殊标记
操动机构箱	现场查看实物是否满足要求	1. 户外设备的箱体应具有防潮、防腐、防小动物进入等功能。 2. 操动机构箱且防护等级户外不得低于 IP44，户内不得低于 IP3X；箱体应可三侧开门，正向门与两侧门之间有连锁功能，只有正向门打开后其两侧的门才能打开。 3. 同一间隔内的多台隔离开关的电机电源，在端子箱内必须分别设置独立的开断设备。 4. 端子箱、机构箱等屏柜内的交直流接线，不应接在同一段端子排上

2. 设备验收阶段

隔离开关设备验收阶段监督要求见表 2-52。

表 2-52　　隔离开关设备验收阶段监督要求

监督项目	监督方法	监督要求
隔离开关到货验收及保管	现场查看隔离开关保管环境	1. 对运至现场的隔离开关的保管应符合以下要求：设备运输箱应按其不同保管要求置于室内或室外平整、无积水且坚硬的场地；设备运输箱应按箱体标注安置；瓷件应安置稳妥；装有触头及操动机构金属传动部件的箱子应有防潮措施。 2. 运输箱外观应无损伤和碰撞变形痕迹，瓷件应无裂纹和破损。 3. 设备应无损伤变形和锈蚀，漆层完好。 4. 镀锌设备支架应无变形，镀锌层完好，无锈蚀，无脱落，色泽一致。 5. 瓷件应无裂纹、破损，复合绝缘子无损伤；绝缘子与金属法兰胶装部位应牢固密实，并应涂有性能良好的防水胶；法兰结合面应平整，无外伤或铸造砂眼；支柱绝缘子外观不得有裂纹、损伤；支柱绝缘子元件的直线度应不大于 1.5/0.008h（h 为元件高度），每只绝缘子应有探伤合格证。 6. 导电部分可挠连接应无折损，接线端子（或触头）镀银层应完好

续表

监督项目	监督方法	监督要求
出厂试验基本要求	现场查看实物是否满足要求	隔离开关和接地开关的出厂试验必须在完全组装好的整台设备进行。需要拆装出厂的产品，应在拆装前将重要连接处做好标记并按极发运
主回路电阻的测量	现场查看厂家试验装置和试验工装是否满足要求	出厂试验主回路电阻测试应尽可能在与型式试验相似的条件（周围空气温度和测量部位）下进行，试验电流应在100A至额定电流范围内，测得的电阻不应超过温升试验（型式试验）前测得电阻的1.2倍
金属镀层检查	现场查看、现场试验	导电杆和触头的镀银层厚度应不小于20μm，硬度应不小于120HV

3. 设备安装阶段

隔离开关设备安装阶段监督要求见表2－53。

表2－53　　隔离开关设备安装阶段监督要求

监督项目	监督方法	监督要求
螺栓安装	现场查看1个间隔的螺栓安装是否满足要求	1. 设备安装用的紧固件应采用镀锌或不锈钢制品，户外用的紧固件采用镀锌制品时应采用热镀锌工艺；外露地脚螺栓应采用热镀锌制品。 2. 安装螺栓宜由下向上穿入。 3. 隔离开关组装完毕，应用力矩扳手检查所有安装部位的螺栓，其力矩值应符合产品技术文件要求
导电回路安装	现场查看1个间隔的导电回路安装是否满足要求	1. 接线端子及载流部分应清洁，且应接触良好，接线端子（或触头）镀银层无脱落，可挠连接应无折损，表面应无严重凹陷及锈蚀，设备连接端子应涂以薄层电力复合脂。 2. 触头表面应平整、清洁，并涂以薄层中性凡士林。 3. 触头间应接触紧密，两侧的接触压力应均匀且符合产品技术文件要求，当采用插入连接时，导体插入深度应符合产品技术文件要求
操动机构安装	现场查看1个间隔的操动机构安装是否满足要求	1. 操动机构的零部件应齐全，所有固定连接部件应紧固，转动部分应涂以适合当地气候条件的润滑脂。 2. 电动、手动操作应平稳、灵活、无卡涩，电动机的转向应正确，分、合闸指示应与实际位置相符，限位装置应准确可靠，辅助开关动作应正确。 3. 折臂式隔离开关主拐臂调整应过死点。 4. 机构箱应密闭良好，防雨、防潮性能良好，箱内安装有防潮装置时，加热装置应完好，加热器与各元件、电缆及电线的距离应大于50mm；机构箱内控制和信号回路应正确并符合《电气装置安装工程盘、柜及二次回路接线施工及验收规范》（GB 50171）的有关规定。 5. 防误装置电源应与继电保护及控制回路电源独立
传动部件安装	现场查看1个间隔的传动部件安装是否满足要求	1. 隔离开关的底座传动部分应灵活，并涂以适合当地气候条件的润滑脂。 2. 拉杆的内径应与操动机构轴的直径相配合，两者间的间隙不应大于1mm；连接部分的销子不应松动。 3. 隔离开关、接地开关平衡弹簧应调整到操作力矩最小并加以固定，接地开关垂直连杆应涂以黑色油漆标识
绝缘子安装	现场查看1个间隔的绝缘子安装是否满足要求	1. 绝缘子表面应清洁、无裂纹、破损、焊接残留斑点等缺陷，绝缘子与金属法兰胶装部位应牢固密实，在绝缘子金属法兰与瓷件的胶装部位涂以性能良好的防水密封胶。 2. 支柱绝缘子不得有裂纹、损伤，并不得修补。外观检查有疑问时，应做探伤试验。

续表

监督项目	监督方法	监督要求
绝缘子安装	现场查看 1 个间隔的绝缘子安装是否满足要求	3. 支柱绝缘子应垂直于底座平面（V 形隔离开关除外），且连接牢固；同一绝缘子柱的各绝缘子中心线应在同一垂直线上；同相各绝缘子柱的中心线应在同一垂直平面内。 4. 隔离开关的各支柱绝缘子间应连接牢固
电气连接及安全接地	现场查看 1 个间隔的电气连接及安全接地情况	1. 隔离开关（接地开关）金属架构应设置可靠的接地点，宜有两根与主地网不同干线连接的接地引下线，并且每根接地引下线均应符合热稳定校核的要求。 2. 如果金属外壳和操动机构不与隔离开关或接地开关的金属底座安装在一起，并在电气上没有连接时，则金属外壳和操动机构上应提供标有保护接地符号的接地端子。 3. 凡不属于主回路或辅助回路的且需要接地的所有金属部分都应接地（如爬梯等）。 4. 接地回路导体应有足够大的截面，具有通过接地短路电流的能力。 5. 外壳、构架等的相互电气连接宜采用紧固连接（如螺栓连接或焊接），以保证电气连通。 6. 由开关场的隔离开关和电流至开关场就地端子箱之间的二次电缆应经金属管从一次设备的接线盒（箱）引至电缆沟，并将金属管的上端与上述设备的底座和金属外壳良好焊接，下端就近与主接地网良好焊接。上述二次电缆的屏蔽层在就地端子箱处单端使用截面积不小于 4mm^2 的多股铜质软导线可靠连接至等电位接地网的铜排上，在一次设备的接线盒（箱）处不接地
接地装置材质	现场查看实物是否满足要求	除临时接地装置外，接地装置应采用热镀锌钢材，水平敷设的可采用圆钢和扁钢，垂直敷设的可采用角钢和钢管，腐蚀比较严重地区的接地装置，应适当加大截面或采用阴极保护等措施

4. 设备调试阶段

隔离开关设备调试阶段监督要求见表 2－54。

表 2－54　隔离开关设备调试阶段监督要求

监督项目	监督方法	监督要求
导电回路电阻值测量	现场见证试验全过程	1. 宜采用电流不小于 100A 的直流压降法。 2. 回路电阻测试结果不应大于出厂值的 1.2 倍
操动机构动作调试	现场见证试验全过程	1. 电动、手动操作应平稳、灵活、无卡涩，电动机的转向应正确，分、合闸指示应与实际位置相符，限位装置应准确可靠，辅助开关动作应正确。 2. 操动机构线圈的最低动作电压应符合产品技术要求。 3. 操动机构在其额定电压的 80%～110%范围（电动机操动机构、二次控制线圈和电磁闭锁装置）/额定气压的 85%～110%范围时（压缩空气操动机构），应保证隔离开关和接地开关可靠分闸和合闸。 4. 折臂式隔离开关主拐臂调整应过死点

2.3.2.4　开关柜

通过现场查看制造、安装、验收、试验检测过程和结果、设备运行情况，判断监督要点是否满足监督要求。

1. 设备制造阶段

开关柜设备制造阶段监督要求见表 2－55。

表 2－55　开关柜设备制造阶段监督要求

监督项目	监督方法	监督要求
功能特性	现场验证	1. 开关柜应选用 LSC2 类（具备运行连续性功能）、“五防”功能完备的产品。新投开关柜应装设具有自检功能的带电显示装置，并与接地开关（柜门）实现强制闭锁，带电显示装置应装设在仪表室。

续表

监督项目	监督方法	监督要求
功能特性	现场验证	2. 开关柜应选用 IAC 级（内部故障级别）产品，生产厂家应提供相应型式试验报告（附试验试品照片）。选用开关柜时应确认其母线室、断路器室、电缆室相互独立，且均通过相应内部燃弧试验；燃弧时间应不小于0.5s，试验电流为额定短时耐受电流
绝缘件	试验验证绝缘件局部放电量	开关柜所有绝缘件装配前均应进行局部放电试验，单个绝缘件局部放电量不大于 3pC
充气式开关柜	充气隔室、母线连接器的材质、厚度、焊缝检测或查看记录，或试验验证	1. 充气柜充气隔室应采用 3mm 及以上的 304 不锈钢制造，充气隔室焊缝应进行无损探伤检测。主框架及门板的板材厚度不小于 2mm。 2. 母线连接器导体材质应为 T2 铜，电导率不小于 56S/m，截面设计应满足额定电流的温升要求，绝缘件装配前均应进行局部放电试验，$1.1U_r$ 电压下单个绝缘件局部放电量不大于 3pC
金属	现场验证母线材质、镀银层厚度、紧固弹簧及触头座材质、柜体材质及板厚	1. 开关柜母线材质应为 T2 铜，导电率不小于 97%IACS。 2. 开关柜内母线搭接面、隔离开关触头、手车触头表面应镀银，且镀银层厚度不小于 8μm。 3. 紧固弹簧及触头座应为 06Cr19Ni10 奥氏体不锈钢。 4. 柜体应采用敷铝锌钢板弯折后拴接而成或采用优质防锈处理的冷轧钢板制成，板厚不应小于 2mm

2. 设备验收阶段

开关柜设备验收阶段监督要求见表 2-56。

表 2-56　开关柜设备验收阶段监督要求

监督项目	监督方法	监督要求
出厂试验	旁站见证	1. 开关柜出厂试验项目应齐全，结果应满足标准规范要求。 2. 相同规格的组件应通过互换性检查
柜体结构	现场检查	1. 高压开关柜的外绝缘应满足相关要求。 2. 新安装开关柜禁止使用绝缘隔板。即使母线加装绝缘护套和热缩绝缘材料，也应满足空气绝缘净距离要求。 3. 开关柜内避雷器、电压互感器等设备应经隔离开关（或隔离手车）与母线相连，严禁与母线直接连接。开关柜门模拟显示图必须与其内部接线一致，开关柜可触及隔室、不可触及隔室、活门和机构等关键部位在出厂时应设置明显的安全警示标识，并加以文字说明。柜内隔离活门、静触头盒固定板应采用金属材质并可靠接地，与带电部位满足空气绝缘净距离要求。 4. 电缆连接端子距离开关柜底部应不小于 700mm。 5. 额定电流 1600A 及以上的开关柜应在主导电回路周边采取有效隔磁措施。 6. 开关柜的观察窗应使用机械强度与外壳相当、内有接地屏蔽网的钢化玻璃遮板，并通过开关柜内部燃弧试验。玻璃遮板应安装牢固，且满足运行时观察分/合闸位置、储能指示等需要。 7. 进出线套管、机械活门、母排拐弯处等场强较为集中的部位，应采取倒角处理等措施
接地	对设计图纸、接地等电位短接情况进行检查	1. 开关柜接地母线材质、截面积应满足要求。 2. 二次控制仪表室应设有专用接地铜排，截面积不小于 100mm²，铜排两端应装设足够的螺栓以备接至变电站的等电位接地网上。 3. 开关柜柜门、互感器接地端子、观察窗接地、开关柜手车接地、柜内金属活门等均应短接接地
泄压通道	根据设计图纸对泄压通道进行检查	1. 开关柜各高压隔室均应设有泄压通道或压力释放装置。当开关柜内产生内部故障电弧时，压力释放装置应能可靠打开，压力释放方向应避开巡视通道和其他设备。 2. 泄压盖板泄压侧应选用尼龙螺栓进行固定。 3. 柜顶装有封闭母线桥架的开关柜，其母线舱也应设置专用的泄压通道或压力释放装置
运输和存储	现场验证充气式开关柜运输措施、开关柜保管措施	1. 充气柜应充微正压气体运输，对于电压互感器直插式结构的充气柜，不宜带电压互感器一起运输。 2. 对开关柜设备及附件的保管应符合要求

续表

监督项目	监督方法	监督要求
电气性能专项监督	对到货开关柜进行抽检	1. 高压开关柜的温升性能应满足标准要求。 2. 开关柜所有绝缘件装配前均应进行局部放电试验，单个绝缘件局部放电量不大于 3pC。 3. 开关柜中的绝缘件应采用阻燃性绝缘材料，阻燃等级需达到 V－0 级
金属专项监督	现场验证母线材质、镀银层厚度、紧固弹簧及触头座材质	1. 开关柜敷铝锌钢板厚度满足要求。 2. 开关柜母线材质和导电率满足要求。 3. 开关柜触头镀银层厚度满足要求
保护与控制	对电气二次接口、端子排安装情况进行检查	1. 继电保护、自动化装置应按要求安装到位。 2. 正、负电源之间以及经常带电的正电源与合闸或跳闸回路之间，应以空端子隔开

3. 设备安装阶段

开关柜设备安装阶段监督要求见表 2－57。

表 2－57　开关柜设备安装阶段监督要求

监督项目	监督方法	监督要求
安装工艺	现场检查验证	1. 柜内母线、电缆端子等不应使用单螺栓连接。 2. 导体安装时螺栓可靠紧固，力矩符合有关标准要求
封堵	现场检查封堵情况	开关柜间连通部位应采取有效的封堵隔离措施，防止开关柜火灾蔓延
泄压通道	现场检查泄压通道	开关柜应检查泄压通道或压力释放装置，确保与设计图纸保持一致。对泄压通道的安装方式进行检查，应满足安全运行要求
接地	现场验证接地情况	1. 柜内接地母线与接地网可靠连接，每段柜接地引下线不少于两点。 2. 装有电器的可开启柜的门应采用截面积不小于 $4mm^2$ 且端部压接有终端附件的多股软铜导线与接地的金属构架可靠连接。 3. 沿开关柜的整个长度延伸方向应设有专用的接地导体。 4. 开关柜的接地导体搭接应满足要求
二次回路	现场检查二次回路情况	1. 正、负电源之间以及经常带电的正电源与合闸或跳闸回路之间，应以空端子隔开。 2. 导线用于连接门上的电器、控制台板等可动部位时，尚应符合下列规定：① 应采用多股软导线，敷设长度应有适当裕度；② 线束应有外套塑料缠绕管保护；③ 与电器连接时，端部应压接终端附件；④ 在可动部位两端应固定牢固。 3. 开关柜内的交直流接线，不应接在同一段端子排上。 4. 交流电流和交流电压回路、不同交流电压回路、交流和直流回路、强电和弱电回路，以及来自开关场电压互感器二次的四根引入线和电压互感器开口三角绕组的两根引入线均应使用各自独立的电缆
绝缘件	现场检查穿柜套管、触头盒	24kV 及以上开关柜内的穿柜套管、触头盒应采用双屏蔽结构，其等电位连线（均压环）应长度适中，并与母线及部件内壁可靠连接

4. 设备调试阶段

开关柜设备调试阶段监督要求见表 2－58。

表 2－58　开关柜设备调试阶段监督要求

监督项目	监督方法	监督要求
真空断路器	旁站监督：断路器	真空断路器交接试验项目应齐全，并满足标准要求
二次回路试验	旁站监督：二次回路试验	二次回路试验项目应齐全，并满足标准要求
保护与控制	现场验证：机构防跳功能	安装完毕后，应对断路器二次回路中的防跳继电器、非全相继电器进行传动，并保证在模拟手合于故障时不发生跳跃现象

续表

监督项目	监督方法	监督要求
绝缘气体	旁站监督：交接试验	1. 气体湿度测量（适用时）。 2. 气体密封性试验（适用时）。 3. 气体密度继电器校验（适用时）

5. 竣工验收阶段

开关柜竣工验收阶段监督要求见表2-59。

表2-59 开关柜竣工验收阶段监督要求

监督项目	监督方法	监督要求
功能特性	现场验证和检查	1. 开关柜内各隔室均安装驱潮加热器，加热、驱潮装置与邻近元件、电缆及电线的距离应大于50mm。 2. 开关柜电气闭锁应单独设置电源回路，且与其他回路独立。 3. 开关柜如有强制降温装置，应装设带防护罩、风道布局合理的强排通风装置，进风口应有防尘网。风机启动值应按照厂家要求设置合理，风机故障应发出报警信号
反事故措施	现场验证和检查	1. 在电压互感器一次绕组中对地间串接线性或非线性消谐电阻、加零序电压互感器或在开口绕组加阻尼或其他专门消除此类谐振的装置。 2. 正、负电源之间以及经常带电的正电源与合闸或跳闸回路之间，应以空端子隔开。 3. 高压开关柜内手车开关拉出后，隔离带电部位的挡板应可靠封闭，禁止开启
二次回路	现场验证和检查	1. 电流互感器二次回路连接导线截面积应满足要求。 2. 电压互感器二次回路连接导线截面积应满足要求
防误功能	现场验证和检查	高压开关柜防误功能应齐全、性能良好；新投开关柜应装设具有自检功能的带电显示装置，并与接地开关及柜门实现强制闭锁；配电装置有倒送电源时，间隔网门应装有带电显示装置的强制闭锁。开关柜应选用LSC2类（具备运行连续性功能）、“五防”功能完备的产品
接地	现场验证和检查	柜内接地母线与接地网可靠连接，每段柜接地引下线不少于两点
封堵	现场验证和检查	开关柜间连通部位应采取有效的封堵隔离措施，防止开关柜火灾蔓延
泄压通道	现场验证和检查	泄压盖板泄压侧应选用尼龙螺栓进行固定
开关室环境	现场验证和检查	1. 配电室应按反事故措施要求配置调温、除湿设施。 2. 空调出风口不得朝向柜体，防止凝露导致绝缘事故。 3. 在SF_6配电装置室低位区应安装能报警的氧量仪和SF_6泄漏报警仪，在工作人员入口处应装设显示器。 4. 在电缆从室外进入室内的入口处、敷设两个及以上间隔电缆的主电缆沟道和到单个间隔或设备分支电缆沟道的交界处应设置防火墙，在主电缆沟道内每间隔60m应设置一道防火墙

6. 运维检修阶段

开关柜运维检修阶段监督要求见表2-60。

表2-60 开关柜运维检修阶段监督要求

监督项目	监督方法	监督要求
状态检测	现场检测	1. 带电检测周期、项目应符合相关规定。 2. 停电试验应按规定周期开展，试验项目齐全；当对试验结果有怀疑时应进行复测，必要时开展诊断性试验
缺陷处理	现场检查	加强带电显示闭锁装置的运行维护，保证其与接地开关（柜门）间强制闭锁的运行可靠性。防误操作闭锁装置或带电显示装置失灵时应尽快处理

续表

监督项目	监督方法	监督要求
反事故措施落实	现场检查	1. 未经型式试验考核前，不得进行柜体开孔等降低开关柜内部故障防护性能的改造。 2. 投切并联电容器、交流滤波器用断路器必须选用C2级断路器。 3. 高压开关柜内手车开关拉出后，隔离带电部位的挡板应可靠封闭，禁止开启

2.3.2.5 直流电源

通过现场查看安装施工、试验检测过程和结果，判断监督要点是否满足监督要求。

设备制造阶段对直流电源设备关键节点蓄电池容量试验进行旁站见证，查阅资料工艺流程卡、试验记录、蓄电池安全阀抽检报告等。旁站见证、查阅资料（工艺流程卡或试验记录）。旁站见证进行控制器的参数设定、程序转换等功能，查阅资料（工艺流程卡或试验报告）。

2.3.3 设备常规电气试验

2.3.3.1 主回路电阻测量

GIS 各元件安装完毕后，一般在抽真空充 SF_6 气体之前进行主回路电阻测量，可以检查主回路中的联结和触头接触情况，以保证设备安全运行。

1. 主回路电阻测量方法

（1）直流电压降法。

若采用直流电压降法，直流电源可选用电流大于 100A 的蓄电池组，分流器应选用 100A；直流毫伏表应选用 0.5 级、多量程的 2 只；测试导线应选用截面积为 $16mm^2$ 的铜线。

直流电压降法的原理：当在被测回路中通以直流电流时，则在回路接触电阻上将产生电压降，测量出通过回路的电流及被测回路上的电压降，即可根据欧姆定律计算出导电回路的直流电阻值。

（2）回路电阻测试仪法。若采用回路电阻测试仪法，则应选择测试电流大于 100A 的回路电阻测试仪（微欧仪）。采用回路电阻测试仪测量 GIS 主回路电阻比较方便、准确。

2. 现场测试步骤

（1）试验接线。

1）直流电压降法。

直流电压降法接线图如图 2-96 所示。测量时，回路通以不小于 100A 的直流电流，电流用分流器及毫伏电压表 mV1 进行测量，导电回路电阻的电压降用毫伏电压表 mV2 进行测量，mV2 应接在电流接线端内侧，以防止电流端头的电压降引起测量误差。

2）回路电阻测试仪法。

回路电阻测试仪法接线图如图 2-97 所示。测量仪器采用开关电路，由交流电源整流后作为直流电源通过开关转换为高频电流，再经变压器降压和隔离最后整流为低压直流作为测试电源。电流不小于 100A，在测量回路中串接一个标准分流器，使其自动调整高频电源的脉冲宽度，达到自动恒定测试电流的目的。在试验接线时，电压线应接在电流线端内侧。

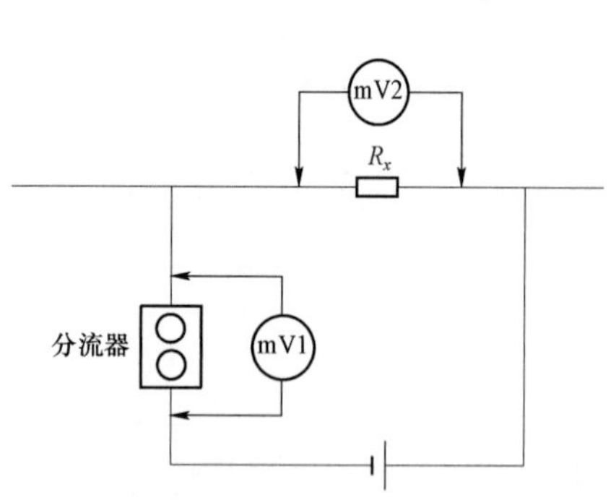

图 2-96 直流电压降法测试 GIS 主回路电阻接线图

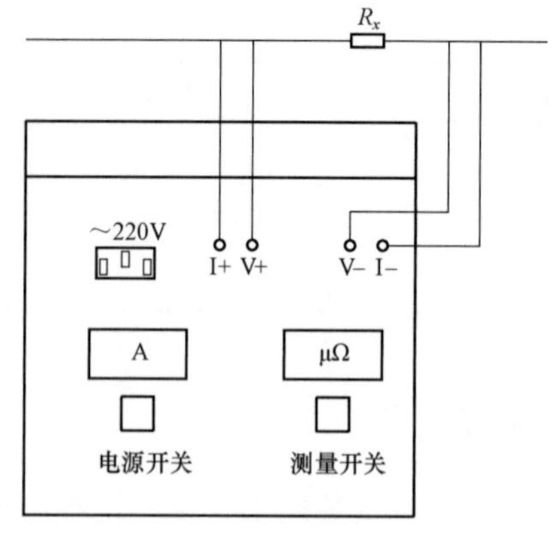

图 2-97 回路电阻测试仪法测试 GIS 主回路电阻接线图

（2）试验步骤。

1）用 GIS 内部隔离开关将被测部位进行隔离，用接地开关将 GIS 被测部位接地放电。

2）将所要进行测试的 GIS 断路器及隔离开关电动合闸。可利用进出线套管注入电流进行测量，根据被测 GIS 的结构，在母线较长并且有较多出线的情况下，应尽可能分段测量，这样能有效地找到缺陷的部位。

目前生产的 GIS 在结构上可以按用户的需要实现上述要求，如接地开关的接地侧与外壳一般是绝缘的，通过活动接地片或软连接将 GIS 金属外壳接地。测试时可将活动接地片或软连接打开，利用回路上的两组接地开关合到待测量回路上进行测量，若少数 GIS 接地开关的接地侧与外壳不能绝缘分隔时，可先测量导体与外壳的并联电阻 R_0 和外壳的直流电阻 R_1，并做好记录，然后按下式计算主回路电阻 R。

$$R = \frac{R_0 R_1}{R_1 - R_0} \tag{2-1}$$

3）按图 2-96 或图 2-97 进行接线，接通仪器电源，调整测试电流应不小于 100A（回路电阻测试仪有的可自动稳定在 100A 不需要调节），电流稳定后读出回路电阻值（或根据欧姆定律计算出回路电阻值）。如发现 GIS 主回路电阻增大或超过标准值，可进行分段查找，进行处理。

4）测试结束后，将 GIS 断路器、隔离开关、接地开关、接地连接片或软连接恢复。

注：当测量 GIS 不同串之间的母线回路电阻或出线回路电阻时，待测量的导体两端接地开关距离较远，电流测试线长度往往不能满足要求，此时可以用将三相导体配合进行回路电阻测量，图 2-98 所示虚线为短接导线，测量时接线的接头应接触牢固。

3. 评价标准

依据 DL/T 617—2010《气体绝缘金属封闭开关设备技术条件》的规定：

1）在 GIS 每个间隔或整体装置上测量回路电阻的状况，应尽可能与制造厂出厂试验时的状况相接近，以便使测量结果能与出厂值进行比较。

2）制造厂应提供每个元件（或每个单元）的回路电阻值。测试值应符合产品技术条件的规定，并不得超过出厂实测值的 120%，还应注意三相平衡度的比较。

2.3.3.2 元件试验

在条件具备的情况下，应尽可能对 GIS 各元件（包括断路器、隔离开关、接地开关、电压互感器、电流互感器和避雷器）多做一些项目的试验，以便更好地发现缺陷。试验前，应了解试品的出厂试验情况、运输条件及安装过程中是否出现过异常情况。

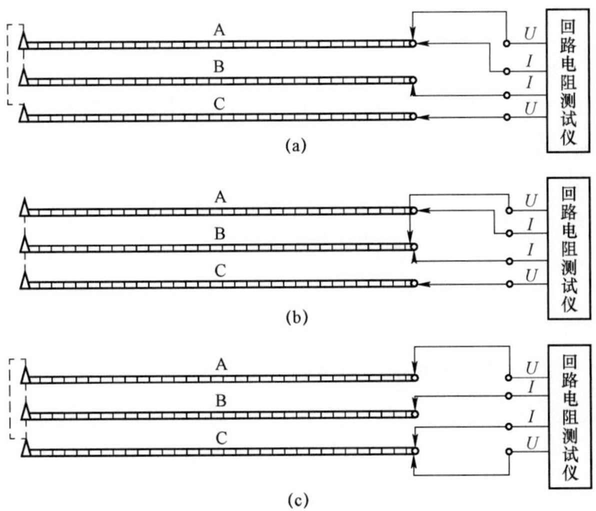

图 2-98 GIS 长距离导体回路电阻测试接线图

（a）A 相测量接线图；（b）B 相测量接线图；（c）C 相测量接线图

1. 试验方法及项目

由于 GIS 各元件直接连接在一起，并全部封闭在接地的金属外壳内，测试信号可通过进出线套管加入；或通过打开接地开关导电杆与金属外壳之间的活动连接片，从接地开关导电杆加入测试信号。各元件试验项目的试验原理与敞开式设备一致，可参阅相关敞开式设备试验方法。

（1）断路器。

1）测量断路器的分、合闸时间，合分时间以及分、合闸同期，测量断路器分、合闸速度。

2）测量断路器分、合闸低电压动作值。

3）测量断路器合闸电阻、合闸电阻的预投时间。预投时间是以副触头刚合作为计时起点，到主触头刚合上为止的时间。合闸电阻为碳质烧结电阻片，通流能力大。但多次高压大电流通流后，其特性变坏，影响其功能，故要测试其阻值的变化。图 2-99 为带合闸电阻断口示意图。图 2-100 为合闸电阻阻值与预投入时间测量结果图。

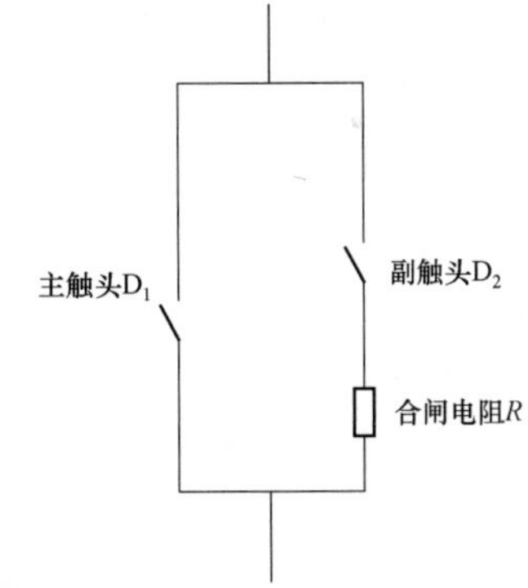

图 2-99 带合闸电阻断口示意图

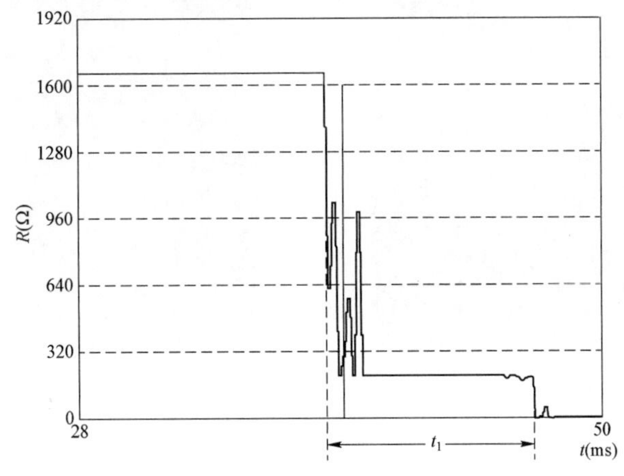

图 2-100 合闸电阻测试波形图

4）测量断路器分、合闸线圈的绝缘电阻及直流电阻。

5）进行断路器操动机构的试验。

6）检查断路器操动机构的闭锁性能。

7）检查断路器操动机构的防跳及防止非全相合闸辅助控制装置的动作性能。

8）断路器辅助和控制回路绝缘电阻及工频耐压试验。

（2）隔离开关和接地开关。

1）检查操动机构分、合闸线圈的最低动作电压。

2）操动机构的试验。

3）测量分、合闸时间。

4）测量辅助回路和控制回路绝缘电阻及工频耐压试验。

（3）电压互感器和电流互感器。

1）极性检查。

2）变比测试。

3）二次绕组间及其对外壳的绝缘电阻及工频耐压试验。

（4）金属氧化物避雷器。

1）测量绝缘电阻。

2）测量工频参考电压或直流参考电压。

3）测量运行电压下的阻性电流和全电流。

4）检查放电计数器动作情况。

2. 断路器分、合闸性能现场测试步骤

断路器的分、合闸时间，合分时间，分、合闸同期以及分、合闸速度测量步骤如下：

（1）合上断路器两侧的接地开关，拆开断路器任意一侧的三相接地开关接地导流排（见图 2-101），然后用三条测试线分别连接接地开关的接地片；断路器另一侧的接地开关接地导流排无须拆开，即另一侧接地开关静触头仍接地。

（2）断路器机构箱内安装测速传感器（见图 2-102）。

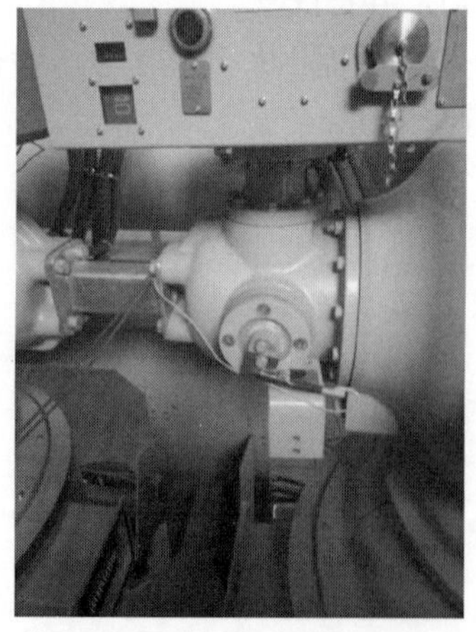

图 2-101　接地开关接地导流排接线

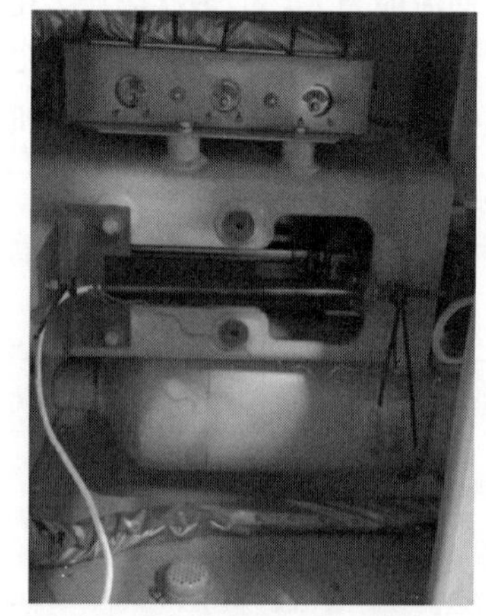

图 2-102　机构箱内测速传感器安装

（3）机械特性仪接线步骤如下：

1）接地线先接接地端，再接机械特性仪；

2）从三相接地开关引出的测试线连接到机械特性仪；

3）机构箱内速度传感器的信号线连接到机械特性仪；

4）电源控制线连接汇控柜端子排，接入到分、合闸控制回路；

5）连接机械特性仪的电源线。

总体接线示意图见图 2-103。

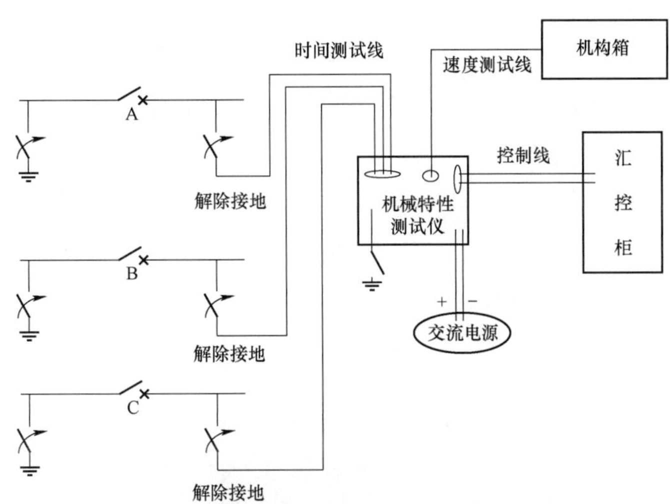

图 2-103　测量断路器分合闸时间、同期的总体接线图

（4）断路器的分、合闸时间，合分时间，分、合闸同期以及分、合闸速度测量。利用机械特性试验仪器发出相应的分闸、合闸、合分闸命令，通过控制线施加电压脉冲信号到控制回路，原理如图 2-104 所示。

3. 评价标准

依据《气体绝缘金属封闭开关设备技术条件》（DL/T 617—2010）的规定：

（1）各元件试验按 GB 50150 相应章节的有关规定进行，但对无法独立进行试验的元件可不单独进行试验。

（2）若金属氧化物避雷器、电磁式电压互感器与母线之间连接隔离开关，在工频耐压试验前进行老练试验时，可将隔离开关合上，加额定电压检查电磁式电压互感器的变比以及金属氧化物避雷器阻性电流和全电流。

（3）若交流耐压试验采用调频电源时，电磁式电压互感器经计算其频率不会引起饱和，经与制造厂协商可与主回路一起进行耐压试验。

2.3.3.3　SF_6气体验收

（1）新气到货后，应检查是否有制造厂的质量证明书，其内容包括生产厂名称、产品名称、气瓶编号、静重、生产日期和检验报告单。

（2）新气到货后一个月内，每批抽样数量按 GB 12022 的规定执行。

SF_6气体的验收包括 SF_6气体纯度检测、生物毒性检测、矿务油检测和空气检测，测量方法参见 DL/T 916、DL/T 917、DL/T 918、DL/T 919、DL/T 920、DL/T 921。

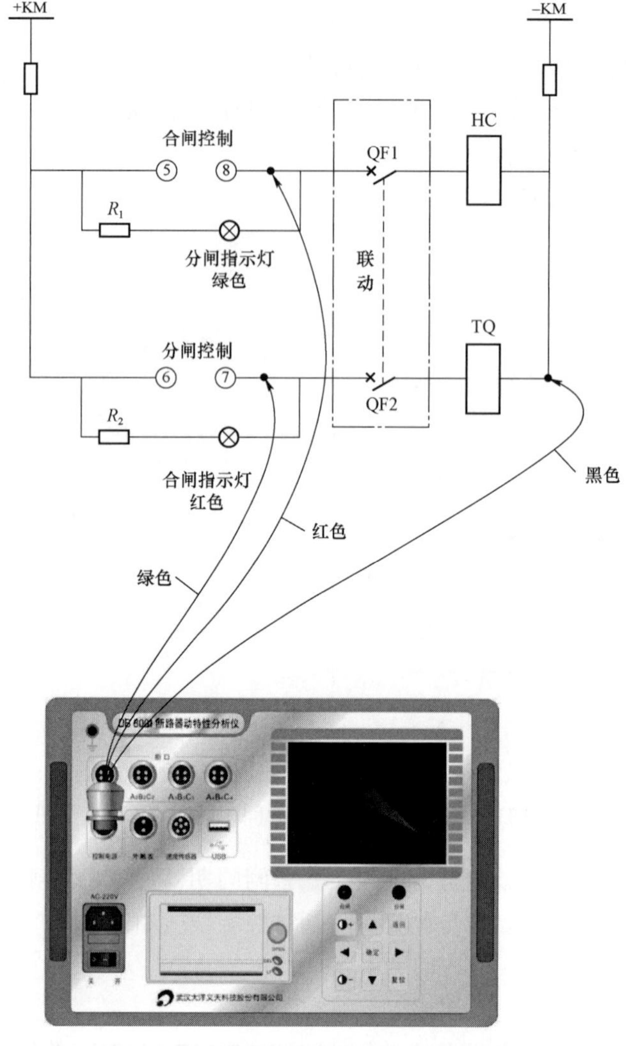

图 2-104　机械特性仪控制电源线示意图

2.3.3.4　气体密封性试验

气体密封性试验又称泄漏检查或检漏，GIS 中 SF_6 气体的绝缘和灭弧能力主要依赖于足够的充气密度（压力）和气体的高纯度，气体的泄漏直接影响设备的安全运行和操作人员的人身安全，SF_6 气体检漏是 GIS 交接验收和运行监督的主要项目之一。

1. 气体密封性试验方法

检漏的方法包括定性检漏和定量检漏两大类。

（1）定性检漏。定性检漏作为判断设备漏气与否的一种手段，通常作为定量检漏前的预检。

1）抽真空检漏。设备安装完毕在充入 SF_6 气体之前必须进行抽真空处理，此时可同时进行检漏。方法为：将设备抽真空到真空度为 113Pa，再维持真空泵运转 30min 后关闭阀门、停泵，30min 后读取真空度 A，5h 后再读取真空度 B；若 $B-A$ 小于 133Pa，则认为密封性能良好。

2）检漏仪检漏。设备充气后，将检漏仪探头沿着设备各连接口表面缓慢移动，根究仪器读数或其声光报警信号来判断接口的气体泄漏情况。一般探头移动速度以 10mm/s 左右为宜，以防探头移动过快而错过漏点。

（2）定量检漏。定量检漏可以测出泄漏处的泄漏量，从而得到气室的漏气率。定量检漏的方法主要有压降法和包扎法（包括扣罩法和挂瓶法）两种。

1）压降法。压降法适于设备漏气量较大时或在运行期间测定漏气率。采用该法，需对设备各气室的压力和温度定期进行记录，一段时间后，根据首末两点的压力和温度值，在 SF_6 状态参数曲线上查出在标准温度（通常为200℃）时的压力或者气体密度，然后用公式计算这段时间内的平均年漏气率

$$F_y = \frac{p_0 - p_t}{p_0} \times \frac{T_y}{\Delta t} \times 100\% \quad (2-2)$$

式中 F_y ——年漏气率，%；

p_0 ——初始气体压力（绝对压力，换算到标准温度），MPa；

p_t ——压降后气体压力（绝对压力，换算到标准温度），MPa；

T_y ——一年的时间（12 个月或 365 天）；

Δt ——压降经过的时间（与 T_y 采用相同的单位）。

2）包扎法。

通常 SF_6 设备在交接验收试验中的定量检漏工作都使用包扎法进行，其方法是用塑料薄膜对设备的法兰接头、管道接口等处进行封闭包扎以收集泄漏气体，并测量或估算包扎空间的体积，经过一段时间后，用定量检漏仪测量包扎空间内的 SF_6 气体浓度，然后计算气室的绝对漏气率 F

$$F = \frac{CVP}{\Delta t} \quad (2-3)$$

式中 F——绝对漏气率，MPa·m³/s；

C ——包扎空间内 SF_6 气体的浓度，$\times 10^{-6}$；

V ——包扎空间的体积，m³；

P ——大气压，一般为 0.1MPa；

Δt ——包扎时间，s。

相对年漏气率

$$F_y = \frac{F \times 31.5 \times 10^6}{V_r p_r} \times 100\% \quad (2-4)$$

式中 V_r ——设备气室的容积，m³；

p_r ——设备气室的额定充气压力（绝对压力），MPa。

对于小型设备可采用扣罩法检漏，即采用一个封闭罩将设备完全罩上以收集设备的泄漏气体并进行检测。对于法兰面有双道密封槽的设备，还可采用挂瓶法检漏。这种法兰面在双道密封圈之间有一个检测孔，气室充至额定压力后，去掉检测孔的螺栓，经 24h，用软胶管连接检测孔和挂瓶，过一段时间后取下挂瓶，用检漏仪测定挂瓶内 SF_6 气体的浓度，并计算漏气率。计算公式和上述包扎法的公式相同，只需将包扎空间的体积改成挂瓶的容积即可。

2. 试验步骤

密封性试验分定性检漏和定量检漏两个部分。

（1）首先采用抽真空法或者检漏仪法对 GIS 进行定性检漏；

（2）定性检漏结束后，应在充气到额定压力 24h 后进行定量检漏。定量检漏在每个隔室进行，

通常采用局部包扎法；

(3)将 GIS 密封面用塑料薄膜包住，经过 24h 后，测定包扎腔内 SF_6 气体的浓度并根据式(2-3)、式（2-4）计算年漏气率。

3. 评价标准

依据《气体绝缘金属封闭开关设备现场交接试验规程》（DL/T 618—2011）的规定，每个气室年漏气率不应大于 0.5%。

2.3.3.5　SF_6 气体湿度测量

通常设备内的 SF_6 气体中都含有微量水分，它的多少直接影响 SF_6 气体的使用性能，过量的水分会引起严重不良后果，其危害主要体现在两方面：

（1）大量水分可能在设备内绝缘件表面产生凝结水，附在绝缘件表面，从而造成沿面闪络，大大降低设备的绝缘水平。

（2）水分存在会加速 SF_6 在电弧作用下的分解反应，并生成多种具有强烈腐蚀性和毒性的杂质，引起设备的化学腐蚀，并危及工作人员的人身安全。

所以测量并控制 SF_6 气体湿度对设备安全运行以及保障工作人员人身安全具有重要意义。

1. SF_6 气体湿度测量方法

依据所使用的仪器不同，气体湿度测试方法目前主要有电解法、露点法和阻容法三种。其中电解法和阻容法主要用于实验室测量，现场气体湿度测试采用露点法，本节主要介绍露点法。

露点法采用露点仪测量 SF_6 气体湿度，被测气体在恒定压力下，以一定流量流经露点仪测量室中的抛光金属镜面，该镜面的温度可人为地降低并可精确地测量。当气体中的水蒸气随着镜面温度的逐渐降低而达到饱和时，镜面上开始出现露（或霜），此时所测得的镜面温度即为露点。用相应的换算公式或查表即可得到用体积比表示的湿度。

2. SF_6 气体湿度测量步骤

（1）连接好待测设备的取样口和仪器进气口之间的管路，确保所有接头处均无泄漏。

（2）调节待测气体流量至规定范围内。由于气体露点与其流量没有直接关系，所以流量不做严格要求，按说明书要求控制在一定范围内即可。

（3）对光电露点仪，打开测量开关，仪器即开始自动测量。待观察到镜面上的冷凝物或出露指示器已出露且露点示值稳定后，即可读数。

对目视露点仪，需手动制冷，同时目视观察冷镜表面。当镜面出露时，记下出露温度，同时停止制冷；当温度回升，露完全消失时，记下消露温度。出露温度和消露温度之平均值即为露点。需要注意的是，当镜面温度离露点约 50℃时，降速温度应不超过 50℃/min。对不知道露点范围的气体，可先进行一次粗测。

3. 评价标准

依据《气体绝缘金属封闭开关设备现场交接试验规程》（DL/T 618—2011）的规定，SF_6 气体湿度测量必须在充气至额定气体压力下至少静止 24h 后进行。测量时，环境相对湿度一般不大于 85%，测量值应符合表 2-61 要求。

表 2-61　　GIS 设备内 SF_6 气体湿度允许标准

气　室	有电弧分解物的气室	无电弧分解物的气室
交接验收值（μL/L）	≤150	≤250

2.3.3.6 主回路绝缘试验

GIS 主回路绝缘试验。GIS 出厂后以运输单元的方式运往现场安装工地。运输过程中的机械振动、撞击等可能导致 GIS 元件或组装件内部紧固件松动或相对位移。安装过程中，在连接、密封等工艺处理方面可能失误，导致电极表面刮伤或安装错位引起电极表面缺陷；空气中悬浮的尘埃、导电微粒杂质和毛刺等在安装现场又难以彻底清理。这些缺陷如未在投运前检查出来，将引发绝缘事故。而主回路绝缘试验即现场耐压试验，对检查这种缺陷比较敏感。GIS 的现场耐压可采用交流电压、振荡操作冲击电压和振荡雷电冲击电压等试验装置进行。交流耐压试验是 GIS 现场耐压试验最常见的方法，它能够有效地检查内部导电微粒的存在、绝缘子表面污染、电场严重畸变等故障；雷电冲击耐压试验对检查异常的电场结构（如电极损坏）非常有效。操作冲击电压试验能够有效地检查 GIS 内部存在的绝缘污染、异常电场结构等故障。目前，由于试验设备和条件所限，现场一般只做交流耐压试验，因此，本节主要介绍 GIS 的现场交流耐压试验。

1. 现场交流耐压试验设备选择

GIS 现场交流耐压试验设备有工频试验变压器、调感式串联谐振耐压试验装置和调频式串联谐振耐压试验装置。工频试验变压器由于其设备庞大笨重，现场运输困难，在现场很少采用。调感式串联谐振耐压试验装置采用铁芯气隙可调节的高压电抗器，其缺点是噪声大、机械结构复杂、设备笨重，但试验电压一般为工频。调频式串联谐振耐压试验装置采用固定的高压电抗器，由晶闸管变频电源装置供电，频率在一定范围内调节，其特点是尺寸小、质量轻、品质因数高，并且随着电子技术的进步，可靠性大大提高。IEC 517 和 GB 7674 均认为试验电压频率在 10～300MHz 范围内与工频电压试验基本等效。目前国内外大多采用调频式串联谐振耐压试验装置进行 GIS 现场交流耐压试验。调频式串联谐振试验装置适应大容量试品，具有试验电源电压低、功率小（仅需提供试验回路中的有功功率）、试验电压波形良好的特点。

根据 GIS 的电容量和电抗器的电感量计算谐振频率，可按式（2-5）计算。

$$f=\frac{1}{2\pi\sqrt{LC}} \tag{2-5}$$

式中 f——谐振频率，Hz；

L——电抗器电感，H；

C——被试品 GIS 的等值电容和分压器的等值电容之和，μF。

2. 现场交流耐压试验步骤

（1）试验接线。调频式串联谐振 GIS 交流耐压试验原理接线如图 2-105 所示。试验电压可接到被试相的合适点上，可以利用隔离开关或三通接上检测套管。

（2）被试品要求：

1）GIS 应完全安装好，SF_6 气体充气到额定密度，已完成主回路电阻测量、各元件试验以及 SF_6 气体微水含量和检漏试验并均合格；

2）以下部件在试验时应被断开：高压电缆和架空线、电力变压器和电抗器、避雷器、电磁式电压互感器（目前采用变频电源较多，电磁式电压互感器经频率计算，不会引起磁饱和，也可以和主回路一起耐压，但必须经过制造厂确认）；

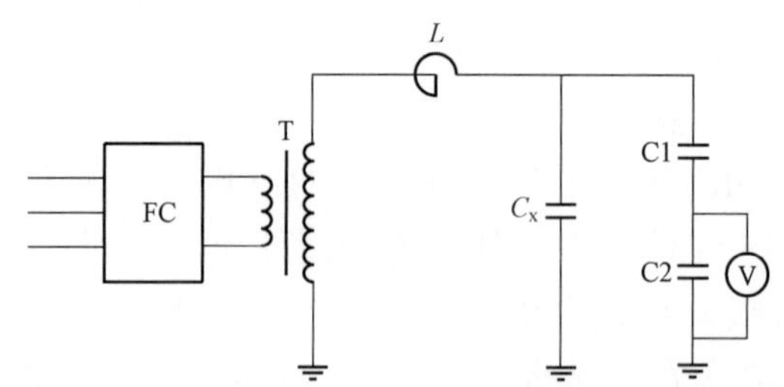

图 2-105　调频式串联谐振 GIS 交流耐压试验原理接线图

FC—变频电源；T—励磁变压器；L—串联电抗器；C_x—被试 GIS 对地、相间及分压器等效电容；C1、C2—电容分压器高、低压臂

3）所有电流互感器二次绕组短路接地，电压互感器二次绕组开路并接地；

4）GIS 的每一新安装部位都应进行耐压试验，同时，对扩建部分进行耐压试验时，相邻设备原有部分应断电并接地。

（3）试验电压的加压方法。

试验电压应施加到每相导体和外壳之间，每次一相，其他非试相的导体应与接地的外壳相连，试验电压一般由进出线套管加进去，试验过程中应使 GIS 每个部件都至少施加一次试验电压。现场一般仅做相对地交流耐压，如果断路器和隔离开关的断口在运输、安装过程中受到损坏，或已经过解体，应做断口交流耐压。

若 GIS 整体容量较大，耐压试验可分段进行，根据试验方案，检查 GIS 隔离开关、断路器和接地开关的位置是否符合试验方案，非试验隔室隔离开关、断路器应在断开位置，接地开关应在合闸位置。

（4）交流耐压试验步骤。

1）试验程序：GIS 现场交流耐压试验的第一阶段是“老炼净化”，可使可能存在的导电微粒移动到低电场区或微粒陷阱中和烧蚀电极表面的毛刺，使其不再对绝缘起危害作用。第二阶段是耐压试验，即在“老炼净化”过程结束后进行耐压试验，时间为 1min。其中，老炼试验施加的电压和时间可与制造厂、用户协商，根据具体情况绘出试验电压—试验时间关系图，可参考断路器章节耐压试验老炼试验相关内容。

2）试验步骤：

a. 核对试验接线无误后，合上电源隔离开关，然后合上变频电源控制开关和工作电源开关，电路稳定后合上变频器主回路开关，设定保护电压为试验电压大小的 1.10～1.15 倍。

b. 按规定速度均匀升压，先旋转电压调节按钮，把输出功率比调节到 2%或一个较小的电压，通过旋转频率调节按钮改变试验回路频率大小，当励磁电压为最小、试验电压为最大时，这个时候的频率即试验回路的谐振频率。

c. 试验回路达到谐振频率时开始升压，达到老练试验电压后，计时并读取试验电压，时间到后，继续升压至下一个老练点。老练结束后，确定设备状态正常即可进行耐压试验。

d. 按规定的升压速度将电压从零开始均匀升压至耐压试验电压值（为出厂试验电压值的 80%），读取试验电压，并开始计时 1min。试验结束后，将电压降压到零位，切断开关及电源。

3. 评价标准

依据《气体绝缘金属封闭开关设备现场交接试验规程》（DL/T 618—2011）的规定：

（1）如果 GIS 设备的每个部件均已按选定的试验程序耐受规定的试验电压而无击穿放电，则认为被试 GIS 设备通过试验。

（2）试验过程中如果发生击穿放电，可采用下述步骤：

1）进行重复试验，如果该设备或气隔还能经受规定的试验电压，则认为该放电为自恢复放电，认为耐压试验通过；如果重复试验失败，则耐压试验不通过，应进一步检查。

2）根据放电能量和放电引起的声、光、电、化学等各种效应及耐受过程中进行的其他故障诊断技术所提供的资料，综合判断放电气室是否发生击穿放电。

3）打开放电气室进行检查，确定故障部位，修复后，再进行规定的耐压试验。

隔离开关主回路绝缘试验。通过工频耐压试验来验证主回路绝缘状态，及时发现设备的绝缘问题。但是，若隔离开关的绝缘仅由实心绝缘子在大气压力下的空气提供，只要检查了导电部分之间（相间、断口间以及导电部分和接地底架间）的尺寸，工频电压耐受试验可以省略。

尺寸检查的基础是尺寸（外形）图，这些图样是特定的开关设备和控制设备的型式试验报告的一部分（或是在型式试验报告中被引用）。因此，在这些图样中应该给出尺寸检查所需的全部数据，包括允许的偏差。

4. 试验方法

工频耐压试验应该按 GB/T 16927.1 进行干试。对于工作电压 U_r 大于 252kV 的设备，只应该进行干试；对于工作电压 U_r 不大于 252kV 的设备，应进行干试，户外的还应该进行湿试。

5. 试验电压

试验电压应该满足 GB/T 16927.1 中 6.2 的要求。根据隔离开关的作用和特点，对于工作电压 U_r 不大于 252kV 的设备，试验电压值如表 2-62 所示（引自 GB/T 11022 中表 1）；对于工作电压 U_r 大于 252kV 的设备，试验电压值如表 2-63 所示（引自 GB/T 11022 中表 2）。

表 2-62　U_r 不大于 252kV 的设备的额定绝缘水平

<table>
<tr><th>额定电压 U_r
（kV，有效值）</th><th>额定短时工频耐受电压 U_d
（kV，有效值）</th><th>额定电压 U_r
（kV，有效值）</th><th>额定短时工频耐受电压 U_d
（kV，有效值）</th></tr>
<tr><td>3.6</td><td>25</td><td>63</td><td>140</td></tr>
<tr><td>7.2</td><td>30</td><td rowspan="2">72.5</td><td>140</td></tr>
<tr><td>12</td><td>42</td><td>160</td></tr>
<tr><td rowspan="2">24</td><td>50[1)]</td><td rowspan="2">126</td><td>185</td></tr>
<tr><td>65</td><td>230</td></tr>
<tr><td>31.5[2)]</td><td>85</td><td rowspan="2">252</td><td>395</td></tr>
<tr><td>40.5</td><td>95</td><td>460</td></tr>
</table>

1）接地系统中使用的数据。

2）电气化铁道供配电系统中使用的数据。

表 2-63　U_r 大于 252kV 的设备的额定绝缘水平

<table>
<tr><th>额定电压 U_r
（kV，有效值）</th><th>额定短时工频耐受电压 U_d
（kV，有效值）</th><th>额定电压 U_r
（kV，有效值）</th><th>额定短时工频耐受电压 U_d
（kV，有效值）</th></tr>
<tr><td rowspan="2">363</td><td>460</td><td rowspan="2">800</td><td>900</td></tr>
<tr><td>510</td><td>960</td></tr>
<tr><td rowspan="2">550</td><td>680</td><td>1100</td><td>1100</td></tr>
<tr><td>740</td><td></td><td></td></tr>
</table>

6. 试验电压施加方法

对于隔离开关，参考图 2–106 所示的三相开关装置的连接图，试验电压应该按表 2–64 的规定施加。

表 2–64　试验电压施加方法

试验条件	开关装置	加压部位	接地部位
1[1)]	合闸	AaCc	BbF
2[1)]	合闸	Bb	ACacF
3	分闸	ABC	abcF
4	分闸	abc	ABCF
5[2)]	分闸	ABC	接地开关

1）如果极间绝缘是大气压力下的空气，则序号 1 和序号 2 的试验条件可以合并，试验电压施加在连接在一起的主回路的各部分和底座之间。

2）接地开关所处的位置应是接地开关的端部和 ABC 的带电部分之间间隙最短位置。

7. 试验程序

对试品施加电压时，应当从足够低的数值开始，以防止操作瞬变过程引起过电压；然后应缓慢地升高电压。以便能在仪表上准确读数。但也不能升得太慢，以免造成在接近试验电压 U 时耐压时间过长。若试验电压值从达到 75%U 时以 2%U/s 的速率上升，一般可满足上述要求。试验电压应保持规定时间，然后迅速降压，但不得突然切断，以免可能出现瞬变过程而导致故障或造成不正确的试验结果。

耐受试验的持续时间为 60s。

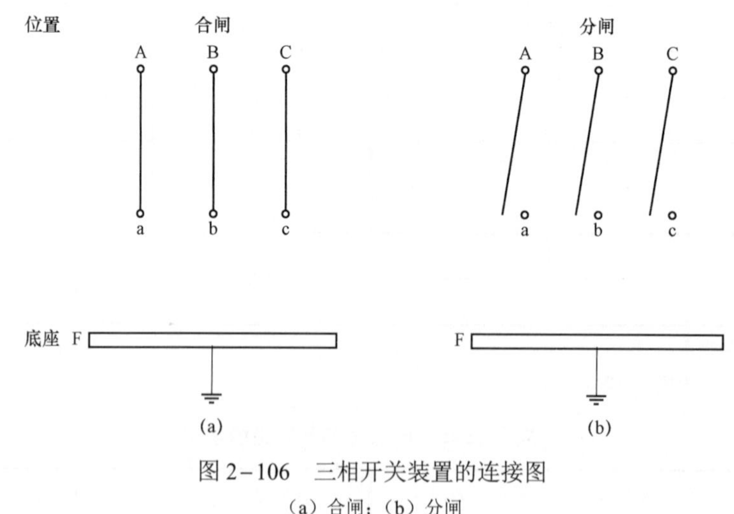

图 2–106　三相开关装置的连接图

（a）合闸；（b）分闸

8. 评价标准

在试验中设备不应发生破坏性放电，在非破坏性放电的情况下，只要表明试验电压值在相应放电发生后的几个周期时间内变化不超过 5%，并且破坏性放电期间瞬时电压降不超过电压峰值的 20%，则认为耐压试验通过。

2.3.3.7 局部放电测量

几乎在 GIS 的各类缺陷发生过程中都会发生局部放电现象，长期局部放电的存在会使 SF_6 微弱分解、环氧材料腐蚀、绝缘材料电蚀老化。局部放电测量有助于检查气体绝缘金属封闭开关设备内部多种缺陷，因而它是安装后耐压试验很好的补充，由于环境干扰，此项工作比较困难，试验结果的判断需要一定的经验，建议有条件时，应进行现场局部放电试验。

1. *局部放电试验方法*

局部放电试验应在耐压试验后在同一试品上进行，也可以结合交流耐压试验进行。GIS 交接试验中的局部放电测量方法主要有脉冲电流法、超声波法和超高频法。超声波法和超高频法比脉冲电流法对噪声缺乏敏感性，而且可用于局部放电的在线监测。目前脉冲电流法基本在实验室中进行，针对现场的局部放电测量，本节主要介绍超声波法和超高频法。

（1）试验仪器的选择。根据不同的测量原理和方法，可采用不同的检测器。

1）若采用超声波法可选用超声波局部放电测试仪。超声波法常用的传感器为加速度传感器和 AE 传感器。为了消除其他的声源干扰，监测频率一般选择 1k～20kHz。由于测量频率比较低，采用加速度传感器可能比测超声的声发射传感器有更高的灵敏度，如常用的自振频率为 30kHz 左右的压电式加速度传感器，可以探测到 5～10*g* 的加速度值。

2）若采用超高频法可选用超高频局部放电测试仪。GIS 中发生的局部放电的电磁波特性与空气中发生的不同，具有更高的频率，其波头的时间非常短，从几千赫兹到几千兆赫兹都有分布。可以利用内、外置天线测量从 300M～1.5GHz 的局放信号，在 1GHz 内能保证信号线性，灵敏度都能达到十几皮库的水平，在某些优化的情况下甚至可以达到 1pC 或更低。

（2）试验原理。

1）超声波法。

GIS 发生局部放电时分子间剧烈碰撞并在瞬间形成一种压力，产生超声波脉冲，类型包括纵波、横波和表面波。GIS 中沿 SF_6 气体传播的只有纵波，这种超声纵波以某种速度以球面波的形式向四面传播。由于超声波的波长较短，因此它的方向性较强，从而它的能量较为集中，可以通过设置在外壁的压敏传感器收集超声信号。

从 GIS 外壳上测得的声波往往是沿着金属材料最近的方向传到金属体后，以横波形式传播到传感器，能监测到的声波包含的低频分量比较丰富，此外，还有导电颗粒碰撞金属外壳、电磁振动及机械振动等发出的声波。因局部放电产生的声波传到金属外壳和金属颗粒撞击外壳引起的振动频率大约在数千到数十千赫兹之间。

声学方法是非入侵式的，可对在不停电的情况下进行检测。另外由于声波的衰减，使得超声波检测的有效距离很短，这样超声波仪器可以直接对局放源进行定位（＜10cm）且不容易受 GIS 外部噪声源影响。

2）超高频法。

超高频局部放电测量方法是利用检测 GIS 中局部放电发射的大量高频放电信号来确定局放是否发生的，利用内外置天线测量 GIS 局放发射出的高频电磁波信号，并将采集的信号利用屏蔽电缆向后传送。

电磁波，尤其是超高频电磁波，在 GIS 内部的传递过程是比较复杂的。目前一般可近似地用传输线模型来研究 GIS 中的局部放电信号传输特性。

超高频法采集信号和信号分析一般有宽带法和窄带法，前者采集宽频带的数据，观察局部放电发生的频带和幅值判断局部放电以及产生的原因；后者在局部放电频带范围内选定某个频率后用频谱分析仪观察该频率下的时域信号，从而判断局部放电产生的原因。

超高频法进行局部放电定位大致分为方向定位法和距离定位法。距离定位法对示波器的要求很高（为达到 10cm 以内的定位准确度，需要高达 0.1ns 的时间分辨率）。方向定位法简单，但是无法得到具体的位置，只能判断电源在传感器的左边还是右边。

由于除了少数的 GIS 外，绝大多数在出厂的时候没有配置内置的传感器，甚至没有预留安装传感器的位置，只能使用各种外置的传感器进行测量，因此使用外置传感器的抗干扰能力、灵敏度、滤波方法、信号处理策略和算法和有无指纹库和诊断系统就成为衡量不同仪器需要考虑的问题。

2. *局部放电试验过程及步骤*

（1）试验接线。

1）超声波法。超声波法是一种可以在低压侧测量的方法，可在运行的 GIS 中或 GIS 现场交接耐压试验时进行。因此，需要人员手持传感器或在 GIS 上装设传感器进行测量。图 2-107 为超声波法测试局部放电接线图。

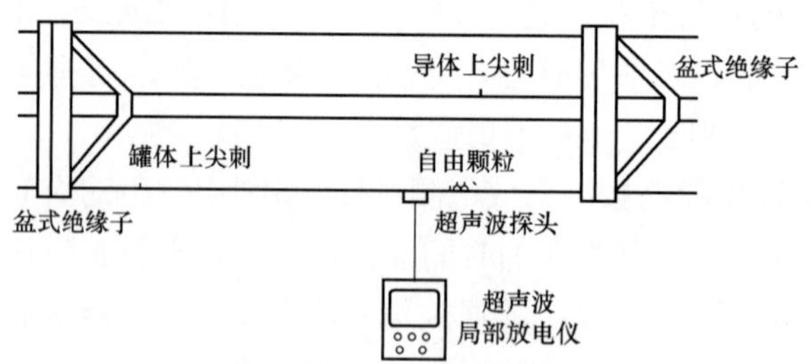

图 2-107　超声波法测试局部放电接线图

2）超高频法。超高频传感器尺寸比较大，可利用绑带直接固定在盆式绝缘子的位置进行测量，直接利用内置传感器效果更好。图 2-108 为超高频法测试局部放电接线图。

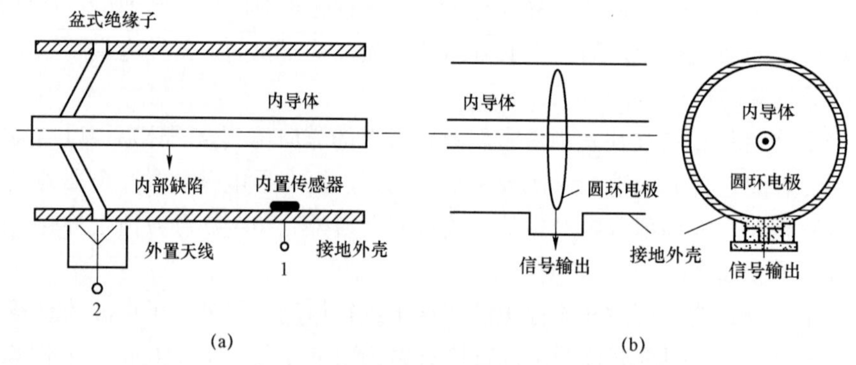

图 2-108　现场交接试验时超高频法测试局部放电的接线图

（a）超高频法原理图；（b）内置圆环传感器结构

（2）试验步骤。

结合现场交接耐压试验进行。

1）超声波法。

a）参考现场环境决定是否使用前置放大器。

b）做好传感器连接及仪器的接地，防止干扰。

c）测量时应在被试设备和传感器之间使用耦合剂，如凡士林等，以达到排除空气，紧密接触的目的。GIS 的每个气室都应检查，每个检查点间距不要太大，一般取 2m 左右。

d）按照使用说明书操作仪器，进行测量并记录。

e）若发现信号异常，则应用多种模式观察，并在附近其他点位测试，尽量找到信号最强的位置。

f）试验结束后，收置好设备，清除残留在被试设备表面的耦合剂。

2）超高频法。

a）将仪器放置在平稳位置。

b）依照被试品条件，使用内置或外置的传感器。

c）按照使用说明书操作仪器，进行测量并记录。

d）利用盆式绝缘子或观察窗等位置进行测量，传感器与被试设备尽量靠近，或利用绑带固定到被试设备上，最好对被试的盆子及相邻的盆子进行屏蔽，以防止干扰。

e）若在某位置上检测到信号，则应加长观测时间，在左右相邻盆子处检查，还可利用双传感器进行定位。若检测到的信号比较微弱，可以利用放大器进行放大后再测量。

f）试验结束后，恢复现场状况，收置好仪器。

3. 评价标准

《气体绝缘金属封闭开关设备现场交接试验规程》（DL/T 618—2011）、《气体绝缘金属封闭开关设备技术条件》（DL/T 617—2010）均没有给出具体标准，因此，超声波局部放电试验主要依靠测试的数据与测量现场的背景数据、相同位置的以往测试数据、其他位置的测量数据之间相互对照比较来确定；超高频方法只能通过检测过程中的信号波形情况及对应背景信号的对照来确定。

2.3.3.8 辅助回路绝缘试验

辅助回路应进行绝缘电阻和工频耐受电压试验，检查辅助回路绝缘是否符合技术要求。

1. 试验项目及方法

（1）绝缘电阻测量。采用 1000V 绝缘电阻表，辅助回路如有储能电机用 500V 绝缘电阻表。

（2）工频耐受电压试验。耐受工频电压值 2000V，持续时间 1min。

2. 试验步骤

（1）绝缘电阻试验。绝缘电阻表测试导线分别接至控制回路端子与外壳（地）之间。

1）试验必须在控制柜中二次线未与主控制室连接前进行；

2）检查绝缘电阻表是否正常。若正常，将绝缘电阻表接地端与地连接，高压端接至辅助回路端子；

3）核对接线是否正确，若正确，驱动绝缘电阻表，读取 60s 时的绝缘电阻值；

4）对控制柜中所有二次回路端子对地进行绝缘电阻测量。

（2）工频耐受电压试验。

1）耐压前，电流互感器二次绕组应短路并与地断开；电压互感器二次绕组应断开。

2）采用电压能达到 2000V 以上小型试验变压器（频率为 50Hz），连接好试验接线，将高压引线牢靠地接至辅助回路端子。

3）接通试验变压器电源，开始进行升压试验，升至 2000V 后开始计时，耐压 1min 后，迅速均匀降压到零，然后切断电源。

4）对控制柜中所有二次回路端子对地进行工频耐压，保持 1min。

3. 评价标准

《气体绝缘金属封闭开关设备现场交接试验规程》（DL/T 618—2011）、《气体绝缘金属封闭开关设备技术条件》（DL/T 617—2010）、《电气装置安装工程电气设备交接试验标准》（GB 50150—2006）均未对辅助回路绝缘电阻允许值做出规定，因此绝缘电阻测试值一般参照制造厂规定。

2.3.3.9 连锁试验

1. 连锁试验方法

GIS 的元件试验完成后，还应检查所有管路接头的密封，螺钉、端部的连接，以及接线盒装配是否符合制造厂的图纸和说明书。应全面验证电气的、气动的、液压的和其他连锁的功能特性，并验证控制、测量和调整设备（包括热的、光的）动作性能。GIS 的不同元件之间设置的各种连锁应进行不少于 3 次的试验，以检验其功能是否正确。现场应验证一下连锁功能特性：

（1）接地开关与有关隔离开关的相互连锁；

（2）接地开关与有关电压互感器的相互连锁；

（3）隔离开关与有关断路器的相互连锁；

（4）隔离开关与有关隔离开关相互连锁；

（5）双母线接线中的隔离开关倒母线操作连锁。

2. 评价标准

依据 DL/T 618—2011《气体绝缘金属封闭开关设备现场交接试验规程》规定，对 GIS 的不同元件之间设置的各种连锁与闭锁装置均应进行不少于 3 次的操作试验，其连锁与闭锁应可靠准确。

2.3.3.10 气体密度装置及压力表校验

1. 试验方法及步骤

采用密度继电器校验台对 GIS 使用的密度继电器和压力表进行校验。连接密度继电器校验台与 GIS SF_6 的气路和节点，试验步骤如下。

（1）将被测设备的密度继电器气路与设备本体气路切断，将被测设备的密度继电器控制回路电源切断；

（2）将密度继电器校验台气路连接部分与被测密度继电器的气路连接，将密度继电器校验台节点插座接到被测密度继电器的相应节点上；

（3）调节密度继电器校验台储气缸的压力，使其达到被测密度继电器的报警或闭锁压力；

（4）记录密度继电器达到报警或闭锁的动作值或返回值（记录数值应校正到 20℃时的压力值）；

（5）对于同时安装有压力表的设备，校验报警或闭锁的动作值或返回值时，可同时记录压力表的示值，与密度继电器校验台的给出压力值对比（另外可按需要增校 2～4 不同压力值）。每块压力表的校验应校验 5～8 点；

（6）没有安装的密度继电器校验应按（2）～（5）执行。

2. 评价标准

依据《气体绝缘金属封闭开关设备现场交接试验规程》（DL/T 618—2011）规定：

（1）气体密度继电器应校验其结点动作值与返回值，并符合其产品技术条件的规定。

（2）压力表示值得误差与变差，均应在表计相应等级的允许误差范围内。

（3）校验方法可以用标准表在设备上进行核对，也可以在标准校验台上进行校验。

2.3.3.11 检查操动机构接触器的最低动作电压

该试验是为了验证与隔离开关和控制设备的其他部件连接的辅助和控制回路的正确功能。

1. 试验方法

在辅助和控制回路正常工作电压的 85%和 110%两种情况下，试验设备能否正确工作。

2. 试验程序

在辅助和控制回路正常工作电压的 85%下进行一次合分操作。

在辅助和控制回路正常工作电压的 110%下进行一次合分操作。

3. 评价标准

在辅助和控制回路正常工作电压的 85%和 110%两种情况下，操动机构应该可靠正确动作。在每次操作中，应达到合闸位置和分闸位置，并且有规定的指示和信号。

2.3.3.12 手动操作力矩测量

该试验是为了验证隔离开关的人力操动机构能够正常运行。

需要多于一转（例如操作手柄）操作隔离开关或接地开关所需的力应不大于 60N，并且在最多为需要的总转数的 10%的转数内，操作力的最大值允许为 120N。

需要一转以内（例如摇杆）操作隔离开关或接地开关所需的力应不大于 250N。在转动角度最大为 15°的范围内，操作力的最大值允许为 450N。

2.3.3.13 110kV 及以上支柱绝缘子超声波探伤试验

超声波探伤试验是指超声波在被检测材料中传播时，材料的声学特性和内部组织的变化对超声波的传播产生一定的影响，通过对超声波受影响程度和状况的探测了解材料性能和结构变化的试验。

1. 超声波探伤试验内容

在每个瓷套的端部靠近法兰下方处进行超声波检测，不应出现明显的裂纹或点状缺陷。

2. 超声波探伤试验方法

（1）探头的选择。支柱绝缘子及瓷套外壁缺陷探伤宜选择晶片尺寸 6mm×10mm×2mm、8mm×10mm×2mm、13mm×13mm×2mm，频率为 2.5MHz 的爬波探头。

瓷套内壁缺陷宜选择纵波斜探头进行探伤。纵波折射角取 10.5°～12°，频率和晶片尺寸依支柱绝缘子的规格按照表 2-65 选取，且纵波斜探头应按支柱绝缘子及瓷套规格不同加工成相应的曲面以保证耦合良好，必要时可选用高一规格等级的探头。探头的适用范围见表 2-66。

表 2-65　　探头晶片尺寸的选择

支柱绝缘子规格	ϕ80	ϕ100	ϕ120	ϕ140	ϕ160	ϕ180	ϕ200
晶片尺寸（mm×mm）	8×8	8×8	8×10	8×10	8×10	8×10	8×10
频率（MHz）	5	5	5	5	5	2.5～5	2.5～5

表 2-66　　探头的适用范围

工件名称	支柱绝缘子及瓷套规格	探头类别	可探裂纹深度（mm）	裂纹距探测面距离（mm）
支柱绝缘子	ϕ60～200	纵波斜探头	≥1	ϕ60～200
瓷套内壁	ϕ180～600	纵波斜探头	≥1	≥100
支柱绝缘子	ϕ60～200	爬波探头	2	10
瓷套外壁	ϕ180～600	爬波探头	2	10

（2）扫描速度。扫描速度应利用 JYZ－1、JYZ－2 和 JYZ－3 试块进行调整，调整到能使探伤仪屏幕显示最大探测距离即可。

（3）探伤灵敏度。爬波法探伤和纵波斜入射探伤灵敏度可利用 JYZ－1、JYZ－2、JYZ－3 试块进行调整。灵敏度的确定参照表 2－67。

表 2－67　　探伤灵敏度选择

支柱绝缘子及瓷套规格	被探部位	探伤灵敏度	裂纹检出能力（mm）	判伤界限
ϕ60～180	支柱绝缘子对称侧	ϕ1 当量	≥1	ϕ1＋6
ϕ180～800	瓷套内壁	ϕ1 当量	≥1	ϕ1＋6
ϕ60～800	支柱绝缘子及瓷套外壁	槽深 2.0	2	槽深 2.0

1）爬波探伤灵敏度的确定。将探头置于 JYZ 系列试块，找出深度 2mm 模拟裂纹的最强反射波，调整至 80%波高，衰减 10dB，将探头置于支柱绝缘子或瓷套的探测面进行探伤，此即探伤灵敏度。如探伤部位涂刷有防水胶时，应在 80%波高时衰减 5dB 作为探伤灵敏度。

2）纵波斜入射探伤灵敏度的确定。采用 5MHz 及相应折射角探头，在 JYZ 系列试块上找出与支柱绝缘子及瓷套直径或壁厚相近的ϕ1 横孔最强反射波，调整至 80%波高，将探头置于支柱绝缘子及瓷套的探测面，此时底波如果大于 80%波幅高度，可在此基础上衰减 6dB 进行探伤，此即探伤灵敏度。

（4）探头的位置及扫查方式。将探头放置在铸铁法兰与末裙之间的探测面，绕支柱绝缘子或瓷套扫查一周，如有间距，探头可略做前后移动。

（5）爬波法探伤时裂纹的识别。采用爬波法探伤时，支柱绝缘子及瓷套外壁出现裂纹时，裂纹波前基本无杂波，移动探头时，随着裂纹距离的迫近，裂纹波高显著增强，此时可采用绝对灵敏度测定其指示长度。

（6）纵波斜入射探伤时裂纹的识别。当支柱绝缘子及瓷套内壁出现裂纹时，裂纹波位于底波前，移动探头时，随着裂纹的深度增加，裂纹波与底波间的间距有所增加。且底波开始降，此时应测定其指示长度。

（7）支柱绝缘子内部缺陷信号的识别。探伤时发现缺陷信号后，保持探伤灵敏度不变，沿周向两侧移动探头，采用 6db 法测定其指示长度，并可参照表 2－67 判伤界限判定缺陷当量。

3. 结果判据

依据《高压支柱瓷绝缘子现场检测导则》（Q/GDW 407—2010），可有以下判据：

（1）爬波探伤结果。缺陷波不大于深度 2.0mm 缺陷信号反射波高，此时应测定其指示长度，指示长度不小于 10mm 时应判定为裂纹，小于 10mm 时应判定为点状缺陷。

缺陷波大于深度 2.0mm 模拟裂纹反射波高时，指示长度不小于 5mm 应判定为裂纹。

（2）纵波斜入射探伤结果。缺陷波与底波同时呈现，当缺陷波高比底波波高小于 6dB，且缺陷指示长度小于 10mm 时，不判定裂纹。当缺陷指示长度大于 10mm 时，判定为裂纹。

缺陷波与底波同时呈现时，当缺陷波高与底波波高基本相同，且缺陷指示长度小于 10mm，可判定为点状缺陷，当缺陷指示长度大于 10mm 时，判定为裂纹。

缺陷波与底波同时呈现，缺陷波高比底波波高大于 6dB 时，缺陷指示长度小于 10mm 时，可定为裂纹。

（3）采用任一种方法检测外壁缺陷并判定为裂纹时，应采用另一种方法进行验证。以便最终确定缺陷性质。

（4）凡判定为裂纹的支柱绝缘子应判定为不合格。

（5）对于不足以判定为裂纹的信号应做好记录，并对安装位置状况进行记录，便于跟踪复查。

2.3.3.14 断路器机械特性试验

1. 试验方法

测试前先将仪器可靠接地，其次将断路器一侧三相短路接地，最后进行其他接线，以防感应电损坏测试仪器。

测速时，根据被试断路器的制造厂不同，断路器型号不同，需要进行相应的“行程设置”。

分、合闸速度测量时应取产品技术条件所规定区段的平均速度，通常可分为刚分速度、刚合速度及最大分闸速度、最大合闸速度。技术条件无规定时，SF_6 断路器一般推荐取刚分后和刚合前 10ms 内的平均速度分别作为刚分和刚合速度，并以名义超程的计算始点作为刚分和刚合计算点；真空断路器一般推荐取刚分后和刚合前 6mm 内的平均速度分别作为刚分和刚合速度；少油断路器一般推荐取刚分后和刚合前 5ms 内的平均速度分别作为刚分和刚合速度。最大分闸速度取断路器分闸过程中区段平均速度的最大值，但区段长短应按技术条件规定，如无规定，应按 10ms 计。

2. 现场测试步骤

（1）断开断路器控制及储能电源，将断路器操动机构能量完全释放；

（2）确定断路器的“远方/就地”转换开关处于“就地”位置；

（3）先将仪器可靠接地，然后按照图 2－109 要求做好测试接线，并检查确认接线正确；

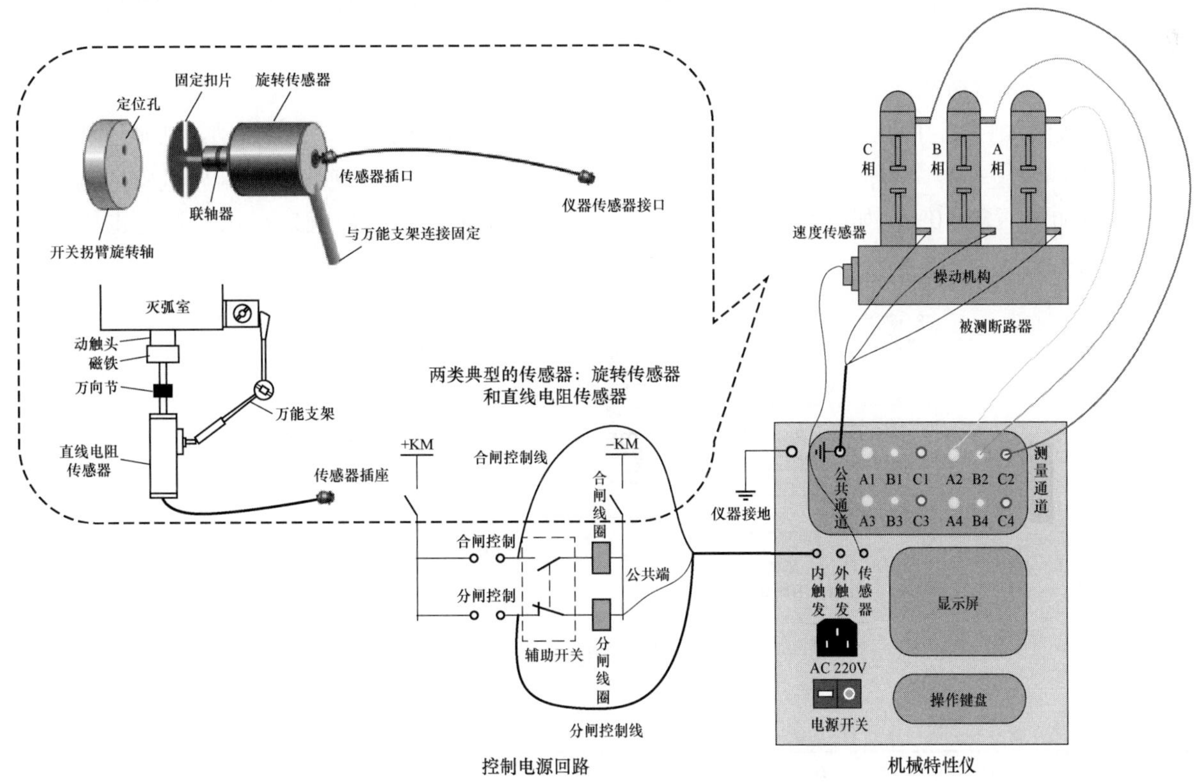

图 2－109 断路器机械特性测试接线图

（4）拆除断路器两侧引线或断路器两侧无直接接地点；

（5）接通电源，根据被试断路器型号进行相应参数设置，尤其注意根据各厂家参数设置开距及行程，仪器输出控制电压应为额定电压；

（6）将仪器相应极性的输出端子接到断路器操作回路中，测量分、合闸电磁铁的动作电压；

（7）对断路器进行测试，并对照厂家及历史数据进行分析；

（8）对于测试数据不符合厂家标准的，应按照厂家要求及检修工艺进行调整，调整后应重新进行测试；

（9）测试完毕，记录并打印测试数据，关闭仪器电源，恢复断路器两侧引线，最后拆除测试接线。

3. 评价标准

依据《国家电网有限公司关于印发〈电网设备技术标准差异条款统一意见〉的通知》（国家电网科〔2014〕315号），在断路器的型式试验、出厂试验、交接试验中，应在机械特性试验中同步记录触头行程曲线，并确保在规定的参考机械行程特性包络线范围内。

依据《国家电网有限公司关于印发十八项电网重大反事故措施（修订版）的通知》（国家电网生〔2018〕979号），在断路器产品出厂试验、交接试验及例行试验中，应进行断路器合—分时间及操动机构辅助开关的转换时间与断路器主触头动作时间之间的配合试验检查，对220kV及以上断路器，合—分时间应符合产品技术条件的要求，且满足电力系统安全稳定要求。

2.3.3.15　工频耐压试验

工频耐压试验是对被试品施加高于运行中可能遇到的过电压数值的交流电压，并经历一段时间，以检验设备的绝缘水平。工频耐压试验能有效地发现一些被试品的局部缺陷，更好地模拟被试品在实际运行中承受过电压的情况。

1. 断路器工频耐压试验方法

试验接线如图2–110所示，试验电压波形应接近正弦，两个半波应完全相同，且峰值和有效值之比等于$\sqrt{2}\pm0.07$，交流电压频率一般应在10～300Hz范围内。现场交流耐压试验应为出厂试验时施加电压的80%。如果用户有特殊要求时，可与制造厂协商后确定。出厂试验电压值如表2–68所示。

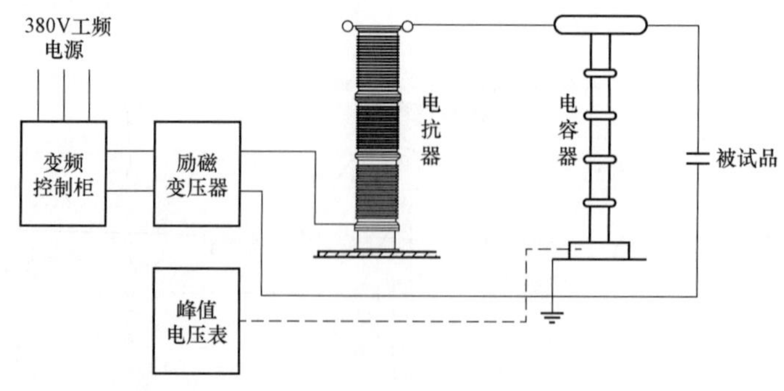

图2–110　工频耐压试验接线图

表2–68　现场工频耐压试验电压值

设备的额定电压 U_r（kV，有效值）	出厂试验电压 U_p（kV，峰值）
252	460

续表

设备的额定电压 U_r（kV，有效值）	出厂试验电压 U_p（kV，峰值）
363	510
550	740
800	960

2. 现场测试步骤

（1）老炼试验。在交流耐压试验中，通常先在较低试验电压下进行老炼试验。老练试验的基本原则是既要达到设备净化的目的，又要尽量减少净化过程中微粒触发的击穿，还要减少对被试设备的损害，即减少设备承受较高电压作用的时间，所以逐级升压时，在低电压下可保持较长时间，在高电压下不允许长时间耐压。

（2）耐压试验。规定的试验电压应施加到每相主回路和外壳之间，每次一相，其他相的主回路应和接地外壳相连，试验电源可接到被试相导体任一方便的部位。

选定的试验程序应使每个部件都至少施加一次试验电压。但在编制试验方案时，必须同时注意要尽可能减少固体绝缘重复耐压的次数，例如尽量在断路器主回路的不同部位引入试验电压。设备安装后不必单独进行相间绝缘试验。

（3）断口间的耐压试验。如怀疑断路器和隔离断路器的断口在运输、安装过程中受到损坏或经解体，应做该断口间耐压试验。

试验电压应加到断路器和隔离断路器断口间。断口的一侧与试验电源相连，另一侧与其他相导体和接地的外壳相连。应避免固体绝缘多次重复，在电压均匀升高到规定的电压值下耐压 1min 后迅速降回到零。

3. 评价标准

如断路器的每一部件均已按选定的试验程序耐受规定的试验电压而无击穿放电，则认为整个断路器通过试验。

在试验过程中如果发生击穿放电，则应根据放电能量和放电引起的声、光、电、化学等各种效应及耐压试验过程中进行的其他故障诊断技术所提供的资料，进行综合判断。遇有放电情况，可采取下述步骤：

（1）进行重复试验。如果该设备或气隔还能经受规定的试验电压，则该放电是自恢复放电，认为耐压试验通过。如重复试验再次失败，按下面（2）项程序进行。

（2）设备解体，打开放电气隔，仔细检查绝缘情况，修复后再一次进行耐压试验。

2.3.3.16　雷电冲击耐受试验

设备验收阶段监督要求：220kV 及以上罐式断路器应进行正负极性各 3 次的雷电冲击耐受试验；550kV 断路器设备应进行正负极性各 3 次的雷电冲击耐受试验。

2.3.3.17　断路器合闸电阻试验

（1）设备调试阶段监督要求：断路器与合闸电阻触头时间配合测试，合闸电阻的提前接入时间应参照制造厂规定执行。合闸电阻值与初值差应不超过±5%。分、合闸线圈电阻检测，检测结果应符合设备技术文件要求，没有明确要求时，以线圈电阻初值差不超过±5%作为判据。

（2）竣工验收阶段监督要求：断路器与合闸电阻触头时间配合测试，合闸电阻的提前接入时间

应参照制造厂规定执行。合闸电阻值与初值差应不超过±5%。分、合闸线圈电阻检测，检测结果应符合设备技术文件要求，没有明确要求时，以线圈电阻初值差不超过±5%作为判据。

2.3.3.18　密封试验

（1）设备调试阶段监督要求：泄漏值的测量应在断路器充气24h后进行。采用灵敏度不低于1×10^{-6}（体积比）的检漏仪对断路器各密封部位、管道接头等处进行检测时，检漏仪不应报警；必要时可采用局部包扎法进行气体泄漏测量。以24h的漏气量换算，每一个气室年漏气率不应大于0.5%。

（2）竣工验收阶段监督要求：以24h的漏气量换算，每一个气室年漏气率不应大于0.5%。

2.3.3.19　辅助开关与主触头时间配合试验

（1）设备验收阶段监督要求：对断路器合—分时间及操动机构辅助开关的转换时间与断路器主触头动作时间之间的配合试验检查，对220kV及以上断路器，合—分时间应符合产品技术条件的要求，且满足电力系统安全稳定要求。

（2）设备安装阶段监督要求：对断路器合—分时间及操动机构辅助开关的转换时间与断路器主触头动作时间之间的配合试验检查，对220kV及以上断路器，合—分时间应符合产品技术条件的要求，且满足电力系统安全稳定要求。

2.3.3.20　二次回路工频耐压试验

（1）设备验收阶段监督要求：断路器操动机构辅助和控制回路绝缘交接试验应进行工频试验，试验电压为2kV，持续时间1min，试验不应发生放电。

（2）设备调试阶段监督要求：断路器操动机构辅助和控制回路绝缘交接试验应进行工频试验，试验电压为2kV，持续时间1min，试验不应发生放电。

2.3.3.21　分合闸操作电压试验

设备调试阶段监督要求：合闸脱扣器应能在额定电压的85%～110%范围内可靠动作。分闸脱扣器应在额定电压的65%～110%（直流）或85%～110%（交流）范围内可靠动作。当电源电压低至额定值的30%时不应脱扣。

2.3.3.22　断路器并联电容器试验

（1）设备调试阶段监督要求：断路器并联电容器的极间绝缘电阻不应低于5000MΩ。断路器并联电容器的介质损耗角正切值应符合产品技术条件的规定。断路器并联电容器电容值的偏差应在额定电容值的±5%范围内。罐式断路器的并联电容器试验可按制造厂的规定进行。

（2）竣工验收阶段监督要求：断路器并联电容器的极间绝缘电阻不应低于5000MΩ。断路器并联电容器的介质损耗角正切值应符合产品技术条件的规定。电容值的偏差应在额定电容值的±5%范围内。

2.3.3.23　气体密度继电器试验

设备调试阶段监督要求：在充气过程中检查气体密度继电器及压力动作阀的动作值，应符合产品技术条件的规定。对单独运到现场的设备，应进行校验。

2.3.3.24 充电机参数测试试验

1. 试验目的

直流电源系统作为继电保护、自动装置、控制操作回路等的供电电源，是继电保护、自动装置正确动作的基本保证。DL/T 724—2000《电力系统用蓄电池直流电源装置运行与维护技术规程》和GB/T 19826—2014《电力工程直流电源设备通用技术条件及安全要求》都对直流电源装置的稳压精度、稳流精度、纹波系数等技术指标及试验有了明确的规定和要求。

发电厂、变电站中的直流系统正常情况下给控制、保护电路供电，事故情况下，在交流电源全停时，要保证1～2h的供电时间，而且要求提供给直流母线的电压不低于额定值的90%。该备用容量由蓄电池组提供，而蓄电池组的使用寿命和有效容量一定程度上取决于充电机的技术指标（稳压精度、稳流精度、纹波系数）。

目前电力系统中运行的直流电源装置达到的技术指标，都是由生产厂家在设备出厂试验时提供的数据。现场检修维护人员由于不具备相应的测试手段，难以确认设备的技术指标是否满足要求。在充电机长年的使用工作过程中，技术指标不可避免地因电气元器件老化、温度/湿度等影响而发生偏差，严重时会造成蓄电池组充电容量不足，在变电站交流停电时，蓄电池组不能可靠地供电，而导致全站保护及开关拒动，造成主设备损坏、电网瘫痪等重大事故。

因此，充电机参数测试仪是一种既便捷又能准确检测直流电源装置运行是否正常的检测设备，通过对直流电源系统的交流输入电压、输出负载按标准规定的设定值进行调节，同时检测设备自动进行采样计算，组成一个可移动的自动化检测系统，以便对直流电源系统的技术指标进行全面测试。充电机特性参数测试系统接线示意图见图2-111。

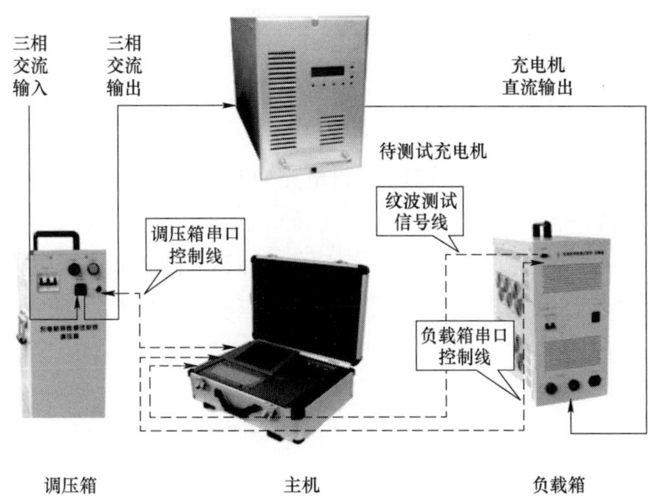

图2-111 充电机特性测试系统接线示意图

2. 试验原理

（1）稳流精度试验。

当交流电源电压在标称值±15%范围内变化、直流输出电压在调节范围内（见表2-12）变化时，直流输出电流在额定值的20%～100%范围内应保持稳定，产品的稳流精度应不大于规定值

$$\delta_{\mathrm{I}} = \frac{I_{\mathrm{M}} - I_{\mathrm{Z}}}{I_{\mathrm{Z}}} \times 100\%$$

式中　δ_I——稳流精度；

I_M——输出电流波动极限值；

I_Z——输出电流整定值。

试验过程：三相调压器调整交流输出电压为323、380、437V，通过监控调整充电机输出电压为198、244、286V，调整可调负载电阻，使电流输出为额定输出的20%、50%、100%，分别记录充电机输出电流值。

（2）稳压精度试验。

当交流电源电压在标称值±15%范围内变化、直流输出电流在额定值的0～100%范围内变化时，直流输出电压在调节范围内（见表2-69）应保持稳定，产品的稳压精度应不大于规定值

$$\delta_U=\frac{U_M-U_Z}{U_Z}\times 100\%$$

式中　δ_U——稳压精度；

U_M——输出电压波动极限值；

U_Z——输出电压整定值。

表2-69　充电电压及浮充电压的调节范围

蓄电池种类	单体标称电压（V）	调节范围（V）	
		充电电压	浮充电压
镉镍碱性蓄电池	1.2	（90%～145%）U	（90%～130%）U
阀控式密封铅酸蓄电池	2	（90%～125%）U	（90%～125%）U
	6、12	（90%～130%）U	（90%～130%）U

注　U为直流标称电压（48、110、220V）。

试验过程：三相调压器调整交流输出电压为323、380、437V；调整可调负载电阻，使电流输出为额定输出的0、20%、50%、100%，通过监控调整充电机浮充输出电压为198、232、286V，分别记录充电机输出浮充电压值。

（3）纹波系数试验。当交流电源电压在标称值的±15%范围内变化、电阻性负载电流在额定值的0～100%范围内变化时，直流输出电压在调节范围内（见表2-69）应保持稳定，产品的纹波系数应不大于规定值

$$\delta=\frac{U_f-U_q}{2U_p}\times 100\%$$

式中　δ——纹波系数；

U_f——直流电压脉动峰值；

U_q——直流电压脉动谷值；

U_p——直流电压平均值。

2.3.3.25　绝缘监测装置校验试验

1. 绝缘监测装置发展及分类

直流电源绝缘监测装置从早期的电磁式、电子式绝缘监视继电器发展到当前的微机绝缘监测仪，

性能日益完善。20 世纪 80 年代以前，绝缘监视仪都是用高灵敏度小电流继电器直接组成平衡桥监测直流接地故障，80 年代开始在平衡桥原理的基础上应用电子技术代替小电流继电器直接检测，提高了接地报警灵敏度，80 年代后，在此原理基础上，国内制造了用集成电路构成的装置，提高了灵敏度，并把母线电压监视装置与之结合在一起，提高了装置的综合性。直流控制系统发生接地故障后，上述绝缘监察装置只能确定哪一极接地，而不能确定哪一个回路接地，在运行维护中查找接地点很麻烦。90 年代已开始应用选择性接地监察装置。用这种装置，可以确定接地点是发生在哪一条馈线回路中。微机型直流系统绝缘检查装置采用了附加信号的新型检测原理和微机技术，具有自检和保护功能，不仅能检测直流系统的绝缘水平，还能直接读出绝缘电阻值，可以掌握直流系统的绝缘状况及其变化趋势，并且具有支路选线功能，可准确选出接地支路，避免使用人工拉路法进行直流接地支路的查找。

绝缘监测装置分为两大类：① 绝缘监视继电器，有电磁式和电子式两种，用于监视直流电源系统的绝缘状态，工作原理为平衡电桥原理，当某极绝缘破坏时，不平衡电流流过电流线圈，启动继电器报警；② 微机型绝缘监测装置，它是绝缘监测的高级产品，除了具有监视直流电源系统绝缘状态的功能外，还具有接地选线功能，另外为了配合变电站自动化系统，增加了通信接口，可与变电站自动化设备进行数据交换。微机型绝缘监测装置的工作原理分为交流注入式和电桥式两大类，电桥式又分为平衡桥和不平衡桥两种，见图 2–112。

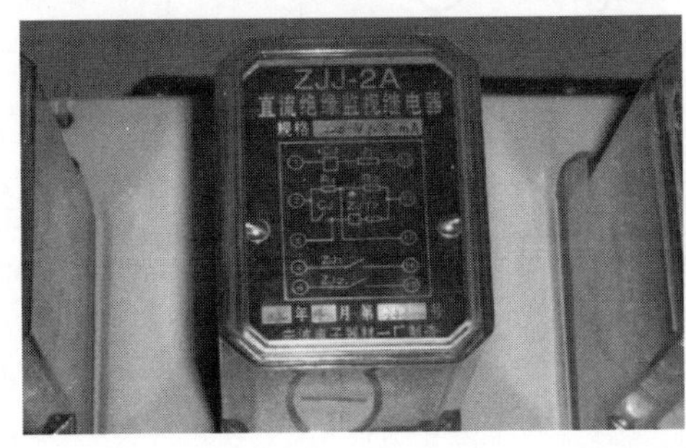

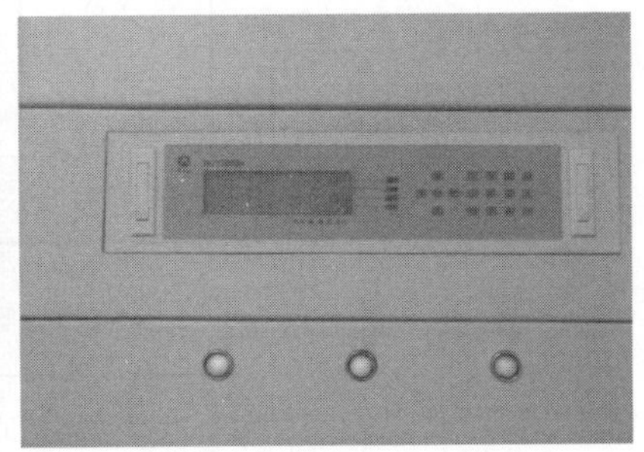

图 2–112　平衡桥和不平衡桥

2. 离线式绝缘监测装置校验法

离线式直流接地校验法将绝缘监测装置脱离直流系统，将直流系统接地校验仪的直流输出和大地接入绝缘监测仪的直流输入端，模拟直流系统电压，利用直流接地校验仪的各种试验工况模拟直流系统各种接地故障，校验绝缘监测仪的工作情况并记录相应直流电压波动。

（1）离线式直流接地校验法的优点：

1）校验过程中，绝缘监测装置与运行中的直流系统没有电联系，不在运行的直流系统模拟接地故障，因而不会对运行的保护等设备带来安全隐患。

2）丰富、全面的接地故障试验形式，可全面准确校验绝缘监测装置的各项功能。

3）利用其灵活的正负极电阻、电容输出可接入直流系统，模拟直流正负极偏移，进行电压偏移试验。

4）试验操作简单、安全，运行维护人员不会承担额外的工作风险。

（2）校验试验目的：

1）校验微机绝缘监测装置的功能完备性。验证绝缘监测装置功能是否齐全，在各种接地故障情况（如两级同时接地）时绝缘电阻测量和报警的可靠性，支路选线是否正确可靠，各测量和报警参数是否齐全。

2）校验微机绝缘监测装置工作的各项性能指标。校验绝缘监测装置母线绝缘电阻测量精度，支路接地测量精度，正确选线范围，母线电压测量的准确性。

3）记录分析微机绝缘监测装置对电压波动的影响。记录绝缘监测装置上电及复位时对母线电压的波动，发生接地故障和进行手动巡检时母线电压的波动情况。

4）校验分布电容对测量结果的影响。校验系统电容及支路电容对绝缘电阻测量和支路选线准确性的影响。

5）校验系统电容对测量结果的影响试验。校验系统电容和支路电容对绝缘电阻检测和支路选线的影响。

（3）校验项目。离线式直流接地校验的主要校验项目有精度校验、一点接地校验、两点接地校验、双极接地校验、电容影响校验、交流窜电校验、直流窜电校验、蓄电池接地校验等。图 2-113 为离线式接地校验示意图。

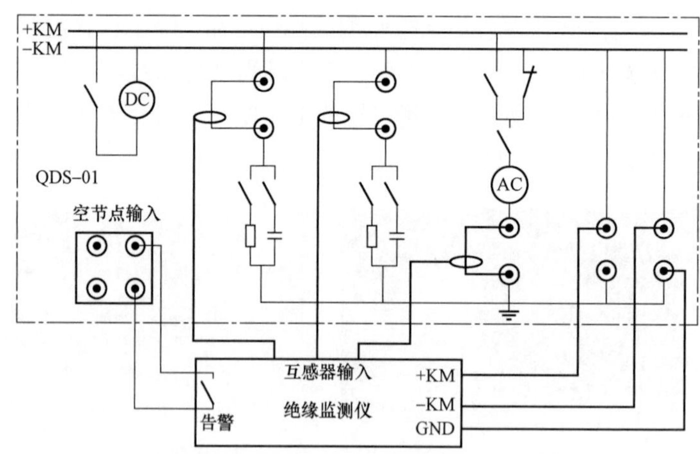

图 2-113　离线式直流接地校验示意图

2.3.3.26　蓄电池核对性放电试验

阀控蓄电池组的恒流限压充电电流和恒流放电电流为 I_{10}，额定电压 2V 的蓄电池放电终止电压为 1.8V；额定电压 6V 的组合式蓄电池，放电终止电压为 5.25V；额定电压 12V 的组合式蓄电池，放电终止电压为 10.5V。只要其中任一个蓄电池达到放电终止电压时，应停止放电，三次充放电循环之内，若达不到额定容量的 100%，此组蓄电池为不合格，应予以更换。容量试验合格，可正式投入运行。

2.3.3.27　直流电源保护级差配合测试试验

1. 试验概述

级差配合是指保护定值的配合，它既要满足在线路末端短路时有一定的灵敏度，又要满足直流断路器出口短路时上下级保护定值的配合。由于直流保护是纯电流型保护，因此保护配合要靠动作电流和动作时间的配合。

目前的直流断路器保护是热磁脱扣装置，热脱扣和磁脱扣是一体的，脱扣动作值均与直流断路器的额定电流有关，不能独立调节。即直流断路器的瞬动保护是依附在过载保护之上的，而直流额定电流的选取往往是根据负荷电流决定的，因此瞬动保护的配合很难完全保证。

2. 级差配合特性的影响因素

（1）直流断路器工作特性的影响。

直流断路器保护配置特性：过热保护动作特性如下，过热保护是防止装置内部故障而产生过负荷现象而设置的保护，它是一条反时间特性。

B 型、C 型直流断路器 1.13I_n，$t\geqslant$1h，不脱扣；1.45I_n，$t\leqslant$1h，脱扣。

瞬动保护动作特性如下，瞬动保护反映馈线上的短路故障，它既能保护馈线全长，瞬动区又不伸到下一级开关出口。直流断路器额定电流选定后，瞬动电流值是固定、不可调整的。

C 型直流断路器瞬动区为 7～15I_n，当 $I\geqslant15I_n$时，$t\leqslant$0.1s 脱扣。

B 型直流断路器瞬动区为 4～7I_n，当 $I\geqslant7I_n$时，$t\leqslant$0.1s 脱扣。

（2）短路电流的影响。

级差配合是上下级保护电器能对区内、区外的短路电流有不同的反应，即区内故障瞬时动作，区外故障延时动作。因此直流断路器瞬时动作值的选择应考虑下级直流断路器出口的短路电流，短路电流越大，越不容易配合。而短路电流与下列因素有关：

1）蓄电池电势，电池串联数越多，电势越高。

2）蓄电池内阻，电池容量越大，内阻越小。

3）馈线电阻，导线越长，截面积越小，电阻越大。

4）直流断路器电阻，直流断路器额定电流越小，电阻越大。

阀控蓄电池参数见表 2-70。

表 2-70　　蓄电池内阻及短路电流值

蓄电池容量（Ah）	内阻及短路电流值	2.17V 开路电压下不同时间短路电流			
		0.02s	0.2s	0.5s	1.0s
100	电阻（mΩ）	1.98	2.16	2.24	2.31
	短路电流（A）	1096	1005	960	939
200	电阻（mΩ）	1.01	1.10	1.14	1.18
	短路电流（A）	2149	1973	1904	1839
300	电阻（mΩ）	0.70	0.75	0.77	0.80
	短路电流（A）	3100	2893	2806	2713
500	电阻（mΩ）	0.43	0.46	0.48	0.49
	短路电流（A）	5047	4717	4521	4429

直流断路器参数见表 2-71。

表 2-71　　直流断路器内阻值

断路器		单极内阻（μΩ）
型号	额定电流（A）	
GM32、GMB32	3	175 000
	6	37 000
	16	6800
	25	3850
	32	2560

变电站直流馈线主要有四类：① 蓄电池电缆，即蓄电池—母线；② 联络电缆，即充电屏—联络屏；③ 馈线电缆，即馈线屏—直流分电屏；④ 负荷电缆，即直流分电屏—保护屏。变电站直流系统常用电缆参数见表2–72、表2–73。

表2–72　变电站直流系统常用电缆

电缆名称	导线截面积（mm^2）	电缆长度（m）
蓄电池—母线	50	20～30
充电屏—联络屏	25	10～15
馈线屏—直流分电屏	16	100～150
直流分电屏—保护屏	4	10～50

表2–73　电　缆　电　阻

导线截面积（mm^2）	导线电阻（mΩ/m）	工作电流（A）
1.0	18	8
1.5	12	12
2.5	7.2	20
4.0	4.5	25
16	1.125	65
25	0.72	85

（3）直流断路器保护的影响。

1）直流断路器的保护方式（见表2–74）。直流断路器磁脱扣动作值能满足级差配合的要求，可用二段式保护，不能满足级差配合的要求，则需用三段式保护的延时进行配合。

表2–74　直流断路器的保护方式

保护形式	过热保护	短延时	瞬时
二段式保护	热脱扣	无	磁脱扣
三段式保护	热脱扣	延时脱扣	磁脱扣

2）直流断路器的额定电流（见表2–75）。直流断路器的额定电流决定了保护的动作值，改变额定电流（换直流断路器），即改变了直流断路器的脱扣动作值。

表2–75　直流断路器的额定电流

开关形式	额定电流（A）
B	1、2、3、4、6、10、16、20、25、32、40、50、63
C	0.5、1、2、3、4、6、10、16、20、25、32、40、50、63
K	0.5、1、2、3、4、6、10、16、20、25、32、40、50、63

3）直流断路器的保护动作值离散性的影响，直流断路器的保护动作范围见表2–76。

表2–76　直流断路器的保护动作范围

开关形式	动作特性	动作区
B	$4I_n<I<7I_n$	瞬动区

续表

开关形式	动作特性	动作区
C	$7I_n<I<15I_n$	瞬动区
K	$10I_n<I<17I_n$	瞬动区

4）不同厂家直流断路器的影响。不同类型的开关执行的标准不同（见表2–77），执行同一标准的直流断路器，其特性曲线也不完全相同。

表2–77　　直流断路器执行标准

生产厂家	开关形式	执行标准
施耐德	C型	IEC 60947–2/GB 14048.2
梅兰日兰		
ABB	B型	IEC 60898–2/GB 10963.2
	C型	
	K型	IEC 60947–2/GB 14048.2
SIEMENS	C型	IEC 60898–2/GB 10963.2
北京人民电器厂	C型	IEC 60898–2/GB 10963.2
	B型	IEC 60898–2/GB 10963.2

从以上分析可见：

（1）直流断路器多为二段式保护形式，保护动作值范围较宽，精度较差。

（2）直流断路器的速动定值是固定的，不能随着实际短路电流的大小进行调整。

（3）直流电源容量不断增大，馈线电缆不断加粗，短路电流也随之增大，给级差配合增加了难度。

（4）直流断路器级差多于三级（蓄电池出口、直流主馈线屏、直流分电屏、直流设备屏），而保护形式最多只有三级，若馈线短、级差多，直流保护不能满足级差配合的要求。

（5）直流断路器的保护形式单一，难于同时满足短线路级差配合和灵敏度的要求。

3. 试验方法

目前国内直流保护电器级差检查校验没有统一的方法，归纳起来主要有以下几种。

（1）额定电流校核法。这一方法通过检查各级保护电器额定电流值是否满足直流系统设计技术规程的要求，来判断能否实现级差配合。如DL/T 5044—2014规定直流断路器额定电流的选择应从小到大，它们之间的电流级差不宜小于4级。判断方法直观，计算简单。未考虑保护电器短路点短路电流的大小和直流开关特性，不能真实判断短路点是否满足级差要求，只能作为指导性参考建议。

（2）保护电器特性仿真法。该方法对不同型号直流保护电器特性进行建模，利用MATLAB仿真软件模拟直流电源系统保护电器配置，对各级短路电流进行模拟短路，根据仿真结果分析级差配合情况。

在对保护器件的建模过程中，首先要建立延时时间和通过保护器件电流的函数关系，需要查阅各种型号熔断器和直流断路器的保护特性曲线，进而通过MATLAB软件中的polyfit函数拟合出断路器保护时间和通过器件的电流之间的函数关系。具有较强的理论研究价值。但是建模过程复杂，仿真结果需要实际验证，不适宜在现场试验。

（3）短路模拟试验法。近年来，部分电力企业利用变电站现场蓄电池组对直流保护电器的级差配合进行实际短路试验，采用波形记录仪测试短路电流、分断时间，来校验变电站现场直流系统级差配合的选择性。该方法能真正模拟现场实际短路故障并校验直流系统保护电器级差配合情况。该方法直观，可不考虑蓄电池、馈线、空气开关等元件参数以及安装工艺等因素，在小电流短路时，效果良好。在两级空气开关临界点配合时，具有随机性，不能体现空气开关的配合裕度。在模拟大电流短路时有一定的危险性，对电源设备的寿命有一定的影响。

（4）参数计算法。通过搜集直流系统参数，包括蓄电池电压、内阻、容量、电缆长度和截面积、直流断路器型号和内阻等，计算出直流系统短路点等效回路电阻，蓄电池电压除以电阻即为某处短路电流，根据短路电流及上、下级直流断路器动作特性判断出保护电器的级差配合特性。方法计算简单，容易判断。计算用参数较多，工程技术人员查找困难，计算值和实际值存在一定误差。

（5）小电流估算法。运用小电流估算法估算短路电流及判断级差配合特性时，在本级直流断路器负荷侧连接一可调负载，根据戴维南定律，通过改变调节负载产生的小电流估算出真实短路电流，进而判断出保护电器的级差配合特性。在估算过程中，为避免采样误差，利用数学方法进行数据处理，使估算电流逼近真实短路电流。接线图见图 2–114。

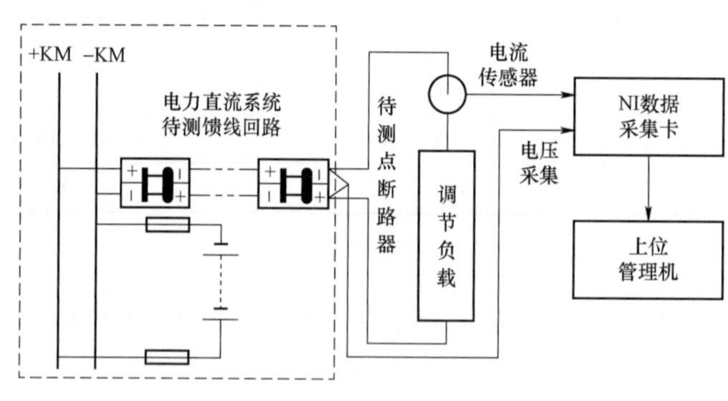

图 2–114　小电流估算法接线图

2.3.3.28　开关柜联锁功能检查

为了保证安全和便于操作，金属封闭开关设备和控制设备中，不同元件之间应装设联锁，并应优先采用机械联锁。机械联锁装置的部件应有足够的机械强度，以防止因操作不正确而造成变形或损坏。

1. 手车式开关柜联锁性能检查

（1）高压开关柜内的接地开关在合位时，小车断路器无法推入工作位置。小车在工作位置合闸后，小车断路器无法拉出。

（2）小车在试验位置合闸后，小车断路器无法推入工作位置；小车在工作位置合闸后，小车断路器无法拉至试验位置。

（3）断路器手车拉出后，手车室隔离档板自动关上，隔离高压带电部分。

（4）接地开关合闸后方可打开电缆室柜门，电缆室柜门关闭后，接地开关才可以分闸。

（5）在工作位置时接地开关无法合闸。

（6）带电显示装置显示馈线侧带电时，馈线侧接地开关不能合闸。

（7）小车处于试验或检修位置时，才能插上和拔下二次插头。

（8）主变压器进线柜/母联开关柜的手车在工作位置时，主变压器隔离柜/母联隔离柜的手车不能摇出试验位置，电气闭锁可靠。

（9）主变压器隔离柜/母联隔离柜的手车在试验位置时，主变压器进线柜/母联开关柜的手车不能摇进工作位置，电气闭锁可靠。

2. 固定式开关柜联锁功能检查

（1）断路器合闸时，机械闭锁位置手柄无法打到分闸闭锁位置。

（2）隔离开关合闸时，接地开关无法操作。

（3）接地开关分闸时，前柜门无法打开。

（4）前柜门打开时，机械闭锁位置手柄无法打到分闸闭锁位置。

（5）接地开关合闸时，上下隔离开关无法操作。

2.3.3.29 真空断路器容性电流开合老炼试验

1. 检测方法

老炼即通过在真空灭弧室触头间施加高电压、大电流、高电压加大电流等方法，清洁灭弧室内部金属毛刺、微粒、氧化物及污秽物等，改善灭弧室耐受电压强度及开合性能。容性电流开合老炼即通过高电压、大电流容性负载开合操作进行的老炼。采用三相电源回路进行老炼试验最接近断路器产品实际运行状况，因此断路器老炼试验宜优先采用三相回路进行。

试验过程应满足 NB/T 42065—2016《真空断路器容性电流开合老炼试验导则》规定。三相老炼试验的试验电压应满足：① 试验电压应用相间试验电压的平均值表示，任何相间试验电压与平均试验电压的偏差不应超过 10%；② 试品开断前的试验电压应不小于系统标称电压，应尽可能靠近试品处测得。

三相老炼试验的容性回路应满足下列特性：① 容性回路［包括所有必要的测量装置（如分压器等）］的特性：电弧最终熄灭后 300ms 时断路器断口电压的衰减不超过 10%，并提供总的持续时间不少于 1000ms 的恢复电压；② 电容器组的中性点应绝缘，并具有放电回路，关合操作之前，在容性回路上无明显的剩余电荷。

老炼试验电流和时间的推荐值见表 2-78。

表 2-78　老炼试验电流和时间的推荐值

额定电压（kV，有效值）	试验电流（A，有效值）	操作顺序	通流时间 t（s）	操作间隔时间（s）
7.2	350～400	C-t-O	0.3	30～60
12	350～400	C-t-O	0.3	30～60
24	350～400	C-t-O	0.3	30～60
40.5	350～400	C-t-O	0.3	30～60

注 1. 对额定容性开合电流小于 350A 的断路器，以额定容性开合电流为老炼试验电流。
2. 根据不同产品技术要求，老炼试验电压、电流可根据产品技术条件或用户要求协商确定。

2. 评价标准

如果全部满足下述条件，试品就成功地通过了老炼试验：

（1）在老炼试验中，试品的机械操作性能应保持良好，试品应满足：

1）按指令动作，无指令不动作。

2）不应有外部闪络，能按照额定绝缘水平承受电压。

3）机械部件的任何变形不得对断路器的操作产生不利的影响，或者不得妨碍更换零件的正确装配。

4）如果出现的故障不是持续的或不是由于设计上的缺陷造成的，而是由于装配或维修失误造成的，则该故障可以纠正，继续进行试验。

（2）试验后试品的状态。老炼试验后，试品应满足：

1）外观检查无异常；

2）空载分合操作3次，动作正常。

（3）满足表2－79条件。

表2－79　连续无重击穿和/或 *NSDD* 次数及试验总次数限值

通过条件	三相试验	单相试验	单相合成试验
连续无重击穿和/或 *NSDD* 次数	30	30	60
试验总次数	≤150	≤300	≤500

注　1. 对于三相试验，连续30次不出现重击穿和/或 *NSDD* 且试验总次数不超过150次，试验通过。如试验总次数超过150次或重击穿和/或 *NSDD* 现象随着试验次数的增加未表现出明显好转趋势，则试验终止。

2. 对于单相直接试验，连续30次不出现重击穿和/或 *NSDD* 且试验总次数不超过300次，试验通过。如试验总次数超过150次或重击穿和/或 *NSDD* 现象随着试验次数的增加未表现出明显好转趋势，则试验终止。

3. 对于单相合成试验，连续60次不出现重击穿和/或 *NSDD* 且试验总次数不超过150次，试验通过。如试验总次数超过150次或重击穿和/或 *NSDD* 现象随着试验次数的增加未表现出明显好转趋势，则试验终止。

2.3.3.30　避雷器泄漏电流试验

1. 检测方法

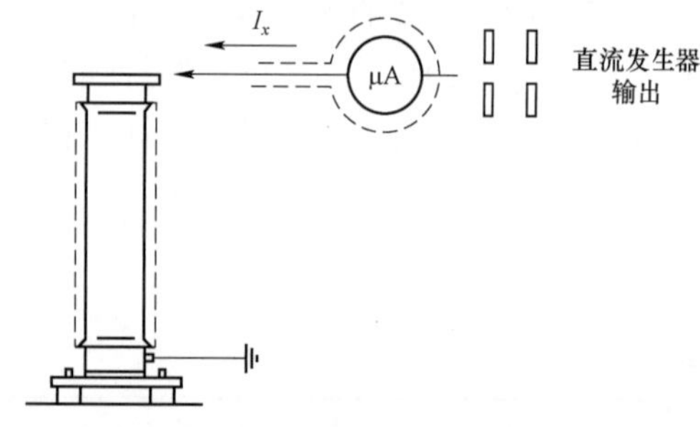

图2－115　金属氧化物避雷器测试接线图

避雷器直流参考电压和0.75倍直流参考电压下的泄漏电流项目是用直流电压和电流方式来表明避雷器的伏安特性曲线饱和点的位置，目的是检验避雷器的动作特性和保护特性，并作为以后运行过程中0.75倍参考电压下的泄漏电流测试结果的基准值。使用高压直流成套装置进行测量，其接线方式参考图2－115所示。

2. 评价标准

金属氧化物避雷器直流参考电压 U_{nmA} 初值差不超过±5%且不低于GB 11032规定数值（注意值）和出厂技术要求（GB 11032规定数值见附录B）。

$0.75U_{\mathrm{nmA}}$ 泄漏电流初值差不大于30%或不大于50μA。

测试数据超标时应考虑被试品表面污秽、环境湿度等因素，必要时可对被试品表面进行清洁或干燥处理，在外绝缘表面靠加压端处或靠近被试避雷器接地的部位装设屏蔽环后重新测量。

2.3.3.31　电磁式电压互感器励磁特性实验

1. 检测方法

互感器励磁特性曲线试验的目的主要是检查互感器铁芯质量，通过磁化曲线的饱和程度判断互感器有无匝间短路，励磁特性曲线能灵敏地反映互感器铁芯、线圈等状况。测量的设备通常为励磁特性测量成套设备、调压设备、电压表、电流表。

电压互感器进行励磁特性和励磁曲线试验时，一次绕组、二次绕组及辅助绕组均开路，非加压绕组同名端接地，特别是分级绝缘电压互感器一次绕组尾端更应注意接地，铁芯及外壳接地。二次绕组加压，加压绕组尾端一般不接地，试验原理接线如图 2–116 所示。测量点至少包括额定电压的 0.2、0.5、0.8、1.0、1.2 倍。对于中性点直接接地的电压互感器，最高测量点为 150%；对于中性点非直接接地系统，半绝缘结构电磁式电压互感器最高测量点为 190%，全绝缘结构电磁式电压互感器最高测量点应为 120%。

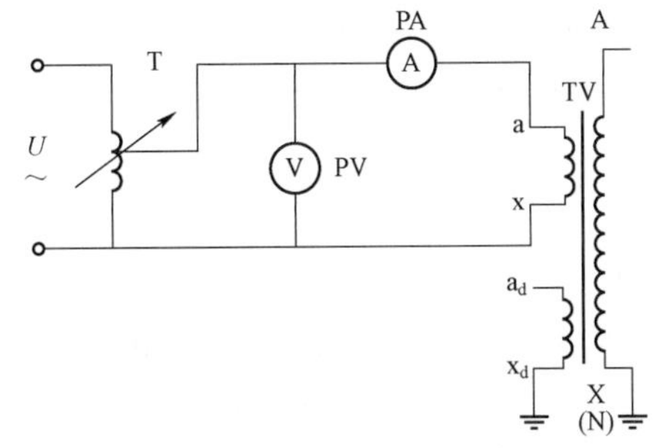

图 2–116　电压互感器励磁特性试验

T—调压器；PV—电压表；PA—电流表；TV—电压互感器

2. 评价标准

电压互感器励磁曲线与出厂检测结果不应有较大分散性，否则就说明所使用的材料、工艺甚至设计和制造发生了较大变动以及互感器在运输、安装、运行中发生故障。如果励磁电流偏差太大，特别是成倍偏大，就要考虑是否有匝间绝缘损坏、铁芯片间短路或者是铁芯松动的可能。

对于额定电压的 0.2、0.5、0.8、1.0、1.2 倍测量点，测量出对应的励磁电流，与出厂值相比应无显著改变；与同一批次、同一型号的其他电磁式电压互感器相比，彼此差异不应大于 30%。交接试验时，励磁特性的拐点电压应大于 $1.5U_m/$（中性点有效接地系统）或 $1.9U_m/$（中性点非有效接地系统）。

2.3.3.32　电流互感器励磁特性试验

1. 检测方法

当继电保护对电流互感器的励磁特性有要求时，应进行励磁特性曲线测量。当有多个保护绕组时，每个绕组均应进行励磁曲线试验。

电流互感器励磁特性试验原理接线如图 2–117 所示。试验时一次绕组应开路，铁芯及外壳接地，从保护绕组施加试验电压，非试验绕组应在开路状态。

参考出厂试验数据，并选取几个等分的电流点，以二次额定电流的倍数为准，读取相应的各点电压值，观察电压与电流的变化趋势，当电流增长而电压变化不大时，可认为铁芯饱和，在拐点附近读取并记录至少 5～6 组数据。

2. 评价标准

将测量出的电流、电压进行绘图如图 2–118 所示，一般来讲同批同型号、同规格电流互感器在拐点的励磁电压无明显的差别，与出厂试验值也没有明显变化如图 2–118 中曲线 1。当互感器有铁芯松动下线圈匝间短路等缺陷时，其拐点的励磁电压较正常有明显的变化如图 2–118 中曲线 2。

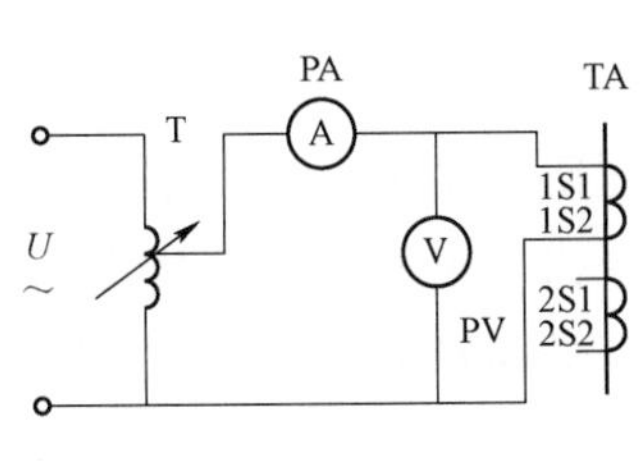

图 2–117　电流互感器励磁特性试验

T—调压器；PV—电压表；PA—电流表；TA—电流互感器

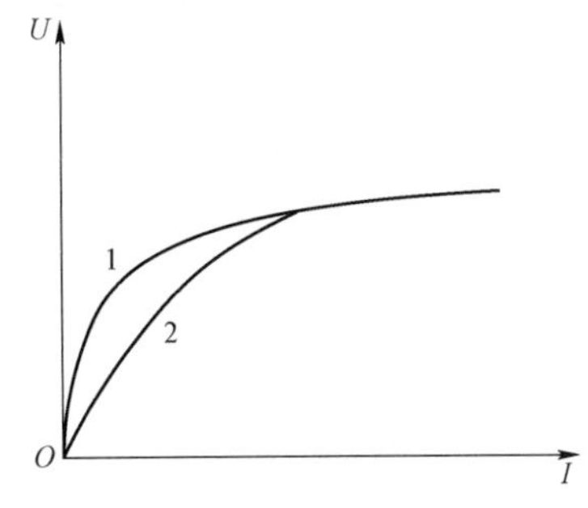

图 2–118　电流励磁曲线示意图

如果在测量中出现非正常曲线，试验数据与原始数据相比变化较明显，首先检查试验接线是否正确，测试仪表是否满足要求，以及铁芯剩磁的影响等。

2.3.3.33　电压互感器感应耐压试验

1. 检测方法

感应耐压试验用的设备通常由变频电源、励磁变压器、谐振电抗器、补偿电容器（必要时）、分压器以及配电、控制和保护装置构成，其中关键设备为变频电源、试验变压器。被试品在感应耐压试验前，应先进行其他绝缘试验，合格后再进行耐压试验。

电压互感器交流耐压试验，应符合下列规定：

（1）应按出厂试验电压的80%进行，并应在高压侧监视施加电压。

（2）计算感应耐压试验时间，电压加至试验标准电压后，当试验电压频率不大于 2 倍额定频率时，全电压下试验时间为 60s。当试验电压频率大于 2 倍额定频率时，持续时间应按 $t=\frac{120\times[\text{额定频率}]}{[\text{试验频率}]}$ 计算，但不得少于 15s。

（3）感应耐压试验前后，应各进行一次额定电压时的空载电流测量，两次测得值相比不应有明显差别。

（4）试验电压施加在一次绕组两出线端子之间，金属夹件、金属底座或箱壳、铁芯以及各二次绕组的一个出线端子和一次绕组的接地端子应连在一起接地，基础试验接线见图 2-119，也可对二次绕作施加一足够的励磁电压，使一次绕组感应出规定的试验电压值。金属夹件、金属底座或箱壳、铁芯以及各二次绕组的一个出线端子和一次绕组的接地端子应连在一起接地。

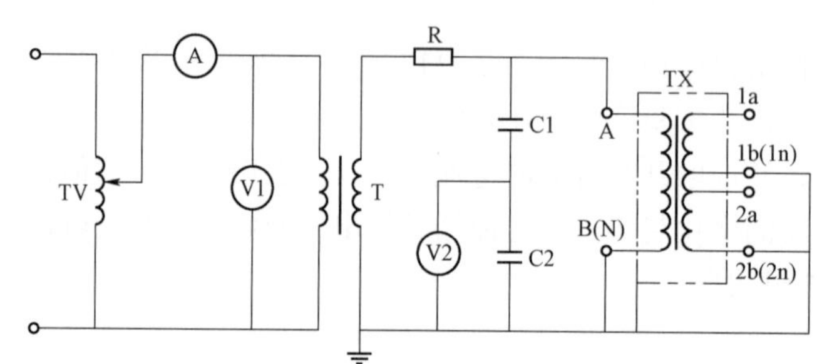

图 2-119　电磁式电压互感器感应耐压基础试验接线示意图

TV—调压器；A—电流表；V1—方均根值电压表；T—试验变压器；R—保护电阻；C1、C2—电容分压器；V2—峰值电压表（读数除以 $\sqrt{2}$）；TX—被试互感器；A、B（N）——一次绕组端子；1a、1b（1n）、2a、2b（2n）—二次绕组端子

2. 评价标准

（1）试验中如无破坏性放电发生，且耐压前后绝缘无明显变化，则认为耐压试验通过。

（2）在升压和耐压过程中，如发现电压表指示变化很大，电流表指示急剧增加，调压器往上升方向调节，电流上升、电压基本不变甚至有下降趋势，被试品冒烟、出气、焦臭、闪络、燃烧或发出击穿响声（或断续放电声），应立即停止升压，降压、停电后查明原因。这些现象如查明是绝缘部分出现的，则认为被试品交流耐压试验不合格。如确定被试品的表面闪络是由于空气湿度或表面脏污等所致，应将被试品清洁干燥处理后，再进行试验。

（3）被试品为有机绝缘材料时，试验后如出现普遍或局部发热，则认为绝缘不良，应立即处理后再做耐压。

（4）试验中途因故失去电源，在查明原因、恢复电源后，应重新进行全时间的持续耐压试验。

2.3.3.34 真空断路器灭弧室真空度检测

1. 检测方法

真空灭弧室内部气体压力检测推荐采用磁控法，将灭弧室两触头拉开一定的开距，施加脉冲高压，将励磁线圈绕于灭弧室外侧，向线圈通以大电流，从而在灭弧室内产生与高压同步的脉冲磁场，在脉冲磁场的作用下，灭弧室中的电子做螺旋运动，并与残余气体分子发生碰撞电离，所产生的离子电流与残余气体密度（即真空度）近似成比例关系。对于直径不同的灭弧室，在同等真空度条件下，离子电流的大小也不相同。通过实验可以标定出各种灭弧室的真空度与离子电流的对应关系曲线。当测知离子电流后，就可以通过查询离子电流—真空度曲线获得该灭弧室的真空度，其典型的检测接线图如图 2-120 所示。

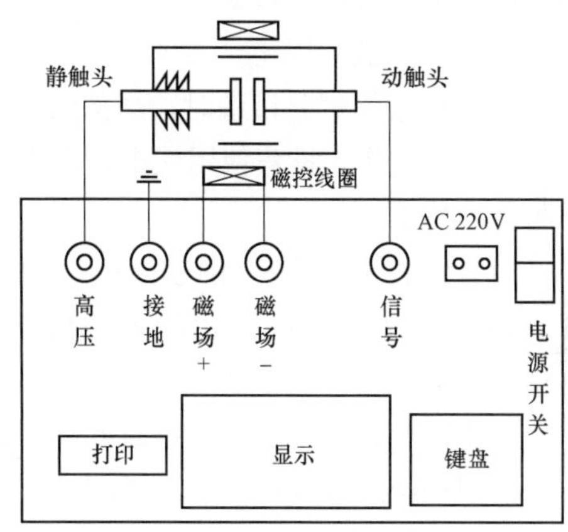

图 2-120　灭弧室真空度测量接线图

对于不同的真空灭弧室型号，由于其结构不同，在同等触头开距、同等真空度、同等电场与磁场的条件下，离子电流的大小也不相同，设备厂家需提供不同灭弧室的真空度与离子电流间的对应关系曲线。

2. 评价标准

（1）依据设备技术文件要求，判断检测结果是否合格。

（2）灭弧室表面脏污可能引起泄漏电流值大于电离电流值，这样检测值减去泄漏电流值后小于零，仪器检测值显示为零。发生此种情况，应将灭弧室表面擦拭干净，再做测试。

（3）以第 1 次检测值为准，连续多次检测所得真空度会逐渐升高，高于灭弧室的实际真空度值。若必须进行多次检测，则每次检测之间的时间间隔为 1 周左右。

2.3.3.35 固体绝缘开关柜局部放电试验

1. 检测方法

按照 GB/T 7354《局部放电测量》的规定进行试验。三相设备的试验既可在单相试验回路中进行，也可在三相试验回路中进行（见表 2-80）。

表 2-80　试验回路和程序

试验类型	单相试验			三相试验
	程序 A	程序 B		
电源连接到	依次连接到每极	依次连接到每极	同时连接到三极	三极
接地连接的元件	其他极和工作时接地的所有部件	其他两极	工作时接地的所有部件	工作时接地的所有部件
最低预施电压	$1.3U_r$	$1.3U_r$	$1.3U_r$	$1.3U_r$
试验电压	$1.1U_r$	$1.1U_r$	$1.1U_r$	$1.1U_r$
基本接线图				

（1）单相试验回路。

程序 A 是一种通用方法，适用于中性点接地或不接地系统中运行的设备。

测量局部放电量时，依次将每相极到试验电源上，其余两极和所有工作时接地的部件都接地。

程序 B 仅适用中性点接地系统中运行的设备。

测量局部放电量时，应采用两个试验步骤：① 应在 $1.1U_r$（U_r是额定电压）试验电压下进行测量。依次将每极接到试验电源上，其余两极接地。测量时必须将在正常运行中接地的所有金属部件与地脱开或绝缘起来；② 将试验电压降至 $1.1U_r/3$ 下进行附加测量。在测量过程中，运行中接地的部件都接地，且将三极并连接到试验电压源上。

（2）三相试验回路。

当有合适的试验设备时，局部放电试验也可在三相电路上进行。

在此情况下，推荐使用三个耦合电容器按图 2－121 连接。可用一个局部放电检测仪依次接到三个测量阻抗上。

为了给检测仪在三相电路中某一个测量位置上定标，可将已知电量的短时电流脉冲依次注入每一极和地之间，同时也注入另外两极和地之间。则定标给出的最小偏转刻度可用来确定放电量。

按照试验回路（见图 2－121），外施工频电压至少升高至 $1.3U_r$或 $1.3U_r/3$，且在此值下至少保持 10s。可不考虑此过程中的局部放电。然后根据试验回路，连续地将电压降到 $1.1U_r$或 $1.1U_r/3$，且在此电压下测量局部放电量（见表 2－80）。

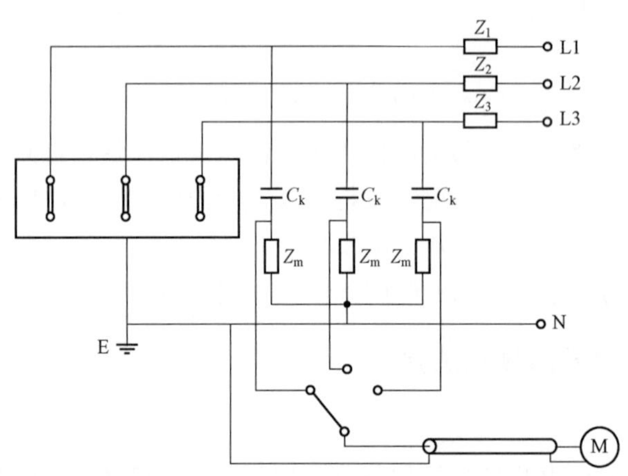

图 2－121　局部放电试验回路（三相布置）

N—中心点连接线；E—接地连接线；L1、L2、L3—三相电源连接端；Z_1、Z_2、Z_3—试验回路阻抗；C_k—耦合电容器；Z_m—测量阻抗；M—局部放电检测仪

试验电压的频率通常为额定频率。通常，应在开关装置处于闭合位置时对其总装或部件进行测试。如果局部放电可能导致隔离开关断口间的绝缘老化，在隔离开关分闸的情况下，应补充进行局部放电测量。

2. 评价标准

推荐局部放电参量为视在电荷，一般用皮库（pC）表示。

在 $1.1U_r$和/或 $1.1U_r/\sqrt{3}$ 电压下的最大允许局部放电量，由制造厂和用户商定。

对于充流体的以及主回路采用固体绝缘的金属封闭开关设备，在试验电压（见表 B.1）下的最大允许局部放电量应为 20pC。对于中性点非直接接地系统的其他类型的金属封闭开关设备和控制设备的最大允许局部放电量在 $1.1U_r$ 下应为 100pC。

注：在进一步取得可靠数据之前，可以不规定局部放电量的限值。金属封闭开关设备和控制设备的元件可能采用一种或多种不同的技术（如固体、液体或气体绝缘），各种元件的要求，对整体、部分或总装规定通用的最大可接受的局部放电水平还很难，且有争议。目前，这些值由制造厂确定，或在验收试验时由制造和用户协商确定。

2.3.4 带电检测试验

2.3.4.1 红外热像带电检测

1. 试验仪器

红外检测变电设备分一般检测和精确检测两种，根据测温要求的不同可选择不同的仪器以满足不同的要求。

1）便携式红外热像仪。能满足精确检测的要求，测量精度和测温范围满足现场测试要求，性能指标高，具有加高的温度分辨率及空间分辨率，具有大气条件的修正模型，操作简便，图像清晰、稳定，有目镜取景器，分析软件功能丰富。

2）手持（枪）式红外热像仪。能满足一般检测的要求，有最高点温度自动跟踪，采用 LCD 显示屏，可无取景器，操作简单，仪器轻便，图像比较清晰、稳定。

2. 试验步骤

（1）一般检测。

1）仪器在开机后需进行内部温度校准，待图像稳定后即可开始工作。

2）一般先远距离对所有被测设备进行全面扫描，发现有异常后，再针对性地近距离对异常部位和重点被测设备进行准确检测。

3）仪器的色标温度量程宜设置在环境温度加 10～20K 的温升范围。

4）有伪彩色显示功能的仪器，宜选择彩色显示方式，调节图像使其具有清晰的温度层次显示，并结合数值测温手段，如热点跟踪、区域温度跟踪等手段进行检测。

5）应充分利用仪器的有关功能，如图像平均、自动跟踪等，以达到最佳检测效果。

6）环境温度发生较大变化时，应对仪器重新进行内部温度校准，校准方法按仪器的说明书进行。

7）作为一般检测，被测设备的辐射率一般取 0.9 左右。

（2）精确检测。

1）检测温升所用的环境温度参照体应尽可能选择与被测设备类似的物体，且最好能在同一方向或同一视场中选择。

2）在安全距离允许的条件下，红外仪器宜尽量靠近被测设备，使被测设备（或目标）尽量充满整个仪器的视场，以提高仪器对被测设备表面细节的分辨能力及测温准确度，必要时，可使用中、长焦距镜头。线路检测一般需使用中、长焦距镜头。

3）为了准确测温或方便跟踪，应事先设定几个不同的方向和角度，确定最佳检测位置，并可做上标记，以供今后的复测用，提高互比性和工作效率。

4）正确选择被测设备的辐射率，特别要考虑金属材料表面氧化对选取辐射率的影响。

5）将大气温度、相对湿度、测量距离等补偿参数输入，进行必要修正，并选择适当的测温范围。

3. 评价标准

Q/GDW 1168—2013《输变电设备状态检修试验规程》规定：应检测各单元及进、出线电气连接处，红外热像图显示应无异常温升、温差和/或相对温差，分析时，应考虑测量时及前 3h 负荷电流的变化情况，红外热像检测应无异常。

2.3.4.2　SF_6气体湿度带电检测

1. SF_6气体湿度试验方法及步骤

参考本书 2.3.3.5 小节（交接试验 SF_6气体湿度测量小节）。

2. 评价标准

依据 Q/GDW 1168—2013《输变电设备状态检修试验规程》规定，有下列情况之一，开展本项目：

（1）新投运测一次，若接近注意值，半年之后应再测一次；

（2）新充（补）气 48h 之后至 2 周之内应测量一次；

（3）气体压力明显下降时，应定期跟踪测量气体湿度。

SF_6气体可从密度监视器处取样，测量完成之后，按要求恢复密度监视器。测量结果应满足表 2-81 要求。

表 2-81　　SF_6气体湿度检测说明

试验项目		要　求	
		新充气后	运行中
湿度	有电弧分解物隔室	≤150μL/L	≤300μL/L
	无电弧分解物隔室	≤250μL/L	≤500μL/L

2.3.4.3　GIS 局部放电带电检测

1. 试验方法及步骤

参考本书 2.3.3.7 小节。

2. 评价标准

Q/GDW 1168—2013《输变电设备状态检修试验规程》有如下规定。

（1）超声波法局部放电检测（带电）。一般检测频率在 20～100kHz 之间的信号，若有数值显示，可根据显示的数值进行分析。若检测到异常信号可利用超高频检测法、频谱仪和高速示波器等仪器、手段进行综合判断。异常情况应缩短检测周期。

超声波法局部放电检测（带电）应无异常放电。

（2）超高频局部放电　适用于非金属法兰绝缘盆子，带有金属屏蔽的绝缘盆子可利用浇注开口进行检测，具备内置探头和其他结构参照执行。

在检测前应尽量排除环境的干扰信号。检测中对干扰信号的判别可综合利用超高频法典型干扰图谱、频谱仪和高速示波器等仪器和手段进行。进行局放定位时，可采用示波器（采样精度至少 1GHz 以上）等进行精确定位，必要时也可通过改变电气设备一次运行方式进行。异常情况应缩短检测周期。

超高频法局部放电检测（带电）应无异常放电。

2.3.4.4 开关柜暂态地电压局部放电检测

1. 检测方法

开关柜局部放电会产生电磁波，电磁波在金属壁形成趋肤效应，并沿着金属表面进行传播，同时在金属表面产生暂态地电压，暂态地电压信号的大小与局部放电的严重程度及放电点的位置相关。利用专用的传感器对暂态地电压信号进行检测，从而判断开关柜内部的局部放电故障，也可根据暂态地电压信号到达不同传感器的时间差或幅值对比进行局部放电源定位。暂态地电压局部放电检测原理图见图 2-122。

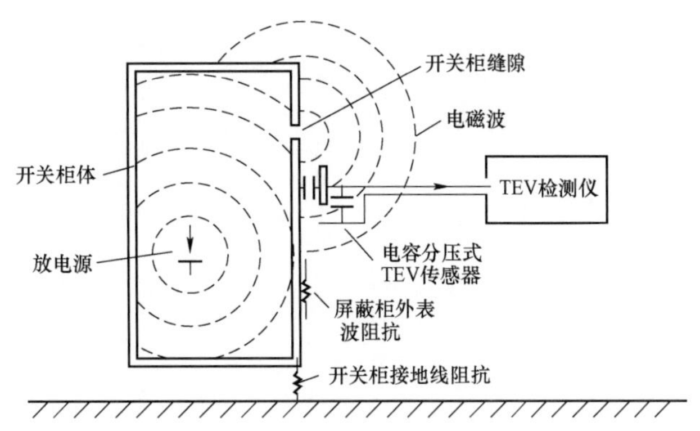

图 2-122 暂态地电压局部放电检测原理图

每面开关柜的前面和后面均应设置测试点，具备条件时（例如一排开关柜的第一面和最后一面），在侧面设置测试点，检测位置可参考图 2-123。

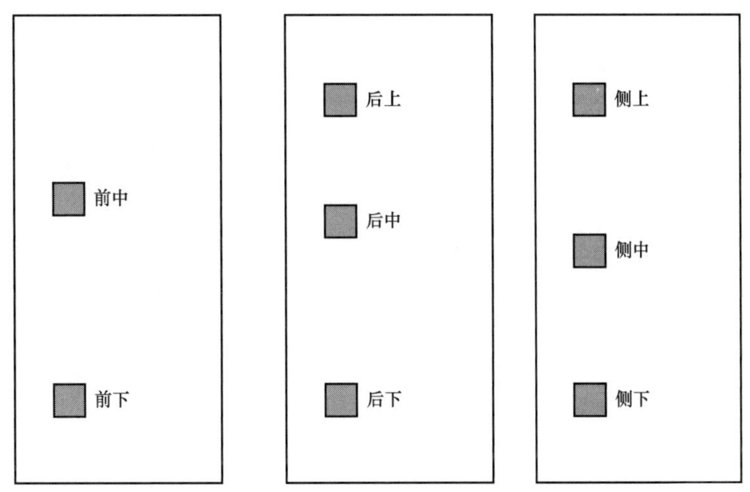

图 2-123 暂态地电压局部放电检测推荐检测位置

确认洁净后，施加适当压力将暂态地电压传感器紧贴于金属壳体外表面，检测时传感器应与开关柜壳体保持相对静止，人体不能接触暂态地电压传感器，应尽可能保持每次检测点的位置一致，以便于进行比较分析。

如存在异常信号，则应在该开关柜进行多次、多点检测，查找信号最大点的位置，记录异常信号和检测位置。

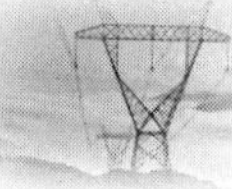

2. 评价标准

暂态地电压结果分析方法可采取纵向分析法、横向分析法。判断指导原则如下：

（1）若开关柜检测结果与环境背景值的差值大于 20dBmV，需查明原因。

（2）若开关柜检测结果与历史数据的差值大于 20dBmV，需查明原因。

（3）若本开关柜检测结果与邻近开关柜检测结果的差值大于 20dBmV，需查明原因。

（4）必要时，进行局放定位、超声波检测等诊断性检测。

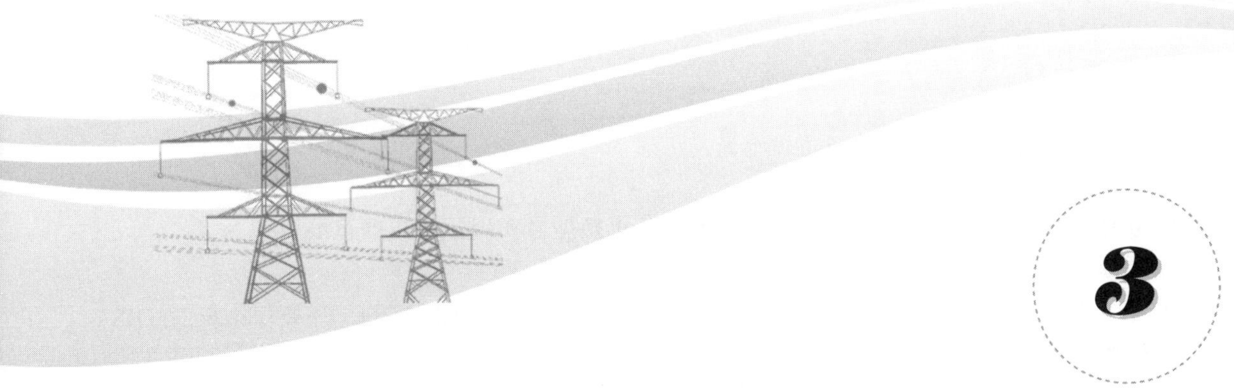

3

开关类设备及直流电源《全过程技术监督精益化管理实施细则》条款解析

3.1 组 合 电 器

3.1.1 规划可研阶段

3.1.1.1 GIS 设备参数选择

1. 监督要点及监督依据

GIS 设备参数选择监督要点及监督依据见表 3－1。

表 3－1　GIS 设备参数选择监督要点及监督依据

监督要点	监督依据
GIS 设备额定短时耐受电流、额定峰值耐受电流、额定短路开断电流、外绝缘水平、环境适用性（海拔、污秽、温度、抗震等）满足现场运行实际要求和远景发展规划需求	《交流高压开关设备技术监督导则》（Q/GDW 11074—2013）“5.1.3 设备选型、接线方式、额定短时耐受电流、额定峰值耐受电流、额定短路开断电流、外绝缘水平、环境适用性（海拔、污秽、温度、抗震等）是否满足现场运行实际要求和远景发展规划需求。”

2. 监督项目解析

设备的参数选择是规划可研阶段比较重要的监督项目。

设备的环境适用性和参数选择决定了设备投运后能否正常运行和满足一段时期当地电网的发展需求。GIS 作为一种组合设备，包含了断路器、隔离/接地开关、TA、母线等一次元件，电气主回路上任何一个元件的参数选择不当都将影响整套设备的性能发挥。外绝缘水平和载流/开断能力作为 GIS 设备的主要参数，一旦确定后将作为设备后续的设计、采购、制造环节的依据，任何更改都需要和厂家进行反复沟通，并增加相应的费用。设备一旦投运，其参数的升级往往非常困难，改造工作量大、停电要求高、施工时间长，往往只能通过设备更换型号实现，造成严重浪费。

3. 监督要求

查看工程可研报告与相关批复时，除了查看其是否满足工程属地电网规划，还要仔细核对 GIS 设备相关元件的技术参数选择是否合理。

4. 整改措施

当技术监督人员在查阅资料发现设备技术参数选择不合理时，应及时将情况通知规划可研单位和发展部门，修改工程可研报告，直至所有技术参数满足要求。

3.1.1.2 GIS 设备户内外安装方式

1. 监督要点及监督依据

GIS 设备户内外安装方式监督要点及监督依据见表 3－2。

表 3－2　GIS 设备户内外安装方式监督要点及监督依据

监督要点	监督依据
1. 用于低温（年最低温度为－30℃及以下）、日温差超过 25K、重污秽 e 级或沿海 d 级地区、城市中心区、周边有重污染源（如钢厂、化工厂、水泥厂等）的 363kV 及以下 GIS，应采用户内安装方式。 2. 550kV 及以上 GIS 经充分论证后确定布置方式	《国家电网有限公司关于印发十八项电网重大反事故措施（修订版）的通知》（国家电网设备〔2018〕979 号）“12.2.1.1 用于低温（年最低温度为－30℃及以下）、日温差超过 25K、重污秽 e 级或沿海 d 级地区、城市中心区、周边有重污染源（如钢厂、化工厂、水泥厂等）的 363kV 及以下 GIS，应采用户内安装方式，550kV 及以上 GIS 经充分论证后确定布置方式。”

2. 监督项目解析

GIS 设备户内外安装方式是规划可研阶段比较重要的监督项目。

GIS 设备运行压力下 SF_6 气体液化温度在－40℃左右，当运行环境温度低于－30℃时，SF_6 气体可能液化影响设备安全运行；重污秽 E 级或沿海 D 级地区户外布置 GIS 设备易腐蚀，运维检修工作量大，全寿命周期成本大于户内布置，因此用于低温（年最低温度为－30℃及以下）、重污秽 e 级或沿海 d 级地区、城市中心区、周边有重污染源（如钢厂、化工厂、水泥厂等）的 363kV 及以下 GIS，应采用户内安装方式。GIS 设备虽配有伸缩节能在一定范围内调节由于温度等引起的设备变形，但是日温差超过 25K 时，伸缩节往往不能完全补偿温差引起的设备变形，因此日温差超过 25K 的地区，应采用户内安装方式。

布置方式直接关系着 GIS 设备后期运行维护工作量及全寿命周期成，布置方式确定后如需变更场地，设备参数、房屋等都需重新考虑，改造工作量大、停电要求高、施工时间长、耗费资金多，造成资源严重浪费。

3. 监督要求

查阅包括工程可研报告和相关批复。

4. 整改措施

当技术监督人员在查阅资料发现 GIS 设备户内外安装方式不合理时，应及时将情况通知规划可研单位和发展部门，修改工程可研报告，直至 GIS 设备户内外安装方式满足要求。

3.1.1.3 GIS 设备分期建设规划合理性

1. 监督要点及监督依据

GIS 设备分期建设规划合理性监督要点及监督依据见表 3－3。

表 3-3　　GIS 设备分期建设规划合理性监督要点及监督依据

监督要点	监督依据
1. 如计划扩建母线，宜在扩建接口处预装一个内有隔离开关（配置有就地工作电源）或可拆卸导体的独立隔室，气室压力应纳入监控后台。 2. 如计划扩建出线间隔，宜将母线隔离开关、接地开关与就地工作电源一次上全	《关于印发〈关于加强气体绝缘金属封闭开关设备全过程管理重点措施〉的通知》（国家电网生〔2011〕1223 号）"第八条　采用 GIS 的变电站，其同一分段的同侧 GIS 母线原则上一次建成。如计划扩建母线，宜在扩建接口处预装一个内有隔离开关（配置有就地工作电源）或可拆卸导体的独立隔室；如计划扩建出线间隔，宜将母线隔离开关、接地开关与就地工作电源一次上全。"

2. 监督项目解析

GIS 设备分期建设规划合理性是规划可研阶段的监督项目之一。

GIS 变电站由于母线对接后气室还需抽真空、充 SF_6 气体、静置、做耐压试验等，母线停电的时间很长，如果未规划设计预留间隔扩建时的接口方案，后期扩建时往往会长时间停电。

为减少扩建时的停电时间，甚至是不停电，GIS 变电站在设计时如计划扩建母线，宜在扩建接口处预装一个内有隔离开关（配置有就地工作电源）或可拆卸导体的独立隔室，气室压力应纳入监控后台。如计划扩建出线间隔，宜将母线隔离开关、接地开关与就地工作电源一次上全，以减小扩建停电时间。

3. 监督要求

查阅资料，包括工程可研报告和相关批复。

4. 整改措施

当技术监督人员在查阅资料发现 GIS 设备分期建设规划不合理时，应及时将情况通知规划可研单位和发展部门，修改工程可研报告，直至分期建设规划满足要求。

3.1.1.4 电流互感器设备选型

1. 监督要点及监督依据

电流互感器设备选型监督要点及监督依据见表 3-4。

表 3-4　　电流互感器设备选型监督要点及监督依据

监督要点	监督依据
1. 330kV 及以上系统保护、高压侧为 330kV 及以上的变压器和 300MW 及以上的发电机变压器组差动保护用电流互感器宜采用 TPY 电流互感器。 2. 220kV 系统保护、高压侧为 220kV 的变压器和 100MW 级～200MW 级的发电机变压器组差动保护用电流互感器可采用 P 类、PR 类或 PX 类电流互感器。互感器可按稳态短路条件进行计算选择，为减轻可能发生的暂态饱和影响宜具有适当暂态系数。 3. 110kV 及以下系统保护用电流互感器可采用 P 类电流互感器。 4. 330kV～1000kV 线路保护宜选用 TPY 级电流互感器	1.《继电保护和安全自动装置技术规程》（GB/T 14285—2006）"6.2.1.3 a. 330kV 及以上系统保护、高压侧为 330kV 及以上的变压器和 300MW 及以上的发电机变压器组差动保护用电流互感器宜采用 TPY 电流互感器。" 2.《继电保护和安全自动装置技术规程》（GB/T 14285—2006）"6.2.1.3 b. 220kV 系统保护、高压侧为 220kV 的变压器和 100MW 级～200MW 级的发电机变压器组差动保护用电流互感器可采用 P 类、PR 类或 PX 类电流互感器。互感器可按稳态短路条件进行计算选择，为减轻可能发生的暂态饱和影响宜具有适当暂态系数。" 3.《继电保护和安全自动装置技术规程》（GB/T 14285—2006）"6.2.1.3 c. 110kV 及以下系统保护用电流互感器可采用 P 类电流互感器。" 4.《电流互感器和电压互感器选择及计算规程》（DL/T 866—2015）"7.1.2 330kV～1000kV 系统线路保护用电流互感器宜选用 TPY 级电流互感器。"

2. 监督项目解析

电流互感器设备选型是规划可研阶段重要的监督项目。

大型发电机组（含发电机、主变压器和发电机变压器组）的一次时间常数很大，因此，当这些设备的差动保护在区外发生短路故障时，短路电流中具有衰减较慢的非周期分量而导致电流互感器铁芯严重饱和，即暂态饱和。铁芯饱和将使电流互感器传变特性变坏，而不能准确传变故障电流，需要采取措施防止暂态过程中由于电流互感器误差超过准确限值引起区外故障时保护差电流过大而误动；TPY 级电流互感器能够满足暂态性能的要求，可解决大型变压器及大型发电机变压器组组差动保护用电流互感器暂态饱和及剩磁问题，但该类互感器造价较高。因此，综合考虑性能及造价，对于不同电压等级系统不同容量设备选用不同的电流互感器。

3. 监督要求

查阅资料，包括工程可研报告和相关批复。

4. 整改措施

当技术监督人员在查阅资料发现电流互感器选型不合理，应及时将情况通知规划可研单位和发展部门，修改工程可研报告，直至电流互感器选型满足要求。

3.1.2 工程设计阶段

3.1.2.1 GIS 室安全配置

1. 监督要点及监督依据

GIS 室安全配置监督要点及监督依据见表 3－5。

表 3－5　　GIS 室安全配置监督要点及监督依据

监督要点	监督依据
1. GIS 配电装置室低位区应安装能报警的氧量仪和 SF_6 气体泄漏报警仪，在工作人员入口处应装设显示器。 2. 室内应安装有足够的通风排气装置，且排气出风口应设置在室内底部，照明、报警和通风排气装置的电源空开，应布置于配电室外	1.《国家电网公司电力安全工作规程（变电部分）》（Q/GDW 1799.1—2013）“11.5　在 SF_6 配电装置室低位区应安装能报警的氧量仪和 SF_6 气体泄漏报警仪，在工作人员入口处应装设显示器。上述仪器应定期检验，保证完好”。 2.《气体绝缘金属封闭开关设备运行及维护规程》（DL/T 603—2017）“4.1.1　室内 GIS 开展运行维护工作应满足的要求：c）室内通风排气和照明装置应满足设计要求，且排气出口应设置的室内底部。”

2. 监督项目解析

GIS 室安全配置是工程设计阶段的比较重要的监督项目。

GIS 配电装置室中，GIS 设备长期充气存放，存在气体泄漏的风险，配电室属于室内空间，SF_6 气体无法自动散开，长期聚集于实验室空气底层，对实验室工作人员的人身安全构成极大的威胁，另外 SF_6 气体对环境也有负面影响。因此室内应安装有足够的通风排气装置，且排气出风口应设置在室内底部，照明、报警和通风排气装置的电源空开，应布置于配电室外，在工作人员进入 SF_6 电气设备低位区域、应先检测含氧量和 SF_6 气体含量是否合格。

3. 监督要求

查阅 GIS 配电室设施配置情况的一次、二次图纸。

4. 整改措施

当技术监督人员在查阅资料发现氧量仪、SF_6 气体泄漏报警仪及通风排气装置设置不合理时，应及时将情况通知工程设计单位和基建部门，修改工程设计资料，直至设置满足要求。

3.1.2.2 GIS 气室分隔合理性

1. 监督要点及监督依据

GIS 气室分隔合理性监督要点及监督依据见表 3－6。

表 3-6　　GIS 气室分隔合理性监督要点及监督依据

监督要点	监督依据
1. GIS 最大气室的气体处理时间不超过 8h。252kV 及以下设备单个气室长度不超过 15m，且单个主母线气室对应间隔不超过 3 个。 2. 双母线结构的 GIS，同一间隔的不同母线隔离开关应各自设置独立隔室。252kV 及以上 GIS 母线隔离开关禁止采用与母线共隔室的设计结构。 3. 550kV 及以下 GIS 的单个主母线隔室的 SF_6 气体总量不宜超过 300kg。 4. 盆式绝缘子应尽量避免水平布置	1～2.《国家电网有限公司关于印发十八项电网重大反事故措施（修订版）的通知》（国家电网设备〔2018〕979 号）“12.2.1.2　GIS 气室应划分合理，并满足以下要求： 12.2.1.2.1　GIS 最大气室的气体处理时间不超过 8h。252kV 及以下设备单个气室长度不超过 15m，且单个主母线气室对应间隔不超过 3 个。 12.2.1.2.2　双母线结构的 GIS，同一间隔的不同母线隔离开关应各自设置独立隔室。252kV 及以上 GIS 母线隔离开关禁止采用与母线共隔室的设计结构。 3.《关于印发〈关于加强气体绝缘金属封闭开关设备全过程管理重点措施〉的通知》（国家电网生〔2011〕1223 号）“第十条　主母线隔室的长度设置应充分考虑检修维护的便捷，550kV 及以下 GIS 的单个主母线隔室的 SF_6 气体总量不宜超过 300kg。” 4.《国家电网有限公司关于印发十八项电网重大反事故措施（修订版）的通知》（国家电网设备〔2018〕979 号）“12.2.1.9　盆式绝缘子应尽量避免水平布置。”

2. 监督项目解析

GIS 气室分隔合理性是工程设计阶段比较重要的监督项目。

综合考虑故障后维修，处理气体的便捷性以及故障气体的扩散范围，将设备结构参量及气体总处理时间共同作为划分气室的重要因素。双母线结构的 GIS，其同一出线间隔的两组母线隔离开关如处于同一隔室，一旦该隔室发生故障将会导致两条母线全停，停电范围大，检修时间长；如果组合电器气室设置过大，检修或故障抢修时间长、气体损耗大、所需停电时间长，影响大，因此 GIS 气室不宜设置过大；为方便后期检修维护，550kV 及以下 GIS 的单个主母线隔室的 SF_6 气体总量不宜超过 300kg；对盆式绝缘子布置方式提出要求，建议避免盆式绝缘子水平布置设计，尤其是在断路器、隔离开关及接地开关等具有插接式运动磨损部件下部的绝缘子，避免触头动作产生金属屑落入盆子，造成盆子沿面放电。

3. 监督要求

查阅 GIS 气室分隔图和平面布置图。

4. 整改措施

当技术监督人员在查阅资料发现 GIS 气室分隔不合理时，应及时将情况通知工程设计单位和基建部门，修改工程设计资料，直至 GIS 气室分隔满足要求。

3.1.2.3　GIS 母线设备配置合理性

1. 监督要点及监督依据

GIS 母线设备配置合理性监督要点及监督依据见表 3-7。

表 3-7　　GIS 母线设备配置合理性监督要点及监督依据

监督要点	监督依据
1. 双母线、单母线或桥形接线中，GIS 母线避雷器和电压互感器应设置独立的隔离开关。 2. 3/2 断路器接线中，GIS 母线避雷器和电压互感器不应装设隔离开关，宜设置可拆卸导体作为隔离装置。可拆卸导体应设置于独立的气室内。 3. 架空进线的 GIS 线路间隔的避雷器和线路电压互感器宜采用外置结构	《国家电网有限公司关于印发十八项电网重大反事故措施（修订版）的通知》（国家电网设备〔2018〕979 号）“12.2.1.4　双母线、单母线或桥形接线中，GIS 母线避雷器和电压互感器应设置独立的隔离开关。3/2 断路器接线中，GIS 母线避雷器和电压互感器不应装设隔离开关，宜设置可拆卸导体作为隔离装置。可拆卸导体应设置于独立的气室内。架空进线的 GIS 线路间隔的避雷器和线路电压互感器宜采用外置结构。”

2. 监督项目解析

GIS 母线设备配置合理性是工程设计阶段最重要的监督项目。

避雷器功能在于保护其他设备，雷击及过电压情况下较其他设备易损坏，目前部分 GIS 避雷器及电压互感器采用与本体直接相连或可拆卸导体的结构，这种结构在线路电压互感器和避雷器检修时需要母线陪停，对持续可靠供电影响较大，停电范围大；另外，在对母线进行耐压试验前必须将电压互感器和避雷器拆除，耐压通过后恢复，过程十分复杂，检修试验时间长，且现场处理的密封面与对接面变多，不利于GIS内部清洁度的控制，因此GIS母线避雷器和电压互感器应设置独立的隔离开关；对3/2接线，为避免误操作或其他原因，相关设备失去避雷器和电压互感器运行，造成保护拒动。故要求设置隔离装置，作为试验和检修过程中的断口；为便于试验和检修，架空进线的GIS线路间隔的避雷器和线路电压互感器宜采用外置结构。

3. 监督要求

查阅GIS气室分隔图、GIS接线图和平面布置图。

4. 整改措施

当技术监督人员在查阅资料发现避雷器和电压互感器配置不合理时，应及时将情况通知工程设计单位和基建部门，修改工程设计资料，直至GIS母线设置配置满足要求。

3.1.2.4　GIS避雷器结构合理性

1. 监督要点及监督依据

GIS避雷器结构合理性监督要点及监督依据见表3－8。

表3－8　　GIS避雷器结构合理性监督要点及监督依据

监督要点	监督依据
GIS内的SF_6避雷器应做成单独的气隔，并应装设防爆装置、监视压力的压力表（或密度继电器）和补气用的阀门，GIS密度继电器、避雷器泄漏电流等的表计安装高度距离地面或固定检修平台底板不宜超过2m，且应靠近并朝向巡视主道路	《导体和电器选择设计技术规定》（DL/T 5222—2005）“12.0.56 SF_6避雷器应做成单独的气隔，并应装设防爆装置、监视压力的压力表（或密度继电器）和补气用的阀门。”

2. 监督项目解析

GIS避雷器结构合理性是工程设计阶段比较重要的监督项目。

避雷器功能在于保护其他设备，雷击及过电压情况下较其他设备易损坏，为减小故障范围，方便后期检修维护，GIS内的SF_6避雷器应做成单独的气隔，并应装设防爆装置、监视压力的压力表（或密度继电器）和补气用的阀门，GIS密度继电器、避雷器泄漏电流等的表计安装高度距离地面或固定检修平台底板不宜超过2m，且应靠近并朝向巡视主道路。

3. 监督要求

查阅母线避雷器和出线避雷器资料、GIS气室分隔图和平面布置图。

4. 整改措施

当技术监督人员在查阅资料发现避雷器结构不合理时，应及时将情况通知工程设计单位和基建部门，修改工程设计资料，直至避雷器结构满足要求。

3.1.2.5　盆式绝缘子结构型式合理性

1. 监督要点及监督依据

盆式绝缘子结构型式合理性监督要点及监督依据见表3－9。

表 3－9　　　　盆式绝缘子结构型式合理性监督要点及监督依据

监督要点	监督依据
新投运 GIS 采用带金属法兰的盆式绝缘子时，应预留窗口用于特高频局部放电检测。采用此结构的盆式绝缘子可取消罐体对接处的跨接片，但生产厂家应提供型式试验依据。如需采用跨接片，户外 GIS 罐体上应有专用跨接部位，禁止通过法兰螺栓直连	《国家电网有限公司关于印发十八项电网重大反事故措施（修订版）的通知》（国家电网设备〔2018〕979 号）"12.2.1.5 新投运 GIS 采用带金属法兰的盆式绝缘子时，应预留窗口用于特高频局部放电检测。采用此结构的盆式绝缘子可取消罐体对接处的跨接片，但生产厂家应提供型式试验依据。如需采用跨接片，户外 GIS 罐体上应有专用跨接部位，禁止通过法兰螺栓直连。"

2. 监督项目解析

盆式绝缘子结构型式合理性是工程设计阶段的监督项目之一。

对于采用金属法兰的盆式绝缘子，可以利用金属法兰的导通而取消跨接线，但应经受型式试验验证，且为了局部放电检测，该结构盆子应预留局部放电检测窗口，盖板应采用非金属材质。若跨接片通过法兰螺栓直接固定，户外环境受跨接片频繁热胀冷缩影响，跨接片与法兰固定部位容易出现空隙，进水结冰，容易导致法兰腐蚀漏气，因此要求跨接片应接于外壳上的专用安装端子。

3. 监督要求

查阅 GIS 具体结构图纸。

4. 整改措施

当技术监督人员在查阅资料发现盆式绝缘子结构型式不合理时，应及时将情况通知工程设计单位和基建部门，修改工程设计资料，直至盆式绝缘子结构型式满足要求。

3.1.2.6　电缆终端选型

1. 监督要点及监督依据

电缆终端选型监督要点及监督依据见表 3－10。

表 3－10　　　　电缆终端选型监督要点及监督依据

监督要点	监督依据
110（66）kV 及以上电压等级电缆的 GIS 终端和油浸终端宜选择插拔式，人员密集区域或有防爆要求场所的应选择复合套管终端	《国家电网有限公司关于印发十八项电网重大反事故措施（修订版）的通知》（国家电网设备〔2018〕979 号）"13.1.1.3　110（66）kV 及以上电压等级同一受电端的双回或多回电缆线路应选用不同生产厂家的电缆、附件。110（66）kV 及以上电压等级电缆的 GIS 终端和油浸终端宜选择插拔式，人员密集区域或有防爆要求场所的应选择复合套管终端。110kV 及以上电压等级电缆线路不应选择户外干式柔性终端。"

2. 监督项目解析

电缆终端选型是工程设计阶段重要的监督项目。

插拔式 GIS 电缆终端继承了干式 GIS 终端的结构，并采用了插拔式连接，可在现场实现电缆的插拔，安装更便捷，在故障及试验、检修维护时可将电缆快速分离，缩短时间，因此 110（66）kV 及以上电压等级电缆的 GIS 终端宜选择插拔式。相比瓷套式终端，复合套管式终端在发生事故时不易产生爆炸碎片，可大大降低人员伤亡和引发二次事故的概率，因此人员密集区域或有防爆要求场所的应选择复合套管终端。

3. 监督要求

查阅电缆终端图纸。

4. 整改措施

当技术监督人员在查阅资料发现 GIS 电缆终端选型不合理时，应及时将情况通知工程设计单位和基建部门，修改工程设计资料，直至 GIS 电缆终端满足要求。

3.1.2.7　断路器选型

1. 监督要点及监督依据

断路器选型监督要点及监督依据见表 3－11。

表 3－11　　断路器选型监督要点及监督依据

监督要点	监督依据
220kV 及以上电压等级线路、变压器、母线、高压电抗器、串联电容器补偿装置等输变电设备的保护应按双重化配置，相关断路器的选型应与保护双重化配置相适应，220kV 及以上电压等级断路器必须具备双跳闸线圈机构。1000kV 变电站内的 110kV 母线保护宜按双套配置，330kV 变电站内的 110kV 母线保护宜按双套配置	《国家电网有限公司关于印发十八项电网重大反事故措施（修订版）的通知》（国家电网设备〔2018〕979 号）"15.1.4　220kV 及以上电压等级线路、变压器、母线、高压电抗器、串联电容器补偿装置等输变电设备的保护应按双重化配置，相关断路器的选型应与保护双重化配置相适应，220kV 及以上电压等级断路器必须具备双跳闸线圈机构。1000kV 变电站内的 110kV 母线保护宜按双套配置，330kV 变电站内的 110kV 母线保护宜按双套配置。"

2. 监督项目解析

断路器选型是工程设计阶段重要的监督项目。

断路器保护通常投入充电、过流、重合闸及失灵电流判别（双断路器接线型式）等功能，无须按照双重化原则配置保护。对于 220kV 系统的终端负荷变电站，虽处于系统末端，但随着电网发展对其母线快速切除故障的要求越来越高，从安全角度考虑，也应按照双重化原则配置母线保护，确保一套母线保护因故退出运行时故障能够快速切除。1000、750、330kV 电压等级变电站内的 110kV 母线，考虑到其重要性，推荐 110kV 母线保护按双套配置。

3. 监督要求

查阅资料，包括设备材料明细表、断路器的一次和二次图纸。

4. 整改措施

当技术监督人员在查阅资料发现 GIS 断路器选型不合理时，应及时将情况通知工程设计单位和基建部门，修改工程设计资料，直至 GIS 断路器选型满足要求。

3.1.2.8　GIS 设备分期建设计划合理性

1. 监督要点及监督依据

GIS 设备分期建设计划合理性监督要点及监督依据见表 3－12。

表 3－12　　GIS 设备分期建设计划合理性监督要点及监督依据

监督要点	监督依据
1. 同一分段的同侧 GIS 母线原则上一次建成。如计划扩建母线，宜在扩建接口处预装可拆卸导体的独立隔室；如计划扩建出线间隔，应将母线隔离开关、接地开关与就地工作电源一次上全。预留间隔气室应加装密度继电器并接入监控系统。 2. 新投的 252kV 母联（分段）、主变压器、高压电抗器断路器应选用三相机械联动设备	《国家电网有限公司关于印发十八项电网重大反事故措施(修订版)的通知》(国家电网设备〔2018〕979 号) "12.2.1.7　同一分段的同侧 GIS 母线原则上一次建成。如计划扩建母线，宜在扩建接口处预装可拆卸导体的独立隔室；如计划扩建出线间隔，应将母线隔离开关、接地开关与就地工作电源一次上全。预留间隔气室应加装密度继电器并接入监控系统。" 12.1.1.7　新投的 252kV 母联（分段）、主变压器、高压电抗器断路器应选用三相机械联动设备

2. 监督项目解析

GIS 设备分期建设计划合理性是工程设计阶段比较重要的监督项目。

为了便于扩建工程施工及试验时停电范围和气体处理范围不扩大，本期和扩建的接口处应保留一个气体和电气独立的气室，并且该气室应纳入运行设备管理。缩短基建接入时间；母线、主变压器、无功设备不允许非全相运行，也不涉及自动重合闸的使用。电气联动断路器需增加三相不一致保护，二次接口也比较复杂，可靠性较差。三相电气联动断路器较难保证极间时间特性一致，三相不同期可能导致较高的合闸涌流，不利于变压器、电抗器的安全运行。363kV 及以上断路器受限于机构操作功及极间距等因素限制，难以实现三相机械联动。因此对新投的 252kV 母联（分段）、主变压器、高压电抗器断路器应选用三相机械联动设备，对在运设备不要求，可结合设备改造进行。

3. 监督要求

查阅扩建间隔的一次、二次图纸。

4. 整改措施

当技术监督人员在查阅资料发现 GIS 设备分期建设计划不合理时，应及时将情况通知工程设计单位和基建部门，修改工程设计资料，直至分期建设计划满足要求。

3.1.2.9 控制回路设计

1. 监督要点及监督依据

控制回路设计监督要点及监督依据见表 3－13。

表 3－13 控制回路设计监督要点及监督依据

监督要点	监督依据
1. 断路器二次回路不应采用 RC 加速设计。 2. 同一间隔内的多台隔离开关的电机电源，在端子箱内必须分别设置独立的开断设备	1.《交流高压开关设备技术监督导则》（Q/GDW 11074—2013）“5.2.3 g）断路器二次回路不应采用 RC 加速设计。” 2.《交流高压开关设备技术监督导则》（Q/GDW 11074—2013）“5.2.3 h）同一间隔内的多台隔离开关的电机电源，在端子箱内必须分别设置独立的开断设备。”

2. 监督项目解析

控制回路设计是工程设计阶段重要的监督项目。

断路器的二次分闸回路采用 RC 加速设计由分闸线圈和一个 RC 并联部件串接而成，线圈直流电阻通常为几欧姆，在分闸回路带电时，由于电容器相当于通路，分闸线圈短时获得很大的电流，以快速启动铁芯运行。此类设备对二次电缆及直流系统要求较高，运行中常出现因直流电缆压降或跳闸继电器触点压降过大而拒动的故障，导致分闸失败和电阻烧毁，因此不宜采用。加热驱湿装置的电源应与隔离开关操作控制电源分开，同时应将加热驱湿装置的控制电源开关设置在汇控柜内。须充分考虑机构箱、汇控柜等电源三相负荷平衡问题。同一间隔内的多台隔离开关的电机电源、控制电源、加热器电源，在端子箱内应设置独立的开断设备。不允许在机构箱、汇控箱内使用整流装置。

3. 监督要求

查阅断路器的二次图纸。

4. 整改措施

当技术监督人员在查阅资料发现 GIS 控制回路设置不合理时，应及时将情况通知工程设计单位和基建部门，修改工程设计资料，直至 GIS 控制回路满足要求。

3.1.2.10 计量装置选型

1. 监督要点及监督依据

计量装置选型监督要点及监督依据见表 3－14。

表 3－14　　计量装置选型监督要点及监督依据

监督要点	监督依据
1. 计量用互感器的准确度等级不应低于标准规定。 2. 电能计量装置中电压互感器二次回路电压降不应大于其额定二次电压的 0.2%。 3. 计量用互感器二次回路的连接导线应采用铜质单芯绝缘线。对电流二次回路，连接导线截面积应按电流互感器的额定二次负荷计算确定，至少应不小于 $4mm^2$。对电压二次回路，连接导线截面积应按允许的电压降计算确定，至少应不小于 $2.5mm^2$。 4. 互感器实际二次负荷的选择应保证接入其二次回路的实际负荷在 25%～100%额定二次负荷范围内。二次回路接入静止式电能表时，电压互感器额定二次负荷不宜超过 10VA，额定二次负荷不宜超过 5VA。电流互感器额定二次负荷的功率因数应为.8～1.0；电压互感器额定二次功率因数应与实际二次负荷的功率因数接近。 5. 电流互感器额定一次电流的确定，应保证其在正常运行中的实际负荷电流达到额定值的 60%左右，至少应不小于 30%。否则应选用高动热稳定电流互感器以减小变化	《电能计量装置技术管理规程》（DL/T 448—2016） 1."6.2　准确度等级　a）各类电能计量装置应配置的电能表，互感器的准确度等级不应低于表 1 所示值。"（表格详见规程）。 2."6.2　准确度等级　b）电能计量装置中电压互感器二次回路电压降不应大于其额定二次电压的 0.2%。" 3."6.4　电能计量装置的配置原则　i）互感器二次回路的连接导线应采用铜质单芯绝缘线。对电流二次回路，连接导线截面积应按电流互感器的额定二次负荷计算确定，至少应不小于 $4mm^2$。对电压二次回路，连接导线截面积应按允许的电压降计算确定，至少应不小于 $2.5mm^2$。" 4."6.4　电能计量装置的配置原则　j）互感器实际二次负荷的选择应保证接入其二次回路的实际负荷在25%～100%额定二次负荷范围内。二次回路接入静止式电能表时，电压互感器额定二次负荷不宜超过 10VA，额定二次负荷不宜超过 5VA。电流互感器额定二次负荷的功率因数应为 0.8～1.0；电压互感器额定二次功率因数应与实际二次负荷的功率因数接近。" 5."6.4　电能计量装置的配置原则　k）电流互感器额定一次电流的确定，应保证其在正常运行中的实际负荷电流达到额定值的 60%左右，至少应不小于 30%。否则应选用高动热稳定电流互感器以减小变化。"

2. 监督项目解析

计量装置选型是工程设计阶段重要的监督项目。

计量装置额定参数的选择与设计，对后期电压、电流及功率的准确监测至关重要，因此在工程设计阶段应考虑系统电压、电流、功率等，根据其评估范围合理选择计量装置参数。

3. 监督要求

查阅工程设计资料、设备材料明细表。

4. 整改措施

当技术监督人员在查阅资料发现计量装置选型不合理时，应及时将情况通知工程设计单位和基建部门，修改工程设计资料，直至计量装置满足要求。

3.1.2.11　电流互感器设备选型

1. 监督要点及监督依据

电流互感器设备选型监督要点及监督依据见表 3－15。

表 3－15　　电流互感器设备选型监督要点及监督依据

监督要点	监督依据
1. 330kV 及以上系统保护、高压侧为 330kV 及以上的变压器和 300MW 及以上的发电机变压器组差动保护用电流互感器宜采用 TPY 电流互感器。 2. 220kV 系统保护、高压侧为 220kV 的变压器和 100MW 级～200MW 级的发电机变压器组差动保护用电流互感器可采用 P 类、PR 类或 PX 类电流互感器。互感器可按稳态短路条件进行计算选择，为减轻可能发生的暂态饱和影响宜具有适当暂态系数。 3. 110kV 及以下系统保护用电流互感器可采用 P 类电流互感器。 4. 330kV～1000kV 系统线路保护用电流互感器宜选用 TPY 级电流互感器	1～3.《继电保护和安全自动装置技术规程》（GB/T 14285—2006）"6.2.1.3 a. 330kV 及以上系统保护、高压侧为 330kV 及以上的变压器和 300MW 及以上的发电机变压器组差动保护用电流互感器宜采用 TPY 电流互感器。 b. 220kV 系统保护、高压侧为 220kV 的变压器和 100MW 级～200MW 级的发电机变压器组差动保护用电流互感器可采用 P 类、PR 类或 PX 类电流互感器。互感器可按稳态短路条件进行计算选择，为减轻可能发生的暂态饱和影响宜具有适当暂态系数。 c. 110kV 及以下系统保护用电流互感器可采用 P 类电流互感器。" 4.《电流互感器和电压互感器选择及计算规程》（DL/T 866—2015）"7.1.2　330kV～1000kV 系统线路保护用电流互感器宜选用 TPY 级电流互感器。"

2. 监督项目解析

电流互感器设备选型是工程设计阶段的监督项目之一。

大型发电机组（含发电机、主变压器和发电机变压器组）的一次时间常数很大，因此，当这些设备的差动保护在区外发生短路故障时，短路电流中具有衰减较慢的非周期分量而导致电流互感器铁芯严重饱和，即暂态饱和。铁芯饱和将使电流互感器传变特性变坏，而不能准确传变故障电流，需要采取措施防止暂态过程中由于电流互感器误差超过准确限值引起区外故障时保护差电流过大而误动；TPY 级电流互感器能够满足暂态性能的要求，可解决大型变压器及大型发电机变压器组组差动保护用电流互感器暂态饱和及剩磁问题，但该类互感器造价较高；因此，综合考虑性能及造价，对于不同电压等级系统、不同容量设备选用不同的电流互感器。

3. 监督要求

查阅资料，包括工程设计资料、设备材料明细表。

4. 整改措施

当技术监督人员在查阅资料发现 GIS 电流互感器设备选型不合理时，应及时将情况通知工程设计单位和基建部门，修改工程设计资料，直至 GIS 电流互感器选型满足要求。

3.1.2.12 基础型式

1. 监督要点及监督依据

基础型式监督要点及监督依据见表 3－16。

表 3－16　　基础型式监督要点及监督依据

监督要点	监督依据
1. 对于地质结构较松、地震频繁等易引发地基沉降的地区，施工时应对回填土区域进行夯实，并对设备区域场区地表防水进行规范处理。 2. GIS 设备基础采用混凝土浇筑时，应将不同基础钢架整体浇筑，防止不同钢架纵向位移不同引发伸缩节变形	《国家电网公司关于印发户外 GIS 设备伸缩节反事故措施和故障分析报告的通知》（国家电网运检〔2015〕902 号）“一、（五）对于地质结构较松、地震频繁等易引发地基沉降的地区，施工时应对回填土区域进行夯实，并对设备区域场区地表防水进行规范处理，同时向制造厂提供不同地基的沉降参数；GIS 设备基础采用混凝土浇筑时，应将不同基础钢架整体浇筑，防止不同钢架纵向位移不同引发伸缩节变形，长期运行引发 GIS 事故。”

2. 监督项目解析

基础型式是工程设计阶段比较重要的监督项目。

GIS 设备基础是保障设备后期形变量的关键影响因素之一，如果基础设计不合理，沉降严重，超出伸缩节的补偿范围，就会引起 GIS 支撑断裂、漏气等严重事故，因此 GIS 在基础设计时应对沉降参数进行校核，并选取合适的形式。

3. 监督要求

查阅 GIS 具体结构图纸。

4. 整改措施

当技术监督人员在查阅资料发现 GIS 基础型式设计不合理时，应及时将情况通知工程设计单位和基建部门，修改工程设计资料，直至 GIS 基础型式满足要求。

3.1.3 设备采购阶段

3.1.3.1 GIS 母线设备配置合理性

1. 监督要点及监督依据

GIS 母线设备配置合理性监督要点及监督依据见表 3－17。

表 3-17 GIS 母线设备配置合理性监督要点及监督依据

监督要点	监督依据
1. 双母线、单母线或桥形接线中，GIS 母线避雷器和电压互感器应设置独立的隔离开关。 2. 3/2 断路器接线中，GIS 母线避雷器和电压互感器不应装设隔离开关，宜设置可拆卸导体作为隔离装置。可拆卸导体应设置于独立的气室内。 3. 架空进线的 GIS 线路间隔的避雷器和线路电压互感器宜采用外置结构	《国家电网有限公司关于印发十八项电网重大反事故措施（修订版）的通知》（国家电网设备〔2018〕979 号）"12.2.1.4 双母线、单母线或桥形接线中，GIS 母线避雷器和电压互感器应设置独立的隔离开关。3/2 断路器接线中，GIS 母线避雷器和电压互感器不应装设隔离开关，宜设置可拆卸导体作为隔离装置。可拆卸导体应设置于独立的气室内。架空进线的 GIS 线路间隔的避雷器和线路电压互感器宜采用外置结构。"

2. 监督项目解析

GIS 母线设备配置合理性是设备采购阶段重要的监督项目。

避雷器功能在于保护其他设备，雷击及过电压情况下较其他设备易损坏，目前部分 GIS 避雷器及电压互感器采用与本体直接相连或可拆卸导体的结构，这种结构在线路电压互感器和避雷器检修时需要母线陪停，对持续可靠供电影响较大，停电范围大；另外，在对母线进行耐压试验前必须将电压互感器和避雷器拆除，耐压通过后恢复，过程十分复杂，检修试验时间长，且现场处理的密封面与对接面变多，不利于 GIS 内部清洁度的控制，因此 GIS 母线避雷器和电压互感器应设置独立的隔离开关；对 3/2 接线，为避免误操作或其他原因，相关设备失去避雷器和电压互感器运行，造成保护拒动。故要求设置隔离装置，作为试验和检修过程中的断口；为便于试验和检修，架空进线的 GIS 线路间隔的避雷器和线路电压互感器宜采用外置结构。

3. 监督要求

查阅设备招标技术规范书、供应商投标文件和相应一次图纸。

4. 整改措施

当技术监督人员在查阅资料发现避雷器和电压互感器配置不合理时，应及时将情况通知设备制造厂家和物资部门，修改设备招标技术规范书、供应商投标文件、以及厂家设计图纸，直至避雷器和电压互感器配置满足要求。

3.1.3.2 GIS 气室分隔合理性

1. 监督要点及监督依据

GIS 气室分隔合理性监督要点及监督依据见表 3-18。

表 3-18 GIS 气室分隔合理性监督要点及监督依据

监督要点	监督依据
1. GIS 最大气室的气体处理时间不超过 8h。252kV 及以下设备单个气室长度不超过 15m，且单个主母线气室对应间隔不超过 3 个。 2. 双母线结构的 GIS，同一间隔的不同母线隔离开关应各自设置独立隔室。252kV 及以上 GIS 母线隔离开关禁止采用与母线共隔室的设计结构。 3. 三相分箱的 GIS 母线及断路器气室，禁止采用管路连接。独立气室应安装单独的密度继电器，密度继电器表计应朝向巡视通道。 4. 550kV 及以下 GIS 的单个主母线隔室的 SF_6 气体总量不宜超过 300kg。 5. 盆式绝缘子应尽量避免水平布置	1～3.《国家电网有限公司关于印发十八项电网重大反事故措施（修订版）的通知》（国家电网设备〔2018〕979 号） "12.2.1.2.1 GIS 最大气室的气体处理时间不超过 8h。252kV 及以下设备单个气室长度不超过 15m，且单个主母线气室对应间隔不超过 3 个。 12.2.1.2.2 双母线结构的 GIS，同一间隔的不同母线隔离开关应各自设置独立隔室。252kV 及以上 GIS 母线隔离开关禁止采用与母线共隔室的设计结构。 12.2.1.2.3 三相分箱的 GIS 母线及断路器气室，禁止采用管路连接。独立气室应安装单独的密度继电器，密度继电器表计应朝向巡视通道。" 4.《关于印发〈关于加强气体绝缘金属封闭开关设备全过程管理重点措施〉的通知》（国家电网生〔2011〕1223 号）"第十条 主母线隔室的长度设置应充分考虑检修维护的便捷，550kV 及以下 GIS 的单个主母线隔室的 SF_6 气体总量不宜超过 300kg。" 5.《国家电网有限公司关于印发十八项电网重大反事故措施（修订版）的通知》（国家电网设备〔2018〕979 号）"12.2.1.9 盆式绝缘子应尽量避免水平布置。"

2. 监督项目解析

GIS 气室分隔合理性是设备采购阶段重要的监督项目。

综合考虑故障后维修，处理气体的便捷性以及故障气体的扩散范围，将设备结构参量及气体总处理时间共同作为划分气室的重要因素。双母线结构的 GIS，其同一出线间隔的两组母线隔离开关如处于同一隔室，一旦该隔室发生故障将会导致两条母线全停，停电范围大，检修时间长；如果组合电器气室设置过大，检修或故障抢修时间长、气体损耗大、所需停电时间长，影响大，因此 GIS 气室不宜设置过大；为防止 GIS 分箱结构某相发生故障后，故障气体通过密度继电器管路扩大到正常相，扩大故障范围，三相分箱的 GIS 母线及断路器气室，禁止采用管路连接。独立气室应安装单独的密度继电器，密度继电器表计应朝向巡视通道，便于巡视。为方便后期检修维护，550kV 及以下 GIS 的单个主母线隔室的 SF_6 气体总量不宜超过 300kg；对盆式绝缘子布置方式提出要求，建议避免盆式绝缘子水平布置设计，尤其是在断路器、隔离开关及接地开关等具有插接式运动磨损部件下部的绝缘子，避免触头动作产生金属屑落入盆子，造成盆子沿面放电。

3. 监督要求

查阅 GIS 气室分隔图和平面布置图。

4. 整改措施

当技术监督人员在查阅资料发现 GIS 气室分隔不合理时，应及时将情况通知设备制造厂家和物资部门，修改设备招标技术规范书、供应商投标文件及厂家设计图纸，直至 GIS 气室分隔满足要求。

3.1.3.3　GIS 伸缩节配置合理性

1. 监督要点及监督依据

GIS 伸缩节配置合理性监督要点及监督依据见表 3－19。

表 3－19　　GIS 伸缩节配置合理性监督要点及监督依据

监督要点	监督依据
1. GIS 配置伸缩节的位置和数量应充分考虑安装地点的气候特点、基础沉降、允许位移量和位移方向等因素。 2. 制造商应根据伸缩节在 GIS 设备中的作用，选择不同型式的伸缩节（普通安装型、压力平衡型和横向补偿型），并在设备招标技术规范书中明确。 3. 采用压力平衡型伸缩节时，每两个伸缩节间的母线筒长度不宜超过 40m。 4. 生产厂家应在设备投标、资料确认等阶段提供工程伸缩节配置方案。方案内容包括伸缩节类型、数量、位置及“伸缩节（状态）伸缩量—环境温度”对应明细表等调整参数。 5. 伸缩节配置应满足跨不均匀沉降部位（室外不同基础、室内伸缩缝等）的要求。 6. 用于轴向补偿的伸缩节应配备伸缩量计量尺	1.《关于印发〈关于加强气体绝缘金属封闭开关设备全过程管理重点措施〉的通知》（国家电网生〔2011〕1223 号）“第十四条　GIS 配置伸缩节的位置和数量应充分考虑安装地点的气候特点、基础沉降、允许位移量和位移方向等因素。制造厂应提供伸缩节的允许变化量和调节方法。” 2.《国家电网公司关于印发〈户外 GIS 设备伸缩节反事故措施和故障分析报告〉的通知》（国家电网运检〔2015〕902 号）“一、（一）规范　GIS 设备伸缩节设计选型，制造商应根据伸缩节在 GIS 设备中的作用，选择不同型式的伸缩节（普通安装型、压力平衡型和横向补偿型），并在设备招标技术规范书中明确。” 3.《国家电网公司关于印发〈户外 GIS 设备伸缩节反事故措施和故障分析报告〉的通知》（国家电网运检〔2015〕902 号）“一、（四）伸缩节的设计应充分考虑母线长度及热胀冷缩的影响，确定补偿的方式及方法，制造商应根据设计提出的变电站日温差或年温差最大值计算出壳体的变形量，并综合考虑伸缩节的变形量，确定伸缩节选型及设置数量；采用压力平衡型伸缩节时，每两个伸缩节间的母线筒长度不宜超过 40m。” 4～6.《国家电网有限公司关于印发十八项电网重大反事故措施（修订版）的通知》（国家电网设备〔2018〕979 号）“12.2.1.3　生产厂家应在设备投标、资料确认等阶段提供工程伸缩节配置方案，并经业主单位组织审核。方案内容包括伸缩节类型、数量、位置及“伸缩节（状态）伸缩量—环境温度”对应明细表等调整参数。伸缩节配置应满足跨不均匀沉降部位（室外不同基础、室内伸缩缝等）的要求。用于轴向补偿的伸缩节应配备伸缩量计量尺。”

2. 监督项目解析

GIS 伸缩节配置合理性是设备采购阶段比较重要的监督项目。

不同气候特点、基础沉降，GIS 设备的伸缩量不同，过多的配置伸缩节会使得对接面增多，潜在漏气点增多，设备缺陷率增大；不同伸缩节的作用不同，如果选用不当，会使得伸缩节不能发挥应有补偿作用，造成 GIS 支撑断裂、漏气等严重的质量事故时有发生；伸缩节补偿量有限，如果伸缩节间母线筒长度过长，将会超过伸缩节补偿范围，造成 GIS 支撑断裂、漏气等严重的质量事故。采用压力平衡型伸缩节时，每两个伸缩节间的母线筒长度不宜超过 40m。伸缩节的选用直接影响设备后期环境适应性及设备故障率，在设备设备采购阶段就应综合考虑环境温度、基础沉降以及安装工艺的影响，合理选取伸缩节类别、设置数量及位置，一旦完成订货采购，后期更改需结合设备停电开展、改造耗时长，费用高、造成资源严重浪费。

3. 监督要求

查阅 GIS 气室分隔图和平面布置图，以及厂家提供的确定伸缩节选型及设置数量的计算报告。

4. 整改措施

当技术监督人员在查阅资料发现 GIS 伸缩节配置不合理时，应及时将情况通知设备制造厂家和物资部门，修改设备招标技术规范书、供应商投标文件、以及厂家设计图纸，直至 GIS 伸缩节配置满足要求。

3.1.3.4　GIS 避雷器结构合理性

1. 监督要点及监督依据

GIS 避雷器结构合理性监督要点及监督依据见表 3－20。

表 3－20　　GIS 避雷器结构合理性监督要点及监督依据

监督要点	监督依据
GIS 内的 SF_6 避雷器应做成单独的气隔，并应装设防爆装置、监视压力的压力表（或密度继电器）和补气用的三通阀门	《导体和电器选择设计技术规定》（DL/T 5222—2005）“12.0.56 SF_6 避雷器应做成单独的气隔，并应装设防爆装置、监视压力的压力表（或密度继电器）和补气用的阀门。”

2. 监督项目解析

GIS 避雷器结构合理性是设备采购阶段的监督项目之一。

避雷器功能在于保护其他设备，雷击及过电压情况下较其他设备易损坏，为减小故障范围，方便后期检修维护，GIS 内的 SF_6 避雷器应做成单独的气隔，并应装设防爆装置、监视压力的压力表（或密度继电器）和补气用的阀门，GIS 密度继电器、避雷器泄漏电流等的表计安装高度距离地面或固定检修平台底板不宜超过 2m，且应靠近并朝向巡视主道路。

3. 监督要求

查阅设备招标技术规范书和供应商投标文件。

4. 整改措施

当技术监督人员在查阅资料发现 GIS 避雷器结构不合理时，应及时将情况通知设备制造厂家和物资部门，修改设备招标技术规范书、供应商投标文件及厂家设计图纸，直至 GIS 避雷器结构设计满足要求。

3.1.3.5　电缆终端选型

1. 监督要点及监督依据

电缆终端选型监督要点及监督依据见表 3－21。

表 3-21　　电缆终端选型监督要点及监督依据

监督要点	监督依据
110（66）kV 及以上电压等级电缆的 GIS 终端和油浸终端宜选择插拔式，人员密集区域或有防爆要求场所的应选择复合套管终端	《国家电网有限公司关于印发十八项电网重大反事故措施（修订版）的通知》（国家电网设备〔2018〕979 号）"13.1.1.3　110（66）kV 及以上电压等级同一受电端的双回或多回电缆线路应选用不同生产厂家的电缆、附件。110（66）kV 及以上电压等级电缆的 GIS 终端和油浸终端宜选择插拔式，人员密集区域或有防爆要求场所的应选择复合套管终端。110kV 及以上电压等级电缆线路不应选择户外干式柔性终端。"

2. 监督项目解析

电缆终端选型是设备采购阶段的监督项目之一。

插拔式 GIS 电缆终端继承了干式 GIS 终端的结构，并采用了插拔式连接，可在现场实现电缆的插拔，安装更便捷，在故障及试验、检修维护时可将电缆快速分离，缩短时间，因此 110（66）kV 及以上电压等级电缆的 GIS 终端宜选择插拔式。相比瓷套式终端，复合套管式终端在发生事故时不易产生爆炸碎片，可大大降低人员伤亡和引发二次事故的概率，因此人员密集区域或有防爆要求场所的应选择复合套管终端。

3. 监督要求

查阅电缆终端图纸。

4. 整改措施

当技术监督人员在查阅资料发现 GIS 电缆终端选型不合理时，应及时将情况通知设备制造厂家和物资部门，修改设备招标技术规范书、供应商投标文件及厂家设计图纸，直至 GIS 电流终端选型满足要求。

3.1.3.6　防误功能

1. 监督要点及监督依据

防误功能监督要点及监督依据见表 3-22。

表 3-22　　防误功能监督要点及监督依据

监督要点	监督依据
成套 SF_6 组合电器防误功能应齐全、性能良好	《国家电网有限公司关于印发十八项电网重大反事故措施（修订版）的通知》（国家电网设备〔2018〕979 号）"4.2.10　成套 SF_6 组合电器防误功能应齐全、性能良好。"

2. 监督项目解析

防误功能是设备采购阶段比较重要的监督项目。

成套 SF_6 组合电器防误功能对于电网稳定运行与设备可靠性至关重要，防误功能设计不完善可能导致电气误操作事故，威胁人身、设备安全，后期改造工作需结合设备停电开展、改造耗时长，造成资源严重浪费。

3. 监督要求

查阅 GIS 设备的二次图纸。

4. 整改措施

当技术监督人员在查阅资料时发现 GIS 设备防误功能不合理，应及时将情况通知设备制造厂家和物资部门，修改设备招标技术规范书、供应商投标文件及厂家设计图纸，直至所有技术参数满足要求。

3.1.3.7　气体监测系统

1. 监督要点及监督依据

气体监测系统监督要点及监督依据见表 3－23。

表 3－23　　气体监测系统监督要点及监督依据

监督要点	监督依据
1. 每个封闭压力系统（隔室）应设置密度监视装置，制造厂应给出补气报警密度值，对断路器室还应给出闭锁断路器分、合闸的密度值。 2. 密度监视装置需设置运行中可更换密度表（密度继电器）的自封接头或阀门。在此部位还应设置抽真空及充气的自封接头或阀门，并带有封盖。当选用密度继电器时，还应设置真空压力表及气体温度压力曲线铭牌，在曲线上应标明气体额定值、补气值曲线。在断路器隔室曲线图上还应标有闭锁值曲线。各曲线应用不同颜色表示。 3. 密度监视装置可以按 GIS 的间隔集中布置，也可以分散在各隔室附近。当采用集中布置时，管道直径要足够大，以提高抽真空的效率及真空极限。 4. 密度监视装置、压力表、自封接头或阀门及管道均应有可靠的固定措施。 5. 应有防止内部故障短路电流发生时在气体监视系统上可能产生的分流现象的措施。 6. 气体监视系统的接头密封工艺结构应与 GIS 的主件密封工艺结构一致。 7. SF_6 密度继电器与 GIS 本体之间的连接方式应满足不拆卸校验密度继电器的要求。密度继电器应装设在与 GIS 本体同一运行环境温度的位置，其密度继电器应满足环境温度在－40℃～－25℃时准确度不低于 2.5 级的要求。 8. 三相分箱的 GIS 母线及断路器气室，禁止采用管路连接。独立气室应安装单独的密度继电器，密度继电器表计应朝向巡视通道。 9. 户外安装的密度继电器应采取防止密度继电器二次接头受潮的防雨措施	《气体绝缘金属封闭开关设备选用导则》（DL/T 728—2013）“7.1　气体监测系统 1. 7.1.1　每个封闭压力系统（隔室）应设置密度监视装置，制造厂应给出补气报警密度值，对断路器室还应给出闭锁断路器分、合闸的密度值。 2. 7.1.2　密度监视装置可以是密度表，也可以是密度继电器，并设置运行中可更换密度表（密度继电器）的自封接头或阀门。在此部位还应设置抽真空及充气的自封接头或阀门，并带有封盖。当选用密度继电器时，还应设置真空压力表及气体温度压力曲线铭牌，在曲线上应标明气体额定值、补气值曲线。在断路器隔室曲线图上还应标有闭锁值曲线。各曲线应用不同颜色表示。 3. 7.1.3　密度监视装置可以按 GIS 的间隔集中布置，也可以分散在各隔室附近。当采用集中布置时，管道直径要足够大，以提高抽真空的效率及真空极限。 4. 7.1.4 密度监视装置、压力表、自封接头或阀门及管道均应有可靠的固定措施。 5. 7.1.5 应有防止内部故障短路电流发生时在气体监视系统上可能产生的分流现象。 6. 7.1.6 气体监视系统的接头密封工艺结构应与 GIS 的主件密封工艺结构一致。” 7～9.《国家电网有限公司关于印发十八项电网重大反事故措施（修订版）的通知》（国家电网设备〔2018〕979 号） “12.1.1.3.1　密度继电器与开关设备本体之间的连接方式应满足不拆卸校验密度继电器的要求。 12.1.1.3.2　密度继电器应装设在与被监测气室处于同一运行环境温度的位置。对于严寒地区的设备，其密度继电器应满足环境温度在－40℃～－25℃时准确度不低于 2.5 级的要求。 12.2.1.2.3　三相分箱的 GIS 母线及断路器气室，禁止采用管路连接。独立气室应安装单独的密度继电器，密度继电器表计应朝向巡视通道。 12.1.1.3.4　户外断路器应采取防止密度继电器二次接头受潮的防雨措施。”

2. 监督项目解析

气体监测系统是设备采购阶段的监督项目之一。

GIS 设备绝缘强度与 SF_6 气体密度（压力）直接相关，当其压力过低时，绝缘不能满足运行要求就会发生绝缘事故，因此每个封闭压力系统（隔室）应设置密度监视装置，制造厂应给出补气报警密度值，便于运维人员及时对相关气室补气，维护。当断路器气室压力低于一定值时，不能对其进行分合闸操作，以防绝缘强度不够，电弧不能熄灭，引发事故，因此对断路器室还应给出闭锁断路器分、合闸的密度值，252kV 及以上断路器气室的闭锁接点应不少于 2 对。同等条件下，压力和密度都能反映 SF_6 气体的绝缘强度，因此密度监视装置可以是密度表，也可以是密度继电器，又因为自封接头或阀门容易损坏需更换，因此需设置运行中可更换密度表（密度继电器）的自封接头或阀门。有因为不同温度下，SF_6 气体密度与压力不同，因此当选用密度继电器时，还应设置真空压力表及气体温度压力曲线铭牌，在曲线上应标明气体额定值、补气值曲线。在断路器隔室曲线图上还应标有闭锁值曲线，为便于区分，防止混淆，各曲线应用不同颜色表示。密度监视装置集中布置时，如果管道直径太小，会直接影响抽真空的效率及真空极限。如果密度监视装置、压力表、自封接头或阀门及管道固定不牢靠，长期运行后可能松动甚至损坏、掉落，影响设备安全运行。气体监视系统承受故障短路电流的能力差，因此应有防止内部故障短路电流发生时在气体监视系统上可能产生的分流现象的措施。气体监视系统的接头与 GIS 的主件在设备运行中承受相同的压力，其运行环境也相同，为了减少接头密封不良引起绝缘事故，监测系统接头密封工艺结构应与 GIS 的主件密封工艺结构一致。SF_6 密度继电器需定期校验，为避免表记拆卸过程损坏密封圈、引起设备漏气，SF_6 密度继电器与 GIS 本体之间的连接方式应满足不拆卸校验密度继电器的要求；不同温度下，相同密度的气体压力不同，为保证密度继电器真实反映 GIS 本体 SF_6 气体压力，密度继电器应装设在与 GIS 本体同一运行环境温度的位置。为防止 GIS 分箱结构某相发生故障后，故障气体通过密度继电器管路扩大到正常相，扩大故障范围，三相分箱的 GIS 母线及断路器气室，禁止采用管路连接。独立气室应安装单独的密度继电器，密度继电器表计应朝向巡视通道，便于巡视。太阳直射及雨林会导致密度继电器受潮、老化、锈蚀等，因户外安装的密度继电器应采取防止密度继电器二次接头受潮的防雨措施。

3. 监督要求

查阅厂家设计图纸。

4. 整改措施

当技术监督人员在查阅资料发现 GIS 气体监测系统设置不合理时，应及时将情况通知设备制造厂家和物资部门，修改设备招标技术规范书、供应商投标文件及厂家设计图纸，直至 GIS 气体监测系统设置满足要求。

3.1.3.8 预留间隔

1. 监督要点及监督依据

预留间隔监督要点及监督依据见表 3－24。

表 3－24　　预留间隔监督要点及监督依据

监督要点	监督依据
同一分段的同侧 GIS 母线原则上一次建成。如计划扩建母线，宜在扩建接口处预装可拆卸导体的独立隔室；如计划扩建出线间隔，应将母线隔离开关、接地开关与就地工作电源一次上全。预留间隔气室应加装密度继电器并接入监控系统	《国家电网有限公司关于印发十八项电网重大反事故措施（修订版）的通知》（国家电网设备〔2018〕979 号）“12.2.1.7　同一分段的同侧 GIS 母线原则上一次建成。如计划扩建母线，宜在扩建接口处预装可拆卸导体的独立隔室；如计划扩建出线间隔，应将母线隔离开关、接地开关与就地工作电源一次上全。预留间隔气室应加装密度继电器并接入监控系统。”

2. 监督项目解析

为了便于扩建工程施工及试验时停电范围和气体处理范围不扩大，本期和扩建的接口处应保留一个气体和电气独立的气室，并且该气室应纳入运行设备管理，缩短基建接入时间。

3. 监督要求

查阅扩建间隔的一次、二次图纸。

4. 整改措施

当技术监督人员在查阅资料时发现预留间隔不合理，应及时将情况通知设备制造厂家和物资部门，修改设备招标技术规范书、供应商投标文件及厂家设计图纸，直至所有参数满足要求。

3.1.3.9 电流互感器设备选型

1. 监督要点及监督依据

电流互感器设备选型监督要点及监督依据见表 3－25。

表 3-25　　电流互感器设备选型监督要点及监督依据

监督要点	监督依据
1. 330kV 及以上系统保护、高压侧为 330kV 及以上的变压器和 300MW 及以上的发电机变压器组差动保护用电流互感器宜采用 TPY 电流互感器。 2. 220kV 系统保护、高压侧为 220kV 的变压器和 100MW 级～200MW 级的发电机变压器组差动保护用电流互感器可采用 P 类、PR 类或 PX 类电流互感器。互感器可按稳态短路条件进行计算选择，为减轻可能发生的暂态饱和影响宜具有适当暂态系数。 3. 110kV 及以下系统保护用电流互感器可采用 P 类电流互感器。 4. 330kV～1000kV 系统线路保护用电流互感器宜选用 TPY 级电流互感器	1～3.《继电保护和安全自动装置技术规程》(GB/T 14285—2006)"6.2.1.3 a. 330kV 及以上系统保护、高压侧为 330kV 及以上的变压器和 300MW 及以上的发电机变压器组差动保护用电流互感器宜采用 TPY 电流互感器。 b. 220kV 系统保护、高压侧为 220kV 的变压器和 100MW 级～200MW 级的发电机变压器组差动保护用电流互感器可采用 P 类、PR 类或 PX 类电流互感器。互感器可按稳态短路条件进行计算选择，为减轻可能发生的暂态饱和影响宜具有适当暂态系数。 c. 110kV 及以下系统保护用电流互感器可采用 P 类电流互感器。" 4.《电流互感器和电压互感器选择及计算规程》(DL/T 866—2015)"7.1.2 330kV～1000kV 系统线路保护用电流互感器宜选用 TPY 级电流互感器。"

2. 监督项目解析

电流互感器设备选型是设备采购阶段的监督项目之一。

大型发电机组（含发电机、主变压器和发电机变压器组）的一次时间常数很大，因此，当这些设备的差动保护在区外发生短路故障时，短路电流中具有衰减较慢的非周期分量而导致电流互感器铁芯严重饱和，即暂态饱和。铁芯饱和将使电流互感器传变特性变坏，而不能准确传变故障电流，需要采取措施防止暂态过程中由于电流互感器误差超过准确限值引起区外故障时保护差电流过大而误动；TPY 级电流互感器能够满足暂态性能的要求，可解决大型变压器及大型发电机变压器组组差动保护用电流互感器暂态饱和及剩磁问题，但该类互感器造价较高；因此，综合考虑性能及造价，对于不同电压等级系统不同容量设备选用不同的电流互感器。

3. 监督要求

查阅资料，包括 GIS 的一次和二次图纸。

4. 整改措施

当技术监督人员在查阅资料发现电流互感器选型不合理时，应及时将情况通知设备制造厂家和物资部门，修改设备招标技术规范书、供应商投标文件及厂家设计图纸，直至电流互感器选型满足要求。

3.1.3.10　计量装置选型合理性

1. 监督要点及监督依据

计量装置选型合理性监督要点及监督依据见表 3-26。

表 3-26　　计量装置选型合理性监督要点及监督依据

监督要点	监督依据
1. 计量用互感器的准确度等级不应低于标准规定。 2. 电能计量装置中电压互感器二次回路电压降不应大于其额定二次电压的 0.2%。 3. 计量用互感器二次回路的连接导线应采用铜质单芯绝缘线。对电流二次回路，连接导线截面积应按电流互感器的额定二次负荷计算确定，至少应不小于 $4mm^2$。对电压二次回路，连接导线截面积应按允许的电压降计算确定，至少应不小于 $2.5mm^2$。	《电能计量装置技术管理规程》(DL/T 448—2016) 1."6.2　准确度等级　a）各类电能计量装置应配置的电能表，互感器的准确度等级不应低于表 1 所示值。"（表格详见规程） 2."6.2　准确度等级　b）电能计量装置中电压互感器二次回路电压降不应大于其额定二次电压的 0.2%。" 3."6.4　电能计量装置的配置原则　i）互感器二次回路的连接导线应采用铜质单芯绝缘线。对电流二次回路，连接导线截面积应按电流互感器的额定二次负荷计算确定，至少应不小于 $4mm^2$。对电压二次回路，连接导线截面积应按允许的电压降计算确定，至少应不小于 $2.5mm^2$。"

续表

监督要点	监督依据
4. 互感器实际二次负荷的选择应保证接入其二次回路的实际负荷在25%～100%额定二次负荷范围内。二次回路接入静止式电能表时，电压互感器额定二次负荷不宜超过10VA，额定二次负荷不宜超过 5VA。电流互感器额定二次负荷的功率因数应为0.8～1.0；电压互感器额定二次功率因数应与实际二次负荷的功率因数接近。 5. 电流互感器额定一次电流的确定，应保证其在正常运行中的实际负荷电流达到额定值的60%左右，至少应不小于30%。否则应选用高动热稳定电流互感器以减小变化	4. “6.4 电能计量装置的配置原则 j）互感器实际二次负荷的选择应保证接入其二次回路的实际负荷在25%～100%额定二次负荷范围内。二次回路接入静止式电能表时，电压互感器额定二次负荷不宜超过10VA，额定二次负荷不宜超过5VA。电流互感器额定二次负荷的功率因数应为0.8～1.0；电压互感器额定二次功率因数应与实际二次负荷的功率因数接近。” 5.“6.4 电能计量装置的配置原则 k）电流互感器额定一次电流的确定，应保证其在正常运行中的实际负荷电流达到额定值的60%左右，至少应不小于30%。否则应选用高动热稳定电流互感器以减小变化。”

2. 监督项目解析

计量装置选型合理性是设备采购阶段的监督项目之一。

计量装置准确度等级及二次回路连接导线选择，对后期电压、电流及功率的准确监测至关重要，如果选择不合理易引发设备故障，设备采购完成后，后期如需更换，需更改设计，重新选型并结合停电进行现场更换，改造工作量大，停电要求高。

3. 监督要求

查阅GIS的一次和二次图纸是否满足要求。

4. 整改措施

当技术监督人员在查阅资料发现计量装置选型不合理时，应及时将情况通知设备制造厂家和物资部门，修改设备招标技术规范书、供应商投标文件及厂家设计图纸，直至计量装置选型满足要求。

3.1.3.11 压力释放装置

1. 监督要点及监督依据

压力释放装置监督要点及监督依据见表3－27。

表3－27　压力释放装置监督要点及监督依据

监督要点	监督依据
压力释放装置应根据其动作原理，对安全动作值进行试验验证，其安全动作值应大于或等于规定动作值。对不可恢复型的压力释放装置，每批次的抽检量不得小于10%	《气体绝缘金属封闭开关设备技术条件》（DL/T 617—2010）“8.12 压力释放装置应根据其动作原理，对安全动作值进行试验验证，其安全动作值应大于或等于规定动作值。对不可恢复型的压力释放装置，每批次的抽检量不得小于10%。”

2. 监督项目解析

压力释放装置是设备采购阶段的监督项目之一。

防爆膜（压力释放装置）安全可靠动作是保证GIS设备正常运行的基础条件，然而运行经验表明，防爆膜常因质量缺陷、疲劳寿命下降、安装工艺问题，常常在未达到额定爆破压力前爆破，影响设备正常运行。对防爆膜的动作值进行规定，并对动作值进行抽检是保证其质量的有效手段。

3. 监督要求

查阅厂家防爆膜设计文件和防爆膜出厂检测报告。

4. 整改措施

当技术监督人员在查阅资料发现防爆膜安全动作值要求不合理，出厂抽检数量不满足时，应及时将情况通知设备制造厂家和物资部门，修改设备招标技术规范书、供应商投标文件及厂家设计图纸，直至防爆膜安全动作值及抽检比例满足要求。

3.1.4　设备制造阶段

3.1.4.1　吸附剂安装

1. 监督要点及监督依据

吸附剂安装监督要点及监督依据见表3－28。

表3－28　　吸附剂安装监督要点及监督依据

监督要点	监督依据
吸附剂罩的材质应选用不锈钢或其他高强度材料，结构应设计合理。吸附剂应选用不易粉化的材料并装于专用袋中，绑扎牢固	《国家电网有限公司关于印发十八项电网重大反事故措施（修订版）的通知》（国家电网设备〔2018〕979号）中“12.2.1.8　吸附剂罩的材质应选用不锈钢或其他高强度材料，结构应设计合理。吸附剂应选用不易粉化的材料并装于专用袋中，绑扎牢固。”

2. 监督项目解析

吸附剂安装是设备制造阶段比较重要的监督项目。

目前部分厂家采用吸附剂罩为塑料材质，因机械强度不足、紧固方法不当或吸附剂填充过多造成吸附剂罩破损、断裂，导致吸附剂颗粒落入罐体引起放电故障。吸附剂的成分和用量应严格按技术条件规定选用且应装于专用袋中规范绑扎，吸附剂外安装材质强度高、设计合理的吸附剂罩，吸附剂罩应与罐体安装紧固，边角应光滑无毛刺。全方位确保吸附剂颗粒不脱落。

3. 监督要求

查阅资料，并进行现场查看，查阅的资料包括厂家吸附剂相关标准、工艺文件，现场对吸附剂罩安装紧固方式、吸附剂成分和用量进行抽查。

4. 整改措施

当技术监督人员在查阅资料及现场检查看发现吸附剂安装工艺、成分及用量不合格时，应及时将情况通知设备制造厂家、监造单位和物资部门，督促设备制造厂家进行整改，直至吸附剂罩安装紧固方式、吸附剂成分和用量满足要求。

3.1.4.2　密封面组装

1. 监督要点及监督依据

密封面组装监督要点及监督依据见表3－29。

表3－29　　密封面组装监督要点及监督依据

监督要点	监督依据
1. 制造厂应严格按工艺文件要求涂抹硅脂，避免因硅脂过量造成盆式绝缘子表面闪络。 2. 户外GIS法兰对接面宜采用双密封，并在法兰接缝、安装螺孔、跨接片接触面周边、法兰对接面注胶孔、盆式绝缘子浇注孔等部位涂防水胶	1.《关于印发〈关于加强气体绝缘金属封闭开关设备全过程管理重点措施〉的通知》（国家电网生〔2011〕1223号）“第二十一条　制造厂应严格按工艺文件要求涂抹硅脂，避免因硅脂过量造成盆式绝缘子表面闪络。” 2.《国家电网有限公司关于印发十八项电网重大反事故措施（修订版）的通知》（国家电网设备〔2018〕979号）“12.2.1.6　户外GIS法兰对接面宜采用双密封，并在法兰接缝、安装螺孔、跨接片接触面周边、法兰对接面注胶孔、盆式绝缘子浇注孔等部位涂防水胶。”

2. 监督项目解析

密封面组装是设备制造阶段比较重要的监督项目。

硅脂具有良好的防水密封性、防水、抗溶剂性和抗爬电性、不腐蚀金属等特点，被广泛应用于电器设备密封面组装，然而一旦涂抹过量，在电与热的作用下其会严密封面流到绝缘子表面从而引发绝缘子表面闪络，引发设备故障；户外 GIS 长期经受雨水腐蚀，法兰对接面、接缝等部位容易发生漏气故障，对接面采用双密封并在各表面接缝位置涂防水胶的工艺在实际运行中取得良好的效果。

3. 监督要求

查阅资料，并进行现场查看，查阅的资料主要是对厂家相关工艺文件进行查看，现场查看是对 1 处密封面对接情况进行抽查，重点检查密封面组装是否按相关工艺文件要求进行。

4. 整改措施

当技术监督人员在查阅资料及现场检查看发现密封面组装工艺、硅脂涂抹不合格时，应及时将情况通知设备制造厂家、监造单位和物资部门，督促设备制造厂家进行整改，直至密封面组装满足要求。

3.1.4.3 绝缘件

1. 监督要点及监督依据

绝缘件监督要点及监督依据见表 3－30。

表 3－30　　绝缘件监督要点及监督依据

监督要点	监督依据
1. GIS 内绝缘件应逐只进行 X 射线探伤试验、工频耐压试验和局部放电试验，局部放电量不大于 3pC。 2. 252kV 及以上瓷空心绝缘子应逐支进行超声纵波探伤检测，由 GIS 制造厂完成，并将试验结果随出厂试验报告提交用户	1.《国家电网有限公司关于印发十八项电网重大反事故措施（修订版）的通知》（国家电网设备〔2018〕979 号）“12.2.1.12GIS 内绝缘件应逐只进行 X 射线探伤试验、工频耐压试验和局部放电试验，局部放电量不大于 3pC。” 2.《关于印发〈关于加强气体绝缘金属封闭开关设备全过程管理重点措施〉的通知》（国家电网生〔2011〕1223 号）“第二十条　制造厂应加强绝缘件和瓷套管的质量控制。252kV 及以上 GIS 用绝缘拉杆总装前应逐支进行工频耐压和局放试验；126kV 及以上 GIS 用盆式绝缘子应逐只进行工频耐压和局放试验，252kV 及以上 GIS 用盆式绝缘子还应逐只进行 X 光探伤检测；252kV 及以上瓷空心绝缘子应逐支进行超声纵波探伤检测。以上试验均应由 GIS 制造厂完成，并将试验结果随出厂试验报告提交用户。”

2. 监督项目解析

绝缘件性能是设备制造阶段最重要的监督项目。

绝缘件是 GIS 设备中最重要的关键部件之一，其性能的好坏直接关系到 GIS 设备的安全运行，在设备制造阶段开展 X 射线探伤和工频耐压试验能有效发现裂缝、气孔、夹杂等缺陷，试验采用等效工装能有效发挥监测效果，有必要组装前进行逐支检测，检测报告随出厂报告一起交付用户，避免将有缺陷绝缘件装入 GIS，给安全运行带来隐患。

3. 监督要求

查阅资料/现场查看/现场试验，包括厂家相关绝缘件检测工艺文件、检测报告，现场查看厂家试验装置和试验工装是否满足要求，运用厂家试验设备现场试验或送第三方检测 1 只绝缘件是否满足要求。

4. 整改措施

当技术监督人员在查阅资料及现场检查发现绝缘件检测工艺、检测结果不合格时，应及时将情况通知设备制造厂家、监造单位和物资部门，督促设备制造厂家进行整改，直至所有绝缘件检测工艺及试验结果满足要求。

3.1.4.4 气体监测系统

1. 监督要点及监督依据

气体监测系统监督要点及监督依据见表 3－31。

表 3－31 气体监测系统监督要点及监督依据

监督要点	监督依据
1. 每个封闭压力系统（隔室）应设置密度监视装置，制造厂应给出补气报警密度值，对断路器室还应给出闭锁断路器分、合闸的密度值。 2. 密度监视装置可以是密度表，也可以是密度继电器，并设置运行中可更换密度表（密度继电器）的自封接头或阀门。在此部位还应设置抽真空及充气的自封接头或阀门，并带有封盖。当选用密度继电器时，还应设置真空压力表及气体温度压力曲线铭牌，在曲线上应标明气体额定值、补气值曲线。在断路器隔室曲线图上还应标有闭锁值曲线。各曲线应用不同颜色表示。 3. 密度监视装置可以按 GIS 的间隔集中布置，也可以分散在各隔室附近。当采用集中布置时，管道直径要足够大，以提高抽真空的效率及真空极限。 4. 密度监视装置、压力表、自封接头或阀门及管道均应有可靠的固定措施。 5. 应有防止内部故障短路电流发生时在气体监视系统上可能产生的分流现象的措施。 6. 气体监视系统的接头密封工艺结构应与 GIS 的主件密封工艺结构一致。 7. SF_6 密度继电器与 GIS 本体之间的连接方式应满足不拆卸校验密度继电器的要求。密度继电器应装设在与 GIS 本体同一运行环境温度的位置，其密度继电器应满足环境温度在－40℃～－25℃时准确度不低于 2.5 级的要求。 8. 三相分箱的 GIS 母线及断路器气室，禁止采用管路连接。独立气室应安装单独的密度继电器，密度继电器表计应朝向巡视通道。 9. 户外安装的密度继电器应采取防止密度继电器二次接头受潮的防雨措施	1～6.《气体绝缘金属封闭开关设备选用导则》（DL/T 728—2013） “7.1 气体监测系统 1. 7.1.1 每个封闭压力系统（隔室）应设置密度监视装置，制造厂应给出补气报警密度值，对断路器室还应给出闭锁断路器分、合闸的密度值。 2. 7.1.2 密度监视装置可以是密度表，也可以是密度继电器，并设置运行中可更换密度表（密度继电器）的自封接头或阀门。在此部位还应设置抽真空及充气的自封接头或阀门，并带有封盖。当选用密度继电器时，还应设置真空压力表及气体温度压力曲线铭牌，在曲线上应标明气体额定值、补气值曲线。在断路器隔室曲线图上还应标有闭锁值曲线。各曲线应用不同颜色表示。 3. 7.1.3 密度监视装置可以按 GIS 的间隔集中布置，也可以分散在各隔室附近。当采用集中布置时，管道直径要足够大，以提高抽真空的效率及真空极限。 4. 7.1.4 密度监视装置、压力表、自封接头或阀门及管道均应有可靠的固定措施。 5. 7.1.5 应有防止内部故障短路电流发生时在气体监视系统上可能产生的分流现象。 6. 7.1.6 气体监视系统的接头密封工艺结构应与 GIS 的主件密封工艺结构一致。” 7～9.《国家电网有限公司关于印发十八项电网重大反事故措施（修订版）的通知》（国家电网设备〔2018〕979 号） “12.1.1.3.1 密度继电器与开关设备本体之间的连接方式应满足不拆卸校验密度继电器的要求。 12.1.1.3.2 密度继电器应装设在与被监测气室处于同一运行环境温度的位置。对于严寒地区的设备，其密度继电器应满足环境温度在－40℃～－25℃时准确度不低于 2.5 级的要求。 12.2.1.2.3 三相分箱的 GIS 母线及断路器气室，禁止采用管路连接。独立气室应安装单独的密度继电器，密度继电器表计应朝向巡视通道。 12.1.1.3.4 户外断路器应采取防止密度继电器二次接头受潮的防雨措施。”

2. 监督项目解析

气体监测系统是设备制造阶段的监督项目之一。

GIS 设备绝缘强度与 SF_6 气体密度（压力）直接相关，当其压力过低时，绝缘不能满足运行要求就会发生绝缘事故，因此每个封闭压力系统（隔室）应设置密度监视装置，制造厂应给出补气报警密度值，便于运维人员及时对相关气室补气维护。当断路器气室压力低于一定值时，不能对其进行分合闸操作，以防绝缘强度不够，电弧不能熄灭，引发事故，因此对断路器室还应给出闭锁断路器分、合闸的密度值，252kV 及以上断路器气室的闭锁接点应不少于 2 对。同等条件下，压力和密度都能反映 SF_6 气体的绝缘强度，因此密度监视装置可以是密度表，也可以是密度继电器，又因为自封接头或阀门容易损坏需更换，因此需设置运行中可更换密度表（密度继电器）的自封接头或阀门。有因为不同温度下，SF_6 气体密度与压力不同，因此当选用密度继电器时，还应设置真空压力表及气体温度压力曲线铭牌，在曲线上应标明气体额定值、补气值曲线。在断路器隔室曲线图上还应标有闭锁值曲线，为便于区分，防止混淆，各曲线应用不同颜色表示。密度监视装置集中布置时，如果管道直径太小，会直接影响抽真空的效率及真空极限。如果密度监视装置、压力表、自封接头或阀门及管道固定不牢靠，长期运行后可能松动甚至损坏、掉落，影响设备安全运行。气体监视系统承受故障短路电流的能力差，因此应有防止内部故障短路电流发生时在气体监视系统上可能产生的分流现象的措施。气体监视系统的接头与 GIS 的主件在设备运行中承受相同的压力，其运行环境也相同，为了减少接头密封不良引起绝缘事故，监测系统接头密封工艺结构应与 GIS 的主件密封工艺结构一致。SF_6 密度继电器需定期校验，为避免表记拆卸过程损坏密封圈、引起设备漏气，SF_6 密度继电器与 GIS 本体之间的连接方式应满足不拆卸校验密度继电器的要求；不同温度下，相同密度的气体压力不同，为保证密度继电器真实反映 GIS 本体 SF_6 气体压力，密度继电器应装设在与 GIS 本体同一运行环境温度的位置。为防止 GIS 分箱结构某相发生故障后，故障气体通过密度继电器管路扩大到正常相，扩大故障范围，三相分箱的 GIS 母线及断路器气室，禁止采用管路连接。独立气室应安装单独的密度继电器，密度继电器表计应朝向巡视通道，便于巡视。太阳直射及雨林会导致密度继电器受潮、老化、锈蚀等，因户外安装的密度继电器应采取防止密度继电器二次接头受潮的防雨措施。

3. 监督要求

查阅厂家设计图纸，密封工艺和气体监测系统技术参数文件。

4. 整改措施

当技术监督人员在查阅资料发现 GIS 密封工艺和气体监测系统技术参数不合格时，应及时将情况通知设备制造厂家、监造单位和物资部门，督促设备制造厂家进行整改，直至密封工艺和气体监测系统技术参数满足要求。

3.1.4.5 伸缩节

1. 监督要点及监督依据

伸缩节监督要点及监督依据见表 3－32。

表 3－32　伸缩节监督要点及监督依据

监督要点	监督依据
1. 伸缩节两侧法兰端面平面度公差不大于 0.2mm，密封平面的平面度公差不大于 0.1mm，伸缩节两侧法兰端面对于波纹管本体轴线的垂直度公差不大于 0.5mm。 2. 伸缩节中的波纹管本体不允许有环向焊接头，所有焊接缝要修整平滑；伸缩节中波纹管若为多层式，纵向焊接接头应沿圆周方向均匀错开；多层波纹管直边端部应采用熔融焊，使端口各层熔为整体。 3. 对伸缩节中的直焊缝应进行 100%的 X 射线探伤，环向焊缝进行 100%着色检查，缺陷等级应不低于 JB/T 4730.5 规定的Ⅰ级。 4. 伸缩节制造厂家在伸缩节制造完成后，应进行例行水压试验，试验压力为 1.5 倍的设计压力，到达规定试验压力后保持压力不少于 10min，伸缩节不得有渗漏、损坏、失稳等异常现象；试验压力下的波距相对零压力下波距的最大波距变化率应不大于 15%。 5. 伸缩节在通过例行水压试验后还应进行气密性试验，试验压力为设计压力，伸缩节内充 SF_6 气体，到达设计压力后保持 24h，年泄漏率不大于 0.5%	《国家电网公司关于印发〈户外 GIS 设备伸缩节反事故措施和故障分析报告〉的通知》（国家电网运检〔2015〕902 号） “二、应加强伸缩节生产制造过程的质量管控，严格按照厂内的作业指导书进行。对于外购的伸缩节，应严把入厂检验关。 （一）伸缩节两侧法兰端面平面度公差不大于 0.2mm，密封平面的平面度公差不大于 0.1mm，伸缩节两侧法兰端面对于波纹管本体轴线的垂直度公差不大于 0.5mm。 （二）伸缩节中的波纹管本体不允许有环向焊接头，所有焊接缝要修整平滑；伸缩节中波纹管若为多层式，纵向焊接接头应沿圆周方向均匀错开；多层波纹管直边端部应采用熔融焊，使端口各层熔为整体。 （三）对伸缩节中的直焊缝应进行 100%的 X 射线探伤，环向焊缝进行 100%着色检查，缺陷等级应不低于 JB/T 4730.5 规定的Ⅰ级。 （四）伸缩节制造厂家在伸缩节制造完成后，应进行例行水压试验，试验压力为 1.5 倍的设计压力，到达规定试验压力后保持压力不少于 10min，伸缩节不得有渗漏、损坏、失稳等异常现象；试验压力下的波距相对零压力下波距的最大波距变化率应不大于 15%。 （五）伸缩节在通过例行水压试验后还应进行气密性试验，试验压力为设计压力，伸缩节内充 SF_6 气体，到达设计压力后保持 24h，年泄漏率不大于 0.5%。”

2. 监督项目解析

伸缩节是设备制造阶段的监督项目之一。

GIS 伸缩节设计、选型、安装工艺不当会使得伸缩节不能发挥应有温度补偿作用，造成 GIS 支撑断裂、漏气等严重的质量事故，因此在设备制造阶段应严格控制制造及安装工艺，严格开展相关试验对其性能进行考核，严防设备出厂后由于伸缩节缺陷引发的设备故障。

3. 监督要求

查阅厂家伸缩节设计图纸、检测报告，现场抽查各 1 只有关类型伸缩节，并查看厂家试验装置和试验工装是否满足伸缩节试验要求。

4. 整改措施

当技术监督人员在查阅资料及现场查看发现伸缩节设计不合理、试验工装不满足伸缩节试验要求时，应及时将情况通知设备制造厂家、监造单位和物资部门，督促设备制造厂家进行整改，直至伸缩节设计及其试验工装满足要求。

3.1.4.6　预留间隔

1. 监督要点及监督依据

预留间隔监督要点及监督依据见表 3－33。

表 3－33　　预留间隔监督要点及监督依据

监督要点	监督依据
同一分段的同侧 GIS 母线原则上一次建成。如计划扩建母线，宜在扩建接口处预装可拆卸导体的独立隔室；如计划扩建出线间隔，应将母线隔离开关、接地开关与就地工作电源一次上全。预留间隔气室应加装密度继电器并接入监控系统	《国家电网有限公司关于印发十八项电网重大反事故措施（修订版）的通知》（国家电网设备〔2018〕979 号）“12.2.1.7　同一分段的同侧 GIS 母线原则上一次建成。如计划扩建母线，宜在扩建接口处预装可拆卸导体的独立隔室；如计划扩建出线间隔，应将母线隔离开关、接地开关与就地工作电源一次上全。预留间隔气室应加装密度继电器并接入监控系统。”

2. 监督项目解析

预留间隔是设备制造阶段的监督项目之一。

GIS 变电站由于母线对接后气室还需抽真空、充 SF_6 气体、静置、做耐压试验等，母线停电的时间很长，如果工程设计阶段未预留间隔扩建时的接口方案，后期扩建时往往会长时间停电。为减少扩建时的停电时间，甚至是不停电，GIS 变电站在设计时如计划扩建母线，宜在扩建接口处预装可拆卸导体的独立隔室；如计划扩建出线间隔，应将母线隔离开关、接地开关与就地工作电源一次上全。预留间隔气室应加装密度继电器并接入监控系统。

3. 监督要求

查阅资料厂家预留间隔设计图纸。

4. 整改措施

当技术监督人员在查阅资料发现 GIS 预留间隔设置不合理时，应及时将情况通知设备制造厂家、监造单位和物资部门，督促设备制造厂家进行整改，直至预留间隔满足要求。

3.1.4.7　防爆膜

1. 监督要点及监督依据

防爆膜监督要点及监督依据见表 3－34。

表 3－34　　防爆膜监督要点及监督依据

监督要点	监督依据
装配前应检查并确认防爆膜是否受外力损伤，装配时应保证防爆膜泄压方向正确、定位准确，防爆膜泄压挡板的结构和方向应避免在运行中积水、结冰、误碰。防爆膜喷口不应朝向巡视通道	《国家电网有限公司关于印发十八项电网重大反事故措施（修订版）的通知》（国家电网设备〔2018〕979 号）“12.2.1.16　装配前应检查并确认防爆膜是否受外力损伤，装配时应保证防爆膜泄压方向正确、定位准确，防爆膜泄压挡板的结构和方向应避免在运行中积水、结冰、误碰。防爆膜喷口不应朝向巡视通道。”

2. 监督项目解析

防爆膜是设备制造阶段的监督项目之一。

防爆膜安全可靠动作是保证 GIS 设备正常运行的基础条件，然而运行经验表明，GIS 防爆膜装配质量不佳导致故障频发，对防爆膜装配质量和安装位置提出要求。防爆膜为厂内安装，防爆膜设计安装不良，易导致运行过程防爆膜破裂，对设备和人员造成伤害。装配前应查看防爆膜是否外力受损，装配时注意泄压方向正确，设计应避免积水等因素影响动作值。喷口不应朝向巡视通道，必要时加装喷口弯管，以免伤及运行巡视人员。

3. 监督要求

查阅厂家防爆膜设计文件和防爆膜出厂检测报告。

4. 整改措施

当技术监督人员在查阅资料及现场检查发现防爆膜设计及出厂检测不合理时，应及时将情况通知设备制造厂家、监造单位和物资部门，督促设备制造厂家进行整改，直至防爆膜设计及出厂检测结果满足要求。

3.1.4.8 压力释放装置

1. 监督要点及监督依据

压力释放装置监督要点及监督依据见表 3－35。

表 3－35　　压力释放装置监督要点及监督依据

监督要点	监督依据
压力释放装置应根据其动作原理，对安全动作值进行试验验证，其安全动作值应大于或等于规定动作值。对不可恢复型的压力释放装置，每批次的抽检量不得小于 10%	《气体绝缘金属封闭开关设备技术条件》（DL/T 617—2010）“8.12 压力释放装置应根据其动作原理，对安全动作值进行试验验证，其安全动作值应大于或等于规定动作值。对不可恢复型的压力释放装置，每批次的抽检量不得小于 10%。”

2. 监督项目解析

压力释放装置是设备制造阶段的监督项目之一。

防爆膜（压力释放装置）安全可靠动作是保证 GIS 设备正常运行的基础条件，然而运行经验表明，防爆膜常因质量缺陷、疲劳寿命下降、安装工艺问题，常常在未达到额定爆破压力前爆破，影响设备正常运行。对防爆膜的动作值进行规定，并对动作值进行抽检是保证其质量的有效手段。

3. 监督要求

查阅资料，包括压力表校验记录和压力释放阀校验记录或厂家提供的抽检记录。

4. 整改措施

当技术监督人员在查阅资料发现防爆膜安全动作值要求不合理、出厂抽检数量不满足时，应及时将情况通知设备制造厂家、监造单位和物资部门，督促设备制造厂家进行整改，直至防爆膜参数结果满足要求。

3.1.4.9 金属原材料验收

1. 监督要点及监督依据

金属原材料验收监督要点及监督依据见表 3－36。

表 3-36　　金属原材料验收监督要点及监督依据

监督要点	监督依据
生产厂家应对金属材料和部件材质进行质量检测，对罐体、传动杆、拐臂、轴承（销）等关键金属部件应按工程抽样开展金属材质成分检测，按批次开展金相试验抽检，并提供相应报告	《国家电网有限公司关于印发十八项电网重大反事故措施（修订版）的通知》（国家电网设备〔2018〕979 号）“12.2.1.13　生产厂家应对金属材料和部件材质进行质量检测，对罐体、传动杆、拐臂、轴承（销）等关键金属部件应按工程抽样开展金属材质成分检测，按批次开展金相试验抽检，并提供相应报告。”

2. 监督项目解析

金属原材料验收是设备制造阶段重要的监督项目。

GIS 设备的传动杆、板、轴、销等金属部件是保证断路器、隔离开关等可靠动作的基础条件，其材质的选择直接影响其力学性能、防腐性能及其机械寿命等，在设备制造阶段对其成分及性能进行把关，可有效防止后期因材质问题导致的金属部件断裂、锈蚀等引发的电网事故。

3. 监督要求

查阅厂家金属部件工艺文件和部件检验报告。

4. 整改措施

当技术监督人员在查阅资料发现金属部件工艺及检验结果不合理时，应及时将情况通知设备制造厂家、监造单位和物资部门，督促设备制造厂家进行整改，直至金属原材料验收满足要求。

3.1.4.10　焊缝无损检测情况核查

1. 监督要点及监督依据

焊缝无损检测情况核查监督要点及监督依据见表 3-37。

表 3-37　　焊缝无损检测情况核查监督要点及监督依据

监督要点	监督依据
生产厂家应对 GIS 及罐式断路器罐体焊缝进行无损探伤检测，保证罐体焊缝 100%合格	《国家电网有限公司关于印发十八项电网重大反事故措施（修订版）的通知》（国家电网设备〔2018〕979 号）“12.2.1.15　生产厂家应对 GIS 及罐式断路器罐体焊缝进行无损探伤检测，保证罐体焊缝 100%合格。”

2. 监督项目解析

焊缝无损检测情况核查是设备制造阶段的监督项目之一。

焊缝无损检测可有效检测焊接部位的焊接质量，及时发现气泡、裂纹等潜在缺陷，保证 GIS 罐体焊缝焊接质量，避免不合格壳体出厂使用。

3. 监督要求

查阅厂家焊接检测工艺文件、检测人员证书和作业指导文件，现场核对检测人员证书并见证检测过程。

4. 整改措施

当技术监督人员在查阅资料及现场检查发现 GIS 罐体焊缝无损探伤及结果不合理时，应及时将情况通知设备制造厂家、监造单位和物资部门，督促设备制造厂家进行整改，直至 GIS 罐体焊缝无损探伤满足要求。

3.1.5 设备验收阶段

3.1.5.1 耐压试验

1. 监督要点及监督依据

耐压试验监督要点及监督依据见表 3－38。

表 3－38　　耐压试验监督要点及监督依据

监督要点	监督依据
GIS 出厂绝缘试验宜在装配完整的间隔上进行，252kV 及以上设备还应进行正负极性各 3 次雷电冲击耐压试验	《国家电网有限公司关于印发十八项电网重大反事故措施（修订版）的通知》（国家电网设备〔2018〕979 号）“12.2.1.14　GIS 出厂绝缘试验宜在装配完整的间隔上进行，252kV 及以上设备还应进行正负极性各 3 次雷电冲击耐压试验。”

2. 监督项目解析

耐压试验是设备验收阶段比较重要的监督项目。

耐压试验是考核设备绝缘强度的重要手段，在完整间隔上进行绝缘试验可检验制造及装备过程是否存在缺陷，雷电冲击试验更是可以灵敏地发现设备制造工艺上的缺陷，装备过程等环节中出现的变形、局部绝缘损坏、绝缘子断裂等集中性的缺陷，有效保证一定的绝缘裕度，但这种试验对绝缘本身会有不同程度的损害，因此进行正负极性各 3 次为宜。

3. 监督要求

查阅厂家相关试验方案和出厂试验报告，现场查看厂家试验装置和试验工装是否满足要求。

4. 整改措施

当技术监督人员在查阅资料或现场查看发现 252kV 及以上设备未进行正负极性各 3 次雷电冲击耐压试验或试验结果不合格时，应及时将情况通知设备制造厂家、监造单位和物资部门，督促设备制造厂家进行整改，直至耐压试验满足要求。

3.1.5.2 运输

1. 监督要点及监督依据

运输监督要点及监督依据见表 3－39。

表 3－39　　运输监督要点及监督依据

监督要点	监督依据
GIS 出厂运输时，应在断路器、隔离开关、电压互感器、避雷器和 363kV 及以上套管运输单元上加装三维冲击记录仪，其他运输单元加装震动指示器。运输中如出现冲击加速度大于 3g 或不满足产品技术文件要求的情况，产品运至现场后应打开相应隔室检查各部件是否完好，必要时可增加试验项目或返厂处理	《国家电网有限公司关于印发十八项电网重大反事故措施（修订版）的通知》（国家电网设备〔2018〕979 号）“12.2.2.1　GIS 出厂运输时，应在断路器、隔离开关、电压互感器、避雷器和 363kV 及以上套管运输单元上加装三维冲击记录仪，其他运输单元加装震动指示器。运输中如出现冲击加速度大于 3g 或不满足产品技术文件要求的情况，产品运至现场后应打开相应隔室检查各部件是否完好，必要时可增加试验项目或返厂处理。”

2. 监督项目解析

运输是设备验收阶段最重要的监督项目。

GIS 内存在大量脆性特征的复合绝缘件，在一定冲击振动下会产生裂纹，运输时应在重要元器件部位加装监护装置，若超过技术要求应进行开盖检查。若返厂处理，用户单位宜跟踪检修。

3. 监督要求

查阅资料/现场查看，包括厂家相关试验方案和出厂试验报告，现场查看厂家试验装置和试验工装是否满足要求。

4. 整改措施

当技术监督人员在查阅资料和现场查看时发现运输不满足要求时，试验结果不合格时，应进行开盖检查。若返厂处理，用户单位宜跟踪检修。

3.1.5.3　GIS 设备到货验收及保管

1. 监督要点及监督依据

GIS 设备到货验收及保管监督要点及监督依据见表 3－40。

表 3－40　GIS 设备到货验收及保管监督要点及监督依据

监督要点	监督依据
1. 设备技术参数应与设计要求一致。 2. 所有元件、附件、备件及专用工器具应齐全，符合订货合同约定，且应无损伤变形及锈蚀。 3. 对运至现场的 GIS 的保管符合要求	1～2.《六氟化硫封闭组合电器（GIS 和 HGIS）验收规范》（Q/GDW －10－J440—2008）“3.4　档案资料、技术文件、备品备件 3.4.1　出厂和安装资料和文件： a）接线图、平面布置图、断面图、安装图与现场实际一致。 b）断路器操动机构图、闸刀机构图齐全。 c）气室分隔图与现场实际相符。 d）常规试验及现场试验程序满足《交接和预防性试验规程》要求，GIS、各单元元件的现场交接试验报告齐全，项目无遗漏。 e）出厂试验报告齐全、项目无遗漏、数据合格。 f）安装使用说明书内容齐全，符合《技术协议书》要求。 g）关于隔离开关带电操作时瞬时过电压的计算报告、说明及其对策，计算报告已经有关技术部门确认。 h）各种电气设备、压力容器的型式试验报告齐全、合格。 i）全套竣工图纸整洁、齐全，与现场实际一致。 j）变更设计的证明文件与现场实际变更一致。 3.4.2　GIS（HGIS）备品备件、专用工器具和仪器的移交清单，储存、保管说明齐全、装订整齐。” 3.《电气装置安装工程　高压电器施工及验收规范》（GB 50147—2010） “5.1.4（2）所有元件、附件、备件及专用工器具应齐全，符合订货合同约定，且应无损伤变形及锈蚀。”

2. 监督项目解析

GIS 设备到货验收及保管是设备验收阶段的重要监督项目。

为避免漏发、错发设备、附件、备品备件等，应在设备到货后，检查到货设备、附件、备品备件，应与装箱单一致，设备技术文件齐全且参数与设计要求一致。为确认设备运输过程中是否造成设备遗漏及损伤，应检查运检查设备元件、附件、备件及专用工器具是否齐全，设备有无损伤变形、锈蚀、漆层脱落。为确认设备在运输过程中是否遭到撞击，在运输过程中应有振动监测，在 GIS 的断路器、隔离开关、避雷器和电压互感器等重要气室运输中加装三维冲击记录仪，其他气室加装振动指示器。此外，为保证运至现场的设备可靠放置，方便搬运及有效防护，对运至现场的 GIS 设备的保管提出相关要求。

3. 监督要求

查阅设备到货交接记录（应是签批后的正式版本），现场查看 GIS 保管环境是否满足要求。

4. 整改措施

当技术监督人员在查阅资料和现场查看时发现 GIS 到货验收及保管环境不合格，应及时将情况通知设备制造厂家、设备安装调试单位和物资部门，督促设备制造厂家进行整改，直至 GIS 到货验收及保管环境满足要求。

3.1.5.4 SF_6质量检查

1. 监督要点及监督依据

SF_6质量检查监督要点及监督依据见表3－41。

表3－41　SF_6质量检查监督要点及监督依据

监督要点	监督依据
制造厂应该规定开关设备和控制设备中使用气体的种类、要求的数量、质量和密度，并为用户提供更新气体和保持所要求气体的数量和质量的必要说明。密封压力系统除外	《高压开关设备和控制设备标准的共用技术要求》（GB/T 11022—2011） “5.2　制造厂应该规定开关设备和控制设备中使用气体的种类、要求的数量、质量和密度，并为用户提供更新气体和保持所要求气体的数量和质量的必要说明［见10.5.2中a)］。密封压力系统除外。”

2. 监督项目解析

SF_6气体资料齐全是设备验收阶段比较重要的监督项目。

纯净的SF_6气体虽然无毒，但当其浓度上升到缺氧的水平，会有使人窒息的危险，并且SF_6气体是一种温室效应气体，对环境也有负面影响。此外，SF_6气体的压力、密度以及环境温度等与其绝缘强度密切相关，为保证其应有的绝缘强度在使用时需保持所要求气体的数量和质量。

3. 监督要求

查阅厂家提供的SF_6气体资料，现场查看SF_6气瓶标注是否符合厂家资料。

4. 整改措施

当技术监督人员在查阅资料或现场查看发现SF_6气体资料不全时，应及时将情况通知设备制造厂家、设备安装调试单位和物资部门，督促设备制造厂家进行整改，直至SF_6气体资料齐全。

3.1.5.5 计量装置

1. 监督要点及监督依据

计量装置监督要点及监督依据见表3－42。

表3－42　计量装置监督要点及监督依据

监督要点	监督依据
1. 计量用互感器的准确度等级不应低于标准规定。 2. 电能计量装置中电压互感器二次回路电压降不应大于其额定二次电压的0.2%。 3. 计量用互感器二次回路的连接导线应采用铜质单芯绝缘线。对电流二次回路，连接导线截面积应按电流互感器的额定二次负荷计算确定，至少应不小于4mm²。对电压二次回路，连接导线截面积应按允许的电压降计算确定，至少应不小于2.5mm²。 4. 互感器实际二次负荷的选择应保证接入其二次回路的实际负荷在25%～100%额定二次负荷范围内。二次回路接入静止式电能表时，电压互感器额定二次负荷不宜超过10VA，额定二次负荷不宜超过5VA。电流互感器额定二次负荷的功率因数应为0.8～1.0；电压互感器额定二次功率因数应与实际二次负荷的功率因数接近。 5. 电流互感器额定一次电流的确定，应保证其在正常运行中的实际负荷电流达到额定值的60%左右，至少应不小于30%。否则应选用高动热稳定电流互感器以减小变化	《电能计量装置技术管理规程》（DL/T 448—2016） 1.“6.2　准确度等级 a）各类电能计量装置应配置的电能表，互感器的准确度等级不应低于表1所示值。（表格详见规程）。” 2.“6.2　准确度等级 b）电能计量装置中电压互感器二次回路电压降不应大于其额定二次电压的0.2%” 3.“6.4　电能计量装置的配置原则 i）互感器二次回路的连接导线应采用铜质单芯绝缘线。对电流二次回路，连接导线截面积应按电流互感器的额定二次负荷计算确定，至少应不小于4mm²。对电压二次回路，连接导线截面积应按允许的电压降计算确定，至少应不小于2.5mm²。” 4.“6.4　电能计量装置的配置原则 j）互感器实际二次负荷的选择应保证接入其二次回路的实际负荷在25%～100%额定二次负荷范围内。二次回路接入静止式电能表时，电压互感器额定二次负荷不宜超过10VA，额定二次负荷不宜超过5VA。电流互感器额定二次负荷的功率因数应为0.8～1.0；电压互感器额定二次功率因数应与实际二次负荷的功率因数接近。” 5.“6.4　电能计量装置的配置原则 k）电流互感器额定一次电流的确定，应保证其在正常运行中的实际负荷电流达到额定值的60%左右，至少应不小于30%。否则应选用高动热稳定电流互感器以减小变化。”

2. 监督项目解析

计量装置资料检查是设备验收阶段比较重要的监督项目。

计量装置准确度等级及二次回路连接导线选择，对后期电压、电流及功率的准确监测至关重要，如果选择不合理易引发设备故障，设备制造完成后，后期如需更换，需更改设计，重新选型并结合停电进行现场更换，改造工作量大、停电要求高。

3. 监督要求

查阅GIS的一次和二次图纸。

4. 整改措施

当技术监督人员在查阅资料发现计量装置选型不合理时，应及时将情况通知设备制造厂家、设备安装调试单位和物资部门，督促设备制造厂家进行整改，直至计量装置满足要求。

3.1.5.6　GIS壳体对接焊缝超声波检测

1. 监督要点及监督依据

GIS壳体对接焊缝超声波检测监督要点及监督依据见表3－43。

表3－43　　GIS壳体对接焊缝超声波检测监督要点及监督依据

监督要点	监督依据
GIS壳体圆筒部分的纵向焊接接头属A类焊接接头，环向焊接接头属B类焊接接头，超声检测不低于Ⅱ级合格	《承压设备无损检测　第3部分：超声检测》（NB/T 47013.3—2015）的相关要求。当焊接部位壁厚小于8mm时，建议参照《承压设备无损检测　第3部分：超声检测》（NB/T 47013.3—2015）附录H关于壁厚为8mm时的相关规定。焊接接头分类标准执行JB/T 4734—2002《铝制焊接容器》第10.1.6条要求，GIS壳体圆筒部分的纵向焊接接头属A类焊接接头，环向焊接接头属B类焊接接头，超声检测不低于Ⅱ级合格

2. 监督项目解析

GIS壳体对接焊缝超声波检测是设备验收阶段比较重要的监督项目。

焊缝无损检测可有效检测焊接部位的焊接质量，及时发现气泡、裂纹等潜在缺陷，保证GIS罐体焊缝焊接质量，避免不合格壳体出厂使用。

3. 监督要求

新建变电工程每个厂家每种型号的GIS壳体按照纵缝10%（长度）、环缝5%（长度）抽检。

4. 整改措施

当技术监督人员在查阅资料发现GIS壳体对接焊缝超声波检测不合格时，应及时将情况设备制造厂家、设备安装调试单位和物资部门，督促设备制造厂家进行整改，直至满足要求。

3.1.6　设备安装阶段

3.1.6.1　安装环境检查

1. 监督要点及监督依据

安装环境检查监督要点及监督依据见表3－44。

表 3-44　　安装环境检查监督要点及监督依据

监督要点	监督依据
1. 装配工作应在无风沙、无雨雪、空气相对湿度小于 80%的条件下进行，并应采取防尘、防潮措施。 2. 产品技术文件要求搭建防尘室时，所搭建的防尘室应符合产品技术文件要求。 3. 应按产品技术文件要求进行内检，参加现场内检的人员着装应符合产品技术文件要求。 4. 产品技术文件要求所有单元的开盖、内检及连接工作应在防尘室内进行时，防尘室内及安装单元应按产品技术文件要求充入经过滤尘的干燥空气；工作间断时，安装单元应及时封闭并充入经过滤尘的干燥空气，保持微正压。 5. 所有 GIS 安装作业现场必须安装温度、湿度、洁净度实时检测设备，实现对环境条件的实时查询和自动告警，确保安装环境符合要求。 6. GIS、罐式断路器现场安装时应采取防尘棚等有效措施，确保安装环境的洁净度。800kV 及以上 GIS 现场安装时采用专用移动厂房，GIS 间隔扩建可根据现场实际情况采取同等有效的防尘措施	1～4.《电气装置安装工程　高压电器施工及验收规范》（GB 50147—2010） 5.2.7　GIS 元件的安装应在制造厂技术人员指导下按产品技术文件要求进行，并应符合下列要求： “1. 装配工作应在无风沙、无雨雪、空气相对湿度小于 80%的条件下进行，并应采取防尘、防潮措施。 2. 产品技术文件要求搭建防尘室时，所搭建的防尘室应符合产品技术文件要求。 3. 应按产品技术文件要求进行内检，参加现场内检的人员着装应符合产品技术文件要求。 8. 产品技术文件要求所有单元的开盖、内检及连接工作应在防尘室内进行时，防尘室内及安装单元应按产品技术文件要求充入经过滤尘的干燥空气；工作间断时，安装单元应及时封闭并充入经过滤尘的干燥空气，保持微正压。” 5.《国网基建部关于印发 GIS 安装质量管控重点措施的通知》（基建安质〔2016〕7 号）“二（三）加强安装过程管控。强化安装记录管理，结合对安装作业指导文件的规范，修编并全面应用“设备安装关键环节管控记录卡”，强化责任的可追溯；强化监理监督履职，监理人员要到岗履职，确保对安装工艺质量的全过程有效控制；加强安装环境管控，逐步推行工厂化安装、无尘化作业，所有 GIS 安装作业现场必须安装温湿度、洁净度实时检测设备，实现对环境条件的实时查询和自动告警，确保安装环境符合要求。” 6.《国家电网有限公司关于印发十八项电网重大反事故措施（修订版）的通知》（国家电网设备〔2018〕979 号）“12.2.2.3　GIS、罐式断路器现场安装时应采取防尘棚等有效措施，确保安装环境的洁净度。800kV 及以上 GIS 现场安装时采用专用移动厂房，GIS 间隔扩建可根据现场实际情况采取同等有效的防尘措施。”

2. 监督项目解析

安装环境检查是设备安装阶段重要的监督项目。

GIS 现场安装环境和厂内装配条件相差较大，存在较多不可控因素，直接影响 GIS 安装质量，因此要对安装环境进行管控。

3. 监督要求

查阅资料/现场查看，包括 GIS 安装方案对环境的要求；现场查看 GIS 安装环境。

4. 整改措施

当技术监督人员在查阅资料或检查安装现场发现未进行安装环境把控时，应及时将现场情况通知安装单位和相关基建部门，在安装环境整改符合相关要求后才能继续开展安装工作。

3.1.6.2　电气安装场地条件

1. 监督要点及监督依据

电气安装场地条件监督要点及监督依据见表 3-45。

表 3-45　　电气安装场地条件监督要点及监督依据

监督要点	监督依据
1. 室内安装的 GIS：GIS 室的土建工程宜全部完成，室内应清洁，通风良好，门窗、孔洞应封堵完成；室内所安装的起重设备应经专业部门检查验收合格。 2. 室外安装的 GIS：不应有扬尘及产生扬尘的环境，否则，应采取防尘措施；起重机停靠的地基应坚固。 3. 产品和设计所要求的均压接地网施工应已完成。 4. 装有 SF_6 设备的配电装置室和 SF_6 气体实验室，应装设强力通风装置，风口应设置在室内底部，排风口不应朝向居民住宅或行人；在室内，设备充装 SF_6 气体时，周围环境相对湿度应不大于 80%，同时应开启通风系统，并避免 SF_6 气体泄漏到工作区，工作区空气中 SF_6 气体含量不得超过 1000μL/L	1～3.《电气装置安装工程　高压电器施工及验收规范》（GB 50147—2010） 5.2.4　安装场地应符合下列规定： “1　室内安装的 GIS：GIS 室的土建工程宜全部完成，室内应清洁，通风良好，门窗、孔洞应封堵完成；室内所安装的起重设备应经专业部门检查验收合格。 2　室外安装的 GIS：不应有扬尘及产生扬尘的环境，否则应采取防尘措施；起重机停靠的地基应坚固。 3　产品和设计所要求的均压接地网施工应已完成。” 4.《国家电网公司电力安全工作规程　变电部分》（Q/GDW 1799.1—2013） “11.1　装有 SF_6 设备的配电装置室和 SF_6 气体实验室，应装设强力通风装置，风口应设置在室内底部，排风口不应朝向居民住宅或行人。 11.2　在室内，设备充装 SF_6 气体时，周围环境相对湿度应不大于 80%，同时应开启通风系统，并避免 SF_6 气体泄漏到工作区，工作区空气中 SF_6 气体含量不得超过 1000μL/L。”

2. 监督项目解析

电气安装场地条件检查是设备安装阶段监督项目之一。

对于室内安装的 GIS，若安装时土建工程还未完成或室内未进行清理，则可能会在 GIS 安装时引入微粒，影响 GIS 的内绝缘。对于室外安装的 GIS，安装时若存在扬尘环境且不采取防尘措施，则可能会在 GIS 安装时引入微粒，影响 GIS 的内绝缘。在安装时其中设备未经检查验收或使用时不稳固，会造成安装时起吊 GIS 组件存在安全隐患。GIS 组装和接地网施工交叉进行会影响 GIS 和地网的安装质量。GIS 设备长期充气存放，存在气体泄漏的风险，配电室属于室内空间，SF_6 气体无法自动散开，长期聚集于实验室空气底层，对实验室工作人员的人身安全构成极大的威胁，另外 SF_6 气体对环境也有负面影响。

3. 监督要求

查阅资料/现场查看，包括 GIS 安装方案对环境的要求；现场查看 GIS 安装环境。

4. 整改措施

当技术监督人员在查阅资料或检查安装现场时发现电气安装场地的条件不符合要求时，应及时将现场情况通知安装单位和相关基建部门，在完成土建和场地清理工作后验收合格方可继续进行 GIS 安装。

3.1.6.3　吸附剂安装

1. 监督要点及监督依据

吸附剂安装监督要点及监督依据见表 3－46。

表 3－46　　吸附剂安装监督要点及监督依据

监督要点	监督依据
吸附剂罩的材质应选用不锈钢或其他高强度材料，结构应设计合理。吸附剂应选用不易粉化的材料并装于专用袋中，绑扎牢固	《国家电网有限公司关于印发十八项电网重大反事故措施（修订版）的通知》（国家电网设备〔2018〕979 号）中“12.2.1.8　吸附剂罩的材质应选用不锈钢或其他高强度材料，结构应设计合理。吸附剂应选用不易粉化的材料并装于专用袋中，绑扎牢固。”

2. 监督项目解析

吸附剂安装是设备安装阶段比较重要的监督项目。

目前部分厂家采用吸附剂罩为塑料材质，因机械强度不足、紧固方法不当或吸附剂填充过多造成吸附剂罩破损、断裂，导致吸附剂颗粒落入罐体引起放电故障。吸附剂的成分和用量应严格按技术条件规定选用且应装于专用袋中规范绑扎，吸附剂外安装材质强度高、设计合理的吸附剂罩，吸附剂罩应与罐体安装紧固，边角应光滑无毛刺。全方位确保吸附剂颗粒不脱落。

3. 监督要求

查阅资料并进行现场查看，查阅的资料包括厂家吸附剂相关标准、工艺文件，现场对吸附剂罩安装紧固方式、吸附剂成分和用量进行抽查。

4. 整改措施

当技术监督人员在查阅资料及现场检查看发现吸附剂安装工艺、成分及用量不合格时，应及时将情况通知设备制造厂家、监造单位和物资部门，督促设备制造厂家进行整改，直至吸附剂罩安装紧固方式、吸附剂成分和用量满足要求。

3.1.6.4　导体连接

1. 监督要点及监督依据

导体连接监督要点及监督依据见表 3－47。

表 3－47　　导体连接监督要点及监督依据

监督要点	监督依据
1. 检查导电部件镀银层应良好、表面光滑、无脱落。 2. 连接插件的触头中心应对准插口，不得卡阻，插入深度应符合产品技术文件要求。 3. 接触电阻应符合产品技术文件要求，不宜超过产品技术文件规定值的 1.1 倍。 4. 重点检查可调节伸缩节及电缆连接处，应利用有效的检测仪器和手段进行核查，确保连接可靠	1～3. GB 50147—2010《电气装置安装工程　高压电器施工及验收规范》5.2.7：“12　检查导电部件镀银层应良好、表面光滑、无脱落。 13　连接插件的触头中心应对准插口，不得卡阻，插入深度应符合产品技术文件要求；接触电阻应符合产品技术文件要求，不宜超过产品技术文件规定值的 1.1 倍。” 4.《关于加强气体绝缘金属封闭开关设备全过程管理重点措施》（国家电网生〔2011〕1223 号）中“第三十条　安装过程中，对于电缆及母线的连接处等难以直接观察的部位，应利用有效的检测仪器和手段进行核查，确保连接可靠。”

2. 监督项目解析

导体连接检查是设备安装阶段重要的监督项目。

GIS 导电部分连接存在缺陷，会导致运行中出现发热、烧损等故障，影响 GIS 的运行。

导流部分缺陷将直接影响 GIS 投运后的运行，且可能造成发热和烧损等较为严重的故障。

3. 监督要求

查阅资料/现场查看，包括 GIS 安装作业指导书、导体安装专用工器具台账和回路电阻安装测试记录；现场查看 GIS 导体安装专用工器具使用情况。

4. 整改措施

当技术监督人员在查阅资料或检查安装现场时发现导体安装未使用专用工具或安装存在问题，回路电阻不合格时，应及时将现场情况通知安装单位和相关基建部门，要求在导体安装过程中使用专用工具，对重点安装部位进行检查验收，并进行回路电阻测试。

3.1.6.5　绝缘件管理

1. 监督要点及监督依据

绝缘件管理监督要点及监督依据见表 3－48。

表 3－48　　绝缘件管理监督要点及监督依据

监督要点	监督依据
1. 现场安装的绝缘拉杆、盆式绝缘子、支持绝缘件安装前应检查，不得发生磕碰和划伤，应按制造厂技术规范要求严格控制其在空气中的暴露时间。 2. 套管的安装、套管的导体插入深度均应符合产品技术文件要求	1.《关于加强气体绝缘金属封闭开关设备全过程管理重点措施》（国家电网生〔2011〕1223 号）“第二十九条　现场安装时，应保证绝缘拉杆、盆式绝缘子、支持绝缘件的干燥和清洁，不得发生磕碰和划伤，应按制造厂技术规范要求严格控制其在空气中的暴露时间。” 2. GB 50147—2010《电气装置安装工程　高压电器施工及验收规范》“5.2.7　19 套管的安装、套管的导体插入深度均应符合产品技术文件要求。”

2. 监督项目解析

绝缘件管理是设备安装阶段监督项目之一。

绝缘件缺陷将严重影响 GIS 的内外绝缘性能，较多 GIS 内部放电都是由于绝缘件缺陷导致的，对 GIS 运行有直接影响。

3. 监督要求

查阅资料/现场查看，包括 GIS 安装作业指导书；现场查看 GIS 绝缘件安装情况。

4. 整改措施

当技术监督人员在查阅资料或检查安装现场时发现绝缘件安装存在问题会对绝缘件性能产生影响时，应及时将现场情况通知安装单位和相关基建部门，要求安装单位进行整改，对重要绝缘件的安装进行检查验收。

3.1.6.6 电气连接及安全接地

1. 监督要点及监督依据

电气连接及安全接地监督要点及监督依据见表3－49。

表3－49　　电气连接及安全接地监督要点及监督依据

监督要点	监督依据
1. 凡不属于主回路或辅助回路的且需要接地的所有金属部分都应接地。外壳、构架等的相互电气连接宜采用紧固连接（如螺栓连接或焊接），以保证电气连通。 2. GIS接地回路导体应有足够大的截面，具有通过接地短路电流的能力。 3. 126kV及以下GIS紧固接地螺栓的直径不得小于12mm；252kV及以上GIS紧固接地螺栓的直径不得小于16mm。 4. 新投运GIS采用带金属法兰的盆式绝缘子时，应预留窗口用于特高频局部放电检测。采用此结构的盆式绝缘子可取消罐体对接处的跨接片，但生产厂家应提供型式试验依据。如需采用跨接片，户外GIS罐体上应有专用跨接部位，禁止通过法兰螺栓直连。 5. 由一次设备（如变压器、断路器、隔离开关和电流、电压互感器等）直接引出的二次电缆的屏蔽层应使用截面积不小于4mm²的多股铜质软导线仅在就地端子箱处一点接地，在一次设备的接线盒（箱）处不接地，二次电缆经金属管从一次设备的接线盒（箱）引至电缆沟，并将金属管的上端与一次设备的底座或金属外壳良好焊接，金属管另一端应在距一次设备5m之外与主接地网焊接。 6. 变电站内端子箱、机构箱、智能控制柜、汇控柜等屏柜内的交直流接线，不应接在同一段端子排上。 7. 电压互感器、避雷器、快速接地开关应采用专用接地线接地	1～2.《导体和电器选择设计技术规定》（DL/T 5222—2005）“12.0.14　凡不属于主回路或辅助回路的且需要接地的所有金属部分都应接地。外壳、构架等的相互电气连接宜采用紧固连接（如螺栓连接或焊接），以保证电气连通。接地回路导体应有足够大的截面，具有通过接地短路电流的能力。” 3.《电气装置安装工程　母线装置施工及验收规范》（GB 50149—2010）“3.2.2　126kV及以下GIS紧固接地螺栓的直径不得小于12mm；252kV及以上GIS紧固接地螺栓的直径不得小于16mm。” 4～6.《国家电网有限公司关于印发十八项电网重大反事故措施（修订版）的通知》（国家电网设备〔2018〕979号） 12.2.1.5　新投运GIS采用带金属法兰的盆式绝缘子时，应预留窗口用于特高频局部放电检测。采用此结构的盆式绝缘子可取消罐体对接处的跨接片，但生产厂家应提供型式试验依据。如需采用跨接片，户外GIS罐体上应有专用跨接部位，禁止通过法兰螺栓直连。 15.6.2.8　由一次设备（如变压器、断路器、隔离开关和电流、电压互感器等）直接引出的二次电缆的屏蔽层应使用截面积不小于4mm²的多股铜质软导线仅在就地端子箱处一点接地，在一次设备的接线盒（箱）处不接地，二次电缆经金属管从一次设备的接线盒（箱）引至电缆沟，并将金属管的上端与一次设备的底座或金属外壳良好焊接，金属管另一端应在距一次设备5m之外与主接地网焊接。 5.3.1.10　变电站内端子箱、机构箱、智能控制柜、汇控柜等屏柜内的交直流接线，不应接在同一段端子排上。 7.《国网基建部关于发布输变电工程设计常见病案例清册的通知》（基建技术〔2016〕65号）中要求：“GIS电压互感器、避雷器、快速接地开关应采用专用接地线接地”

2. 监督项目解析

电气连接及安全接地是设备安装阶段重要的监督项目。

接地回路截面不足，或存在锈蚀、损伤等情况，将导致GIS发生接地故障时短路电流通流能力不足。GIS壳体法兰间若不能形成良好通路，则会导致GIS壳体上存在感应电势造成壳体打火情况。接地不良还会导致设备存在安全隐患，威胁人身和设备安全。

3. 监督要求

查阅资料/现场查看，包括GIS一次图纸；现场查看1个间隔电气连接及安全接地情况。

4. 整改措施

当技术监督人员在查阅资料或试验见证时，发现断路器设备电气连接及安全接地不合格，应及时将现场情况通知相关工程管理部门、物资管理部门、施工单位、设备厂家，督促相关单位完善整改，直至断路器设备电气连接及接地满足要求。

3.1.6.7 气体监测系统

1. 监督要点及监督依据

气体监测系统监督要点及监督依据见表3－50。

表 3－50　　气体监测系统监督要点及监督依据

监督要点	监督依据
1. 每个封闭压力系统（隔室）应设置密度监视装置，制造厂应给出补气报警密度值，对断路器室还应给出闭锁断路器分、合闸的密度值。 2. 密度监视装置可以是密度表，也可以是密度继电器，并设置运行中可更换密度表（密度继电器）的自封接头或阀门。在此部位还应设置抽真空及充气的自封接头或阀门，并带有封盖。当选用密度继电器时，还应设置真空压力表及气体温度压力曲线铭牌，在曲线上应标明气体额定值、补气值曲线。在断路器隔室曲线图上还应标有闭锁值曲线。各曲线应用不同颜色表示。 3. 密度监视装置可以按 GIS 的间隔集中布置，也可以分散在各隔室附近。当采用集中布置时，管道直径要足够大，以提高抽真空的效率及真空极限。 4. 密度监视装置、压力表、自封接头或阀门及管道均应有可靠的固定措施。 5. 应有防止内部故障短路电流发生时在气体监视系统上可能产生的分流现象的措施。 6. 气体监视系统的接头密封工艺结构应与 GIS 的主件密封工艺结构一致。 7. SF_6 密度继电器与 GIS 本体之间的连接方式应满足不拆卸校验密度继电器的要求。密度继电器应装设在与 GIS 本体同一运行环境温度的位置，其密度继电器应满足环境温度在－40～－25℃时准确度不低于 2.5 级的要求。 8. 三相分箱的 GIS 母线及断路器气室，禁止采用管路连接。独立气室应安装单独的密度继电器，密度继电器表计应朝向巡视通道。 9. 户外安装的密度继电器应采取防止密度继电器二次接头受潮的防雨措施	《气体绝缘金属封闭开关设备选用导则》（DL/T 728—2013）中“7.1　气体监测系统” 1.“7.1.1　每个封闭压力系统（隔室）应设置密度监视装置，制造厂应给出补气报警密度值，对断路器室还应给出闭锁断路器分、合闸的密度值。” 2.“7.1.2　密度监视装置可以是密度表，也可以是密度继电器，并设置运行中可更换密度表（密度继电器）的自封接头或阀门。在此部位还应设置抽真空及充气的自封接头或阀门，并带有封盖。当选用密度继电器时，还应设置真空压力表及气体温度压力曲线铭牌，在曲线上应标明气体额定值、补气值曲线。在断路器隔室曲线图上还应标有闭锁值曲线。各曲线应用不同颜色表示。” 3.“7.1.3　密度监视装置可以按 GIS 的间隔集中布置，也可以分散在各隔室附近。当采用集中布置时，管道直径要足够大，以提高抽真空的效率及真空极限。” 4.“7.1.4　密度监视装置、压力表、自封接头或阀门及管道均应有可靠的固定措施。” 5.“7.1.5　应有防止内部故障短路电流发生时在气体监视系统上可能产生的分流现象。” 6.“7.1.6　气体监视系统的接头密封工艺结构应与 GIS 的主件密封工艺结构一致。” 7～9.《国家电网有限公司关于印发十八项电网重大反事故措施（修订版）的通知》（国家电网设备〔2018〕979 号） 12.1.1.3.1　密度继电器与开关设备本体之间的连接方式应满足不拆卸校验密度继电器的要求。 12.1.1.3.2　密度继电器应装设在与被监测气室处于同一运行环境温度的位置。对于严寒地区的设备，其密度继电器应满足环境温度在－40～－25℃时准确度不低于 2.5 级的要求。 12.2.1.2.3　三相分箱的 GIS 母线及断路器气室，禁止采用管路连接。独立气室应安装单独的密度继电器，密度继电器表计应朝向巡视通道。 12.1.1.3.4　户外断路器应采取防止密度继电器二次接头受潮的防雨措施

2. 监督项目解析

气体监测系统是设备安装阶段监督项目之一。

GIS 设备绝缘强度与 SF_6 气体密度（压力）直接相关，当其压力过低时，绝缘不能满足运行要求就会发生绝缘事故，因此每个封闭压力系统（隔室）应设置密度监视装置，制造厂应给出补气报警密度值，便于运维人员及时对相关气室补气、维护。当断路器气室压力低于一定值时，不能对其进行分合闸操作，以防绝缘强度不够，电弧不能熄灭，引发事故，因此对断路器室还应给出闭锁断路器分、合闸的密度值，252kV 及以上断路器气室的闭锁接点应不少于 2 对。同等条件下，压力和密度都能反映 SF_6 气体的绝缘强度，因此密度监视装置可以是密度表，也可以是密度继电器，又因为自封接头或阀门容易损坏需更换，因此需设置运行中可更换密度表（密度继电器）的自封接头或阀门。有因为不同温度下，SF_6 气体密度与压力不同，因此当选用密度继电器时，还应设置真空压力表及气体温度压力曲线铭牌，在曲线上应标明气体额定值、补气值曲线。在断路器隔室曲线图上还应标有闭锁值曲线，为便于区分，防止混淆，各曲线应用不同颜色表示。密度监视装置集中布置时，如果管道直径太小，会直接影响抽真空的效率及真空极限。如果密度监视装置、压力表、自封接头或阀门及管道固定不牢靠，长期运行后可能松动甚至损坏、掉落，影响设备安全运行。气体监视系统承受故障短路电流的能力差，因此应有防止内部故障短路电流发生时在气体监视系统上可能产生的分流现象的措施。气体监视系统的接头与 GIS 的主件在设备运行中承受相同的压力，其运行环境也相同，为了减少接头密封不良引起绝缘事故，监测系统接头密封工艺结构应与 GIS 的主件密封工艺结构一致。SF_6 密度继电器需定期校验，为避免表记拆卸过程损坏密封圈、引起设备漏气，SF_6 密度继电器与 GIS 本体之间的连接方式应满足不拆卸校验密度继电器的要求；不同温度下，相同密度的气体压力不同，为保证密度继电器真实反映 GIS 本体 SF_6气体压力，密度继电器应装设在与 GIS 本体同一运行环境温度的位置。为防止 GIS 分箱结构某相发生故障后，故障气体通过密度继电器管路扩大到正常相，扩大故障范围，三相分箱的 GIS 母线及断路器气室禁止采用管路连接。独立气室应安装单独的密度继电器，密度继电器表计应朝向巡视通道，便于巡视。太阳直射及雨林会导致密度继电器受潮、老化、锈蚀等，因户外安装的密度继电器应采取防止密度继电器二次接头受潮的防雨措施。

3. 监督要求

查阅资料/现场查看，包括 GIS 一次图纸；现场查看 1 个间隔气体检测系统安装情况。

4. 整改措施

当技术监督人员在查阅资料或试验见证时，发现气体监测系统安装质量不合格，应及时将现场情况通知相关工程管理部门、物资管理部门、施工单位、设备厂家，督促相关单位完善整改，直至气体监测系统安装质量满足要求。

3.1.6.8　产品密封性措施落实

1. 监督要点及监督依据

产品密封性措施落实监督要点及监督依据见表 3－51。

表 3－51　　产品密封性措施落实监督要点及监督依据

监督要点	监督依据
1. 密封槽面应清洁、无划伤痕迹；已用过的密封垫(圈)不得重复使用；新密封垫应无损伤；涂密封脂时，不得使其流入密封垫（圈）内侧而与 SF_6气体接触。 2. 螺栓连接和紧固应使用力矩扳手，其力矩值应符合产品技术文件要求。 3. 产品的安装、检测及试验工作全部完成后，应按产品技术文件要求对产品进行密封防水处理	《电气装置安装工程　高压电器施工及验收规范》（GB 50147—2010）5.2.7 “16　密封槽面应清洁、无划伤痕迹；已用过的密封垫（圈）不得重复使用；新密封垫应无损伤；涂密封脂时，不得使其流入密封垫（圈）内侧而与 SF_6气体接触。 17　螺栓连接和紧固应对称均匀用力，其力矩值应符合产品技术文件要求。 22　产品的安装、检测及试验工作全部完成后，应按产品技术文件要求对产品进行密封防水处理。”

2. 监督项目解析

产品密封性检查是设备安装阶段重要的监督项目。

GIS 密封不良将导致设备漏气缺陷，直接影响设备运行性能。密封槽和密封圈直接影响密封质量。密封脂进入设备内可能对 SF_6气体产生影响，甚至导致内部异物击穿。螺栓紧固连接不当可能导致密封不良漏气。

3. 监督要求

查阅资料/现场查看，包括 GIS 抽真空作业指导书和抽真空作业记录。

4. 整改措施

当技术监督人员在查阅资料或试验见证时，发现 GIS 密封不良或密封处安装处理不当，应及时将现场情况通知相关工程管理部门、物资管理部门、施工单位、设备厂家，督促相关单位完善整改，直至设备密封满足安装要求。

3.1.6.9　抽真空处理

1. 监督要点及监督依据

抽真空处理监督要点及监督依据见表 3－52。

表 3－52　　抽真空处理监督要点及监督依据

监督要点	监督依据
1. SF_6 开关设备进行抽真空处理时，应采用出口带有电磁阀的真空处理设备，在使用前应检查电磁阀，确保动作可靠，在真空处理结束后应检查抽真空管的滤芯是否存在油渍。 2. 禁止使用麦氏真空计	《国家电网有限公司关于印发十八项电网重大反事故措施（修订版）的通知》（国家电网设备〔2018〕979 号）“12.2.2.2　SF_6 开关设备进行抽真空处理时，应采用出口带有电磁阀的真空处理设备，在使用前应检查电磁阀，确保动作可靠，在真空处理结束后应检查抽真空管的滤芯是否存在油渍。禁止使用麦氏真空计。”

2. 监督项目解析

抽真空处理是设备安装阶段监督项目之一。

抽真空时若电磁阀不能可靠动作可能导致油倒灌入 GIS，采用麦氏真空计可能导致水银进入 GIS，严重影响 GIS 的性能，且液态异物进入 GIS 后处理难度大。

3. 监督要求

查阅资料，包括 GIS 安装作业指导书和安装记录。

4. 整改措施

当技术监督人员在查阅资料时发现抽真空处理过程不符合要求时，应及时将现场情况通知相关工程管理部门、物资管理部门、施工单位、设备厂家，督促相关单位完善整改，直到安装指导文件对相关过程进行规范。

3.1.6.10　SF_6气体质量检查

1. 监督要点及监督依据

SF_6气体质量检查监督要点及监督依据见表 3－53。

表 3－53　　SF_6气体质量检查监督要点及监督依据

监督要点	监督依据
1. SF_6 气体必须经 SF_6 气体质量监督管理中心抽检合格，并出具检测报告。 2. 充气设备现场安装应先进行抽真空处理，再注入绝缘气体。SF_6气体注入设备后应对设备内气体进行 SF_6纯度检测。对于使用 SF_6混合气体的设备，应测量混合气体的比例	1. 国家电网公司《交流高压开关设备技术监督导则》（Q/GDW 11074—2013）5.7.3　e）“7）SF_6气体必须经 SF_6气体质量监督管理中心抽检合格，并出具检测报告。 8）SF_6气体注入设备后必须进行湿度试验，且应对设备内气体进行 SF_6纯度检测，必要时进行气体成分分析。” 2.《国家电网有限公司关于印发十八项电网重大反事故措施（修订版）的通知》（国家电网设备〔2018〕979 号）“12.1.2.4　充气设备现场安装应先进行抽真空处理，再注入绝缘气体。SF_6气体注入设备后应对设备内气体进行 SF_6纯度检测。对于使用 SF_6混合气体的设备，应测量混合气体的比例。”

2. 监督项目解析

SF_6气体质量检查是设备安装阶段监督项目之一。

SF_6气体的质量直接影响 GIS 的内绝缘和灭弧性能，SF_6气体抽检、微水检测、成分检测和使用吸附剂是控制 SF_6气体质量的重要手段。

3. 监督要求

查阅资料，包括厂家提供的 SF_6气体出厂资料、气体抽检报告和 GIS 设备充气后的气体检测记录。

4. 整改措施

当技术监督人员在查阅资料或试验见证时，发现 SF_6气体质量不合格，应及时将现场情况通知相关工程管理部门、物资管理部门、施工单位、设备厂家，督促相关单位完善整改，直至 SF_6气体

质量满足要求。

3.1.6.11　罐体与支架的焊接

1. 监督要点及监督依据

罐体与支架的焊接监督要点及监督依据见表 3－54。

表 3－54　　罐体与支架的焊接监督要点及监督依据

监督要点	监督依据
断路器罐体材质为 1Cr18Ni9 不锈钢或铝合金，支座材质为 Q235 碳钢，断路器罐体和支座间为异种钢焊接。焊接过程可添加垫板，垫板材质与罐体相同	《国家电网公司关于印发〈户外 GIS 设备伸缩节反事故措施和故障分析报告〉的通知》（国家电网运检〔2015〕902 号）“二（四）在支架与罐体间增加焊接垫板。断路器罐体材质为 1Cr18Ni9 不锈钢或铝合金，支座材质为 Q235 碳钢，断路器罐体和支座间为异种钢焊接。焊接过程可添加垫板，垫板材质与罐体相同，两者间焊接可在厂内完成，既可保证垫板与罐体的焊接质量，同时可将现场开裂的可能性转移至垫板与支座间，提高了罐体与支架间焊接的可靠性。”

2. 监督项目解析

罐体与支架的焊接是设备安装阶段监督项目之一。

罐体和支座之间增加焊接垫板可将现场开裂的可能性转移至垫板与支座间，提高罐体与支架间焊接的可靠性，防止环境温度变化导致母线变形而引发异常。

3. 监督要求

查阅厂家支架焊接工艺文件。

4. 整改措施

当技术监督人员在查阅资料发现罐体与支架的焊接方式不合理时，应及时将情况通知设备制造厂家和物资部门，修改设备招标技术规范书、供应商投标文件及厂家设计图纸，直至罐体与支架的焊接满足要求。

3.1.6.12　室外 GIS 设备基础沉降

1. 监督要点及监督依据

室外 GIS 设备基础沉降监督要点及监督依据见表 3－55。

表 3－55　　室外 GIS 设备基础沉降监督要点及监督依据

监督要点	监督依据
结合设计单位对 GIS 地基土类型和沉降速率大小确定的时间和频率，判定是否满足要求；整个施工期观测次数原则上不少于 6 次；每次沉降观测结束，应及时处理观测数据，分析观测成果	《电力工程施工测量技术规范》（DL/T 5445—2010） “11.1.2　7.2.1 要求采用型号 DS05 水准仪、因瓦水准尺，等级不应低于二等。 11.7.4　要求结合设计单位对 GIS 地基土类型和沉降速率大小确定的时间和频率，判定是否满足要求；整个施工期观测次数原则上不少于 6 次；每次沉降观测结束，应及时处理观测数据，分析观测成果。”

2. 监督项目解析

室外 GIS 设备基础沉降是设备安装阶段重要的监督项目。

地基沉降可能使设备承受支撑结构带来的额外应力，甚至导致相关部件受力发生损坏，严重威胁设备正常运行。

3. 监督要求

查阅资料，包括土建安装记录。

4. 整改措施

当技术监督人员在查阅资料或试验见证时，发现基础施工不合格，应及时将现场情况通知相关工程管理部门、施工单位、设备厂家，督促相关单位完善整改，直至基础施工满足要求。

3.1.6.13 隐蔽工程检查

1. 监督要点及监督依据

隐蔽工程检查监督要点及监督依据见表 3－56。

表 3－56　隐蔽工程检查监督要点及监督依据

监督要点	监督依据
验收人员依据变电站土建工程设计、施工、验收相关国家、行业及企业标准，进行变电站土建隐蔽工程验收及检验；隐蔽工程验收包括地基验槽、钢筋工程、地下混凝土工程、埋件埋管螺栓、地下防水防腐工程、屋面工程、幕墙及门窗、资料等	《变电站设备验收规范　第 27 部分：土建设施》（Q/GDW 11651.27—2016）验收细则 “3.2　验收要求： a）验收人员依据变电站土建工程设计、施工、验收相关国家、行业及企业标准，进行变电站土建隐蔽工程验收及检验。 b）隐蔽工程验收包括地基验槽、钢筋工程、地下混凝土工程、埋件埋管螺栓、地下防水防腐工程、屋面工程、幕墙及门窗、资料等。”

2. 监督项目解析

隐蔽工程检查是设备安装阶段监督项目之一。

隐蔽工程在施工结束后检查不便，因此在施工过程中就要做好质量管控。

3. 监督要求

查阅资料/现场查看，包括土建、接地引下线、地网等隐蔽工程的中间验收记录和资料，组合电器组部件安装、抽真空的中间验收记录和资料，现场查看 GIS 组部件安装、抽真空的操作现场情况。

4. 整改措施

当技术监督人员在查阅资料时发现隐蔽工程相关资料缺失或工作未开展时，应及时将现场情况通知安装单位和相关基建部门，督促完成相关隐蔽工程，并补齐资料。

3.1.7 设备调试阶段

3.1.7.1 整体耐压试验

1. 监督要点及监督依据

整体耐压试验监督要点及监督依据见表 3－57。

表 3－57　整体耐压试验监督要点及监督依据

监督要点	监督依据
1. 交接试验时，应在交流耐压试验的同时进行局部放电检测，交流耐压值应为出厂值的 100%。有条件时还应进行冲击耐压试验。试验中如发生放电，应先确定放电气室并查找放电点，经过处理后重新试验。 2. 若金属氧化物避雷器、电磁式电压互感器与母线之间连接有隔离开关，在工频耐压试验前进行老练试验时，可将隔离开关合上，加额定电压检查电磁式电压互感器的变比以及金属氧化物避雷器阻性电流和全电流	1.《电网设备技术标准差异条款统一意见》（国家电网科〔2017〕549 号）中开关类设备三、组合电器（二）运检与基建标准差异 “第 15 条　关于 GIS 设备现场进行雷电冲击试验的问题 交接试验时，应在交流耐压试验的同时进行局放检测，交流耐压值应为出厂值的 100%。有条件时还应进行冲击耐压试验。试验中如发生放电，应先确定放电气室并查找放电点，经过处理后重新试验。” 2.《气体绝缘金属封闭开关设备现场交接试验规程》（DL/T 618—2011）中“6.2 若金属氧化物避雷器、电磁式电压互感器与母线之间连接有隔离开关，在工频耐压试验前进行老练试验时，可将隔离开关合上，加额定电压检查电磁式电压互感器的变比以及金属氧化物避雷器阻性电流和全电流。”

2. 监督项目解析

整体耐压试验是设备调试阶段重要的监督项目。

GIS 耐压试验可以提高并检验设备的绝缘性能，减小设备投运后发生绝缘击穿的风险。耐压和局部放电试验可以及时发现设备的绝缘缺陷。在耐压试验同时，若具备条件可以将电压互感器和避雷器的相关试验一并完成，全面考核 GIS 各组件的性能。

3. 监督要求

查阅资料/现场见证，包括交接试验报告，现场见证试验全过程。

4. 整改措施

当技术监督人员在查阅资料或试验见证时，发现整体耐压试验相关项目缺失或不符合规范，应及时将现场情况通知相关工程管理部门、物资管理部门，督促相关单位完善整改，直至整体耐压试验技术标准、规程要求。

3.1.7.2　回路电阻试验

1. 监督要点及监督依据

回路电阻试验监督要点及监督依据见表 3－58。

表 3－58　回路电阻试验监督要点及监督依据

监督要点	监督依据
1. 在 GIS 每个间隔或整体装置上进行回路电阻测量的状况，应尽可能与制造厂的出厂试验时的状况相接近，以便使测量结果能与厂值比较。 2. 制造厂应提供每个元件（或每个单元）的回路电阻值。测试值应符合产品技术条件的规定，并不得超过出厂实测值的 120%，还应注意三相平衡度的比较	《气体绝缘金属封闭开关设备技术条件》（DL/T 617—2010） “9.3　主回路电阻测试 9.3.1　在 GIS 每个间隔或整体装置上进行回路电阻测量的状况，应尽可能与制造厂的出厂试验时的状况相接近，以便使测量结果能与厂值比较。 9.3.2　制造厂应提供每个元件（或每个单元）的回路电阻值。测试值应符合产品技术条件的规定，并不得超过出厂实测值的 120%，还应注意三相平衡度的比较。”

2. 监督项目解析

回路电阻试验是设备调试阶段监督项目之一。

回路电阻试验可发现 GIS 导电存在的电气连接问题，防止设备投运后出现过热或烧损。测试回路电阻采用 100A 以下的电流将导致测试不准确，回路电阻值超过控制值或者出厂实测值的 120%将导致回路发热缺陷。三相电阻不平衡表明某些相可能存在劣化的趋势。测试范围如漏掉某些电气连接，可能导致部分缺陷不能及时发现。

3. 监督要求

查阅资料，包括交接试验报告。

4. 整改措施

当技术监督人员在查阅资料或试验见证时，发现回路电阻试验不合格，应及时将现场情况通知相关工程管理部门、物资管理部门、施工单位、设备厂家，督促相关单位完善整改，直至回路电阻试验结果满足技术标准、规程要求。

3.1.7.3　密封试验

1. 监督要点及监督依据

密封试验监督要点及监督依据见表 3－59。

表 3-59　　密封试验监督要点及监督依据

监督要点	监督依据
每个封闭压力系统或隔室允许的相对年漏气率应不大于0.5%	DL/T 617—2010《气体绝缘金属封闭开关设备技术条件》 “6.14　每个封闭压力系统或隔室允许的相对年漏气率应不大于0.5%”。

2. 监督项目解析

检漏（密封试验）试验是设备调试阶段监督项目之一。

设备漏气会导致组合电器内 SF_6 气体压力降低，影响其绝缘和灭弧性能，使断路器不能开断正常或故障电流，严重情况下还会发生内部击穿事故，而检漏试验能及时发现设备的泄漏隐患。

3. 监督要求

查阅资料，包括交接试验报告。

4. 整改措施

当技术监督人员在查阅资料或试验见证时，发现设备检漏（密封）试验结果不合格，应及时将现场情况通知相关工程管理部门、物资管理部门、施工单位、设备厂家，督促相关单位完善整改，直至设备检漏（密封）试验结果满足技术标准、规程要求。

3.1.7.4　闭锁回路见证

1. 监督要点及监督依据

闭锁回路见证监督要点及监督依据见表 3-60。

表 3-60　　闭锁回路见证监督要点及监督依据

监督要点	监督依据
1. 断路器、隔离开关和接地开关电气闭锁回路应直接使用断路器、隔离开关、接地开关的辅助触点，严禁使用重动继电器；操作断路器、隔离开关等设备时，应确保待操作设备及其状态正确，并以现场状态为准。 2. 对 GIS 的不同元件之间设置的各种联锁与闭锁装置均应边行不少于 3 次的操作试验，其联锁与闭锁应可靠准确	1.《国家电网有限公司关于印发十八项电网重大反事故措施（修订版）的通知》（国家电网设备〔2018〕979 号） “4.2.7　断路器、隔离开关和接地开关电气闭锁回路应直接使用断路器、隔离开关、接地开关的辅助触点，严禁使用重动继电器；操作断路器、隔离开关等设备时，应确保待操作设备及其状态正确，并以现场状态为准。” 2.《气体绝缘金属封闭开关设备现场交接试验规程》（DL/T 618—2011）中“12 联锁与闭锁装置检查对 GIS 的不同元件之间设置的各种联锁与闭锁装置均应边行不少于 3 次的操作试验，其联锁与闭锁应可靠准确。”

2. 监督项目解析

闭锁回路见证是设备调试阶段重要的监督项目。

闭锁回路是防止设备出现误操作的重要手段，直接采用断路器或隔离开关的辅助触点能提高闭锁回路的可靠性，防止引入中间环节。

3. 监督要求

查阅资料，包括二次图纸。

4. 整改措施

当技术监督人员在查阅资料时发现闭锁回路不满于要求时，应及时将现场情况通知相关工程管理部门、物资管理部门、设备厂家，督促相关单位完善整改，直至闭锁回路满足技术标准、规程要求。

3.1.7.5　伸缩节

1. 监督要点及监督依据

伸缩节监督要点及监督依据见表 3-61。

表 3－61 伸缩节监督要点及监督依据

监督要点	监督依据
伸缩节安装完成后，应根据生产厂家提供的“伸缩节（状态）伸缩量－环境温度”对应参数明细表等技术资料进行调整和验收	《国家电网有限公司关于印发十八项电网重大反事故措施（修订版）的通知》（国家电网设备〔2018〕979 号）中“12.2.2.7 伸缩节安装完成后，应根据生产厂家提供的‘伸缩节（状态）伸缩量—环境温度’对应参数明细表等技术资料进行调整和验收。”

2. 监督项目解析

伸缩节是设备调试阶段监督项目之一。

因户外 GIS 伸缩节设计、安装不当，后期运维不便，导致 GIS 设备开裂、漏气故障频发，各制造厂应有详细的不同环境温度下的安装作业指导书，指导书应明确各种类型伸缩节的现场安装方法、充入 SF_6 气体与螺栓调整顺序、螺栓调整尺寸等，同时现场作业指导书应作为现场交接资料一并提交用户。

3. 监督要求

见证试验，查阅资料。

4. 整改措施

当技术监督人员在查阅资料时，发现设备调试准备工作不合格，应及时将现场情况通知相关工程管理部门，督促相关单位完善整改，直至断路器设备调试准备工作齐备合规。

3.1.7.6 气体密度继电器试验

1. 监督要点及监督依据

气体密度继电器试验监督要点及监督依据见表 3－62。

表 3－62 气体密度继电器试验监督要点及监督依据

监督要点	监督依据
进行额定压力值和各触点（如闭锁触点、报警触点）的动作值、返回值的校验并随组合电器本体一起，进行密封性试验	DL/T 618—2011《气体绝缘金属封闭开关设备现场交接试验规程》“10 气体密度继电器应校验其接点动作值与返回值，并符合其产品技术条件规定。”

2. 监督项目解析

气体密度继电器试验是设备调试阶段监督项目之一。

气体密度继电器起到监测组合电器内绝缘气体介质压力的作用，在气体发生泄漏时起到报警和保护的作用，且气体密度继电器和组合电器本体连接点多，容易发生漏气缺陷。

3. 监督要求

查阅资料，包括气体密度继电器调试记录。

4. 整改措施

当技术监督人员在查阅资料或试验见证时，发现设备气体密度器试验结果不合格，应及时将现场情况通知相关工程管理部门、物资管理部门、施工单位、设备厂家，督促相关单位完善整改，直至设备气体密度器试验结果满足技术标准、规程要求。

3.1.8 竣工验收阶段

3.1.8.1 设备外观

1. 监督要点及监督依据

设备外观监督要点及监督依据见表 3－63。

表 3－63　　设备外观监督要点及监督依据

监督要点	监督依据
1. GIS 应安装牢靠、外观清洁。 2. 瓷套应完整无损、表面清洁。 3. 所有柜、箱防雨防潮性能应良好，本体电缆防护应良好。 4. 油漆应完好，出厂铭牌、相色标志、内部元件标示应正确。 5. 带电显示装置显示应正确。 6. 户外断路器应采取防止密度继电器二次接头受潮的防雨措施	1～5.《电气装置安装工程　高压电器施工及验收规范》(GB 50147—2010) 5.6.1　在验收时应进行下列检查： “1. GIS 应安装牢靠、外观清洁，动作性能应符合产品技术文件要求。 7. 瓷套应完整无损、表面清洁。 8. 所有柜、箱防雨防潮性能应良好，本体电缆防护应良好。 11. 带电显示装置显示应正确。 13. 油漆应完好，相色标志应正确。” 6.《国家电网有限公司关于印发十八项电网重大反事故措施（修订版）的通知》(国家电网设备〔2018〕979 号）中“12.1.1.3.4　户外断路器应采取防止密度继电器二次接头受潮的防雨措施。”

2. 监督项目解析

设备外观是竣工验收阶段监督项目之一。

设备外观符合相应要求是设备投运的基本条件，通过设备外观的检查能够发现设备的一些常规性缺陷，有效减少设备投运的故障率和维护成本。

3. 监督要求

现场查看 1 个间隔。

4. 整改措施

当技术监督人员在查阅资料或旁站见证时，发现设备外观不合格，应及时将现场情况通知相关工程管理部门、物资管理部门、施工单位、设备厂家，督促相关单位完善整改，直至设备外观满足技术标准、规程要求。

3.1.8.2 整体耐压试验

1. 监督要点及监督依据

整体耐压试验监督要点及监督依据见表 3－64。

表 3－64　　整体耐压试验监督要点及监督依据

监督要点	监督依据
1. 交接试验时，应在交流耐压试验的同时进行局部放电检测，交流耐压值应为出厂值的 100%。有条件时还应进行冲击耐压试验。试验中如发生放电，应先确定放电气室并查找放电点，经过处理后重新试验。 2. 若金属氧化物避雷器、电磁式电压互感器与母线之间连接有隔离开关，在工频耐压试验前进行老练试验时，可将隔离开关合上，加额定电压检查电磁式电压互感器的变比以及金属氧化物避雷器阻性电流和全电流	1.《电网设备技术标准差异条款统一意见》(国家电网科〔2017〕549 号）中“开关类设备三组合电器（二）运检与基建标准差异　第 15 条　关于 GIS 设备现场进行雷电冲击试验的问题交接试验时，应在交流耐压试验的同时进行局部放电检测，交流耐压值应为出厂值的 100%。有条件时还应进行冲击耐压试验。试验中如发生放电，应先确定放电气室并查找放电点，经过处理后重新试验。” 2.《气体绝缘金属封闭开关设备现场交接试验规程》(DL/T 618—2011)“6.2 若金属氧化物避雷器、电磁式电压互感器与母线之间连接有隔离开关，在工频耐压试验前进行老练试验时，可将隔离开关合上，加额定电压检查电磁式电压互感器的变比以及金属氧化物避雷器阻性电流和全电流。”

2. 监督项目解析

整体耐压试验是竣工验收阶段监督项目之一。

GIS 耐压试验可以提高并检验设备的绝缘性能，减小设备投运后发生绝缘击穿的风险。耐压和局部放电试验可以及时发现设备的绝缘缺陷。在耐压试验同时，若具备条件可以将电压互感器和避雷器的相关试验一并完成，全面考核 GIS 各组件的性能。

3. 监督要求

查阅资料/现场见证，包括交接试验报告和耐压试验方案（应是签批后的正式版本），现场见证试验全过程。

4. 整改措施

当技术监督人员在查阅资料时，发现设备整体耐压试验未进行或不符合要求时，应及时将现场情况通知相关工程管理部门，督促相关单位完善整改，直至设备整体耐压试验符合相关规程要求。

3.1.8.3　气体监测系统

1. 监督要点及监督依据

气体监测系统监督要点及监督依据见表 3－65。

表 3－65　气体监测系统监督要点及监督依据

监督要点	监督依据
1. 每个封闭压力系统（隔室）应设置密度监视装置，制造厂应给出补气报警密度值，对断路器室还应给出闭锁断路器分、合闸的密度值。 2. 密度监视装置可以是密度表，也可以是密度继电器，并设置运行中可更换密度表（密度继电器）的自封接头或阀门。在此部位还应设置抽真空及充气的自封接头或阀门，并带有封盖。当选用密度继电器时，还应设置真空压力表及气体温度压力曲线铭牌，在曲线上应标明气体额定值、补气值曲线。在断路器隔室曲线图上还应标有闭锁值曲线。各曲线应用不同颜色表示。 3. 密度监视装置可以按 GIS 的间隔集中布置，也可以分散在各隔室附近。当采用集中布置时，管道直径要足够大，以提高抽真空的效率及真空极限。 4. 密度监视装置、压力表、自封接头或阀门及管道均应有可靠的固定措施。 5. 应有防止内部故障短路电流发生时在气体监视系统上可能产生的分流现象的措施。 6. 气体监视系统的接头密封工艺结构应与 GIS 的主件密封工艺结构一致。 7. SF_6 密度继电器与 GIS 本体之间的连接方式应满足不拆卸校验密度继电器的要求。密度继电器应装设在与 GIS 本体同一运行环境温度的位置，其密度继电器应满足环境温度在－40℃～－25℃时准确度不低于 2.5 级的要求。 8. 三相分箱的 GIS 母线及断路器气室，禁止采用管路连接。独立气室应安装单独的密度继电器，密度继电器表计应朝向巡视通道	《气体绝缘金属封闭开关设备选用导则》（DL/T 728—2013） “7.1　气体监测系统” 1.“7.1.1　每个封闭压力系统（隔室）应设置密度监视装置，制造厂应给出补气报警密度值，对断路器室还应给出闭锁断路器分、合闸的密度值。” 2.“7.1.2　密度监视装置可以是密度表，也可以是密度继电器，并设置运行中可更换密度表（密度继电器）的自封接头或阀门。在此部位还应设置抽真空及充气的自封接头或阀门，并带有封盖。当选用密度继电器时，还应设置真空压力表及气体温度压力曲线铭牌，在曲线上应标明气体额定值、补气值曲线。在断路器隔室曲线图上还应标有闭锁值曲线。各曲线应用不同颜色表示。” 3.“7.1.3　密度监视装置可以按 GIS 的间隔集中布置，也可以分散在各隔室附近。当采用集中布置时，管道直径要足够大，以提高抽真空的效率及真空极限。” 4.“7.1.4　密度监视装置、压力表、自封接头或阀门及管道均应有可靠的固定措施。” 5.“7.1.5　应有防止内部故障短路电流发生时在气体监视系统上可能产生的分流现象。” 6.“7.1.6　气体监视系统的接头密封工艺结构应与 GIS 的主件密封工艺结构一致。” 7～8.《国家电网有限公司关于印发十八项电网重大反事故措施（修订版）的通知》（国家电网设备〔2018〕979 号）。 “12.1.1.3.1　密度继电器与开关设备本体之间的连接方式应满足不拆卸校验密度继电器的要求。 12.1.1.3.2　密度继电器应装设在与被监测气室处于同一运行环境温度的位置。对于严寒地区的设备，其密度继电器应满足环境温度在－40℃～－25℃时准确度不低于 2.5 级的要求。 12.2.1.2.3　三相分箱的 GIS 母线及断路器气室，禁止采用管路连接。独立气室应安装单独的密度继电器，密度继电器表计应朝向巡视通道。”

2. 监督项目解析

气体监测系统是竣工验收阶段监督项目之一。

GIS 内的气体是主要的绝缘介质，气体压力直接影响内绝缘性能和断路器灭弧性能，GIS 的气体监测系统会直接影响设备的运行情况。GIS 内气体压力直接影响内绝缘性能，对于断路器气室，气体压力还会影响灭弧性能。气体密度监视装置在更换过程中应不对 GIS 气室造成影响，且在各个气体报警压力下给出相应的标识。气体监测装置应该尽可能减小对 GIS 气密性和电气性能的影响。气体监测装置在气压异常时应能可靠动作，并有一定的备用提高可靠性。气体监测装置应保证温度补偿的正确性，对于分箱结构应对每一相气压单独监测报警，密度继电器表计应朝向巡视通道，便于巡视。

3. 监督要求

现场查看 1 个间隔。

4. 整改措施

当技术监督人员在现场检查时，发现气体监测系统不合格，应及时将现场情况通知相关工程管理部门、物资管理部门、施工单位、设备厂家，督促相关单位完善整改，直至气体监测系统满足技术标准、规程要求。

3.1.8.4 检漏（密封试验）试验

1. 监督要点及监督依据

检漏（密封试验）试验监督要点及监督依据见表 3－66。

表 3－66　　检漏（密封试验）试验监督要点及监督依据

监督要点	监督依据
必要时采用局部包扎法进行气体泄漏测量，以 24h 的漏气量换算，每个气室年泄漏率小于 0.5%	GB 50150—2006《电气装置安装工程电气设备交接试验标准》“14.0.4　每个气室年泄漏率小于 0.5%。”

2. 监督项目解析

检漏（密封试验）试验是竣工验收阶段监督项目之一。

SF_6 气体泄漏一方面会造成温室气体（SF_6）在大气中排放，同时会引起设备内绝缘性能下降，对于断路器还会造成其闭锁，无法正常开合电流。

3. 监督要求

查阅资料（抽查 1 个间隔），包括交接试验报告。

4. 整改措施

当技术监督人员在查阅资料时，发现检漏（密封）试验未开展或结果不合格，应及时将现场情况通知相关工程管理部门、物资管理部门、施工单位、设备厂家，督促相关单位完善整改，直至设备检漏（密封）试验结果满足技术标准、规程要求。

3.1.8.5 压力释放装置

1. 监督要点及监督依据

压力释放装置监督要点及监督依据见表 3－67。

表 3－67　　压力释放装置监督要点及监督依据

监督要点	监督依据
每个封闭压力系统或隔室允许的相对年漏气率不大于 0.5%	DL/T 617—2010《气体绝缘金属封闭开关设备技术条件》：“6.14　每个封闭压力系统或隔室允许的相对年漏气率应不大于 0.5%。”

2. 监督项目解析

压力释放装置是竣工验收阶段监督项目之一。

压力释放装置动作时会产生较大压力的气流，可能会对运行人员造成伤害。

3. 监督要求

现场查看 1 个间隔。

4. 整改措施

当技术监督人员在现场检查时，发现压力释放装置不合格，应及时将现场情况通知相关工程管理部门、物资管理部门、施工单位、设备厂家，督促相关单位完善整改，直至压力释放装置满足技术标准、规程要求。

3.1.8.6 伸缩节

1. 监督要点及监督依据

伸缩节监督要点及监督依据见表 3－68。

表 3－68　伸缩节监督要点及监督依据

监督要点	监督依据
伸缩节安装完成后，应根据生产厂家提供的“伸缩节（状态）伸缩量—环境温度”对应参数明细表等技术资料进行调整和验收	《国家电网有限公司关于印发十八项电网重大反事故措施（修订版）的通知》（国家电网设备〔2018〕979 号）“12.2.2.7　伸缩节安装完成后，应根据生产厂家提供的‘伸缩节（状态）伸缩量—环境温度’对应参数明细表等技术资料进行调整和验收。”

2. 监督项目解析

伸缩节是竣工验收阶段监督项目之一。

因户外 GIS 伸缩节设计、安装不当，后期运维不便，导致 GIS 设备开裂、漏气故障频发，各制造厂应有详细的不同环境温度下的安装作业指导书，指导书应明确各种类型伸缩节的现场安装方法、充入 SF_6 气体与螺栓调整顺序、螺栓调整尺寸等，同时现场作业指导书应作为现场交接资料一并提交用户。

3. 监督要求

查阅资料，包括伸缩节调整报告。

4. 整改措施

当技术监督人员在查阅资料时，发现伸缩节调整不合格，应及时将现场情况通知相关工程管理部门，督促相关单位完善整改，直至伸缩节调节参数满足要求。

3.1.8.7 电气连接及安全接地

1. 监督要点及监督依据

电气连接及安全接地监督要点及监督依据见表 3－69。

表 3－69　电气连接及安全接地监督要点及监督依据

监督要点	监督依据
1. 凡不属于主回路或辅助回路的且需要接地的所有金属部分都应接地。外壳、构架等的相互电气连接宜采用紧固连接（如螺栓连接或焊接），以保证电气连通。 2. GIS 接地回路导体应有足够大的截面，具有通过接地短路电流的能力。 3. 126kV 及以下 GIS 紧固接地螺栓的直径不得小于 12mm；252kV 及以上 GIS 紧固接地螺栓的直径不得小于 16mm。	1～2.《导体和电器选择设计技术规定》（DL/T 5222—2005） “12.0.14　凡不属于主回路或辅助回路的且需要接地的所有金属部分都应接地。外壳、构架等的相互电气连接宜采用紧固连接（如螺栓连接或焊接），以保证电气上连通。接地回路导体应有足够的截面，具有通过接地短路电流的能力。” 3.《电气装置安装工程母线装置施工及验收规范》（GB 50149—2010） “3.2.2　126kV 及以下 GIS 紧固接地螺栓的直径不得小于 12mm；252kV 及以上 GIS 紧固接地螺栓的直径不得小于 16mm。”

续表

监督要点	监督依据
4. 采用带金属法兰的盆式绝缘子可取消罐体对接处的跨接片，但生产厂家应提供型式试验依据。如需采用跨接片，户外 GIS 罐体上应有专用跨接部位，禁止通过法兰螺栓直连。 5. 由一次设备（如变压器、断路器、隔离开关和电流、电压互感器等）直接引出的二次电缆的屏蔽层应使用截面积不小于 $4mm^2$ 的多股铜质软导线仅在就地端子箱处一点接地，在一次设备的接线盒（箱）处不接地，二次电缆经金属管从一次设备的接线盒（箱）引至电缆沟，并将金属管的上端与一次设备的底座或金属外壳良好焊接，金属管另一端应在距一次设备 5m 之外与主接地网焊接	4～5.《国家电网有限公司关于印发十八项电网重大反事故措施（修订版）的通知》（国家电网设备〔2018〕979 号） “12.2.1.5 新投运 GIS 采用带金属法兰的盆式绝缘子时，应预留窗口用于特高频局部放电检测。采用此结构的盆式绝缘子可取消罐体对接处的跨接片，但生产厂家应提供型式试验依据。如需采用跨接片，户外 GIS 罐体上应有专用跨接部位，禁止通过法兰螺栓直连。” “15.6.2.8 由一次设备（如变压器、断路器、隔离开关和电流、电压互感器等）直接引出的二次电缆的屏蔽层应使用截面积不小于 $4mm^2$ 多股铜质软导线仅在就地端子箱处一点接地，在一次设备的接线盒（箱）处不接地，二次电缆经金属管从一次设备的接线盒（箱）引至电缆沟，并将金属管的上端与一次设备的底座或金属外壳良好焊接，金属管另一端应在距一次设备 5m 之外与主接地网焊接。”

2. 监督项目解析

电气连接及安全接地是竣工验收阶段监督项目之一。

接地回路截面不足，或存在锈蚀、损伤等情况，将导致 GIS 发生接地故障时短路电流通流能力不足。GIS 壳体法兰间若不能形成良好通路，则会导致 GIS 壳体上存在感应电势造成壳体打火情况。接地不良还会导致设备存在安全隐患，威胁人身和设备安全。

3. 监督要求

现场查看 1 个间隔。

4. 整改措施

当技术监督人员在查阅资料时，发现电气连接及安全接地不符合要求，应及时将现场情况通知相关工程管理部门、物资管理部门、施工单位、设备厂家，督促相关单位完善整改，直至设备电气连接及安全接地检查结果满足技术标准、规程要求。

3.1.8.8 SF_6气体监测设备

1. 监督要点及监督依据

SF_6气体监测设备监督要点及监督依据表 3－70。

表 3－70　SF_6气体监测设备监督要点及监督依据

监督要点	监督依据
装有 SF_6 设备的配电装置室和 SF_6 气体实验室，应装设强力通风装置，风口应设置在室内底部，排风口不应朝向居民住宅或行人；在室内，设备充装 SF_6 气体时，周围环境相对湿度应不大于 80%，同时应开启通风系统，并避免 SF_6 气体泄漏到工作区，工作区空气中 SF_6 气体含量不得超过 1000μL/L	《国家电网公司电力安全工作规程变电部分》（Q/GDW 1799.1—2013） “11.1 装有 SF_6 设备的配电装置室和 SF_6 气体实验室，应装设强力通风装置，风口应设置在室内底部，排风口不应朝向居民住宅或行人。 11.2 在室内，设备充装 SF_6 气体时，周围环境相对湿度应不大于 80%，同时应开启通风系统，并避免 SF_6 气体泄漏到工作区，工作区空气中 SF_6 气体含量不得超过 1000μL/L。”

2. 监督项目解析

SF_6 气体检测是竣工验收阶段监督项目之一。

GIS 设备长期充气存放，存在气体泄漏的风险，配电室属于室内空间，SF_6 气体无法自动散开，长期聚集于实验室空气底层，对实验室工作人员的人身安全构成极大的威胁，另外 SF_6 气体对环境也有负面影响，因此要求装有 SF_6 设备的配电装置室和 SF_6 气体实验室装设强力通风装置，并对其具体参数提出要求。

3. 监督要求

查阅资料/现场查看，包括GIS安装方案对环境的要求；现场查看GIS安装环境。

4. 整改措施

当技术监督人员在查阅资料或检查安装现场时发现SF_6气体监测设备不符合要求时，应及时将现场情况通知相关工程管理部门、物资管理部门、施工单位、设备厂家，督促相关单位完善整改。

3.1.8.9　SF_6气体检测

1. 监督要点及监督依据

SF_6气体检测监督要点及监督依据见表3-71。

表3-71　SF_6气体检测监督要点及监督依据

监督要点	监督依据
1. 交接试验时，应对所有断路器隔室进行SF_6气体纯度检测，其他隔室可进行抽测；对于使用SF_6混合气体的设备，应测量混合气体的比例。 2. SF_6气体压力、泄漏率和含水量应符合《电气装置安装工程电气设备交接试验标准》GB 50150及产品技术文件的规定	1.《国家电网有限公司关于印发十八项电网重大反事故措施（修订版）的通知》（国家电网设备〔2018〕979号） “12.1.2.4　充气设备现场安装应先进行抽真空处理，再注入绝缘气体。SF_6气体注入设备后应对设备内气体进行SF_6纯度检测。对于使用SF_6混合气体的设备，应测量混合气体的比例。” 2.《电气装置安装工程　高压电器施工及验收规范》（GB 50147—2010） “4.4.16　SF_6气体压力、泄漏率和含水量应符合《电气装置安装工程电气设备交接试验标准》GB 50150及产品技术文件的规定。”

2. 监督项目解析

SF_6气体检测是竣工验收阶段监督项目之一。

SF_6气体的质量和压力直接影响GIS的内绝缘和灭弧性能，对其纯度和压力检查能有效防止投运后设备因SF_6气体劣化而发生故障。

3. 监督要求

开展本条目监督，查阅资料，包括交接试验报告中气体检测部分。

4. 整改措施

当技术监督人员在查阅资料时，发现SF_6气体检测未开展或结果不合格，应及时将现场情况通知相关工程管理部门、物资管理部门、施工单位、设备厂家，督促相关单位完善整改，直至SF_6气体检测结果满足技术标准、规程要求。

3.1.8.10　电流回路检查

1. 监督要点及监督依据

电流回路检查监督要点及监督依据见表3-72。

表3-72　电流回路检查监督要点及监督依据

监督要点	监督依据
1. 应检查电流互感器二次绕组所有二次接线的正确性及端子排引线螺钉压接的可靠性。 2. 应检查电流二次回路的接地点与接地状况，电流互感器的二次回路必须分别且只能有一点接地；由几组电流互感器二次组合的电流回路，应在有直接电气连接处一点接地	《继电保护和电网安全自动装置检验规程》（DL/T 995—2016） “5.3.2.2　电流互感器二次回路检查。 a）检查电流互感器二次绕组所有二次接线的正确性及端子排引线螺钉压接的可靠性。 b）检查电流二次回路的接地点与接地状况，电流互感器的二次回路必须分别且只能有一点接地；由几组电流互感器二次组合的电流回路，应在有直接电气连接处一点接地。”

2. 监督项目解析

电流回路检查是竣工验收阶段监督项目之一。

互感器的二次回路连接质量直接影响控制和保护系统能否正常运行。互感器二次回路接地应防止存在寄生回路。

3. 监督要求

查阅资料/现场抽查，包括二次图纸，并抽查 1 个间隔的实际接线是否与图纸相符。

4. 整改措施

当技术监督人员在查阅资料或现场检查时，发现互感器电流回路不符合要求，应及时将现场情况通知相关工程管理部门、物资管理部门、施工单位、设备厂家，督促相关单位完善整改，直至互感器电流回路满足技术标准、规程要求。

3.1.8.11　室外 GIS 设备基础沉降

1. 监督要点及监督依据

室外 GIS 设备基础沉降监督要点及监督依据见表 3－73。

表 3－73　　室外 GIS 设备基础沉降监督要点及监督依据

监督要点	监督依据
结合设计单位对 GIS 地基土类型和沉降速率大小确定的时间和频率，判定是否满足要求；整个施工期观测次数原则上不少于 6 次；每次沉降观测结束，应及时处理观测数据，分析观测成果	《电力工程施工测量技术规范》(DL/T 5445—2010) 11.1.2、7.2.1 中要求采用型号 DS05 水准仪、因瓦水准尺，等级不应低于二等。 11.7.4 要求结合设计单位对 GIS 地基土类型和沉降速率大小确定的时间和频率，判定是否满足要求；整个施工期观测次数原则上不少于 6 次；每次沉降观测结束，应及时处理观测数据，分析观测成果

2. 监督项目解析

室外 GIS 设备基础沉降是竣工验收阶段重要的监督项目。

地基沉降可能使设备承受支撑结构带来的额外应力，甚至导致相关部件受力发生损坏，严重威胁设备正常运行。

3. 监督要求

资料检查：复核 GIS 基础施工图是否明确沉降变形监测内容，观测数据是否满足规范要求。

实体检查：基准点、工作基点设置及保护，GIS 基础沉降监测点设置位置、数量是否满足设计及规范要求，GIS 基础混凝土结构有无严重贯穿性裂缝。

4. 整改措施

当技术监督人员在查阅资料或实体检查，发现基础施工不合格，应及时将现场情况通知相关工程管理部门、施工单位、设备厂家，督促相关单位完善整改，直至基础施工满足要求。

3.1.9　运维检修阶段

3.1.9.1　运行巡视

1. 监督要点及监督依据

运行巡视监督要点及监督依据见表 3－74。

表 3-74　运行巡视监督要点及监督依据

监督要点	监督依据
1. 运行巡视周期应符合相关规定。 2. 巡视项目重点关注：① SF_6气体压力表指示是否正常，并记录压力值；② 避雷器在线监测仪指示是否正常，并记录泄漏电流值和动作次数；③ 带电显示器是否正常；④ 汇控柜状态（分、合闸指示，加热器投入，柜门密封）是否正常；⑤ 液压（气动）机构是否漏油（气）；⑥ 室内 SF_6气体含量是否达标；⑦ 室内抽风机开机是否正常	1.《输变电设备状态检修试验规程》（Q/GDW 1168—2013）5.9.1.1 表 25　GIS 巡检项目。 2.《国家电网公司变电运维管理通用细则》第 3 分册组合电器运维细则。 "2.1.1.17　对于不带温度补偿的 SF_6气体压力表或密度继电器，应对照制造厂提供的温度—压力曲线，并与相同环境温度下的历史数据进行比较，分析是否存在异常。" "2.1.1.25　避雷器的动作计数器指示值正常，泄漏电流指示值正常。" "2.1.1.22　带电显示装置指示正常，清晰可见。" "2.1.2.2　汇控柜及二次回路。" "2.1.4.2　异常天气时的巡视项目和要求。" "4.4　局部过热。" "4.2　SF_6气体压力异常。" "1.1.10　组合电器室应装设强力通风装置，风口应设置在室内底部，排风机电源开关应设置在门外。"

2. 监督项目解析

运行巡视是运维检修阶段监督项目之一。

气体压力、避雷器动作次数和泄漏电流、带电显示、汇控柜状态、机构密封状态、运行温度、是否存在气体泄漏、室内通风是否正常直接关系到设备的运行状态和运维人员能否正常工作。

3. 监督要求

查阅资料（巡视记录）。

4. 整改措施

当技术监督人员在查阅资料时发现巡视项目不符合要求时，应及时将现场情况通知相关设备管理部门和运维管理部门，督促相关单位完善整改，直至巡视项目完整规范，满足技术标准、规程要求。

3.1.9.2　状态检测

1. 监督要点及监督依据

状态检测监督要点及监督依据见表 3-75。

表 3-75　状态检测监督要点及监督依据

监督要点	监督依据
1. 带电检测周期、项目应符合相关规定。 2. 停电试验应按规定周期开展，试验项目齐全；当对试验结果有怀疑时应进行复测，必要时开展诊断性试验。 3. 应加强运行中 GIS 的带电检测和在线监测工作。在迎峰度夏前、A 类或 B 类检修后、经受大负荷冲击后应进行局放检测，对于局放量异常的设备，应同时结合 SF_6气体分解物检测技术进行综合分析和判断。 4. 户外 GIS 应按照"伸缩节（状态）伸缩量-环境温度"曲线定期核查伸缩节伸缩量，每季度至少开展一次，且在温度最高和最低的季节每月核查一次	1.《国家电网公司变电检测管理规定》［国网（运检/3）829—2017］附录 A　检测项目、周期和标准表 A.3.1　组合电器的检测项目、分类、周期和标准。 2.《输变电设备状态检修试验规程》（Q/GDW 1168—2013）5.9.1 及 5.9.2 相关内容。 3.《关于加强气体绝缘金属封闭开关设备全过程管理重点措施》（国家电网生〔2011〕1223 号）中"第三十六条　应加强运行中 GIS 的带电检测和在线监测工作。在迎峰度夏前、A 类或 B 类检修后、经受大负荷冲击后应进行局放检测，对于局放量异常的设备，应同时结合 SF_6气体分解物检测技术进行综合分析和判断。" 4.《国家电网有限公司关于印发十八项电网重大反事故措施（修订版）的通知》（国家电网设备〔2018〕979 号）中"12.2.3.3　户外 GIS 应按照"伸缩节（状态）伸缩量—环境温度"曲线定期核查伸缩节伸缩量，每季度至少开展一次，且在温度最高和最低的季节每月核查一次。"

2. 监督项目解析

状态检测是运维检修阶段监督项目之一。

状态检测直接关系到能及时发现设备缺陷隐患，避免缺陷发展为故障，状态检测周期不合理、项目不全直接影响设备状态评估，相关检修项目的缺失会导致设备检修不彻底，留下运行隐患，不利于设备的安全稳定运行；在迎峰度夏前、A 类或 B 类检修后或异常工况后进行带电检测或在线监测可以有效发现设备存在的内部缺陷，同时运用多种手段综合分析可以提高设备状态评估的准确性，防止设备带病运行；伸缩节能对 GIS 因温度导致的形变进行补偿，防止设备受到额外应力，但伸缩节有一定的补偿范围，应对其形变量进行监测，防止超出其补偿范围造成伸缩节损坏。

3. 监督要求

查阅资料（测试记录）/现场检测。

4. 整改措施

当技术监督人员在查阅资料时发现状态检测不符合要求时，应及时将现场情况通知相关设备管理部门和运维管理部门，督促相关单位完善整改，直至状态检测项目完整规范，满足技术标准、规程要求。

3.1.9.3 状态评价与检修决策

1. 监督要点及监督依据

状态评价与检修决策监督要点及监督依据见表 3－76。

表 3－76 状态评价与检修决策监督要点及监督依据

监督要点	监督依据
1. 状态评价应基于巡检及例行试验、诊断性试验、在线监测、带电检测、家族缺陷、不良工况等状态信息，包括其现象强度、量值大小以及发展趋势，结合与同类设备的比较，作出综合判断。 2. 应遵循“应修必修，修必修好”的原则，依据设备状态评价的结果，考虑设备风险因素，动态制定设备的检修策略，合理安排检修计划和内容	1.《输变电设备状态检修试验规程》（Q/GDW 1168—2013）4.3.1　设备状态的评价应该基于巡检及例行试验、诊断性试验、在线监测、带电检测、家族缺陷、不良工况等状态信息，包括其现象强度、量值大小以及发展趋势，结合与同类设备的比较，作出综合判断。 2.《气体绝缘金属封闭开关设备状态检修导则》（DL/T 1689—2017）4.1　应遵循“应修必修，修必修好”的原则，依据设备状态评价的结果，考虑设备风险因素，动态制定设备的检修策略，合理安排检修计划和内容

2. 监督项目解析

状态评价与检修决策是运维检修阶段监督项目之一。

对设备状态展开评价，可以及时了解设备运行状态，不进行状态评估可能导致不能及时发现设备问题造成事故。检修决策直接关系到能否及时发现并消除异常状态设备缺陷，各检修项目都对应GIS 设备的某一项或几项关键性能，其实施有利于设备的正常运行。

3. 监督要求

查阅资料。

4. 整改措施

当技术监督人员在查阅资料发现状态评价与检修决策不合理时，应及时将现场情况通知相关设备管理部门和运维管理部门，督促相关单位完善整改，直至其满足技术标准、规程要求。

3.1.9.4 故障/缺陷处理

1. 监督要点及监督依据

故障/缺陷处理监督要点及监督依据见表 3－77。

表 3－77 故障/缺陷处理监督要点及监督依据

监督要点	监督依据
1. 缺陷定级应正确，缺陷处理应闭环。 2. 在诊断性试验中，应在机械特性试验中同步记录触头行程曲线，并确保在规定的参考机械行程特性包络线范围内。	1.《交流高压开关设备技术监督导则》（Q/GDW 11074—2013）5.9.3　对于开关设备运维工作，重点监督是否满足以下要求： f）缺陷定级是否准确、处理是否闭环。 2.《国家电网公司关于印发电网设备技术标准差异条款统一意见的通知》（国家电网科〔2017〕549 号）

续表

监督要点	监督依据
3. 巡视时，如发现断路器、快速接地开关缓冲器存在漏油现象，应立即安排处理。 4. 倒闸操作前后，发现 GIS 三相电流不平衡时应及时查找原因并处理。 5. 组合电器处理故障/缺陷时需回收 SF_6 气体时，应统一回收、集中处理，并做好处置记录，严禁向大气排放	“开关类设备　一、断路器（二）运检与基建标准差异　第 6 条　关于断路器机械行程特性记录的问题： 2）在诊断性试验中，应在机械特性试验中同步记录触头行程曲线，并确保在规定的参考机械行程特性包络线范围内。” 3～4.《国家电网有限公司关于印发十八项电网重大反事故措施（修订版）的通知》（国家电网设备〔2018〕979 号）。 12.2.3.1　巡视时，如发现断路器、快速接地开关缓冲器存在漏油现象，应立即安排处理。 12.2.3.2　倒闸操作前后，发现 GIS 三相电流不平衡时应及时查找原因并处理。 5.《六氟化硫电气设备中气体管理和检测导则》（GB 8905—2012）中“11.3.1　设备解体前需对气体进行全面分析，以确定其有害成分含量，制定防毒措施。通过气体回收装置将 SF_6 气体全面回收。严禁向大气排放。”

2. 监督项目解析

故障/缺陷处理是运维检修阶段监督项目之一。

缺陷的发现、定级和消除直接关系到设备的正常运行，在消缺过程中，应明确缺陷现象、原因、处理细节，便于缺陷闭环管理的监督。断路器机械特性曲线能反映其机械状态，及时发现断路器的机械缺陷，断路器行程缺陷会导致断路器触头烧损甚至灭弧失败，可能造成严重事故，因此在诊断性试验中，应在机械特性试验中同步记录触头行程曲线，并确保在规定的参考机械行程特性包络线范围内。分合闸缓冲器能有效减少分合闸过程对断路器机械结构的冲击，防止绝缘拉杆受到过大冲击损坏断裂。SF_6 废气不按规定回收再利用，将可能造成 SF_6 气体在空气中排放，加剧全球温室效应，污染严重的 SF_6 气体不按规回收，将造成有毒气体的违规排放，危害人体或环境。

3. 监督要求

查阅资料（缺陷、故障记录）/现场检查。

4. 整改措施

当技术监督人员在查阅资料或现场检查发现故障/缺陷处理不合理时，应及时将现场情况通知相关设备管理部门和运维管理部门，督促相关单位完善整改。

3.1.9.5　反事故措施落实

1. 监督要点及监督依据

反事故措施落实监督要点及监督依据见表 3－78。

表 3－78　　反事故措施落实监督要点及监督依据

监督要点	监督依据
1. 定期检查设备架构、GIS 母线筒位移与沉降情况。 2. 例行试验中应对断路器主触头与合闸电阻触头的时间配合关系进行测试，并测量合闸电阻的阻值。 3. 例行试验中应测试断路器合—分时间。对 252kV 及以上断路器，合—分时间应满足电力系统安全稳定要求。 4. 例行试验中，应检查瓷绝缘子胶装部位防水密封胶完好性，必要时重新复涂防水密封胶。 5. 3 年内未动作过的 72.5kV 及以上断路器，应进行分/合闸操作	《国家电网有限公司关于印发十八项电网重大反事故措施（修订版）的通知》（国家电网设备〔2018〕979 号）。 “5.1.3.5　定期检查设备架构、GIS 母线筒位移与沉降情况。 12.1.2.2　断路器产品出厂试验、交接试验及例行试验中，应对断路器主触头与合闸电阻触头的时间配合关系进行测试，并测量合闸电阻的阻值。 12.1.2.3　断路器产品出厂试验、交接试验及例行试验中，应测试断路器合—分时间。对 252kV 及以上断路器，合—分时间应满足电力系统安全稳定要求。 12.3.3.4　例行试验中，应检查瓷绝缘子胶装部位防水密封胶完好性，必要时重新复涂防水密封胶。 12.1.3.3　3 年内未动作过的 72.5kV 及以上断路器，应进行分/合闸操作。”

2. 监督项目解析

反事故措施落实是运维检修阶段监督项目之一。

地基沉降可能使设备承受支撑结构带来的额外应力，甚至导致相关部件受力发生损坏，严重威胁设备正常运行，因此应定期检查设备架构、GIS 母线筒位移与沉降情况。500kV 及以上电压的断路器可能配有合闸电阻，合闸电阻因为其结构复杂，故障率较高。随着试验技术的进步，目前已能较好的克服系统干扰电压等影响因素，开展现场合闸电阻阻值动态测试。合分时间过长，在断路器重合闸时，由于不能快速切除故障电流可能会导致电网稳定破坏。合分时间过短，在断路器合闸时，特别是切断永久短路故障情况下，会因灭弧室的绝缘强度和灭弧能力没有足够恢复，出现断路器不能开断故障电流，或出现重燃或重击穿现象，因此要求厂家出厂时提供断路器合－分时间的下限，在交接试验、例行试验时应对合－分下限时间的出厂值进行验证。严寒地区、运行 10 年以上瓷套法兰浇装部位防水不良，会导致瓷套在水和温度等环境因素的长期作用下发生侵蚀，引起性能下降甚至断裂。断路器长期未动作时，可能因二次元件失效、机械传动部件卡滞等原因形成拒动隐患，带电检查往往难以发现此类缺陷。近年来，国网设备部组织防拒动专项隐患排查，成效显著。断路器的日常倒闸操作、保护动作均视为动作操作，此项工作应与调度协调实施。

3. 监督要求

查阅资料/现场检查。

4. 整改措施

当技术监督人员在查阅资料或现场检查发现反事故措施执行不到位时，应及时将现场情况通知相关设备管理部门和运维管理部门，督促相关单位完善整改。

3.1.9.6 室内 SF_6 安全性要求

1. 监督要点及监督依据

室内 SF_6 安全性要求监督要点及监督依据见表 3－79。

表 3－79 室内 SF_6 安全性要求监督要点及监督依据

监督要点	监督依据
GIS 配电装置室内应设置一定数量的氧量仪和 SF_6 浓度报警仪	《交流高压开关设备技术监督导则》（Q/GDW 11074—2013） “5.9.3 对于开关设备运维工作，重点监督是否满足以下要求： 7）GIS 配电装置室内应设置一定数量的氧量仪和 SF_6 浓度报警仪。”

2. 监督项目解析

室内 SF_6 安全性要求是运维检修阶段监督项目之一。

GIS 设备长期充气存放，存在气体泄漏的风险，配电室属于室内空间，SF_6 气体无法自动散开，长期聚集于实验室空气底层，对实验室工作人员的人身安全构成极大的威胁，SF_6 浓度报警仪能防止有害气体浓度过高对检修人员人身安全造成威胁。

3. 监督要求

现场检查，抽查 1 处 GIS 配电室。

4. 整改措施

当技术监督人员在现场检查发现室内 SF_6 安全性不符合要求时，应及时将现场情况通知相关设备管理部门和运维管理部门，督促相关单位完善整改。

3.1.9.7 变形量检查

1. 监督要点及监督依据

变形量检查监督要点及监督依据见表 3－80。

表 3－80　　变形量检查监督要点及监督依据

监督要点	监督依据
定期检查 GIS 波纹管支撑、连接部位，发现变形超标应处理	《电网金属技术监督规程》（DL/T 1424—2015） "9.1.5　定期检查母线（排）、GIS 波纹管等支撑、连接部位，发现变形超标应处理。"

2. 监督项目解析

变形量检查是运维检修阶段监督项目之一。

GIS 波纹管支撑、连接部位变形可能使设备承受额外应力，甚至导致相关部件受力发生损坏，严重威胁设备正常运行。

3. 监督要求

现场抽查，查阅试验报告。

4. 整改措施

当技术监督人员在现场抽查或查阅试验报告发现 GIS 波纹管支撑、连接部位变形时，应及时将现场情况通知相关设备管理部门和运维管理部门，督促相关单位完善整改。

3.1.10　退役报废阶段

3.1.10.1　技术鉴定

1. 监督要点及监督依据

技术鉴定监督要点及监督依据见表 3－81。

表 3－81　　技术鉴定监督要点及监督依据

监督要点	监督依据
1. 电网一次设备进行报废处理，应满足以下条件之一： （1）国家规定强制淘汰报废； （2）设备厂家无法提供关键零部件供应，无备品备件供应，不能修复，无法使用； （3）运行日久，其主要结构、机件陈旧，损坏严重，经大修、技术改造仍不能满足安全生产要求； （4）退役设备虽然能修复但费用太大，修复后可使用的年限不长，效率不高，在经济上不可行； （5）腐蚀严重，继续使用存在事故隐患，且无法修复； （6）退役设备无再利用价值或再利用价值小； （7）严重污染环境，无法修治； （8）技术落后不能满足生产需要； （9）存在严重质量问题不能继续运行； （10）因运营方式改变全部或部分拆除，且无法再安装使用； （11）遭受自然灾害或突发意外事故，导致毁损，无法修复。	1.《电网一次设备报废技术评估导则》（Q/GDW 11772—2017） "4　通用技术原则 电网一次设备进行报废处理，应满足以下条件之一： a）国家规定强制淘汰报废； b）设备厂家无法提供关键零部件供应，无备品备件供应，不能修复，无法使用； c）运行日久，其主要结构、机件陈旧，损坏严重，经大修、技术改造仍不能满足安全生产要求； d）退役设备虽然能修复但费用太大，修复后可使用的年限不长，效率不高，在经济上不可行； e）腐蚀严重，继续使用存在事故隐患，且无法修复； f）退役设备无再利用价值或再利用价值小； g）严重污染环境，无法修治； h）技术落后不能满足生产需要； i）存在严重质量问题不能继续运行； j）因运营方式改变全部或部分拆除，且无法再安装使用； k）遭受自然灾害或突发意外事故，导致毁损，无法修复。"
2. 组合电器组合电器满足下列技术条件之一，且无法修复，宜进行整体或局部报废： （1）主要技术指标（导电回路电阻、交流耐压试验、动热稳定要求、气体泄漏率等）不能满足 DL/T 393 要求； （2）组合电器内关键组件（套管、断路器、隔离开关、互感器、避雷器等）不能满足 DL/T 393 要求，可局部报废	2.《电网一次设备报废技术评估导则》（Q/GDW 11772—2017）"5.5　组合电器 组合电器满足下列技术条件之一，且无法修复，宜进行整体或局部报废： a）主要技术指标（导电回路电阻、交流耐压试验、动热稳定要求、气体泄漏率等）不能满足 DL/T 393 要求； b）组合电器内关键组件（套管、断路器、隔离开关、互感器、避雷器等）不能满足 DL/T 393 要求，可局部报废。"

2. 监督项目解析

技术鉴定是退役报废阶段最重要监督项目。

对 GIS 设备技术鉴定不到位，可能造成设备未到寿命年限而提前退役，造成资产浪费。遇到规划有巨大变化、设备不满足设备运行要求、缺少零配件且无法修复等不可抗拒的因素，GIS 不及时报废，将对电网设备运行造成巨大危害。设备内部报废手续履行不到位，可能造成废旧设备重新流入电网，对电网设备运行危害巨大。

3. 监督要求

查阅资料/现场检查，包括组合电器退役设备评估报告，抽查 1 台退役组合电器。

4. 整改措施

当技术监督人员在查阅资料或现场检查发现 GIS 设备退役报废技术鉴定不合格，应及时将现场情况通知相关工程管理部门，督促相关单位完善整改。

3.1.10.2 废油、废气处置

1. 监督要点及监督依据

废油、废气处置监督要点及监督依据见表 3－82。

表 3－82 废油、废气处置监督要点及监督依据

监督要点	监督依据
退役报废设备中的废油、废气严禁随意向环境中排放，确需在现场处理的，应统一回收、集中处理，并做好处置记录，严禁向大气排放	《六氟化硫电气设备中气体管理和检测导则》（GB 8905—2012） “11.3.1 设备解体前需对气体进行全面分析，以确定其有害成分含量，制定防毒措施。通过气体回收装置将六氟化硫气体全面回收。严禁向大气排放。”

2. 监督项目解析

废油、废气处置是退役报废阶段非常重要监督项目。

GIS 退役报废时一些废品废气可能需要进行相关处理，避免对环境等产生不利影响。

3. 监督要求

需根据其他相关专业要求进行资料查阅，现场抽查等。

4. 整改措施

当技术监督人员在查阅资料时发现相关材料缺失时，应及时通知安装单位和相关基建部门，督促安装单位补全相关资料。在现场查看安装组织不到位的，应及时敦促其进行标准化作业。

3.2 断 路 器

3.2.1 规划可研阶段

3.2.1.1 设备参数选择合理性

1. 监督要点及监督依据

设备参数选择合理性监督要点及监督依据见表 3－83。

表 3－83　　设备参数选择合理性监督要点及监督依据

监督要点	监督依据
1. 容性电流开断：用于电容器投切的断路器必须选用 C2 级断路器。 2. 额定电流、电压：断路器设备额定电压满足规划要求，额定电流（罐式断路器含 TA）应满足远景发展的要求。 3. 额定短路开断电流：额定短路开断电流选择应能满足安装地点远景最大短路电流要求。 4. 额定短路持续时间：额定短路持续时间选择满足设备运行电压等级要求。 5. 外绝缘配置：新、改（扩）建输变电设备的外绝缘配置应以最新版污区分布图为基础，综合考虑附近的环境、气象、污秽发展和运行经验等因素确定。线路设计时，交流 c 级以下污区外绝缘按 c 级配置；c、d 级污区按照上限配置；e 级污区可按照实际情况配置，并适当留有裕度。变电站设计时，c 级以下污区外绝缘按 c 级配置；c、d 级污区可根据环境情况适当提高配置；e 级污区可按照实际情况配置。对于饱和等值盐密大于 0.35mg/cm² 的，应单独校核绝缘配置。特高压交直流工程一般需要开展专项沿线污秽调查以确定外绝缘配置。海拔超过 1000m 时，外绝缘配置应进行海拔修正。 6. 新投运的 220kV 及以上开关的压力闭锁继电器应双重化配置，防止第一组操作电源失去时，第二套保护和操作箱或智能终端无法跳闸出口。对已投运单套压力闭锁继电器的开关，宜结合设备运行评估情况，逐步列入技术改造。 7. 应满足当地抗震水平的要求	1.《国家电网公司变电验收管理规定》第 2 分册《断路器验收细则》中“A1　断路器设备可研初设审查验收标准卡”：“一、参数选择　5　容性电流开断：用于电容器投切的断路器必须选用 C2 级断路器。” 2～4.《国家电网公司交流高压开关设备技术监督导则》（国家电网企管〔2014〕890 号）“5.1.3　设备选型、接线方式、额定短时耐受电流、额定峰值耐受电流、额定短路开断电流、外绝缘水平、环境适用性（海拔、污秽、温度、抗震等）是否满足现场运行实际要求和远景发展规划需求。” 《高压交流断路器参数选用导则》（DL/T 615—2013） “5.2　额定电流的选定还应考虑到电网发展的需要。 5.3　在选择断路器的额定短路开断电流时，既要考虑电网发展的需要，又要考虑短路电流过大对系统稳定和相关设备影响较大，断路器的额定短路开断电流选择不宜过大或过小。” 5.《国家电网有限公司关于印发十八项电网重大反事故措施（修订版）的通知》（国家电网设备〔2018〕979 号）7.1　设计和基建阶段。 6.《国家电网公司防止变电站全停十六项措施（试行）》（国家电网运检〔2015〕376 号）“6.1.4　新投运的 220kV 及以上开关的压力闭锁继电器应双重化配置，防止第一组操作电源失去时，第二套保护和操作箱或智能终端无法跳闸出口。对已投运单套压力闭锁继电器的开关，宜结合设备运行评估情况，逐步列入技术改造。” 7.《高压开关设备和控制设备标准的共用技术要求》（GB/T 11022—2011）2.3.5　振动、撞击或摇摆

2. 监督项目解析

设备参数选择合理性是瓷柱式断路器规划可研阶段最重要的监督项目。

合理的设备参数选择将会满足现场运行实际要求和远景发展规划需求，保证电网安全及运行可靠性。不合理的设备参数选择将会对电网安全、运行可靠性产生极大的威胁，对设备参数合理性进行监督能够有效避免此类问题，保障电网建设、运行质量及其长远发展。

3. 监督要求

开展本条目监督时，结合查阅工程可研报告、相关批复及属地电网规划等方式开展工作，确保设备参数选择合理性。

4. 整改措施

当发现本条目不满足时，应及时向相关部门汇报情况，记录不满足要点要求的相关情况，并记录断路器级别、额定电流、电压及额定短路开断电流等参数的选择以及选择参数的依据（如计算书等）。

3.2.1.2　隔离断路器系统接线方式

1. 监督要点及监督依据

隔离断路器系统接线方式监督要点及监督依据见表 3－84。

表 3－84　　隔离断路器系统接线方式监督要点及监督依据

监督要点	监督依据
1. 220kV、110kV 电气主接线设计，应优先保证电网结构安全、运行灵活、检修方便。当出线上无 T 接线时，或有 T 接线但线路允许停电时，应取消线路侧隔离开关。 2. 采用单母线接线的 220kV、110kV 分段间隔断路器两侧宜装设隔离开关。 3. 户外 AIS 变电站 110kV 电气主接线宜简化为以主变压器为单元的单母线分段接线，同名回路应布置在不同母线上，宜结合系统转供能力，优化母线侧隔离开关的配置。110kV 分段间隔断路器两侧宜装设隔离开关。 4. 110kV 电气主接线为桥型接线时，户外 AIS 配电装置取消线路断路器主变压器侧隔离开关。 5. 110kV 电气主接线为线变组接线时，户外 AIS 配电装置取消变压器侧隔离开关	《国家电网公司关于印发〈2014 年新一代智能变电站扩大示范工程技术要求〉的通知》（国家电网智能〔2014〕867 号） “5.1.1.1　220kV、110kV 电气主接线设计，应优先保证电网结构安全、运行灵活、检修方便。当出线上无 T 接线时，或有 T 接线但线路允许停电时，应取消线路侧隔离开关。 5.1.1.4　采用单母线接线的 220kV、110kV 分段间隔断路器两侧宜装设隔离开关。 5.1.2.2　户外 AIS 变电站 110kV 电气主接线为单母线（分段）接线时，同名回路应布置在不同母线上，宜结合系统转供能力，优化母线侧隔离开关的配置。110kV 分段间隔断路器两侧宜装设隔离开关。 5.1.2.3　110kV 电气主接线为桥型接线时，户外 AIS 配电装置取消线路断路器主变压器侧隔离开关。 5.1.2.4　110kV 电气主接线为线变组接线时，户外 AIS 配电装置取消变压器侧隔离开关。”

2. 监督项目解析

隔离断路器系统接线方式是规划可研阶段最重要的监督项目。

隔离断路器系统接线方式较为复杂，错误的隔离断路器系统接线方式会导致电网安全、运行可靠性受到严重威胁，合理的接线方式有助于保证电网结构安全、检修方便，因此对其进行监督能够有效避免其规划设计方面存在的问题，提高电网可靠性及运行灵活性。

3. 监督要求

开展本条目监督时，结合查阅工程可研报告、相关批复及属地电网规划等方式开展工作，确保隔离断路器系统接线方式准确无误。

4. 整改措施

当发现本条目不满足时，应及时向相关部门汇报情况，并记录不满足要点要求的相关情况及系统实际接线方式。

3.2.2 工程设计阶段

3.2.2.1 断路器选型

1. 监督要点及监督依据

断路器选型监督要点及监督依据见表 3－85。

表 3－85　　断路器选型监督要点及监督依据

监督要点	监督依据
1. 不应选用存在未消除的家族性缺陷的产品。 2. 断路器应优先选用弹簧机构、液压机构（包括弹簧储能液压机构）。 3. 相关断路器的选型应与保护双重化配置相适应，220kV 及以上电压等级断路器必须具备双跳闸线圈机构。1000（750）kV 变电站内的 110（66）kV 母线保护宜按双套配置，330kV 变电站内的 110kV 母线保护宜按双套配置。 4. 密度继电器应装设在与被监测气室处于同一运行环境温度的位置。对于严寒地区的设备，其密度继电器应满足环境温度在－40～－25℃时准确度不低于 2.5 级的要求。” 5. 新投运的 220kV 及以上开关的压力闭锁继电器应双重化配置，防止第一组操作电源失去时，第二套保护和操作箱或智能终端无法跳闸出口。 6. 对于易发生黏雪、覆冰的区域，套管应采用大小相间的防污伞形结构，且每隔一段距离采用一个超大直径伞裙。 7. 用于电容器投切的断路器必须选用 C2 级断路器。 8. 新投的 252kV 母联（分段）、主变压器、高压电抗器断路器应选用三相机械联动设备。 9. 新投的分相弹簧机构断路器的防跳继电器、非全相继电器不应安装在构箱内，应装在独立的汇控箱内	1.《国家电网公司交流高压开关设备技术监督导则》（国家电网企管〔2014〕890 号）“5.2.3 e）禁止选用存在家族性缺陷的产品。” 2.《国家电网公司交流高压开关设备技术监督导则》（国家电网企管〔2014〕890 号）“5.2.3 g）断路器操动机构应优先选用弹簧机构或液压机构（包括液压弹簧机构）。” 3.《国家电网有限公司关于印发十八项电网重大反事故措施（修订版）的通知》（国家电网设备〔2018〕979 号）“15.1.4　220kV 及以上电压等级线路、变压器、母线、高压电抗器、串联电容器补偿装置等输变电设备的保护应按双重化配置，相关断路器的选型应与保护双重化配置相适应，220kV 及以上电压等级断路器必须具备双跳闸线圈机构。1000（750）kV 变电站内的 110（66）kV 母线保护宜按双套配置，330kV 变电站内的 110kV 母线保护宜按双套配置。” 4.《国家电网有限公司关于印发十八项电网重大反事故措施（修订版）的通知》（国家电网设备〔2018〕979 号）“12.1.1.3.2　密度继电器应装设在与被监测气室处于同一运行环境温度的位置。对于严寒地区的设备，其密度继电器应满足环境温度在－40～－25℃时准确度不低于 2.5 级的要求。” 5.《国家电网公司关于印发防止变电站全停十六项措施（试行）的通知》（国家电网运检〔2015〕376 号）中“6.1.4　新投运的 220kV 及以上开关的压力闭锁继电器应双重化配置，防止第一组操作电源失去时，第二套保护和操作箱或智能终端无法跳闸出口。对已投运单套压力闭锁继电器的开关，宜结合设备运行评估情况，逐步列入技术改造。” 6.《国家电网公司关于印发防止变电站全停十六项措施（试行）的通知》（国家电网运检〔2015〕376 号）“11.1.4　于易发生黏雪、覆冰的区域，支柱绝缘子及套管在采用大小相间的防污伞形结构基础上，每隔一段距离应采用一个超大直径伞裙（可采用硅橡胶增爬裙），以防止绝缘子上出现连续粘雪、覆冰。” 7.《国家电网公司变电验收管理规定》第 2 分册《断路器验收细则》“A1　断路器设备可研初设审查验收标准卡”：“一、参数选择　5　容性电流开断：用于电容器投切的断路器必须选用 C2 级断路器。” 8.《国家电网有限公司关于印发十八项电网重大反事故措施（修订版）的通知》（国家电网设备〔2018〕979 号）“12.1.1.7　新投的 252kV 母联（分段）、主变压器、高压电抗器断路器应选用三相机械联动设备。” 9.《国家电网有限公司关于印发十八项电网重大反事故措施（修订版）的通知》（国家电网设备〔2018〕979 号）“12.1.1.6.4　新投的分相弹簧机构断路器的防跳继电器、非全相继电器不应安装在构箱内，应装在独立的汇控箱内。”

2. 监督项目解析

断路器选型是工程设计阶段最重要的监督项目。

合理的选型有助于提高断路器乃至整个电网抵抗风险的能力，保证电网运行的可靠性。断路器选型不合理可能会造成电网参数与保护装置不匹配及环境适应性差等问严重问题，对断路器选型进行监督能够有效避免此类问题，因此需从多方面对断路器选型开展监督工作。

3. 监督要求

开展本条目监督时，通过查阅断路器的招标技术规范书、工程初步设计报告、供应商投标文件以及一次、二次图纸来判断断路器选型是否合理。

4. 整改措施

当发现本条目不满足时，应及时向相关部门汇报情况，并记录不满足要点要求的相关情况。

3.2.2.2 罐式断路器局放传感器选择（如需要）

1. 监督要点及监督依据

罐式断路器局放传感器选择监督要点及监督依据见表 3－86。

表 3－86 罐式断路器局放传感器选择监督要点及监督依据

监督要点	监督依据
252kV 及以上电压等级罐式断路器应装设内置局部放电传感器并明确传感器性能及接口形式	《国家电网有限公司关于印发十八项电网重大反事故措施（修订版）的通知》（国家电网设备〔2018〕979 号）“12.1.1.12 220kV 及以上电压等级 GIS 应加装内置局部放电传感器。”

2. 监督项目解析

罐式断路器局放传感器选择是工程设计阶段比较重要的监督项目。

罐式断路器内置传感器灵敏度和信噪比远高于外置传感器，有助于提高局放缺陷检出率和检测效率，后期现场加装因需要打开罐体，基于组合电器设备的特殊性，改造工作工作量大、停电要求高，施工时间长，费用较高。其安装后基本不受外界信号干扰，检测效果好且加工与安装工艺已较为成熟、性能稳定，应用效果良好。为保证监测效果，252kV 及以上电压等级罐式断路器应装设内置局部放电传感器并明确传感器性能及接口形式，便于运维人员实时掌握设备运行状态，实现局放数据的采集、分析、远传。

3. 监督要求

开展本条目监督时，通过查阅断路器的一次和二次图纸来判断选型是否合理。

4. 整改措施

当发现本条目不满足时，应及时向相关部门汇报情况，并记录不满足要点要求的相关情况。

3.2.2.3 电气连接及安全接地

1. 监督要点及监督依据

电气连接及安全接地监督要点及监督依据见表 3－87。

表 3－87 电气连接及安全接地监督要点及监督依据

监督要点	监督依据
1. 凡不属于主回路或辅助回路的且需要接地的所有金属部分都应接地（如爬梯等）。外壳、构架等的相互电气连接宜采用紧固连接（如螺栓连接或焊接），以保证电气上连通。	1～2.《导体和电器选择设计技术规定》（DL/T 5222—2005）“12.0.14 凡不属于主回路或辅助回路的且需要接地的所有金属部分都应接地。外壳、构架等的相互电气连接宜采用紧固连接（如螺栓连接或焊接），以保证电气连通。接地回路导体应有足够的截面，具有通过接地短路电流的能力。” 3.《电气装置安装工程母线装置施工及验收规范》（GB 50149—2010）“3.2.2 矩形母线搭线应符合表 3.2.2 的规定；当母线与设备接线端子连接时，应符合《变压器、高压电器和套管的接线端子》GB/T 5273 的有关规定。”（表格见附表 B）。

续表

监督要点	监督依据
2. 断路器接地回路导体应有足够大的截面，具有通过接地短路电流的能力。 3. 压紧螺钉的可靠接地端，直径至少为 12mm，连接点应标以“保护接地”符号；紧固接地螺栓的直径不得小于 16mm，接地点应标以接地符号	《气体绝缘金属封闭开关设备技术条件》（DL/T 617—2010）“6.3.2　外壳接地。外壳应能接地。凡不属于主回路或辅助回路的，且需要接地的所有金属部分都应接地。外壳、构架等的相互电气连接应用坚固连接（如螺栓连接或焊接），以保证电气连通。 为保证接地回路的可靠连通，应考虑到可能通过的电流所产生的热和电的效应。 分相式的 GIS 外壳（特别是额定电流较大的 GIS 的套管处）应设三相短接线，其截面应能承受长期通过的最大感应电流和短时耐受电流。外壳接地应从短接线上引出与接地母线连接，其截面应满足短时耐受电流的要求。 紧固接地螺栓的直径不得小于 16mm，接地点应标以接地符号。”

2. 监督项目解析

电气连接及安全接地是工程设计阶段比较的重要环节。

其对于防止短时耐受电流、保证运维检修人员人身安全等方面具有重要意义。不良的电气连接及接地会对电网及工作人员人身安全造成极大威胁，为保证电气连接及接地的效果，防患于未然，应开展电气连接及安全接地监督工作。

3. 监督要求

开展本条目监督时，通过查阅断路器的安装图纸和相应的计算书来判断电气连接及安全接地是否合理。

4. 整改措施

当发现本条目不满足时，应及时向相关部门汇报情况，并记录不满足要点要求的相关情况。

3.2.2.4　控制回路设计

1. 监督要点及监督依据

控制回路设计监督要点及监督依据见表 3－88。

表 3－88　　控制回路设计监督要点及监督依据

监督要点	监督依据
1. 断路器分闸回路不应采用 RC 加速设计。已投运断路器分闸回路采用 RC 加速设计的，应随设备换型进行改造。 2. 断路器或隔离开关电气闭锁回路不能用重动继电器，应直接用断路器或隔离开关的辅助触点。 3. 由开关场的断路器至开关场就地端子箱之间的二次电缆应经金属管从一次设备的接线盒（箱）引至电缆沟，并将金属管的上端与上述设备的底座和金属外壳良好焊接，下端就近与主接地网良好焊接。上述二次电缆的屏蔽层在就地端子箱处单端使用截面积不小于 4mm^2 的多股铜质软导线可靠连接至等电位接地网的铜排上，在一次设备的接线盒（箱）处不接地。 4. 断路器机构分合闸控制回路不应串接整流模块、熔断器或电阻器	1～4.《国家电网有限公司关于印发十八项电网重大反事故措施（修订版）的通知》（国家电网设备〔2018〕979 号） “12.1.1.4　断路器分闸回路不应采用 RC 加速设计。已投运断路器分闸回路采用 RC 加速设计的，应随设备换型进行改造。” “4.2.2　断路器或隔离开关电气闭锁回路不能用重动继电器，应直接用断路器或隔离开关的辅助触点；操作断路器或隔离开关时，应确保待操作断路器或隔离开关正确，并以现场状态为准。” “15.7.3.8　由开关场的变压器、断路器、隔离刀闸和电流、电压互感器等设备至开关场就地端子箱之间的二次电缆应经金属管从一次设备的接线盒（箱）引至电缆沟，并将金属管的上端与上述设备的底座和金属外壳良好焊接，下端就近与主接地网良好焊接。上述二次电缆的屏蔽层在就地端子箱处单端使用截面积不小于 4mm^2 的多股铜质软导线可靠连接至等电位接地网的铜排上，在一次设备的接线盒（箱）处不接地。” “12.1.1.9　断路器机构分、合闸控制回路不应串接整流模块、熔断器或电阻器。”

2. 监督项目解析

控制回路设计是工程设计阶段比较重要的监督条目，断路器控制回路是保证断路器正常运行、动作的重要手段，其设计的合理性对断路器具有重要意义。不良的控制回路设计可能会导致断路器不正常动作等问题，对电网运行安全带来潜在威胁因素，因此应开展控制回路设计监督工作。

3. 监督要求

开展本条目监督时，通过查阅断路器的二次图纸来判断控制回路设计是否合理。

4. 整改措施

当发现本条目不满足时，应及时向相关部门汇报情况，并记录不满足要点要求的相关情况。

3.2.2.5 罐式断路器用电流互感器二次绕组分配

1. 监督要点及监督依据

罐式断路器用电流互感器二次绕组分配监督要点及监督依据见表3－89。

表3－89　罐式断路器用电流互感器二次绕组分配监督要点及监督依据

监督要点	监督依据
在确定各类保护装置电流互感器二次绕组分配时，应考虑消除保护死区。分配接入保护的互感器二次绕组时，还应特别注意避免运行中一套保护退出时可能出现的电流互感器内部故障死区问题	《国家电网有限公司关于印发十八项电网重大反事故措施（修订版）的通知》（国家电网设备〔2018〕979号） “5.1.1.6　在确定各类保护装置电流互感器二次绕组分配时，应考虑消除保护死区。分配接入保护的互感器二次绕组时，还应特别注意避免运行中一套保护退出时可能出现的电流互感器内部故障死区问题。为避免油纸电容型电流互感器底部事故时扩大影响范围，应将接母差保护的二次绕组设在一次母线的L1侧。”

2. 监督项目解析

罐式断路器用电流互感器二次绕组分配是工程设计阶段比较重要的监督条目，罐式断路器用电流互感器二次绕组分配是消除保护死区、减小事故影响范围的有效手段，其分配的合理性对断路器具有重要意义。罐式断路器用电流互感器二次绕组分配不良可能会保护死区无法消除、事故影响范围扩大等问题，给电网运行安全带来潜在威胁因素，因此应开展罐式断路器用电流互感器二次绕组分配监督工作。

3. 监督要求

开展本条目监督时，通过查阅设备的一次和二次图纸来判断罐式断路器用电流互感器二次绕组分配是否合理。

4. 整改措施

当发现本条目不满足时，应及时向相关部门汇报情况，并记录不满足要点要求的相关情况。

3.2.2.6 系统保护

1. 监督要点及监督依据

系统保护监督要点及监督依据见表3－90。

表3－90　系统保护监督要点及监督依据

监督要点	监督依据
1. 330kV及以上系统保护、高压侧为330kV及以上的变压器和300MW及以上的发电机变压器组差动保护用电流互感器（如有）宜采用TPY电流互感器。 2. 220kV系统保护、高压侧为220kV的变压器和100MW级～200MW级的发电机变压器组差动保护用电流互感器（如有）可采用P类、PR类或PX类电流互感器。互感器可按稳态短路条件进行计算选择，为减轻可能发生的暂态饱和影响宜具有适当暂态系数。 3. 110kV及以下系统保护用电流互感器（如有）可采用P类电流互感器。 4. 线路保护宜选用TPY级电流互感器（如有）	《继电保护和安全自动装置技术规程》（GB/T 14285—2006）6.2.1.3 “a. 330kV及以上系统保护、高压侧为330kV及以上的变压器和300MW及以上的发电机变压器组差动保护用电流互感器宜采用TPY电流互感器。 b. 220kV系统保护、高压侧为220kV的变压器和100MW级～200MW级的发电机变压器组差动保护用电流互感器可采用P类、PR类或PX类电流互感器。互感器可按稳态短路条件进行计算选择，为减轻可能发生的暂态饱和影响宜具有适当暂态系数。 c. 110kV及以下系统保护用电流互感器可采用P类电流互感器。” 《电流互感器和电压互感器选择及计算导则》（DL 866—2015） “7.1.10　系统线路保护用电流互感器宜选用TPY级互感器。”

2. 监督项目解析

系统保护是工程设计阶段比较重要的监督条目，断路器系统保护对保证设备正常运行、抵御风险具有重要意义。系统保护的漏洞可能会对电网运行安全带来潜在威胁，其对于提高系统保护有效性具有促进意义，因此应开展系统保护监督工作。

3. 监督要求

开展本条目监督时，通过查阅设备的一次图纸及二次图纸来判断系统保护是否合理。

4. 整改措施

当发现本条目不满足时，应及时向相关部门汇报情况，并记录不满足要点要求的相关情况。

3.2.3 设备采购阶段

3.2.3.1 设备选型合理性

1. 监督要点及监督依据

设备选型合理性监督要点及监督依据见表 3－91。

表 3－91　　设备选型合理性监督要点及监督依据

监督要点	监督依据
1. 应选择具有良好运行业绩和成熟制造经验生产厂家的产品。不应选用存在未消除的家族性缺陷的产品。 2. 断路器应优先选用弹簧机构、液压机构（包括弹簧储能液压机构）。 3. 有关断路器的选型应与保护双重化配置相适应，220kV 及以上断路器必须具备双跳闸线圈机构。 4. 密度继电器应装设在与被监测气室处于同一运行环境温度的位置。对于严寒地区的设备，其密度继电器应满足环境温度在－40～－25℃时准确度不低于 2.5 级的要求。 5. 罐式断路器计量用互感器的准确度等级不应低于标准规定。 6. 罐式断路器计量用互感器二次回路的连接导线应采用铜质单芯绝缘线。对电流二次回路，连接导线截面积应按电流互感器的额定二次负荷计算确定，至少应不小于 $4mm^2$。 7. 罐式断路器计量用互感器实际二次负荷应在 25%～100%额定二次负荷范围内；电流互感器额定二次负荷的功率因数应为 0.8～1.0。 8. 罐式断路器计量用电流互感器额定一次电流的确定，应保证其在正常运行中的实际负荷电流达到额定值的 60%左右，至少应不小于 30%。否则应选用高动热稳定电流互感器以减小变化。 9. 330kV 及以上系统保护、高压侧为 330kV 及以上的变压器和 300MW 及以上的发电机变压器组差动保护用电流互感器（如有）宜采用 TPY 电流互感器。 10. 220kV 系统保护、高压侧为 220kV 的变压器和 100MW 级～200MW 级的发电机变压器组差动保护用电流互感器（如有）可采用 P 类、PR 类或 PX 类电流互感器。互感器可按稳态短路条件进行计算选择，为减轻可能发生的暂态饱和影响宜具有适当暂态系数。 11. 110kV 及以下系统保护用电流互感器（如有）可采用 P 类电流互感器。 12. 线路保护宜选用 TPY 级电流互感器（如有）	1.《国家电网公司交流高压开关设备技术监督导则》（国家电网企管〔2014〕890 号）“5.2.3e）禁止选用存在家族性缺陷的产品；” 2.《国家电网公司交流高压开关设备技术监督导则》（国家电网企管〔2014〕890 号）“5.2.3g）断路器操动机构应优先选用弹簧机构或液压机构（包括液压弹簧机构）；” 3.《国家电网公司关于印发〈防止变电站全停十六项措施（试行）〉的通知》（国家电网运检〔2015〕376 号）“5.6　设计选型时，应避免电磁式电压互感器与带断口电容的断路器共同使用。” 4.《国家电网有限公司关于印发十八项电网重大反事故措施（修订版）的通知》（国家电网设备〔2018〕979 号） “15.1.4　220kV 及以上电压等级线路、变压器、母线、高压电抗器、串联电容器补偿装置等输变电设备的保护应按双重化配置，相关断路器的选型应与保护双重化配置相适应，220kV 及以上电压等级断路器必须具备双跳闸线圈机构。1000（750）kV 变电站内的 110（66）kV 母线保护宜按双套配置，330kV 变电站内的 110kV 母线保护宜按双套配置。” 5.《国家电网有限公司关于印发十八项电网重大反事故措施（修订版）的通知》（国家电网设备〔2018〕979 号） “12.1.1.3.2　密度继电器应装设在与被监测气室处于同一运行环境温度的位置。对于严寒地区的设备，其密度继电器应满足环境温度在－40～－25℃时准确度不低于 2.5 级的要求。” 6～9.《电能计量装置技术管理规程》（DL/T 448—2016）6.2　准确度等级 a）各类电能计量装置应配置的电能表，互感器的准确度等级不应低于表 1 所示值。（表格详见规程） b）Ⅰ、Ⅱ类用于贸易结算的电能计量装置中电压互感器二次回路电压降应不大于其额定二次电压的 0.2%；其他电能计量装置中电压互感器二次回路电压降应不大于其额定二次电压的 0.5%。 6.4　电能计量装置的配置原则 i）互感器二次回路的连接导线应采用铜质单芯绝缘线。对电流二次回路，连接导线截面积应按电流互感器的额定二次负荷计算确定，至少应不小于 $4mm^2$。对电压二次回路，连接导线截面积应按允许的电压降计算确定，至少应不小于 $2.5mm^2$。 j）互感器额定二次负荷的选择应保证接入其二次回路的实际负荷在 25%～100%额定二次负荷范围内。二次回路接入静止式电能表时，电压互感器二次负荷不宜超过 10VA，额定二次电流为 5A 的电流互感器额定二次负荷不宜超过 15VA，额定二次电流为 1A 的电流互感器额定二次负荷不宜超过 5VA。电流互感器额定二次负荷的功率因数应为 0.8～1.0；电压互感器额定二次功率因数应与实际二次负荷的功率因数接近。 h）电流互感器额定一次电流的确定，应保证其在正常运行中的实际负荷电流达到额定值的 60%左右，至少应不小于 30%。否则应选用高动热稳定电流互感器以减小变化。 10～12.《继电保护和安全自动装置技术规程》（GB/T 14285—2006） 6.2.1.3　a. 330kV 及以上系统保护、高压侧为 330kV 及以上的变压器和 300MW 及以上的发电机变压器组差动保护用电流互感器宜采用 TPY 电流互感器。 b. 220kV 系统保护、高压侧为 220kV 的变压器和 100MW 级～200MW 级的发电机变压器组差动保护用电流互感器可采用 P 类、PR 类或 PX 类电流互感器。互感器可按稳态短路条件进行计算选择，为减轻可能发生的暂态饱和影响宜具有适当暂态系数。 c. 110kV 及以下系统保护用电流互感器可采用 P 类电流互感器。 《电流互感器和电压互感器选择及计算导则》（DL/T 866—2015）“7.1.2　330kV～1000kV 系统线路保护用电流互感器宜选用 TPY 级互感器。”

2. 监督项目解析

设备采购阶段的断路器选型是设备采购阶段最重要的监督条目，合理的选型有助于提高断路器乃至整个电网抵抗风险的能力，保证电网建设质量及电网运行可靠性。选型的不合理将威胁断路器乃至整个电网正常运行，因此需开展断路器设备参数监督工作。

3. 监督要求

开展本条目监督时，通过查阅设备招标技术规范书、工程初步设计报告和供应商投标文件来判断断路器设备参数选型是否合理。

4. 整改措施

当发现本条目不满足时，应及时向相关部门汇报情况，记录不满足要点要求的相关情况，并记录中标设备相关参数。

3.2.3.2 机械磨合

1. 监督要点及监督依据

机械磨合监督要点及监督依据见表 3－92。

表 3－92　　机械磨合监督要点及监督依据

监督要点	监督依据
断路器出厂试验前应带原机构进行不少于200次的机械操作试验（其中每100次操作试验的最后20次应为重合闸操作试验）	《国家电网有限公司关于印发十八项电网重大反事故措施（修订版）的通知》（国家电网设备〔2018〕979 号） “12.1.1.2　断路器出厂试验前应带原机构进行不少于 200 次的机械操作试验（其中每 100 次操作试验的最后 20 次应为重合闸操作试验）。投切并联电容器、交流滤波器用断路器型式试验项目必须包含投切电容器组试验，断路器必须选用 C2 级断路器。真空断路器灭弧室出厂前应逐台进行老炼试验，并提供老炼试验报告；用于投切并联电容器的真空断路器出厂前应整台进行老炼试验，并提供老炼试验报告。断路器动作次数计数器不得带有复归机构。”

2. 监督项目解析

设备采购阶段的断路器机械磨合试验是设备采购阶段的重要监督条目，也是保证断路器在运行中能够动作连贯无卡涩，避免因金属摩擦而产生过多金属颗粒从而导致拉弧、绝缘击穿等严重后果的重要手段，有效降低断路器安全风险，因此需在设备采购阶段严格把控断路器出厂试验中是否包含机械磨合试验。

3. 监督要求

开展本条目监督时，通过查阅设备招标技术规范书、工程初步设计报告和供应商投标文件来判断。

4. 整改措施

当发现本条目不满足时，应及时向相关部门汇报情况，记录不满足要点要求的相关情况，并记录中标设备相关参数。

3.2.3.3 绝缘件

1. 监督要点及监督依据

绝缘件监督要点及监督依据见表 3－93。

表 3－93　　绝缘件监督要点及监督依据

监督要点	监督依据
1. 252kV 及以上罐式断路器用绝缘拉杆总装前应进行工频耐压和局部放电试验（小于 3pC）。	1～4.《关于加强气体绝缘金属封闭开关设备全过程管理重点措施》（国家电网生〔2011〕1223 号）

续表

监督要点	监督依据
2. 126kV 及以上罐式断路器用盆式绝缘子应逐只进行工频耐压和局部放电试验（小于 3pC）。 3. 252kV 及以上罐式断路器用盆式绝缘子还应逐只进行 X 光探伤检测。 4. 252kV 及以上瓷空心绝缘子应逐支进行超声纵波探伤检测（粘接的套管由套管制造厂在粘接前进行检测并提供相关报告）。 5. 断路器本体内部的绝缘件必须经过局部放电试验方可装配，要求在试验电压下单个绝缘件的局部放电量不大于 3pC。 6. 瓷绝缘子应采用高强瓷。瓷绝缘子金属附件应采用上砂水泥胶装。瓷绝缘子出厂前，应在绝缘子金属法兰与瓷件的胶装部位涂以性能良好的防水密封胶。瓷绝缘子出厂前应进行逐只无损探伤	“第二十条　制造厂应加强绝缘件和瓷套管的质量控制。252kV 及以上 GIS 用绝缘拉杆总装前应逐支进行工频耐压和局部放电试验；126kV 及以上 GIS 用盆式绝缘子应逐只进行工频耐压和局部放电试验，252kV 及以上 GIS 用盆式绝缘子还应逐只进行 X 光探伤检测；252kV 及以上瓷空心绝缘子应逐支进行超声纵波探伤检测。以上试验均应由 GIS 制造厂完成，并将试验结果随出厂试验报告提交用户。” 5.《国家电网有限公司关于印发十八项电网重大反事故措施（修订版）的通知》（国家电网设备〔2018〕979 号）“12.1.1.1　断路器本体内部的绝缘件必须经过局部放电试验方可装配，要求在试验电压下单个绝缘件的局部放电量不大于 3pC。” 6.《国家电网有限公司关于印发十八项电网重大反事故措施（修订版）的通知》（国家电网设备〔2018〕979 号）“12.3.1.10　瓷绝缘子应采用高强瓷。瓷绝缘子金属附件应采用上砂水泥胶装。瓷绝缘子出厂前，应在绝缘子金属法兰与瓷件的胶装部位涂以性能良好的防水密封胶。瓷绝缘子出厂前应进行逐只无损探伤。”

2. 监督项目解析

设备采购阶段的绝缘件检查是把控断路器绝缘性能质量、保证断路器安全运行的重要监督条目，不合格的绝缘件将会导致绝缘击穿等众多严重后果，因此需在设备采购阶段严格把控断路器绝缘件是否合格。

3. 监督要求

开展本条目监督时，通过查阅设备招标技术规范书、工程初步设计报告和供应商投标文件来判断断路器绝缘件是否合格。

4. 整改措施

当发现本条目不满足时，应及时向相关部门汇报情况，记录不满足要点要求的相关情况，并记录中标设备相关参数。

3.2.3.4　压力释放装置（若有）

1. 监督要点及监督依据

压力释放装置监督要点及监督依据见表 3－94。

表 3－94　压力释放装置监督要点及监督依据

监督要点	监督依据
压力释放装置导流口不得对在正常运行时在可触及位置工作的运行人员造成危险	《气体绝缘金属封闭开关设备技术条件》（DL/T 617—2019） “6.16.1　压力释放装置（如有时）的布置，应使在受压气体或蒸汽逸出的情况下，对在现场履行正常运行任务的人员的危险最小。”

2. 监督项目解析

压力释放装置是设备采购阶段的重要监督条目，是保证运行人员及设备安全的有力举措，其不合理的设置将可能会导致人员及设备安全事故，因此需在设备采购阶段严格把控压力释放装置设置是否合理。

3. 监督要求

开展本条目监督时，通过查阅设备招标技术规范书、工程初步设计报告和供应商投标文件来判断断路器压力释放装置是否合格。

4. 整改措施

当发现本条目不满足时，应及时向相关部门汇报情况，记录不满足要点要求的相关情况，并记录中标设备相关参数。

3.2.3.5　密度继电器

1. 监督要点及监督依据

密度继电器监督要点及监督依据见表 3－95。

表 3－95　密度继电器监督要点及监督依据

监督要点	监督依据
1. 密度继电器与断路器本体之间的连接方式应满足不拆卸校验的要求。 2. 密度继电器应装设在与断路器或 GIS 本体同一运行环境温度的位置，以保证其报警、闭锁接点正确动作。户外安装的密度继电器应设置防雨罩，密度继电器防雨箱（罩）应能将表、控制电缆接线端子一起放入，防止指示表、控制电缆接线盒和充放气接口进水受潮	《国家电网有限公司关于印发十八项电网重大反事故措施（修订版）的通知》（国家电网设备〔2018〕979 号） “12.1.1.6　SF_6密度继电器与开关设备本体之间的连接方式应满足不拆卸校验密度继电器的要求。密度继电器应装设在与断路器或 GIS 本体同一运行环境温度的位置，以保证其报警、闭锁接点正确动作。户外安装的密度继电器应设置防雨罩，密度继电器防雨箱（罩）应能将表、控制电缆接线端子一起放入，防止指示表、控制电缆接线盒和充放气接口进水受潮。”

2. 监督项目解析

密度继电器是设备采购阶段的重要监督条目，是保证密度继电器能正常工作，防止误报警、误闭锁及进水受潮失灵等缺陷的有效手段，因此需在设备采购阶段严格监督密度继电器各项指标。

3. 监督要求

开展本条目监督时，通过查阅设备招标技术规范书、工程初步设计报告和供应商投标文件来判断。

4. 整改措施

当发现本条目不满足时，应及时向相关部门汇报情况，记录不满足要点要求的相关情况，并记录中标设备相关参数。

3.2.3.6　户外汇控柜、机构箱

1. 监督要点及监督依据

户外汇控柜、机构箱监督要点及监督依据见表 3－96。

表 3－96　户外汇控柜、机构箱监督要点及监督依据

监督要点	监督依据
1. 户外汇控箱或机构箱的防护等级应不低于 IP45W，箱体应设置可使箱内空气流通的迷宫式通风口，并具有防腐、防雨、防风、防潮、防尘和防小动物进入的性能。带有智能终端、合并单元的智能控制柜防护等级应不低于 IP55。非一体化的汇控箱与机构箱应分别设置温度、湿度控制装置。 2. 安装在潮湿多雨、低温地区的断路器，其机构箱、汇控柜宜采用低功率常投加热器与手动投切加热器组合配置的方案，加热器电源和操作电源应分别独立设置，以保证切断操作电源后加热器仍能工作。 3. 加热器的数量和功率应满足需求，加热器与各元件、槽盒、电缆及电线的距离应大于 50mm，且安装地点要利于对流并不会对相邻元器件造成损害，推荐采用小功率常投加手动投运的方式	1.《国家电网有限公司关于印发十八项电网重大反事故措施（修订版）的通知》（国家电网设备〔2018〕979 号） “12.1.1.5　户外汇控箱或机构箱的防护等级应不低于 IP45W，箱体应设置可使箱内空气流通的迷宫式通风口，并具有防腐、防雨、防风、防潮、防尘和防小动物进入的性能。有智能终端、合并单元的智能控制柜防护等级应不低于 IP55。非一体化的汇控箱与机构箱应分别设置温度、湿度控制装置。” 2.《关于加强气体绝缘金属封闭开关设备全过程管理重点措施》（国家电网生〔2011〕1223 号） “第十九条　安装在潮湿多雨、低温地区的 GIS，其机构箱、汇控柜宜采用低功率常投加热器与手动投切加热器组合配置的方案，加热器电源和操作电源应分别独立设置，以保证切断操作电源后加热器仍能工作。” 3.《气体绝缘金属封闭开关设备选用导则》（DL/T 728—2013） “20.2　就地控制柜与机构箱应配置加热器，其电源须独立设置，在切断操作电源时仍能保证加热器工作。加热器的数量和功率应满足需求，且安装地点要利于对流并不会对相邻元器件造成损害，推荐采用小功率常投加手动投运的方式。” 《国家电网公司变电评价管理规定》第 2 分册《断路器精益化评价细则》“操动机构箱内应有完善的加热驱潮装置，能正常启动，箱内无凝露现象，若使用加热器与各元件、电缆及电线的距离应大于 50mm。”

2. 监督项目解析

户外汇控柜、机构箱是设备采购阶段重要的监督条目，是保证户外汇控柜、机构箱中的器件正常运作，不受雨水、潮气及小动物损坏等影响，防止其损坏的有效手段，因此需在设备采购阶段严格监督户外汇控柜或机构箱各项指标。

3. 监督要求

开展本条目监督时，通过查阅设备招标技术规范书、工程初步设计报告和供应商投标文件来判断。

4. 整改措施

当发现本条目不满足时，应及时向相关部门汇报情况，记录不满足要点要求的相关情况，并记录中标设备相关参数。

3.2.3.7 控制回路设计

1. 监督要点及监督依据

控制回路设计监督要点及监督依据见表 3－97。

表 3－97　　控制回路设计监督要点及监督依据

监督要点	监督依据
1. 断路器分闸回路不应采用 RC 加速设计。已投运断路器分闸回路采用 RC 加速设计的，应随设备换型进行改造。 2. 断路器、隔离开关和接地开关电气闭锁回路应直接使用断路器、隔离开关、接地开关的辅助触点，严禁使用重动继电器；操作断路器、隔离开关等设备时，应确保待操作设备及其状态正确，并以现场状态为准	《国家电网有限公司关于印发十八项电网重大反事故措施（修订版）的通知》（国家电网设备〔2018〕979 号） “12.1.1.4　断路器分闸回路不应采用 RC 加速设计。已投运断路器分闸回路采用 RC 加速设计的，应随设备换型进行改造。” “4.2.7　断路器、隔离开关和接地开关电气闭锁回路应直接使用断路器、隔离开关、接地开关的辅助触点，严禁使用重动继电器；操作断路器、隔离开关等设备时，应确保待操作设备及其状态正确，并以现场状态为准。”

2. 监督项目解析

断路器控制回路设计监督工作是设备采购阶段的重要监督条目，是保证断路器二次回路动作正常、安全的重要环节，控制回路设计不合理将会引发控制回路失灵、误动作等严重后果，因此需在设备采购阶段严格把控断路器控制回路设计是否合规。

3. 监督要求

开展本条目监督时，通过查阅设备招标技术规范书、工程初步设计报告和供应商投标文件来判断断路器控制回路设计是否合格。

4. 整改措施

当发现本条目不满足时，应及时向相关部门汇报情况，记录不满足要点要求的相关情况，并记录中标设备相关参数。

3.2.4 设备制造阶段

3.2.4.1 机械磨合

1. 监督要点及监督依据

机械磨合监督要点及监督依据见表 3－98。

表 3-98　　机械磨合监督要点及监督依据

监督要点	监督依据
断路器出厂试验前应带原机构进行不少于 200 次的机械操作试验（其中每 100 次操作试验的最后20次应为重合闸操作试验）	《国家电网有限公司关于印发十八项电网重大反事故措施（修订版）的通知》（国家电网设备〔2018〕979 号） "12.1.1.2　断路器出厂试验前应带原机构进行不少于 200 次的机械操作试验（其中每 100 次操作试验的最后 20 次应为重合闸操作试验）。投切并联电容器、交流滤波器用断路器型式试验项目必须包含投切电容器组试验，断路器必须选用 C2 级断路器。真空断路器灭弧室出厂前应逐台进行老练试验，并提供老练试验报告；用于投切并联电容器的真空断路器出厂前应整台进行老练试验，并提供老练试验报告。断路器动作次数计数器不得带有复归机构。"

2. 监督项目解析

机械磨合是设备制造阶段比较重要的监督条目，是保证断路器能够动作连贯无卡涩，在出厂前消除因金属摩擦而产生过多金属颗粒而威胁设备安全的重要手段，因此需在设备制造阶段严格把控断路器出厂试验中是否包含机械磨合试验。

3. 监督要求

开展本条目监督时，通过查阅厂家相关工艺文件和磨合试验记录等资料、现场查看厂家试验装置和试验工装来判断。

4. 整改措施

当发现本条目不满足时，应及时向相关部门汇报情况，记录不满足要点要求的相关情况等。

3.2.4.2　户外汇控柜、机构箱

1. 监督要点及监督依据

户外汇控柜、机构箱监督要点及监督依据见表 3-99。

表 3-99　　户外汇控柜、机构箱监督要点及监督依据

监督要点	监督依据
1. 机构箱开合顺畅，密封胶条安装到位，应有效防止尘、雨、雪、小虫和动物的侵入，户内防护等级不低于 IP44，户外不低于 IP55，顶部应设防雨檐，顶盖采用双层隔热布。 2. 安装在潮湿多雨、低温地区的断路器，其机构箱、汇控柜宜采用低功率常投加热器与手动投切加热器组合配置的方案，加热器电源和操作电源应分别独立设置，以保证切断操作电源后加热器仍能工作。 3. 加热器的数量和功率应满足需求，且安装地点要利于对流并不会对相邻元器件造成损害，推荐采用小功率常投加手动投运的方式	1. Q/GDW 11651.2—2017《变电站验收规范　第 2 部分：断路器》表 A.3 断路器设备出厂验收标第 5 点机构箱中规定"③ 机构箱开合顺畅，密封胶条安装到位，应有效防止尘、雨、雪、小虫和动物的侵入，户内防护等级不低于 IP44，户外不低于 IP55，顶部应设防雨檐，顶盖采用双层隔热布"。细则要求"户外汇控柜或机构箱的防护等级不得低于 IP44，用于特殊地区的防护等级不得低于 IP54"。存在差异，且监督细则未规定户内汇控柜或机构箱的防护等级。机构箱内受潮导致二次端子节点锈蚀影响设备正常运行的案例多次发生，建议执行较为严格的标准，保证机构箱质量。 2.《关于加强气体绝缘金属封闭开关设备全过程管理重点措施》（国家电网生〔2011〕1223 号）"第十九条　安装在潮湿多雨、低温地区的 GIS，其机构箱、汇控柜宜采用低功率常投加热器与手动投切加热器组合配置的方案，加热器电源和操作电源应分别独立设置，以保证切断操作电源后加热器仍能工作。" 3.《气体绝缘金属封闭开关设备选用导则》（DL/T 728—2013）"6.20.2　就地控制柜与机构箱应配置加热器，其电源须独立设置，在切断操作电源时仍能保证加热器工作。加热器的数量和功率应满足需求，且安装地点要利于对流并不会对相邻元器件造成损害，推荐采用小功率常投加手动投运的方式。"

2. 监督项目解析

户外汇控柜、机构箱是设备制造阶段重要的监督条目，是保证户外汇控柜、机构箱中的器件不受雨水、潮气及小动物等影响而损坏的有效手段，因此需在设备制造阶段严格监督户外汇控柜或机构箱各项指标。

3. 监督要求

开展本条目监督时，通过现场查看来判断。

4. 整改措施

当发现本条目不满足时，应及时向相关部门汇报情况，记录不满足要点要求的相关情况。

3.2.4.3 绝缘件

1. 监督要点及监督依据

绝缘件监督要点及监督依据见表 3－100。

表 3－100　　绝缘件监督要点及监督依据

监督要点	监督依据
1. 252kV 及以上罐式断路器用绝缘拉杆总装前应进行工频耐压和局部放电试验（小于 3pC）。 2. 126kV 及以上罐式断路器用盆式绝缘子应逐只进行工频耐压和局部放电试验（小于 3pC）。 3. 252kV 及以上罐式断路器用盆式绝缘子还应逐只进行 X 光探伤检测。 4. 252kV 及以上瓷空心绝缘子应逐支进行超声纵波探伤检测。 5. 断路器本体内部的绝缘件必须经过局部放电试验方可装配，要求在试验电压下单个绝缘件的局部放电量不大于 3pC。 6. SF_6 断路器所使用的环氧树脂浇注件，在组装前应分别测量其局部放电量，且不大于 3pC（不包括并联电容器的局部放电量）。 7. 瓷绝缘子应采用高强瓷。瓷绝缘子金属附件应采用上砂水泥胶装。瓷绝缘子出厂前，应在绝缘子金属法兰与瓷件的胶装部位涂以性能良好的防水密封胶。瓷绝缘子出厂前应逐只进行无损探伤。 8. 法兰片间应采用跨接线连接，并应保证良好通路。 9. 采用带金属法兰的盆式绝缘子可取消罐体对接处的短接排（跨接片）。 10. 罐式断路器的金属法兰盆式绝缘子应预留特高频局部放电测试口	1～4.《关于加强气体绝缘金属封闭开关设备全过程管理重点措施》（国家电网生〔2011〕1223 号）“第二十条　制造厂应加强绝缘件和瓷套管的质量控制。252kV 及以上 GIS 用绝缘拉杆总装前应逐支进行工频耐压和局部放电试验；126kV 及以上 GIS 用盆式绝缘子应逐只进行工频耐压和局部放电试验，252kV 及以上 GIS 用盆式绝缘子还应逐只进行 X 光探伤检测；252kV 及以上瓷空心绝缘子应逐支进行超声纵波探伤检测。以上试验均应由 GIS 制造厂完成，并将试验结果随出厂试验报告提交用户。” 5.《国家电网有限公司关于印发十八项电网重大反事故措施（修订版）的通知》（国家电网设备〔2018〕979 号） “12.1.1.1　断路器本体内部的绝缘件必须经过局部放电试验方可装配，要求在试验电压下单个绝缘件的局部放电量不大于 3pC。” 6.《126kV～550kV 交流断路器采购标准　第 1 部分：通用技术规范》（Q/GDW 13082.1—2018）“第 6.2 条 h）SF_6 断路器所使用的环氧树脂浇注件，在组装前应分别测量其局部放电量，且不大于 3pC（不包括并联电容器的局部放电量）。” 7.《国家电网有限公司关于印发十八项电网重大反事故措施（修订版）的通知》（国家电网设备〔2018〕979 号） “12.3.1.10　瓷绝缘子应采用高强瓷。瓷绝缘子金属附件应采用上砂水泥胶装。瓷绝缘子出厂前，应在绝缘子金属法兰与瓷件的胶装部位涂以性能良好的防水密封胶。瓷绝缘子出厂前应进行逐只无损探伤。” 8.《输变电工程建设标准强制性条文实施管理规范　第 5 部分：变电（换流）站电气工程施工》（Q/GDW 10248.5—2016）“3.3.14 全封闭组合电器的外壳应按制造厂规定接地；法兰片间应采用跨接线连接，并应保证良好通路。” 9～10.《关于印发〈关于加强气体绝缘金属封闭开关设备全过程管理重点措施〉的通知》（国家电网生〔2011〕1223 号）“第二十五条　为防止盆式绝缘子老化和绝缘性能下降，GIS 可采用带金属法兰的盆式绝缘子，但应预留窗口便于进行特高频局放检测。采用此结构的盆式绝缘子可取消罐体对接处的短接排（跨接片）。”

2. 监督项目解析

绝缘件是设备制造阶段比较重要的监督条目，是把控断路器绝缘性能、设备质量及保证断路器安全运行的重要环节，因此需在设备采购阶段严格把控断路器绝缘件是否合格。

3. 监督要求

开展本条目监督时，通过现场查看、查阅产品组装图纸等资料、运用厂家试验设备现场试验或送第三方检测 1 只绝缘件是否满足要求来判断断路器绝缘件是否合格。

4. 整改措施

当发现本条目不满足时，应及时向相关部门汇报情况，记录不满足要点要求的相关情况，并记录中标设备相关参数。

3.2.4.4 密度继电器

1. 监督要点及监督依据

密度继电器监督要点及监督依据见表 3－101。

表 3－101　　密度继电器监督要点及监督依据

监督要点	监督依据
SF_6 密度继电器与互感器设备本体之间的连接方式应满足不拆卸校验密度继电器的要求，户外安装应加装防雨罩	《国家电网有限公司关于印发十八项电网重大反事故措施（修订版）的通知》（国家电网设备〔2018〕979 号）“11.2.1.4　SF_6 密度继电器与互感器设备本体之间的连接方式应满足不拆卸校验密度继电器的要求，户外安装应加装防雨罩。”

2. 监督项目解析

密度继电器是设备制造阶段重要的监督条目，是保证密度继电器能正常工作，防止其进水受潮失灵等缺陷的有效手段，因此需在设备制造阶段严格监督密度继电器各项指标。

3. 监督要求

开展本条目监督时，通过查阅厂家设计图纸、密封工艺和气体监测系统技术参数文件等资料来判断。

4. 整改措施

当发现本条目不满足时，应及时向相关部门汇报情况，记录不满足要点要求的相关情况，并记录中标设备相关参数。

3.2.4.5 压力释放装置

1. 监督要点及监督依据

压力释放装置监督要点及监督依据见表 3－102。

表 3－102　　压力释放装置监督要点及监督依据

监督要点	监督依据
压力释放装置导流口不得对在正常运行时在可触及位置工作的运行人员造成危险	《气体绝缘金属封闭开关设备技术条件》（DL/T 617—2010）“6.16.1　压力释放装置（如有时）的布置，应使在受压气体或蒸汽逸出的情况下，对在现场履行正常运行任务的人员的危险最小。”

2. 监督项目解析

压力释放装置是设备制造阶段重要的监督条目，不合理设置将可能会导致运行人员及设备安全事故，因此压力释放装置监督工作，是保证运行人员及设备安全的有力举措，需在设备制造阶段严格把控压力释放装置设置是否合理。

3. 监督要求

开展本条目监督时，通过查阅装配图纸等资料、现场抽查 1 台压力释放装置安装情况来判断断路器压力释放装置是否合格。

4. 整改措施

当发现本条目不满足时，应及时向相关部门汇报情况，记录不满足要点要求的相关情况，并记录中标设备相关参数。

3.2.4.6 断路器触头、导体镀银层厚度检测

1. 监督要点及监督依据

断路器触头、导体镀银层厚度检测监督要点及监督依据见表 3－103。

表 3－103　　断路器触头、导体镀银层厚度检测监督要点及监督依据

监督要点	监督依据
制造厂应逐批对断路器、接地开关触头、导体镀银层、断路器操动机构进行检测，建议采用X射线荧光法进行厚度抽测。并由制造厂商提供断路器镀银层检测试验报告	《提升 GIS 运行可靠性 108 项措施建议》（征求意见稿）“66　应严格检测镀银层厚度，防止接触电阻偏大。制造厂应严格按照设计和工艺要求对断路器、隔离/接地开关触头、导体镀银层厚度进行检测，建议在某批次装用前采用 X 射线荧光法进行镀银层厚度抽测，检测合格后方可用于产品安装。” 《2019 年电网设备金属监督工作方案》八、金属专项技术监督项目要求 3. 户外密封箱体厚度检测

2. 监督项目解析

断路器触头、导体镀银层厚度检测情况是设备制造阶段重要的监督条目，是保证断路器导电回路电阻正常、防止接触电阻过大的一项重要措施，不合格的镀银层将会引起回路异常发热等问题，因此需在设备制造阶段严格监督断路器触头、导体镀银层厚度检测各项指标。

3. 监督要求

开展本条目监督时，通过查阅厂家镀银层检测工艺文件和检测报告等资料，并现场抽查触头、导体各 1 组，现场用 X 射线进行实测，并与厂家检测报告数据进行比对来判断。

4. 整改措施

当发现本条目不满足时，应及时向相关部门汇报情况，记录不满足要点要求的相关情况，并记录中标设备相关参数。

3.2.4.7 罐体水压试验、气密性试验（罐式断路器）

1. 监督要点及监督依据

罐体水压试验、气密性试验（罐式断路器）监督要点及监督依据见表 3－104。

表 3－104　罐体水压试验、气密性试验（罐式断路器）监督要点及监督依据

监督要点	监督依据
1. 所有罐体均应进行水压试验和气密性试验。 2. 水压试验压力和气密性试验压力符合标准要求	《气体绝缘金属封闭开关设备技术条件》（DL/T 617—2010） “7.9.1　一般要求 如果外壳或其部件的强度没有经过计算，则应进行验证试验。它们应在内部元件装入之前，试验条件基于设计压力的独立的外壳上进行。 根据所采用材料的适用性，验证试验可以是型式试验的压力试验或者非破坏性压力试验。 7.11.1　一般要求 按 DL/T 593—2006 6.8 的规定，并作如下补充： 该试验应与 7.8、7.15 一起进行。包含 GIS 特征密封件的所有类型的隔室，作为型式试验来证明泄漏率满足 6.14 的要求，且不会受机械和极限温度试验的影响而变化。”

2. 监督项目解析

罐体气密性、水压试验（罐式断路器）是设备制造阶段重要的监督条目，是保证断路器质量的一项重要措施，罐体水压试验和气密性试验（罐式断路器）不合格将会给设备安全运行引入较大的潜在风险，因此需在设备制造阶段严格监督罐体水压试验和气密性试验（罐式断路器）各项指标。

3. 监督要求

开展本条目监督时，通过查阅资料包括厂家水压和气密性检测工艺文件和检测报告来判断。

4. 整改措施

当发现本条目不满足时，应及时向相关部门汇报情况，记录不满足要点要求的相关情况，并记录中标设备相关参数。

3.2.5 设备验收阶段

3.2.5.1 断路器设备到货验收及保管

1. 监督要点及监督依据

断路器设备到货验收及保管监督要点及监督依据见表 3－105。

表 3-105　　断路器设备到货验收及保管监督要点及监督依据

监督要点	监督依据
1. 出厂证件及技术资料应齐全，且应符合订货合同的约定。 2. 设备的零件、备件及专用工器具齐全，符合订货合同约定无锈蚀、损伤和变形。 3. 按产品技术文件要求应安装冲击记录仪的元件，其冲击加速度不应大于产品技术文件的要求，冲击记录应随安装技术文件一并归档（仅针对罐式断路器）。 4. 对运至现场的断路器的保管符合要求： （1）设备应按照原包装置于平整、无积水、无腐蚀性气体的场地，并按编号分组保管，对有防雨要求的设备应有相应的防雨措施。 （2）充有六氟化硫等气体的灭弧室和罐体及绝缘支柱，应按产品技术文件要求定期检查其预充压力值，并做好记录，有异常情况时应及时采取措施。 （3）绝缘部件、专用材料、专用小型工器具及备品、备件等应装置于干燥的室内保管。 （4）罐式断路器的套管应水平放置。 （5）瓷件应妥善安置、不得倾倒、互相碰撞或遭受外界的危害。 （6）对于非充气元件的保管应结合安装进度以及保管时间、环境做好防护措施	《电气装置安装工程高压电器施工及验收规范》（GB 50147—2010） “4.1.48　出厂证件及技术资料应齐全，且应符合订货合同的约定。 4.1.42　设备的零件、备件及专用工器具齐全，符合订货合同约定无锈蚀、损伤和变形。 4.1.46　按产品技术文件要求应安装冲击记录仪的元件，其冲击加速度不应大于产品技术文件的要求，冲击记录应随安装技术文件一并归档。 4.1.5　六氟化硫断路器到达现场后的保管应符合产品技术文件要求，且应符合下列规定： （1）设备应按照原包装置于平整、无积水、无腐蚀性气体的场地，并按编号分组保管，对有防雨要求的设备应有相应的防雨措施。 （2）充有六氟化硫等气体的灭弧室和罐体及绝缘支柱，应按产品技术文件要求定期检查其预充压力值，并做好记录，有异常情况时应及时采取措施。 （3）绝缘部件、专用材料、专用小型工器具及备品、备件等应装置于干燥的室内保管。 （4）罐式断路器的套管应水平放置。 （5）瓷件应妥善安置、不得倾倒、互相碰撞或遭受外界的危害。 （6）对于非充气元件的保管应结合安装进度以及保管时间、环境做好防护措施。”

2. 监督项目解析

断路器设备到货验收及保管是设备验收阶段比较重要的监督条目，是设备验收阶段的第一个环节，是确保设备生产质量、保证工程建设质量的有力手段。断路器设备到货验收及保管环节的缺失将为后续工程及电网安全埋下重大隐患，返厂修理等处理方式费时费力，会造成巨大损失，因此有必要开展断路器设备到货验收及保管监督工作。

3. 监督要求

开展本条目监督时，应查阅设备到货交接记录（应是签批后的正式版本），查看设备保管环境等，确保断路器设备到货验收及保管合格。

4. 整改措施

当发现本条目不满足时，应及时向相关部门汇报情况，记录不满足要点要求的相关情况。

3.2.5.2　主回路的绝缘试验

1. 监督要点及监督依据

主回路的绝缘试验监督要点及监督依据见表 3-106。

表 3-106　　主回路的绝缘试验监督要点及监督依据

监督要点	监督依据
1. 在断路器 SF_6 气体额定压力下进行，在分、合闸状态下分别进行；1min 工频耐受电压（相间、相对地、断口），耐压试验的试验方案满足相关标准要求。 2. 罐式断路器局部放电试验应在所有其他绝缘试验后进行，局部放电量不大于 5pC。 3. 雷电冲击耐受试验： （1）220kV 及以上罐式断路器应进行正负极性各 3 次的雷电冲击耐受试验。 （2）550kV 断路器设备应进行正负极性各 3 次的雷电冲击耐受试验	1.《高压开关设备和控制设备标准的共用技术要求》（DL/T 593—2016）“6.2.6.1　工频电压试验开关设备和控制设备应按 GB/T 16927.1 的要求承受短时工频耐受电压试验。对每种试验条件，应将试验电压升至试验值后保持 1min” “7.1　主回路的绝缘试验中‘进行短时工频电压干试验。试验应按 GB/T 16927.1 和 6.2 的要求，在新的、清洁的和干燥的完整设备、单极或运输单元上进行。对于采用压缩气体作为绝缘的设备，试验时应使用制造厂规定的最低功能压力（密度）。’‘验电压应是表 1 或表 2 中的规定值，或是按有关产品标准，或是这些标准的适用部分。’” 2.《气体绝缘金属封闭开关设备技术条件》（DL/T 617—2010）“7.2.8　独立元件以及包含这些元件的分装最大允许的局部放电最不应超过 5pC。” 3.《国家电网公司变电验收管理通用细则　第 2 分册　断路器验收细则》中“A.3 断路器设备出厂验收标准卡，11—雷电冲击耐受试验：① 220kV 及以上罐式断路器应进行正负极性各 3 次的雷电冲击耐受试验；② 550kV 断路器设备应进行正负极性各 3 次的雷电冲击耐受试验。”

2. 监督项目解析

主回路的绝缘试验是设备验收阶段比较重要的监督条目，是保证断路器绝缘性能可靠性的关键措施，主回路的绝缘试验依靠雷电冲击试验、工频耐压试验及局部放电试验三个手段全方位考核设备的电性能，不合格的主回路绝缘将会给设备安全运行引入极大的潜在风险，因此需在设备验收阶段严格监督主回路的绝缘试验各项指标。

3. 监督要求

开展本条目监督时，通过旁站见证，对试验方案、试验报告等资料进行检查来判断。

4. 整改措施

当发现本条目不满足时，应及时向相关部门汇报情况，记录不满足要点要求的相关情况，并记录中标设备相关参数。

3.2.5.3 断路器机械特性测试

1. 监督要点及监督依据

断路器机械特性测试监督要点及监督依据见表 3－107。

表 3－107　　断路器机械特性测试监督要点及监督依据

监督要点	监督依据
1. 断路器出厂试验应在机械特性试验中同步记录触头行程曲线，并确保在规定的参考机械行程特性包络线范围内。 2. 断路器产品出厂试验、交接试验及例行试验中，应对断路器主触头与合闸电阻触头的时间配合关系进行测试，并测量合闸电阻的阻值。 3. 断路器产品出厂试验、交接试验及例行试验中，应对断路器主触头与合闸电阻触头的时间配合关系进行测试，并测量合闸电阻的阻值。 4. 断路器交接试验及例行试验中，应进行行程曲线测试，并同时测量分/合闸线圈电流波形	1.《国家电网公司关于印发电网设备技术标准差异条款统一意见的通知》（国家电网科〔2017〕549 号）“开关类设备　一、断路器（二）运检与基建标准差异　第 6 条　1）在断路器的型式试验、出厂试验、交接试验中，应在机械特性试验中同步记录触头行程曲线，并确保在规定的参考机械行程特性包络线范围内。” 2～3.《国家电网有限公司关于印发十八项电网重大反事故措施（修订版）的通知》（国家电网设备〔2018〕979 号）“12.1.2.2　断路器产品出厂试验、交接试验及例行试验中，应对断路器主触头与合闸电阻触头的时间配合关系进行测试，并测量合闸电阻的阻值。 4.《国家电网有限公司关于印发十八项电网重大反事故措施（修订版）的通知》（国家电网设备〔2018〕979 号）“12.1.2.6　断路器交接试验及例行试验中，应进行行程曲线测试，并同时测量分/合闸线圈电流波形。”

2. 监督项目解析

断路器机械特性测试是设备验收阶段比较重要的监督条目，是保证断路器动作正常的关键措施，其通过对断路器的行程特性曲线、时间、速度参数等方面的考核来了解断路器机械特性是否正常，因此需在设备验收阶段严格监督断路器机械特性测试各项指标。

3. 监督要求

开展本条目监督时，通过旁站见证，对试验方案、出厂试验报告等资料进行检查来判断。

4. 整改措施

当发现本条目不满足时，应及时向相关部门汇报情况，记录不满足要点要求的相关情况，并记录中标设备相关参数。

3.2.5.4 辅助开关与主触头时间配合试验

1. 监督要点及监督依据

辅助开关与主触头时间配合试验监督要点及监督依据见表 3－108。

表 3－108　　辅助开关与主触头时间配合试验监督要点及监督依据

监督要点	监督依据
断路器产品出厂试验、交接试验及例行试验中，应测试断路器合—分时间。对 252kV 及以上断路器，合—分时间应满足电力系统安全稳定要求	《国家电网有限公司关于印发十八项电网重大反事故措施（修订版）的通知》（国家电网设备〔2018〕979 号）“12.1.2.3　断路器产品出厂试验、交接试验及例行试验中，应测试断路器合—分时间。对 252kV 及以上断路器，合—分时间应满足电力系统安全稳定要求。”

2. 监督项目解析

辅助开关与主触头时间配合试验是设备验收阶段比较重要的监督条目，是保证断路器动作正常的关键措施，是保证断路器辅助开关逻辑可靠性及主触头动作准确性的重要考核举措，因此需在设备验收阶段严格监督辅助开关与主触头时间配合试验各项指标。

3. 监督要求

开展本条目监督时，对检测报告等资料进行检查来判断。

4. 整改措施

当发现本条目不满足时，应及时向相关部门汇报情况，记录不满足要点要求的相关情况，并记录中标设备相关参数。

3.2.5.5　主回路电阻

1. 监督要点及监督依据

主回路电阻监督要点及监督依据见表 3－109。

表 3－109　　主回路电阻监督要点及监督依据

监督要点	监督依据
主回路电阻测量应该尽可能在与其型式试验时相似的条件下进行，试验电流不小于 100A，测得的电阻不应超过温升试验前测得的电阻的 1.2 倍	《高压开关设备和控制设备标准的共同技术要求》（GB/T 11022—2011）“7.4　主回路电阻的测量 对于出厂试验，主回路每极电压降或电阻的测量值应该尽可能在与其型式试验时相似的条件下（周围空气温度和测量部件）进行，试验电流应在 6.4.1 规定的范围内，测得的电阻不应超过 $1.2R_u$，R_u 为温升试验前测得的电阻。”

2. 监督项目解析

主回路电阻是设备验收阶段比较重要的监督条目，是考核断路器主回路是否良好接触的关键措施，主回路电阻过高将会导致导电回路异常发热甚至烧蚀等严重情况，因此需在设备验收阶段严格监督主回路电阻各项指标。

3. 监督要求

开展本条目监督时，通过见证试验、查阅试验报告等资料来判断。

4. 整改措施

当发现本条目不满足时，应及时向相关部门汇报情况，记录不满足要点要求的相关情况，并记录中标设备相关参数。

3.2.5.6　SF_6气体资料齐全

1. 监督要点及监督依据

SF_6气体资料齐全监督要点及监督依据见表 3－110。

表 3-110　　SF_6气体资料齐全监督要点及监督依据

监督要点	监督依据
检查厂家提供的 SF_6气体资料： 1. 应该规定开关设备和控制设备中使用气体的种类、要求的数量、质量和密度。 2. 提供更新气体和保持所要求气体的数量和质量的必要说明	《高压开关设备和控制设备标准的共用技术要求》（GB/T 11022—2011） “5.2　制造厂应该规定开关设备和控制设备中使用气体的种类、要求的数量、质量和密度，并为用户提供更新气体和保持所要求气体的数量和质量的必要说明［见 10.5.2　a)］。密封压力系统除外。”

2. 监督项目解析

SF_6气体资料齐全是设备验收阶段重要的监督条目，是为了确保断路器所用 SF_6气体各项指标均能得到保证的关键措施，SF_6气体资料不齐全有可能会导致误用不合格气体，影响断路器绝缘性能，因此需在设备验收阶段严格监督 SF_6气体资料各项指标。

3. 监督要求

开展本条目监督时，通过查阅厂家提供的 SF_6气体资料，现场查看每批 1 只 SF_6气瓶，检查其标注是否符合厂家资料来判断。

4. 整改措施

当发现本条目不满足时，应及时向相关部门汇报情况，记录不满足要点要求的相关情况，并记录中标设备相关参数。

3.2.5.7　不锈钢部件材质分析

1. 监督要点及监督依据

不锈钢部件材质分析监督要点及监督依据见表 3-111。

表 3-111　　不锈钢部件材质分析监督要点及监督依据

监督要点	监督依据
1. 户外密闭箱体（控制、操作及检修电源箱等）应具有良好防腐性能，其户外密闭箱体的材质应为 06Cr19NI10 的奥氏体不锈钢或耐蚀铝合金，不能使用 2 系或 7 系铝合金；碟簧机构外壳可采用纤维增强的环氧树脂材料。 2. 户内密闭箱（汇控柜）应采用敷铝锌钢板弯折后拴接而成或采用优质防锈处理的冷轧钢板制成，公称厚度不应小于 2mm，厚度偏差应符合 GB/T 2518 的规定，如采用双层设计，其单层公称厚度不得小于 1mm。 3. 防雨罩材质应为 06Cr19NI10 的奥氏体不锈钢或耐蚀铝合金，且公称厚度不小于 2mm。当防雨罩单个面积小于 $1500cm^2$ 以下，公称厚度应不小于 1mm。 4. GIS 充气口保护封盖的材质应与充气口材质相同，防止电化学腐蚀	1～3.《电网设备金属技术监督导则》（Q/GDW 11717—2017） “16.3.1　户外密闭箱体应满足以下要求： 户外密闭箱体（控制、操作及检修电源箱等）应具有良好防腐性能，其户外密闭箱体的材质应为 06Cr19NI10 的奥氏体不锈钢或耐蚀铝合金，不能使用 2 系或 7 系铝合金；碟簧机构外壳可采用纤维增强的环氧树脂材料。 16.3.2　户内密闭箱体应满足以下要求： 户内密闭箱（汇控柜）应采用敷铝锌钢板弯折后拴接而成或采用优质防锈处理的冷轧钢板制成，公称厚度不应小于 2mm，厚度偏差应符合 GB/T 2518 的规定，如采用双层设计，其单层公称厚度不得小于 1mm。 16.3.3　防雨罩材质应为 06Cr19NI10 的奥氏体不锈钢或耐蚀铝合金，且公称厚度不小于 2mm。当防雨罩单个面积小于 $1500cm^2$ 以下，公称厚度应不小于 1mm。” 4.《国家电网有限公司关于印发十八项电网重大反事故措施（修订版）的通知》（国家电网设备〔2018〕979 号）“12.2.1.17　GIS 充气口保护封盖的材质应与充气口材质相同，防止电化学腐蚀。”

2. 监督项目解析

不锈钢部件材质分析是设备验收阶段重要的监督条目，是保证设备质量的关键措施，因此需在设备验收阶段严格监督不锈钢部件材质。

3. 监督要求

开展本条目监督时，通过见证试验、抽检、查阅试验报告等资料来判断。

4. 整改措施

当发现本条目不满足时，应及时向相关部门汇报情况，对应监督要点条目，记录不满足要点要求的相关情况。

3.2.6　设备安装阶段

3.2.6.1　安装环境检查

1. 监督要点及监督依据

安装环境检查监督要点及监督依据见表 3－112。

表 3－112　　安装环境检查监督要点及监督依据

监督要点	监督依据
1. 所有罐式断路器安装作业现场必须安装温度、湿度、洁净度实时检测设备，实现对环境条件的实时查询和自动告警，确保安装环境符合要求。应在无风沙、无雨雪的天气下进行；灭弧室检查组装时，空气相对湿度应小于 80%，并应采取防尘、防潮措施。 2. SF_6 开关设备进行抽真空处理时，应采用出口带有电磁阀的真空处理设备，在使用前应检查电磁阀，确保动作可靠，在真空处理结束后应检查抽真空管的滤芯是否存在油渍。禁止使用麦氏真空计。 3. 现场不应存在土建、电气交叉施工现象	1.《国家电网有限公司关于印发十八项电网重大反事故措施（修订版）的通知》（国家电网设备〔2018〕979 号）“12.2.2.2　SF_6 开关设备进行抽真空处理时，应采用出口带有电磁阀的真空处理设备，在使用前应检查电磁阀，确保动作可靠，在真空处理结束后应检查抽真空管的滤芯是否存在油渍。禁止使用麦氏真空计。” 2.《国网基建部关于发布〈输变电工程设备安装质量管理重点措施（试行）〉的通知》（基建安质〔2014〕38 号） “一、电气安装期间的土建工程管理 （一）电气安装前的基本条件。 （1）户外电气设备安装应在本区域混凝土基础、沟道、构支架等土建工程施工完成并验收合格，户外场地平整、道路畅通后方可进行。 （2）电气设备安装前，其安装区域及周边的土方挖填、喷砂、墙及地面打磨等产生扬尘的作业应全部完成。 （3）户内电气设备安装应在涉及设备安装的房间全部装修工作完成、户内清洁、通风良好、门窗孔洞封堵完成后方可进行。 （4）电气设备安装前，其相应配电装置区域的主接地网应已完成施工。”

2. 监督项目解析

安装环境检查是设备安装阶段最重要的监督项目。

安装单位及人员的防尘、防潮措施不到位，存在土建电气交叉施工现象，直接导致粉尘等异物进入设备内部，造成设备后期运行中存在巨大隐患。

3. 监督要求

查阅相关试验报告、作业指导书等资料，对断路器安装天气、湿度、是否存在土建、电气交叉施工现象等进行监督，确保断路器设备安装环境可靠。

4. 整改措施

当技术监督人员在查阅资料或现场见证时，发现断路器设备安装不合格，应及时将现场情况通知相关工程管理部门整改，直至断路器设备安装环境满足要求。

3.2.6.2　绝缘件管理

1. 监督要点及监督依据

绝缘件管理监督要点及监督依据见表 3－113。

表 3－113　　绝缘件管理监督要点及监督依据

监督要点	监督依据
1. 绝缘部件表面应无裂缝、剥落或破损，绝缘应良好，绝缘拉杆端部连接部件应牢固可靠。 2. 瓷套表面应光滑无裂纹、缺损，外观检查有疑问时应探伤检验。套管采用瓷外套时，瓷套与金属法兰胶装部位应牢固密实并涂有性能良好的防水胶；套管采用硅橡胶外套时，外观不得有裂纹、损伤、变形；套管的金属法兰结合面应平整，无外伤或铸造砂眼	1. GB 50147—2010《电气装置安装工程高压电器施工及验收规范》 “4.2.24. 绝缘部件表面应无裂缝、无剥落或破损，绝缘应良好，绝缘拉杆端部连接部件应牢固可靠。 2. 瓷套表面应光滑无裂纹、缺损，外观检查有疑问时应探伤检验。套管采用瓷外套时，瓷套与金属法兰胶装部位应牢固密实并涂有性能良好的防水胶；套管采用硅橡胶外套时，外观不得有裂纹、损伤、变形；套管的金属法兰结合面应平整，无外伤或铸造砂眼。”

2. 监督项目解析

绝缘件管理是设备安装阶段最重要的监督项目。

断路器设备中绝缘部件或者瓷套存在裂缝、剥落或破损，对断路器运行有巨大隐患，特别是在安装过程中，发现绝缘件有质量问题，应探伤检查，保证设备运行质量。

3. 监督要求

查阅相关试验报告、作业指导书等资料，对断路器设备中绝缘部件或者瓷套是否存在裂缝、剥落或破损开展监督，确保断路器设备绝缘件质量可靠。

4. 整改措施

当技术监督人员在查阅资料或开展监督时发现断路器设备绝缘件管理不合格，应及时将现场情况通知相关工程管理部门、物资管理部门，督促厂家重新进行试验或整改，直至断路器设备绝缘件管理满足要求。

3.2.6.3 导流部分检查

1. 监督要点及监督依据

导流部分检查监督要点及监督依据见表 3－114。

表 3－114 导流部分检查监督要点及监督依据

监督要点	监督依据
1. 设备载流部分的可挠连接应无折损、表面凹陷及锈蚀。 2. 设备接线端子的接触表面应平整、清洁、氧化，镀银部分应无挫磨，应涂覆电力复合脂；一次端子接线板无开裂、变形，表面镀层无破损；引线无散股、扭曲、断股现象。引线对地和相间符合电气安全距离要求，引线松紧适当，无明显过松过紧现象，导线的弧垂须满足设计规范。 3. 连接螺栓应齐全、紧固，紧固力矩符合规定	GB 50147—2010《电气装置安装工程高压电器施工及验收规范》“4.2.9 设备载流部分的可挠连接应无折损、表面凹陷及锈蚀；设备接线端子的接触表面应平整、清洁、氧化，镀银部分不得挫磨。”

2. 监督项目解析

导流部分检查是设备安装阶段非常重要的监督项目。

断路器导流部件存在缺陷，会导致运行中出现发热、烧损等故障，载流部件凹陷、锈蚀，接线端子表面不平整、开裂变形，螺栓连接不紧固，将直接导致设备运行中发生发热，严重时甚至烧损。

3. 监督要求

查阅相关试验报告、作业指导书等资料，对断路器导流部件是否存在缺陷、载流部件是否凹陷、锈蚀，接线端子表面是否不平整、开裂变形，螺栓连接是否紧固进行检查，确保断路器设备导流部件施工满足工艺要求。

4. 整改措施

当技术监督人员在查阅资料或开展监督时发现断路器设备导流部分质量不合格，应及时将现场情况通知相关工程管理部门、安装施工部门，督促相关单位完善整改，直至断路器设备导流部分工艺满足要求。

3.2.6.4 现场端子箱见证

1. 监督要点及监督依据

现场端子箱见证监督要点及监督依据见表 3－115。

表 3－115　　现场端子箱见证监督要点及监督依据

监督要点	监督依据
1. 变电站内端子箱、机构箱、智能控制柜、汇控柜等屏柜内的交直流接线，不应接在同一段端子排上。 2. 由一次设备（如变压器、断路器、隔离开关和电流、电压互感器等）直接引出的二次电缆的屏蔽层应使用截面积不小于 $4mm^2$ 的多股铜质软导线仅在就地端子箱处一点接地，在一次设备的接线盒（箱）处不接地，二次电缆经金属管从一次设备的接线盒（箱）引至电缆沟，并将金属管的上端与一次设备的底座或金属外壳良好焊接，金属管另一端应在距一次设备 5m 之外与主接地网焊接	1.《国家电网有限公司关于印发十八项电网重大反事故措施（修订版）的通知》（国家电网设备〔2018〕979 号）“5.3.1.10　变电站内端子箱、机构箱、智能控制柜、汇控柜等屏柜内的交直流接线，不应接在同一段端子排上。” 2.《国家电网有限公司关于印发十八项电网重大反事故措施（修订版）的通知》（国家电网设备〔2018〕979 号）“15.6.2.8　由一次设备（如变压器、断路器、隔离开关和电流、电压互感器等）直接引出的二次电缆的屏蔽层应使用截面积不小于 $4mm^2$ 的多股铜质软导线仅在就地端子箱处一点接地，在一次设备的接线盒（箱）处不接地，二次电缆经金属管从一次设备的接线盒（箱）引至电缆沟，并将金属管的上端与一次设备的底座或金属外壳良好焊接，金属管另一端应在距一次设备 5m 之外与主接地网焊接。”

2. 监督项目解析

现场端子箱见证是设备安装阶段非常重要的监督项目，是保障端子箱接线质量的关键措施。

3. 监督要求

开展本条目监督时，通过现场查看、查阅资料来判断。

4. 整改措施

当发现本条目不满足时，应及时向相关部门汇报情况，记录不满足要点要求的相关情况。

3.2.6.5　电气连接及安全接地

1. 监督要点及监督依据

电气连接及安全接地监督要点及监督依据见表 3－116。

表 3－116　　电气连接及安全接地监督要点及监督依据

监督要点	监督依据
1. 断路器接地回路导体应有足够大的截面，具有通过接地短路电流的能力。 2. 凡不属于主回路或辅助回路的且需要接地的所有金属部分都应接地（如爬梯等）。外壳、构架等的相互电气连接宜采用紧固连接（如螺栓连接或焊接），以保证电气连通。 3. 设备接地线连接应符合设计和产品技术文件要求，且应无锈蚀、损伤，连接牢靠。 4. 接地应良好，接地标识清楚。 5. 每种开关的构架应具有一个装有夹紧螺钉的可靠的接地端子，用来在规定故障条件下接到接地导体，压紧螺钉直径至少为 12mm。连接点应标以“接地”符号。 6. 126kV 及以下断路器紧固接地螺栓的直径不得小于 12mm；252kV 及以上断路器紧固接地螺栓的直径不得小于 16mm。 7. 设备连接端子应涂以薄层电力复合脂。 8. 应用力矩扳手检查所有安装部位的螺栓，其力矩值应符合产品技术文件要求。 9. 断路器交接试验及例行试验中，应对机构二次回路中的防跳继电器、非全相继电器进行传动。防跳继电器动作时间应小于辅助开关切换时间，并保证在模拟手合于故障时不发生跳跃现象	1～2. DL/T 5222—2005《导体和电器选择设计技术规定》“12.0.14　凡不属于主回路或辅助回路的且需要接地的所有金属部分都应接地。外壳、构架等的相互电气连接宜采用紧固连接（如螺栓连接或焊接），以保证电气连通。接地回路导体应有足够的截面，具有通过接地短路电流的能力。” 3. GB 50147—2010《电气装置安装工程高压电器施工及验收规范》“4.2.11　设备接地线连接应符合设计和产品技术文件要求，且应无锈蚀、损伤，连接牢靠。” 4. GB 50147—2010《电气装置安装工程高压电器施工及验收规范》“4.4.19　接地应良好，接地标识清楚。” 5. DL/T 593—2016《高压开关设备和控制设备标准的共用技术要求》“5.3　每台开关装置的底架上均应设置可靠的适用于规定故障条件的接地端子，该端子应有一紧固螺钉或螺栓用来连接接地导体。紧固螺钉或螺栓的直径应不小于 12mm。接地连接点应标以 GB/T 5465.2 规定的“保护接地”符号。与接地系统连接的金属外壳部分可以看作接地导体。” 6～8. GB 50149—2010《电气装置安装工程母线装置施工及验收规范》“3.2.2　矩形母线搭接应符合表 3.2.2 的规定，详细见附表 B。” DL/T 617—2010《气体绝缘金属封闭开关设备技术条件》“6.3.2　外壳接地。外壳应能接地。凡不属于主回路或辅助回路的，且需要接地的所有金属部分都应接地。外壳、构架等的相互电气连接应用坚固连接（如螺栓连接或焊接），以保证电气连通。 为保证接地回路的可靠连通，应考虑到可能通过的电流所产生的热和电的效应。 分相式的 GIS 外壳（特别是额定电流较大的 GIS 的套管处）应设三相短接线，其截面应能承受长期通过的最大感应电流和短时耐受电流。外壳接地应从短接线上引出与接地母线连接，其截面应满足短时耐受电流的要求。 紧固接地螺栓的直径不得小于 16mm，接地点应标以接地符号。” 9.《国家电网有限公司关于印发十八项电网重大反事故措施（修订版）的通知》（国家电网设备〔2018〕979 号）“12.1.2.1　断路器交接试验及例行试验中，应对机构二次回路中的防跳继电器、非全相继电器进行传动。防跳继电器动作时间应小于辅助开关切换时间，并保证在模拟手合于故障时不发生跳跃现象。”

2. 监督项目解析

电气连接及安全接地是设备安装阶段重要的监督项目。

断路器电气连接及安全接地不可靠，将导致断路器短路故障时短路电流通流能力不足。

3. 监督要求

查阅相关试验报告、作业指导书等资料，对断路器电气连接及安全接地是否可靠进行检查，确保断路器设备电气连接及安全接地安全可靠。

4. 整改措施

当技术监督人员在查阅资料或试验见证时，发现断路器设备电气连接及安全接地不合格，应及时将现场情况通知相关工程管理部门、物资管理部门、施工单位、设备厂家，督促相关单位完善整改，直至断路器设备电气连接及接地满足要求。

3.2.6.6 密度继电器（压力表）

1. 监督要点及监督依据

密度继电器（压力表）监督要点及监督依据见表 3－117。

表 3－117　　密度继电器（压力表）监督要点及监督依据

监督要点	监督依据
1. 密度继电器和压力表应经检验，并应有产品合格证明和检验报告。 2. 密度继电器与开关设备本体之间的连接方式应满足不拆卸校验密度继电器的要求。 3. 密度继电器应装设在与被监测气室处于同一运行环境温度的位置。对于严寒地区的设备，其密度继电器应满足环境温度在－40～－25℃时准确度不低于 2.5 级的要求。 4. 户外断路器应采取防止密度继电器二次接头受潮的防雨措施	1～2. GB 50147—2010《电气装置安装工程高压电器施工及验收规范》“4.2.2　第 8 条　密度继电器和设备本体六氟化硫气体管路的连接，应满足可与设备本体管路系统隔离，以便于对密度继电器进行现场校验。” 《国家电网有限公司关于印发十八项电网重大反事故措施（修订版）的通知》（国家电网设备〔2018〕979 号）“12.1.1.3.1　密度继电器与开关设备本体之间的连接方式应满足不拆卸校验密度继电器的要求。” 3.《国家电网有限公司关于印发十八项电网重大反事故措施（修订版）的通知》（国家电网设备〔2018〕979 号）“12.1.1.3.2　密度继电器应装设在与被监测气室处于同一运行环境温度的位置。对于严寒地区的设备，其密度继电器应满足环境温度在－40～－25℃时准确度不低于 2.5 级的要求。” 4.《国家电网有限公司关于印发十八项电网重大反事故措施（修订版）的通知》（国家电网设备〔2018〕979 号）“12.1.1.3.4　户外断路器应采取防止密度继电器二次接头受潮的防雨措施。”

2. 监督项目解析

密度继电器（压力表）是设备安装阶段重要的监督项目。

密度继电器不满足不拆卸校验的要求，每次校验需要设备停电，造成供电可靠性下降；而密度继电器不在同一环境运行，缺少防雨罩等，容易造成密度继电器信号不可靠。

3. 监督要求

查阅相关试验报告、作业指导书等资料，对密度继电器是否满足不拆卸校验的要求，是否有防雨罩等进行检查，确保断路器密度继电器（压力表）安装质量可靠。

4. 整改措施

当技术监督人员在查阅资料或试验见证时，发现断路器密度继电器（压力表）安装质量不合格，应及时将现场情况通知相关工程管理部门、物资管理部门、施工单位、设备厂家，督促相关单位完善整改，直至断路器密度继电器（压力表）安装质量满足要求。

3.2.6.7 隐蔽工程检查

1. 监督要点及监督依据

隐蔽工程检查监督要点及监督依据见表 3－118。

表 3－118　　隐蔽工程检查监督要点及监督依据

监督要点	监督依据
1. 隐蔽性工程验收按《国家电网公司变电验收管理通用细则》第 27 分册附录 A2 变电站土建设施阶段性隐蔽性工程验收标准卡执行。 2. 应监督隐蔽工程验收、施工单位验收等前期验收环节	1.《国家电网公司变电验收管理通用细则》第 27 分册　土建设施验收细则。 2. 国家电网公司《交流高压开关设备技术监督导则》（国家电网企管〔2014〕890 号）“5.7.3　d）监督隐蔽工程验收、施工单位验收等前期验收环节。”

2. 监督项目解析

隐蔽工程检查是设备安装阶段重要的监督项目。

隐蔽工程中“地基验槽、钢筋工程、地下混凝土工程、埋件、埋管、螺栓、地下防水、防腐工程”等不合格，将会导致地基沉降、断路器设备漏气、接头接触不良、变形等故障，严重影响设备安全运行。

3. 监督要求

查阅相关试验报告、作业指导书等资料，开展试验见证，确保断路器隐蔽工程符合规程要求。

4. 整改措施

当技术监督人员在查阅资料或试验见证时，发现断路器隐蔽工程不合格，应及时将现场情况通知相关工程管理部门、物资管理部门、施工单位、设备厂家，督促相关单位完善整改，直至断路器隐蔽工程满足要求。

3.2.6.8　SF_6气体质量检查

1. 监督要点及监督依据

SF_6气体质量检查监督要点及监督依据见表 3－119。

表 3－119　　SF_6气体质量检查监督要点及监督依据

监督要点	监督依据
1. 断路器生产厂商应提供设备充装用 SF_6 气体出厂资料，包括批号、日期、数量、检测报告及合格证明文件。 2. SF_6新气必须经 SF_6气体质量监督管理中心抽检合格，并出具检测报告。 3. SF_6新气到货后，充入设备前应对每批次的气瓶进行抽检，并应按《工业六氟化硫》（GB 12022）验收，SF_6新到气瓶抽检比例宜符合标准规定，其他每瓶可只测定含水量。 4. SF_6 气体充入设备后必须进行湿度试验和纯度检测，必要时进行气体成分分析。 35kV～500kV 设备：SF_6气体含水量的测定应在断路器充气 48h 后进行至 2 周之内应测量一次（750kV 设备在充气至额定压力 120h 后进行），且测量时环境相对湿度不大于 85%。含水量应符合下列规定：与灭弧室相通的气室，应小于 150μL/L，其他气室小于 250μL/L	1. GB 50147—2010《电气装置安装工程高压电器施工及验收规范》“5.5.2 “新六氟化硫气体应有出厂检验报告及合格证明文件。运到现场后，每瓶均应作含水量检验；现场应进行抽样做全分析，抽样比例应按表 5.5.2 的规定执行。检验结果有一项不符合本规范表 5.5.1 要求时，应以两倍气瓶数重新抽样进行复验。复验结果即使有一项不符合，整皮产品不应验收。”见附录 D。 2.《国家电网公司交流高压开关设备技术监督导则》（国家电网企管〔2014〕890 号）“5.7.3　e　7）SF_6气体必须经 SF_6气体质量监督管理中心抽检合格，并出具检测报告。 8）SF_6气体注入设备后必须进行湿度试验，且应对设备内气体进行 SF_6纯度检测，必要时进行气体成分分析。” 3. GB 50150—2016《电气装置安装工程电气设备交接试验标准》“19.0.4　SF_6新气到货后，充入设备前应对每批次的气瓶进行抽检，并应按《工业六氟化硫》（GB 12022）验收，SF_6新到气瓶抽检比例宜符合表 19.0.4 的规定，其他每瓶可只测定含水量。” 4. Q/GDW 1168—2013《输变电设备状态检修试验规程》“8.1　b　新充（补）气 48h 之后至 2 周之内应测量一次。表 102　SF_6气体湿度检测说明，见附录 C 参考标准差异化条款。”

2. 监督项目解析

密度继电器（压力表）是设备安装阶段非常重要的监督项目。

SF_6微水、成分不合格，将导致断路器绝缘降低，严重威胁设备安全运行。

3. 监督要求

查阅试验记录、出厂记录等资料，见证试验，通过见证试验对 SF_6 微水、成分是否合格进行检查，确保断路器 SF_6 气体质量合格。

4. 整改措施

当技术监督人员在查阅资料或试验见证时，发现断路器 SF_6 气体质量不合格，应及时将现场情况通知相关工程管理部门、物资管理部门、施工单位、设备厂家，督促相关单位完善整改，直至断路器 SF_6 气体质量满足要求。

3.2.7 设备调试阶段

3.2.7.1 断路器并联电容器试验（若有）

1. 监督要点及监督依据

断路器并联电容器试验监督要点及监督依据见表 3－120。

表 3－120 断路器并联电容器试验监督要点及监督依据

监督要点	监督依据
1. 断路器并联电容器的极间绝缘电阻不应低于 500MΩ。 2. 断路器并联电容器的介质损耗角正切值应符合产品技术条件的规定。 3. 电容值的偏差应在额定电容值的 ±5%范围内	GB 50150—2016《电气装置安装工程电气设备交接试验标准》“18.0.2 2 并联电容器应在电极对外壳之间进行，并应采用 1000V 绝缘电阻表测量小套管对地绝缘电阻，绝缘电阻均不应低于 500MΩ。 18.0.3 测量耦合电容器、断路器电容器的介质损耗因数（$\tan\delta$）及电容值，应符合下列规定： 1 测得的介质损耗因数（$\tan\delta$）应符合产品技术条件的规定； 2 耦合电容器电容值的偏差应在额定电容值的－5%～＋10%范围内，电容器叠柱中任何两单元的实测电容之比值与这两单元的额定电压之比值的倒数之差不应大于 5%；断路器电容器电容值的允许偏差应为额定电容值的士 5%。”

2. 监督项目解析

断路器并联电容器试验是设备调试阶段非常重要的监督项目。

并联电容器绝缘电阻过低，运行时存在绝缘击穿的风险；介损不合格表明并联电容内部有受潮的缺陷，也会导致运行时存在绝缘击穿的风险；而并联电容器电容量相差过大，将导致断口电压分配不均，单个断口击穿从而导致断路器击穿的故障。

3. 监督要求

查阅相关试验报告、作业指导书等资料，开展试验见证，监督绝缘电阻、介质损耗、电容量等是否合格，确保断路器设备并联电容器试验结果满足技术标准、规程要求。

4. 整改措施

当技术监督人员在查阅资料或试验见证时，发现断路器设备并联电容器试验结果不合格，应及时将现场情况通知相关工程管理部门、物资管理部门、施工单位、设备厂家，督促相关单位完善整改，直至断路器设备并联电容器试验结果满足技术标准、规程要求。

3.2.7.2 合闸电阻试验（若有）

1. 监督要点及监督依据

合闸电阻试验监督要点及监督依据见表 3－121。

表 3－121　合闸电阻试验监督要点及监督依据

监督要点	监督依据
1. 断路器与合闸电阻触头时间配合测试，合闸电阻的提前接入时间应参照制造厂规定执行。 2. 断路器交接试验及例行试验中，应进行行程曲线测试，并同时测量分/合闸线圈电流波形。 3. 合闸电阻值与出厂值相比应不超过±5%。 4. 分、合闸线圈电阻检测，检测结果应符合设备技术文件要求，没有明确要求时，以线圈电阻初值差不超过±5%作为判据	1～2.《国家电网有限公司关于印发十八项电网重大反事故措施（修订版）的通知》（国家电网设备〔2018〕979 号）"12.1.2.2　断路器产品出厂试验、交接试验及例行试验中，应对断路器主触头与合闸电阻触头的时间配合关系进行测试，并测量合闸电阻的阻值。""12.1.2.6　断路器交接试验及例行试验中，应进行行程曲线测试，并同时测量分/合闸线圈电流波形。" 3.《电网设备技术标准差异条款统一意见》（国家电网科（2017）549 号），开关类设备断路器第 1 条关于合闸电阻的注意阻值问题。条款统一意见：执行"合闸电阻值与出厂值相比应不超过±5%。" 4. Q/GDW 1168—2013《输变电设备状态检修试验规程》"5.8.1.11. 初值差不超过±5%（注意值）。"

2. 监督项目解析

合闸电阻试验是设备调试阶段非常重要的监督项目。

合闸电阻的提前接入时间不满足标准要求，将导致合闸电阻对操作过电压的抑制作用失去效果，导致系统中存在过电压。

3. 监督要求

查阅相关试验报告、作业指导书等资料，开展试验见证，监督合闸电阻的提前接入时间、合闸电阻值等是否合格，确保断路器设备合闸电阻试验结果满足技术标准、规程要求。

4. 整改措施

当技术监督人员在查阅资料或试验见证时，发现断路器设备合闸电阻试验结果不合格，应及时将现场情况通知相关工程管理部门、物资管理部门、施工单位、设备厂家，督促相关单位完善整改，直至断路器设备合闸电阻试验结果满足技术标准、规程要求。

3.2.7.3　检漏试验（密封试验）

1. 监督要点及监督依据

检漏试验（密封试验）监督要点及监督依据见表 3－122。

表 3－122　检漏试验（密封试验）监督要点及监督依据

监督要点	监督依据
泄漏值的测量应在断路器充气 24h 以后，且应在开关操动试验后进行。采用灵敏度不低于 1×10^{-6}（体积比）的检漏仪对断路器各密封部位、管道接头等处进行检测时，检漏仪不应报警；必要时可采用局部包扎法进行气体泄漏测量。以 24h 的漏气量换算，每一个气室年漏气率不应大于 0.5%	GB 50150—2016《电气装置安装工程电气设备交接试验标准》"12.0.14　密封试验，应符合下列规定： 1　试验方法可采用灵敏度不低于 1×10^{-6}（体积比）的检漏仪对断路器各密封部位、管道接头等处进行检测，检漏仪不应报警。 2　必要时可采用局部包扎法进行气体泄漏测量。以 24h 的漏气量换算，每一个气室年漏气率不应大于 0.5%。 3　密封试验应在断路器充气 24h 以后，且应在开关操动试验后进行。"

2. 监督项目解析

检漏（密封试验）试验是设备调试阶段重要的监督项目。

SF_6 气体泄漏一方面会造成温室气体（SF_6）在大气中排放；另一方面，会造成断路器内部气室压力减小，引起闭锁、绝缘下降等故障。

3. 监督要求

查阅相关试验报告、作业指导书等资料，开展试验见证，监督是否存在 SF_6 气体泄漏，确保断路器设备检漏（密封）试验结果满足技术标准、规程要求。

4. 整改措施

当技术监督人员在查阅资料或试验见证时，发现断路器设备检漏（密封）试验结果不合格，应及时将现场情况通知相关工程管理部门、物资管理部门、施工单位、设备厂家，督促相关单位完善整改，直至断路器设备检漏（密封）试验结果满足技术标准、规程要求。

3.2.7.4 回路电阻试验

1. 监督要点及监督依据

回路电阻试验监督要点及监督依据见表 3－123。

表 3－123　回路电阻试验监督要点及监督依据

监督要点	监督依据
1. 应与厂内测试方式一致，采用电流不小于 100A 的直流压降法。 2. 现场测试值不得超过控制值 R_n（R_n 是产品技术条件规定值）。 3. 应注意与出厂值的比较，不得超过出厂实测值的 120%	1. GB 50150—2016《电气装置安装工程电气设备交接试验标准》“11.0.3　测量每相导电回路的电阻值，应符合下列规定：① 测量应采用电流不小于 100A 的直流压降法；② 测试结果应符合产品技术条件的规定。” 2～3.《国家电网公司关于印发电网设备技术标准差异条款统一意见的通知》（国家电网科〔2017〕549 号）“开关类设备断路器第 4 条　断路器交接验收、停电例行试验或灭弧室维修后应进行主回路电阻的测量，测量值不大于厂家规定值。且交接验收时应与出厂值进行对比，不得超过 120%出厂值。”

2. 监督项目解析

回路电阻试验是设备调试阶段最重要的监督项目。

测试回路电阻采用 100A 以下的电流将导致测试不准确，回路电阻值超过控制值或者出厂实测值的 120%将导致回路发热缺陷。

3. 监督要求

查阅相关试验报告、作业指导书等资料，开展试验见证，确保断路器设备回路电阻试验结果满足技术标准、规程要求。

4. 整改措施

当技术监督人员在查阅资料或试验见证时，发现断路器设备回路电阻试验结果不合格，应及时将现场情况通知相关工程管理部门、物资管理部门、施工单位、设备厂家，督促相关单位完善整改，直至断路器设备回路电阻试验结果满足技术标准、规程要求。

3.2.7.5 弹簧机构检查

1. 监督要点及监督依据

弹簧机构检查监督要点及监督依据见表 3－124。

表 3－124　弹簧机构检查监督要点及监督依据

监督要点	监督依据
1. 储能机构检查： （1）弹簧机构储能接点能根据储能情况及断路器动作情况，可靠接通、断开，启动储能电机动作。 （2）储能电机应运行无异常、无异声。手动储能能正常执行，手动储能与电动储能之间闭锁可靠。 （3）合闸弹簧储能时间应满足制造厂要求，合闸操作后应在 20s 内完成储能，在 85%～110%的额定电压下应能正常储能。	GB/T 11022—2011《高压开关设备和控制设备标准的共用技术要求》“5.6.3　弹簧（或重锤）储能　如果用弹簧（或重锤）储能，在弹簧储能（或重锤升起）后，5.6 的要求适用： 1. 储能机构检查： （1）弹簧机构储能接点能根据储能情况及断路器动作情况，可靠接通、断开，启动储能电机动作。 （2）储能电机应运行无异常、无异声。手动储能能正常执行，手动储能与电动储能之间闭锁可靠。 （3）合闸弹簧储能时间应满足制造厂要求，合闸操作后应在 20s 内完成储能，在 85%～110%的额定电压下应能正常储能。

续表

监督要点	监督依据
2. 弹簧机构检查：① 弹簧机构应能可靠防止发生空合操作；② 合闸弹簧储能完毕后，行程开关应能立即将电动机电源切除，合闸完毕，行程开关应将电动机电源接通。 3. 弹簧机构其他验收项目：① 传动链条无锈蚀、机构各转动部分应涂以适合当地气候条件的润滑脂；② 缓冲器无渗漏油	2. 弹簧机构检查：① 弹簧机构应能可靠防止发生空合操作；② 合闸弹簧储能完毕后，行程开关应能立即将电动机电源切除，合闸完毕，行程开关应将电动机电源接通。 3. 弹簧机构其他验收项目：① 传动链条无锈蚀、机构各转动部分应涂以适合当地气候条件的润滑脂；② 缓冲器无渗漏油。”

2. 监督项目解析

弹簧机构检查是设备调试阶段重要的监督项目。

弹簧机构储能异常、机构与本体应可靠连接防止空合操作、存在锈蚀漏油等缺陷，将直接导致弹簧机构误动、拒动。另外，操动机构润滑差、动作环节多，操动机构隐患不能及时发现，出现故障的可能性非常大。

3. 监督要求

查阅相关试验报告、作业指导书等资料，开展试验见证，监督弹簧机构储能是否存在锈蚀漏油等缺陷，是否存在储能异常等情况，确保断路器设备弹簧机构检查结果满足技术标准、规程要求。

4. 整改措施

当技术监督人员在查阅资料或试验见证时，发现断路器设备弹簧机构检查结果不合格，应及时将现场情况通知相关工程管理部门、物资管理部门、施工单位、设备厂家，督促相关单位完善整改，直至断路器设备弹簧机构检查结果满足技术标准、规程要求。

3.2.7.6 液压机构检查

1. 监督要点及监督依据

液压机构检查监督要点及监督依据见表 3－125。

表 3－125　　液压机构检查监督要点及监督依据

监督要点	监督依据
1. 液压机构检查： （1）液压油标号选择正确，适合设备运行地域环境要求。油位满足设备厂家要求。 （2）液压机构连接管路应清洁、无渗漏，压力表计指示正常。 （3）油泵运转正常，无异常，欠压时能可靠启动，压力建立时间符合要求。 （4）液压系统油压不足时，机械、电气防止慢分慢合装置应可靠工作。 （5）液压机构电动机或油泵应能满足 60s 内从重合闸闭锁油压打压到额定油压和 5min 内从零压充到额定压力的要求，机构打压超时应报警。 （6）液压回路压力不足时能按设定值可靠报警或闭锁断路器操作，并上传信号。 （7）液压机构 24h 内保压试验无异常，启动打压操作次数满足产品设计要求。 2. 液压机构储能装置检查： （1）预充氮气压力应依据制造厂规定。 （2）储压筒应有足够的容量，在降压至闭锁压力前应能进行“分—0.3s—合分”或“合分—3min—合分”的操作。对于设有漏氮报警装置的储压器，需检查漏氮报警装置功能可靠。 （3）液压弹簧机构应根据碟簧不同压缩量，可靠上传报警信号或完成断路器各类操作闭锁。 （4）外部液压源操作压力范围应符合要求，除厂家另有规定，否则操作压力的上下限范围分别为额定压力的 110%和 85%	GB/T 11022—2011《高压开关设备和控制设备标准的共用技术要求》“5.6.2　储气罐或液压蓄能器中能力的储存如果用储气罐或液压蓄能器储能，操作压力处在 a）和 b）规定的极限值之间时，5.6 的要求。 a）外部气源或液压源。除非制造厂另有规定，操作压力的上下限范围分别为额定压力的 110%和 85%。如果储气罐内的压缩气体也用来开断，上述极限值不适用。 b）与开关装置或操动机构一体的压缩机或泵。操作压力的上下限应由制造厂规定。”

2. 监督项目解析

液压机构检查是设备调试阶段重要的监督项目。

液压机构储能异常、频繁打压、操作压力不足等缺陷，将直接导致液压机构误动、拒动。

3. 监督要求

查阅相关试验报告、作业指导书等资料，开展试验见证，液压机构是否存在储能异常、频繁打压、操作压力不足等缺陷，确保断路器设备液压机构检查结果满足技术标准、规程要求。

4. 整改措施

当技术监督人员在查阅资料或试验见证时，发现断路器设备液压机构检查结果不合格，应及时将现场情况通知相关工程管理部门、物资管理部门、施工单位、设备厂家，督促相关单位完善整改，直至断路器设备液压机构检查结果满足技术标准、规程要求。

3.2.7.7 气体密度继电器试验

1. 监督要点及监督依据

气体密度继电器试验监督要点及监督依据见表 3－126。

表 3－126　气体密度继电器试验监督要点及监督依据

监督要点	监督依据
在充气过程中检查气体密度继电器及压力动作阀的动作值，应符合产品技术条件的规定。对单独运到现场的表计，应进行核对性检查	GB 50150—2016《电气装置安装工程电气设备交接试验标准》“12.0.15　气体密度继电器、压力表和压力动作阀的检查，应符合下列规定：① 在充气过程中检查气体密度继电器及压力动作阀的动作值，应符合产品技术条件的规定；② 对单独运到现场的表计，应进行核对性检查。”

2. 监督项目解析

气体密度继电器试验是设备调试阶段技术监督项目之一。

充气之前先检查气体密度继电器及压力动作阀，确保设备指示可靠、准确、无泄漏。对于单独运到现场的设备，为了保证设备的可靠性应进行校验。

3. 监督要求

查阅相关试验报告、作业指导书等资料，开展试验见证，监督气体密度继电器及压力动作阀动作值是否合格，确保断路器设备气体密度器试验结果满足技术标准、规程要求。

4. 整改措施

当技术监督人员在查阅资料或试验见证时，发现断路器设备气体密度器试验结果不合格，应及时将现场情况通知相关工程管理部门、物资管理部门、施工单位、设备厂家，督促相关单位完善整改，直至断路器设备气体密度器试验结果满足技术标准、规程要求。

3.2.7.8 电流互感器（如配置）试验

1. 监督要点及监督依据

电流互感器（如配置）试验监督要点及监督依据见表 3－127。

表 3－127　电流互感器（如配置）试验监督要点及监督依据

监督要点	监督依据
直流电阻、组别和极性、误差测量、励磁曲线测量等应符合产品技术条件	GB 50150—2006《电气装置安装工程电气设备交接试验标准》 “10.0.8　绕组直流电阻测量，应符合下列规定： 1. 电压互感器。一次绕组直流电阻测量值，与换算到同一温度下的出厂值比较，相差不宜大于 10%。二次绕组直流电阻测量值，与换算到同一温度下的出厂值比较，相差不宜大于 15%。

续表

监督要点	监督依据
直流电阻、组别和极性、误差测量、励磁曲线测量等应符合产品技术条件	2. 电流互感器。同型号、同规格、同批次电流互感器绕组的直流电阻和平均值的差异不宜大于 10%。一次绕组有串联、并联接线方式时，对电流互感器的一次绕组的直流电阻测量应在正常运行方式下测量，或同时测量两种接线方式下的一次绕组直流电阻，倒立式电流互感器单匝一次绕组的直流电阻之间的差异不宜大于 30%。当有怀疑时，应提高施加的测量电流，测量电流（直流值）一般不宜超过额定电流（方均根值）的 50%。 10.0.9　检查互感器的接线组别和极性，必须符合设计要求，并应与铭牌和标志相符。” “9.0.9　互感器误差测量应符合下列规定： 1. 用于关口计量的互感器（包括电流互感器、电压互感器和组合互感器）必须进行误差测量，且进行误差检测的机构、实验室必须是国家授权的法定计量检定机构。 2. 用于非关口计量的互感器，应检查互感器变比，并应与制造厂铭牌值相符，对多抽头的互感器，可只检查使用分接的变比。” “10.0.11　测量电流互感器的励磁特性曲线，应符合下列规定： 1. 当继电保护对电流互感器的励磁特性有要求时，应进行励磁特性曲线测量。 2. 当电流互感器为多抽头时，应测量当前拟定使用的抽头或最大变比的抽头。测量后应核对是否符合产品技术条件要求。 3. 当励磁特性测量时施加的电压高于绕组允许值（电压峰值 4.5kV），应降低试验电源频率。 4. 330kV 及以上电压等级的独立式、GIS 和套管式电流互感器，线路容量为 300MW 及以上的母线电流互感器及容量超过 1200MW 的变电站带暂态性能的电流互感器，其具有暂态特性要求的绕组，应根据铭牌参数采用交流法（低频法）或直流法测量其相关参数，并应核查是否满足相关要求。 10.0.12　电磁式电压互感器的励磁曲线测量，应符合下列规定： 1. 用于励磁曲线测量的仪表应为方均根值表，当发生测量结果与出厂试验报告和型式试验报告相差大于 30%时，应核对使用的仪表种类是否正确； 2. 励磁曲线测量点应包括额定电压的 20%、50%、80%、100%和 120%； 3. 对于中性点直接接地的电压互感器，最高测量点应为 150%； 4. 对于中性点非直接接地系统，半绝缘结构电磁式电压互感器最高测量点应为 190%，全绝缘结构电磁式电压互感器最高测量点应为 120%。”

2. 监督项目解析

电流互感器（如配置）试验是设备调试阶段技术监督项目之一。

电流互感器主要起到测量和保护的功能，直流电阻、组别和极性、误差测量、励磁曲线的偏差都会引起电流互感器输出信号不准确，导致电流互感器失去测量和保护的功能。

3. 监督要求

查阅相关试验报告、作业指导书等资料，开展试验见证，监督电流互感器直流电阻、组别和极性、误差测量、励磁曲线是否合格，确保断路器设备电流互感器（如配置）试验结果满足技术标准、规程要求。

4. 整改措施

当技术监督人员在查阅资料或试验见证时，发现断路器设备电流互感器（如配置）试验结果不合格，应及时将现场情况通知相关工程管理部门、物资管理部门、施工单位、设备厂家，督促相关单位完善整改，直至断路器设备电流互感器（如配置）试验结果满足技术标准、规程要求。

3.2.8　竣工验收阶段

3.2.8.1　设备外观

1. 监督要点及监督依据

设备外观监督要点及监督依据见表 3－128。

表 3-128　设备外观监督要点及监督依据

监督要点	监督依据
1. 断路器及构架、机构箱安装应牢靠，连接部位螺栓压接牢固，满足力矩要求，平垫、弹簧垫齐全、螺栓外露长度符合要求，用于法兰连接紧固的螺栓，紧固后螺纹一般应露出螺母2～3圈，各螺栓、螺纹连接件应按要求涂胶并紧固划标志线。 2. 采用垫片（厂家调节垫片除外）调节断路器水平的支架或底架与基础的垫片不宜超过3片，总厚度不应大于10mm，且各垫片间应焊接牢固。 3. 一次接线端子无松动、开裂、变形，表面镀层无破损。 4. 金属法兰与瓷件胶装部位黏合牢固，防水胶完好。 5. 均压环无变形，安装方向正确，排水孔无堵塞。 6. 断路器外观清洁无污损，油漆完整。 7. 电流互感器接线盒箱盖密封良好。 8. 设备基础无沉降、开裂、损坏。 9. 瓷套应完整无损，表面应清洁，浇装部位防水层完好情况进行检查，必要时应重新复涂防水胶。增爬伞裙完好，无塌陷变形，黏接界面牢固，防污闪涂料涂层完好，不应存在剥离、破损。一般要求RTV涂层厚度不小于0.3mm。 10. 设备出厂铭牌齐全、参数正确，相色标志清晰正确。 11. 所有电缆管（洞）口应封堵良好	《国家电网公司变电验收管理规定》第2分册断路器验收细则 A5 断路器设备竣工（预）验收标准卡。 《国网运检部关于印发〈绝缘子用常温固化硅橡胶防污闪涂料〉（试行）的通知》（运检二〔2015〕116号）“4.2.1　外观 a）现场涂覆涂层外观通过目测检查，涂层表面要求均匀完整，不缺损，不流淌，严禁出现伞裙间的连丝，无拉丝滴流。本标准推荐支柱绝缘子、套管法兰水泥表面应全部涂覆RTV防污闪涂料。 4.2.2　涂层厚度 a）一般要求RTV涂层厚度不小于0.3mm。”

2. 监督项目解析

设备外观是竣工验收阶段非常重要的监督项目。

断路器外观不清洁完整，出厂铭牌等标识不齐全，对后期运行有放电隐患，而且容易造成断路器运行编号辨识不清等。

3. 监督要求

查阅相关资料，通过现场查看1台的方式，监督断路器外表清洁、瓷套完整性是否合格，确保断路器设备外观满足相关规程要求。

4. 整改措施

当技术监督人员在查阅资料或旁站见证时，发现断路器设备外观不合格，应及时将现场情况通知相关工程管理部门、物资管理部门、施工单位、设备厂家，督促相关单位完善整改，直至断路器设备外观满足技术标准、规程要求。

3.2.8.2　密度继电器检查

1. 监督要点及监督依据

密度继电器检查监督要点及监督依据见表3-129。

表 3-129　密度继电器检查监督要点及监督依据

监督要点	监督依据
1. SF_6密度继电器与开关设备本体之间的连接方式应满足不拆卸校验密度继电器的要求；密度继电器应装设在与断路器本体同一运行环境的位置；断路器SF_6气体补气口位置应尽量满足带电补气要求；具有远传功能的密度继电器，就地指示压力值应与监控后台一致；户外安装的密度继电器应设置防雨罩，其应能将表、控制电缆二次端子一起放入，密度继电器安装位置便于观察巡视。 2. 报警、闭锁压力值应按制造厂规定整定，并能可靠上传信号及闭锁断路器操作。 3. 截止阀、逆止阀能可靠工作，投运前均已处于正确位置	GB 50147—2010《电气装置安装工程高压电器施工及验收规范》“4.4.1　5 密度继电器的报警、闭锁值应符合产品技术文件的要求。电气回路传动应正确。” 《国家电网公司变电验收管理通用细则　第2分册：断路器验收细则》

2. 监督项目解析

密度继电器检查是竣工验收阶段非常重要的监督项目。

断路器设备密度继电器不设置防雨罩，后期运行可能导致密度继电器进水、失效等缺陷。报警、闭锁压力值不按制造厂规定整定，会直接导致密度继电器工作不可靠。

3. 监督要求

查阅相关资料，通过现场查看1台的方式，检查断路器设备密度继电器是否设置防雨罩，报警、闭锁压力值是否按规定整定，确保断路器设备密度继电器检查满足相关规程要求。

4. 整改措施

当技术监督人员在查阅资料或旁站见证时，发现断路器设备密度继电器检查不合格，应及时将现场情况通知相关工程管理部门、物资管理部门、施工单位、设备厂家，督促相关单位完善整改，直至断路器设备密度继电器检查满足技术标准、规程要求。

3.2.8.3 弹簧机构试验记录检查

1. 监督要点及监督依据

弹簧机构试验记录检查监督要点及监督依据见表3－130。

表3－130 弹簧机构试验记录检查监督要点及监督依据

监督要点	监督依据
1. 储能机构检查： （1）弹簧机构储能接点能根据储能情况及断路器动作情况可靠接通、断开，启动储能电机动作。 （2）储能电机应运行无异常、异声。手动储能正常执行，手动储能与电动储能之间闭锁可靠。 （3）储能电机具有储能超时、过流、热偶等保护元件，并能可靠动作，打压超时整定时间应符合产品技术要求。 （4）合闸弹簧储能时间应满足制造厂要求，合闸操作后应在20s内完成储能，在85%～110%的额定电压下应能正常储能。 2. 弹簧机构检查： （1）弹簧机构应能可靠防止发生空合操作； （2）合闸弹簧储能完毕后，行程开关应能立即将电动机电源切除，合闸完毕，行程开关应将电动机电源接通，机构储能超时应上传报警信号。 3. 弹簧机构其他验收项目： （1）传动链条无锈蚀、机构各转动部分应涂以适合当地气候条件的润滑脂。 （2）缓冲器无渗漏油	《国家电网公司变电验收管理规定（试行）第2分册 断路器验收细则》。 GB/T 11022—2011《高压开关设备和控制设备标准的共用技术要求》“5.6.3 “弹簧（或重锤）储能 如果用弹簧（或重锤）储能，在弹簧储能（或重锤升起）后，5.6的要求适用。 1. 储能机构检查： （1）弹簧机构储能接点能根据储能情况及断路器动作情况，可靠接通、断开，启动储能电机动作。 （2）储能电机应运行无异常、异声。手动储能正常执行，手动储能与电动储能之间闭锁可靠。 （3）合闸弹簧储能时间应满足制造厂要求，合闸操作后应在20s内完成储能，在85%～110%的额定电压下应能正常储能。 2. 弹簧机构检查： （1）弹簧机构应能可靠防止发生空合操作。 （2）合闸弹簧储能完毕后，行程开关应能立即将电动机电源切除，合闸完毕，行程开关应将电动机电源接通。 3. 弹簧机构其他验收项目： （1）传动链条无锈蚀、机构各转动部分应涂以适合当地气候条件的润滑脂； （2）缓冲器无渗漏油。”

2. 监督项目解析

弹簧机构试验记录检查是竣工验收阶段非常重要的监督项目。

弹簧机构储能异常、机构与本体应可靠连接防止空合操作、存在锈蚀漏油等缺陷，将直接导致弹簧机构误动、拒动。另外，操动机构润滑差、动作环节多，操动机构隐患不能及时发现，出现故障的可能性非常大。

3. 监督要求

通过查阅资料（抽查1台），包括断路器交接试验等报告，确保断路器设备弹簧机构检查结果满足技术标准、规程要求。

4. 整改措施

当技术监督人员在查阅资料或旁站见证时，发现断路器设备弹簧机构检查结果不合格，应及时将现场情况通知相关工程管理部门、物资管理部门、施工单位、设备厂家，督促相关单位完善整改，直至断路器设备弹簧机构检查结果满足技术标准、规程要求。

3.2.8.4 液压机构试验记录检查

1. 监督要点及监督依据

液压机构试验记录检查监督要点及监督依据见表 3－131。

表 3－131 液压机构试验记录检查监督要点及监督依据

监督要点	监督依据
1. 液压机构检查： （1）液压油标号选择正确，适合设备运行地域环境要求。油位满足设备厂家要求。 （2）液压机构连接管路应清洁、无渗漏，压力表计指示正常。 （3）油泵运转正常、无异常，欠压时能可靠启动，压力建立时间符合要求。 （4）液压系统油压不足时，机械、电气防止慢分慢合装置应可靠工作。 （5）液压机构电动机或油泵应能满足 60s 内从重合闸闭锁油压打压到额定油压和 5min 内从零压充到额定压力的要求，机构打压超时应报警。 （6）液压回路压力不足时能按设定值可靠报警或闭锁断路器操作，并上传信号。 （7）液压机构 24h 内保压试验无异常，启动打压操作次数满足产品设计要求。 2. 液压机构储能装置检查： （1）预充氮气压力应依据制造厂规定。 （2）储压筒应有足够的容量，在降压至闭锁压力前应能进行“分—0.3s—合分”或“合分—3min—合分”的操作。对于设有漏氮报警装置的储压器，需检查漏氮报警装置功能可靠。 （3）液压弹簧机构应根据碟簧不同压缩量，可靠上传报警信号或完成断路器各类操作闭锁。 （4）外部液压源操作压力范围应符合要求，除厂家另有规定，否则操作压力的上下限范围分别为额定压力的 110%和 85%	GB/T 11022—2011《高压开关设备和控制设备标准的共用技术要求》“5.6.2 储气罐或液压蓄能器中能力的储存 如果用储气罐或液压蓄能器储能，操作压力处在 a）和 b）规定的极限值之间时，5.6 的要求。 a）外部气源或液压源。除非制造厂另有规定，操作压力的上下限范围分别为额定压力的 110%和 85%。如果储气罐内的压缩气体也用来开断，上述极限值不适用。b）与开关装置或操动机构一体的压缩机或泵。操作压力的上下限应由制造厂规定。”

2. 监督项目解析

液压机构试验记录检查是竣工验收阶段非常重要的监督项目。

液压机构储能异常、频繁打压、操作压力不足等缺陷，将直接导致液压机构误动、拒动。操动机构隐患不能及时发现，出现故障的可能性非常大。

3. 监督要求

查阅资料（抽查 1 台），包括断路器交接试验等报告，确保断路器设备液压机构检查结果满足技术标准、规程要求。

4. 整改措施

当技术监督人员在查阅资料或旁站见证时，发现断路器设备液压机构检查结果不合格，应及时将现场情况通知相关工程管理部门、物资管理部门、施工单位、设备厂家，督促相关单位完善整改，直至断路器设备液压机构检查结果满足技术标准、规程要求。

3.2.8.5 断路器操作及位置指示

1. 监督要点及监督依据

断路器操作及位置指示监督要点及监督依据见表 3－132。

表 3－132 断路器操作及位置指示监督要点及监督依据

监督要点	监督依据
1. 断路器及其操动机构操动正常、无卡涩，分、合闸标识及动作指示正确。 2. 储能电机具有储能超时、过流、热偶等保护原件并可靠动作	1. GB 50147—2010《电气装置安装工程高压电器施工及验收规范》“4.4.1 4 断路器及其操动机构的联动应正常，无卡阻现象；分、合闸指示应正确；辅助开关动作应正确可靠。” 2.《国家电网公司变电验收管理规定》第 2 分册《断路器验收细则》“A5.13.2 储能电机具有储能超时、过流、热偶等保护原件并可靠动作。”

2. 监督项目解析

断路器操作及位置指示是竣工验收阶段非常重要的监督项目。

断路器设备操动机构卡涩，对断路器后期运行时的正确合分有重大隐患。断路器指示不正确，对系统运行将造成理解不一致，发生误判等后果。

3. 监督要求

查阅资料（抽查 1 台），包括断路器交接试验等报告，确保断路器设备断路器操作及位置指示检查结果满足技术标准、规程要求。

4. 整改措施

当技术监督人员在查阅资料或旁站见证时，发现断路器设备断路器操作及位置指示检查结果不合格，应及时将现场情况通知相关工程管理部门、物资管理部门、施工单位、设备厂家，督促相关单位完善整改，直至断路器设备断路器操作及位置指示检查结果满足技术标准、规程要求。

3.2.8.6 就地、远方功能切换

1. 监督要点及监督依据

就地、远方功能切换监督要点及监督依据见表 3－133。

表 3－133　就地、远方功能切换监督要点及监督依据

监督要点	监督依据
断路器远方、就地操作功能切换正常	GB 50150—2016《电气装置安装工程电气设备交接试验标准》附录 E　断路器操动机构的试验

2. 监督项目解析

就地、远方功能切换是竣工验收阶段非常重要的监督项目。

断路器设备远方、就地操作功能不正常，对断路器后期运行时的正确合分有重大隐患。

3. 监督要求

查阅相关资料，通过现场查看 1 台的方式，确保断路器设备就地、远方功能切换检查结果满足技术标准、规程要求。

4. 整改措施

当技术监督人员在查阅资料或旁站见证时，发现断路器设备就地、远方功能切换检查结果不合格，应及时将现场情况通知相关工程管理部门、物资管理部门、施工单位、设备厂家，督促相关单位完善整改，直至断路器设备就地、远方功能切换检查结果满足技术标准、规程要求。

3.2.8.7 并联电容器试验（若有）

1. 监督要点及监督依据

并联电容器试验监督要点及监督依据见表 3－134。

表 3－134　并联电容器试验监督要点及监督依据

监督要点	监督依据
1. 断路器并联电容器的极间绝缘电阻不应低于 500MΩ。 2. 断路器并联电容器的介质损耗角正切值应符合产品技术条件的规定。 3. 电容值的偏差应在额定电容值的±5%范围内	GB 50150—2016《电气装置安装工程电气设备交接试验标准》“18.0.2　2. 并联电容器应在电极对外壳之间进行，并应采用 1000V 绝缘电阻表测量小套管对地绝缘电阻，绝缘电阻均不应低于 500MΩ。 18.0.3　测量耦合电容器、断路器电容器的介质损耗因数（tanδ）及电容值，应符合下列规定：① 测得的介质损耗因数（tanδ）应符合产品技术条件的规定；② 耦合电容器电容值的偏差应在额定电容值的－5%～＋10%范围内，电容器叠柱中任何两单元的实测电容之比值与这两单元的额定电压之比值的倒数之差不应大于 5%；断路器电容器电容值的允许偏差应为额定电容值的±5%。”

2. 监督项目解析

并联电容器试验（若有）是竣工验收阶段重要的监督项目。

并联电容器绝缘电阻过低，运行时存在绝缘击穿的风险；介损不合格表明并联电容内部有受潮的缺陷，也会导致运行时存在绝缘击穿的风险；而并联电容器电容量相差过大，将导致断口电压分配不均，导致单个断口击穿从而导致断路器击穿的故障。

3. 监督要求

查阅相关试验报告等资料，通过查阅资料（抽查 1 台），包括断路器交接试验报告，确保断路器设备并联电容器试验（若有）结果满足技术标准、规程要求。

4. 整改措施

当技术监督人员在查阅资料或旁站见证时，发现断路器设备并联电容器试验（若有）结果不合格，应及时将现场情况通知相关工程管理部门、物资管理部门、施工单位、设备厂家，督促相关单位完善整改，直至断路器设备并联电容器试验（若有）结果满足技术标准、规程要求。

3.2.8.8 检漏试验（密封试验）

1. 监督要点及监督依据

检漏试验（密封试验）监督要点及监督依据见表 3－135。

表 3－135　　检漏试验（密封试验）监督要点及监督依据

监督要点	监督依据
泄漏值的测量应在断路器充气 24h 后进行。采用灵敏度不低于 1×10^{-6}（体积比）的检漏仪对断路器各密封部位、管道接头等处进行检测时，检漏仪不应报警；必要时可采用局部包扎法进行气体泄漏测量。以 24h 的漏气量换算，每一个气室年漏气率不应大于 0.5%（750kV 断路器设备相对年漏气率不应大于 0.5μL/L，Q/GDW 1157《750kV 电力设备交接试验规程》）	《国家电网公司变电验收管理规定》第 2 分册《断路器验收细则》A6 断路器设备交接试验验收标准卡，一、绝缘介质试验验收中的密封试验（SF_6）项

2. 监督项目解析

检漏（密封试验）试验是竣工验收阶段非常重要的监督项目。

SF_6 气体泄漏一方面会造成温室气体（SF_6）在大气中排放；另一方面，会造成断路器内部气室压力减小，引起闭锁、绝缘下降等故障。

3. 监督要求

查阅相关试验报告等资料，通过查阅资料（抽查 1 台），包括断路器交接试验报告，确保断路器设备检漏（密封试验）试验结果满足技术标准、规程要求。

4. 整改措施

当技术监督人员在查阅资料或旁站见证时，发现断路器设备检漏（密封试验）试验结果不合格，应及时将现场情况通知相关工程管理部门、物资管理部门、施工单位、设备厂家，督促相关单位完善整改，直至断路器设备检漏（密封试验）试验结果满足技术标准、规程要求。

3.2.8.9 合闸电阻试验（若有）

1. 监督要点及监督依据

合闸电阻试验监督要点及监督依据见表 3－136。

表 3－136　　合闸电阻试验监督要点及监督依据

监督要点	监督依据
1. 断路器与合闸电阻触头时间配合测试，合闸电阻的提前接入时间应参照制造厂规定执行。 2. 合闸电阻值与出厂值相比应不超过±5%。 3. 分、合闸线圈电阻检测，检测结果应符合设备技术文件要求，没有明确要求时，以线圈电阻初值差不超过±5%作为判据。 4. 断路器交接试验及例行试验中，应进行行程曲线测试，并同时测量分、合闸线圈电流波形	1.《国家电网有限公司关于印发十八项电网重大反事故措施（修订版）的通知》（国家电网设备〔2018〕979 号）："12.1.2.2　断路器产品出厂试验、交接试验及例行试验中，应对断路器主触头与合闸电阻触头的时间配合关系进行测试，并测量合闸电阻的阻值。 2. 国家电网科〔2017〕549 号《电网设备技术标准差异条款统一意见》，开关类设备断路器，第 1 条关于合闸电阻的注意阻值问题。条款统一意见：执行"合闸电阻值与出厂值相比应不超过±5%"。 3.《输变电设备状态检修试验规程》（Q/GDW 1168—2013）中"5.8.1.11. 初值差不超过±5%（注意值）。" 4.《国家电网公司关于印发十八项电网重大反事故措施（修订版）的通知》（国家电网设备〔2018〕979 号）"12.1.2.6　断路器交接试验和例行试验中，应进行行程曲线测试，并同时测量合、分闸线圈电流波形。"

2. 监督项目解析

合闸电阻试验是竣工验收阶段非常重要的监督项目。

合闸电阻的提前接入时间不满足标准要求，合闸电阻值变化过大，将导致合闸电阻对操作过电压的抑制作用失去效果，导致系统中仍然存在过电压。

3. 监督要求

查阅相关试验报告等资料，通过查阅资料（抽查 1 台），监督合闸电阻的提前接入时间、合闸电阻值等是否合格，确保断路器设备合闸电阻试验结果满足技术标准、规程要求。

4. 整改措施

当技术监督人员在查阅资料时发现断路器设备合闸电阻试验结果不合格，应及时将现场情况通知相关工程管理部门、物资管理部门、施工单位、设备厂家，督促相关单位完善整改，直至断路器设备合闸电阻试验结果满足技术标准、规程要求。

3.2.8.10　电气连接及安全接地

1. 监督要点及监督依据

电气连接及安全接地监督要点及监督依据见表 3－137。

表 3－137　　电气连接及安全接地监督要点及监督依据

监督要点	监督依据
1. 与接地网连接部位其搭接长度及焊接处理符合要求：扁钢与扁钢搭接长度应不小于 2 倍宽度且焊接面不小于 3 面，圆钢与圆钢或圆钢与扁钢搭接长度应不小于 6 倍圆钢直径，扁钢与钢管（角钢）搭接长度应在接触部位两侧焊接、并焊以加固卡子，且应焊接牢固，焊接部位表面应刷防腐漆。 2. 凡不属于主回路或辅助回路且需要接地的所有金属部分都应接地（如爬梯等）。外壳、构架等的相互电气连接宜采用紧固连接（如螺栓连接或焊接），以保证电气连通。 3. 设备接地线连接应符合设计和产品技术文件要求，且应无锈蚀、损伤，连接牢靠。 4. 接地应良好，接地标识清楚。 5. 每种开关的构架应具有一个装有夹紧螺钉的可靠的接地端子，用来在规定故障条件下接到接地导体，压紧螺钉直径至少为 12mm。连接点应标以"接地"符号。 6. 断路器接地回路导体应有足够大的截面，具有通过接地短路电流的能力。	1.《电气装置安装工程质量检验及评定规程　第 6 部分：接地装置施工质量检验》（DL/T 5161.6—2018）。 2.《导体和电器选择设计技术规定》（DL/T 5222—2005）"12.0.14　凡不属于主回路或辅助回路的且需要接地的所有金属部分都应接地。外壳、构架等的相互电气连接宜采用紧固连接（如螺栓连接或焊接），以保证电气连通。接地回路导体应有足够大的截面，具有通过接地短路电流的能力。" 3.《电气装置安装工程高压电器施工及验收规范》（GB 50147—2010）"4.2.11　设备接地线连接应符合设计和产品技术文件要求，且应无锈蚀、损伤，连接牢靠。" 4.《电气装置安装工程高压电器施工及验收规范》（GB 50147—2010）"4.4.1 9　接地应良好，接地标识清楚。" 5.《高压开关设备和控制设备标准的共用技术要求》（DL/T 593—2016）"5.3　每台开关装置的底架上均应设置可靠的适用于规定故障条件的接地端子，该端子应有一紧固螺钉或螺栓用来连接接地导体。紧固螺钉或螺栓的直径应不小于 12mm。接地连接点应标以 GB/T 5465.2 规定的'保护接地'符号。与接地系统连接的金属外壳部分可以看作接地导体。" 6.《导体和电器选择设计技术规定》（DL/T 5222—2005）"12.0.14　凡不属于主回路或辅助回路的且需要接地的所有金属部分都应接地。外壳、构架等的相互电气连接宜采用紧固连接（如螺栓连接或焊接），以保证电气连通。接地回路导体应有足够大的截面，具有通过接地短路电流的能力。"

续表

监督要点	监督依据
7. 壳体法兰片间应采用跨接线连接，并应保证良好通路。 8. 一次端子接线板无开裂、变形，表面镀层无破损。引线无散股、扭曲、断股现象。引线对地和相间符合电气安全距离要求，引线松紧适当，无明显过松过紧现象，导线的弧垂须满足设计规范	7.《输变电工程建设标准强制性条文实施管理规程》（Q/GDW 248.5—2008）第 5 部分：变电站电气工程施工。 "3.3.14　全封闭组合电器的外壳应按制造厂规定接地；法兰片间应采用跨接线连接，并应保证良好通路。" 8.《电气装置安装工程接地装置施工及验收规范》（GB 50169—2016）

2. 监督项目解析

电气连接及安全接地是竣工验收阶段重要的监督项目。

断路器电气连接及安全接地不可靠，将导致断路器短路故障时短路电流通流能力不足，二次回路防跳继电器、非全相继电器不可靠，将导致断路器连续分合闸或非全相动作等严重后果。

3. 监督要求

查阅相关试验报告等资料，通过现场查看 1 台的方式，确保断路器设备电气连接及安全接地，检查结果满足技术标准、规程要求。

4. 整改措施

当技术监督人员在查阅资料或见证试验时，发现断路器设备电气连接及安全接地检查结果不合格，应及时将现场情况通知相关工程管理部门、物资管理部门、施工单位、设备厂家，督促相关单位完善整改，直至断路器设备电气连接及安全接地检查结果满足技术标准、规程要求。

3.2.8.11　SF_6气体检测

1. 监督要点及监督依据

SF_6气体检测监督要点及监督依据见表 3－138。

表 3－138　　SF_6气体检测监督要点及监督依据

监督要点	监督依据
1. 交接试验时，应对所有断路器隔室进行 SF_6 气体纯度检测，其他隔室可进行抽测； 2. SF_6 气体含水量（20℃的体积分数），应符合下列规定：有电弧分解物的隔室，应不大于 150μL/L；无电弧分解物的隔室，应不大于 250μL/L	1.《关于加强气体绝缘金属封闭开关设备全过程管理重点措施》（国家电网生〔2011〕1223 号）"第三十二条　交接试验时，应对所有断路器隔室进行 SF_6 气体纯度检测，其他隔室可进行抽测。所测结果应满足 GB 12022 的要求。" 2.《电气设备交接试验标准》（GB 50150—2016）"12.0.13　测量断路器内 SF_6 气体的含水量（20℃的体积分数），应按《额定电压 72.5kV 及以上气体绝缘金属封闭开关设备》（GB 7674）和《六氟化硫电气设备中气体管理和检测导则》（GB/T 8905）的有关规定执行，并应符合下列规定：① 与灭弧室相通的气室，应小于 150μL/L；② 不与灭弧室相通的气室，应小于 250μL/L；③ SF_6 气体的含水量测定应在断路器充气 24h 后进行。"

2. 监督项目解析

SF_6气体检测是竣工验收阶段重要的监督项目。

SF_6微水、成分不合格，将导致断路器绝缘降低，严重威胁设备安全运行。

3. 监督要求

查阅相关试验报告等资料，通过查阅资料（抽查 1 台），包括断路器交接试验报告，确保断路器设备 SF_6 气体检测结果满足技术标准、规程要求。

4. 整改措施

当技术监督人员在查阅资料或见证试验时，发现断路器设备 SF_6 气体检测结果不合格，应及时将现场情况通知相关工程管理部门、物资管理部门、施工单位、设备厂家，督促相关单位完善整改，

直至断路器设备 SF_6 气体检测结果满足技术标准、规程要求。

3.2.8.12　互感器极性检查

1. 监督要点及监督依据

互感器极性检查监督要点及监督依据见表 3－139。

表 3－139　　互感器极性检查监督要点及监督依据

监督要点	监督依据
测试互感器各绕组间的极性关系、核对铭牌上的极性标识是否正确。检查互感器各次绕组的连接方式及其极性关系是否符合设计，相别标识是否正确	《继电保护和电网安全自动装置检验规程》（DL/T 995—2016）“5.3.1.2　b）测试互感器各绕组间的极性关系、核对铭牌上的极性标识是否正确。检查互感器各次绕组的连接方式及其极性关系是否与设计符合，相别标识是否正确。”

2. 监督项目解析

互感器极性检查是竣工验收阶段技术监督项目之一。

互感器主要起到测量和保护的功能，互感器极性错误直接导致互感器失去测量和保护功能，各次绕组的连接方式及其极性关系不符合设计规范对断路器后期运行隐患巨大。

3. 监督要求

查阅相关试验报告等资料，通过查阅资料（抽查 1 台），确保断路器设备互感器极性检查结果满足技术标准、规程要求。

4. 整改措施

当技术监督人员在查阅资料或见证试验时，发现断路器设备互感器极性检查结果不合格，应及时将现场情况通知相关工程管理部门、物资管理部门、施工单位、设备厂家，督促相关单位完善整改，直至断路器设备互感器极性检查结果满足技术标准、规程要求。

3.2.8.13　抽头变比及回路检查

1. 监督要点及监督依据

抽头变比及回路检查监督要点及监督依据见表 3－140。

表 3－140　　抽头变比及回路检查监督要点及监督依据

监督要点	监督依据
有条件时，自电流互感器的一次分相通入电流，检查工作抽头的变比及回路是否正确	DL/T 995—2016《继电保护和电网安全自动装置检验规程》“5.3.1.2 c）有条件时，自电流互感器的一次分相通入电流，检查工作抽头的变比及回路是否正确（发电机－变压器组保护所使用的外附互感器、变压器套管、互感器的极性与变比检验可在发电机做短路试验时进行）。”

2. 监督项目解析

抽头变比及回路检查是竣工验收阶段技术监督项目之一。

电流互感器主要起测量和保护的作用，互感器工作抽头的变比及回路不准确，将直接导致互感器保护动作不正确或测量值不准确。

3. 监督要求

查阅相关试验报告等资料，通过查阅资料（抽查 1 台），包括断路器交接试验报告，确保断路器设备抽头变比及回路检查结果满足技术标准、规程要求。

4. 整改措施

当技术监督人员在查阅资料或见证试验时，发现断路器设备抽头变比及回路检查结果不合格，应及时将现场情况通知相关工程管理部门、物资管理部门、施工单位、设备厂家，督促相关单位完善整改，直至断路器设备抽头变比及回路检查结果满足技术标准、规程要求。

3.2.8.14 电流互感器二次绕组分配

1. 监督要点及监督依据

电流互感器二次绕组分配监督要点及监督依据见表 3－141。

表 3－141　　电流互感器二次绕组分配监督要点及监督依据

监督要点	监督依据
应充分考虑合理的电流互感器配置和二次绕组分配，消除主保护死区	《国家电网有限公司关于印发十八项电网重大反事故措施（修订版）的通知》（国家电网设备〔2018〕979 号）"15.1.13　应充分考虑合理的电流互感器配置和二次绕组分配，消除主保护死区。"

2. 监督项目解析

电流互感器二次绕组分配是竣工验收阶段技术监督项目之一。

电流互感器主要起测量和保护的作用，互感器二次绕组分配时，如果存在保护死区，在该死区内发生故障时，电流互感器将无法发挥保护作用，断路器无法及时开断，导致故障扩大化。

3. 监督要求

查阅相关试验报告等资料，通过查阅资料（抽查 1 台），包括断路器交接试验报告，确保断路器设备的电流互感器二次绕组分配检查结果满足技术标准、规程要求。

4. 整改措施

当技术监督人员在查阅资料或见证试验时，发现断路器设备的电流互感器二次绕组分配检查结果不合格，应及时将现场情况通知相关工程管理部门、物资管理部门、施工单位、设备厂家，督促相关单位完善整改，直至断路器设备的电流互感器二次绕组分配检查结果满足技术标准、规程要求。

3.2.9 运维检修阶段

3.2.9.1 运行巡视

1. 监督要点及监督依据

运行巡视监督要点及监督依据见表 3－142。

表 3－142　　运行巡视监督要点及监督依据

监督要点	监督依据
运行巡视周期、巡视项目应符合相关规定	《输变电设备状态检修试验规程》（Q/GDW 1168—2013）5.8.1、5.10.1、5.11.1、6.12.1 及 6.14.1 相关内容

2. 监督项目解析

运行巡视是运维检修阶段重要的监督项目。

规范断路器运行巡视工作有利于及时发现故障缺陷并处理对应的故障缺陷，是保证电力设备安全稳定运行的必要手段。因此断路器巡视周期和检查部件应满足要求是保证设备良好运行的重要前提。

3. 监督要求

查阅相关资料，包括变电站运行规程和运行巡视记录，确保断路器设备运行巡视满足相关技术标准、规程要求。

4. 整改措施

当技术监督人员在查阅资料时，发现断路器设备运行规程与运维记录不一致，应及时将现场情况通知相关运行管理部门，督促相关单位完善整改，直至断路器设备运行巡视满足技术标准、规程要求。

3.2.9.2 状态检测

1. 监督要点及监督依据

状态检测监督要点及监督依据见表 3－143。

表 3－143　　状态检测监督要点及监督依据

监督要点	监督依据
1. 带电检测周期、项目应符合相关规定。 2. 停电试验应按规定周期开展，试验项目齐全；当对试验结果有怀疑时应进行复测，必要时开展诊断性试验。 3. 定期检查在线监测系统的运行状况，及时发现和消除在线监测系统的运行缺陷，并做好相关记录工作。 4. 进行在线监测数据变化的趋势、横向比较和相关性分析，并视具体情况对主设备采取进一步的诊断和处理	1.《国家电网公司变电检测管理规定》［国网（运检/3）829—2017］附录A　检测项目、周期和标准，表 A.2.1、表 A.2.2 及表 A.2.3 相关内容。 2.《输变电设备状态检修试验规程》（Q/GDW 1168—2013）5.8.1、5.10.1、5.11.1、6.12.1 及 6.14.1 相关内容。 3.《变电设备在线监测系统运行管理规范》（Q/GDW 538—2010）5.1.2、5.3.4 要求。 4.《国家电网公司电网设备状态监测系统管理规定》［国网（运检/3）299—2014］第 19～36 条要求

2. 监督项目解析

状态检测是运维检修阶段监督项目之一。

状态检测直接关系到能及时发现设备缺陷隐患，避免缺陷发展为故障，状态检测周期不合理、项目不全直接影响设备状态评估，相关检修项目的缺失会导致设备检修不彻底，留下运行隐患，不利于设备的安全稳定运行；在迎峰度夏前、A 类或 B 类检修后或异常工况后进行带电检测或在线监测可以有效发现设备存在的内部缺陷，同时运用多种手段综合分析可以提高设备状态评估的准确性，防止设备带病运行。

3. 监督要求

查阅资料（测试记录）/现场检测。

4. 整改措施

当技术监督人员在查阅资料时发现状态检测不符合要求时，应及时将现场情况通知相关设备管理部门和运维管理部门，督促相关单位完善整改，直至状态检测项目完整规范，满足技术标准、规程要求。

3.2.9.3 状态评价与检修决策

1. 监督要点及监督依据

状态评价与检修决策监督要点及监督依据见表 3－144。

表 3－144　　状态评价与检修决策监督要点及监督依据

监督要点	监督依据
1. 状态评价应基于巡检及例行试验、诊断性试验、在线监测、带电检测、家族缺陷、不良工况等状态信息，包括其现象强度、量值大小以及发展趋势，结合与同类设备的比较，做出综合判断。 2. 应遵循“应修必修，修必修好”的原则，依据设备状态评价的结果，考虑设备风险因素，动态制定设备的检修策略，合理安排检修计划和内容	1.《输变电设备状态检修试验规程》（Q/GDW 1168—2013）“4.3.1　设备状态的评价应该基于巡检及例行试验、诊断性试验、在线监测、带电检测、家族缺陷、不良工况等状态信息，包括其现象强度、量值大小以及发展趋势，结合与同类设备的比较，作出综合判断。” 2.《六氟化硫高压断路器状态检修导则》（DL/T 1686—2017）“4.1　应遵循‘应修必修，修必修好’的原则，依据设备状态评价的结果，考虑设备风险因素，动态制定设备的检修策略，合理安排检修计划和内容。”

2. 监督项目解析

状态评价与检修决策是运维检修阶段监督项目之一。

及时对设备状态展开评价可以及时了解设备运行状态，不进行状态评估可能导致不能及时发现设备问题而造成事故。检修决策直接关系到能否及时发现并消除异常状态设备缺陷，各检修项目都对应断路器设备的某一项或几项关键性能，其实施有利于设备的正常运行。

3. 监督要求

查阅资料。

4. 整改措施

当技术监督人员在查阅资料发现状态评价与检修决策不合理时，应及时将现场情况通知相关设备管理部门和运维管理部门，督促相关单位完善整改，直至其满足技术标准、规程要求。

3.2.9.4　故障/缺陷处理

1. 监督要点及监督依据

故障/缺陷处理监督要点及监督依据见表 3－145。

表 3－145　　故障/缺陷处理监督要点及监督依据

监督要点	监督依据
1. 缺陷定级应正确，缺陷处理应闭环。 2. 在诊断性试验中，应在机械特性试验中同步记录触头行程曲线，并确保在规定的参考机械行程特性包络线范围内。 3. 当断路器液压机构突然失压时应申请停电隔离处理。在设备停电前，禁止人为启动油泵，防止断路器慢分	1.《交流高压开关设备技术监督导则》（Q/GDW 11074—2013）“5.9.3 对于开关设备运维工作，重点监督是否满足以下要求： f）缺陷定级是否准确，处理是否闭环。” 2.《国家电网公司关于印发电网设备技术标准差异条款统一意见的通知》（国家电网科〔2017〕549 号）“开关类设备　一、断路器（二）运检与基建标准差异　第 6 条　关于断路器机械行程特性记录的问题　2）在诊断性试验中，应在机械特性试验中同步记录触头行程曲线，并确保在规定的参考机械行程特性包络线范围内。” 3.《国家电网有限公司关于印发十八项电网重大反事故措施（修订版）的通知》（国家电网设备〔2018〕979 号）“12.1.3.1 当断路器液压机构突然失压时应申请停电隔离处理。在设备停电前，禁止人为启动油泵，防止断路器慢分。”

2. 监督项目解析

绝缘专业管理是运维检修阶段非常重要的监督项目。

断路器故障/缺陷管理过程中，各种记录的缺失、原因不明、部件不明等，对断路器后期运行工况的评估有严重隐患，是保证典电力设备安全稳定运行的必要手段。断路器故障/缺陷发生后，断路器的快速抢修和恢复运行是保障电网系统安全运行的基本要求。

3. 监督要求

查阅校核报告、技改计划、故障应急预案、应急演练记录、应急备品台账等资料，确保断路器设备故障/缺陷管理满足相关标准、规程要求。

4. 整改措施

当技术监督人员在查阅资料时，发现断路器设备故障/缺陷管理不满足相关标准、规程要求，应及时将现场情况通知相关运行检修管理部门，督促相关单位完善整改，直至断路器设备故障/缺陷管理满足相关标准、规程要求。

3.2.9.5 反事故措施落实

1. 监督要点及监督依据

反事故措施落实监督要点及监督依据见表 3－146。

表 3－146 反事故措施落实监督要点及监督依据

监督要点	监督依据
1. 断路器出厂试验、交接试验及例行试验中，应进行中间继电器、时间继电器、电压继电器动作特性校验。 2. 断路器出厂试验及例行检修中，应检查绝缘子金属法兰与瓷件胶装部位防水密封胶的完好性，必要时复涂防水密封胶。 3. 断路器交接试验及例行试验中，应对机构二次回路中的防跳继电器、非全相继电器进行传动。防跳继电器动作时间应小于辅助开关切换时间，并保证在模拟手合于故障时不发生跳跃现象。 4. 断路器产品出厂试验、交接试验及例行试验中，应对断路器主触头与合闸电阻触头的时间配合关系进行测试，并测量合闸电阻的阻值。 5. 断路器产品出厂试验、交接试验及例行试验中，应测试断路器合—分时间。对 252kV 及以上断路器，合—分时间应满足电力系统安全稳定要求。 6. 断路器交接试验及例行试验中，应进行行程曲线测试，并同时测量分/合闸线圈电流波形。 7. 气动机构应加装气水分离装置，并具备自动排污功能。 8. 3 年内未动作过的 72.5kV 及以上断路器，应进行分/合闸操作。 9. 对投切无功负荷的开关设备应实行差异化运维，缩短巡检和维护周期，每年统计投切次数并评估电气寿命	《国家电网公司关于印发十八项电网重大反事故措施（修订版）的通知》（国家电网设备〔2018〕979 号）。 "12.1.1.6.2 断路器出厂试验、交接试验及例行试验中，应进行中间继电器、时间继电器、电压继电器动作特性校验。 12.1.1.11 断路器出厂试验及例行检修中，应检查绝缘子金属法兰与瓷件胶装部位防水密封胶的完好性，必要时复涂防水密封胶。 12.1.2.1 断路器交接试验及例行试验中，应对机构二次回路中的防跳继电器、非全相继电器进行传动。防跳继电器动作时间应小于辅助开关切换时间，并保证在模拟手合于故障时不发生跳跃现象。 12.1.2.2 断路器产品出厂试验、交接试验及例行试验中，应对断路器主触头与合闸电阻触头的时间配合关系进行测试，并测量合闸电阻的阻值。 12.1.2.3 断路器产品出厂试验、交接试验及例行试验中，应测试断路器合—分时间。对 252kV 及以上断路器，合—分时间应满足电力系统安全稳定要求。 12.1.2.6 断路器交接试验及例行试验中，应进行行程曲线测试，并同时测量分/合闸线圈电流波形。 12.1.3.2 气动机构应加装气水分离装置，并具备自动排污功能。 12.1.3.3 3 年内未动作过的 72.5kV 及以上断路器，应进行分/合闸操作。 12.1.3.4 对投切无功负荷的开关设备应实行差异化运维，缩短巡检和维护周期，每年统计投切次数并评估电气寿命。"

2. 监督项目解析

反事故措施落实是运维检修阶段监督项目之一。

500kV 及以上电压的断路器可能配有合闸电阻，合闸电阻因为其结构复杂，故障率较高。随着试验技术的进步，能较好地克服系统干扰电压等影响因素，开展现场合闸电阻阻值动态测试。合分时间过长，在断路器重合闸时，由于不能快速切除故障电流可能会导致电网稳定破坏。合分时间过短，在断路器合闸时，特别是切断永久短路故障情况下，会因灭弧室的绝缘强度和灭弧能力没有足够恢复，出现断路器不能开断故障电流，或出现重燃或重击穿现象，因此要求厂家出厂时提供断路器合—分时间的下限，在交接试验、例行试验时应对合—分下限时间的出厂值进行验证。严寒地区、运行 10 年以上瓷套法兰浇装部位防水不良，会导致瓷套在水和温度等环境因素的长期作用下发生侵蚀，引起性能下降甚至断裂。断路器长期未动作时，可能因二次元件失效、机械传动部件卡滞等原因形成拒动隐患，带电检查往往难以发现此类缺陷。近年来，国网设备部组织防拒动专项隐患排查，成效显著。断路器的日常倒闸操作、保护动作均视为动作操作，此项工作应与调度协调实施。

3. 监督要求

查阅资料/现场检查。

4. 整改措施

当技术监督人员在查阅资料或现场检查发现反事故措施执行不到位时，应及时将现场情况通知相关设备管理部门和运维管理部门，督促相关单位完善整改。

3.2.9.6 气体密度继电器试验

1. 监督要点及监督依据

气体密度继电器试验监督要点及监督依据见表 3－147。

表 3－147　　气体密度继电器试验监督要点及监督依据

监督要点	监督依据
数据显示异常或达到制造商推荐的校验周期时，气体密度装置应校验其节点动作值和返回值，并符合其产品技术条件要求	DL/T 618—2011《气体绝缘金属封闭开关设备现场交接试验规程》“10　气体密度装置应校验其节点动作值和返回值，并符合其产品技术条件要求。” 《输变电设备状态检修试验规程》（Q/GDW 1168—2013） “5.4.2.7　气体密度表（继电器）校验 数据显示异常或达到制造商推荐的校验周期时，进行本项目。校验按设备技术文件要求进行。”

2. 监督项目解析

气体密度继电器试验是运维检修阶段技术监督项目之一。

气体密度继电器数据异常或达到周期而不校验，将导致气体压力显示异常，造成断路器运行隐患。

3. 监督要求

查阅气体密度继电器校验报告等资料，确保断路器气体密度器校验满足相关标准、规程要求。

4. 整改措施

当技术监督人员在查阅资料时，发现断路器气体密度器校验情况不满足相关标准、规程要求，应及时将现场情况通知相关运行检修管理部门，督促相关单位完善整改，直至断路器气体密度器校验情况满足相关标准、规程要求。

3.2.9.7 补气用新气检测情况

1. 监督要点及监督依据

补气用新气检测情况监督要点及监督依据见表 3－148。

表 3－148　　补气用新气检测情况监督要点及监督依据

监督要点	监督依据
SF_6新气应具有厂家名称、灌装日期、批号及质量检验单。SF_6新气到货后应按有关规定进行复核、检验，合格后方准使用。存放半年以上的新气，使用前要检验其湿度和纯度，符合标准后方准使用。充装 SF_6气体的钢瓶应按压力容器标准、周期进行检验，严禁使用无安全合格证的钢瓶	《气体绝缘金属封闭开关设备运行及维护规程》(DL/T 603—2006)“5.2.4　SF_6新气应具有厂家名称、灌装日期、批号及质量检验单。SF_6新气到货后应按有关规定进行复核、检验，合格后方准使用。存放半年以上的新气，使用前要检验其湿度和纯度，符合标准后方准使用。 c）充装 SF_6气体的钢瓶应按压力容器标准、周期进行检验，严禁使用无安全合格证钢瓶。”

2. 监督项目解析

补气用新气检测情况是运维检修阶段重要的监督项目。

SF_6新气厂家不明确、到货时不进行校验、长时间存放后使用不测试、对年份较久的 SF_6气瓶不检验，将对断路器所充 SF_6气体合格和 SF_6气瓶安全性产生隐患。

3. 监督要求

查阅 SF_6气体厂家名称、复核检验记录等资料，确保补气用新气检测情况满足相关标准、规程要求。

4. 整改措施

当技术监督人员在查阅资料时，发现断路器补气用新气检测情况不满足相关标准、规程要求，应及时将现场情况通知相关运行检修管理部门，督促相关单位完善整改，直至断路器补气用新气检测情况满足相关标准、规程要求。

3.2.9.8 SF_6废气处理

1. 监督要点及监督依据

SF_6废气处理监督要点及监督依据见表3－149。

表3－149　SF_6废气处理监督要点及监督依据

监督要点	监督依据
SF_6气体的监督与管理应符合标准要求	DL/T 595—2016《六氟化硫电气设备气体监督导则》

2. 监督项目解析

SF_6废气处理是运维检修阶段重要的监督项目。

SF_6废气不按规定回收再利用，将可能造成SF_6气体在空气中排放，加剧全球温室效应，污染严重的SF_6气体不按规回收，将造成有毒气体的违规排放，危害人体或环境。

3. 监督要求

查阅SF_6气体回收利用情况、气体回收装置情况等资料，确保SF_6废气处理满足相关标准、规程要求。

4. 整改措施

当技术监督人员在查阅资料时，发现断路器SF_6废气处理情况不满足相关标准、规程要求，应及时将现场情况通知相关运行检修管理部门，督促相关单位完善整改，直至断路器SF_6废气处理情况满足相关标准、规程要求。

3.2.10 退役报废阶段

3.2.10.1 技术鉴定

1. 监督要点及监督依据

技术鉴定监督要点及监督依据见表3－150。

表3－150　技术鉴定监督要点及监督依据

监督要点	监督依据
1. 电网一次设备进行报废处理，应满足以下条件之一： （1）国家规定强制淘汰报废； （2）设备厂家无法提供关键零部件供应，无备品备件供应，不能修复，无法使用； （3）运行日久，其主要结构、机件陈旧，损坏严重，经大修、技术改造仍不能满足安全生产要求； （4）退役设备虽然能修复但费用太大，修复后可使用的年限不长，效率不高，在经济上不可行； （5）腐蚀严重，继续使用存在事故隐患，且无法修复； （6）退役设备无再利用价值或再利用价值小；	1.《电网一次设备报废技术评估导则》（Q/GDW 11772—2017） “4　通用技术原则　电网一次设备进行报废处理，应满足以下条件之一： a）国家规定强制淘汰报废； b）设备厂家无法提供关键零部件供应，无备品备件供应，不能修复，无法使用； c）运行日久，其主要结构、机件陈旧，损坏严重，经大修、技术改造仍不能满足安全生产要求； d）退役设备虽然能修复但费用太大，修复后可使用的年限不长，效率不高，在经济上不可行； e）腐蚀严重，继续使用存在事故隐患，且无法修复；

续表

监督要点	监督依据
（7）严重污染环境，无法修治； （8）技术落后不能满足生产需要； （9）存在严重质量问题不能继续运行； （10）因运营方式改变全部或部分拆除，且无法再安装使用； （11）遭受自然灾害或突发意外事故，导致毁损，无法修复。 2. 断路器满足下列技术条件之一，宜进行整体或局部报废： （1）运行超过 15 年的多（少）油断路器； （2）累计开断容量（或累计短路开断次数）达到产品设计的）额定累计开断容量（或累计短路开断次数）； （3）累计合、分操作次数达到产品设计的额定机械、电气寿命； （4）气动操动机构存在先天性质量缺陷； （5）瓷套存在裂纹等缺损，无法修复； （6）采用 SF_6 绝缘的设备，气体的年泄漏率大于 0.5%或可控制绝对泄漏率大于 10^{-7}MPa cm³/s，无法修复； （7）液压操动机构严重渗漏油，内部阀体密封不严，造成操动机构频繁打压，且无法修复； （8）弹簧操动机构机械磨损严重，主要传动部件变形	f）退役设备无再利用价值或再利用价值小； g）严重污染环境，无法修治； h）技术落后不能满足生产需要； i）存在严重质量问题不能继续运行； j）因运营方式改变全部或部分拆除，且无法再安装使用； k）遭受自然灾害或突发意外事故，导致毁损，无法修复。” 2.《电网一次设备报废技术评估导则》（Q/GDW 11772—2017）“5.6 断路器 断路器满足下列技术条件之一，宜进行整体或局部报废： a）运行超过 15 年的多（少）油断路器； b）累计开断容量（或累计短路开断次数）达到产品设计的额定累计开断容量（或累计短路开断次数）； c）累计合、分操作次数达到产品设计的额定机械、电气寿命； d）气动操动机构存在先天性质量缺陷； e）瓷套存在裂纹等缺损，无法修复； f）采用 SF_6 绝缘的设备，气体的年泄漏率大于 0.5%或可控制绝对泄漏率大于 10^{-7}MPa cm³/s，无法修复； g）液压操动机构严重渗漏油，内部阀体密封不严，造成操动机构频繁打压，且无法修复； h）弹簧操动机构机械磨损严重，主要传动部件变形。”

2. 监督项目解析

技术鉴定是退役报废阶段最重要的监督项目。

对断路器设备技术鉴定不到位，可能造成设备未到寿命年限而提前退役，造成资产浪费。遇到规划有巨大变化、设备不满足设备运行要求、缺少零配件且无法修复等不可抗拒的因素，断路器不及时报废，将对电网设备运行造成巨大危害。设备内部报废手续履行不到位，可能造成废旧设备重新流入电网，对电网设备运行危害巨大。

3. 监督要求

查阅资料/现场检查，包括断路器退役设备评估报告，抽查 1 台退役断路器。

4. 整改措施

当技术监督人员在查阅资料或现场检查发现断路器设备退役报废技术鉴定不合格，应及时将现场情况通知相关工程管理部门，督促相关单位完善整改。

3.2.10.2 废油、废气处置

1. 监督要点及监督依据

废油、废气处置监督要点及监督依据见表 3－151。

表 3－151　　废油、废气处置监督要点及监督依据

监督要点	监督依据
退役报废设备中的废油、废气严禁随意向环境中排放，确需在现场处理的，应统一回收、集中处理，并做好处置记录，严禁向大气排放	GB 8905—2012《六氟化硫电气设备中气体管理和检测导则》“11.3.1　设备解体前需对气体进行全面分析，以确定其有害成分含量，制定防毒措施。通过气体回收装置将六氟化硫气体全面回收。严禁向大气排放。” 《废矿物油回收利用污染控制技术规范》（HJ 607—2011）

2. 监督项目解析

废油、废气处置是退役报废阶段非常重要的监督项目。

断路器退役报废时一些废品废气可能需要进行相关处理，避免对环境等产生不利影响。

3. 监督要求

查阅退役报废设备处理记录，废油、废气处置应符合标准要求。

4. 整改措施

当技术监督人员在查阅资料时发现相关材料缺失时，应及时通知安装单位和相关基建部门，督促安装单位补全相关资料。在现场查看安装组织不到位的，应及时敦促其进行标准化作业。

3.3 隔离开关

3.3.1 规划可研阶段

3.3.1.1 隔离开关参数选择

1. 监督要点及监督依据

隔离开关参数选择监督要点及监督依据见表 3－152。

表 3－152　　隔离开关参数选择监督要点及监督依据

监督要点	监督依据
1. 海拔超过 1000m 地区的隔离开关应满足当地海拔要求。 2. 额定电流水平应满足要求。 3. 应满足当地抗震水平的要求。 4. 在规定的覆冰厚度下，户外隔离开关的主闸刀应能用所配用的操动机构使其可靠的分闸和合闸。 5. 额定电压和额定绝缘水平应满足要求。 6. 隔离开关额定短时耐受电流和额定短路持续时间应满足要求。 7. 隔离开关额定峰值耐受电流和接地开关的额定短路关合电流应满足要求。 8. 接地开关开合感应电流应满足要求。 9. 隔离开关小容性电流开合能力应满足：额定电压为 126kV～363kV，1.0A（有效值）；额定电压 550kV 及以上，2.0A（有效值）。 10. 隔离开关小感性电流开合能力应满足：额定电压 126kV～363kV，0.5A（有效值）；额定电压 550kV 及以上，1.0A（有效值）。 11. 当绝缘子表面灰密为等值盐密的 5 倍及以下时，支柱绝缘子统一爬电比距应满足要求。爬距不满足规定时，可复合支柱或复合空心绝缘子，也可将未满足污区爬距要求的绝缘子涂覆 RTV。 12. 风沙活动严重、严寒、重污秽、多风地区以及采用悬吊式管形母线的变电站，不宜选用配钳夹式触头的单臂伸缩式隔离开关	1. GB/T 11022—2011《高压开关设备和控制设备标准的共用技术要求》“2.3.2　海拔”。 2.（1）《高压配电装置设计规范》（DL/T 5352—2018）“2.1.1　配电装置的布置和导体、电气设备、架构的选择应满足在当地环境条件下正常运行、安装检修、短路和过电压时的安全性，并满足规划容量的要求。” （2）《导体和电器选择设计技术规定》（DL/T 5222—2005）“11.0.4　隔离开关应根据负荷条件和故障条件所要求的各个额定值来选择，并留有适当的裕度，以满足电力系统未来发展的要求。” 3.《高压开关设备和控制设备的抗震要求》（GB/T 13540—2009）“5　抗震水平”。 4.《高压交流隔离开关和接地开关》（GB 1985—2014）“6.103.1　概述　考虑的覆冰范围为 1mm～20mm，但不超过 20mm。” 5.《高压开关设备和控制设备标准的共用技术要求》（GB/T 11022—2011）“4.3　额定绝缘水平。” 6.《高压交流隔离开关和接地开关》（GB 1985—2014）“8.102.10　额定短时耐受电流和额定短路持续时间的选择。” 7.《高压交流隔离开关和接地开关》（GB 1985—2014）“8.102.11　额定峰值耐受电流和接地开关的额定短路关合电流的选择。” 8.《高压交流隔离开关和接地开关》（GB 1985—2014）“8.102.6　72.5kV 及以上接地开关感应电流开合能力的选择。” 9.《高压交流隔离开关和接地开关》（GB 1985—2014）“4.108　隔离开关小容性电流开合能力的额定值。” 10.《高压交流隔离开关和接地开关》（GB 1985—2014）“4.109　隔离开关小感性电流开合能力的额定值。” 11.《电力系统污区分级与外绝缘选择标准　第 1 部分：交流系统》（Q/GDW 1152.1—2014）“6.1　当绝缘子表面灰密为等值盐密的 5 倍及以下时，变电站设备支柱绝缘子、空心绝缘子的选择原则见表 4。”（见附表 A） 12.《国家电网公司关于印发十八项电网重大反事故措施（修订版）的通知》（国家电网设备〔2018〕979 号）“12.3.1.1　风沙活动严重、严寒、重污秽、多风地区以及采用悬吊式管形母线的变电站，不宜选用配钳夹式触头的单臂伸缩式隔离开关。”

2. 监督项目解析

设备的参数选择是规划可研阶段最重要的监督项目。

隔离开关外绝缘水平、海拔适应性、耐冰闪能力、破冰能力、抗震等级、额定电流、额定电压、额定短时耐受电流、额定短路持续时间、额定短时耐受电流、感应电流开合能力、小容性电流开合能力、小感性电流开合能力等参数，决定了设备投运后能否在各类工况下正常运行，并满足一段时间内当地电网发展需求。

规划可研阶段确定的技术参数是后续工程设计、设备采购、设备制造等阶段的工作依据，产品定型后任何更改都需要和厂家进行反复沟通，并增加相应的费用。设备一旦投运，其参数的升级往往非常困难，改造工作量大、停电要求高、施工时间长、耗费资金多，造成资源严重浪费，往往只能通过设备更型实现。

3. 监督要求

技术监督人员开展本条目监督时，可采用查阅资料的方式，主要包括工程可研报告和相关批复、属地电网规划、计算说明书等，查看设备技术参数选择是否合理。

4. 整改措施

当技术监督人员在查阅资料时发现设备技术参数选择不合理，应及时将情况通知规划可研单位和发展部门，修改工程可研报告，直至所有技术参数满足要求。

3.3.2 工程设计阶段

3.3.2.1 隔离开关参数选择

1. 监督要点及监督依据

隔离开关参数选择监督要点及监督依据见表 3－153。

表 3－153　　隔离开关参数选择监督要点及监督依据

监督要点	监督依据
1. 不应选用存在未消除家族性缺陷设备。 2. 海拔超过 1000m 地区的隔离开关应满足当地海拔要求。 3. 当绝缘子表面灰密为等值盐密的 5 倍及以下时，支柱绝缘子统一爬电比距应满足要求。爬距不满足规定时，可采用复合支柱或复合空心绝缘子，也可将未满足污区爬距要求的绝缘子涂覆 RTV。 4. 在规定的覆冰厚度下，户外隔离开关的主闸刀应能用所配用的操动机构使其可靠的分闸和合闸。 5. 额定电流水平应满足要求。 6. 额定电压和额定绝缘水平应满足要求。 7. 隔离开关额定短时耐受电流和额定短路持续时间应满足要求。 8. 隔离开关额定峰值耐受电流和接地开关的额定短路关合电流应满足要求。 9. 接地开关开合感应电流应满足要求。 10. 应满足抗震水平的要求。 11. 隔离开关小容性电流开合能力应满足：额定电压 126～363kV，1.0A（有效值）；额定电压 550kV 及以上，2.0A（有效值）。 12. 隔离开关小感性电流开合能力应满足：额定电压 126～363kV，0.5A（有效值）；额定电压 550kV 及以上，1.0A（有效值）。 13. 风沙活动严重、严寒、重污秽、多风地区以及采用悬吊式管形母线的变电站，不宜选用配钳夹式触头的单臂伸缩式隔离开关。 14. 40.5kV 及以上隔离开关转换电流开合能力应满足要求	1.《交流高压开关设备技术监督导则》（Q/GDW 11074—2013）“5.2.3 e）禁止选用存在家族性缺陷的产品。” 2.《高压开关设备和控制设备标准的共用技术要求》（GB/T 11022—2011）“2.3.2 海拔”。 3.《电力系统污区分级与外绝缘选择标准 第 1 部分：交流系统》（Q GDW 1152.1—2014）“6.1 当绝缘子表面灰密为等值盐密的 5 倍及以下时，变电站设备支柱绝缘子、空心绝缘子的选择原则见表 4。”（见附表 A） 4.《高压交流隔离开关和接地开关》（GB 1985—2014）“6.103.1 概述 考虑的覆冰范围为 1～20mm，但不超过 20mm。” 5.《高压配电装置设计技术规程》（DL/T 5352—2018）“2.1.1 配电装置的布置、导体、电气设备、架构的选择，应满足在当地环境条件下正常运行、安装检修、短路和过电压时的安全性，并满足规划容量的要求。”《导体和电器选择设计技术规定》（DL/T 5222—2005）“11.0.4 隔离开关应根据负荷条件和故障条件所要求的各个额定值来选择，并留有适当的裕度，以满足电力系统未来发展的要求。” 6.《高压开关设备和控制设备标准的共用技术要求》（GB/T 11022—2011）“4.3 额定绝缘水平”。 7.《高压交流隔离开关和接地开关》（GB 1985—2014）“8.102.10 额定短时耐受电流和额定短路持续时间的选择”。 8.《高压交流隔离开关和接地开关》（GB 1985—2014）“8.102.11 额定峰值耐受电流和接地开关的额定短路关合电流的选择”。 9.《高压交流隔离开关和接地开关》（GB 1985—2014）“8.102.6 72.5kV 及以上接地开关感应电流开合能力的选择”。 10.《高压开关设备和控制设备的抗震要求》（GB/T 13540—2009）“5 抗震水平”。 11.《高压交流隔离开关和接地开关》（GB 1985—2014）“4.108 隔离开关小容性电流开合能力的额定值”。 12.《高压交流隔离开关和接地开关》（GB 1985—2014）“4.109 隔离开关小感性电流开合能力的额定值”。 13.《国家电网有限公司关于印发十八项电网重大反事故措施（修订版）的通知》（国家电网设备〔2018〕979 号）“12.3.1.1 风沙活动严重、严寒、重污秽、多风地区以及采用悬吊式管形母线的变电站，不宜选用配钳夹式触头的单臂伸缩式隔离开关。” 14.《高压交流隔离开关和接地开关》（GB 1985—2014）“8.102.5 40.5kV 及以上隔离开关母线转换电流开合能力的选择”。

2. 监督项目解析

设备的参数选择是工程设计阶段最重要的监督项目。

隔离开关是否存在外绝缘水平、海拔适应性、耐冰闪能力、破冰能力、抗震等级、额定电流、额定电压、额定短时耐受电流、额定短路持续时间、额定短时耐受电流、感应电流开合能力、小容性电流开合能力、小感性电流开合能力等参数决定了设备投运后能否在各类工况下正常运行和满足一段时间的当地电网发展需求。

工程设计阶段确定的技术参数以及是否存在家族性缺陷是后续设备采购、设备制造等阶段工作开展的依据，产品定型后任何更改都需要和厂家进行反复沟通，并增加相应的费用。设备一旦投运，其参数的升级往往非常困难，往往只能通过设备更型实现，家族性缺陷设备投运后需要现场乃至返厂改造，改造工作量大、停电要求高、施工时间长、耗费资金多，造成资源严重浪费。

3. 监督要求

技术监督人员开展本条目监督时，可采用查阅资料的方式，主要包括工程可研报告与相关批复、属地电网规划、计算说明书等，查看设备技术参数选择是否合理。

4. 整改措施

当技术监督人员在查阅资料时发现设备技术参数选择不合理，应及时将情况通知工程设计单位和基建部门，修改工程设计资料，直至所有技术参数满足要求。

3.3.2.2　联闭锁设计

1. 监督要点及监督依据

联闭锁设计监督要点及监督依据见表 3－154。

表 3－154　　联闭锁设计监督要点及监督依据

监督要点	监督依据
1. 隔离开关处于合闸位置时，接地开关不能合闸；接地开关处于合闸位置时，隔离开关不能合闸。 2. 手动操作时应闭锁电动操作。 3. 断路器和两侧隔离开关间应有可靠联锁。 4. 断路器、隔离开关和接地开关电气闭锁回路应直接使用断路器、隔离开关、接地开关的辅助触点，严禁使用重动继电器	1.《高压交流隔离开关和接地开关》（DL/T 486—2010）"5.11　联锁装置：隔离开关和接地开关之间应设机械联锁装置和或电气联锁装置。隔离开关处于合闸位置时，接地开关不能合闸；接地开关处于合闸位置时，隔离开关不能合闸。机械联锁装置应有足够的机械强度、配合准确、联锁可靠。" 2.《电气装置安装工程　高压电器施工及验收规范》（GB 50147—2010）"8.2.6　操动机构在手动操作时，应闭锁电动操作。" 《高压交流隔离开关和接地开关》（GB 1985—2014）"5.104.2　动力操动机构也应该提供人力操作装置。人力操作装置（例如手柄）接到动力操动机构上时，应能保证动力操动机构的控制电源可靠地断开。" 3.《防止电气误操作装置管理规定》（国家电网生〔2003〕243 号）。 4.《国家电网有限公司关于印发十八项电网重大反事故措施（修订版）的通知》（国家电网设备〔2018〕979 号）"4.2.7　断路器、隔离开关和接地开关电气闭锁回路应直接使用断路器、隔离开关、接地开关的辅助触点，严禁使用重动继电器。"

2. 监督项目解析

联闭锁设计是工程设计阶段最重要的监督项目。

隔离开关与接地开关间的联锁可避免运行状态误合接地开关及检修状态误合隔离开关；对于电动操动机构的隔离开关，手动操作时闭锁电动操作可防止误操作；断路器和两侧隔离开关间联锁可避免带负荷分合隔离开关操作；隔离开关电气闭锁回路直接用隔离开关的辅助触点可实现"监控防误"。

隔离开关的联闭锁设计对于电网稳定运行与设备可靠性至关重要，联闭锁设计不完善可能导致电气误操作事故，威胁人身、设备安全，设备一旦投运，完善隔离开关联闭锁功能需对联闭锁回路进行改造，改造工作需结合设备停电开展、改造耗时长，造成资源严重浪费。

3. 监督要求

技术监督人员开展本条目监督时，可采用查阅资料的方式，主要包括隔离开关设计图纸，查看联闭锁设计是否满足要求。

4. 整改措施

当技术监督人员在查阅资料时发现设备联闭锁设计不合理，应及时将情况通知工程设计单位和基建部门，修改工程设计资料，直至联闭锁设计满足要求。

3.3.2.3 隔离开关和接地开关的接地

1. 监督要点及监督依据

隔离开关和接地开关的接地监督要点及监督依据见表 3－155。

表 3－155　隔离开关和接地开关的接地监督要点及监督依据

监督要点	监督依据
1. 隔离开关（接地开关）金属架构底架上应设置可靠的适用于规定故障条件的接地端子，主设备及设备架构等应有两根与主地网不同干线连接的接地引下线，并且每根接地引下线均应符合热稳定校核的要求。 2. 当操动机构与隔离开关或接地开关的金属底座没有安装在一起时，并在电气上没有连接时，操动机构上应设有保护接地符号的接地端子	1.《高压开关设备和控制设备标准的共用技术要求》（DL/T 593—2016）“5.3　每台开关设备的底架上均应设置可靠的适用于规定故障条件的接地端子，该端子应有一紧固螺钉或螺栓用来连接接地导体。紧固螺栓或螺钉的直径不应小于 12mm。接地连接点应标以 GB/T 5465.2 规定的保护接地符号。” 《国家电网有限公司关于印发十八项电网重大反事故措施（修订版）的通知》（国家电网设备〔2018〕979 号）“14.1.1.4　主设备及设备架构等应有两根与主地网不同干线连接的接地引下线，并且每根接地引下线均应符合热稳定校核的要求。” 2.《高压交流隔离开关和接地开关》（DL/T 486—2010）“5.3　如果金属外壳和操动机构不与隔离开关或接地开关的金属底座安装在一起，并在电气上没有连接时，金属外壳和操动机构上应提供标有保护接地符号的接地端子。”

2. 监督项目解析

隔离开关和接地开关的接地是工程设计阶段重要的监督项目。

对隔离开关及设备架构设置两根与主地网不同干线连接且满足热稳定校核水平的接地引下线，可保证接地可靠性，避免接地网事故；操动机构与隔离开关或接地开关的金属底座安装在一起或设有保护接地符号的接地端子，可保证金属箱体与接地体可靠连接，避免出现箱体带电危及人身和设备安全。

3. 监督要求

技术监督人员开展本条目监督时，可采用查阅资料的方式，主要查看产品设计图纸，查看隔离开关和接地开关接地设计是否满足要求。

4. 整改措施

当技术监督人员在查阅资料时发现设备接地设计不合理，应及时将情况通知工程设计单位和基建部门，修改工程设计资料，直至接地设计满足要求。

3.3.2.4 对接地开关的专项要求

1. 监督要点及监督依据

对接地开关的专项要求监督要点及监督依据见表 3－156。

表 3－156　对接地开关的专项要求监督要点及监督依据

监督要点	监督依据
1. 不承载短路电流时，铜质软连接截面积应不小于 $50mm^2$，如果采取其他材料则应具有等效截面积。 2. 软连接用以承载短路电流时，应该按照承载短路电流计算最大值设计截面	《高压交流隔离开关和接地开关》（DL/T 486—2010）“5.101　接地开关的运动部件与其底架之间的铜质软连接的截面积应不小于 $50mm^2$。铜质软连接的这个最小截面积是为了保证机械强度和抗腐蚀性而提出的。当该软连接用以承载短路电流时，则应按相应的要求进行设计，如果采取其他材料则应具有等效截面积。”

2. 监督项目解析

接地开关软连接专项要求是工程设计阶段重要的监督项目。

接地开关的运动部件与其底架之间采用软连接实现可靠电气连接，当软连接不承载短路电流时，为保证接地开关软连接的机械强度和抗腐蚀性能，应采用铜材，且截面积应不小于 $50mm^2$，如采取其他材质，则应具有与铜质软连接等效的截面积；当软连接用以承载短路电流时，按照短路电流计算最大值设计截面可保证其短时通过短路电流的能力。

3. 监督要求

技术监督人员开展本条目监督时，可采用查阅资料的方式，主要查看产品设计图纸和相关计算说明书，查看接地开关软连接设计是否满足要求。

4. 整改措施

当技术监督人员在查阅资料时发现设备软连接设计不合理，应及时将情况通知工程设计单位和基建部门，修改工程设计资料，直至接地开关软连接设计满足要求。

3.3.2.5　操动机构箱

1. 监督要点及监督依据

操动机构箱监督要点及监督依据见表 3－157。

表 3－157　　操动机构箱监督要点及监督依据

监督要点	监督依据
1. 户外设备的箱体应选用不锈钢、铸铝或具有防腐措施的材料，应具有防潮、防腐、防小动物进入等功能。 2. 操动机构箱且防护等级户外不得低于 IP44，户内不得低于 IP3X；箱体应可三侧开门，正向门与两侧门之间有连锁功能，只有正向门打开后其两侧的门才能打开。 3. 同一间隔内的多台隔离开关的电机电源，在端子箱内必须分别设置独立的开断设备。 4. 加热器与各元件、电缆及电线的设计距离应大于 50mm	1～2.《高压交流隔离开关和接地开关》（DL/T 486—2010）“5.13　户外设备的箱体应选用不锈钢、铸铝或具有防腐措施的材料，应具有防潮、防腐、防小动物进入等功能。户内设备的防护等级最低为 IP3X。操动机构的箱体应可三侧开门，且只有正向门打开后其两侧的门才能打开。” 《电网设备技术标准差异条款统一意见》（国家电网科〔2017〕549 号）“隔离开关　第 5 条　关于机构箱的防护等级　户外机构箱的防护等级不低于 IP44，柜体应设置可使柜内空气流通的通风口，并具有防腐、防雨、防潮、防尘和防小动物进入的性能。” 3.《交流高压开关设备技术监督导则》（Q/GDW 11074—2013）“5.2.3　同一间隔内的多台隔离开关的电机电源，在端子箱内必须分别设置独立的开断设备。” 4.《电气装置安装工程　高压电器施工及验收规范》（GB 50147—2010）“8.2.5 9 机构箱应密闭良好、防雨防潮性能良好，箱内安装有防潮装置时，加热装置应完好，加热器与各元件、电缆及电线的距离应大于 50mm；机构箱内控制和信号回路应正确并符合现行国家标准《电气装置安装工程　盘、柜及二次回路接线施工及验收规范》GB 50171 的有关规定。”

2. 监督项目解析

操动机构箱是工程设计阶段重要的监督项目。

隔离开关机构箱体在材料、防潮、防腐、防小动物、防尘、通风等方面满足相关要求，可避免箱体锈蚀、箱体进水等问题；操作箱采用三侧开门结构有利于换设备后期运维，正向门与两侧门之间设置连锁有利于提高运行可靠性影响设备运行可靠性；对端子箱电机电源、控制电源、加热器电源设置独立的开断设备可避免误操作；加热器与其他部件的设计距离大于 50mm，可避免加热器运行中对其他部件造成损伤。

3. 监督要求

技术监督人员开展本条目监督时，可采用查阅资料的方式，主要查看产品设计图纸，查看操动机构箱是否满足要求。

4. 整改措施

当技术监督人员在查阅资料时发现操动机构箱设计不合理，应及时将情况通知工程设计单位和基建部门，修改工程设计资料，直至操动机构箱设计满足要求。

3.3.2.6 安全距离要求

1. 监督要点及监督依据

安全距离要求监督要点及监督依据见表 3－158。

表 3－158 安全距离要求监督要点及监督依据

监督要点	监督依据
单柱垂直开启式隔离开关在分闸状态下，动静触头最小安全距离不应小于配电装置的最小安全净距 B_1 值	《高压配电装置设计技术规程》（DL/T 5352—2018）“4.3.3 单柱垂直开启式隔离开关在分闸状态下，动静触头最小安全距离不应小于配电装置的最小安全净距 B_1 值。”

2. 监督项目解析

隔离开关动静触头安全距离是工程设计阶段重要的监督项目。

动静触头之间距离满足配电装置的最小安全净距 B_1 值要求，可保证在正常或过电压情况下，单柱垂直开启式隔离开关在分闸时动静触头之间不会发生空气绝缘击穿。

工程设计阶段提出的安全距离要求是设备采购、设备制造等阶段的依据，产品定型后改变产品安全净距都需要和厂家进行反复沟通，并增加相应的费用。设备一旦投运，需结合停电更换导电部件甚至整体返厂整改，整改工作量较大。

3. 监督要求

技术监督人员开展本条目监督时，可采用查阅资料的方式，主要查看产品设计图纸，查看隔离开关动静触头安全距离是否满足要求。

4. 整改措施

当技术监督人员在查阅资料时发现隔离开关动静触头安全距离不合理，应及时将情况通知工程设计单位和基建部门，修改工程设计资料，直至隔离开关动静触头安全距离满足要求。

3.3.2.7 电源设置

1. 监督要点及监督依据

电源设置监督要点及监督依据见表 3－159。

表 3－159 电源设置监督要点及监督依据

监督要点	监督依据
防误装置使用的直流电源应与继电保护、控制回路的电源分开	《国家电网有限公司十八项电网重大反事故措施实施细则》（2018 修订版）“4.2.6 防误装置使用的直流电源应与继电保护、控制回路的电源分开”； 《火力发电厂、变电站二次接线设计技术规程》（DL/T 5136—2012）“5.1.9 防误操作电源单独设置的目的是为了避免该回路接地时影响控制、保护回路，并且避免某一回路电源故障影响整个防误闭锁回路。”

2. 监督项目解析

设备电源设置是工程设计阶段重要的监督项目。

防误装置电源应与继电保护及控制回路电源独立设置，可避免防误操作电源回路接地时影响控制、保护回路，并且避免某一回路电源故障影响整个防误闭锁回路。工程设计阶段提出的电源设置要求是设备采购、设备制造等阶段的依据，产品定型后改变产品电源设置将需要和厂家进行沟通并产生额外费用。

3. 监督要求

技术监督人员开展本条目监督时，可采用查阅资料的方式，主要查看产品设计图纸，查看操动机构箱防装置误电源设置是否满足要求。

4. 整改措施

当技术监督人员在查阅资料时发现防误装置与继电保护及控制回路共用同一电源，应及时将情况通知工程设计单位和基建部门，修改工程设计资料，直至防误装置与继电保护及控制回路电源独立设置。

3.3.3 设备采购阶段

3.3.3.1 隔离开关技术参数

1. 监督要点及监督依据

隔离开关技术参数监督要点及监督依据见表 3－160。

表 3－160　隔离开关技术参数监督要点及监督依据

监督要点	监督依据
1. 额定电流、动热稳定电流和允许时间，隔离开关开合感应电流能力、绝缘子抗弯抗扭能力应满足工程具体要求； 2. 在规定的覆冰厚度下，户外隔离开关的主闸刀应能用所配用的操动机构使其可靠地分闸和合闸； 3. 海拔超过 1000m 地区的隔离开关应满足当地海拔要求	1.《交流高压开关设备技术监督导则》（Q/GDW 11074—2013）“5.1.3　设备选型、接线方式、额定短时耐受电流、额定峰值耐受电流、额定短路开断电流、外绝缘水平、环境适用性（海拔、污秽、温度、抗震等）是否满足现场运行实际要求和远景发展规划需求。” 2.《高压交流隔离开关和接地开关》（DL/T 486—2010）“5.10　在规定的覆冰厚度下，户外隔离开关的主闸刀应能用所配用的操动机构使其可靠的分闸和合闸。” 3.《高压开关设备和控制设备标准的共用技术要求》（GB/T 11022—2011）“2.3.2 海拔”

2. 监督项目解析

隔离开关技术参数是设备采购阶段重要的监督项目。

隔离开关额定电流、动热稳定电流和允许时间，隔离开关开合感应电流能力、绝缘子抗弯抗扭能力、破冰能力、海拔适应性等技术参数决定了设备投运后能否在各类工况下正常运行和满足一段时间的当地电网发展需求。设备采购阶段确定的技术参数是设备制造、验收的基础，产品制造完成后，如需更改技术参数需协调厂家重新采购相关零部件。

设备一旦投运，其参数的变更往往非常困难，往往只能通过设备更型实现，改造工作量大、停电要求高、施工时间长、耗费资金多，造成资源严重浪费。

3. 监督要求

技术监督人员开展本条目监督时，可采用查阅资料的方式，主要查看设备招标技术规范书、供应商投标文件及厂家设计图纸，查看隔离开关技术参数是否满足要求，有条件时，应与工程设计阶段监督结果进行核对。

4. 整改措施

当技术监督人员在查阅资料时发现设备技术参数选择不合理，应及时将情况通知设备制造厂家和物资部门，修改设备招标技术规范书、供应商投标文件及厂家设计图纸，直至所有技术参数满足要求。

3.3.3.2 绝缘子

1. 监督要点及监督依据

绝缘子监督要点及监督依据见表 3－161。

表 3-161　　绝缘子监督要点及监督依据

监督要点	监督依据
1. 应在绝缘子金属法兰与瓷件的胶装部位涂以性能良好的防水密封胶。 2. 当绝缘子表面灰密为等值盐密的 5 倍及以下时，支柱绝缘子统一爬电比距应满足要求。爬距不满足规定时，可采用复合支柱或复合空心绝缘子，也可将未满足污区爬距要求的绝缘子涂覆 RTV。 3. 瓷绝缘子应采用高强瓷。瓷绝缘子金属附件应采用上砂水泥胶装。瓷绝缘子出厂前应进行逐只无损探伤	1.《国家电网有限公司关于印发十八项电网重大反事故措施（修订版）的通知》（国家电网设备〔2018〕979 号）“12.3.1.10　瓷绝缘子出厂前，应在绝缘子金属法兰与瓷件的胶装部位涂以性能良好的防水密封胶。” 2.《电力系统污区分级与外绝缘选择标准　第 1 部分：交流系统》（Q GDW 1152.1—2014）“6.1　当绝缘子表面灰密为等值盐密的 5 倍及以下时，变电站设备支柱绝缘子、空心绝缘子的选择原则见表 4。”（见附表 A） 3.《国家电网有限公司关于印发十八项电网重大反事故措施（修订版）的通知》（国家电网设备〔2018〕979 号）“12.3.1.10　瓷绝缘子应采用高强瓷。瓷绝缘子金属附件应采用上砂水泥胶装。瓷绝缘子出厂前应进行逐只无损探伤。”

2. 监督项目解析

绝缘子是设备采购阶段重要的监督项目。

瓷体和法兰之间的浇注面采取有效的防水措施，可避免冬季雨水渗入发生冰胀，造成隔离开关瓷体和法兰浇注面出现裂纹、机械强度劣化；选用爬距合适或复合绝缘子，污区爬距的绝缘子可提高设备外绝缘裕度、避免发生表面污秽放电情况；瓷质绝缘子采用高强瓷材料和上砂水泥胶装工艺，并在出厂前逐只无损探伤，能够提高瓷件本身与胶装部位的可靠性，避免发生断裂或脱落故障。

在隔离开关的设备采购阶段，若隔离开关绝缘子采购不满足要求，将影响设备制造、验收等阶段工作，一旦设备投运，需结合停电进行现场处理，如补涂抹防水胶、涂覆 RTV 等，甚至整只更换，工作量较大。

3. 监督要求

技术监督人员开展本条目监督时，可采用查阅资料的方式，主要包括设备招标技术规范书、供应商投标文件及厂家设计图纸，查看绝缘子是否满足要求。

4. 整改措施

当技术监督人员在查阅资料时发现绝缘子采购不合理，应及时将情况通知设备制造厂家和物资部门，修改设备招标技术规范书、供应商投标文件及厂家设计图纸，直至绝缘子采购满足要求。

3.3.3.3　操动机构箱

1. 监督要点及监督依据

操动机构箱监督要点及监督依据见表 3-162。

表 3-162　　操动机构箱监督要点及监督依据

监督要点	监督依据
1. 户外设备的箱体应具有防潮、防腐、防小动物进入等功能。 2. 操动机构箱且防护等级户外不得低于 IP44，户内不得低于 IP3X；箱体应可三侧开门，正向门与两侧门之间有连锁功能，只有正向门打开后其两侧的门才能打开。 3. 同一间隔内的多台隔离开关的电机电源，在端子箱内必须分别设置独立的开断设备。 4. 端子箱、机构箱等屏柜内的交直流接线，不应接在同一段端子排上	1～2.《高压交流隔离开关和接地开关》（DL/T 486—2010）“5.13　户外设备的箱体应选用不锈钢、铸铝或具有防腐措施的材料，应具有防潮、防腐、防小动物进入等功能。户内设备的防护等级最低为 IP3X。操动机构的箱体应可三侧开门，且只有正向门打开后其两侧的门才能打开。” 《电网设备技术标准差异条款统一意见》（国家电网科〔2017〕549 号）“隔离开关　第 5 条　关于机构箱的防护等级　户外机构箱的防护等级不低于 IP44，柜体应设置可使柜内空气流通的通风口，并具有防腐、防雨、防潮、防尘和防小动物进入的性能。” 3.《交流高压开关设备技术监督导则》（Q/GDW 11074—2013）“5.2.3　同一间隔内的多台隔离开关的电机电源，在端子箱内必须分别设置独立的开断设备。” 4.《国家电网有限公司关于印发十八项电网重大反事故措施（修订版）的通知》（国家电网设备〔2018〕979 号）“5.3.1.10　变电站内端子箱、机构箱、智能控制柜、汇控柜等屏柜内的交直流接线，不应接在同一段端子排上。”

2. 监督项目解析

操动机构箱是设备采购阶段的技术监督项目之一。

隔离开关机构箱体在材料、防潮、防腐、防小动物、防尘、通风等方面满足相关要求，可避免箱体锈蚀、箱体进水等问题；操作箱采用三侧开门结构有利于换设备后期运维，正向门与两侧门之间设置连锁有利于提高运行可靠性影响设备运行可靠性；对端子箱电机电源、控制电源、加热器电源设置独立的开断设备可避免误操作；端子箱交、直流接线不在同一段或同一串端子排上可排除交流窜入直流故障隐患，保证运行可靠性。

若设备采购阶段操动机构箱防护等级、电源设置等不满足要求，将影响设备制造、验收等阶段工作，一旦设备投运，需结合停电进行现场处理，涉及重新接线、箱体换型、密封件更换，工作量较大。

3. 监督要求

技术监督人员开展本条目监督时，可采用查阅资料的方式，主要包括设备招标技术规范书、供应商投标文件及厂家设计图纸，查看操动机构箱是否满足要求。

4. 整改措施

当技术监督人员在查阅资料时发现操动机构箱采购不合理，应及时将情况通知设备制造厂家和物资部门，修改设备招标技术规范书、供应商投标文件及厂家设计图纸，直至操动机构箱采购满足要求。

3.3.3.4　联闭锁设计

1. 监督要点及监督依据

联闭锁设计监督要点及监督依据见表 3－163。

表 3－163　　联闭锁设计监督要点及监督依据

监督要点	监督依据
1. 隔离开关处于合闸位置时，接地开关不能合闸；接地开关处于合闸位置时，隔离开关不能合闸。 2. 手动操作时应闭锁电动操作。 3. 断路器和两侧隔离开关间应有可靠联锁。 4. 断路器、隔离开关和接地开关电气闭锁回路应直接使用断路器、隔离开关、接地开关的辅助触点，严禁使用重动继电器	1.《高压交流隔离开关和接地开关》（DL/T 486—2010）“5.11　联锁装置：隔离开关和接地开关之间应设机械联锁装置和或电气联锁装置。隔离开关处于合闸位置时，接地开关不能合闸；接地开关处于合闸位置时，隔离开关不能合闸。机械联锁装置应有足够的机械强度、配合准确、联锁可靠。” 2.《电气装置安装工程　高压电器施工及验收规范》（GB 50147—2010）“8.2.6　操动机构在手动操作时，应闭锁电动操作。” 《高压交流隔离开关和接地开关》（GB 1985—2014）“5.104.2　动力操动机构也应该提供人力操作装置。人力操作装置（例如手柄）接到动力操动机构上时，应能保证动力操动机构的控制电源可靠地断开。” 3.《防止电气误操作装置管理规定》（国家电网生〔2003〕243 号）。 4.《国家电网有限公司关于印发十八项电网重大反事故措施（修订版）的通知》（国家电网设备〔2018〕979 号）“4.2.7　断路器、隔离开关和接地开关电气闭锁回路应直接使用断路器、隔离开关、接地开关的辅助触点，严禁使用重动继电器。”

2. 监督项目解析

联闭锁装置是设备采购阶段重要的监督项目。

隔离开关与接地开关间的联锁可避免运行状态误合接地开关作及检修状态误合隔离开关；对于电动操动机构的隔离开关，手动操作时闭锁电动操作可防止误操作；断路器和两侧隔离开关间联锁可避免带负荷分合隔离开关操作；在隔离开关的联闭锁设计对于电网稳定运行与设备可靠性至关重要，联闭锁设计不完善可能导致电气误操作事故，威胁人身、设备安全；隔离开关电气闭锁回路直接用隔离开关的辅助触点可实现“监控防误”。

若设备采购阶段联闭锁设计不满足要求，将影响设备制造、验收等阶段工作，设备一旦投运，完善隔离开关联闭锁功能需对联闭锁回路进行改造，改造工作需结合设备停电开展、改造耗时长，造成资源严重浪费。

3. 监督要求

技术监督人员开展本条目监督时，可采用查阅资料的方式，主要包括设备招标技术规范书、供应商投标文件及厂家设计图纸，查看联闭锁设计是否满足要求。

4. 整改措施

当技术监督人员在查阅资料时发现联闭锁装置采购不合理，应及时将情况通知设备制造厂家和物资部门，修改设备招标技术规范书、供应商投标文件及厂家设计图纸，直至联闭锁装置采购满足要求。

3.3.3.5 导电回路

1. 监督要点及监督依据

导电回路监督要点及监督依据见表 3－164。

表 3－164　　导电回路监督要点及监督依据

监督要点	监督依据
1. 导电回路的设计应能耐受 1.1 倍额定电流而不超过允许温升值。 2. 隔离开关宜采用外压式或自力式触头，触头弹簧应进行防腐、防锈处理。内拉式触头应采用可靠绝缘措施以防止弹簧分流。 3. 单柱式隔离开关和接地开关的静触头装配应由制造厂提供，并应满足额定接触区的要求。 4. 在钳夹最不利的位置下，隔离开关支柱绝缘子和硬母线的支柱绝缘子不应受额外的作用力。 5. 上下导电臂之间的中间接头、导电臂与导电底座之间应采用叠片式软导电带连接，叠片式铝制软导电带应有不锈钢片保护。 6. 配钳夹式触头的单臂伸缩式隔离开关导电臂应采用全密封结构。 7. 隔离开关、接地开关导电臂及底座等位置应采取能防止鸟类筑巢的结构	1.《高压交流隔离开关和接地开关》（DL/T 486—2010）“5.107.5　对导电回路的要求：对隔离开关导电回路的设计应能耐受 1.1 倍额定电流而不超过允许温升。” 2.《国家电网有限公司关于印发十八项电网重大反事故措施（修订版）的通知》（国家电网设备〔2018〕979 号）“12.3.1.3　隔离开关宜采用外压式或自力式触头，触头弹簧应进行防腐、防锈处理。内拉式触头应采用可靠绝缘措施以防止弹簧分流。” 3～4.《高压交流隔离开关和接地开关》（DL/T 486—2010）“5.107.5　对导电回路的要求：单柱式隔离开关和接地开关的静触头装配应由制造厂提供，并应满足额定接触区的要求。在钳夹最不利的位置下，隔离开关支柱绝缘子和硬母线的支柱绝缘子不应受额外的作用力。” 5.《国家电网有限公司关于印发十八项电网重大反事故措施（修订版）的通知》（国家电网设备〔2018〕979 号）“12.3.1.4　上下导电臂之间的中间接头、导电臂与导电底座之间应采用叠片式软导电带连接，叠片式铝制软导电带应有不锈钢片保护。” 6.《国家电网有限公司关于印发十八项电网重大反事故措施（修订版）的通知》（国家电网设备〔2018〕979 号）“12.3.1.6　配钳夹式触头的单臂伸缩式隔离开关导电臂应采用全密封结构。传动配合部件应具有可靠的自润滑措施，禁止不同金属材料直接接触。轴承座应采用全密封结构。” 7.《国家电网有限公司关于印发十八项电网重大反事故措施（修订版）的通知》（国家电网设备〔2018〕979 号）“12.3.1.9 隔离开关、接地开关导电臂及底座等位置应采取能防止鸟类筑巢的结构。”

2. 监督项目解析

导电回路是设备采购阶段重要的监督项目。

导电回路按 1.1 倍额定电流设计，可适应实际运行中的负荷波动情况；采用防腐防锈处理触头弹簧可减弱触头接触压力降低情况，避免接触电阻增加，产生异常发热；采用外压式触头或具有可靠防弹簧分流措施的内压式触头，可避免弹簧长期过热老化；对于静触头悬挂在母线上的单柱式隔离开关或接地开关，静触头满足额定接触区要求，以保证静触头能与动触头正确接触；隔离开关支柱绝缘子和硬母线的支柱绝缘子不受额外的作用力可避免支柱绝缘子长期承受额外应力导致机械损伤；采用叠片式软导电带作为导电回路运动部位过渡连接，可避免长期运行中的渗水、触指和焊点脱落、腐蚀断裂等问题；配钳夹式触头的单臂伸缩式隔离开关采用全密封结构，可避免导电臂进水、积污、结冰，轴承积污、腐蚀引起的卡涩拒动；采用防鸟类筑巢结构，可降低设备的运行风险。

设备采购阶段提出的导电回路要求是设备制造、验收等阶段的依据，产品定型后改变导电回路设计将需要和厂家进行沟通并产生额外费用。设备一旦投运，需结合停电对原有导电回路相关部件进行更换，改造工作需结合设备停电开展、改造工作量大、施工时间长。

3. 监督要求

技术监督人员开展本条目监督时，可采用查阅资料的方式，主要包括设备招标技术规范书、供应商投标文件及厂家设计图纸，查看导电回路采购是否满足要求。

4. 整改措施

当技术监督人员在查阅资料时发现导电回路采购不合理，应及时将情况通知设备制造厂家和物资部门，修改设备招标技术规范书、供应商投标文件及厂家设计图纸，直至导电回路采购满足要求。

3.3.3.6　操动机构和传动部件

1. 监督要点及监督依据

操动机构和传动部件监督要点及监督依据见表 3－165。

表 3－165　　操动机构和传动部件监督要点及监督依据

监督要点	监督依据
1. 转动连接轴承座应采用全密封结构，至少应有两道密封，不允许设注油孔。轴承润滑必须采用二硫化钼锂基脂润滑剂，保证在设备周围空气温度范围内能起到良好的润滑作用，严禁使用黄油等易失效变质的润滑脂。 2. 轴销应采用优质防腐防锈材质，且具有良好的耐磨性能，轴套应采用自润滑无油轴套，其耐磨、耐腐蚀、润滑性能与轴应匹配。万向轴承须有防尘设计。 3. 传动连杆应选用满足强度和刚度要求的多棱型钢、不锈钢无缝钢管或热镀锌无缝钢管。 4. 传动连杆应采用装配式结构。 5. 操动机构输出轴与其本体传动轴应采用无级调节的连接方式。 6. 操动机构内应装设一套能可靠切断电动机电源的过载保护装置。电机电源消失时，控制回路应解除自保持。 7. 隔离开关应具备防止自动分闸的结构设计	1.《高压交流隔离开关和接地开关》（DL/T 486—2010）“5.107.2　对转动连接的要求：转动轴承座必须采用全密封结构，至少应有两道密封，不允许设‘注油孔’。轴承润滑应采用符合设备周围空气温度的优质二硫化钼锂基脂润滑脂，并应在出厂试验报告中“注明其质量控制指标，如组分、成分、黏度和质量等。” 2.《高压交流隔离开关和接地开关》（DL/T 486—2010）“5.107.3　对传动轴承、轴套、轴销的要求：传动连接应采用万向轴承和具有自润滑功能的轴套连接，轴销应采用不锈钢或铝青铜等防锈材料，万向轴应带有防尘结构。” 3～4.《高压交流隔离开关和接地开关》（DL/T 486—2010）“5.107.4　对传动连杆的要求：传动连杆应采用装配式连接结构，其材质应是满足强度和刚度要求的多棱型钢、不锈钢无缝钢管或热镀锌无缝钢管。” 5～6.《高压交流隔离开关和接地开关》（DL/T 486—2010）“5.107.1 条　隔离开关和接地开关操动机构输出轴与其本体传动轴应采用无级调节的连接方式，机械连接应牢固、可靠，应尽量采用无需调节的固定连接。操动机构内应装设一套能可靠切断电动机电源的过载保护装置。” 《国家电网有限公司关于印发十八项电网重大反事故措施（修订版）的通知》（国家电网设备〔2018〕979 号）“12.3.1.12　操动机构内应装设一套能可靠切断电动机电源的过载保护装置。电机电源消失时，控制回路应解除自保持。” 7.《国家电网有限公司关于印发十八项电网重大反事故措施（修订版）的通知》（国家电网设备〔2018〕979 号）“12.3.1.7　隔离开关应具备防止自动分闸的结构设计。”

2. 监督项目解析

操动机构和传动部件是设备采购阶段的技术监督项目之一。

采用不易失效变质的二硫化钼锂基脂润滑剂可保证在设备所在地气温范围内具有良好的润滑性能；采用两道密封结构的转动连接轴承座，可避免密封不佳导致润滑剂受到污染；轴销、轴套选择防锈、防腐材料可避免轴套运行过程中出现生锈、腐蚀、磨损等问题，轴套试用自润滑设计可保证与轴销的有效配合；万向轴采用防尘设计可有效避免环境中的灰尘或者泥沙进入轴承导致轴承卡涩或失效；传动连杆选择满足强度和刚度的材料和结构可避免连杆长期运行产生变形、断裂；现场采用防窜动的装配式组装可避免焊接工艺不佳引起的焊接结构强度降低；操动机构输出轴与其本体传动轴采用无级调节的连接方式可保证机械连接牢固、可靠；操动机构内装设一套能可靠切断电动机电源的过载保护装置可避免过载导致电机烧毁；采用限位自锁等防止自动分闸的结构设计可保证隔离开关可靠地保持于合闸位置。

设备采购阶段提出的操动机构和传动部件是设备制造、验收等阶段的依据，设备一旦投运，改造工作需结合设备停电开展、改造工作量大、施工时间长。

3. 监督要求

技术监督人员开展本条目监督时，可采用查阅资料的方式，主要包括设备招标技术规范书、供应商投标文件及厂家设计图纸，查看操动机构和传动部件采购是否满足要求。

4. 整改措施

当技术监督人员在查阅资料时发现操动机构和传动部件采购不合理，应及时将情况通知设备制造厂家和物资部门，修改设备招标技术规范书、供应商投标文件及厂家设计图纸，直至操动机构和传动部件采购满足要求。

3.3.3.7 隔离开关和接地开关的接地

1. 监督要点及监督依据

隔离开关和接地开关的接地监督要点及监督依据见表 3－166。

表 3－166　　隔离开关和接地开关的接地监督要点及监督依据

监督要点	监督依据
1. 隔离开关（接地开关）金属架构底架上应设置可靠的适用于规定故障条件的接地端子，主设备及设备架构等应有两根与主地网不同干线连接的接地引下线，并且每根接地引下线均应符合热稳定校核的要求。 2. 当操动机构与隔离开关或接地开关的金属底座没有安装在一起时，并在电气上没有连接时，操动机构上应设有保护接地符号的接地端子	1.《高压开关设备和控制设备标准的共用技术要求》（DL/T 593—2016）“5.3　每台开关设备的底架上均应设置可靠的适用于规定故障条件的接地端子，该端子应有一紧固螺钉或螺栓用来连接接地导体。紧固螺栓或螺钉的直径不应小于 12mm。接地连接点应标以 GB/T 5465.2 规定的保护接地符号。” 《国家电网有限公司关于印发十八项电网重大反事故措施（修订版）的通知》（国家电网设备〔2018〕979 号）“14.1.1.4　主设备及设备架构等应有两根与主地网不同干线连接的接地引下线，并且每根接地引下线均应符合热稳定校核的要求。” 2.《高压交流隔离开关和接地开关》（DL/T 486—2010）“5.3　如果金属外壳和操动机构不与隔离开关或接地开关的金属底座安装在一起，并在电气上没有连接时，金属外壳和操动机构上应提供标有保护接地符号的接地端子。”

2. 监督项目解析

隔离开关和接地开关的接地是设备采购阶段的技术监督项目之一。

对隔离开关及设备架构设置两根与主地网不同干线连接且满足热稳定校核水平的接地引下线，可保证接地可靠性，避免接地网事故；操动机构与隔离开关或接地开关的金属底座安装在一起或设置保护接地符号的接地端子，可保证设备安装时金属箱体与接地体可靠连接，避免设备运行过程中出现箱体带电，危及人身和设备安全。

设备采购阶段提出的接地要求是设备制造、验收等阶段的基础，设备一旦投运，若操动机构未连接隔离开关金属底座且未设置接地端子，需结合停电现场增设有保护接地符号的接地端子。

3. 监督要求

技术监督人员开展本条目监督时，可采用查阅资料的方式，主要包括设备招标技术规范书、供应商投标文件及厂家设计图纸，查看隔离开关和接地开关的金属构架、机构箱采购是否满足接地要求。

4. 整改措施

当技术监督人员在查阅资料时发现金属构架、机构箱采购不合理，应及时将情况通知设备制造厂家和物资部门，修改设备招标技术规范书、供应商投标文件及厂家设计图纸，直至隔离开关和接地开关的金属构架、机构箱采购满足接地要求。

3.3.3.8　均压环和屏蔽环

1. 监督要点及监督依据

均压环和屏蔽环监督要点及监督依据见表 3－167。

表 3－167　　均压环和屏蔽环监督要点及监督依据

监督要点	监督依据
均压环和屏蔽环应无划痕、毛刺，宜在最低处打排水孔	《电气装置安装工程　高压电器施工及验收规范》（GB 50147—2010）“8.2.4　均压环和屏蔽环应安装牢固、平正，检查均压环和屏蔽环无划痕、毛刺；均压环和屏蔽环宜在最低处打排水孔。”

2. 监督项目解析

均压环和屏蔽环是设备采购阶段的技术监督项目之一。

均压环和屏蔽环表面光洁、无毛刺，可保证设备运行中不出现严重电晕放电，在最低处打排水孔可避免雨水进入，防止寒冷天气情况下雨水结冰，胀裂均压环、屏蔽环。

设备采购阶段提出的均压环、屏蔽环要求是设备制造、验收的基础，设备一旦投运，需结合停电进行更换和整改。

3. 监督要求

技术监督人员开展本条目监督时，可采用查阅资料的方式，主要包括设备招标技术规范书、供应商投标文件及厂家设计图纸，查看均压环、屏蔽环采购是否满足要求。

4. 整改措施

当技术监督人员在查阅资料时发现均压环、屏蔽环采购不合理，应及时将情况通知设备制造厂家和物资部门，修改设备招标技术规范书、供应商投标文件及厂家设计图纸，直至均压环、屏蔽环采购满足要求。

3.3.3.9　导电部件

1. 监督要点及监督依据

导电部件监督要点及监督依据见表 3－168。

表 3－168　　导电部件监督要点及监督依据

监督要点	监督依据
1. 导电部件的弹簧触头应为牌号不低于 T2 的纯铜。 2. 触头、导电杆等接触部位应镀银，镀银层厚度不应小于 20μm，硬度应大于 120HV。 3. 触指压力应符合设计要求。 4. 导电杆、接线座无变形、破损、裂纹等缺陷，规格、材质应符合设计要求。 5. 镀银层应为银白色，呈无光泽或半光泽，不应为高光亮镀层，镀层应结晶细致、平滑、均匀、连续；表面无裂纹、起泡、脱落、缺边、掉角、毛刺、针孔、色斑、腐蚀锈斑和划伤、碰伤等缺陷。 6. 导电回路不同金属接触应采取镀银、搪锡等有效过渡措施。 7. 导电臂、接线板、静触头横担铝板不应采用 2 系和 7 系铝合金，应采用 5 系或 6 系铝合金	1～4.《电网金属技术监督规程》（DL/T 1424—2015）“6.1.3　隔离开关的主要金属部件是指导电部件、传动结构、操动机构、支座，其中导电部件包括触头、导电杆、接线座，传动结构包括拐臂、连杆、轴齿等。 a）导电部件的弹簧触头应为牌号不低于 T2 的纯铜；触头、导电杆等接触部位应镀银，镀银层厚度不应小于 20μm，硬度应大于 120HV。触指压力应符合设计要求。导电杆、接线座材质应符合设计要求。” 5.《电网金属技术监督规程》（DL/T 1424—2015） “5.2.1　镀银 a）导电回路的动接触部位和母线静接触部位应镀银。 b）镀银层应为银白色，呈无光泽或半光泽，不应为高光亮镀层，镀层应结晶细致、平滑、均匀、连续；表面无裂纹、起泡、脱落、缺边、掉角、毛刺、针孔、色斑、腐蚀锈斑和划伤、碰伤等缺陷。 c）镀银层厚度、硬度、附着性等应满足设计要求，不宜采用钎焊银片的方式替代镀银。” 6.《国家电网有限公司关于印发十八项电网重大反事故措施（修订版）的通知》（国家电网设备〔2018〕979 号）“12.3.1.2　导电回路不同金属接触应采取镀银、搪锡等有效过渡措施。” 7.《电网设备金属技术监督导则》（Q/GDW 11717—2017）“9.2.5　导电臂、接线板、静触头横担铝板不应采用 2 系和 7 系铝合金，应采用 5 系或 6 系铝合金。”

2. 监督项目解析

导电部件是设备采购阶段重要的监督项目。

导电部件的材质、触指压力、外形、规格、镀银层工艺与厚度、不同金属接触过渡措施决定了隔离开关的接触电阻。

设备采购阶段提出的导电回路要求是设备制造、验收的基础。设备一旦投运，若导电回路不满足要求可能产生异常发热，需结合停电进行更换处理。

3. 监督要求

技术监督人员开展本条目监督时，可采用查阅资料的方式，主要包括设备招标技术规范书、供应商投标文件及厂家设计图纸，查看隔离开关导电部件金属材料是否满足要求。

4. 整改措施

当技术监督人员在查阅资料时发现隔离开关导电部件金属材料不合理，应及时将情况通知设备制造厂家和物资部门，修改设备招标技术规范书、供应商投标文件及厂家设计图纸，直至隔离开关导电部件金属材料满足要求。

3.3.3.10 操动机构

1. 监督要点及监督依据

操动机构监督要点及监督依据见表 3－169。

表 3－169 操动机构监督要点及监督依据

监督要点	监督依据
1. 夹紧、复位弹簧的表面应无划痕、碰磨、裂纹等缺陷；内外径、自由高度、垂直度、直线度、总圈数、节距均匀度等符合设计及 GB/T 23934 要求，其表面宜为磷化电泳工艺防腐处理，涂层厚度不应小于 90μm，附着力不小于 5MPa。 2. 机构箱材质宜为Mn含量不大于2%的奥氏体型不锈钢或铝合金，且厚度不应小于 2mm。 3. 封闭箱体内的机构零部件宜电镀锌，电镀锌后应钝化处理，镀锌层的技术指标应符合 GB/T 9799 的要求；机构零部件电镀层厚度不宜小于 18μm，紧固件电镀层厚度不宜小于 6μm	1.《电网金属技术监督规程》（DL/T 1424—2015）"6.1.3 隔离开关的主要金属部件是指导电部件、传动结构、操动机构、支座，其中导电部件包括触头、导电杆、接线座，传动结构包括拐臂、连杆、轴齿等。" b）操动机构要求参照 6.1.2 b）执行。户外使用的连杆、拐臂等传动件应采用装配式结构，不得在施工现场进行切焊配装。 "6.1.2 断路器的主要金属部件是指灭弧室触头、操动机构、支座，其中触头包括主触头、弧触头等，操动机构包括分合闸弹簧、拐臂、拉杆、传动轴、凸轮、机构箱体等。 b）操动机构的分合闸弹簧的技术指标应符合 GB/T 23934 的要求，其表面宜为磷化电泳工艺防腐处理，涂层厚度不应小于 90μm，附着力不小于 5MPa；拐臂、连杆、传动轴、凸轮材质宜为镀锌钢、不锈钢或铝合金，表面不应有划痕、锈蚀、变形等缺陷。" 2.《电网金属技术监督规程》（DL/T 1424—2015）"6.1.7 户外密闭箱体（控制、操作及检修电源箱等）材质宜为Mn 含量不大于 2%的奥氏体型不锈钢或铝合金，且厚度不应小于 2mm。" 3.《电网金属技术监督规程》（DL/T 1424—2015）"5.2.3 镀锌 c）封闭箱体内的机构零部件宜电镀锌，电镀锌后应钝化处理，镀锌层的技术指标应符合 GB/T 9799 的要求；机构零部件电镀层厚度不宜小于 18μm，紧固件电镀层厚度不宜小于 6μm。"

2. 监督项目解析

操动机构是设备采购阶段的技术监督项目之一。

操动机构夹紧、复位弹簧外观、内外径、自有高度、垂直度、直线度、总圈数、节距均匀度、表面工艺、涂层厚度决定了弹簧的可靠性；机构箱的材质、厚度决定了机构箱的防腐性能和机械强度；箱体内机构零部件处理工艺决定了其防腐防锈性能。

设备采购阶段提出的操动机构金属技术监督要求是设备制造、验收的基础，设备一旦投运，若操动机构金属技术监督要求不满足，需结合停电进行现场调整或更换。

3. 监督要求

技术监督人员开展本条目监督时，可采用查阅资料的方式，主要包括设备招标技术规范书、供应商投标文件及厂家设计图纸，查看隔离开关操动机构内部零部件、箱体金属材料是否满足要求。

4. 整改措施

当技术监督人员在查阅资料时发现隔离开关操动机构内部零部件、箱体金属材料不合理，应及

时将情况通知设备制造厂家和物资部门，修改设备招标技术规范书、供应商投标文件及厂家设计图纸，直至隔离开关操动机构内部零部件、箱体金属材料满足要求。

3.3.3.11　传动机构部件

1. 监督要点及监督依据

传动机构部件监督要点及监督依据见表 3－170。

表 3－170　　传动机构部件监督要点及监督依据

监督要点	监督依据
1. 传动机构拐臂、连杆、轴齿、弹簧等部件应具有良好的防腐性能，不锈钢材质部件宜采用锻造工艺。 2. 隔离开关使用的连杆、拐臂等传动件应采用装配式结构，不得在施工现场进行切焊配装。 3. 拐臂、连杆、传动轴、凸轮表面不应有划痕、锈蚀、变形等缺陷，材质宜为镀锌钢、不锈钢或铝合金。 4. 隔离开关和接地开关的不锈钢部件禁止采用铸造件，铸铝合金传动部件禁止采用砂型铸造。隔离开关和接地开关用于传动的空心管材应有疏水通道	1～2.《电网金属技术监督规程》（DL/T 1424—2015）“6.1.3　隔离开关的主要金属部件是指导电部件、传动结构、操动机构、支座，其中导电部件包括触头、导电杆、接线座，传动结构包括拐臂、连杆、轴齿等。 b）操动机构要求参照 6.1.2　b）执行。户外使用的连杆、拐臂等传动件应采用装配式结构，不得在施工现场进行切焊配装。 c）传动机构拐臂、连杆、轴齿、弹簧等部件应具有良好的防腐性能，不锈钢材质部件宜采用锻造工艺。” 3.《电网金属技术监督规程》（DL/T 1424—2015）“6.1.2　断路器的主要金属部件是指灭弧室触头、操动机构、支座，其中触头包括主触头、弧触头等，操动机构包括分合闸弹簧、拐臂、拉杆、传动轴、凸轮、机构箱体等。 b）操动机构的分合闸弹簧的技术指标应符合 GB/T 23934—2015，其表面宜为磷化电泳工艺防腐处理，涂层厚度不应小于 90μm，附着力不小于 5MPa；拐臂、连杆、传动轴、凸轮材质宜为镀锌钢、不锈钢或铝合金，表面不应有划痕、锈蚀、变形等缺陷。” 4.《国家电网有限公司关于印发十八项电网重大反事故措施（修订版）的通知》（国家电网设备〔2018〕979 号）“12.3.1.5　隔离开关和接地开关的不锈钢部件禁止采用铸造件，铸铝合金传动部件禁止采用砂型铸造。隔离开关和接地开关用于传动的空心管材应有疏水通道。”

2. 监督项目解析

传动机构部件是设备采购阶段的技术监督项目之一。

传动机构连杆、拐臂、轴齿、弹簧、传动轴、凸轮等部件外观良好，材料和铸造工艺满足抗腐蚀、高强度要求，可避免部件长期运行产生腐蚀、变形、断裂；现场采用防窜动的装配式组装，可避免焊接工艺不佳引起的焊接结构强度降低。

设备采购阶段提出的传动机构部件金属技术监督要求是设备制造、验收的基础，设备一旦投运，若传动机构部件金属技术监督要求不满足，需结合停电进行现场调整或更换。

3. 监督要求

技术监督人员开展本条目监督时，可采用查阅资料的方式，主要包括设备招标技术规范书、供应商投标文件及厂家设计图纸，查看隔离开关传动机构零部件材质、制造工艺是否满足要求。

4. 整改措施

当技术监督人员在查阅资料时发现隔离开关传动机构零部件材质、制造工艺不合理，应及时将情况通知设备制造厂家和物资部门，修改设备招标技术规范书、供应商投标文件及厂家设计图纸，直至隔离开关传动机构零部件材质、制造工艺满足要求。

3.3.4　设备制造阶段

3.3.4.1　导电回路

1. 监督要点及监督依据

导电回路监督要点及监督依据见表 3－171。

表 3－171　　导电回路监督要点及监督依据

监督要点	监督依据
1. 导电回路的设计应能耐受 1.1 倍额定电流而不超过允许温升值。 2. 隔离开关宜采用外压式或自力式触头，触头弹簧应进行防腐、防锈处理。内拉式触头应采用可靠绝缘措施以防止弹簧分流。 3. 单柱式隔离开关和接地开关的静触头装配应由制造厂提供，并应满足额定接触区的要求。 4. 在钳夹最不利的位置下，隔离开关支柱绝缘子和硬母线的支柱绝缘子不应受额外的作用力。 5. 上下导电臂之间的中间接头、导电臂与导电底座之间应采用叠片式软导电带连接，叠片式铝制软导电带应有不锈钢片保护。 6. 配钳夹式触头的单臂伸缩式隔离开关导电臂应采用全密封结构。 7. 隔离开关、接地开关导电臂及底座等位置应采取能防止鸟类筑巢的结构	1.《高压交流隔离开关和接地开关》（DL/T 486—2010）“5.107.5　对导电回路的要求：对隔离开关导电回路的设计应能耐受 1.1 倍额定电流而不超过允许温升。” 2.《国家电网有限公司关于印发十八项电网重大反事故措施（修订版）的通知》（国家电网设备〔2018〕979 号）“12.3.1.3　隔离开关宜采用外压式或自力式触头，触头弹簧应进行防腐、防锈处理。内拉式触头应采用可靠绝缘措施以防止弹簧分流。” 3～4.《高压交流隔离开关和接地开关》（DL/T 486—2010）“5.107.5　对导电回路的要求：单柱式隔离开关和接地开关的静触头装配应由制造厂提供，并应满足额定接触区的要求。在钳夹最不利的位置下，隔离开关支柱绝缘子和硬母线的支柱绝缘子不应受额外的作用力。” 5.《国家电网有限公司关于印发十八项电网重大反事故措施（修订版）的通知》（国家电网设备〔2018〕979 号）“12.3.1.4　上下导电臂之间的中间接头、导电臂与导电底座之间应采用叠片式软导电带连接，叠片式铝制软导电带应有不锈钢片保护。” 6.《国家电网有限公司关于印发十八项电网重大反事故措施（修订版）的通知》（国家电网设备〔2018〕979 号）“12.3.1.6　配钳夹式触头的单臂伸缩式隔离开关导电臂应采用全密封结构。传动配合部件应具有可靠的自润滑措施，禁止不同金属材料直接接触。轴承座应采用全密封结构。” 7.《国家电网有限公司关于印发十八项电网重大反事故措施（修订版）的通知》（国家电网设备〔2018〕979 号）“12.3.1.9 隔离开关、接地开关导电臂及底座等位置应采取能防止鸟类筑巢的结构。”

2. 监督项目解析

导电回路是设备制造阶段非常重要的监督项目。

导电回路按 1.1 倍额定电流设计，可适应实际运行中的负荷波动情况；采用防腐防锈处理触头弹簧可减弱触头接触压力降低情况，避免接触电阻增加，产生异常发热；采用外压式触头或具有可靠防弹簧分流措施的内压式触头，可避免弹簧长期过热老化；对于静触头悬挂在母线上的单柱式隔离开关或接地开关，静触头满足额定接触区要求，以保证静触头能与动触头正确接触；隔离开关支柱绝缘子和硬母线的支柱绝缘子不受额外的作用力可避免支柱绝缘子长期承受额外应力导致机械损伤；采用叠片式软导电带作为导电回路运动部位过渡连接，可避免长期运行中的渗水、触指和焊点脱落、腐蚀断裂等问题；配钳夹式触头的单臂伸缩式隔离开关采用全密封结构，可避免导电臂进水、积污、结冰，轴承积污、腐蚀引起的卡涩拒动；采用防鸟类筑巢结构，可降低设备的运行风险。

设备制造阶段提出的导电回路要求是设备验收等阶段的基础，产品定型后改变导电回路设计将需要和厂家进行沟通并产生额外费用。设备一旦投运，需结合停电对原有导电回路相关部件进行更换，改造工作需结合设备停电开展、改造工作量大、施工时间长。

3. 监督要求

技术监督人员开展本条目监督时，可随设备监造开展，可采用查阅资料和现场查看的方式，检查资料主要包括厂家相关工艺文件和设计图纸，现场抽查 1 台隔离开关，检查实物导电回路制造是否满足要求。

4. 整改措施

当技术监督人员在查阅资料及现场检查看时发现隔离开关导电回路制造不合格，应及时将情况通知设备制造厂家、监造单位和物资部门，督促设备制造厂家进行整改，直至导电回路制造满足要求。

3.3.4.2　出厂调试基本要求

1. 监督要点及监督依据

出厂调试基本要求监督要点及监督依据见表 3－172。

表 3－172　出厂调试基本要求监督要点及监督依据

监督要点	监督依据
隔离开关和接地开关应在生产厂家内进行整台组装和出厂试验。需拆装发运的设备应按相、按柱做好标记，其连接部位应做好特殊标记	《国家电网有限公司关于印发十八项电网重大反事故措施（修订版）的通知》（国家电网设备〔2018〕979 号）“12.3.1.8　隔离开关和接地开关应在生产厂家内进行整台组装和出厂试验。需拆装发运的设备应按相、按柱做好标记，其连接部位应做好特殊标记。”

2. 监督项目解析

隔离开关出厂调试基本要求是设备制造阶段非常重要的监督项目。

隔离开关和接地开关在制造厂全面组装、整组调试，需拆装发运的设备做好标记后发运，是保证现场安装效率与可靠性的重要方面。

设备制造阶段的出厂调试基本要求能否满足决定了设备能否顺利通过验收及交接试验，设备一旦投运，可能带来安全隐患，需结合停电重新进行调试，改造工作量大、施工时间长。

3. 监督要求

技术监督人员开展本条目监督时，可随设备监造开展，可采用查阅资料和现场查看的方式，检查资料主要包括厂家相关工艺文件和调试报告，现场检查出厂调试要求是否满足。

4. 整改措施

当技术监督人员在查阅资料及现场检查看时发现隔离开关调试不合格，应及时将情况通知设备制造厂家、监造单位和物资部门，督促设备制造厂家进行整改，直至出厂调试满足要求。

3.3.4.3　操动机构箱

1. 监督要点及监督依据

操动机构箱监督要点及监督依据见表 3－173。

表 3－173　操动机构箱监督要点及监督依据

监督要点	监督依据
1. 户外设备的箱体应具有防潮、防腐、防小动物进入等功能。 2. 操动机构箱且防护等级户外不得低于 IP44，户内不得低于 IP3X；箱体应可三侧开门，正向门与两侧门之间有连锁功能，只有正向门打开后其两侧的门才能打开。 3. 同一间隔内的多台隔离开关的电机电源，在端子箱内必须分别设置独立的开断设备。 4. 端子箱、机构箱等屏柜内的交直流接线，不应接在同一段端子排上	1～2.《高压交流隔离开关和接地开关》（DL/T 486—2010）“5.13　户外设备的箱体应选用不锈钢、铸铝或具有防腐措施的材料，应具有防潮、防腐、防小动物进入等功能。户内设备的防护等级最低为 IP3X。操动机构的箱体应可三侧开门，且只有正向门打开后其两侧的门才能打开。” 《电网设备技术标准差异条款统一意见》（国家电网科〔2017〕549 号）“隔离开关　第 5 条　关于机构箱的防护等级　户外机构箱的防护等级不低于 IP44，柜体应设置可使柜内空气流通的通风口，并具有防腐、防雨、防潮、防尘和防小动物进入的性能。” 3.《交流高压开关设备技术监督导则》（Q/GDW 11074—2013）“5.2.3　同一间隔内的多台隔离开关的电机电源，在端子箱内必须分别设置独立的开断设备。” 4.《国家电网有限公司关于印发十八项电网重大反事故措施（修订版）的通知》（国家电网设备〔2018〕979 号）“5.3.1.10　变电站内端子箱、机构箱、智能控制柜、汇控柜等屏柜内的交直流接线，不应接在同一段端子排上。”

2. 监督项目解析

操动机构箱是设备制造阶段重要的监督项目。

隔离开关机构箱体在材料、防潮、防腐、防小动物、防尘、通风等方面满足相关要求，可避免箱体锈蚀，箱体进水等问题；操作箱采用三侧开门结构有利于换设备后期运维，正向门与两侧门之间设置连锁有利于提高运行可靠性影响设备运行可靠性；对端子箱电机电源、控制电源、加热器电源设置独立的开断设备可避免误操作；端子箱交、直流接线不在同一段或同一串端子排上可排除交流窜入直流故障隐患，保证运行可靠性。

若设备制造阶段操动机构箱防护等级、电源设置等不满足要求，将影响设备验收、运维检修等阶段工作，一旦设备投运，需结合停电进行现场处理，涉及重新接线、箱体换型、密封件更换，工作量较大。

3. 监督要求

技术监督人员开展本条目监督时，可随设备监造开展，可采用查阅资料和现场查看的方式，检查资料主要包括厂家相关工艺文件和设计图纸，现场抽查 1 台隔离开关，现场查看操动机构箱制造是否满足要求。

4. 整改措施

当技术监督人员在查阅资料及现场检查看时发现操动机构箱制造不合格，应及时将情况通知设备制造厂家、监造单位和物资部门，督促设备制造厂家进行整改，直至操动机构箱制造满足要求。

3.3.4.4 绝缘子超声波探伤

1. 监督要点及监督依据

绝缘子超声波探伤监督要点及监督依据见表 3－174。

表 3－174　绝缘子超声波探伤监督要点及监督依据

监督要点	监督依据
应在安装金属附件前，逐个进行支柱绝缘子超声波探伤检查，试验方法和程序符合 JB/T 9674—1999《超声波探测瓷件内部缺陷》	《标称电压高于 1000V 系统用户内和户外支柱绝缘子　第 1 部分：瓷或玻璃绝缘子的试验》（GB/T 8287.1—2008） “5.10　逐个超声波探伤检查 超声波试验用于探测圆柱形支柱绝缘子的内部缺陷或裂纹。超声波的频率为 0.8～5MHz。试验应在安装金属附件前进行，超声波探测方向沿绝缘子轴线。试验方法和程序符合 JB/T 9674—1999。”

2. 监督项目解析

绝缘子超声波探伤是设备制造阶段重要的监督项目。

支柱绝缘子在烧制过程中可能存在肉眼不可见的内部缺陷或裂纹，缺陷支柱绝缘子在运行过程中长期受力可能引起缺陷逐渐发展，导致其机械性能降低，严重时甚至引起支柱绝缘子断裂，运行经验表明，超声波探伤对发现绝缘子内部缺陷具有较好效果。

若设备制造阶段未按要求开展绝缘子探伤，将影响设备验收、运维检修等阶段工作，设备组立后对绝缘子实施超声波探伤难度大。

3. 监督要求

技术监督人员开展本条目监督时，可随设备监造开展，可采用查阅资料和现场查看的方式，检查资料主要包括厂家相关工艺文件和检测报告，现场检查超声波探伤工艺、结果是否满足要求。

4. 整改措施

当技术监督人员在查阅资料及现场检查看时发现超声波探伤工艺、结果不合格，应及时将情况通知设备制造厂家、监造单位和物资部门，督促设备制造厂家进行整改，直至超声波探伤工艺、结果满足要求。

3.3.4.5 导电部件

1. 监督要点及监督依据

导电部件监督要点及监督依据见表 3－175。

表 3-175　　导电部件监督要点及监督依据

监督要点	监督依据
1. 导电部件的弹簧触头应为牌号不低于T2的纯铜。 2. 触头、导电杆等接触部位应镀银，镀银层厚度不应小于 20μm，硬度应大于120HV。 3. 触指压力应符合设计要求。 4. 导电杆、接线座无变形、破损、裂纹等缺陷，规格、材质应符合设计要求。 5. 镀银层应为银白色，呈无光泽或半光泽，不应为高光亮镀层，镀层应结晶细致、平滑、均匀、连续；表面无裂纹、起泡、脱落、缺边、掉角、毛刺、针孔、色斑、腐蚀锈斑和划伤、碰伤等缺陷。 6. 导电回路不同金属接触应采取镀银、搪锡等有效过渡措施	1～4.《电网金属技术监督规程》(DL/T 1424—2015)“6.1.3　隔离开关的主要金属部件是指导电部件、传动结构、操动机构、支座，其中导电部件包括触头、导电杆、接线座，传动结构包括拐臂、连杆、轴齿等。 a）导电部件的弹簧触头应为牌号不低于T2的纯铜；触头、导电杆等接触部位应镀银，镀银层厚度不应小于20μm，硬度应大于120HV。触指压力应符合设计要求。导电杆、接线座材质应符合设计要求。” 5.《电网金属技术监督规程》(DL/T 1424—2015)“5.2.1　镀银 a）导电回路的动接触部位和母线静接触部位应镀银。 b）镀银层应为银白色，呈无光泽或半光泽，不应为高光亮镀层，镀层应结晶细致、平滑、均匀、连续；表面无裂纹、起泡、脱落、缺边、掉角、毛刺、针孔、色斑、腐蚀锈斑和划伤、碰伤等缺陷。 c）镀银层厚度、硬度、附着性等应满足设计要求，不宜采用钎焊银片的方式替代镀银。” 6.《国家电网有限公司关于印发十八项电网重大反事故措施（修订版）的通知》（国家电网设备〔2018〕979 号）“12.3.1.2　导电回路不同金属接触应采取镀银、搪锡等有效过渡措施。”

2. 监督项目解析

导电部件是设备制造阶段重要的监督项目。

导电部件的材质、触指压力、外形、规格、镀银层工艺与厚度、不同金属接触过渡措施决定了隔离开关的接触电阻。

设备制造阶段提出的导电部件不满足要求，将影响设备验收、运维检修等阶段工作，设备一旦投运，若导电回路不满足要求可能产生异常发热，需结合停电进行处理。

3. 监督要求

技术监督人员开展本条目监督时，可随设备监造开展，可采用查阅资料的方式，检查资料主要包括设备招标技术规范书、供应商投标文件、以及厂家设计图纸，查看导电部件材质及制造工艺是否满足要求。

4. 整改措施

当技术监督人员在查阅资料时发现导电部件材质及制造工艺不合格，应及时将情况通知设备制造厂家、监造单位和物资部门，督促设备制造厂家进行整改，直至导电部件材质及制造工艺满足要求。

3.3.4.6　操动机构

1. 监督要点及监督依据

操动机构监督要点及监督依据见表 3-176。

表 3-176　　操动机构监督要点及监督依据

监督要点	监督依据
1. 夹紧、复位弹簧的表面应无划痕、碰磨、裂纹等缺陷；内外径、自由高度、垂直度、直线度、总圈数、节距均匀度等符合设计及 GB/T 23934 要求，其表面宜为磷化电泳工艺防腐处理，涂层厚度不应小于 90μm，附着力不小于 5MPa。 2. 机构箱材质宜为 Mn 含量不大于 2%的奥氏体型不锈钢或铝合金，且厚度不应小于 2mm。	1.《电网金属技术监督规程》(DL/T 1424—2015)“6.1.3　隔离开关的主要金属部件是指导电部件、传动结构、操动机构、支座，其中导电部件包括触头、导电杆、接线座，传动结构包括拐臂、连杆、轴齿等。 b）操动机构要求参照 6.1.2　b）执行。户外使用的连杆、拐臂等传动件应采用装配式结构，不得在施工现场进行切焊配装。 6.1.2　断路器的主要金属部件是指灭弧室触头、操动机构、支座，其中触头包括主触头、弧触头等，操动机构包括分合闸弹簧、拐臂、拉杆、传动轴、凸轮、机构箱体等。 b）操动机构的分合闸弹簧的技术指标应符合 GB/T 23934 的要求，其表面宜为磷化电泳工艺防腐处理，涂层厚度不应小于 90μm，附着力不小于 5MPa；拐臂、连杆、传动轴、凸轮材质宜为镀锌钢、不锈钢或铝合金，表面不应有划痕、锈蚀、变形等缺陷。”

续表

监督要点	监督依据
3. 封闭箱体内的机构零部件宜电镀锌，电镀锌后应钝化处理，镀锌层的技术指标应符合 GB/T 9799 的要求；机构零部件电镀层厚度不宜小于 18μm，紧固件电镀层厚度不宜小于 6μm	2.《电网金属技术监督规程》（DL/T 1424—2015）“6.1.7 户外密闭箱体（控制、操作及检修电源箱等）材质宜为 Mn 含量不大于 2%的奥氏体型不锈钢或铝合金，且厚度不应小于 2mm。” 3.《电网金属技术监督规程》（DL/T 1424—2015）“5.2.3 镀锌 c）封闭箱体内的机构零部件宜电镀锌，电镀锌后应钝化处理，镀锌层的技术指标应符合 GB/T 9799 的要求；机构零部件电镀层厚度不宜小于 18μm，紧固件电镀层厚度不宜小于 6μm。”

2. 监督项目解析

操动机构是设备制造阶段的技术监督项目之一。

操动机构夹紧、复位弹簧外观、内外径、自有高度、垂直度、直线度、总圈数、节距均匀度、表面工艺、涂层厚度决定了弹簧的可靠性；机构箱的材质、厚度决定了机构箱的防腐性能和机械强度；箱体内机构零部件处理工艺决定了其防腐防锈性能。

设备制造阶段提出的操动机构金属技术监督要求是设备验收、竣工验收阶段的基础，设备一旦投运，若操动机构金属技术监督要求不满足，需结合停电进行现场调整或更换。

3. 监督要求

技术监督人员开展本条目监督时，可随设备监造开展，可采用查阅资料的方式，检查资料主要包括设备招标技术规范书、供应商投标文件及厂家设计图纸，查看操动机构箱内零部件及箱体材质、制造工艺是否满足要求。

4. 整改措施

当技术监督人员在查阅资料时发现操动机构箱内零部件及箱体材质、制造工艺不合格时，应及时将情况通知设备制造厂家、监造单位和物资部门，督促设备制造厂家进行整改，直至操动机构箱内零部件及箱体材质、制造工艺满足要求。

3.3.4.7 传动机构部件

1. 监督要点及监督依据

传动机构部件监督要点及监督依据见表 3－177。

表 3－177　传动机构部件监督要点及监督依据

监督要点	监督依据
1. 传动机构拐臂、连杆、轴齿、弹簧等部件应具有良好的防腐性能，不锈钢材质部件宜采用锻造工艺。 2. 隔离开关使用的连杆、拐臂等传动件应采用装配式结构，不得在施工现场进行切焊配装。 3. 拐臂、连杆、传动轴、凸轮表面不应有划痕、锈蚀、变形等缺陷，材质宜为镀锌钢、不锈钢或铝合金。 4. 隔离开关和接地开关的不锈钢部件禁止采用铸造件，铸铝合金传动部件禁止采用砂型铸造。隔离开关和接地开关用于传动的空心管材应有疏水通道	1～2.《电网金属技术监督规程》（DL/T 1424—2015）“6.1.3 隔离开关的主要金属部件是指导电部件、传动结构、操动机构、支座，其中导电部件包括触头、导电杆、接线座，传动结构包括拐臂、连杆、轴齿等。 b）操动机构要求参照 6.1.2 b）执行。户外使用的连杆、拐臂等传动件应采用装配式结构，不得在施工现场进行切焊配装。 c）传动机构拐臂、连杆、轴齿、弹簧等部件应具有良好的防腐性能，不锈钢材质部件宜采用锻造工艺。” 3.《电网金属技术监督规程》（DL/T 1424—2015）“6.1.2 断路器的主要金属部件是指灭弧室触头、操动机构、支座，其中触头包括主触头、弧触头等，操动机构包括分合闸弹簧、拐臂、拉杆、传动轴、凸轮、机构箱体等。 b）操动机构的分合闸弹簧的技术指标应符合 GB/T 23934 的要求，其表面宜为磷化电泳工艺防腐处理，涂层厚度不应小于 90μm，附着力不小于 5MPa；拐臂、连杆、传动轴、凸轮材质宜为镀锌钢、不锈钢或铝合金，表面不应有划痕、锈蚀、变形等缺陷。” 4.《国家电网有限公司关于印发十八项电网重大反事故措施（修订版）的通知》（国家电网设备〔2018〕979 号）“12.3.1.5 隔离开关和接地开关的不锈钢部件禁止采用铸造件，铸铝合金传动部件禁止采用砂型铸造。隔离开关和接地开关用于传动的空心管材应有疏水通道。”

2. 监督项目解析

传动机构部件是设备制造阶段的技术监督项目之一。

传动机构连杆、拐臂、轴齿、弹簧、传动轴、凸轮等部件外观良好、材料和铸造工艺满足抗腐蚀、高强度要求，可避免部件长期运行产生腐蚀、变形、断裂；现场采用防窜动的装配式组装可避免焊接工艺不佳引起的焊接结构强度降低。

设备采购阶段提出的操动机构和传动部件是设备制造、验收等阶段的依据，设备一旦投运，改造工作需结合设备停电开展、改造工作量大、施工时间长。

3. 监督要求

技术监督人员开展本条目监督时，可随设备监造开展，可采用查阅资料的方式，检查资料主要包括设备招标技术规范书、供应商投标文件及厂家设计图纸，查看传动机构零部件材质、制造工艺是否满足要求。

4. 整改措施

当技术监督人员在查阅资料时发现传动机构零部件材质、制造工艺不合格，应及时将情况通知设备制造厂家、监造单位和物资部门，督促设备制造厂家进行整改，直至传动机构零部件材质、制造工艺满足要求。

3.3.4.8　支座

1. 监督要点及监督依据

支座监督要点及监督依据见表 3－178。

表 3－178　　支座监督要点及监督依据

监督要点	监督依据
1. 支座材质应为热镀锌钢或不锈钢，其支撑钢结构件的最小厚度不应小于 8mm。 2. 若采用热镀锌钢，镀层局部厚度不小于 70μm，平均厚度不低于 85μm，箱体顶部应有防渗漏措施	1.《电网金属技术监督规程》（DL/T 1424—2015）“6.1.3　隔离开关的主要金属部件是指导电部件、传动结构、操动机构、支座，其中导电部件包括触头、导电杆、接线座，传动结构包括拐臂、连杆、轴齿等。 d）支座要求参照 6.1.2　c）执行。 6.1.2　断路器的主要金属部件是指灭弧室触头、操动机构、支座，其中触头包括主触头、弧触头等，操动机构包括分合闸弹簧、拐臂、拉杆、传动轴、凸轮、机构箱体等。 c）支座材质应为热镀锌钢或不锈钢，其支撑钢结构件的最小厚度不应小于 8mm，箱体顶部应有防渗漏措施。” 2.《金属覆盖层、钢铁制件热浸镀技术要求及试验方法》（GB 13912—2002）“6.2　钢材厚度≥6mm 时，镀层局部厚度不小于 70μm，平均厚度不低于 85μm。”

2. 监督项目解析

支座是设备制造阶段的技术监督项目之一。

支座材料、支撑钢结构件厚度、镀层厚度、箱体防渗漏措施决定了支座的机械强度和运行寿命。

设备制造阶段提出的支座金属技术监督要求是设备验收、竣工验收的基础，设备一旦投运，需结合停电进行现场调整或更换。

3. 监督要求

技术监督人员开展本条目监督时，可随设备监造开展，可采用查阅资料的方式，检查资料主要包括设备招标技术规范书、供应商投标文件及厂家设计图纸，查看支座材质、制造工艺是否满足要求。

4. 整改措施

当技术监督人员在查阅资料时发现支座材质、制造工艺不合格，应及时将情况通知设备制造厂家、监造单位和物资部门，督促设备制造厂家进行整改，直至支座材质、制造工艺满足要求。

3.3.5 设备验收阶段

3.3.5.1 隔离开关到货验收及保管

1. 监督要点及监督依据

隔离开关到货验收及保管监督要点及监督依据见表 3－179。

表 3－179 隔离开关到货验收及保管监督要点及监督依据

监督要点	监督依据
1. 对运至现场的隔离开关的保管应符合以下要求：设备运输箱应按其不同保管要求置与室内或室外平整、无积水且坚硬的场地；设备运输箱应按箱体标注安置；瓷件应安置稳妥；装有触头及操动机构金属传动部件的箱子应有防潮措施。 2. 运输箱外观应无损伤和碰撞变形痕迹，瓷件应无裂纹和破损。 3. 设备应无损伤变形和锈蚀、漆层完好。 4. 镀锌设备支架应无变形、镀锌层完好、无锈蚀、无脱落、色泽一致。 5. 瓷件应无裂纹、破损，复合绝缘子无损伤；瓷瓶与金属法兰胶装部位应牢固密实，并应涂有性能良好的防水胶；法兰结合面应平整、无外伤或铸造砂眼；支柱瓷瓶外观不得有裂纹、损伤；支柱绝缘子元件的直线度应不大于 1.5/0.008h（h 为元件高度），每只绝缘子应有探伤合格证。 6. 导电部分可挠连接应无折损，接线端子（或触头）镀银层应完好	1.《电气装置安装工程　高压电器施工及验收规范》(GB 50147—2010)“8.1.4（1）设备运输箱应按其不同保管要求置于室内或室外平整、无积水且坚硬的场地。（2）设备运输箱应按箱体标注安置；瓷件应安置稳妥；装有触头及操动机构金属传动部件的箱子应有防潮措施。” 2.《电气装置安装工程　高压电器施工及验收规范》(GB 50147—2010)“8.1.3（1）按照运输单清点，检查运输箱外观应无损伤和碰撞变形痕迹。（2）瓷件应无裂纹和破损。” 3.《电气装置安装工程　高压电器施工及验收规范》(GB 50147—2010)“8.1.5（2）设备应无损伤变形和锈蚀、漆层完好。” 4.《电气装置安装工程　高压电器施工及验收规范》(GB 50147—2010)“8.1.5（3）镀锌设备支架应无变形，镀锌层完好、无锈蚀、无脱落、色泽一致。 5.《电气装置安装工程　高压电器施工及验收规范》（GB 50147—2010）“8.1.5:（4）瓷件应无裂纹、破损；绝缘子与金属法兰胶装部位应牢固密实，并应涂有性能良好的防水胶；法兰结合面应平整、无外伤或铸造砂眼；支柱绝缘子外观不得有裂纹、损伤；绝缘子垂直度符合《标称电压高于1000V系统用户内和户外支柱绝缘子　第1部分：瓷或玻璃绝缘子的试验》（GB 8287.1—2008）的规定。” 6.《电气装置安装工程　高压电器施工及验收规范》（GB 50147—2010）“8.1.5:（5）导电部分可挠连接应无折损，接线端子（或触头）镀银层应完好。”

2. 监督项目解析

隔离开关到货验收及保管是设备验收阶段重要的监督项目。

到货验收时检查发至现场的隔离开关保管条件符合相关要求，可保证到货设备可靠放置、方便搬运及有效防护；检查运输箱外观有无损伤和碰撞变形痕迹，瓷件有无裂纹和破损可判断设备运输过程中是否造成设备（特别是瓷件）损伤；检查镀锌设备支架有无变形、镀锌层脱落、锈蚀等可确认设备支架运输过程中是否遭到撞击；检查瓷件与金属法兰连接胶装牢固并涂有防水胶，法兰结合面外观、直线度、超声波探伤合格证等要求，可保证支柱绝缘子机械与电气性能；检查导电部件可挠连接接线端子（或触头）镀银层是否完好，可保证导电部分电接触可靠性。

若设备验收阶段隔离开关到货验收及保管不满足要求，可能导致后期隔离开关设备安装、验收等环节出现问题导致重新发货，一旦设备投运，需结合停电进行整改，改造工作量大、施工时间长。

3. 监督要求

技术监督人员开展本条目监督时可采用查阅资料和现场查看的方式，检查到货交接记录（应是签批后的正式版本），现场查看隔离开关到货验收及保管环境是否满足要求。

4. 整改措施

当技术监督人员在查阅资料和现场查看时发现隔离开关到货验收及保管环境不合格，应及时将情况通知设备制造厂家、设备安装调试单位和物资部门，督促设备制造厂家进行整改，直至隔离开关到货验收及保管环境满足要求。

3.3.5.2 出厂试验基本要求

1. 监督要点及监督依据

出厂试验基本要求监督要点及监督依据见表 3－180。

表 3－180　出厂试验基本要求监督要点及监督依据

监督要点	监督依据
隔离开关和接地开关的出厂试验必须在完全组装好的整台设备进行。需要拆装出厂的产品，应在拆装前将重要连接处做好标记并按极发运	《高压交流隔离开关和接地开关》（DL/T 486—2010）"7　出厂试验 隔离开关和接地开关的出厂试验必须在完全组装好的整台设备进行。需要拆装出厂的产品，应在拆装前将重要连接处做好标记并按极发运。"

2. 监督项目解析

隔离开关出厂试验基本要求是设备验收阶段非常重要的监督项目。

隔离开关和接地开关在完整组装好的状态下进行出厂试验，有利于发现设备采购、制造环节可能存在的问题，保证出厂试验的有效性，出厂试验后做好标记后方可拆解并发运现场，可保证现场安装的正确性与可靠性。

若设备验收阶段出厂试验不满足整组开展的基本要求，可能导致隔离开关设备安装、调试失败、验收不满足要求等问题，导致设备无法按时投运甚至带缺陷运行。

3. 监督要求

技术监督人员开展本条目监督时可采用查阅资料和现场查看的方式，检查资料主要包括厂家相关试验方案，现场查看设备出厂试验组装状态、试验后重要连接处标记是否满足要求。

4. 整改措施

当技术监督人员在查阅资料和现场查看时，发现隔离开关出厂试验未在完全组装好的整台设备上进行、重要连接处试验后未标记等，应及时将情况通知设备制造厂家、监造单位和物资部门，督促设备制造厂家进行整改，直至满足隔离开关出厂试验要求。

3.3.5.3 主回路电阻测量

1. 监督要点及监督依据

主回路电阻测量监督要点及监督依据见表 3－181。

表 3－181　主回路电阻测量监督要点及监督依据

监督要点	监督依据
出厂试验主回路电阻测试应尽可能在与型式试验相似的条件（周围空气温度和测量部位）下进行，试验电流应在 100A 至额定电流范围内，测得的电阻不应超过温升试验（型式试验）前测得电阻的 1.2 倍	《高压开关设备和控制设备标准的共用技术要求》（GB/T 11022—2011） "7.4　主回路电阻的测量 对于出厂试验，主回路每极电压降或电阻的测量，应该尽可能在与相应的型式试验相似的条件进行，测得的电阻不应该超过温升试验前测得的电阻的 1.2 倍。"

2. 监督项目解析

主回路电阻测量是设备验收阶段非常重要的监督项目。

出厂试验主回路电阻测试尽可能在与型式试验相似环境温度下进行，并保证测量部位尽可能一致是保证出厂试验回路电阻测试与型式试验的可比性的基础；试验电流在 100A 至额定电流范围内可避免接触面膜电阻对测量准确度的影响，测得电阻不应超过温升试验（型式试验）前测得电阻的1.2倍可保证主回路金属材料加工误差、环境条件、仪器误差等在允许范围内。

若在设备验收阶段，隔离开关主回路电阻的试验装置、试验方法、试验条件或试验结果不满足要求，可能导致后期隔离开关交接试验、竣工验收等环节出现问题，一旦设备投运可能造成异常发热，需对原有导电回路相关部件进行更换处理，处理需结合设备停电开展、改造工作量大、施工时间长。

3. 监督要求

技术监督人员开展本条目监督时，可采用查阅资料和现场查看的方式，检查资料主要包括隔离开关出厂试验报告与试验方案，现场重点检查试验仪器是否处于检验周期内、测量方法是否正确、测量结果满足要求。

4. 整改措施

当技术监督人员在查阅资料或现场查看时发现主回路电阻测试未开展或测量仪器、方法、结果不合格时，应及时将情况通知设备制造厂家、监造单位和物资部门，督促设备制造厂家进行整改，直至主回路电阻试验满足要求。

3.3.5.4 金属镀层检查

1. 监督要点及监督依据

金属镀层检查监督要点及监督依据见表3－182。

表3－182　　金属镀层检查监督要点及监督依据

监督要点	监督依据
导电杆和触头的镀银层厚度应不小于20μm，硬度应不小于120HV	《高压交流隔离开关和接地开关》（DL/T 486—2010）“5.107.5　导电杆和触头的镀银层厚度应不小于20μm，硬度应不小于120HV。”

2. 监督项目解析

金属镀层检查是设备验收阶段非常重要的监督项目。

隔离开关触头镀银层质量是保障隔离开关接触可靠性的关键因素。

若在设备验收阶段，隔离开关触头镀银层厚度、硬度不满足要求，可能导致隔离开关回路电阻交接试验结果超标。一旦设备投运，长期运行将导致镀层磨损、脱落，引起触头接触电阻增大，造成触头异常发热，需结合停电现场更换导电杆或触头，工作量较大，施工周期较长。

3. 监督要求

技术监督人员开展本条目监督时，可采用查阅资料、现场查看或现场试验的方式，检查资料主要包括隔离开关出厂试验报告、试验方案及相关工艺文件，现场查看重点检查试验仪器是否处于检验周期内、测量方法是否正确、测量结果满足要求，现场试验选取一处导电杆或触头镀银层进行检测，检查镀层厚度及硬度是否满足要求。

4. 整改措施

当技术监督人员在查阅资料、现场查看或现场试验时发现金属镀层试验未开展或测量仪器、方法、结果不合格时，应及时将情况通知设备制造厂家、监造单位和物资部门，督促设备制造厂家进行整改，直至金属镀层试验满足要求。

3.3.6　设备安装阶段

3.3.6.1　安装质量管理

1. 监督要点及监督依据

安装质量管理监督要点及监督依据见表 3－183。

表 3－183　　安装质量管理监督要点及监督依据

监督要点	监督依据
安装单位及人员资质、工艺控制资料、安装过程应符合规定，对重要工艺环节开展安装质量抽检	《交流高压开关设备技术监督导则》（Q/GDW 11074—2013）“5.7.1　安装调试阶段开关设备技术监督应监督安装单位及人员资质、工艺控制条件、安装过程是否符合相关规定，对重要工艺环节开展安装质量抽检；在设备单体调试、系统调试、系统启动调试过程中，监督调试方案、重要记录、调试仪器设备、调试人员是否满足相关标准和预防事故措施的要求。”

2. 监督项目解析

设备安装质量管理是设备安装阶段重要的监督项目。

安装单位及人员资质、工艺控制资料、安装过程的管控监督如不到位，可能造成施工质量下降。重要工艺环节如不开展安装质量抽检就无法保证设备安装阶段工程质量。

3. 监督要求

查阅安装单位资质证明材料、安装质量抽检记录、设备安装作业指导书（应是签批后的正式版本）、安装记录等资料，对重要工艺环节开展现场查看，确保隔离开关设备安装质量可靠。

4. 整改措施

当技术监督人员在查阅资料时发现隔离开关设备安装质量管理不合格，应及时将现场情况通知相关工程管理部门，督促施工单位完善隔离开关安装作业指导文件、设备安装关键环节管控记录卡等重要文件。直至隔离开关设备安装质量管理满足要求。

3.3.6.2　隐蔽工程检查

1. 监督要点及监督依据

隐蔽工程检查监督要点及监督依据见表 3－184。

表 3－184　　隐蔽工程检查监督要点及监督依据

监督要点	监督依据
隐蔽工程（土建工程质量、接地引下线、地网）、中间验收应按要求开展，资料应齐全完备	《国家电网公司变电验收管理通用细则》第 27 分册《土建设施验收细则》

2. 监督项目解析

隔离开关隐蔽工程检查是隔离开关设备在设备安装阶段非常重要的监督项目。

若该条款无法满足，隔离开关设备容易出现的隔离开关电缆线被破坏和隔离开关容易受到外界影响而出现突发情况，无法达到对恶劣自然环境和电网环境的适应要求，容易引起隔离开关和相关设备出现重大损坏，严重影响到变电站设备安全和电网运行稳定性。

在现场查阅厂家相关试验方案和出厂试验报告时，除检查试验结果是否合格外，还需对出厂试验时设备周围空气温度和温度测量部位与型式试验的相关记录进行比较，若差异较大时，应当进行对应的温度换算。

3. 监督要求

开展本条目监督以查阅资料和现场查看相结合的方式，包括土建、接地引下线、地网等隐蔽工程的中间验收记录和资料。重点对土建和地网的设备图与竣工图进行对比检查。

4. 整改措施

当技术监督人员在查阅资料时发现隐蔽工程检查不合格，应及时将现场情况通知生产厂家和相关物资部门，督促安装厂家整改并将对应情况反映给基建主管部门。

3.3.6.3 螺栓安装

1. 监督要点及监督依据

螺栓安装监督要点及监督依据见表 3－185。

表 3－185　　螺栓安装监督要点及监督依据

监督要点	监督依据
1. 设备安装用的紧固件应采用镀锌或不锈钢制品，户外用的紧固件采用镀锌制品时应采用热镀锌工艺；外露地脚螺栓应采用热镀锌制品。 2. 安装螺栓宜由下向上穿入。 3. 隔离开关组装完毕，应用力矩扳手检查所有安装部位的螺栓，其力矩值应符合产品技术文件要求	1.《电气装置安装工程高压电器施工及验收规范》（GB 50147—2010）“3.0.9　设备安装用的紧固件应采用镀锌或不锈钢制品，户外用的紧固件采用镀锌制品时应采用热镀锌工艺；外露地脚螺栓应采用热镀锌制品。” 2～3.《电气装置安装工程　高压电器施工及验收规范》（GB 50147—2010）“8.2.4　8　安装螺栓宜由下向上穿入，隔离开关组装完毕，应用力矩扳手检查所有安装部位的螺栓，其力矩值应符合产品技术文件要求。”

2. 监督项目解析

隔离开关螺栓安装是隔离开关设备在设备安装阶段重要的监督项目。

若该条款无法满足，隔离开关设备容易出现的分合闸不到位或者隔离开关结构不稳固等缺陷，影响电网和隔离开关设备的安全稳定运行。

在现场查阅厂家相关试验方案和出厂试验报告时，除检查试验结果是否合格外，还需对出厂试验时设备周围空气温度和温度测量部位与型式试验的相关记录进行比较，若差异较大时，应当进行对应的温度换算。

3. 监督要求

开展本条目监督以查阅资料后让现场查看为主，包括厂家相关工艺文件、厂家设计图纸、安装作业指导书，现场查看每个间隔螺栓安装和厂家工艺是否满足要求相关隔离开关技术文件要求。

4. 整改措施

当技术监督人员在查阅资料时发现隔离开关螺栓安装质量出现问题，应及时将现场情况通知生产厂家和相关基建部门，督促安装厂家对安装工程进行整改，在整改完成后再次检查所有的项目，直至所有安装工程均满足要求。

3.3.6.4 导电回路安装

1. 监督要点及监督依据

导电回路安装监督要点及监督依据见表 3－186。

表 3－186　　导电回路安装监督要点及监督依据

监督要点	监督依据
1. 接线端子及载流部分应清洁，且应接触良好，接线端子（或触头）镀银层无脱落，可挠连接应无折损，表面应无严重凹陷及锈蚀，设备连接端子应涂以薄层电力复合脂。 2. 触头表面应平整、清洁，并涂以薄层中性凡士林。 3. 触头间应接触紧密，两侧的接触压力应均匀且符合产品技术文件要求，当采用插入连接时，导体插入深度应符合产品技术文件要求	1.《电气装置安装工程　高压电器施工及验收规范》（GB 50147—2010）“8.2.4　2 接线端子及载流部分应清洁，且应接触良好，接线端子(或触头)镀银层无脱落。” 2.《电气装置安装工程　高压电器施工及验收规范》（GB 50147—2010）“8.2.11　1 触头表面应平整、清洁，并涂以薄层中性凡士林。” 3.《电气装置安装工程　高压电器施工及验收规范》（GB 50147—2010）“8.2.11　2 触头间应接触紧密，两侧的接触压力应均匀且符合产品技术文件要求，当采用插入连接时，导体插入深度应符合产品技术文件要求。”

2. 监督项目解析

隔离开关导电回路安装是隔离开关设备在设备安装阶段非常重要的监督项目。

若该条款无法满足，隔离开关设备容易出现的导体回路过热故障缺陷，对设备导电回路部件造成较大损坏，严重时影响设备性能，影响电网和隔离开关设备的安全稳定运行。

在导电回路安装过程中需要将接线端子及载流部分应清洁，且应接触良好，接线端子（或触头）镀银层无脱落，可挠连接应无折损，表面应无严重凹陷及锈蚀，设备连接端子应涂以薄层电力复合脂是保证隔离开关导电回路电阻符合基本要求，有效避免局部过热缺陷。触头表面平整、清洁，并涂以薄层中性凡士林，触头间应接触紧密，两侧的接触压力符合产品技术要求可以使隔离开关在正常运行中产品处于较好运行状态，不易出现异常故障与缺陷。

3. 监督要求

开展本条目监督，查阅资料/现场查看，包括安装作业指导书、厂家设计图纸，现场查看 1 个间隔导电回路安装是否满足要求，重点对导电回路电阻进行检查。

4. 整改措施

当技术监督人员在查阅资料时发现隔离开关导电回路安装质量出现问题，应及时将现场情况通知生产厂家和相关基建部门，督促安装厂家按照厂家要求的安装工艺对安装工程进行整改，在整改完成后再次检查所有的项目，直至所有安装工程均满足要求。

3.3.6.5　操动机构安装

1. 监督要点及监督依据

操动机构安装监督要点及监督依据见表 3－187。

表 3－187　　操动机构安装监督要点及监督依据

监督要点	监督依据
1. 操动机构的零部件应齐全，所有固定连接部件应紧固，转动部分应涂以适合当地气候条件的润滑脂。 2. 电动、手动操作应平稳、灵活、无卡涩，电动机的转向应正确，分合闸指示应与实际位置相符、限位装置应准确可靠、辅助开关动作应正确。 3. 隔离开关防止自动分闸功能正常。 4. 机构箱应密闭良好、防雨防潮性能良好，箱内安装有防潮装置时，加热装置应完好，加热器与各元件、电缆及电线的距离应大于 50mm；机构箱内控制和信号回路应正确并符合《电气装置安装工程盘、柜及二次回路接线施工及验收规范》（GB 50171）的有关规定。 5. 防误装置电源应与继电保护及控制回路电源独立	1.《电气装置安装工程　高压电器施工及验收规范》（GB 50147—2010）“8.2.4　10 操动机构的零部件应齐全，所有固定连接部件应紧固，转动部分应涂以适合当地气候条件的润滑脂。” 2.《电气装置安装工程　高压电器施工及验收规范》（GB 50147—2010）“8.2.6　3 电动机的转向应正确，机构的分、合闸指示应与设备的实际分、合闸位置相符。4 机构动作应平稳、无卡阻、冲击等异常情况。5 限位装置应准确可靠、到达规定的分、合极限位置时，应可靠地切除电源；辅助开关动作应与隔离开关动作一致、接触准确可靠。” 3.《国家电网有限公司关于印发十八项电网重大反事故措施（修订版）的通知》（国家电网设备〔2018〕979 号）中“12.3.1.7　隔离开关应具备防止自动分闸的结构设计。” 4.《电气装置安装工程高压电器施工及验收规范》（GB 50147—2010）“8.2.5　9 机构箱应密闭良好、防雨防潮性能良好，箱内安装有防潮装置时，加热装置应完好，加热器与各元件、电缆及电线的距离应大于 50mm；机构箱内控制和信号回路应正确并符合《电气装置安装工程盘、柜及二次回路接线施工及验收规范》（GB 50171）的有关规定。” 5.《国家电网有限公司关于印发十八项电网重大反事故措施（修订版）的通知》（国家电网设备〔2018〕979 号）中“4.2.6　防误装置使用的直流电源应与继电保护、控制回路的电源分开；防误主机的交流电源应是不间断供电电源。”

2. 监督项目解析

隔离开关操动机构安装是隔离开关设备在设备安装阶段重要的监督项目。

若该条款无法满足，隔离开关设备容易出现对应机械机构误操作，操作卡塞或合闸分闸不到位等异常情况，影响隔离开关设备的转换运行方式，进而可能引起电网不稳定和设备无法保证可靠运行。

隔离开关操动机构安装时要求操动机构的零部件应齐全，所有固定连接部件应紧固，转动部分应涂以适合当地气候条件的润滑脂；电动、手动操作平稳、灵活、无卡涩，电动机的转向应正确，分合闸指示应与实际位置相符、限位装置应准确可靠、辅助开关动作应正确；折臂式隔离开关主拐臂调整过死点是保证隔离开关操动机构不出现对应机械机构误操作，不出现操作卡塞或合闸分闸不到位等异常情况。

3. 监督要求

开展本条目监督以查阅资料和现场查看为主，包括安装作业指导书、厂家设计图纸，现场查看 1 个间隔操动机构安装是否满足要求，重点对电动手动机构动作平顺性和位置是否到位等项目进行检查。

4. 整改措施

当技术监督人员在查阅资料时发现隔离开关操动机构安装质量出现问题，应及时将现场情况通知生产厂家和相关基建部门，督促安装厂家按照厂家要求的安装工艺对安装工程进行整改，在整改完成后再次检查所有的项目，直至所有安装工程均满足要求。

3.3.6.6 传动部件安装

1. 监督要点及监督依据

传动部件安装监督要点及监督依据见表 3－188。

表 3－188　　传动部件安装监督要点及监督依据

监督要点	监督依据
1. 隔离开关的底座传动部分应灵活，并涂以适合当地气候条件的润滑脂。 2. 拉杆的内径应与操动机构轴的直径相配合，两者间的间隙不应大于 1mm；连接部分的销子不应松动。 3. 隔离开关、接地开关平衡弹簧应调整到操作力矩最小并加以固定，接地开关垂直连杆应涂以黑色油漆标识	1.《电气装置安装工程　高压电器施工及验收规范》（GB 50147—2010）“8.2.4 9 隔离开关的底座传动部分应灵活，并涂以适合当地气候条件的润滑脂。” 2.《电气装置安装工程　高压电器施工及验收规范》（GB 50147—2010）“8.2.5 2 拉杆的内径应与操动机构轴的直径相配合，两者间的间隙不应大于 1mm；连接部分的销子不应松动。” 3.《电气装置安装工程　高压电器施工及验收规范》（GB 50147—2010）“8.2.5 9 隔离开关、接地开关平衡弹簧应调整到操作力矩最小并加以固定，接地开关垂直连杆应涂以黑色油漆标识。”

2. 监督项目解析

隔离开关传动部件安装是隔离开关设备在设备安装阶段重要的监督项目。

若该条款无法满足，隔离开关设备容易出现分合闸不到位等情况，影响隔离开关设备的安全稳定运行和电网的安全稳定性。

3. 监督要求

开展本条目监督以查阅资料和现场查看为主，包括安装作业指导书、厂家设计图纸，现场查看 1 个间隔传动部件安装是否满足要求，重点对拉杆的内径应与操动机构轴的直径相配合和隔离开关的设备底座传动部分灵活性进行检查。

4. 整改措施

当技术监督人员在查阅资料时发现隔离开关传动部件安装质量出现问题，应及时将现场情况通知生产厂家和相关基建部门，督促安装厂家按照厂家要求的安装工艺对安装工程进行整改，在整改完成后再次检查所有的项目，直至所有安装工程均满足要求。

3.3.6.7　绝缘子安装

1. 监督要点及监督依据

绝缘子安装监督要点及监督依据见表 3－189。

表 3－189　　绝缘子安装监督要点及监督依据

监督要点	监督依据
1. 绝缘子表面应清洁、无裂纹、破损、焊接残留斑点等缺陷，绝缘子与金属法兰胶装部位应牢固密实，在绝缘子金属法兰与瓷件的胶装部位涂以性能良好的防水密封胶。 2. 支柱绝缘子不得有裂纹、损伤，并不得修补。外观检查有疑问时，应作探伤试验。 3. 支柱绝缘子应垂直于底座平面（V 形隔离开关除外），且连接牢固；同一绝缘子柱的各绝缘子中心线应在同一垂直线上；同相各绝缘子柱的中心线应在同一垂直平面内。 4. 隔离开关的各支柱绝缘子间应连接牢固	1.《电气装置安装工程高压电器施工及验收规范》（GB 50147—2010）“8.2.43　绝缘子表面应清洁、无裂纹、破损、焊接残留斑点等缺陷，瓷瓶与金属法兰胶装部位应牢固密实。” 2.《电气装置安装工程　工程高压电器施工及验收规范》（GB 50147—2010）“8.2.44　支柱绝缘子不得有裂纹、损伤，并不得修补。外观检查有疑问时，应作探伤试验。” 3.《电气装置安装工程　高压电器施工及验收规范》（GB 50147—2010）“8.2.45　支柱绝缘子应垂直于底座平面（V 形隔离开关除外），且连接牢固；同一绝缘子柱的各绝缘子中心线应在同一垂直线上；同相各绝缘子柱的中心线应在同一垂直平面内。” 4.《电气装置安装工程　高压电器施工及验收规范》（GB 50147—2010）“8.2.46　隔离开关的各支柱绝缘子间应连接牢固。”

2. 监督项目解析

隔离开关传动部件安装是隔离开关设备在设备安装阶段重要的监督项目。

若该条款无法满足，隔离开关设备容易出现使绝缘子坠落或操作过程中容易损坏等情况，影响电网和隔离开关设备的完全运行。绝缘子表面应清洁、无裂纹、破损、焊接残留斑点等缺陷，绝缘子与金属法兰胶装部位应牢固密实，在绝缘子金属法兰与瓷件的胶装部位涂以性能良好的防水密封胶，以免绝缘子由于内部缺陷出现击穿放电等异常情况。

支柱绝缘子不得有裂纹、损伤，并不得修补。外观检查有疑问时，应作探伤试验，可以有效保证投运前支柱绝缘子无损伤，保证设备投运后能够正常运行。隔离开关的各支柱绝缘子间应连接牢固，防止绝缘子安装问题使绝缘子坠落造成生产事故。

3. 监督要求

开展本条目监督以查阅资料和现场查看为主，包括安装作业指导书，现场查看 1 个间隔绝缘子安装是否满足要求，重点对绝缘子外观和各支柱绝缘子间连接牢固性进行检查。

4. 整改措施

当技术监督人员在查阅资料时发现隔离开关绝缘子安装质量出现问题，应及时将现场情况通知生产厂家和相关基建部门，督促安装厂家按照厂家要求的安装工艺对安装工程进行整改，在整改完成后再次检查所有的项目，直至所有安装工程均满足要求。

3.3.6.8　接地装置材质

1. 监督要点及监督依据

接地装置材质监督要点及监督依据见表 3－190。

表 3－190 接地装置材质监督要点及监督依据

监督要点	监督依据
除临时接地装置外，接地装置应采用热镀锌钢材，水平敷设的可采用圆钢和扁钢，垂直敷设的可采用角钢和钢管，腐蚀比较严重地区的接地装置，应适当加大截面或采用阴极保护等措施	《电气装置安装工程　接地装置施工及验收规范》（GB 50169—2006）“3.2.5　除临时接地装置外，接地装置应采用热镀锌钢材，水平敷设的可采用圆钢和扁钢，垂直敷设的可采用角钢和钢管，腐蚀比较严重地区的接地装置，应适当加大截面，或采用阴极保护等措施。不得采用铝导体作为接地体或接地线。当采用扁铜带、铜绞线、铜棒、铜包钢绞线、钢渡铜、铅包铜等材料作接地装置时，其连接应符合本规范的规定。”

2. 监督项目解析

隔离开关接地装置材质是隔离开关设备在设备安装阶段重要的监督项目。

若该条款无法满足，隔离开关设备容易出现设备接地不良，影响隔离开关设备和操作人员的安全。

接地装置应采用热镀锌钢材，水平敷设的可采用圆钢和扁钢，垂直敷设的可采用角钢和钢管，腐蚀比较严重地区的接地装置应适当加大截面，或采用阴极保护等措施。保证隔离开关设备能够长期工况运行条件下保证有效接地。

3. 监督要求

开展本条目监督，查阅资料/现场查看，包括安装作业指导书、厂家设计图纸，现场查看实物是否满足要求。重点对接地装置使用的材质和规划阶段设计的材质结合所在变电站环境进行检查。

4. 整改措施

当技术监督人员在查阅资料时发现隔离开关接地装置材质安装质量出现问题，应及时将现场情况通知生产厂家和相关基建部门，督促安装厂家按照厂家要求的安装工艺对安装工程进行整改，在整改完成后再次检查所有的项目，直至所有安装工程均满足要求。

3.3.6.9 均压环、屏蔽环安装

1. 监督要点及监督依据

均压环、屏蔽环安装监督要点及监督依据见表 3－191。

表 3－191 均压环、屏蔽环安装监督要点及监督依据

监督要点	监督依据
1. 均压环和屏蔽环应安装牢固、平正； 2. 均压环和屏蔽环应无划痕、毛刺； 3. 均压环和屏蔽环宜在最低处打排水孔	《电气装置安装工程　高压电器施工及验收规范》（GB 50147—2010）“8.2.4　7　均压环和屏蔽环应安装牢固、平正，检查均压环和屏蔽环无划痕、毛刺；均压环和屏蔽环宜在最低处打排水孔。”

2. 监督项目解析

隔离开关均压环、屏蔽环安装是隔离开关设备在设备安装阶段重要的监督项目。

若该条款无法满足，隔离开关设备容易在动静触头接触处出现放电等情况，会对隔离开关触头进行烧蚀，影响隔离开关寿命和回路电阻等，容易使隔离开关局部发热而引起更大的故障。

均压环和屏蔽环应安装牢固、平正，无划痕和毛刺，并在最低处打排水孔可以有效地防止均压环出现运行放电等情况。

3. 监督要求

开展本条目监督以查阅资料和现场查看为主，包括安装作业指导书、厂家设计图纸，现场查看 1 个间隔均压环、屏蔽环安装是否满足要求，重点对均压环屏蔽环的表面光洁度进行检查。

4. 整改措施

当技术监督人员在查阅资料时发现隔离开关均压环、屏蔽环安装质量出现问题，应及时将现场情况通知生产厂家和相关基建部门，督促安装厂家按照厂家要求的安装工艺对安装工程进行整改，在整改完成后再次检查所有的项目，直至所有安装工程均满足要求。

3.3.6.10 设备支架安装

1. 监督要点及监督依据

设备支架安装监督要点及监督依据见表3－192。

表3－192　设备支架安装监督要点及监督依据

监督要点	监督依据
隔离开关支架封顶板及铁件无变形、扭曲，水平偏差符合产品技术文件要求，安装后支架行、列的定位轴线偏差不应超过5mm，支架顶部标高偏差不应超过5mm，同相根开允许偏差不超过10mm	《电气装置安装工程　高压电器施工及验收规范》（GB 50147—2010）“8.2.2 设备支架的检查及安装，应符合产品技术文件要求，且应符合下列规定：① 设备支架外形尺寸符合要求。封顶板及铁件无变形、扭曲，水平偏差符合产品技术文件要求。② 设备支架安装后，检查支架柱轴线，行、列的定位轴线允许偏差为5mm，支架顶部标高允许偏差为5mm，同相根开允许偏差为10mm。”

2. 监督项目解析

隔离开关设备支架安装是隔离开关设备在设备安装阶段重要的监督项目。

若该条款无法满足，隔离开关设备可能出现尺寸偏差较大使分合闸不到位，或支架安装不达标隔离开关分合闸支架出现扭曲变形使隔离开关无法完成正常的分合闸操作。

隔离开关支架封顶板及铁件无变形、扭曲，水平偏差符合产品技术文件要求，安装后支架行、列的定位轴线偏差技术文件相关要求，这是保证隔离开关在动作过程中不出现扭曲和设备倾斜等异常情况。

3. 监督要求

开展本条目监督时以查阅资料和现场查看为主，重点对安装作业指导书中有关支架安装偏差进行检查。

4. 整改措施

当技术监督人员在查阅资料时发现隔离开关设备支架安装质量出现问题，应及时将现场情况通知生产厂家和相关基建部门，督促安装厂家按照厂家要求的安装工艺对安装工程进行整改，在整改完成后再次检查所有的项目，直至所有安装工程均满足要求。

3.3.6.11 施工偏差检查

1. 监督要点及监督依据

施工偏差检查监督要点及监督依据见表3－193。

表3－193　施工偏差检查监督要点及监督依据

监督要点	监督依据
同组隔离开关应在同一直线上，偏差应不大于5mm	《国家电网公司输变电工程标准工艺（三）　工艺标准库》（2012年版）工艺编号0102030202工艺标准中“（3）设备底座连接螺栓应紧固，同相绝缘子支柱中心线应在同一垂直平面内，同组隔离开关应在同一直线上，偏差不大于5mm。”

2. 监督项目解析

隔离开关施工偏差检查是隔离开关设备在设备安装阶段重要的监督项目之一。

同组隔离开关应在同一直线上，且偏差小于5mm。保证隔离开关安全距离一致。若该条款无法满足，隔离开关的不同相之间距离会不同，可能威胁设备和检修人员的安全。

3. 监督要求

开展本条目监督时以查阅资料和现场查看为主，重点对安装作业指导书中有关支架安装偏差进行检查。

4. 整改措施

当技术监督人员在查阅资料时发现隔离开关设备支架安装质量出现问题，应及时将现场情况通知生产厂家和相关基建部门，督促安装厂家按照相关规范要求的安装工艺对安装工程进行整改，在整改完成后再次检查所有的项目，直至所有安装工程均满足要求。

3.3.7 设备调试阶段

3.3.7.1 调试准备工作

1. 监督要点及监督依据

调试准备工作监督要点及监督依据见表3-194。

表3-194　　调试准备工作监督要点及监督依据

监督要点	监督依据
设备单体调试、系统调试、系统启动调试的调试方案、重要记录、调试仪器设备、调试人员应满足相关标准和预防事故措施的要求	《交流高压开关设备技术监督导则》（Q/GDW 11074—2013）“5.7.1　安装调试阶段开关设备技术监督应监督安装单位及人员资质、工艺控制资料、安装过程是否符合相关规定，对重要工艺环节开展安装质量抽检；在设备单体调试、系统调试、系统启动调试过程中“监督调试方案、重要记录、调试仪器设备、调试人员是否满足相关标准和预防事故措施的要求。”

2. 监督项目解析

隔离开关调试准备工作是隔离开关在设备调试阶段重要的监督项目之一。

若该条款无法满足，隔离开关设备容易在调试过程中出现异常事故时无相关预防性措施或处理措施等情况，影响设备调试进度。设备调试准备工作在设备调试阶段是起着前提和基础的作用。设备单体调试、系统调试、系统启动调试的调试方案、重要记录、调试仪器设备、调试人员是否满足相关标准和预防事故措施的要求会对设备调试质量有直接的影响。

3. 监督要求

开展本条目监督主要采用查阅资料和现场监督的相结合方式，主要包括调试方案、调试仪器设备和调试人员的相关参数和资质是否满足要求。重点对调试方案项目完整性，设备参数和人员资质进行检查。

4. 整改措施

当技术监督人员在查阅资料或现场检查时发现隔离开关调试准备工作准备不充分，所需材料缺乏或人员设备不满足调试试验相关要求，应及时将现场情况通知设备生产厂家和相关基建部门，督促安装调试单位按照规范要求进行相关人员和调试设备的准备情况进行整改，在整改完成后再次检查所有项目，直至所有调试准备均满足要求。

3.3.7.2　调试报告检查

1. 监督要点及监督依据

调试报告检查监督要点及监督依据见表 3－195。

表 3－195　调试报告检查监督要点及监督依据

监督要点	监督依据
试验项目应齐全，试验结果合格，满足标准要求	《电气装置安装工程电气设备交接试验标准》（GB 50150—2016）“15.0.1　隔离开关、负荷开关及高压熔断器的试验项目，应包括下内容：① 测量绝缘电阻；② 测量高压限流熔丝管熔丝的直流电阻；③ 测量负荷开关导电回路的电阻；④ 交流耐压试验；⑤ 检查操动机构线圈的最低动作电压；⑥ 操动机构的试验。”

2. 监督项目解析

隔离开关调试报告检查是隔离开关在设备调试阶段重要的监督项目之一。

调试报告检查是设备调试的基础，检查调试报告的齐全和完整是非常必要的。

若该条款无法满足，隔离开关设备容易在调试过程中出现异常事故时无相关预防性措施或处理措施等情况，影响设备调试进度。设备调试准备工作在设备调试阶段是起着前提和基础的作用。设备单体调试、系统调试、系统启动调试的调试方案、重要记录、调试仪器设备、调试人员是否满足相关标准和预防事故措施的要求会对设备调试质量有直接的影响。

3. 监督要求

开展本条目监督主要采用查阅资料和现场监督相结合的方式，主要查看交接试验报告（应是签批后的正式版本）。重点对报告中数据与标准要求进行对比检查。

4. 整改措施

当技术监督人员在查阅资料或现场检查时发现隔离开关调试报告不完整或设备试验结果不符合规范要求，应及时将现场检查情况通知设备生产厂家和相关基建部门，督促安装调试单位按照规范要求进行相关人员和调试设备的准备情况进行整改，在整改完成后再次检查所有项目，认真核对试验结果与相关标准要求，直至所有调试准备均满足要求。

3.3.7.3　导电回路电阻值测量

1. 监督要点及监督依据

导电回路电阻值测量监督要点及监督依据见表 3－196。

表 3－196　导电回路电阻值测量监督要点及监督依据

监督要点	监督依据
1. 宜采用电流不小于 100A 的直流压降法。 2. 回路电阻测试结果不应大于出厂值的 1.2 倍	1.《电气装置安装工程电气设备交接试验标准》（GB 50150—2016）“15.0.4　测量负荷开关导电回路的电阻值，宜采用电流不小于 100A 的直流压降法。测试结果，不应超过产品技术条件规定。” 2.《电网设备技术标准差异条款统一意见（2014 年发文版）隔离开关》“第 1 条　关于主回路电阻测量值的要求交接试验时回路电阻值不应大于出厂值的 1.2 倍。”

2. 监督项目解析

隔离开关导电回路电阻值测量是隔离开关调试阶段的重要组成部分。

若该条款无法满足，在隔离开关的主回路电阻的试验装置、试验方法、试验条件及试验结果不满足要求将导致主回路电阻不合格，可能造成设备投运后异常发热，后期改造隔离开关导电回路需对原有导电回路相关部件进行更换，改造工作需结合设备停电开展、改造工作量大、施工时间长。

金属材料电阻率与温度密切相关，为保证现场试验与出厂试验回路电阻测试的可比性，要求尽可能在现场试验与出厂试验主回路电阻测试相似环境温度下进行，并保证测量部位尽可能一致。研究表明，主回路电阻测试时，试验电流低于 100A 时，接触面膜电阻将影响测量准确度，因此要求试验电流在 100A 至额定电流范围内。综合考虑主回路金属材料加工误差、环境条件、仪器误差等因素，要求测得电阻不超过出厂值测得电阻的 1.2 倍。

3. 监督要求

开展本条目监督采用查阅资料和现场查看的方式，检查资料主要包括交接试验报告，现场见证试验全过程。重点对导电回路电阻数据与技术规范书中要求的技术参数进行比对，并关注测量电阻时的电流，应当小于 100A。

4. 整改措施

当技术监督人员在现场检查时发现隔离开关导电回路电阻值测量不满足规范要求，应及时将现场检查情况通知相关基建部门，督促安装调试单位按照规范要求进行试验准备情况进行整改，在整改完成后再次检查试验项目要求，认真核对试验结果与相关标准要求，直至所有调试准备均满足要求。

3.3.7.4 辅助和控制回路的绝缘试验

1. 监督要点及监督依据

辅助和控制回路的绝缘试验监督要点及监督依据见表 3－197。

表 3－197　　辅助和控制回路的绝缘试验监督要点及监督依据

监督要点	监督依据
隔离开关（接地开关）操动机构辅助和控制回路绝缘交接试验应进行工频试验，试验电压为 2kV，持续时间 1min，试验不应发生放电	《高压开关设备和控制设备标准的共用技术要求》(DL/T 593—2016)“6.10.6　要求辅助控制回路的绝缘试验应进行工频试验，试验电压为 2kV，持续时间为 1min。”

2. 监督项目解析

隔离开关导电回路电阻值测量是隔离开关调试阶段的重要组成部分。

若该条款无法满足，在隔离开关的辅助和控制电阻绝缘试验结果不满足要求，可能造成设备投运后存在安全隐患，后期改造隔离开关辅助和控制回路需对原有辅助和控制回路相关部件进行更换，改造工作需结合设备停电开展、改造工作量大、施工时间长。

3. 监督要求

开展本条目监督，采用查阅资料的方式，检查资料主要包括交接试验报告。重点对工频耐压试验的试验电压进行检查。

4. 整改措施

当技术监督人员在现场检查时发现隔离开关辅助和控制回路的绝缘试验不满足规范要求，应及时将现场检查情况通知相关基建部门，督促安装调试单位按照规范要求进行试验准备情况进行整改，在整改完成后再次检查试验项目要求，认真核对试验结果与相关标准要求，直至所有调试准备均满足要求。

3.3.7.5 操动机构动作调试

1. 监督要点及监督依据

操动机构动作调试监督要点及监督依据见表3－198。

表3－198　　操动机构动作调试监督要点及监督依据

监督要点	监督依据
1. 电动、手动操作应平稳、灵活、无卡涩，电动机的转向应正确，分合闸指示应与实际位置相符、限位装置应准确可靠、辅助开关动作应正确； 2. 操动机构线圈的最低动作电压应符合产品技术要求； 3. 操动机构在其额定电压的80%～110%范围（电动机操动机构、二次控制线圈和电磁闭锁装置）/额定气压的85%～110%范围时（压缩空气操动机构），应保证隔离开关和接地开关可靠分闸和合闸； 4. 隔离开关防止自动分闸功能正常	1.《电气装置安装工程高压电器施工及验收规范》（GB 50147—2010）"8.2.63　电动机的转向应正确，机构的分、合闸指示应与设备的实际分、合闸位置相符。 4 机构动作应平稳、无卡阻、冲击等异常情况。 5 限位装置应准确可靠，到达规定的分、合极限位置时，应可靠地切除电源；辅助开关动作应与隔离开关动作一致、接触准确可靠。" 2～3.《电气装置安装工程电气设备交接试验标准》（GB 50150—2006） （1）"15.0.6 检查操动机构线圈的最低动作电压，应符合制造厂的规定。" （2）"15.0.7 操动机构的试验，应符合下列规定： 1 动力式操动机构的分、合闸操作，当其电压或气压在下列范围时，应保证隔离开关的主闸刀或接地闸刀可靠地分闸和合闸； 1）电动机操动机构：当电动机接线端子的电压在其额定电压的80%～110%范围内时； 2）压缩空气操动机构：当气压在其额定气压的85%～110%范围内时； 3）二次控制线圈和电磁闭锁装置：当其线圈接线端子的电压在其额定电压的80%～110%范围内时。" 《高压开关设备和控制设备标准的共用技术条件》（DL/T 593—2006）第4.8.3条"在正常工作情况下，在辅助设备（电子控制、监测、监控和通信）端子处测量的交、直流电源的相对允差为85%～110%。电源电压低于电源电压的最小值时，应采取措施防止电子设备损坏和/或因不可预知的性能引起不安全的操作。" 《国家电网公司关于印发电网设备技术标准差异条款统一意见的通知》（国家电网科〔2017〕549号）"开关类设备断路器第11条　关于隔离开关电机电源的动作电压。执行DL/T 593—2016《高压开关设备和控制设备标准的共用技术条件》第4.8.3条要求。 4.《国家电网有限公司关于印发十八项电网重大反事故措施（修订版）的通知》（国家电网设备〔2018〕979号）"12.2.3.3　为预防GW6型等类似结构的隔离开关运行中'自动脱落分闸'，在检修中应检查操动机构蜗轮、蜗杆的啮合情况，确认没有倒转现象；检查并确认隔离开关主拐臂调整应过死点；检查平衡弹簧的张力应合适。"

2. 监督项目解析

隔离开关操动机构动作调试是隔离开关调试阶段的重要技术监督项目。

若该条款无法满足，在隔离开关的辅助和控制电阻绝缘试验结果不满足要求，可能造成设备投运后存在安全隐患，隔离开关操动机构在正常操作运行时容易出现对应机械机构误操作及操作卡塞或合闸分闸不到位等异常情况，后期改造隔离开关辅助和控制回路需对原有辅助和控制回路相关部件进行更换，改造工作需结合设备停电开展，影响工程进度。

3. 监督要求

开展本条目监督以查阅资料和现场见证为主，包括交接试验报告，现场见证试验全过程。重点对操动机构动作电压的范围进行检查。

4. 整改措施

当技术监督人员在现场检查时发现隔离开关操动机构动作调试不满足规范要求，应及时将现场检查情况通知相关基建部门，督促安装调试单位按照规范要求进行试验准备情况进行整改，在整改完成后再次检查试验项目要求，认真核对试验结果与相关标准要求，直至所有调试准备均满足要求。

3.3.7.6 同期调试

1. 监督要点及监督依据

同期调试监督要点及监督依据见表3－199。

表 3－199　　同期调试监督要点及监督依据

监督要点	监督依据
隔离开关三相联动时不同期数值应符合产品技术文件要求。无规定时，最大值不应超过 20mm	《电气装置安装工程高压电器施工及验收规范》（GB 50147—2010）“8.2.10　三相联动的隔离开关，触头接触时，不同期数值应符合产品技术文件要求。当无规定时，最大值不超过 20mm。”

2. 监督项目解析

隔离开关同期调试是隔离开关调试阶段重要的技术监督项目。

若该条款无法满足，会导致三相隔离开关在分、合闸时造成分、合闸不到位，出现局部接触不良或接触压力过大等情况，易出现局部发热严重等缺陷。影响隔离开关的设备安全，使电力系统稳定性受到影响。

3. 监督要求

开展本条目监督，采用查阅资料的方式，包括对交接试验报告进行审核。重点对隔离开关三相联动时不同期数值与技术规范书要求进行比对。

4. 整改措施

当技术监督人员在现场检查时发现隔离开关同期调试不满足规范要求，应及时将现场检查情况通知相关基建部门，督促安装调试单位按照规范要求进行试验准备情况进行整改，在整改完成后再次检查试验项目要求，认真核对试验结果与相关标准要求，直至所有调试准备均满足要求。

3.3.7.7　绝缘子探伤检测

1. 监督要点及监督依据

绝缘子探伤检测监督要点及监督依据见表 3－200。

表 3－200　　绝缘子探伤检测监督要点及监督依据

监督要点	监督依据
支柱瓷绝缘子应在设备安装完好并完成所有的连接后逐支进行超声探伤检测	《交流高压开关设备技术监督导则》（Q/GDW 11074—2013）“5.7.1.4　支柱瓷绝缘子运抵安装现场时要逐个进行外观检查和超声波探伤。” 《防止电力生产事故的二十五项重点要求》“13.2.12　对新安装的隔离开关，隔离开关的中间法兰和根部进行无损探伤。”

2. 监督项目解析

隔离开关绝缘子探伤检测是隔离开关调试阶段重要的技术监督项目。

若该条款无法满足，不能保证投运后的支柱绝缘子处于完好的状态，隔离开关投运后容易出现绝缘闪络或者击穿等现象。

3. 监督要求

开展本条目监督时，采用查阅资料的方式，包括查阅交接试验报告，重点对是否进行超声探伤检测和对应检测结果进行检查。

4. 整改措施

当技术监督人员在查阅资料和现场检查时发现绝缘子探伤检测不满足规范要求，应及时将现场检查情况通知相关基建部门，督促安装调试单位按照规范要求对试验准备情况进行整改，在整改完成后再次检查试验项目要求，认真核对试验结果与相关标准要求，直至所有调试准备均满足要求。

3.3.7.8　联闭锁可靠性调试

1. 监督要点及监督依据

联闭锁可靠性调试监督要点及监督依据见表 3－201。

表 3－201　　联闭锁可靠性调试监督要点及监督依据

监督要点	监督依据
1. 隔离开关处于合闸位置时，接地开关不能合闸；接地开关处于合闸位置时，隔离开关不能合闸。 2. 手动操作时应闭锁电动操作。 3. 断路器和两侧隔离开关间应有可靠联锁。 4. 隔离开关电气闭锁回路不能用重动继电器，应直接用隔离开关的辅助触点	1.《高压交流隔离开关和接地开关》（DL/T 486—2010）“5.11　联锁装置　隔离开关和接地开关之间应设机械联锁装置和/或电气联锁装置。隔离开关处于合闸位置时，接地开关不能合闸；接地开关处于合闸位置时，隔离开关不能合闸。机械联锁装置应有足够的机械强度、配合准确、联锁可靠。” 2.《电气装置安装工程　高压电器施工及验收规范》（GB 50147—2010）“8.2.6　操动机构在手动操作时，应闭锁电动操作。”《高压交流隔离开关和接地开关》（GB 1985—2014）“5.104.2　动力操动机构也应该提供人力操作装置。人力操作装置（例如手柄）接到动力操动机构上时，应能保证动力操动机构的控制电源可靠地断开。” 3.《防止电气误操作装置管理规定》（国家电网生〔2012〕243 号）。 4.《国家电网有限公司关于印发十八项电网重大反事故措施（修订版）的通知》（国家电网设备〔2018〕979 号）“4.2.2　断路器或隔离开关电气闭锁回路不能用重动继电器，应直接用断路器或隔离开关的辅助触点。”

2. 监督项目解析

隔离开关联闭锁可靠性调试是隔离开关调试阶段重要的技术监督项目。

若该条款无法满足，隔离开关可能出现误操作，威胁设备与电网安全，隔离开关与接地开关间的联锁不好可造成带电合接地开关误操作；对于电动操动机构的隔离开关，手动操作时闭锁电动操作可能造成误操作。

3. 监督要求

开展本条目监督时，以查阅资料的方式，包括查阅交接试验报告等资料。重点对联闭锁可靠性调试项目是否遗漏进行检查。

4. 整改措施

当技术监督人员在查阅资料和现场检查时发现联闭锁可靠性调试不满足规范要求，应及时将现场检查情况通知相关基建部门，督促安装调试单位按照规范要求对试验准备情况进行整改，在整改完成后再次检查试验项目要求，认真核对试验结果与相关标准要求，直至所有调试准备均满足要求。

3.3.8　竣工验收阶段

3.3.8.1　竣工验收准备工作

1. 监督要点及监督依据

竣工验收准备工作监督要点及监督依据见表 3－202。

表 3－202　　竣工验收准备工作监督要点及监督依据

监督要点	监督依据
1. 前期各阶段发现的问题已整改，并验收合格。 2. 相关反事故措施应落实。 3. 相关安装调试信息已录入生产管理信息系统	《交流高压开关设备技术监督导则》（Q/GDW 11074—2013）“5.8.3　监督内容及要求应监督前期各阶段发现问题的整改落实情况。重点监督是否满足以下要求： b）前期各阶段发现的问题已整改，并验收合格； c）相关反事故措施是否落实； e）相关安装调试信息已录入生产管理信息系统。”

2. 监督项目解析

隔离开关竣工验收准备工作是隔离开关竣工验收阶段重要的技术监督项目。

若该条款无法满足，前期各阶段发现的问题整改情况，相关反事故措施的落实情况无法保证设备在运维检修阶段良好运行。

设备竣工验收准备在竣工验收阶段起前提和基础的作用。前期各阶段发现的问题是否已整改，相关反事故措施是否落实以及相关安装调试信息是否已录入生产管理信息系统会对设备后期维护及隐患消除有直接的影响。

3. 监督要求

开展本条目监督以查阅资料为主，包括前期问题整改记录、生产信息系统，抽查 1 个间隔的安装调试信息是否录入 PMS 系统。重点对各前期阶段出现问题的整改情况和相关反事故措施的落实情况进行检查。

4. 整改措施

当技术监督人员在查阅资料或现场检查时发现隔离开关竣工验收工作准备不充分，所需材料缺乏或人员设备不满足调试试验相关要求，应及时将现场情况通知设备生产厂家和相关基建部门，督促安装调试单位按照规范要求对相关人员和调试设备的准备情况进行整改，在整改完成后再次检查所有项目，直至所有调试准备均满足要求。

3.3.8.2 安装投运技术文件

1. 监督要点及监督依据

安装投运技术文件监督要点及监督依据见表 3－203。

表 3－203　　安装投运技术文件监督要点及监督依据

监督要点	监督依据
隔离开关安装投运技术文件应包含： 1. 变更设计的证明文件。 2. 制造厂提供的产品说明书、出厂试验记录、合格证件及安装图纸等技术文件。 3. 安装技术记录。 4. 交接试验记录。 5. 备品、备件及专用工具清单。 6. 安装报告。 7. 订货技术协议或技术规范	1～5.《电气装置安装工程　高压电器施工及验收规范》（GB 50147—2010）“8.1.5　隔离开关、负荷开关及高压熔断器的开箱检查，应符合下列要求： 1　产品技术文件应齐全；到货设备、附件、备品备件应与装箱单一致；核对设备型号、规格应与设计图纸相符。 2　设备应无损伤变形和锈蚀，漆层完好。 3　镀锌设备支架应无变形，镀锌层完好，无锈蚀，无脱落，色泽一致。 4　瓷件应无裂纹、破损；绝缘子与金属法兰胶装部位应牢固密实，并应涂有性能良好的防水胶；法兰结合面应平整、无外伤或铸造砂眼；支柱绝缘子外观不得有裂纹、损伤；绝缘子垂直度符合《高压支柱瓷绝缘子　第 1 部分：技术条件》（GB 8287.1）的规定。 5　导电部分可挠连接应无折损，接线端子（或触头）镀银层应完好。” 6～7.《变电站精益化管理评价细则》第四节　隔离开关（接地开关）评价细则

2. 监督项目解析

隔离开关安装投运技术文件检查是隔离开关竣工验收阶段重要的组成部分。

若隔离开关相关安装投运技术文件完整不满足要求，将影响设备后期运维检修等环节，需再进行整改，改造工作量大、耗费资金多，造成资源浪费。

3. 监督要求

开展本条目监督以查阅资料为主，查阅变更设计的证明文件，制造厂提供的产品说明书、出厂试验记录、合格证件及安装图纸，安装技术记录，交接试验记录，备品、备件及专用工具清单，安装报告，订货技术协议或技术规范等材料。重点对设备产品说明书、技术规范和安装图纸进行比对检查。

4. 整改措施

当技术监督人员在查阅资料或现场检查时发现隔离开关安装投运技术文件不完整或设备试验结

果不符合规范要求，应及时将现场检查情况通知相关基建部门，督促安装调试单位按照规范要求进行相关人员和调试设备的准备情况进行整改，在整改完成后再次检查所有项目，直至所有安装投运技术文件均满足规范要求。

3.3.8.3　专用工具、备品备件

1. 监督要点及监督依据

专用工具、备品备件监督要点及监督依据见表 3－204。

表 3－204　　专用工具、备品备件监督要点及监督依据

监督要点	监督依据
专用工具、备品备件数量符合订货合同，存放及使用厂家应给出文字说明	《变电站精益化管理评价细则》第四节　隔离开关（接地开关）评价细则相关要求

2. 监督项目解析

隔离开关安装投运技术文件检查是隔离开关竣工验收阶段技术的监督项目之一。

专用工具、备品备件数量若不符合订货合同将影响设备后期运维检修等环节，需再进行整改，改造工作量大、耗费资金多，造成资源浪费。

3. 监督要求

开展本条目监督以查阅资料为主，包括对订货合同、到货验收记录以及专用工器具、备品备件台账进行检查。重点对专用工具、备品备件数量符合到货数量和种类与合同要求进行比对检查。

4. 整改措施

当技术监督人员在查阅资料或现场检查时发现隔离开关专用工具、备品备件不符合规范要求，应及时将现场检查情况通知相关基建部门，督促安装调试单位按照规范要求对相关人员和调试设备的准备情况进行整改，在整改完成后再次检查所有项目，直至所有安装投运技术文件均满足规范要求。

3.3.8.4　本体及机构箱外观

1. 监督要点及监督依据

本体及机构箱外观监督要点及监督依据见表 3－205。

表 3－205　　本体及机构箱外观监督要点及监督依据

监督要点	监督依据
1. 操动机构、传动装置、辅助开关及闭锁装置应安装牢固、动作灵活可靠、位置指示正确。 2. 垂直连杆应无扭曲变形。 3. 油漆应完整、相色标识正确，设备应清洁。 4. 操动机构的箱体应可三侧开门，正向门与两侧门之间有连锁功能，只有正向门打开后其两侧的门才能打开。 5. 户外设备的箱体应具有防潮、防腐、防小动物进入等功能。 6. 操动机构箱且防护等级户外不得低于 IP44，户内不得低于 IP3X。 7. 均压环和屏蔽环应安装牢固、平正、无划痕、毛刺。 8. 均压环和屏蔽环宜在最低处打排水孔"，修改原因为户外设备箱体防护等级应为 IP44	1～3.《电气装置安装工程　高压电器施工及验收规范》（GB 50147—2010）"8.3.1（1）操动机构、传动装置、辅助开关及闭锁装置应安装牢固、动作灵活可靠、位置指示正确。（6）垂直连杆应无扭曲变形。（11）油漆应完整、相色标识正确，设备应清洁。" 4～6.《高压交流隔离开关和接地开关》（DL/T 486—2010）"5.13　户外设备的箱体应选用不锈钢、铸铝或具有防腐措施的材料，应具有防潮、防腐、防小动物进入等功能，防护等级最低为 IP4XW，应采取可靠措施保证箱体的密封性能，不得用防水胶或密封胶等临时性密封材料。户内设备的防护等级最低为 IP3X。操动机构的箱体应可三侧开门，且只有正向门打开后其两侧的门才能打开。" 《电网设备技术标准差异条款统一意见》"隔离开关　第 5 条　关于机构向的防护等级"。 7～8.《电气装置安装工程　高压电器施工及验收规范》（GB 50147—2010）"8.2.4（7）均压环和屏蔽环应安装牢固、平正，检查均压环和屏蔽环无划痕、毛刺；均压环和屏蔽环宜在最低处打排水孔。"

2. 监督项目解析

隔离开关本体及机构箱外观检查是隔离开关竣工验收阶段技术重要的技术监督项目。

隔离开关本体及机构箱外观不满足要求，可能缩短设备使用寿命，增加设备检修工作量，降低设备可靠性。

（1）根据运行经验，隔离开关箱体材质、结构、工艺不佳往往可能引起箱体锈蚀、箱体进水等问题，影响设备运行可靠性，因此，对隔离开关机构箱体材料、防潮、防腐、防小动物、防尘、通风等方面提出相关要求。

（2）考虑到设备后期运维，操作箱采用三侧开门结构有利于换设备后期运维，正向门与两侧门之间设置连锁有利于提高运行可靠性。

（3）均压环和屏蔽环应安装牢固、平正、无划痕、毛刺，且在均压环和屏蔽环宜在最低处打排水孔，防止出现表面污秽在设备运行后表面放电等现象。

（4）隔离开关本体的操动机构、传动装置、辅助开关及闭锁装置安装牢固、动作灵活可靠、位置指示正确，垂直连杆无扭曲变形，油漆应完整、相色标识正确，设备表面清洁，确保隔离开关设备在运维检修阶段运行正常，不易出现故障缺陷等影响隔离开关设备的寿命诱因。专用工具、备品备件数量不符合订货合同将影响设备后期运维检修等环节，需再进行整改，改造工作量大、耗费资金多，造成资源浪费。

3. 监督要求

开展本条目监督以现场检查为主，现场抽查 1 台隔离开关，检查相关部件是否符合相关要求。重点对隔离开关本体与机构箱外观与监督项目要求进行逐一比对检查。

4. 整改措施

当技术监督人员在查阅资料和现场检查时发现本体及机构箱外观不满足规范要求，应及时将现场检查情况通知相关基建部门，督促安装调试单位按照规范要求对试验准备情况进行整改，在整改完成后再次检查试验项目要求，认真核对试验结果与相关标准要求，直至所有调试准备均满足要求。

3.3.8.5 电气连接及安全接地

1. 监督要点及监督依据

电气连接及安全接地监督要点及监督依据见表 3－206。

表 3－206　电气连接及安全接地监督要点及监督依据

监督要点	监督依据
1. 底座与支架、支架与主地网的连接应满足设计要求，接地应牢固可靠。 2. 紧固螺钉或螺栓的直径应不小于 12mm。 3. 接地引下线无锈蚀、损伤、变形；接地引下线应有专用的色标标志。 4. 不承载短路电流时，铜质软连接截面积应不小于 50mm²，如果采取其他材料则应具有等效截面积。 5. 软连接用以承载短路电流时，应该按照承载短路电流计算最大值，设计截面。 6. 由开关场的隔离开关和电流至开关场就地端子箱之间的二次电缆应经金属管从一次设备的接线盒（箱）引至电缆沟，并将金属管的上端与上述设备的底座和金属外壳良好焊接，下端就近与主接地网良好焊接。上述二次电缆的屏蔽层在就地端子箱处单端使用截面积不小于 4mm²	1～3.《高压交流隔离开关和接地开关》（GB 1985—2014）“5.3　隔离开关和接地开关的接地”。 4～5.《高压交流隔离开关和接地开关》（DL/T 486—2010）“5.101　接地开关的运动部件与其底架之间的铜质软连接的截面积应不小于 50mm²。铜质软连接的这个最小截面积是为了保证机械强度和抗腐蚀性而提出的。当该软连接用以承载短路电流时，则应按相应的要求进行设计，如果采取其他材料则应具有等效截面积。” 6.《国家电网有限公司关于印发十八项电网重大反事故措施（修订版）的通知》（国家电网设备〔2018〕979 号）“15.7.3.8　由开关场的变压器、断路器、隔离刀闸和电流、电压互感器等设备至开关场就地端子箱之间的二次电缆应经金属管从一次设备的接线盒（箱）引至电缆沟，并将金属管的上端与上述设备的底座和金属外壳良好焊接，下端就近与主接地网良好焊接。上述二次电缆的屏蔽层在就地端子箱处单端使用截面不小于 4mm² 多股铜质软导线可靠连接至等电位接地网的铜排上，在一次设备的接线盒（箱）处不接地。”

2. 监督项目解析

隔离开关电气连接及安全接地检查是隔离开关竣工验收阶段技术重要技术监督项目。若该条款无法满足，隔离开关设备操作机构或支撑部件等人员可以接触部分易感应出较高的电压，若人体接触到会发生触电的危险。危及人员生命危险。隔离开关（接地开关）电气连接和安全接地是隔离开关绝缘被破坏时操作机构和基础支撑部件和传动部件会处于高电压状态危及人身安全而设的接地。因此保证隔离开关操作机构箱以及构架等的相互电气连接宜采用紧固连接，接地回路导体应有足够大的截面，具有通过接地短路电流的能力。

3. 监督要求

开展本条目监督以现场检查为主，现场抽查 1 台隔离开关，检查相关部件是否符合相关要求。重点对隔离开关本体及机构箱外观与监督项目要求进行逐一比对检查。

4. 整改措施

当技术监督人员在查阅资料和现场检查时发现电气连接及安全接地不满足规范要求，应及时将现场检查情况通知相关基建部门，督促安装调试单位按照规范要求对试验准备情况进行整改，在整改完成后再次检查试验项目要求，认真核对试验结果与相关标准要求，直至所有调试准备均满足要求。

3.3.8.6　联锁装置检查

1. 监督要点及监督依据

联锁装置检查监督要点及监督依据见表 3－207。

表 3－207　　联锁装置检查监督要点及监督依据

监督要点	监督依据
1. 隔离开关处于合闸位置时，接地开关不能合闸；接地开关处于合闸位置时，隔离开关不能合闸。 2. 手动操作时应闭锁电动操作。 3. 断路器和两侧隔离开关间应有可靠联锁。 4. 隔离开关电气闭锁回路不能用重动继电器，应直接用隔离开关的辅助触点	1.《高压交流隔离开关和接地开关》（DL/T 486—2010）“5.11　联锁装置：隔离开关和接地开关之间应设机械联锁装置和/或电气联锁装置。隔离开关处于合闸位置时，接地开关不能合闸；接地开关处于合闸位置时，隔离开关不能合闸。机械联锁装置应有足够的机械强度、配合准确、联锁可靠。” 2.《电气装置安装工程　高压电器施工及验收规范》（GB 50147—2010）“8.2.6　操动机构在手动操作时，应闭锁电动操作。”《高压交流隔离开关和接地开关》（GB 1985—2014）“5.104.2　动力操动机构也应该提供人力操作装置。人力操作装置（例如手柄）接到动力操动机构上时，应能保证动力操动机构的控制电源可靠地断开。” 3.《防止电气误操作装置管理规定》（国家电网生〔2003〕243 号）。 4.《国家电网有限公司关于印发十八项电网重大反事故措施（修订版）的通知》（国家电网设备〔2018〕979 号）“4.2.2　断路器或隔离开关电气闭锁回路不能用重动继电器，应直接用断路器或隔离开关的辅助触点。”

2. 监督项目解析

隔离开关联锁装置检查是隔离开关竣工验收阶段非常重要的技术监督项目。

在隔离开关的竣工验收阶段，若隔离开关的联闭锁设计不完善，后期在运维检修阶段需对联闭锁回路进行改造，改造工作需结合设备停电开展，改造耗时较长。若该条款无法满足，隔离开关可能出现误操作，威胁设备与电网安全。

3. 监督要求

开展本条目监督，现场抽查 1 台，检查相关部件是否符合相关要求。重点对联锁装置进行检查。

4. 整改措施

当技术监督人员在查阅资料和现场检查时发现联锁装置不满足规范要求，应及时将现场检查情况通知相关基建部门，督促安装调试单位按照规范要求对试验准备情况进行整改，在整改完成后再次检查试验项目要求，认真核对试验结果与相关标准要求，直至所有调试准备均满足要求。

3.3.8.7 机构和传动部分检查

1. 监督要点及监督依据

机构和传动部分检查监督要点及监督依据见表 3－208。

表 3－208　　机构和传动部分检查监督要点及监督依据

监督要点	监督依据
1. 转动连接轴承座应采用全密封结构，至少应有两道密封，不允许设注油孔。轴承润滑必须采用二硫化钼锂基脂润滑剂，保证在设备周围空气温度范围内能起到良好的润滑作用，严禁使用黄油等易失效变质的润滑脂。 2. 轴销应采用优质防腐防锈材质，且具有良好的耐磨性能，轴套应采用自润滑无油轴套，其耐磨、耐腐蚀、润滑性能与轴应匹配。万向轴承须有防尘设计。 3. 传动连杆应选用满足强度和刚度要求的多棱型钢、不锈钢无缝钢管或热镀锌无缝钢管。 4. 传动连杆应采用装配式结构，连接应有防窜动措施，现场组装时不允许进行切割焊接配装。连杆若存在焊接接头的部位，必须在工厂内焊接，焊缝应进行探伤并经过整体热镀锌工艺进行表面处理，热镀锌工艺应满足相关规定要求。 5. 操动机构输出轴与其本体传动轴应采用无级调节的连接方式。 6. 操动机构内应装设一套能可靠切断电动机电源的过载保护装置。电机电源消失时，控制回路应解除自保持。 7. 同一间隔内的多台隔离开关的电机电源，在端子箱内必须分别设置独立的开断设备	1.《高压交流隔离开关和接地开关》(DL/T 486—2010)“5.107.2　对转动连接的要求：转动轴承座必须采用全密封结构，至少应有两道密封，不允许设‘注油孔’。轴承润滑应采用符合设备周围空气温度的优质二硫化钼锂基脂润滑脂，并应在出厂试验报告中注明其质量控制指标，如组分、成分、黏度和质量等。” 2.《高压交流隔离开关和接地开关》(DL/T 486—2010)“5.107.3　对传动轴承、轴套、轴销的要求：传动连接应采用万向轴承和具有自润滑功能的轴套连接，轴销应采用不锈钢或铝青铜等防锈材料，万向轴应带有防尘结构。” 3～4.《高压交流隔离开关和接地开关》(DL/T 486—2010)“5.107.4　对传动连杆的要求：传动连杆应采用装配式连接结构，其材质应是满足强度和刚度要求的多棱型钢、不锈钢无缝钢管或热镀锌无缝钢管。” 5～6.《高压交流隔离开关和接地开关》(DL/T 486—2010)“5.107.1 条　隔离开关和接地开关操动机构输出轴与其本体传动轴应采用无级调节的连接方式，机械连接应牢固、可靠，应尽量采用无需调节的固定连接。操动机构内应装设一套能可靠切断电动机电源的过载保护装置。” 7.《国家电网公司关于印发十八项电网重大反事故措施（修订版）的通知》(国家电网设备〔2018〕979 号)“12.3.1.12　操动机构内应装设一套能可靠切断电动机电源的过载保护装置。电机电源消失时，控制回路应解除自保持。”

2. 监督项目解析

隔离开关机构和传动部分检查是隔离开关竣工验收阶段重要的技术监督项目。

在竣工验收阶段对隔离开关机构和传动部分检查有利于及时发现设备故障缺陷，并处理对应的故障缺陷，是保证电力设备安全稳定运行的必要手段。

3. 监督要求

开展本条目监督以现场监督为主，现场抽查 1 台设备，检查相关操动机构传动部件是否符合相关要求。

4. 整改措施

当技术监督人员在查阅资料和现场检查时发现机构和传动部分安装不满足规范要求，应及时将现场检查情况通知相关基建部门，督促安装调试单位按照规范要求对试验准备情况进行整改，在整改完成后再次检查试验项目要求，认真核对试验结果与相关标准要求，直至所有调试准备均满足要求。

3.3.8.8 导电回路检查

1. 监督要点及监督依据

导电回路检查监督要点及监督依据见表 3－209。

表 3－209　导电回路检查监督要点及监督依据

监督要点	监督依据
1. 导电回路的设计应能耐受 1.1 倍额定电流而不超过允许温升值。 2. 隔离开关宜采用外压式或自力式触头，触头弹簧应进行防腐、防锈处理。内拉式触头应采用可靠绝缘措施以防止弹簧分流。 3. 对于静触头悬挂在母线上的单柱式隔离开关或接地开关，静触头应满足额定接触区的要求。 4. 在钳夹最不利的位置下，隔离开关支柱绝缘子和硬母线的支柱绝缘子不应受额外的作用力。 5. 上、下导电臂之间的中间接头，导电臂与导电底座之间应采用叠片式软导电带连接，叠片式铝制软导电带应有不锈钢片保护。 6. 配钳夹式触头的单臂伸缩式隔离开关导电臂应采用全密封结构。 7. 隔离开关、接地开关导电臂及底座等位置应采取能防止鸟类筑巢的结构	1～2.《高压交流隔离开关和接地开关》(DL/T 486—2010)“5.107.5　对隔离开关导电回路的设计应能耐受 1.1 倍额定电流而不超过允许温升。导电杆和触头的镀银层厚度应不小于 20μm，硬度应不小于 120HV。触头弹簧应进行防腐防锈处理，应尽量采用外压式触头，如采用内压式触头，其触头弹簧必须采用可靠的防弹簧分流措施。” 《国家电网公司关于印发十八项电网重大反事故措施（修订版）的通知》(国家电网设备〔2018〕979 号)“12.3.1.3　隔离开关宜采用外压式或自力式触头，触头弹簧应进行防腐、防锈处理。内拉式触头应采用可靠绝缘措施以防止弹簧分流。” 3～4.《126kV～550kV 交流三相隔离开关/接地开关采购标准　第 1 部分：通用技术规范》“5.1.8　f）单柱式隔离开关和接地开关的静触头装配应由制造厂提供，并应满足额定接触区的要求。在钳夹最不利的位置下，隔离开关支柱绝缘子和硬母线的支柱绝缘子不应受额外的作用力。” 5.《国家电网公司关于印发十八项电网重大反事故措施（修订版）的通知》(国家电网设备〔2018〕979 号)“12.3.1.4　上下导电臂之间的中间接头、导电臂与导电底座之间应采用叠片式软导电带连接，叠片式铝制软导电带应有不锈钢片保护。” 6.《国家电网公司关于印发十八项电网重大反事故措施（修订版）的通知》(国家电网设备〔2018〕979 号)“12.3.1.6　配钳夹式触头的单臂伸缩式隔离开关导电臂应采用全密封结构。传动配合部件应具有可靠的自润滑措施，禁止不同金属材料直接接触。轴承座应采用全密封结构。” 7.《国家电网公司关于印发十八项电网重大反事故措施（修订版）的通知》(国家电网设备〔2018〕979 号)“12.3.1.9　隔离开关、接地开关导电臂及底座等位置应采取能防止鸟类筑巢的结构。”

2. 监督项目解析

隔离开关导电回路检查测量是隔离开关竣工验收阶段非常重要的技术监督项目。

在隔离开关的竣工验收阶段，若隔离开关的导电回路存在问题，可能引起主回路电阻超标、设备运行中异常发热等问题，后期改造隔离开关导电回路需对原有导电回路相关部件进行更换，改造工作需结合设备停电开展、改造工作量大、施工时间长。

在竣工验收阶段对隔离开关机构和传动部分检查有利于及时发现故障缺陷，处理对应的故障缺陷，是保证典电力设备安全稳定运行的必要手段。

3. 监督要求

开展本条目监督以现场监督为主，现场抽查 1 台设备，检查相关导电回路是否符合相关要求。

4. 整改措施

当技术监督人员在查阅资料和现场检查时发现导电回路不满足规范要求，应及时将现场检查情况通知相关基建部门，督促安装调试单位按照规范要求对试验准备情况进行整改，在整改完成后再次检查试验项目要求，认真核对试验结果与相关标准要求，直至所有调试准备均满足要求。

3.3.8.9　防误操作电源单独设置

1. 监督要点及监督依据

防误操作电源单独设置监督要点及监督依据见表 3－210。

表 3－210　防误操作电源单独设置监督要点及监督依据

监督要点	监督依据
防误装置电源应与继电保护及控制回路电源独立	《国家电网有限公司关于印发十八项电网重大反事故措施（修订版）的通知》(国家电网设备〔2018〕979 号)“4.2.3　防误装置电源应与继电保护及控制回路电源独立。” 《火力发电厂、变电站二次接线设计技术规程》(DL/T 5136—2012) 5.1.9　防误操作电源单独设置的目的是为了避免该回路接地时影响控制、保护回路，并且避免某一回路电源故障影响整个防误闭锁回路。”

2. 监督项目解析

隔离开关防误操作电源单独设置是隔离开关竣工验收阶段重要的技术监督项目。

在隔离开关的设备竣工验收阶段，若防误装置电源设置不满足要求，需结合停电现场更换机构箱内部接线与零部件，影响工程进展情况。

避免防误操作装置电源回路接地时影响控制、保护回路，以及某一回路电源故障影响整个防误闭锁回路。

3. 监督要求

开展本条目监督以现场监督为主，现场抽查 1 台设备，检查防误操作电源设置情况是否符合相关要求。

4. 整改措施

当技术监督人员在查阅资料和现场检查时发现防误操作电源单独设置不满足规范要求，应及时将现场检查情况通知相关基建部门，督促安装调试单位按照规范要求对试验准备情况进行整改，在整改完成后再次检查试验项目要求，认真核对试验结果与相关标准要求，直至所有调试准备均满足要求。

3.3.8.10 操动机构动作调试

1. 监督要点及监督依据

操动机构动作调试监督要点及监督依据见表 3－211。

表 3－211　　操动机构动作调试监督要点及监督依据

监督要点	监督依据
1. 电动、手动操作应平稳、灵活、无卡涩，电动机的转向应正确，分合闸指示应与实际位置相符，限位装置应准确可靠，辅助开关动作应正确。 2. 操动机构线圈的最低动作电压应符合产品技术要求。 3. 操动机构在其额定电压的 80%～110%范围（电动机操动机构、二次控制线圈和电磁闭锁装置）/额定气压的 85%～110%范围时（压缩空气操动机构），应保证隔离开关和接地开关可靠分闸和合闸。 4. 隔离开关防止自动分闸功能正常	1.《电气装置安装工程　高压电器施工及验收规范》（GB 50147—2010）“8.2.6　3　电动机的转向应正确，机构的分、合闸指示应与设备的实际分、合闸位置相符。4　机构动作应平稳、无卡阻、冲击等异常情况。5　限位装置应准确可靠、到达规定的分、合极限位置时，应可靠地切除电源；辅助开关动作应与隔离开关动作一致、接触准确可靠。” 2～3.《电气装置安装工程　电气设备交接试验标准》（GB 50150—2006） （1）“15.0.6　检查操动机构线圈的最低动作电压，应符合制造厂的规定。” （2）“15.0.7　操动机构的试验，应符合下列规定： 1　动力式操动机构的分、合闸操作，当其电压或气压在下列范围时，应保证隔离开关的主闸刀或接地闸刀可靠地分闸和合闸； 1）电动机操动机构：当电动机接线端子的电压在其额定电压的 80%～110%范围内时； 2）压缩空气操动机构：当气压在其额定气压的 85%～110%范围内时； 3）二次控制线圈和电磁闭锁装置：当其线圈接线端子的电压在其额定电压的 80%～110%范围内时。” 4.《国家电网有限公司关于印发十八项电网重大反事故措施（修订版）的通知》（国家电网设备〔2018〕979 号）“12.3.1.7　隔离开关应具备防止自动分闸的结构设计。”

2. 监督项目解析

隔离开关操动机构动作调试是隔离开关竣工验收阶段重要的技术监督项目。

若该条款无法满足，在隔离开关的辅助和控制电阻绝缘试验结果不满足要求，可能造成设备投运后存在安全隐患，后期改造隔离开关辅助和控制回路需对原有辅助和控制回路相关部件进行更换，改造工作需结合设备停电开展，影响工程进度。

操动机构的零部件齐全，所有固定连接部件紧固，转动部分应涂以适合当地气候条件的润滑脂；电动、手动操作平稳、灵活、无卡涩，电动机的转向正确，分合闸指示应与实际位置相符、限位装置应准确可靠、辅助开关动作正确；折臂式隔离开关主拐臂调整过死点可以确保隔离开关操动机构在正常操作运行时不出现对应机械机构误操作及操作卡塞或合闸分闸不到位等异常情况。

3. 监督要求

开展本条目监督以查阅资料和现场见证为主，抽查一台设备，检查其包括隔离开关交接试验报告、出厂试验报告等材料。重点对操动机构动作电压的范围进行检查。

4. 整改措施

当技术监督人员在查阅资料和现场检查时发现操动机构动作调试不满足规范要求，应及时将现场检查情况通知相关基建部门，督促安装调试单位按照规范要求对试验准备情况进行整改，在整改完成后再次检查试验项目要求，认真核对试验结果与相关标准要求，直至所有调试准备均满足要求。

3.3.8.11　导电回路电阻值测量

1. 监督要点及监督依据

导电回路电阻值测量监督要点及监督依据见表 3－212。

表 3－212　导电回路电阻值测量监督要点及监督依据

监督要点	监督依据
1. 宜采用电流不小于 100A 的直流压降法； 2. 测试结果不应大于出厂值的 1.2 倍	1.《电气装置安装工程　电气设备交接试验标准》(GB 50150—2006)“15.0.4　测量负荷开关导电回路的电阻值宜采用电流不小于 100A 的直流压降法。测试结果不应超过产品技术条件规定。” 2.《电网设备技术标准差异条款统一意见（2014 年发文版）》隔离开关：第 1 条　主回路电阻测量值的要求交接试验时回路电阻值不应大于出厂值的 1.2 倍。”

2. 监督项目解析

隔离开关导电回路电阻值测量是隔离开关竣工验收阶段重要的技术监督项目。

若该条款无法满足，在隔离开关的主回路电阻的试验装置、试验方法、试验条件及试验结果不满足要求将导致主回路电阻不合格，可能造成设备投运后异常发热，后期改造隔离开关导电回路需对原有导电回路相关部件进行更换，改造工作需结合设备停电开展、改造工作量大、施工时间长。

金属材料电阻率与温度密切相关，为保证现场试验与出厂试验回路电阻测试的可比性，要求尽可能在现场试验与出厂试验主回路电阻测试相似环境温度下进行，并保证测量部位尽可能一致。研究表明，主回路电阻测试时，试验电流低于 100A 时，接触面膜电阻将影响测量准确度，因此要求试验电流在 100A 至额定电流范围内。综合考虑主回路金属材料加工误差、环境条件、仪器误差等因素，要求测得电阻不超过出厂值测得电阻的 1.2 倍。

3. 监督要求

开展本条目监督采用查阅资料和现场查看的方式，检查资料主要包括交接试验报告，现场见证试验全过程。重点对导电回路电阻数据与技术规范书中要求的技术参数进行比对，并关注测量电阻时的电流应当小于 100A。

4. 整改措施

当技术监督人员在查阅资料和现场检查时发现导电回路电阻值测量不满足规范要求，应及时将现场检查情况通知相关基建部门，督促安装调试单位按照规范要求对试验准备情况进行整改，在整改完成后再次检查试验项目要求，认真核对试验结果与相关标准要求，直至所有调试准备均满足要求。

3.3.8.12 同期值

1. 监督要点及监督依据

同期值监督要点及监督依据见表 3－213。

表 3－213 同期值监督要点及监督依据

监督要点	监督依据
隔离开关三相联动时不同期数值应符合产品技术文件要求。无规定时，不得超过 20mm	《电气装置安装工程 高压电器施工及验收规范》（GB 50147—2010）“8.2.10 三相联动的隔离开关，触头接触时，不同期数值应符合产品技术文件要求。当无规定时，最大值不超过 20mm。”

2. 监督项目解析

隔离开关同期值检查是隔离开关竣工验收阶段重要的技术监督项目。

若该条款无法满足，会导致三相隔离开关在分合闸时造成分合闸不到位，出现局部接触不良或接触压力过大等情况，易出现局部发热严重等缺陷。影响隔离开关的设备安全，使电力系统稳定性受到影响。

隔离开关同期性检查是对三相隔离开关同时分合闸的最主要试验项目。隔离开关三相联动时不同期数值应符合产品技术文件要求，且在无规定时，最大值不应超过 20mm。

3. 监督要求

开展本条目监督，采用查阅资料的方式，包括对交接试验报告进行审核。重点对隔离开关三相联动时不同期数值与技术规范书要求进行比对。

4. 整改措施

当技术监督人员在查阅资料和现场检查时发现隔离开关同期值不满足规范要求，应及时将现场检查情况通知相关基建部门，督促安装调试单位按照规范要求对试验准备情况进行整改，在整改完成后再次检查试验项目要求，认真核对试验结果与相关标准要求，直至所有调试准备均满足要求。

3.3.8.13 控制及辅助回路的绝缘试验

1. 监督要点及监督依据

控制及辅助回路的绝缘试验监督要点及监督依据见表 3－214。

表 3－214 控制及辅助回路的绝缘试验监督要点及监督依据

监督要点	监督依据
隔离开关（接地开关）操动机构辅助和控制回路绝缘交接试验应进行工频试验，试验电压为 2kV，持续时间 1min，试验不应发生放电	《高压开关设备和控制设备标准的共用技术要求》（DL/T 593—2016）“6.10.6 要求辅助控制回路的绝缘试验应进行工频试验，试验电压为 2kV，持续时间 1min。”

2. 监督项目解析

隔离开关控制及辅助回路的绝缘试验是隔离开关竣工验收阶段重要的技术监督项目。

若该条款无法满足，在隔离开关的辅助和控制电阻绝缘试验结果不满足要求，可能造成设备投运后存在安全隐患，后期改造隔离开关辅助和控制回路需对原有辅助和控制回路相关部件进行更换，改造工作需结合设备停电开展。

隔离开关（接地开关）操动机构辅助和控制回路绝缘交接试验应进行工频试验，试验电压为 2kV，持续时间 1min，如果该试验发生放电，说明辅助回路和控制回路绝缘性能未满足要求，辅助回路或操作回路对人体放电损害人身安全和造成设备损坏。

3. 监督要求

开展本条目监督，采用查阅资料的方式，检查资料主要包括交接试验报告。重点对工频耐压试验的试验电压进行检查。

4. 整改措施

当技术监督人员在查阅资料和现场检查时发现控制及辅助回路的绝缘试验不满足规范要求，应及时将现场检查情况通知相关基建部门，督促安装调试单位按照规范要求对试验准备情况进行整改，在整改完成后再次检查试验项目要求，认真核对试验结果与相关标准要求，直至所有调试准备均满足要求。

3.3.8.14 导电部件

1. 监督要点及监督依据

导电部件监督要点及监督依据见表 3－215。

表 3－215 导电部件监督要点及监督依据

监督要点	监督依据
1. 导电部件的弹簧触头应为牌号不低于 T2 的纯铜。 2. 触头、导电杆等接触部位应镀银，镀银层厚度不应小于 20μm，硬度应大于 120HV。 3. 触指压力应符合设计要求。 4. 导电杆、接线座无变形、破损、裂纹等缺陷，规格、材质应符合设计要求。 5. 镀银层应为银白色，呈无光泽或半光泽，不应为高光亮镀层，镀层应结晶细致、平滑、均匀、连续；表面无裂纹、起泡、脱落、缺边、掉角、毛刺、针孔、色斑、腐蚀锈斑和划伤、碰伤等缺陷	1～4.《电网金属技术监督规程》（DL/T 1424—2015）“6.1.3 隔离开关的主要金属部件是指导电部件、传动结构、操动机构、支座，其中导电部件包括触头、导电杆、接线座，传动结构包括拐臂、连杆、轴齿等。 a）导电部件的弹簧触头应为牌号不低于 T2 的纯铜；触头、导电杆等接触部位应镀银，镀银层厚度不应小于 20μm，硬度应大于 120HV。触指压力应符合设计要求。导电杆、接线座材质应符合设计要求。 5.《电网金属技术监督规程》（DL/T 1424—2015）“5.2.1 镀银 a）导电回路的动接触部位和母线静接触部位应镀银。 b）镀银层应为银白色，呈无光泽或半光泽，不应为高光亮镀层，镀层应结晶细致、平滑、均匀、连续；表面无裂纹、起泡、脱落、缺边、掉角、毛刺、针孔、色斑、腐蚀锈斑和划伤、碰伤等缺陷。 c）镀银层厚度、硬度、附着性等应满足设计要求，不宜采用钎焊银片的方式替代镀银。”

2. 监督项目解析

隔离开关导电部件检查是隔离开关竣工验收阶段重要的技术监督项目。

若该监督条目无法满足，会使隔离开关设备出现导电回路温度过高，使隔离开关导电部件寿命缩短，而且使回路电阻增大，影响隔离开关正常运行状态。

导电部件的材质和工艺是否满足设计要求对隔离开关导电回路温度有直接影响，是确保隔离开关正常运行条件下不出现过热缺陷的必要条件。

3. 监督要求

开展本条目监督以查阅资料方式为主，包括查看设备招标技术规范书、供应商投标文件及厂家设计图纸。重点对导电部件的生产工艺是否符合设计要求进行检查。

4. 整改措施

当技术监督人员在查阅资料和现场检查时发现导电部件不满足规范要求，应及时将现场检查情况通知相关基建部门，督促安装调试单位按照规范要求对试验准备情况进行整改，在整改完成后再次检查试验项目要求，认真核对试验结果与相关标准要求，直至所有调试准备均满足要求。

3.3.8.15 操动机构

1. 监督要点及监督依据

操动机构监督要点及监督依据见表 3－216。

表 3－216 操动机构监督要点及监督依据

监督要点	监督依据
1. 夹紧、复位弹簧的表面应无划痕、碰磨、裂纹等缺陷；内外径、自由高度、垂直度、直线度、总圈数、节距均匀度等符合设计及 GB/T 23934 要求，其表面宜为磷化电泳工艺防腐处理，涂层厚度不应小于 90m，附着力不小于 5MPa。 2. 机构箱材质宜为 Mn 含量不大于 2%的奥氏体型不锈钢或铝合金，且厚度不应小于 2mm。 3. 封闭箱体内的机构零部件宜电镀锌，电镀锌后应钝化处理，镀锌层的技术指标应符合 GB/T 9799 的要求；机构零部件电镀层厚度不宜小于 18μm，紧固件电镀层厚度不宜小于 6m	1.《电网金属技术监督规程》（DL/T 1424—2015）“6.1.2 断路器的主要金属部件是指灭弧室触头、操作机构、支座，其中触头包括主触头、弧触头等，操作机构包括分合闸弹簧、拐臂、拉杆、传动轴、凸轮、机构箱体等。b）操作机构的分合闸弹簧的技术指标应符合 GB/T 23934 的要求，其表面宜为磷化电泳工艺防腐处理，涂层厚度不应小于 90μm，附着力不小于 5MPa；拐臂、连杆、传动轴、凸轮材质宜为镀锌钢、不锈钢或铝合金，表面不应有划痕、锈蚀、变形等缺陷。 6.1.3 隔离开关的主要金属部件是指导电部件、传动结构、操作机构、支座，其中导电部件包括触头、导电杆、接线座，传动结构包括拐臂、连杆、轴齿等。b）操作机构要求参照 6.1.2 b）执行。户外使用的连杆、拐臂等传动件应采用装配式结构，不得在施工现场进行切焊配装。” 2.《电网金属技术监督规程》（DL/T 1424—2015）“6.1.7 户外密闭箱体（控制、操作及检修电源箱等）材质宜为 Mn 含量不大于 2%的奥氏体型不锈钢或铝合金，且厚度不应小于 2mm。” 3.《电网金属技术监督规程》（DL/T 1424—2015）“5.2.3 镀锌 c）封闭箱体内的机构零部件宜电镀锌，电镀锌后应钝化处理，镀锌层的技术指标应符合 GB/T 9799 的要求；机构零部件电镀层厚度不宜小于 18μm，紧固件电镀层厚度不宜小于 6μm。”

2. 监督项目解析

隔离开关操动机构材质检查是隔离开关竣工验收阶段的技术监督项目之一。

若该监督条目无法满足，会使隔离开关设备出现导电回路温度过高，使隔离开关导电部件寿命缩短，而且使回路电阻增大，影响隔离开关正常运行状态。

隔离开关的操动机构满足相关技术要求是保证隔离开关不会出现分合闸不到位最重要的要求。机构箱材质和镀层工艺要求是保证机构箱在设计寿命时间内正常运行不出现相关异常情况。

3. 监督要求

开展本条目监督，查阅资料，包括设备招标技术规范书、供应商投标文件及厂家设计图纸。

4. 整改措施

当技术监督人员在查阅资料和现场检查时发现隔离开关的操动机构不满足规范要求，应及时将现场检查情况通知相关基建部门，督促安装调试单位按照规范要求对试验准备情况进行整改，在整改完成后再次检查试验项目要求，认真核对试验结果与相关标准要求，直至所有调试准备均满足要求。

3.3.8.16 传动机构部件

1. 监督要点及监督依据

传动机构部件监督要点及监督依据见表 3－217。

表 3－217 传动机构部件监督要点及监督依据

监督要点	监督依据
1. 传动机构拐臂、连杆、轴齿、弹簧等部件应具有良好的防腐性能，不锈钢材质部件宜采用锻造工艺。 2. 隔离开关使用的连杆、拐臂等传动件应采用装配式结构，不得在施工现场进行切焊配装。 3. 拐臂、连杆、传动轴、凸轮表面不应有划痕、锈蚀、变形等缺陷，材质宜为镀锌钢、不锈钢或铝合金	1～2.《电网金属技术监督规程》（DL/T 1424—2015）“6.1.3 隔离开关的主要金属部件是指导电部件、传动结构、操动机构、支座，其中导电部件包括触头、导电杆、接线座，传动结构包括拐臂、连杆、轴齿等。b）操动机构要求参照 6.1.2b）执行。户外使用的连杆、拐臂等传动件应采用装配式结构，不得在施工现场进行切焊配装。c）传动机构拐臂、连杆、轴齿、弹簧等部件应具有良好的防腐性能，不锈钢材质部件宜采用锻造工艺。” 3.《电网金属技术监督规程》（DL/T 1424—2015）“6.1.2 断路器的主要金属部件是指灭弧室触头、操动机构、支座，其中触头包括主触头、弧触头等，操动机构包括分合闸弹簧、拐臂、拉杆、传动轴、凸轮、机构箱体等。b）操动机构的分合闸弹簧的技术指标应符合 GB/T 23934 的要求，其表面宜为磷化电泳工艺防腐处理，涂层厚度不应小于 90μm，附着力不小于 5MPa；拐臂、连杆、传动轴、凸轮材质宜为镀锌钢、不锈钢或铝合金，表面不应有划痕、锈蚀、变形等缺陷。”

2. 监督项目解析

隔离开关传动机构部件检查是隔离开关竣工验收阶段的技术监督项目之一。

隔离开关传动确保隔离开关传动机构部件满足相关工艺技术要求，保证隔离开关设备在正常操作运行时不出现对应传动部件损坏或操作卡塞，合闸、分闸不到位等异常情况。

3. 监督要求

开展本条目监督以查阅资料为主，包括设备招标技术规范书、供应商投标文件及厂家设计图纸。重点对传动部件的材质和工艺进行检查。

4. 整改措施

当技术监督人员在查阅资料和现场检查时发现隔离开关传动机构部件不满足规范要求，应及时将现场检查情况通知相关基建部门，督促安装调试单位按照规范要求对试验准备情况进行整改，在整改完成后再次检查试验项目要求，认真核对试验结果与相关标准要求，直至所有调试准备均满足要求。

3.3.8.17　支座

1. 监督要点及监督依据

支座监督要点及监督依据见表 3－218。

表 3－218　　支座监督要点及监督依据

监督要点	监督依据
支座材质应为热镀锌钢或不锈钢，其支撑钢结构件的最小厚度不应小于8mm，箱体顶部应有防渗漏措施	《电网金属技术监督规程》（DL/T 1424—2015）“6.1.2　断路器的主要金属部件是指灭弧室触头、操作机构、支座，其中触头包括主触头、弧触头等，操作机构包括分合闸弹簧、拐臂、拉杆、传动轴、凸轮、机构箱体等。c）支座材质应为热镀锌钢或不锈钢，其支撑钢结构件的最小厚度不应小于 8mm，箱体顶部应有防渗漏措施。” “6.1.3　隔离开关的主要金属部件是指导电部件、传动结构、操作机构、支座，其中导电部件包括触头、导电杆、接线座，传动结构包括拐臂、连杆、轴齿等。d）支座要求参照 6.1.2 c）执行。”

2. 监督项目解析

隔离开关支座检查是隔离开关竣工验收阶段的技术监督项目之一。

若该监督条款不满足要求，则容易发生隔离开关主体角度偏移或机构箱进水等危害，影响设备正常运行。

3. 监督要求

开展本条目监督以查阅资料，包括查看设备招标技术规范书、供应商投标文件及厂家设计图纸。重点对相关技术文件中支撑钢结构件厚度与图纸中的厚度进行比对，并检查图纸中机构箱顶部的防渗漏措施是否安装。

4. 整改措施

当技术监督人员在查阅资料和现场检查时发现隔离开关支座不满足规范要求，应及时将现场检查情况通知相关基建部门，督促安装调试单位按照规范要求对试验准备情况进行整改，在整改完成后再次检查试验项目要求，认真核对试验结果与相关标准要求，直至所有调试准备均满足要求。

3.3.9　运维检修阶段

3.3.9.1　运行巡视工作

1. 监督要点及监督依据

运行巡视工作监督要点及监督依据见表 3－219。

表 3－219　　运行巡视工作监督要点及监督依据

监督要点	监督依据
隔离开关巡视项目应包括： 1. 检查是否有影响设备安全运行的异物。 2. 检查支柱绝缘子是否有破损、裂纹。 3. 检查传动部件、触头、高压引线、接地线等外观是否有异常。 4. 检查分、合闸位置及指示是否正确。 5. 检测开关触头等电气连接部位红外热像图显示有无异常，判断时应考虑检测前 3 小时内的负荷电流及其变化情况。 6. 隔离开关巡视周期应满足要求	《输变电设备状态检修试验规程》(Q/GDW 1168—2013)"5.13.1.2 巡检时，具体要求说明如下：a）检查是否有影响设备安全运行的异物；b）检查支柱绝缘子是否有破损、裂纹；c）检查传动部件、触头、高压引线、接地线等外观是否有异常；d）检查分、合闸位置及指示是否正确。" "5.13.1.3 检测开关触头等电气连接部位，红外热像图显示应无异常温升、温差和/或相对温差。判断时，应考虑检测前 3 小时内的负荷电流及其变化情况。"

2. 监督项目解析

隔离开关运行巡视工作是运维检修阶段的技术监督项目之一。

若该条款无法满足，隔离开关设备容易出现的故障事故，影响电网和隔离开关设备的安全稳定运行。

运行巡视工作是运维检修阶段检查隔离开关状态性能并及时发现设备是否存在缺陷和故障的基础，运行巡视工作的质量直接决定了隔离开关缺陷是否被及时处理。规范隔离开关在运行巡视工作有利于及时发现故障缺陷，有利于尽快发现并处理对应的故障缺陷，是保证电力设备安全稳定运行的必要手段。因此隔离开关巡视周期和检查部件应满足要求是保证将来良好运行的重要前提。

3. 监督要求

开展本条目监督，查看变电站运行规程和运行巡视记录，重点要仔细核对隔离开关设备是否有技术监督预告警单，如有预告警单，重点核对预告警单中隔离开关部件的运行巡视记录。

4. 整改措施

当技术监督人员在查阅资料或现场检查时发现隔离开关巡视项目不全或执行不到位，应及时将现场情况通知相关运检部门，并督促运维巡视单位按照规范要求对相关人员和调试设备的准备情况进行整改，在整改完成后再次对所有项目进行检查，直至所有运行巡视工作均满足规范要求。

3.3.9.2　专业巡视

1. 监督要点及监督依据

专业巡视监督要点及监督依据见表 3－220。

表 3－220　　专业巡视监督要点及监督依据

监督要点	监督依据
隔离开关专业巡视周期应满足要求： 1. 220kV 及以上电压等级变电站每半年至少一次。 2. 110kV 及以下电压等级变电站每年至少一次。 3. 专业巡视原则上安排在迎峰度冬和迎峰度夏前集中开展。 4. 特殊保电前或经受异常工况、恶劣天气等自然灾害后适时开展。 5. 新投运的设备、对核心部件或主体进行解体检修后重新投运的设备，宜加强巡视。 6. 隔离开关专业巡视项目应齐全	《国家电网公司变电检修通用管理规定》 "第 70 条　专业巡视周期要求： （1）220kV 及以上电压等级变电站每半年至少一次。 （2）110kV 及以下电压等级变电站每年至少一次。 （3）专业巡视原则上安排在迎峰度冬和迎峰度夏前集中开展。 （4）特殊保电前或经受异常工况、恶劣天气等自然灾害后适时开展。 （5）新投运的设备、对核心部件或主体进行解体检修后重新投运的设备，宜加强巡视。"

2. 监督项目解析

隔离开关专业巡视是运维检修阶段的技术监督项目之一。

若该条款无法满足，隔离开关设备缺陷会慢慢发展成为故障事故，影响电网和隔离开关设备的安全稳定运行。

3. 监督要求

开展本条目监督，查看检修巡视记录，重点对检修巡视记录中队隔离开关设项目和对应巡视周期进行查看。针对不同电压等级的隔离开关的设备，220kV 及以上电压等级变电站每半年至少一次专业巡视，110kV 及以下电压等级变电站每年至少一次专业巡视。对于特殊保电前或隔离开关经受异常工况、恶劣天气等自然灾害后适时开展专业巡视；新投运的设备、对核心部件或主体进行解体检修后重新投运的设备，宜加强专业巡视，缩短专业巡视周期。

4. 整改措施

当技术监督人员在查阅资料或现场检查时发现隔离开关专业巡视项目不全或执行不到位，应及时将现场情况通知相关运检部门，并督促运维巡视单位按照规范要求对相关人员和调试设备的准备情况进行整改，在整改完成后再次对所有项目进行检查，直至所有运行监督项目均满足规范要求。

3.3.9.3　绝缘专业管理

1. 监督要点及监督依据

绝缘专业管理监督要点及监督依据见表 3－221。

表 3－221　　绝缘专业管理监督要点及监督依据

监督要点	监督依据
1. 污区等级处于 c 级及以上交流特高压站、直流换流站、核电、大型能源基地电力外送站及跨大区联络 330kV 及以上变电站，污区等级处于 d 级及以上污秽区 220kV 及以上变电站，应涂覆防污闪涂料。 2. 每年进行短路容量计算、载流量校核、接地网校核、污秽等级与爬距校核，不满足要求的应纳入技改计划	1.《国家电网公司防止变电站全停十六项措施（试行）》“11.2.3　污区等级处于 c 级及以上交流特高压站、直流换流站、核电、大型能源基地电力外送站及跨大区联络 330kV 及以上变电站，污区等级处于 d 级及以上污秽区 220kV 及以上变电站，应涂覆防污闪涂料。” 2.《交流高压开关设备技术监督导则》（Q/GDW 11074—2013）“5.9.3　h）每年进行短路容量计算、载流量校核、接地网校核、污秽等级与爬距校核，不满足要求的应纳入技改计划。”

2. 监督项目解析

隔离开关绝缘专业管理是运维检修阶段重要的技术监督项目。

若该条款无法满足，隔离开关设备容易出现绝缘闪络等事故，影响电网和隔离开关设备的安全稳定运行。

绝缘专业管理是运维检修阶段保证隔离开关状态性能的基础，绝缘专业管理工作能否满足技术监督条款要求直接决定了隔离开关能否长期安全可靠运行。规范隔离开关在绝缘专业的管理实施情况，是保证电力设备安全稳定运行的必要手段。

3. 监督要求

开展本条目监督，查看年度相关校核报告和技改计划，重点检查年度相关校核报告中有关短路容量计算、载流量校核、接地网校核、污秽等级与爬距校核等，并结合工程可研报告中相关数据进行比对，校核载流量、接地网、污秽等级与爬距，确定污区等级等内容。比较校核报告中不满足要求的部分与技改项目中绝缘专业管理部分，查找在技改报告里面是否存在项目遗漏的情况。

4. 整改措施

当技术监督人员在查阅资料或现场检查时发现隔离开关短路容量计算、载流量校核、接地网校核、污秽等级与爬距校核执行不到位或未按照规范要求进行执行，应及时将现场情况通知相关运检部门，并督促运维单位按照规范要求进行相关整改，在整改完成后再次对所有项目进行检查，直至所有运行监督项目均满足规范要求。

3.3.9.4　故障/缺陷记录（故障/缺陷管理）

1. 监督要点及监督依据

故障/缺陷记录（故障/缺陷管理）监督要点及监督依据见表 3－222。

表 3－222　　故障/缺陷记录（故障/缺陷管理）监督要点及监督依据

监督要点	监督依据
1. 缺陷记录应包含运行巡视、检修巡视、带电检测、检修过程中发现的缺陷；现场缺陷应有记录；检修班组应结合消缺，对记录中不严谨的缺陷现象表述进行完善；缺陷原因应明确；明确更换的部件。 2. 家族性缺陷的整改应到位。 3. 缺陷定级应准确、处理应闭环。 4. 事故应急处理应到位，如事故分析报告、应急抢修记录等	1.《国家电网公司变电运维管理通用细则》第 4 分册　隔离开关检修细则。 2～4.《交流高压开关设备技术监督导则》（Q/GDW 11074—2013）“5.9.3　对于开关设备运维工作，重点监督是否满足以下要求：d）事故应急处置是否到位，如事故分析报告、应急抢修记录等。e）家族性缺陷的整改情况。f）缺陷定级是否准确、处理是否闭环。”

2. 监督项目解析

故障/缺陷记录是隔离开关设备在运维检修阶段重要的技术监督项目。

若该条款无法满足，隔离开关设备容易出现家族性缺陷被遗漏或误判，缺陷定级参考模糊，缺乏事故应急处理案例支撑等情况，影响电网和隔离开关设备的安全稳定运行。

故障/缺陷管理是运维检修阶段保证隔离开关正常状态性能的手段。故障/缺陷管理工作能否满足技术监督条款要求直接决定隔离开关能否能够长期安全可靠运行。规范隔离开关故障/缺陷管理实施情况，保证电力设备安全稳定运行。

3. 监督要求

开展本条目监督，查看事故分析报告、应急抢修记录，重点检查事故分析报告、应急抢修记录中事故应急处置是否到位，家族性缺陷的整改情况，缺陷定级是否准确、处理是否闭环等内容，查找事故分析报告是否存在不严谨缺陷现象的情况。

4. 整改措施

当技术监督人员在查阅资料或现场检查时发现隔离开关绝缘专业管理执行不到位或未按照规范要求进行执行，应及时将现场情况通知相关运检部门，并督促运维单位按照规范要求对检修及缺陷记录的准备情况进行整改，在整改完成后再次对所有项目进行检查，直至所有运行监督项目均满足规范要求。

3.3.9.5　检修试验周期（检修试验）

1. 监督要点及监督依据

检修试验周期（检修试验）监督要点及监督依据见表 3－223。

表 3－223　　检修试验周期（检修试验）监督要点及监督依据

监督要点	监督依据
检修周期应满足要求：A、B 类检修（必要时）；C 类检修（110（66）kV 及以上电压等级设备最长 7 年）；D 类检修应满足相关规程要求	《输变电设备状态检修试验规程》（Q/GDW 1168—2013）

2. 监督项目解析

检修试验周期是隔离开关设备在运维检修阶段重要的技术监督项目。

若该条款无法满足，隔离开关设备容易出现缺陷被遗漏、缺乏事故应急处理案例支撑等情况，影响电网和隔离开关设备的安全稳定运行。

3. 监督要求

开展本条目监督，查看变电站年度检修计划、年度设备状态评价报告以及 PMS 系统，重点对设备所在电站的电压等级和检修等级，及对应检修周期进行检查。

4. 整改措施

当技术监督人员在查阅资料或现场检查时发现隔离开关检修周期执行不到位，应及时将现场情况通知相关运检部门，并督促运维单位按照规范要求对相关人员和调试设备的准备情况进行整改，在整改完成后再次对所有项目进行检查，直至所有运行监督项目均满足规范要求。

3.3.9.6 检修项目（检修试验）

1. 监督要点及监督依据

检修项目（检修试验）监督要点及监督依据见表3－224。

表3－224 检修项目（检修试验）监督要点及监督依据

监督要点	监督依据
检修项目重点关注：绝缘子外观应良好；RTV涂层外观、憎水性良好；检修后主回路电阻测量结果应合格；分合闸操作应可靠；低电压动作特性应合格；二次回路绝缘应良好；设备有缺陷、隐患尚未消除、经历了有明显震感的地震、基础沉降时进行支柱绝缘子探伤合格	《交流高压开关设备技术监督导则》（Q/GDW 11074—2013）“5.9.5 h）对于隔离开关，应重点监督以下内容： 1）绝缘子：绝缘子表面应清洁；瓷套、法兰不应出现裂纹、破损；涂敷RTV涂料的瓷外套憎水性良好，涂层不应有缺损、起皮、龟裂。 2）导电回路：检修后回路电阻测量结果符合制造厂技术要求。 3）操动机构：分合闸操作应灵活可靠，动静触头接触良好。 4）传动部分：传动部分应无锈蚀、卡涩，保证操作灵活；操作机构线圈最低动作电压符合标准要求。 5）二次回路：二次回路接线紧固，绝缘良好；各辅助接点接触良好，无烧损。 6）大修后的调整与测量：应严格按照有关检修工艺进行调整与测量，分、合闸均应到位。”

2. 监督项目解析

检修项目是隔离开关设备在运维检修阶段重要的技术监督项目。

若该条款无法满足，隔离开关设备容易出现故障缺陷被遗漏、缺陷定级参考模糊、缺乏事故应急处理案例支撑等情况，影响电网和隔离开关设备的安全稳定运行。

3. 监督要求

开展本条目监督，查看隔离开关相关检修试验报告，重点对绝缘子外观、RTV涂层外观、憎水性，检修后主回路电阻测量结果，分、合闸操作应可靠性，低电压动作特性，二次回路绝缘，设备有缺陷、隐患消除情况，经历明显震感的地震、基础沉降时支柱绝缘子探伤情况等内容进行重点检查。

4. 整改措施

当技术监督人员在查阅资料或现场检查时发现隔离开关绝重点检修项目执行不到位，应及时将现场情况通知相关运检部门，并督促运维单位按照规范要求进行整改，在整改完成后再次对所有项目进行检查，直至所有运行监督项目均满足规范要求。

3.3.9.7 检修勘查（检修试验）

1. 监督要点及监督依据

检修勘查（检修试验）监督要点及监督依据见表3－225。

表3－225 检修勘查（检修试验）监督要点及监督依据

监督要点	监督依据
检修工作开展前应按检修项目类别开展设备信息收集和现场查勘，并填写查勘记录	国家电网公司变电检修通用管理规定》“第48条 大型检修项目由省检修公司、地市公司运检部组织检修前查勘。中型检修项目由省检修公司、地市公司的分部（中心）、业务室（县公司）组织检修前查勘。小型检修项目由工作负责人负责检修前查勘。”

2. 监督项目解析

检修勘查是隔离开关设备在运维检修阶段重要的技术监督项目。

若该条款无法满足，容易对隔离开关状态或缺陷状态出现误判的情况。

3. 监督要求

开展本条目监督，查看隔离开关相关检修试验报告，重点检查绝缘子外观、RTV 涂层外观、憎水性，检修后主回路电阻测量结果，分、合闸操作应可靠性，低电压动作特性，二次回路绝缘，设备有缺陷、隐患消除情况，经历明显震感的地震、基础沉降时支柱绝缘子探伤情况等内容进行重点检查。

4. 整改措施

当技术监督人员在查阅资料或现场检查时发现隔离开关设备信息收集和现场查勘执行不到位，应及时将现场情况通知相关运检部门，并督促运维单位按照规范要求进行整改，在整改完成后再次对所有项目进行检查，直至所有运行监督项目均满足规范要求。

3.3.9.8 检修方案（检修试验）

1. 监督要点及监督依据

检修方案（检修试验）监督要点及监督依据见表 3－226。

表 3－226　检修方案（检修试验）监督要点及监督依据

监督要点	监督依据
检修工作应编制检修方案	《国家电网公司变电检修通用管理规定》"第 53～55 条　大型检修项目应编制检修方案（见附录 C.1），方案应包括编制依据、工作内容、检修任务、组织措施、安全措施、技术措施、物资采购保障措施、进度控制保障措施、检修验收工作要求、作业方案等各种专项方案。 中型检修项目应编制检修方案（见附录 C.1），方案应包括编制依据、工作内容、检修任务、组织措施、安全措施、技术措施、物资采购保障措施、进度控制保障措施、检修验收工作要求、作业方案等各种专项方案。如中型检修单个作业面的安全与质量管控难度不大、作业人员相对集中，其作业方案则可用"小型项目检修方案（见附录 C.2）＋标准作业卡（见附录 K）"替代。 小型检修项目应编制检修方案（见附录 C.2），方案应包括项目内容、人员分工、停电范围、备品备件及工机具等。"

2. 监督项目解析

检修方案是隔离开关设备在运维检修阶段重要的技术监督项目。

若该条款无法满足，隔离开关设备容易出现检修过程不明确、检修设备先后顺序不明等情况，影响检修的效率和准确性，容易造成设备的二次损坏或部件检修遗漏等情况，无法保证检修后设备状态处于正常状态，影响设备的安全稳定运行。

3. 监督要求

开展本条目监督，查看隔离开关相关检修试验报告，重点检查绝缘子外观、RTV 涂层外观、憎水性，检修后主回路电阻的测量结果，分、合闸操作应可靠性，低电压动作特性，二次回路绝缘，设备有缺陷、隐患消除情况，经历明显震感的地震、基础沉降时支柱绝缘子探伤情况等内容进行重点检查。

4. 整改措施

当技术监督人员在查阅资料或现场检查时发现隔离开关设备信息收集和现场查勘执行不到位，应及时将现场情况通知相关运检部门，并督促运维单位按照规范要求进行整改，在整改完成后再次对所有项目进行检查，直至所有运行监督项目均满足规范要求。

3.3.9.9 检修试验报告（检修试验）

1. 监督要点及监督依据

检修试验报告（检修试验）监督要点及监督依据见表 3－227。

表 3－227　　检修试验报告（检修试验）监督要点及监督依据

监督要点	监督依据
检修、试验报告是否完整、及时，测试数据应满足要求	《输变电设备状态检修试验规程》（Q/GDW 1168—2013）、《电气装置安装工程电气设备交接试验标准》（GB 50150—2016）

2. 监督项目解析

检修试验报告是隔离开关设备在运维检修阶段重要的技术监督项目。

若该条款无法满足，隔离开关设备容易出现检修过程不明确、检修设备先后顺序不明等情况，影响检修的效率和准确性，容易造成设备的二次损坏或部件检修遗漏等情况，无法保证检修后设备状态处于正常状态。

3. 监督要求

开展本条目监督，查看包括隔离开关设备相关检修试验报告，重点对技术规范要求检修项目与实际检修项目等内容进行检查。

4. 整改措施

当技术监督人员在查阅资料或现场检查时发现隔离开关检修、试验报告编写执行不到位，应及时将现场情况通知相关运检部门，并督促运维单位按照规范要求对检修、试验报告进行整改，在整改完成后再次对所有项目进行检查，直至所有运行监督项目均满足规范要求。

3.3.9.10　机械操作（检修试验）

1. 监督要点及监督依据

机械操作（检修试验）监督要点及监督依据见表 3－228。

表 3－228　　机械操作（检修试验）监督要点及监督依据

监督要点	监督依据
隔离开关应操作灵活可靠，传动部分应无锈蚀、卡涩，保证操作灵活；操动机构线圈最低动作电压符合标准要求	《交流高压开关设备技术监督导则》（Q/GDW 11074—2013）“5.9.5　h）对于隔离开关，应重点监督以下内容： 3）操动机构，分合闸操作应灵活可靠，动静触头接触良好。 4）传动部分，传动部分应无锈蚀、卡涩，保证操作灵活；操动机构线圈最低动作电压符合标准要求。”

2. 监督项目解析

机械操作是隔离开关设备在运维检修阶段重要的技术监督项目。

若该条款无法满足，隔离开关将出现无法正常分、合闸或者出现分、合闸不到位的情况，影响隔离开关的正常分、合闸，不利于设备的安装运行和电网安全。

3. 监督要求

开展本条目监督以现场检查为主，重点检查隔离开关操作灵活性、可靠性，传动部分有无锈蚀，是否出现卡塞，操动机构线圈最低动作电压是否符合标准要求。

4. 整改措施

当技术监督人员在查阅资料或现场检查时发现隔离开关操动机构传动部分和机构线圈最低电压要求执行不到位，应及时将现场情况通知相关运检部门，并督促运维单位按照规范要求进行整改，在整改完成后再次对所有项目进行检查，直至所有运行监督项目均满足规范要求。

3.3.9.11 二次回路试验（检修试验）

1. 监督要点及监督依据

二次回路试验（检修试验）监督要点及监督依据见表 3－229。

表 3－229　　二次回路试验（检修试验）监督要点及监督依据

监督要点	监督依据
二次回路接线紧固，采用 1000V 绝缘电阻表且绝缘电阻大于 2MΩ；各辅助接点接触良好、无烧损	《电网设备技术标准差异条款统一意见》（国家电网科〔2014〕315 号）“隔离开关 第 2 条 关于控制和辅助回路绝缘试验问题：1）在交接验收时，采用 2500V 绝缘电阻表，且绝缘电阻大于 10MΩ 的指标。 2）在投运后，采用 1000V 绝缘电阻表且绝缘电阻大于 2MΩ 的指标。”

2. 监督项目解析

二次回路试验是隔离开关设备在运维检修阶段重要的技术监督项目。

若该条款无法满足，隔离开关二次回路可能存在绝缘不良而接地的可能，使保护或远程动作电信号无法传递到设备电路中，使设备无法动作，影响电网的可靠运行。

3. 监督要求

开展本条目监督以查阅资料和现场检查为主，对隔离开关二次回路绝缘电阻试验数据进行检查，并对隔离开关二次回路辅助接点接触情况进行重点检查。

4. 整改措施

当技术监督人员在查阅资料或现场检查时发现隔离开关二次回路要求执行不到位，应及时将现场情况通知相关运检部门，并督促运维单位按照规范要求进行整改，在整改完成后再次对所有项目进行检查，直至所有运行监督项目均满足规范要求。

3.3.9.12 导电回路检查（检修试验）

1. 监督要点及监督依据

导电回路检查（检修试验）监督要点及监督依据见表 3－230。

表 3－230　　导电回路检查（检修试验）监督要点及监督依据

监督要点	监督依据
1. 大修后应严格按照有关检修工艺进行调整与测量，分、合闸均应到位； 2. 检修后的隔离开关应进行导电回路电阻测试	1.《交流高压开关设备技术监督导则》（Q/GDW 11074—2013）“5.9.5 h）对于隔离开关，应重点监督以下内容： 6）大修后的调整与测量，应严格按照有关检修工艺进行调整与测量，分、合闸均应到位。” 2.《国家电网有限公司关于印发十八项电网重大反事故措施（修订版）的通知》（国网电网设备〔2018〕979 号）“12.2.2.2 新安装或检修后的隔离开关必须进行导电回路电阻测试。”

2. 监督项目解析

导电回路检查是隔离开关设备在运维检修阶段重要的技术监督项目。

若该条款无法满足，隔离开关设备容易出现故障缺陷被遗漏，或导电回路缺陷未被准确处理等情况，无法保证检修后隔离开关设备已经处于可投运状态，影响电网和隔离开关设备的安全稳定运行。

3. 监督要求

开展本条目监督以查看资料为主，查看包括隔离开关设备相关检修试验报告，重点对隔离开关分、合闸到位情况和合闸状态下导电回路电阻测试情况进行检查。

4. 整改措施

当技术监督人员在查阅资料或现场检查时发现隔离开关分、合闸及导电回路要求执行不到位，应及时将现场情况通知相关运检部门，并督促运维单位按照规范要求进行整改，在整改完成后再次对所有项目进行检查，直至所有运行监督项目均满足规范要求。

3.3.9.13　检修、试验装备配置（检修、试验装备）

1. 监督要点及监督依据

检修、试验装备配置（检修、试验装备）监督要点及监督依据见表 3－231。

表 3－231　　检修、试验装备配置（检修、试验装备）监督要点及监督依据

监督要点	监督依据
仪器配置应满足配置标准、工作需要，使用台账应妥善保管	《国家电网公司输变电装备配置管理规范》

2. 监督项目解析

检修、试验装备配置是隔离开关设备在运维检修阶段重要的技术监督项目。

若该条款无法满足，隔离开关相关测试数据的准确性无法保证，影响检修的效率和准确性，容易造成设备的二次损坏或部件检修遗漏等情况，无法保证检修后设备状态处于正常状态，影响设备的安全稳定运行。

3. 监督要求

开展本条目监督以查阅资料为主，重点对仪器配置参数和设备台账数据进行检查。

4. 整改措施

当技术监督人员在查阅资料或现场检查时发现隔离开关仪器配置要求执行不到位，应及时将现场情况通知相关运检部门，并督促运维单位按照规范要求进行整改，在整改完成后再次对所有项目进行检查，直至所有运行监督项目均满足规范要求。

3.3.9.14　备品设备配置（检修、试验装备）

1. 监督要点及监督依据

备品设备配置（检修、试验装备）监督要点及监督依据见表 3－232。

表 3－232　　备品设备配置（检修、试验装备）监督要点及监督依据

监督要点	监督依据
备品备件配置数量应满足应急要求	1.《国家电网公司输变电装备配置管理规范》。 2.《国家电网公司变电检测管理规定（试行）》第六十七条“仪器仪表应有专人负责，妥善保管。各单位应建立台账，具备出厂合格证、使用说明书、质保书、检定证书、分析软件和操作手册等档案资料。”

2. 监督项目解析

备品设备配置是隔离开关设备在运维检修阶段重要的技术监督项目。

若该条款无法满足，隔离开关设备在故障缺陷出现时无法及时对设备进行检修维护，使故障或缺陷无法及时消除，影响设备正常工作。

3. 监督要求

开展本条目监督以现场检查为主，抽查 1 处备品备件室，重点对该隔离开关设备技术规范书中要求的备品备件数量和种类进行重点核实检查。

4. 整改措施

当技术监督人员在查阅资料或现场检查时发现隔离开关备品备件配置要求不达标，应及时将现场情况通知相关运检部门，并督促运维单位按照规范要求进行整改，在整改完成后再次对所有项目进行检查，直至所有运行监督项目均满足规范要求。

3.3.9.15 装备校验（检修、试验装备）

1. 监督要点及监督依据

装备校验（检修、试验装备）监督要点及监督依据见表 3－233。

表 3－233　　装备校验（检修、试验装备）监督要点及监督依据

监督要点	监督依据
装备定期进行试验、校验的情况，重点检查安全工器具试验情况、有强制性要求的仪器校验情况、尚无明确校验标准仪器的比对试验情况、备品备件试验情况	《关于印发国家电网公司电力安全工器具管理规定（试行）的通知》（国家电网安监〔2005〕516 号）“第四章　试验及校验”。

2. 监督项目解析

装备校验是隔离开关设备在运维检修阶段重要的技术监督项目。

若该条款无法满足，无法保证检修后隔离开关设备处于可投运状态，将影响电网和隔离开关设备的安全稳定运行。

3. 监督要求

开展本条目监督以查阅资料为主，主要对隔离开关设备检测仪器台账及其送检计划进行检查。

4. 整改措施

当技术监督人员在查阅资料或现场检查时发现隔离开关试验相关安全工器具及试验设备校验情况不达标，应及时将现场情况通知相关运检部门，并督促运维单位按照规范要求进行整改，在整改完成后再次对所有项目进行检查，直至所有运行监督项目均满足规范要求。

3.3.9.16 《关于高压隔离开关订货的有关规定（试行）》技术要求排查（反事故措施执行情况）

1. 监督要点及监督依据

《关于高压隔离开关订货的有关规定（试行）》技术要求排查（反事故措施执行情况）监督要点及监督依据见表 3－234。

表 3－234　　《关于高压隔离开关订货的有关规定（试行）》技术要求排查（反事故措施执行情况）监督要点及监督依据

监督要点	监督依据
对不符合国家电网公司《关于高压隔离开关订货的有关规定（试行）》完善化技术要求的 72.5kV 及以上电压等级隔离开关、接地开关应进行完善化改造或更换	《国家电网有限公司关于印发十八项电网重大反事故措施（修订版）的通知》（国网电网设备〔2018〕979 号）“12.2.3.1　对不符合国家电网公司《关于高压隔离开关订货的有关规定（试行）》完善化技术要求的 72.5kV 及以上电压等级隔离开关、接地开关应进行完善化改造或更换。”

2. 监督项目解析

《关于高压隔离开关订货的有关规定（试行）》技术要求排查是隔离开关设备在运维检修阶段重要的监督项目。

若该条款无法满足，隔离开关设备可能出现安全事故，造成设备损坏和人身安全事故。

3. 监督要求

开展本条目监督以查阅资料为主，重点检查隔离开关设备相关检修试验报告，对报告内容与国家电网公司《关于高压隔离开关订货的有关规定（试行）》中技术要求内容进行检查对比。

4. 整改措施

当技术监督人员在查阅资料或现场检查时发现 72.5kV 及以上电压等级隔离开关、接地开关应进行完善化改造或更换情况不符合规范要求，应及时将现场情况通知相关运检部门，并督促运维单位按照规范要求对相关人员和调试设备的准备情况进行检查，直至所有运行监督项目均满足规范要求。

3.3.9.17 GW6 型结构部隔离开关检查（反事故措施执行情况）

1. 监督要点及监督依据

GW6 型结构部隔离开关检查（反事故措施执行情况）监督要点及监督依据见表 3－235。

表 3－235　GW6 型结构部隔离开关检查（反事故措施执行情况）监督要点及监督依据

监督要点	监督依据
对于 GW6 型等类似结构的隔离开关，应在检修中检查操动机构蜗轮、蜗杆的啮合情况，确认没有倒转现象；应检查并确认隔离开关主拐臂调整过死点、平衡弹簧的张力合适	《国家电网有限公司关于印发十八项电网重大反事故措施（修订版）的通知》（国网电网设备〔2018〕979 号）“12.2.3.3　为预防 GW6 型等类似结构的隔离开关运行中‘自动脱落分闸’，在检修中“应检查操动机构蜗轮、蜗杆的啮合情况，确认没有倒转现象；检查并确认刀闸主拐臂调整应过死点；检查平衡弹簧的张力应合适。”

2. 监督项目解析

GW6 型隔离开关检查是隔离开关设备在运维检修阶段重要的监督项目。

若该条款无法满足，GW6 型隔离开关设备可能出现安全事故造成设备损坏和人身安全事故。

3. 监督要求

开展本条目监督以查阅资料为主，重点检查隔离开关设备相关检修试验报告，对报告中操动机构蜗轮、蜗杆的啮合情况，隔离开关主拐臂调整过死点、平衡弹簧的张力情况进行检查。

4. 整改措施

当技术监督人员在查阅资料或现场检查时发现 72.5kV 及以上电压等级隔离开关、接地开关应进行完善化改造或更换情况不符合规范要求，应及时将现场情况通知相关运检部门，并督促运维单位按照规范要求对相关人员和调试设备的准备情况进行检查，直至所有运行监督项目均满足规范要求。

3.3.9.18 隔离开关润滑（反事故措施执行情况）

1. 监督要点及监督依据

隔离开关润滑（反事故措施执行情况）监督要点及监督依据见表 3－236。

表 3－236　隔离开关润滑（反事故措施执行情况）监督要点及监督依据

监督要点	监督依据
隔离开关各运动部位用润滑脂宜采用性能良好的二硫化钼锂基润滑脂	《国家电网有限公司关于印发十八项电网重大反事故措施（修订版）的通知》（国网电网设备〔2018〕979 号）“12.2.3.2　加强对隔离开关导电部分、转动部分、操动机构、瓷绝缘子等的检查，防止机械卡涩、触头过热、绝缘子断裂等故障的发生。隔离开关各运动部位用润滑脂宜采用性能良好的二硫化钼锂基润滑脂。”

2. 监督项目解析

隔离开关反事故措施执行情况是隔离开关设备在运维检修阶段重要的监督项目。

若该条款无法满足，隔离开关设备可能出现操动机构卡塞等情况，造成无法正常分合闸，容易引发安全事故造成隔离开关设备损坏。

3. 监督要求

开展本条目监督以查阅资料为主，重点检查隔离开关设备相关检修试验报告，对报告中隔离开关各运动部位是否采用性能良好的二硫化钼锂基润滑脂进行检查。

4. 整改措施

当技术监督人员在查阅资料或现场检查时发现 72.5kV 及以上电压等级隔离开关、接地开关应进行完善化改造或更换情况不符合规范要求，应及时将现场情况通知相关运检部门，并督促运维单位按照规范要求对相关人员和调试设备的准备情况进行检查，直至所有运行监督项目均满足规范要求。

3.3.9.19 隔离开关中间法兰和根部探伤（反事故措施执行情况）

1. 监督要点及监督依据

隔离开关中间法兰和根部探伤（反事故措施执行情况）监督要点及监督依据见表 3－237。

表 3－237　隔离开关中间法兰和根部探伤（反事故措施执行情况）监督要点及监督依据

监督要点	监督依据
对运行 10 年以上的隔离开关，每 5 年对隔离开关中间法兰和根部进行无损探伤	《防止电力生产事故的二十五项重点要求》“13.2.12　对新安装的隔离开关，隔离开关的中间法兰和根部进行无损探伤。对运行 10 年以上的隔离开关，每 5 年对隔离开关中间法兰和根部进行无损探伤。”

2. 监督项目解析

隔离开关中间法兰和根部探伤是隔离开关设备在运维检修阶段重要的监督项目。

若该条款无法满足，隔离开关设备可能出现由于运行时间过长而使隔离开关连接处的法兰和根部出现应力损伤等情况，造成无法正常分合闸，容易引发安全事故造成隔离开关设备损坏。

3. 监督要求

开展本条目监督以查阅资料为主，重点检查隔离开关设备相关检修试验报告，对报告中隔离开关各运动部位是否采用性能良好的二硫化钼锂基润滑脂进行检查。

4. 整改措施

当技术监督人员在查阅资料或现场检查时发现运行 10 年以上的隔离开关，未做到每 5 年对隔离开关中间法兰和根部进行无损探伤，应及时将现场情况通知相关运检部门，并督促运维单位按照规范要求进行相关人员和调试设备的准备情况进行检查，直至所有运行监督项目均满足规范要求。

3.3.9.20 沉降观测

1. 监督要点及监督依据

沉降观测监督要点及监督依据见表 3－238。

表 3－238　沉降观测监督要点及监督依据

监督要点	监督依据
观测次数应视地基土类型和沉降速度大小而定。一般在第一年观测 3～4 次，第二年 2～3 次，第三年后每年一次，直至稳定或满足观测要求为止	《建筑变形测量规范》（JGJ 8—2016）“7.1.5　2　建筑使用阶段的观测次数，应视地基土类型和沉降速率大小而定。除有特殊要求外，可在第一年观测 3～4 次，第二年观测 2～3 次，第三年后每年观测 1 次，直至稳定为止。4. 建筑沉降是否进入稳定阶段，应由沉降量与时间关系曲线判定。当最后 100d 的沉降速率小于 0.01～0.04mm/d 时可认为已进入稳定阶段。具体取值宜根据各地区地基土的压缩性能确定。”

2. 监督项目解析

隔离开关反事故措施执行情况是隔离开关设备在运维检修阶段重要的监督项目。

若该监督条款无法满足，则无法准确估计隔离开关基础沉降情况，容易造成隔离开关因基础沉降造成的缺陷情况无法准确判断等问题。

3. 监督要求

开展本条目监督以查阅资料为主，包括基础沉降观测记录、沉降观察时间间隔和对应沉降距离。

4. 整改措施

当技术监督人员在查阅资料或现场检查时发现沉降观测周期未按照规范要求执行时，应及时将现场情况通知相关运检部门，并督促运维单位按照规范要求对相关人员和调试设备的准备情况进行检查，直至所有运行监督项目均满足规范要求。

3.3.10 退役报废阶段

3.3.10.1 设备退役转备品

1. 监督要点及监督依据

设备退役转备品监督要点及监督依据见表 3－239。

表 3－239　　设备退役转备品监督要点及监督依据

监督要点	监督依据
1. 各单位及所属单位发展部在项目可研阶段对拟拆除隔离开关进行评估论证，在项目可行性研究报告或项目建议书中提出拟拆除隔离开关作为备品备件、再利用等处置建议。 2. 国网运检部、各单位及所属单位运检部根据项目可研审批权限，在项目可研评审时同步审查拟拆除隔离开关处置建议。 3. 在项目实施过程中，项目管理部门应按照批复的拟拆除隔离开关处置意见，组织实施相关隔离开关拆除工作。隔离开关拆除后由运检部门组织开展技术鉴定，确定其留作备品、再利用或报废的处置意见。履行鉴定手续后由物资部门负责后续保管工作。 4. 需修复后再利用的隔离开关，应由运检部门编制修理项目并组织实施。 5. 隔离开关退役、调拨时应同步更新 PMS 等相关业务管理系统、ERP 系统信息，确保资产管理各专业系统数据完备准确，保证资产账、卡、物动态一致。 6. 隔离开关退役后，由资产运维单位（部门）及时进行设备台账信息变更，并通过系统集成同步更新资产状态信息。 7. 隔离开关调出、调入单位在 ERP 系统履行资产调拨程序，做好业务管理系统中设备信息变更维护工作。产权所属发生变化时，调出、调入单位应同时做好相关设备台账及历史信息移交，保证设备信息完整。 8. 物资管理单位对入库的退役隔离开关，应根据退役资产入库单上的资产信息及时维护台账，隔离开关备品备件的台账清册应做到基础信息详实、准确，图纸、合格证、说明书等原始资料应妥善保管。仓储管理人员应定期盘库，对台账进行核对，确保做到账、卡、物一致，定期或根据实际需要进行台账发布。 9. 物资管理单位（运检部门配合）应根据隔离开关仓储要求妥善保管，备品备件存放的环境温度、湿度应满足存放保管要求，同时应做好防火、防潮、防水、防腐、防盗和清洁卫生工作；设备上的易损伤、易丢失的重要零部件、材料均应单独保管，并应注意编号，以免混淆和丢失。 10. 物资部门配合运检部门定期组织相关人员，对库存备品备件进行检查维护及必要的试验，保证库存备品备件的合格与完备。对于经检查不符合技术要求的备品备件应及时更换。	1～4.《国家电网公司电网实物资产管理规定》（国家电网企管〔2014〕1118 号）“第二十四条　各单位及所属单位在项目可研阶段对拟拆除资产进行评估论证，在项目可行性研究报告或项目建议书中提出拟拆除资产作为备品备件、再利用或报废等处置建议。第二十五条　公司总部有关部门、各单位及所属单位根据项目可研审批权限，在项目可研评审时同步审查拟拆除资产处置建议。第二十六条　在项目实施过程中，项目管理部门应按照批复的拟拆除资产处置意见，组织实施相关资产拆除工作。资产拆除后由实物资产管理部门组织开展技术鉴定，确定其留作备品、再利用或报废的处置意见。履行鉴定手续后的保管资产和完成报废手续的报废物资，由物资管理单位负责后续保管和处置。” 5～7.《国家电网公司电网实物资产管理规定》（国家电网企管〔2014〕1118 号）“第三十四条　资产新增、退役、调拨、报废等变动时应同步更新 PMS、TMS、OMS 等相关业务管理系统、ERP 系统信息，确保资产管理各专业系统数据完备准确，保证资产账卡物动态一致。（一）实物资产新增。实物资产运维单位（部门）依据项目管理单位提供的信息，在相关业务管理系统中建立设备台账，通过接口在 ERP 系统中同步建立设备台账，财务部门完成资产卡片建立及价值管理。工程投运前应建立（更新）设备台账关键信息。（二）实物资产退役报废。实物资产退役后，由资产运维单位（部门）及时进行设备台账信息变更，并通过系统集成同步更新资产状态信息。（三）实物资产调拨。资产调出、调入单位在 ERP 系统履行资产调拨程序，做好业务管理系统中设备信息变更维护工作。产权所属发生变化时，调出、调入单位应同时做好相关设备台账及历史信息移交，保证设备信息完整。” 8～10.《国家电网公司电网实物资产管理规定》（国家电网企管〔2014〕1118 号）“第二十七条　物资管理单位对入库的退役资产，应根据退役资产入库单上的资产信息及时维护台账，保证实物与台账的一致性，根据设备仓储要求妥善保管。对作为备品或拟再利用的退役资产进行日常维护保养，配合实物资产管理单位开展检测工作。”

续表

监督要点	监督依据
11. 各单位及所属单位应加强隔离开关再利用管理，最大限度发挥资产效益。退役隔离开关再利用优先在本单位内部进行，不同单位间退役隔离开关再利用工作由上级单位统一组织。 12. 工程项目原则上优先选用库存可再利用隔离开关，基建、技改和其他项目可研阶段应统筹考虑隔离开关再利用，在项目可行性研究报告或项目建议书中提出是否使用再利用隔离开关及相应再利用方案。 13. 对于使用再利用隔离开关的工程项目，项目单位（部门）应根据可研批复办理资产出库领用手续；对跨单位再利用的隔离开关应办理资产调拨手续。 14. 各单位及所属单位应加强库存可再利用隔离开关的修复、试验、维护保养及信息发布等工作，每年对库存可再利用隔离开关进行状态评价，对不符合再利用条件的隔离开关履行固定资产报废程序，并及时发布相关信息	11～14.《国家电网公司电网实物资产管理规定》（国家电网企管〔2014〕1118 号）“第二十八条　资产再利用管理管理要求如下：（一）各单位及所属单位应加强资产再利用管理，最大限度发挥资产效益。退役资产再利用优先在本单位内部进行，不同单位间退役资产再利用工作由上级单位统一组织。（二）工程项目原则上优先选用库存可再利用资产，基建、技改和其他项目可研阶段应统筹考虑资产再利用，在项目可行性研究报告或项目建议书中提出是否使用再利用资产及相应再利用方案。（三）对于使用再利用资产的工程项目，项目单位（部门）应根据可研批复办理资产出库领用手续；对跨单位再利用的资产应办理资产调拨手续。（四）各单位及所属单位应加强库存可再利用资产的修复、试验、维护保养及信息发布等工作，每年对库存可再利用资产进行状态评价，对不符合再利用条件的资产履行固定资产报废程序，并及时发布相关信息。”

2. 监督项目解析

隔离开关设备退役转备品是退役报废阶段非常重要的监督项目。

若该监督条款无法满足，可能造成设备未到寿命年限而提前退役，造成资产浪费。隔离开关设备是否在运行，对于电网安全运行影响较大，涉及 PMS、ERP 等多个系统，隔离开关设备退役后需要及时在系统中更新状态，而且保存的环境，维护是否到位，对设备的日后再利用影响重大。而且设备信息维护不到位，可能造成设备运行信息混乱，无法得到及时保养。

3. 监督要求

开展本条目监督，结合查阅资料，现场核查 PIMS 系统，抽查 1 台退役隔离开关相关记录，包括项目可研报告、项目建议书、隔离开关鉴定意见、退役设备台账、退役设备定期试验记录、隔离开关备品台账和再利用记录，确保隔离开关设备退役程序可靠，退役后去向清晰、保存可靠。

4. 整改措施

当技术监督人员在查阅资料或现场检查时发现设备退役转备品未按照规范要求执行时，应及时将现场情况通知相关物资和运检部门，并督促运维单位按照规范要求进行进行检查，直至所有工作均满足规范要求。

3.3.10.2　设备退役报废

1. 监督要点及监督依据

设备退役报废监督要点及监督依据见表 3－240。

表 3－240　　设备退役报废监督要点及监督依据

监督要点	监督依据
1. 各单位及所属单位发展部在项目可研阶段对拟拆除隔离开关进行评估论证，在项目可行性研究报告或项目建议书中提出拟拆除隔离开关作为备品备件、再利用等处置建议。 2. 国网公司总部运检部、各单位及所属单位运检部根据项目可研审批权限，在项目可研评审时同步审查拟拆除隔离开关处置建议。 3. 在项目实施过程中，项目管理部门应按照批复的拟拆除隔离开关处置意见，组织实施相关隔离开关拆除工作。隔离开关拆除后由运检部门组织开展技术鉴定，确定其留作备品、再利用或报废的处置意见。履行鉴定手续后由物资部门负责后续保管工作。	1～4.《国家电网公司电网实物资产管理规定》（国家电网企管〔2014〕1118 号）“第二十四条　各单位及所属单位在项目可研阶段对拟拆除资产进行评估论证，在项目可行性研究报告或项目建议书中提出拟拆除资产作为备品备件、再利用或报废等处置建议。第二十五条　公司总部有关部门、各单位及所属单位根据项目可研审批权限，在项目可研评审时同步审查拟拆除资产处置建议。第二十六条　在项目实施过程中，项目管理部门应按照批复的拟拆除资产处置意见，组织实施相关资产拆除工作。资产拆除后由实物资产管理部门组织开展技术鉴定，确定其留作备品、再利用或报废的处置意见。履行鉴定手续后的保管资产和完成报废手续的报废物资，由物资管理单位负责后续保管和处置。”

续表

监督要点	监督依据
4. 需修复后再利用的隔离开关，应由运检部门编制修理项目并组织实施。 5. 隔离开关退役、调拨时应同步更新PMS等相关业务管理系统、ERP系统信息，确保资产管理各专业系统数据完备准确，保证资产账卡物动态一致。 6. 隔离开关退役后，由资产运维单位（部门）及时进行设备台账信息变更，并通过系统集成同步更新资产状态信息。 7. 隔离开关调出、调入单位在ERP系统履行资产调拨程序，做好业务管理系统中设备信息变更维护工作。产权所属发生变化时，调出、调入单位应同时做好相关设备台账及历史信息移交，保证设备信息完整。 8. 物资管理单位对入库的退役隔离开关，应根据退役资产入库单上的资产信息及时维护台账，隔离开关备品备件的台账清册应做到基础信息详实、准确，图纸、合格证、说明书等原始资料应妥善保管。仓储管理人员应定期盘库，对台账进行核对，确保做到账、卡、物一致，定期或根据实际需要进行台账发布。 9. 物资管理单位（运检部门配合）应根据隔离开关仓储要求妥善保管，备品备件存放的环境温度、湿度应满足存放保管要求，同时应做好防火、防潮、防水、防腐、防盗和清洁卫生工作；设备上的易损伤、易丢失的重要零部件、材料均应单独保管，并应注意编号，以免混淆和丢失。 10. 物资部门配合运检部门定期组织相关人员，对库存备品备件进行检查维护及必要的试验，保证库存备品备件的合格与完备。对于经检查不符合技术要求的备品备件应及时更换。 11. 各单位及所属单位应加强隔离开关再利用管理，最大限度发挥资产效益。退役隔离开关再利用优先在本单位内部进行，不同单位间退役隔离开关再利用工作由上级单位统一组织。 12. 工程项目原则上优先选用库存可再利用隔离开关，基建、技改和其他项目可研阶段应统筹考虑隔离开关再利用，在项目可行性研究报告或项目建议书中提出是否使用再利用隔离开关及相应再利用方案。 13. 对于使用再利用隔离开关的工程项目，项目单位（部门）应根据可研批复办理资产出库领用手续；对跨单位再利用的隔离开关应办理资产调拨手续。 14. 各单位及所属单位应加强库存可再利用隔离开关的修复、试验、维护保养及信息发布等工作，每年对库存可再利用隔离开关进行状态评价，对不符合再利用条件的隔离开关履行固定资产报废程序，并及时发布相关信息。	5～7.《国家电网公司电网实物资产管理规定》（国家电网企管〔2014〕1118号）“第三十四条　资产新增、退役、调拨、报废等变动时应同步更新PMS、TMS、OMS等相关业务管理系统、ERP系统信息，确保资产管理各专业系统数据完备准确，保证资产账卡物动态一致。（一）实物资产新增。实物资产运维单位（部门）依据项目管理单位提供的信息，在相关业务管理系统中建立设备台账，通过接口在ERP系统中同步建立设备台账，财务部门完成资产卡片建立及价值管理。工程投运前应建立（更新）设备台账关键信息。（二）实物资产退役报废。实物资产退役后，由资产运维单位（部门）及时进行设备台账信息变更，并通过系统集成同步更新资产状态信息。（三）实物资产调拨。资产调出、调入单位在ERP系统履行资产调拨程序，做好业务管理系统中设备信息变更维护工作。产权所属发生变化时，调出、调入单位应同时做好相关设备台账及历史信息移交，保证设备信息完整。” 8～10.《国家电网公司电网实物资产管理规定》（国家电网企管〔2014〕1118号）中“第二十七条　物资管理单位对入库的退役资产，应根据退役资产入库单上的资产信息及时维护台账，保证实物与台账的一致性，根据设备仓储要求妥善保管。对作为备品或拟再利用的退役资产进行日常维护保养，配合实物资产管理单位开展检测工作。” 11～14.《国家电网公司电网实物资产管理规定》（国家电网企管〔2014〕1118号）中“第二十八条　资产再利用管理管理要求如下：（一）各单位及所属单位应加强资产再利用管理，最大限度发挥资产效益。退役资产再利用优先在本单位内部进行，不同单位间退役资产再利用工作由上级单位统一组织。（二）工程项目原则上优先选用库存可再利用资产，基建、技改和其他项目可研阶段应统筹考虑资产再利用，在项目可行性研究报告或项目建议书中提出是否使用再利用资产及相应再利用方案。（三）对于使用再利用资产的工程项目，项目单位（部门）应根据可研批复办理资产出库领用手续；对跨单位再利用的资产应办理资产调拨手续。（四）各单位及所属单位应加强库存可再利用资产的修复、试验、维护保养及信息发布等工作，每年对库存可再利用资产进行状态评价，对不符合再利用条件的资产履行固定资产报废程序，并及时发布相关信息。”

2. 监督项目解析

隔离开关设备退役报废是退役报废阶段非常重要的监督项目。

若该监督条款无法满足，对隔离开关可研评估论证不到位，可能造成设备未到寿命年限而提前报废，造成资产浪费。隔离开关设备是否退出运行，对于电网安全运行影响较大，涉及PMS、ERP等多个系统。遇到规划有巨大变化、设备不满足设备运行要求、缺少零配件且无法修复等不可抗拒的因素，隔离开关不及时报废，将对电网设备运行造成巨大危害。设备内部报废手续履行不到位，可能造成废旧设备重新流入电网，对电网设备运行危害巨大。

3. 监督要求

开展本条目监督，结合查阅资料/现场抽查，抽查1台退役隔离开关，包括项目可研报告、项目建议书、隔离开关鉴定意见、隔离开关资产管理相关台账和信息系统、隔离开关报废处理记录，确保隔离开关设备再利用后去向明晰，设备报废程序可靠，报废后去向明晰，不危害电网运行。

4. 整改措施

当技术监督人员在查阅资料或现场检查时发现设备退役报废未按照规范要求执行时，应及时将现场情况通知相关物资和运检部门，并督促运维单位按照规范要求进行进行检查，直至所有工作均满足规范要求。

3.4 开 关 柜

3.4.1 规划可研阶段

3.4.1.1 设备选型、参数选择

1. 监督要点及监督依据

设备选型、参数选择监督要点及监督依据见表 3－241。

表 3－241　设备选型、参数选择监督要点及监督依据

监督要点	监督依据
1. 工程应用中开关柜主要以空气绝缘为主，对空间有较高要求或高海拔地区可采用气体绝缘开关柜。采用气体绝缘开关柜时，应优先采用环保气体作为绝缘介质。 2. 断路器额定电流的选定应考虑到电网发展的需要。 3. 开关柜额定短路开断电流应满足现场运行实际要求和远景发展规划需求	1.《国网基建部关于进一步明确变电站通用设计开关柜选型技术原则的通知》（基建技术〔2014〕48 号）二、开关柜选型通用设计 2. 开关柜绝缘介质选择。 2.《高压交流断路器参数选用导则》（DL/T 615—2013）5.2 额定电流的选定还应考虑电网发展的需要。 3.《交流高压开关设备技术监督导则》（Q/GDW 11074—2013）5.1.3 监督内容及要求

2. 监督项目解析

设备的选型、参数选择是规划可研阶段重要的技术监督项目。

若开关柜设备选择不满足安装地点环境要求，将加快绝缘劣化，加剧设备放电，造成故障。若不满足额定短路开断电流的开关柜投运后，将可能导致故障短路电流较大时，开关柜断路器无法开断短路电流，严重时灭弧室炸裂，扩大故障范围，极大增加设备后续运维和检修负担。

在查阅可研报告、可研审查意见、相关批复、属地电网的发展规划等材料时，重点对当地环境进行评估，原则上选用空气绝缘开关柜，若运行环境存在污秽、潮湿、空间狭小或高海拔情况，可采用气体绝缘开关柜（充气柜）。固体绝缘开关柜目前处于初期应用阶段，更多的应用在环网柜，变电站中较为少见。需要对当地经济发展和规划情况、电网建设情况进行评估，确保开关柜额定短路开断电流满足要求。

3. 监督要求

开展本条目监督时，查阅工程可研报告、可研审查意见、部门批复及属地电网规划等方式开展工作，确保设备选型及参数选择合理性。

4. 整改措施

当发现本条目不满足时，应及时向规划、设计部门反映情况，并记录不满足要点要求的设备选型和参数，督促规划、设计部门进行更改。

3.4.1.2 系统接线方式

1. 监督要点及监督依据

系统接线方式监督要点及监督依据见表 3－242。

表 3－242　系统接线方式监督要点及监督依据

监督要点	监督依据
1. 当变电站装有两台及以上主变压器时，6～10kV 电气接线宜采用单母线分段，分段方式应满足当其中一台主变压器停运时，有利于其他主变压器的负荷分配。 2. 220kV 变电站中的 35、10kV 配电装置宜采用单母线接线，并根据主变压器台数确定母线分段数量	1.《35kV～110kV 变电站设计规范》（GB 50059—2011）3.2.3、3.2.4、3.2.5。 2.《220kV～750kV 变电站设计技术规程》（DL/T 5218—2012）5.1.7

2. 监督项目解析

系统接线方式是规划可研阶段重要的技术监督项目。

若新建变电站采用双母线设置，将增大变电站占地面积、母线隔离开关和保护装置等设备数量，加大操作难度。

3. 监督要求

开展本条目监督时，查阅工程可研报告、相关批复及属地电网规划等，确保开关柜系统接线方式合理、无误。

4. 整改措施

当发现本条目不满足时，应及时向规划、设计部门反映情况，并记录不满足要点要求的相关情况及系统实际接线方式，并督促整改。

3.4.2 工程设计阶段

3.4.2.1 设备布置合理性

1. 监督要点及监督依据

设备布置合理性监督要点及监督依据见表 3－243。

表 3－243　设备布置合理性监督要点及监督依据

监督要点	监督依据
1. 开关柜避雷器、电压互感器等柜内设备应经隔离开关（或隔离手车）与母线相连，严禁与母线直接连接。 2. 主变压器中、低压侧进线避雷器不宜布置在进线开关柜内	《国家电网有限公司关于印发十八项电网重大反事故措施（修订版）的通知》（国家电网设备〔2018〕979 号）12.4.1.6、12.4.1.18

2. 监督项目解析

设备配置合理性是工程设计阶段重要的技术监督项目。

由于开关柜内部接线相对隐蔽，若未在避雷器、电压互感器等柜内设备与母线相连点设置明显的断开点，可能导致因误碰带电设备而造成的人身伤亡事故。

为避免避雷器故障造成开关柜损坏，主变压器 10（6）、35kV 侧进线避雷器不宜布置在进线开关柜内，而应安装在主进母线桥处。

3. 监督要求

开展本条目监督时，应查阅设计图纸，对母线接线方式进行核实。

4. 整改措施

若母线设备配置不满足要求，记录不满足的条款和参数，要求设计单位予以整改。

3.4.2.2 避雷器配置

1. 监督要点及监督依据

避雷器配置监督要点及监督依据见表 3－244。

表 3－244 避雷器配置监督要点及监督依据

监督要点	监督依据
1. 空气绝缘开关柜应选用硅橡胶外套氧化锌避雷器。 2. 选用电容器组用金属氧化物避雷器时，应充分考虑其通流容量	《国家电网有限公司关于印发十八项电网重大反事故措施（修订版）的通知》（国家电网设备〔2018〕979 号）12.4.1.18、10.2.1.10

2. 监督项目解析

避雷器配置是工程设计阶段重要的技术监督项目。

瓷套避雷器易炸裂、体积大，不利于柜内安装；且避雷器故障率较高，可能损坏甚至发生爆炸，若安装于柜内可能引起故障扩大。

3. 监督要求

开展本条目监督时，应查阅设计图纸，对避雷器参数和接线方式进行核实。

4. 整改措施

若避雷器配置不满足要求，记录不满足的条款和参数，要求设计单位予以整改。

3.4.2.3 电流互感器配置

1. 监督要点及监督依据

电流互感器配置监督要点及监督依据见表 3－245。

表 3－245 电流互感器配置监督要点及监督依据

监督要点	监督依据
1. 所选用电流互感器的动、热稳定性能应满足安装地点系统短路容量的远期要求，一次绕组串联时也应满足安装地点系统短路容量的要求。 2. 电流互感器应三相配置。 3. 电流互感器额定一次电流的确定，应保证其在正常运行中的实际负荷电流达到额定值的 60%左右，至少不应小于 30%，否则，应选用高动热稳定电流互感器，以减小变比	1.《国家电网有限公司关于印发十八项电网重大反事故措施（修订版）的通知》（国家电网设备〔2018〕979 号）11.1.1.5。 2.《10kV～110（66）kV 线路保护及辅助装置标准化设计规范》（Q/GDW 10766—2015）6.3.3 过电流保护测控装置。 3.《电能计量装置技术管理规程》（DL/T 448—2016）6.4

2. 监督项目解析

电流互感器设计是工程设计阶段非常重要的技术监督项目。

若电流互感器动热稳定性不能满足安装地点系统短路容量的要求，则保护、测量、计量等装置无法正常工作，严重时可能引起互感器烧损、炸裂。

测量用电流互感器接于指针式仪表时，仪表指示精度在量程中段处精度较高，故对测量用电流互感器正常运行的实际负荷电流宜达到额定值的 60%，且不应小于 30%（S 级为 20%），其额定二次负荷的功率因数在 0.8～1.0 时，仪表指示精度较高，满足测量精度要求。

3. 监督要求

开展本条目监督时，应查阅设计图纸，对电流互感器的参数和接线进行核实。

4. 整改措施

对应监督要点，记录电流互感器设计是否满足要求，如果不满足，记录不满足的条款和参数，要求设计单位予以整改。

3.4.2.4 电压互感器回路

1. 监督要点及监督依据

电压互感器回路监督要点及监督依据见表 3－246。

表 3－246　　电压互感器回路监督要点及监督依据

监督要点	监督依据
1. 在电压互感器一次绕组中对地间串接线性或非线性消谐电阻、加零序电压互感器或在开口绕组加阻尼或其他专门消除此类谐振的装置。 2. 开关柜内装有电压互感器时，电压互感器高压侧应有防止内部故障的高压熔断器，其开断电流应与开关柜参数相匹配	1.《国家电网有限公司关于印发十八项电网重大反事故措施（修订版）的通知》（国家电网设备〔2018〕979 号）14.4.1.2。 2.《导体和电器选择设计技术规定》（DL/T 5222—2005）13.0.7

2. 监督项目解析

电压互感器回路是工程设计阶段非常重要的技术监督项目。

电压互感器磁饱和导致铁磁谐振是一种常见且危害性较大的故障。在中性点不接地系统中，由于线路单相接地短路、线路断线、操作空母线等原因，在运行中往往容易激发电压互感器发生铁磁谐振。当出现铁磁谐振时，将产生高于额定值几倍甚至几十倍的过电流，若不加以控制，极可能导致高压熔断器熔断或电压互感器高压绕组烧损。

经实践，采取“4TV”接线方式在消除谐振方面具有突出的作用，特别是 10kV 配电网中效果尤为明显。铁磁谐振发生的根本原因在于电压互感器铁芯在某些激发条件下饱和，使其感抗变小，并与线路对地电容的容抗相等所致。如果采用电压互感器一次绕组中性点经零序电压互感器接地，在此情况下，如发生单相接地故障，电压互感器中性点对地有相电压产生，而主 TV 仍处于正序对称电压之下，互感器电感并不发生改变，则 TV 各相绕组跨接在电源的相间电压上，不再与接地电容相并联，因而不会发生中性点位移，也就不会发生谐振，因此，“4TV”接线对抑制铁磁谐振的发生是很有效的措施。当系统接地故障消逝后，健全相积累的电荷必须经电压互感器（其中性点接地）对地放电，使电压恢复到正常的电压下，现场测试和理论分析表明，这个暂态过程所产生的电流比正常电流大很多倍，可导致高压熔断器熔断。这种放电电流频率很低、幅值大，一般称为超低频振荡电流，超低频振荡电流的危害在系统中很普遍（因为系统电容比以往大很多）。当中性点经零序电压互感器接地后，由于零序电压互感器的电阻和高电抗，使超低频振荡电流幅值得到有效的抑制，因此，“4TV”接线对抑制这种超低频振荡电流幅值也是很有效的措施。图 3－1 为 TV 接线基本原理图。

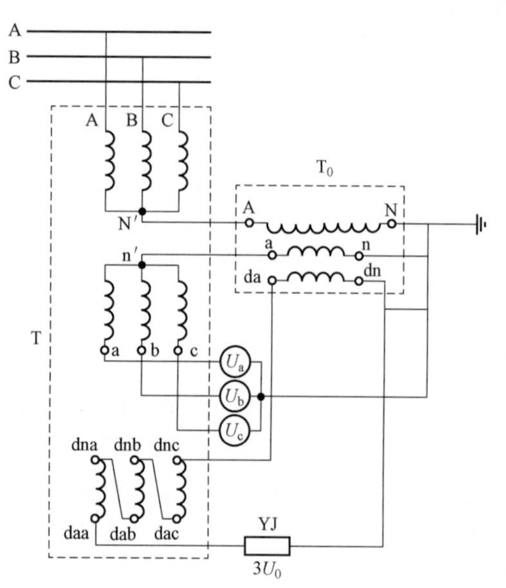

图 3－1　TV 接线基本原理图

3. 监督要求

开展本条目监督时，应查阅设计图纸，并要求设计单位对电压互感器的消谐方式进行明确。对应监督要点，记录是否满足要求。

4. 整改措施

如果电压互感器回路不满足相关要求，记录不满足的条款和参数，要求设计单位予以整改。

3.4.2.5 站用变压器回路

1. 监督要点及监督依据

站用变压器回路监督要点及监督依据见表 3－247。

表 3－247 站用变压器回路监督要点及监督依据

监督要点	监督依据
1. 新建变电站的站用变压器、接地变压器不应布置在开关柜内或紧靠开关柜布置，避免其故障时影响开关柜运行。 2. 站用变高压侧宜采用断路器作为保护电器。 3. 站用变压器应采用干式、低损耗、散热好、全工况的加强绝缘型产品，产品损耗值应满足规定。 4. 站用变压器应能在单相接地的情况下持续运行 8h 以上，在布置上考虑方便调换和试验	1.《国家电网有限公司关于印发十八项电网重大反事故措施（修订版）的通知》（国家电网设备〔2018〕979 号）12.4.1.17。 2.《关于进一步加强变电站电缆防火设计和建设工作的通知》（国家电网基建〔2008〕964 号）5 站用变压器高压侧宜采用断路器作为保护电器，并配置相应保护。 3～4.《12kV～40.5kV 高压开关柜采购标准 第 1 部分：通用技术规范》（Q/GDW 13088.1—2018） “5.9 站用变压器（若有）： 5.9.1 站用变压器应采用干式、低损耗、散热好、全工况的加强绝缘型产品，产品损耗值满足 GB/T 20052 的规定。 5.9.2 变压器应能在单相接地的情况下持续运行 8h 以上，在布置上考虑方便调换和试验。”

2. 监督项目解析

站用变压器回路是工程设计阶段重要的技术监督项目。

干式变安装于柜内通风散热的要求与柜体满足 LSC2 的要求间存在矛盾。而柜内站用变压器、接地变压器故障多发，若其布置在开关柜内或临近开关柜易造成大量开关柜设备烧损，受损设备难以在短期内得到恢复。建议将其单独布置，且远离开关柜。

3. 监督要求

开展本条目监督时，应查阅设计图纸，逐项对接地情况进行核实。

4. 整改措施

若站用变压器回路不满足要求，记录是否满足要求，如果不满足，记录不满足的条款和参数。

3.4.2.6 接地

1. 监督要点及监督依据

接地监督要点及监督依据见表 3－248。

表 3－248 接地监督要点及监督依据

监督要点	监督依据
接地导体应采用铜质导体，在规定的接地故障条件下，在额定短时耐受时间为 3s 时，其电流密度不应超过 110A/mm^2，但最小截面积不应小于 240mm^2	《12kV～40.5kV 高压开关柜采购标准 第 1 部分：通用技术规范》（Q/GDW 13088.1—2018） “5.2.13 对接地的要求 b）接地导体应采用铜质导体，在规定的接地故障条件下，在额定短时耐受时间为 3s 时，其电流密度不应超过 110A/mm^2，但最小截面积不应小于 240mm^2。接地导体的末端应用铜质端子与设备的接地系统相连接，端子的电气接触面积应与接地导体的截面相适应，但最小电气接触面积不应小于 160mm^2。”

2. 监督项目解析

接地是工程设计阶段重要的技术监督项目。

安全接地是工程设计阶段的重要环节，对于防止短时耐受电流、保证运维检修人员人身安全等方面具有重要意义。不可靠的接地会对电网及工作人员人身安全造成极大威胁。安全接地最重要的指标参数就是接地体的载流量，其基本上由导体材料、尺寸和焊接工艺决定。接地导体截面积应满足设备短路电流动热稳定性要求，不应小于 240mm^2。

3. 监督要求

开展本条目监督时，应查阅设计图纸，逐项对接地情况进行核实。

4. 整改措施

若接地不满足要求，记录不满足的条款，并要求设计单位予以整改。

3.4.2.7 直流供电方式

1. 监督要点及监督依据

直流供电方式监督要点及监督依据见表 3－249。

表 3－249　　直流供电方式监督要点及监督依据

监督要点	监督依据
35（10）kV 开关柜直流供电采用每段母线辐射供电方式	《国家电网有限公司关于印发十八项电网重大反事故措施（修订版）的通知》（国家电网设备〔2018〕979 号） “5.3.1.9　直流电源系统馈出网络应采用集中辐射或分层辐射供电方式，分层辐射供电方式应按电压等级设置分电屏，严禁采用环状供电方式。断路器储能电源、隔离开关电机电源、35（10）kV 开关柜顶可采用每段母线辐射供电方式。”

2. 监督项目解析

直流供电方式是工程设计阶段重要的技术监督项目。

直流系统的供电方式一般有环状供电方式和辐射状供电方式。以往直流系统的供电多采用环状供电方式，但它的网络接线较复杂，容易造成供电回路的误并联，不易查找接地故障等缺点。辐射状供电方式具有网络接线简单、可靠，易于查找接地故障点等优点，近年来多采用辐射状供电方式。对于 35kV 及 10kV 开关柜的直流供电，若全部取自分电柜，则将增加大量直流馈出回路分电柜及电缆，增加大量敷设电缆的工程量。工程中若全站仅设置一段柜顶小母线环状供电，因供电对象太多查找接地故障相对较难。因此，按每段 35（10）kV 开关柜顶直流网络采用环网供电方式，即在每段母线柜顶设置 1 组直流小母线，每组直流小母线由 1 路直流馈线供电，35（10）kV 开关柜配电装置由柜顶直流小母线供电。

3. 监督要求

开展本条目监督时，应查阅设计图纸，对直流供电方式予以核实。

4. 整改措施

若直流供电方式不满足要求，要求设计单位予以整改。

3.4.2.8 开关柜环境要求

1. 监督要点及监督依据

开关柜环境要求监督要点及监督依据见表 3－250。

2. 监督项目解析

开关柜配电室是工程设计阶段重要的技术监督项目。

表 3－250　　开关柜环境要求监督要点及监督依据

监督要点	监督依据
配电室应满足开关柜运行环境要求： 1. 在 SF_6 配电装置室低位区应安装能报警的氧量仪和 SF_6 泄漏报警仪，在工作人员入口处应装设显示器。 2. 配电室内环境温度不在 5℃～30℃范围，应配置空调等有效的调温设施，室内日最大相对湿度超过 95%或月最大相对湿度超过 75%的，应配置工业除湿机或空调。配电室排风机控制开关应在室外。 3. 开关柜配电室内各种通道的宽度应满足规范要求。 4. 在电缆从室外进入室内的入口处、敷设两个及以上间隔电缆的主电缆沟道和到单个间隔或设备分支电缆沟道的交界处应设置防火墙，在主电缆沟道内每间隔 60m 应设置一道防火墙	1.《国家电网公司电力安全工作规程变电部分》（Q/GDW 1799.1—2013）11.5　SF_6 配电装置室防毒配制。 2.《国家电网有限公司关于印发十八项电网重大反事故措施（修订版）的通知》（国家电网设备〔2018〕979 号）12.4.1.16。 3.《3～110kV 高压配电装置设计规范》（GB 50060—2008）5.4.4 通道宽度设置。 4.（1）《国网设备部关于印发〈变电站（换流站）消防设备设施等完善化改造原则（试行）〉的通知》（设备变电〔2018〕15 号）4.2.4.8。 （2）《火力发电厂与变电站设计防火规范》（GB 50229—2006）11.3.1。 （3）《电力设备典型消防规程》（DL 5027—2015）10.5.4

若设备运行环境在工程设计期间未满足要求，后续整改存在较大困难。由于热缩材料、复合绝缘材料、固体绝缘材料在开关柜的大量应用，开关柜对地、相间尺寸大大减少，低于空气绝缘下的设计标准，且部分材料存在质量不稳定，未经过高低温试验、老化试验、凝露污秽等试验，造成运行中开关柜时常发生绝缘故障，因此，若运行单位未在高压配电室加装通风、除湿防潮设备，改善开关柜运行环境，极易引起由凝露导致的绝缘事故。

若充气柜配电室未按照《国家电网公司电力安全工作规程变电部分》的要求配置含氧量及 SF_6 气体浓度监测装置，未确保其功能正常，则工作人员人身安全将无法得到保障。在工作人员入口装设显示器有利于工作人员在进入配电室前了解充气柜配电室含氧量及 SF_6 气体浓度，将风机开关装设在入口处有利于工作人员不进入配电室即可启动风机，若未设置或设置在室内，则可能导致在含氧量及 SF_6 气体浓度未满足人员要求的前提下，人员提前走入室内，处于危险之地。

继电保护装置在不同的环境温度下，其运行可靠性存在明显差异。若室内高温，可加速装置内部绝缘材料老化，导致装置精度不够、使用年限缩短，严重时造成保护误动、拒动；若室内低温，可使元件触点冷粘作用加强，触点表面起露，同样可能保护误动、拒动。

若开关柜配电室内各种通道的宽带不满足要求，将严重影响巡视、操作及检修工作。

若开关柜配电室采取防止电缆火灾蔓延的阻燃或分隔措施设置不到位，则不能够在火灾发生时有效地阻止火势的蔓延，把燃烧限制在局部范围内，扩大故障范围。

根据运行经验，若湿度超过 75%时未设置工业除湿机，开关柜配电室运行环境湿度持续过高，容易使开关柜受潮、发生凝露、表面绝缘强度降低，影响设备安全运行，导致严重事故。

3. 监督要求

开展本条目监督时，应查阅资料，包括配电室设施配置情况，配电室布置图，环境温、湿度等资料。

4. 整改措施

对应监督要点，记录开关柜配电室除湿、温控、防火等配制是否满足要求，如果不满足，记录不满足的条款和参数，要求设计单位予以整改。

3.4.3　设备采购阶段

3.4.3.1　开关柜选型

1. 监督要点及监督依据

开关柜选型监督要点及监督依据见表 3－251。

表 3-251　　开关柜选型监督要点及监督依据

监督要点	监督依据
1. 开关柜应选用 LSC2 类（具备运行连续性功能）产品。 2. 开关柜应选用 IAC 级（内部故障级别）产品	《国家电网有限公司关于印发十八项电网重大反事故措施（修订版）的通知》（国家电网设备〔2018〕979 号）12.4.1.1、12.4.1.4

2. 监督项目解析

开关柜选型是设备采购阶段最重要的技术监督项目。

开关柜型式、内部故障级别、投切电容器断路器选型等是开关柜选型的关键指标，关系到开关柜防护水平、抗弧能力等重要性能，十分重要。对于开关柜选型，一旦设选型错误，更换改造极为困难。若不符合设备选型的开关柜投入运行，将会对电网安全、运行可靠性产生极大的威胁。采购阶段应严格落实开关柜选型要求，以提高开关柜防护水平，预防开关柜人身伤害。

开关柜主回路隔室打开时其他隔室和/或功能单元是否可继续带电分为 LSC1 和 LSC2 两类。选用 LSC1 型产品，即维修期间开关柜必须停电，从系统上退出运行，增大停电范围、降低防护水平，开关柜应优先选择 LSC2 类开关柜，即当打开功能单元的任意一个可触及室时（除母线隔室外），所有其他功能单元仍可继续带电正常运行的开关柜；开关柜内部故障时，内部电弧直接对周围绝缘介质加热，从而导致设备隔室内部压力上升，在超过预定压力限值之后，热气体膨胀，造成设备内部压力释放，热气体以及瞬态压力波会危及周围人员和设备以及建筑。为防止运行设备内部故障时伤及人身及其他设备，应选用通过内部故障试验的产品。

3. 监督要求

开展开关柜设备选型技术监督，应查阅资料，主要包括初步设计方案、初步设计图纸、初步设计审查纪要、技术规范书等，逐一审查设备选型是否符合细则要求，并提出相关意见。重点审查技术规范书中是否明确选用 LSC2 类（具备运行连续性功能）开关柜，是否明确内部故障电流大小和短路持续时间，是否明确制作厂提供相应的型式试验报告（报告中附试验品照片）。

4. 整改措施

当技术监督人员发现开关柜选型不满足时，记录不满足的条款和参数，应及时向项目管理部门和物资部提出整改建议，督促其协调生产厂家立即整改，直至满足开关柜选型要求。

3.4.3.2　互换性要求

1. 监督要点及监督依据

互换性要求监督要点及监督依据见表 3-252。

表 3-252　　互换性要求监督要点及监督依据

监督要点	监督依据
类型、额定值和结构相同的所有可移开部件和元件在机械和电气上应有互换性	《10kV 高压开关柜选型技术原则和检测技术规范》（Q/GDW 11252—2014）6.1　通用技术要求： a）类型、额定值和结构相同的所有可移开部件和元件在机械和电气上应有互换性。 6.9　外形尺寸和主要部件互换性要求： a）移开式开关柜外形宜采用以下尺寸（宽×深×高）：800mm×1500mm×2260mm；800mm×1800mm×2260mm（尺寸参见附录 A，架空进、出线方式参见附录 B）； b）固定柜开关柜外形宜采用以下尺寸（宽×深×高）：出线柜 1100mm×1100mm×2650mm；进线柜 1200mm×1400mm×2650mm（参见附录 A、附录 B）。 c）电缆连接桩头离柜底距离为 650mm

2. 监督项目解析

开关柜外形尺寸和互换性要求是设备采购阶段重要的技术监督项目。

若在设备采购阶段，开关柜外形尺寸未能满足该监督项目的要求时，可能导致开关柜外形尺寸无法满足安装现场的一次接口尺寸要求，从而影响设备安装周期；互换性要求未能满足该监督项目的要求时，可能导致设备通用性降低。高压开关柜一次排应采取倒圆角的措施，圆角直径为母排厚度，尖角应采用球面处理，降低局放。从开关柜前看，从左至右为A、B、C，从上到下排列为A、B、C，从远到近排列为 A、B、C。开关柜内电缆室和二次控制仪表室应设置照明设备。开关柜电缆室照明设备时，建议开关柜停电更换。

技术监督人员在现场查阅资料时，除检查设计图纸是否满足该监督要点之外，需重点审核开关柜地基安装尺寸是否满足要求。

3. 监督要求

技术监督人员应采用查阅资料（设计图纸）。查阅技术规范书/投标文件、设计图纸，记录开关柜设计相关要求执行情况。

4. 整改措施

当技术监督人员发现有不符合该监督要点的情况，应建议物资部门停止采购，并要求设备生产商提供书面说明文件。

3.4.3.3 关键组部件

1. 监督要点及监督依据

关键组部件监督要点及监督依据见表 3－253。

表 3－253　关键组部件监督要点及监督依据

监督要点	监督依据
1. 开关柜门模拟显示图必须与其内部接线一致，开关柜可触及隔室、不可触及隔室、活门和机构等关键部位在出厂时应设置明显的安全警示标识，并加以文字说明。柜内隔离活门、静触头盒固定板应采用金属材质并可靠接地，与带电部位满足空气绝缘净距离要求。 2. 开关柜的观察窗应使用机械强度与外壳相当、内有接地屏蔽网的钢化玻璃遮板，并通过开关柜内部燃弧试验。玻璃遮板应安装牢固，且满足运行时观察分 / 合闸位置、储能指示等需要。 3. 额定电流 1600A 及以上的开关柜应在主导电回路周边采取有效隔磁措施。 4. 开关柜电气闭锁应单独设置电源回路，且与其他回路独立。 5. 温控器（加热器）、继电器等二次元件应取得“3C”认证或通过与“3C”认证同等的性能试验，外壳绝缘材料阻燃等级应满足 V－0 级，并提供第三方检测报告	1～3.《国家电网有限公司关于印发十八项电网重大反事故措施（修订版）的通知》（国家电网设备〔2018〕979 号）12.4.1.6、12.4.1.14、12.4.1.13。 4.《12.5～40.5kV 高压开关柜采购标准　第 1 部分：通用技术规范》（Q/GWD 13088.1—2018）5.2.19 的 i）。 5.《国家电网有限公司关于印发十八项电网重大反事故措施（修订版）的通知》（国家电网设备〔2018〕979 号）12.1.1.6.1

2. 监督项目解析

开关柜关键组部件是设备采购阶段最重要的技术监督项目。

开关柜关键组部件包括开关柜门模拟显示装置、观察窗、电气闭锁、温控器（加热器）、继电器等二次元件等方面，若开关柜关键组部件特性不达标或不明晰，将影响开关柜整体性能，无法确保开关柜安全运行。

运行中经常发生开关柜内部故障后观察窗炸裂的情况，对运行巡视人员和检修人员人身安全带来一定风险，故要求加强开关柜观察窗的材质及安装管理。

近年已发生多起温控器等二次元器件起火造成机构箱、汇控柜二次回路过火受损的事故，原因

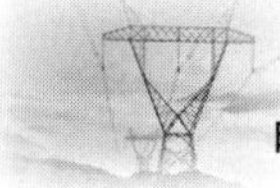

为相关元件外壳材质不具备阻燃性能。

开关柜电气闭锁如无独立电源回路，将降低电气闭锁回路可靠性；开关柜前面板模拟显示图未配置或与内部接线不一致，隔室等关键部位未配置安全警示标示，活门机构若无独立锁止的功能等，运检人员易失误打开活门，误碰带电部位。

查阅资料时，还应审查：为适应不同的气候环境，开关柜内驱潮及加热设施应具有人工整定功能，加热器安装位置应合理；为利于日常运维检修，开关柜中门内侧标识主要元器件技术参数；由于充气柜的特殊结构，充气柜母线建议设置专用接地开关，避免扩大检修停电范围；开关柜防误回路应单独设置电源回路，并与其他回路独立。所有闭锁回路中的接点不应采用中间继电器扩展。

3. 监督要求

开展开关柜关键组部件技术监督，应查阅资料，主要包括初步设计方案、初步设计图纸、初步设计审查纪要、技术规范书、投标文件、型式试验报告等，对开关柜功能特性进行逐一核实，并提出相关意见。

4. 整改措施

当技术监督人员发现开关柜关键组部件不满足细则要求时，记录不满足的条款和参数，并应及时向项目管理部门和物资部提出整改建议，督促其协调生产厂家立即整改，直至满足开关柜功能特性选择要求。

3.4.3.4　柜内环境控制

1. 监督要点及监督依据

柜内环境控制监督要点及监督依据见表 3－254。

表 3－254　　柜内环境控制监督要点及监督依据

监督要点	监督依据
1. 柜内各隔室均安装常加热型驱潮加热器，加热器应与温湿度控制器相结合，且在每柜安装一控制开关（带辅助触点）。加热、驱潮装置与临近元件、电缆及电线的距离应大于 50mm。 2. 开关柜如有强制降温装置，应装设带防护罩、风道布局合理的强排通风装置、进风口应有防尘网。风机启动值应按照厂家要求设置合理，风机故障应发出报警信号	《12kV～40.5kV 高压开关柜采购标准　第 1 部分：通用技术规范》（Q/GWD 13088.1—2018）5.2.17、5.2.31

2. 监督项目解析

开关柜柜内环境控制是设备采购阶段最重要的技术监督项目。

由于热缩材料、复合绝缘材料、固体绝缘材料在开关柜的大量应用，开关柜对地、相间尺寸大大减少，低于空气绝缘下的设计标准，且部分材料存在质量不稳定，未经过高低温试验、老化试验、凝露污秽等试验，造成运行中开关柜时常发生绝缘故障，因此，若开关柜内不加装相关驱潮及加热设施，则可能导致柜内潮湿、凝露现象加重；若总路开关柜不安装风机，则造成柜内温度升高，可能导致开关柜故障。

查阅资料时，开关柜内驱潮及加热设施应功能完整，检查加热、驱潮装置与临近元件、电缆及电线的距离是否满足要求，其二次电缆是否选用阻燃电缆。

3. 监督要求

开展开关柜柜内环节控制技术监督，应查阅资料，主要包括初步设计方案、初步设计图纸、初步设计审查纪要、技术规范书、投标文件、型式试验报告等，对开关柜功能特性进行逐一核实，并提出相关意见。

4. 整改措施

当技术监督人员发现开关柜柜内环节控制不满足细则要求时，记录不满足的条款和参数，并应及时向项目管理部门和物资部提出整改建议，督促其协调生产厂家立即整改，直至满足开关柜功能特性选择要求。

3.4.3.5 断路器功能特性

1. 监督要点及监督依据

断路器功能特性监督要点及监督依据见表 3－255。

表 3－255　　断路器功能特性监督要点及监督依据

监督要点	监督依据
1. 断路器操动机构应具有紧急分闸功能，并具有防误碰措施。 2. 断路器动作次数计数器不得带有复归机构。 3. SF_6 断路器应选用带温度补偿功能的压力表式 SF_6 密度继电器。密度继电器应装设在与被监测气室处于同一运行环境温度的位置	1.《10kV 高压开关柜选型技术原则和检测技术规范》（Q/GDW 11252—2014）6.3.2　d）。 2.《国家电网有限公司关于印发十八项电网重大反事故措施（修订版）的通知》（国家电网设备〔2018〕979 号 12.1.1.2。 3.《12kV～40.5kV 高压开关柜采购标准　第 1 部分：通用技术规范》（Q/GDW 13088.1—2018）5.3.3　d）

2. 监督项目解析

开关柜断路器功能特性是设备采购阶段非常重要的技术监督项目。

断路器是配电开关柜的核心部件，若在设备采购阶段，断路器选型未能满足该监督项目的要求，可能导致在电网发生故障时，断路器无法快速切断故障电流，无法起到保护电网的关键作用，进而严重影响电网的安全运行。

动作计数器是记录断路器动作次数、评估断路器机械寿命的基础数据。若其具备归零功能，将影响机械寿命记录和机械磨合试验的可信度。目前部分制造厂采用电子式指示，但断电后数据归零；部分制造厂采用机械式指示，但可回拨减少动作次数。对电子式，可人为动作若干次断路器之后断电，检查动作次数是否归零；对机械式，应检查其是否具有回拨功能。

3. 监督要求

开展开关断路器功能特性监督，应查阅资料，主要包括技术规范书、投标文件等。对开关柜机械性能进行逐一核实，并提出相关意见。

4. 整改措施

技术监督人员发现开关柜断路器功能特性不满足细则要求时，记录不满足的条款和参数，并及时向项目管理部门和物资部提出整改建议，督促其协调生产厂家立即整改，直至满足开关柜机械性能要求。

3.4.3.6 绝缘性能

1. 监督要点及监督依据

绝缘性能监督要点及监督依据见表 3－256。

表 3-256　绝缘性能监督要点及监督依据

监督要点	监督依据
1. 高压开关柜其外绝缘应满足以下条件： （1）空气绝缘净距离：相间和相间对地，≥100mm（对 7.2kV），≥125mm（对 12kV），≥180mm（对 24kV），≥300mm（对 40.5kV）；带电体至门，≥130mm（对 7.2kV），≥155mm（对 12kV），≥210mm（对 24kV），≥330mm（对 40.5kV）。 （2）最小标称统一爬电比距要求：瓷质绝缘≥ $\sqrt{3}$ ×18mm/kV，有机绝缘≥ $\sqrt{3}$ ×20mm/kV。 2. 新安装开关柜禁止使用绝缘隔板。即使母线加装绝缘护套和热缩绝缘材料，也应满足空气绝缘净距离要求。 3. 24kV 及以上开关柜内的穿柜套管应采用双屏蔽结构，其等电位连线（均压环）应长度适中，并与母线及部件内壁可靠连接。 4. 高压开关柜内的进出线套管、机械活门、母排拐弯处等场强较为集中的部位，应采取倒角处理等措施。 5. 开关柜中所有绝缘件装配前均应进行局放检测，单个绝缘件局部放电量不大于 3pC。 6. 开关柜中的绝缘件应采用阻燃性绝缘材料，阻燃等级需达到 V-0 级。 7. 电缆连接端子距离开关柜底部应不小于 700mm	1～3.《国家电网有限公司关于印发十八项电网重大反事故措施（修订版）的通知》（国家电网设备〔2018〕979 号）12.4.1.2.1　表 1 规定、12.4.1.2.2、12.4.1.2.3、12.4.1.10。 4.《12kV～40.5kV 高压开关柜采购标准　第 1 部分：通用技术规范》（Q/GDW 13088.1—2018）5.2.7。 5～7.《国家电网有限公司关于印发十八项电网重大反事故措施（修订版）的通知》（国家电网设备〔2018〕979 号）12.4.1.9、12.4.1.7、12.4.1.11

2. 监督项目解析

开关柜绝缘特性是设备采购阶段最重要的技术监督项目。

开关柜绝缘特性应需满足现场运行实际要求，不合理的开关柜绝缘选择将会对电网安全、运行可靠性产生极大的威胁。根据现行运行经验，选择开关柜的绝缘介质；开关柜外绝缘水平关系今后的长期安全运行，若开关柜外绝缘不满足要求，易导致开关柜发生绝缘故障；开关柜运行时，柜内金属隔板、侧板上易产生较大的涡流，使其发热或振动，严重时会出现绝缘下降或机械强度下降的危害；开关柜运行时，触头盒、穿墙套管处未采用双屏蔽结构，易电场分布不均匀，导致局部放电；进出线套管等处场强较为集中的部位，易发生尖端放电；若开关柜绝缘护套性能不符合要求，若绝缘件为不合格产品，无法阻燃，易导致内部故障扩大或火烧连营；4000A 及以上开关柜后柜门，易钢构发热，构成闭合磁场；主变压器开关柜若采用裸露导线或母排与主变压器连接，易发生母线相间短路、人员误碰带电部位；电缆室若预留安装空间较小，无法满足配电电缆头安装与检修需求；开关柜内静触头隔离挡板传动机构若使用链条结构，运行中链条容易断裂造成柜内短路，拉杆结构若使用单侧拉杆，拉杆受力不均易断裂造成短路。

《国家电网有限公司关于印发十八项电网重大反事故措施（修订版）的通知》（国家电网设备〔2018〕979 号）12.4.1.2.1 规定，“1）空气绝缘净距离：相间和相间对地，≥100mm（对 7.2kV），≥125mm（对 12kV），≥180mm（对 24kV），≥300mm（对 40.5kV）；带电体至门，≥130mm（对 7.2kV），≥155mm（对 12kV），≥210mm（对 24kV），≥330mm（对 40.5kV）”；2）开关柜内严禁使用绝缘隔板加强绝缘。如果采用固封式加强绝缘措施，也必须满足上述空气绝缘净距离要求。如不满足上述空气绝缘净距离要求，可选用充气柜。

查阅资料时，还应审查：触头盒、穿墙套管处电场分布不均匀，易导致局部放电，建议 12kV 高压开关柜内的触头盒、穿墙套管也采用双屏蔽结构；触头盒固定牢固可靠，触头盒内一次导体应进行倒角处理；35kV 穿柜套管、触头盒应带有内外屏蔽结构（内部浇注屏蔽网）均匀电场，不得采用无屏蔽或内壁涂半导体漆屏蔽产品。屏蔽引出线应使用复合绝缘外套包封；开关柜中所有绝缘件装配前均应进行局放检测，应具有相应的检测报告，单个绝缘件局部放电量不大于 3pC。

3. 监督要求

开展开关柜绝缘特性技术监督，应查阅资料，主要包括初步设计方案、初步设计图纸、初步设计审查纪要、技术规范书、投标文件、型式试验报告等，对开关柜绝缘特性进行逐一核实，并提出相关意见。

4. 整改措施

技术监督人员发现开关柜绝缘特性选择不满足细则要求时，记录不满足的条款和参数，并应及时向项目管理部门和物资部提出整改建议，督促其协调生产厂家立即整改，直至满足开关柜绝缘特性选择要求。

3.4.3.7 接地

1. 监督要点及监督依据

接地监督要点及监督依据见表 3－257。

表 3－257　接地监督要点及监督依据

监督要点	监督依据
1. 装有电器的可开启柜的门应采用截面积不小于 $4mm^2$ 且端部压接有终端附件的多股软铜导线与接地的金属构架可靠连接。 2. 二次控制仪表室专用接地铜排应符合规范要求	1.《电气装置安装工程　盘、柜及二次回路接线施工及验收规范》(GB 50171—2012) 7.0.5。 2.《12kV～40.5kV 高压开关柜采购标准　第 1 部分：通用技术规范》(Q/GWD 13088.1—2018) 8.1.2 电气二次接口要求： a) 总的要求。 5) 二次控制仪表室应设有专用接地铜排，截面积不小于 $100mm^2$，铜排两端应装设足够的螺栓以备接至变电站的等电位接地网上

2. 监督项目解析

开关柜接地是设备采购阶段的技术监督项目之一。

主回路中凡规定或需要触及的所有部件、每个功能单元的外壳、可抽出部分应接地的金属部件（试验位置、隔离位置及任何中间位置）若不接地，将无法保证运检人员的安全；开启柜门若用硬铜线连接保持电气连续性，则柜门转动不灵活。

3. 监督要求

开展开关柜接地监督，应查阅资料，主要包括技术规范书、投标文件等。对开关柜接地进行逐一核实，并提出相关意见。

4. 整改措施

技术监督人员发现开关柜接地不满足细则要求时，记录不满足的条款和参数，并应及时向项目管理部门和物资部提出整改建议，督促其协调生产厂家立即整改，直至满足开关柜接地要求。

3.4.3.8 泄压通道

1. 监督要点及监督依据

泄压通道监督要点及监督依据见表 3－258。

表 3－258　泄压通道监督要点及监督依据

监督要点	监督依据
1. 开关柜各高压隔室均应设有泄压通道或压力释放装置。当开关柜内产生内部故障电弧时，压力释放装置应能可靠打开，压力释放方向应避开巡视通道和其他设备。 2. 泄压盖板泄压侧应选用尼龙螺栓进行固定。 3. 柜顶装有封闭母线桥架的开关柜，其母线舱也应设置专用的泄压通道或压力释放装置	1.《国家电网有限公司关于印发十八项电网重大反事故措施（修订版）的通知》(国家电网设备〔2018〕979 号) 12.4.1.5。 2.《12kV～40.5kV 高压开关柜采购标准　第 1 部分：通用技术规范》(Q/GDW 13088.1—2018) 5.2.20　对开关柜限制并避免内部电弧故障的要求：d)。 3.《国家电网有限公司关于印发十八项电网重大反事故措施（修订版）的通知》(国家电网设备〔2018〕979 号) 12.4.2.2

2. 监督项目解析

泄压通道是设备采购阶段重要的技术监督项目。

若在设备采购阶段，压力释放装置（气体绝缘开关柜）未能满足该监督项目的要求，可能导致万一当开关柜产生内部故障电弧时，压力释放装置将溢出的压力气体排向非无人经过区域，从而对现场运维人员的人身安全造成伤害。

技术监督人员在查阅资料时，除检查压力释放位置及结构是否满足该监督要求之外，还需关注压力释放装置的结构是否可以可靠地自动打开。

3. 监督要求

开展开关柜泄压通道监督，应查阅资料，主要包括技术规范书、投标文件等。对开关柜泄压通道进行逐一核实，并提出相关意见。

4. 整改措施

当技术监督人员发现有不符合该监督要点的情况，应建议物资部门停止采购，并要求设备生产商提供书面整改说明，直至符合该监督要点。

3.4.3.9 防误功能

1. 监督要点及监督依据

防误功能监督要点及监督依据见表 3－259。

表 3－259　　防误功能监督要点及监督依据

监督要点	监督依据
1. 开关柜应满足“五防”和联锁要求。 2. 新投开关柜应装设具有自检功能的带电显示装置，并与接地开关及柜门实现强制闭锁；配电装置有倒送电源时，间隔网门应装有带电显示装置的强制闭锁。带电显示装置应装设在仪表室	1.《12.5～40.5kV 高压开关柜采购标准　第 1 部分：通用技术规范》（Q/GWD 13088.1—2018）5.2.19　开关柜的“五防”和联锁要求：a）～m）。 2.《国家电网有限公司关于印发十八项电网重大反事故措施（修订版）的通知》（国家电网设备〔2018〕979 号）4.2.10、12.4.1.1

2. 监督项目解析

防误功能是设备采购阶段非常重要的技术监督项目。

若在设备采购阶段，防误功能及安全配置未能满足该监督项目的要求，可能导致因为运维人员工作失误打开活门，误入带电间隔，从而造成人身伤害。

目前选用的开关柜绝大部分为金属全封闭型开关柜，设备检修时无法进行直接验电，为防止运检人员失误打开带电柜门或带负荷合接地开关，需要通过带有自检功能的带电显示装置进行间接验电，同时要求带电显示装置与柜门、接地开关实现强制闭锁。考虑到带电显示装置是易损件，为便于维护，带电显示装置装设在仪表室。

3. 监督要求

开展开关柜防误功能监督，应查阅资料，主要包括技术规范书、投标文件等。对开关柜防误功能进行逐一核实，并提出相关意见。

4. 整改措施

当技术监督人员发现有不符合该监督要点的情况，应建议物资部门停止采购，并要求设备生产商提供书面整改说明，必要时更换元器件，直到所有要求满足该监督要点的要求。

3.4.3.10 充气式开关柜

1. 监督要点及监督依据

充气式开关柜监督要点及监督依据见表 3－260。

表 3－260　　充气式开关柜监督要点及监督依据

监督要点	监督依据
母线 TV 可实现带电投切功能	《12kV～40.5kV 高压开关柜采购标准　第 1 部分：通用技术规范》（Q/GDW 13088.1—2018）5.2.22 对充气柜的补充要求：g）母线 TV 可实现带电投切功能

2. 监督项目解析

充气式开关柜是设备采购阶段非常重要的技术监督项目。

若在设备采购阶段，充气式开关柜未能满足该监督项目的要求，将会导致开关柜运行过程中，需将母线停电，才能开展母线 TV 检修、试验等工作内容，将会扩大停电范围，不利于保障对用户的供电可靠性。

展开关柜接地监督，应查阅资料，主要包括技术规范书、投标文件等。对开关柜接地进行逐一核实，并提出相关意见。

3. 监督要求

技术监督人员应采用查阅资料（设计图纸），审查充气式开关柜设计相关要求的执行情况。

4. 整改措施

当技术监督人员发现有不符合该监督要点的情况，应建议物资部门停止采购，并要求设备生产商提出设计的整改方案，以及相关验证资料，直至满足全部该监督要点。

3.4.3.11 金属

1. 监督要点及监督依据

金属监督要点及监督依据见表 3－261。

表 3－261　　金属监督要点及监督依据

监督要点	监督依据
1. 开关柜母线材质为 T2 铜，导电率≥97%IACS。 2. 开关柜内母线搭接面、隔离开关触头、手车触头表面应镀银，且镀银层厚度不小于 8μm。 3. 紧固弹簧及触头座应为 06Cr19Ni10 奥氏体不锈钢。 4. 柜体应采用敷铝锌钢板弯折后拴接而成或采用优质防锈处理的冷轧钢板制成，板厚不应小于 2mm。门开启角度应大于 120°，并设有定位装置。 5. 充气式开关柜充气隔室应采用 3mm 及以上的 304 不锈钢制造，充气隔室焊缝应进行无损探伤检测。主框架及门板的板材厚度不小于 2mm。 6. 充气式开关柜母线连接器导体材质应为 T2 铜，电导率≥56S/m，截面设计应满足额定电流的温升要求，绝缘件装配前均应进行局部放电试验，1.1U_r 电压下单个绝缘件局部放电量不大于 3pC	1.（1）《12kV～40.5kV 高压开关柜采购标准　第 1 部分：通用技术规范》（Q/GDW 13088.1—2018）5.10.2。 （2）《电工用铜、铝及其合金母线　第 1 部分：铜和铜合金母线》（GB/T 5585.1—2005）4.9.1 的表 10 规定： 型号：TMY，THMY 导电率%IACS≥97% 2.《国家电网有限公司关于印发十八项电网重大反事故措施（修订版）的通知》（国家电网设备〔2018〕979 号）12.4.1.12。 3.《电网设备金属技术监督导则》（Q/GDW 11717—2017）12.2.2。 4.（1）《12kV～40.5kV 高压开关柜采购标准　第 1 部分：通用技术规范》（Q/GWD 13088.1—2018）5.2.8。 （2）《10kV 高压开关柜选型技术原则及检测技术规范》（Q/GDW 11252—2014）6.4.2。 5～6.《12kV～40.5kV 高压开关柜采购标准　第 1 部分：通用技术规范》（Q/GDW 13088.1—2018）5.2.22　h）、j）

2. 监督项目解析

开关柜金属监督是设备采购阶段的技术监督项目之一。

若隔离开关动接触部位、母线静接触部位镀银厚度不够，长期操作磨损露铜使接触电阻增大，降低导电能力，导电回路通流可靠性难以得到保证。开关柜柜体材质和厚度不达标，柜内发生电弧故障时，开关柜柜体可能无法承受住冲击；单个绝缘件的局部放电量超标，设备在长期运行中，可能由局部放电缺陷演变为绝缘击穿，导致设备故障。

3. 监督要求

开展开关柜金属监督，应查阅资料，主要包括技术规范书、投标文件等。对开关柜金属监督进行逐一核实，并提出相关意见。

4. 整改措施

技术监督人员发现开关柜金属监督不满足细则要求时，记录不满足的条款和参数，并应及时向项目管理部门和物资部提出整改建议，督促其协调生产厂家立即整改，直至开关柜均满足开关柜金属监督要求。

3.4.4 设备制造阶段

3.4.4.1 功能特性

1. 监督要点及监督依据

功能特性监督要点及监督依据见表 3－262。

表 3－262　　功能特性监督要点及监督依据

监督要点	监督依据
1. 开关柜应选用 LSC2 类（具备运行连续性功能）、“五防”功能完备的产品。新投开关柜应装设具有自检功能的带电显示装置，并与接地开关（柜门）实现强制闭锁，带电显示装置应装设在仪表室。 2. 开关柜应选用 IAC 级（内部故障级别）产品，生产厂家应提供相应型式试验报告（附试验试品照片）。选用开关柜时应确认其母线室、断路器室、电缆室相互独立，且均通过相应内部燃弧试验；燃弧时间应不小于 0.5s，试验电流为额定短时耐受电流	《国家电网有限公司关于印发十八项电网重大反事故措施（修订版）的通知》（国家电网设备〔2018〕979 号）12.4.1.1、12.4.1.4

2. 监督项目解析

开关柜功能特性是设备制造阶段最重要的技术监督项目。

开关柜功能特性分为电气闭锁配置、模拟显示图等安全配置、断路器紧急分闸功能配置等方面，若开关柜功能特性不达标或不明晰，将影响开关柜整体性能，无法确保开关柜安全运行。

目前选用的开关柜绝大部分为金属全封闭型开关柜，设备检修时无法进行直接验电，为防止运检人员失误打开带电柜门或带负荷合接地开关，需要通过带有自检功能的带电显示装置进行间接验电，同时要求带电显示装置与柜门、接地开关实现强制闭锁。若无电气闭锁回路，不满足开关柜的“五防”要求，易误入间隔、误操作等，造成人身及设备伤害。开关柜前面板模拟显示图未配置或与内部接线不一致，隔室等关键部位未配置安全警示标示，活门机构若无独立锁止的功能等，运检人员易失误打开活门，误碰带电部位。

对开关柜应选用 IAC 级（内部故障级别）产品，应注意核实现场设备与型式试验报告中试品照片是否一致，试验判据是否与规程一致，防止厂家偷工减料。

3. 监督要求

开展开关柜功能特性技术监督，应查阅资料，主要包括初步设计方案、初步设计图纸、初步设计审查纪要、技术规范书、投标文件、型式试验报告等，对开关柜功能特性进行逐一核实，并提出相关意见。

4. 整改措施

当技术监督人员发现开关柜功能特性选择不满足细则要求时，记录不满足的条款和参数，并应及时向项目管理部门和物资部提出整改建议，督促其协调生产厂家立即整改，直至满足开关柜功能特性选择要求。

3.4.4.2 绝缘件

1. 监督要点及监督依据

绝缘件监督要点及监督依据见表 3－263。

表 3－263 绝缘件监督要点及监督依据

监督要点	监督依据
1. 开关柜所有绝缘件装配前均应进行局部放电试验，单个绝缘件局部放电量不大于 3pC。 2. 开关柜中的绝缘件应采用阻燃性绝缘材料，阻燃等级需达到 V－0 级。 3. 24kV 及以上开关柜内的穿柜套管应采用双屏蔽结构，其等电位连线（均压环）应长度适中，并与母线及部件内壁可靠连接	《国家电网有限公司关于印发十八项电网重大反事故措施（修订版）的通知》（国家电网设备〔2018〕979 号）12.4.1.9、12.4.1.7、12.4.1.10

2. 监督项目解析

柜内绝缘件是设备制造阶段重要的技术监督项目。

局部放电试验可以有效检查绝缘件内部气泡、杂质、裂痕等常规耐压试验难以发现的绝缘缺陷，通过开展相关检查，可提升内部绝缘件的质量水平，降低内部设备绝缘故障概率。绝缘件的局部放电量超标，设备在长期运行中，可能由局部放电缺陷演变为绝缘击穿，导致设备故障。

若在设备制造阶段，柜内绝缘件未能满足该监督项目的要求，可能导致因为绝缘材料不是阻燃材料或者阻燃性能不良，引起开关柜内部绝缘故障时起火燃烧，甚至造成火烧连营的严重后果，从而扩大事故影响范围。

穿柜套管、触头盒应采用均压措施。24kV 及 40.5kV 开关柜的穿柜套管、触头盒应采用高低压屏蔽结构的均匀电场产品，不得采用无屏蔽或内壁涂半导体漆屏蔽产品；屏蔽引出线应采用复合绝缘包封，应与母线及部件内壁可靠连接，不得采用弹簧片作为等电位连接方式，防止悬浮电位造成放电。

技术监督人员在查阅资料时，除检查技术规范书是否满足该监督要求之外，还需关注绝缘件的阻燃等级。

3. 监督要求

技术监督人员应采用查阅资料（技术规范书/投标文件）的方式，查阅技术规范书，并要求提供绝缘件进厂试验报告。

4. 整改措施

当技术监督人员发现有不符合该监督要点的情况，应建议物资部门停止采购，并要求设备生产商更换柜内绝缘件。

3.4.4.3 电流互感器

1. 监督要点及监督依据

电流互感器监督要点及监督依据见表 3－264。

表 3－264　　电流互感器监督要点及监督依据

监督要点	监督依据
开关柜内的电流互感器在出厂前应做伏安特性筛选，同一柜内的三相电流互感器伏安特性应相互匹配	《12kV～40.5kV 高压开关柜采购标准　第 1 部分：通用技术规范》（Q/GDW 13088.1—2018）5.6.3　开关柜内的电流互感器在出厂前应做伏安特性筛选，同一柜内的三相电流互感器伏安特性应相互匹配，并随出厂资料一并交付招标

2. 监督项目解析

开关柜内电流互感器是设备制造阶段的技术监督项目之一。

电流互感器的变比和特性等参数选择不合理，无法满足保护装置整定配合和可靠性的要求；电流互感器的励磁特性曲线、伏安曲线容量等数据不满足要求，则电流互感器二次测电流无法正确反应。

3. 监督要求

开展开关柜内电流互感器配置选择，应查阅资料，主要包括技术规范书、投标文件等。对开关柜内电流互感器配置选择进行逐一核实，并提出相关意见。

4. 整改措施

技术监督人员对开关柜内电流互感器配置选择进行逐一核实，发现不满足细则要求时，记录不满足的条款和参数，并应及时向项目管理部门和物资部提出整改建议，督促其协调生产厂家立即整改，直至均满足对开关柜内电流互感器配置的选择要求。

3.4.4.4　断路器

1. 监督要点及监督依据

断路器监督要点及监督依据见表 3－265。

表 3－265　　断路器监督要点及监督依据

监督要点	监督依据
断路器出厂试验前应进行不少于 200 次的机械操作试验（其中每 100 次操作试验的最后 20 次应为重合闸操作试验）。真空断路器灭弧室出厂前应逐台进行老炼试验，并提供老炼试验报告；用于投切并联电容器的真空断路器出厂前应整台进行老炼试验，并提供老炼试验报告。断路器动作次数计数器不得带有复归机构	《国家电网有限公司关于印发十八项电网重大反事故措施（修订版）的通知》（国家电网设备〔2018〕979 号） “12.1.1.2　断路器出厂试验前应进行不少于 200 次的机械操作试验（其中每 100 次操作试验的最后 20 次应为重合闸操作试验）。投切并联电容器、交流滤波器用断路器型式试验项目必须包含投切电容器组试验，断路器必须选用 C2 级断路器。真空断路器灭弧室出厂前应逐台进行老炼试验，并提供老炼试验报告；用于投切并联电容器的真空断路器出厂前应整台进行老炼试验，并提供老炼试验报告。断路器动作次数计数器不得带有复归机构。”

2. 监督项目解析

开关柜断路器是设备制造阶段非常重要的技术监督项目。

机械操作磨合试验对保证触头接触部位的充分磨合效果明显，操作完成后的彻底清洁，可有效去除操作过程摩擦碰撞产生的金属微粒和装配过程带入的杂质，从而降低出厂试验和现场带电运行后的放电概率。200 次的操作磨合也能对操动机构进行充分润滑。动作计数器记录断路器动作次数，它是评估断路器机械寿命的基础数据。若其具备归零功能，将影响机械寿命记录和机械磨合试验的可信度。

3. 监督要求

开展断路器监督，应查阅资料，主要是断路器检测报告。

4. 整改措施

技术监督人员发现开关柜机械性能不满足细则要求时，记录不满足的条款和参数，并应及时向项目管理部门和物资部提出整改建议，督促其协调生产厂家立即整改，直至满足要求。

3.4.4.5 充气式开关柜

1. 监督要点及监督依据

充气式开关柜监督要点及监督依据见表 3－266。

表 3－266　　充气式开关柜监督要点及监督依据

监督要点	监督依据
1. 充气柜充气隔室应采用 3mm 及以上的 304 不锈钢制造，充气隔室焊缝应进行无损探伤检测。主框架及门板的板材厚度不小于 2mm。 2. 母线连接器导体材质应为 T2 铜，电导率不小于 56S/m，截面设计应满足额定电流的温升要求，绝缘件装配前均应进行局部放电试验，1.1U_r 电压下单个绝缘件局部放电量不大于 3pC	《12kV～40.5kV 高压开关柜采购标准　第 1 部分：通用技术规范》（Q/GDW 13088.1—2018） “5.2.22　对充气柜的补充要求： h）充气柜充气隔室应采用 3mm 及以上的 304 不锈钢制造，充气隔室焊缝应进行无损探伤检测。主框架及门板的板材厚度不小于 2mm。 j）母线连接器导体材质应为 T2 铜，电导率不小于 56S/m，截面设计应满足额定电流的温升要求，绝缘件装配前均应进行局部放电试验，1.1U_r 电压下单个绝缘件局部放电量不大于 3pC。”

2. 监督项目解析

充气式开关柜是设备制造阶段非常重要的技术监督项目。

若在设备制造阶段，充气式开关柜未能满足该监督项目的要求，开关柜柜体材质和厚度不达标，柜内发生电弧故障时，开关柜柜体可能无法承受住冲击；单个绝缘件的局部放电量超标，设备在长期运行中，可能由局部放电缺陷演变为绝缘击穿，导致设备故障。

开展充气式开关柜监督，应查阅资料，主要包括查阅充气隔室、母线连接器的材质、厚度、焊缝等检测记录，或进行试验验证相关资料，并提出相关意见。

3. 监督要求

技术监督人员应采用查阅资料（设计图纸），审查充气式开关柜设计相关要求的执行情况。

4. 整改措施

当技术监督人员发现有不符合该监督要点的情况，应建议物资部门停止采购，并要求设备生产商提出设计的整改方案，以及相关验证资料，直至满足全部监督要点。

3.4.4.6 金属

1. 监督要点及监督依据

金属监督要点及监督依据见表 3－267。

表 3－267　　金属监督要点及监督依据

监督要点	监督依据
1. 开关柜母线材质应为 T2 铜，导电率不小于 97%　IACS。 2. 开关柜内母线搭接面、隔离开关触头、手车触头表面应镀银，且镀银层厚度不小于 8μm。 3. 紧固弹簧及触头座应为 06Cr19Ni10 奥氏体不锈钢。 4. 柜体应采用敷铝锌钢板弯折后拴接而成或采用优质防锈处理的冷轧钢板制成，板厚不应小于 2mm	1. ①《12kV～40.5kV 高压开关柜采购标准　第 1 部分：通用技术规范》（Q/GDW 13088.1—2018）5.10 母线的 5.10.2。 ②《电工用铜、铝及其合金母线　第 1 部分：铜和铜合金母线》（GB/T 5585.1—2005）4.9.1 的表 10 铜和铜合金母线电阻率规定： 型号：TMY，THMY 导电率不小于 97%IACS。 2.《国家电网有限公司关于印发十八项电网重大反事故措施（修订版）的通知》（国家电网设备〔2018〕979 号）12.4.1.12。 3.《电网设备金属技术监督导则》（Q/GDW 11717—2017）12.2.2。 4.《12kV～40.5kV 高压开关柜采购标准　第 1 部分：通用技术规范》（Q/GDW 13088.1—2018）5.2.8

2. 监督项目解析

开关柜金属监督要求是设备制造阶段重要的技术监督项目。

铜排连接部位运行日久，容易氧化，增大接触电阻，降低导电性能。开关柜柜体材质和厚度不达标，柜内发生电弧故障时，开关柜柜体可能无法承受住冲击。

3. 监督要求

利用厂内验收环节开展现场验证，包括查询制造厂家记录、监造记录、现场查看。查看铜排连接部位是否有镀银或镀锡措施，厚度是否满足要求。

4. 整改措施

当技术监督人员对开关柜的金属监督要求执行情况进行逐一核实，发现不满足细则要求时，记录不满足的条款和参数，并应及时向项目管理部门和物资部提出整改建议，督促其协调生产厂家立即整改，直至开关柜均满足开关柜的金属监督要求。

3.4.5 设备验收阶段

3.4.5.1 出厂试验

1. 监督要点及监督依据

出厂试验监督要点及监督依据见表 3－268。

表 3－268　　出厂试验监督要点及监督依据

监督要点	监督依据
1. 开关柜出厂试验项目应齐全，结果应满足标准规范要求。 2. 相同规格的组件应通过互换性检查	1.《3.6kV～40.5kV 交流金属封闭开关设备和控制设备》（DL/T 404—2018） 7.2　主回路的绝缘试验； 7.3　辅助和控制回路的试验； 7.4　主回路电阻测量； 7.5　密封试验； 7.6　设计和外观检查； 7.7　机械操作和机械特性试验； 7.8　开关设备的气体湿度测量； 7.101　局部放电测量； 7.102　充气隔室的压力试验。 2.《12kV～40.5kV 高压开关柜采购标准　第 1 部分：通用技术规范》（Q/GDW 13088.1—2018） 6.2.2　出厂试验项目 k）相同规格的组件互换性检查

2. 监督项目解析

开关柜的出厂前试验项目是设备验收阶段非常重要的技术监督项目。

出厂前试验项目能及时发现设备出厂前的质量，判断是否有不满足现场实际需求的问题，如果在开关柜已送达现场后再通过交接试验来发现问题，将严重影响工期。

现场容易出现开关柜出厂前的试验项目及参数缺失或数据不符合要求，电容器回路断路器未开展整体老炼试验并出具报告，机械特性试验未提供本型断路器的标准分、合闸行程特性曲线等问题。

3. 监督要求

查阅所有开关柜出厂前试验项目及参数等出厂资料，主要查看出厂试验报告，检查项目是否齐全、参数是否正确，检查灭弧室厂家证明资料是采用陶瓷外壳、电容器回路断路器是有整体老炼试验、断路器机械特性试验曲线和本型断路器的标准分、合闸行程特性曲线等。同时，通过旁站验证的方式检查出厂前试验仪器、仪表、环境要求等是否符合试验规范。

4. 整改措施

当技术监督人员在查阅资料时，发现试验项目漏项时，应要求补做试验，试验项目不合格的应对相关部件进行更换或处理后重新进行试验，直至试验通过。

3.4.5.2 柜体结构

1. 监督要点及监督依据

柜体结构监督要点及监督依据见表 3－269。

表 3－269　　柜体结构监督要点及监督依据

监督要点	监督依据
1. 高压开关柜的外绝缘应满足相关要求。 2. 新安装开关柜禁止使用绝缘隔板。即使母线加装绝缘护套和热缩绝缘材料，也应满足空气绝缘净距离要求。 3. 开关柜内避雷器、电压互感器等设备应经隔离开关（或隔离手车）与母线相连，严禁与母线直接连接。开关柜门模拟显示图必须与其内部接线一致，开关柜可触及隔室、不可触及隔室、活门和机构等关键部位在出厂时应设置明显的安全警示标识，并加以文字说明。柜内隔离活门、静触头盒固定板应采用金属材质并可靠接地，与带电部位满足空气绝缘净距离要求。 4. 电缆连接端子距离开关柜底部应不小于 700mm。 5. 额定电流 1600A 及以上的开关柜应在主导电回路周边采取有效隔磁措施。 6. 开关柜的观察窗应使用机械强度与外壳相当、内有接地屏蔽网的钢化玻璃遮板，并通过开关柜内部燃弧试验。玻璃遮板应安装牢固，且满足运行时观察分/合闸位置、储能指示等需要。 7. 进出线套管、机械活门、母排拐弯处等场强较为集中的部位，应采取倒角处理等措施	1～6.《国家电网有限公司关于印发十八项电网重大反事故措施（修订版）的通知》（国家电网设备〔2018〕979 号）12.4.1.2 的表 1 开关柜空气绝缘净距离要求、12.4.1.2.3、12.4.1.6、12.4.1.8、12.4.1.11、12.4.1.13、12.4.1.14、12.4.1.15。 7.《变电站设备验收规范　第 5 部分：开关柜》（Q/GDW 11651.5—2017）表 A.3 及第 9 项其他：① 进出线套管、机械活门、母排拐弯处等场强较为集中的部位，应采取倒角处理等措施

2. 监督项目解析

开关柜柜体结构是设备验收阶段重要的技术监督项目。

对于 40.5kV 开关柜，由于柜内导体间及对地空气绝缘净距不合格，厂家普遍采用 SMC 绝缘隔板和热缩绝缘护套等进行加强绝缘。长期运行后绝缘隔板憎水性丧失，隔板受潮后拉伸强度和绝缘性能均大幅度降低，无法满足正常运行要求；而绝缘护套和热缩绝缘材料普遍性能不良且缺乏行业检测手段，长期运行后易开裂、脱落；又由于阻燃性能不良，导致开关柜内部绝缘故障时起火燃烧，甚至造成火烧连营的严重后果。

由于开关柜内部接线相对隐蔽，电气连接形式不规范、安全警示不明确时，可能引发人身触电事故。在开关柜的柜间连通部位（如电缆或接地线孔洞、穿柜套管孔隙等处）进行封堵，防止开关柜火灾蔓延。

运行中经常发生开关柜内部故障后观察窗炸裂的情况，对运行巡视人员和检修人员人身安全带来一定风险，故要求加强开关柜观察窗的材质及安装管理。带屏蔽网可均匀外壳安装玻璃处形成的不均匀电场，起到电磁屏蔽作用，在一定程度上加强玻璃的防爆能力。目前新开关柜制造过程中或老开关柜运行中，个别单位未进行开关柜型式试验验证，在柜体上开孔加装测温窗口，破坏了开关柜内部故障防护性能，给人身和设备带来风险。进出线套管、机械活门、母排拐弯处等场强较为集中的部位，若未采取倒角处理等措施，将会产生局部放电现象，长期放电可能会导致设备损坏，引发设备故障。

查阅资料时，主要查阅开关柜设计图纸及检测报告，按照监督细则现场检查。还应审查：触头盒、穿墙套管处电场分布不均匀，易导致局部放电的情况；触头盒固定牢固可靠，触头盒内一次导体应进行倒角处理情况；屏蔽引出线应使用复合绝缘外套包封；开关柜中所有绝缘件装配前均应进行局放检测，应具有相应的检测报告。

3. 监督要求

开展开关柜绝缘特性技术监督，应查阅资料，主要包括初步设计方案、初步设计图纸、初步设计审查纪要、技术规范书、投标文件、型式试验报告等，对开关柜柜体进行逐一核实，并提出相关意见。

4. 整改措施

技术监督人员发现开关柜柜体选择不满足细则要求时，记录不满足的条款和参数，并应及时向项目管理部门和物资部提出整改建议，督促其协调生产厂家立即整改，直至满足开关柜绝缘特性选择要求。

3.4.5.3　接地

1. 监督要点及监督依据

接地监督要点及监督依据见表 3－270。

表 3－270　　接地监督要点及监督依据

监督要点	监督依据
1. 开关柜接地母线材质、截面积应满足要求。 2. 二次控制仪表室应设有专用接地铜排，截面积不小于 100mm²，铜排两端应装设足够的螺栓以备接至变电站的等电位接地网上。 3. 开关柜柜门、互感器接地端子、观察窗接地、开关柜手车接地、柜内金属活门等均应短接接地	1.《12kV～40.5kV 高压开关柜采购标准　第 1 部分：通用技术规范》（Q/GWD 13088.1—2018）5.2.13 对接地的要求　b）项。 2.《12kV～40.5kV 高压开关柜采购标准　第 1 部分：通用技术规范》（Q/GWD 13088.1—2018）8.1.2　电气二次接口要求　a）总的要求　5）项。 3.《变电站设备验收规范　第 5 部分：开关柜》（Q/GDW 11651.5—2017）表 A.3　第 4 项组部件② 项

2. 监督项目解析

开关柜接地是设备验收阶段的技术监督项目之一。

主回路中凡规定或需要触及的所有部件、每个功能单元的外壳、可抽出部分应接地的金属部件（试验位置、隔离位置及任何中间位置）若不接地，将无法保证运检人员的安全。

3. 监督要求

开展开关柜接地监督，应查阅资料，主要包括技术规范书、投标文件等。对设计图纸、接地等电位短接情况进行检查，对开关柜接地进行逐一核实，并提出相关意见。

4. 整改措施

技术监督人员发现开关柜接地不满足细则要求时，记录不满足的条款和参数，并应及时向项目管理部门和物资部提出整改建议，督促其协调生产厂家立即整改，直至满足开关柜接地要求。

3.4.5.4　泄压通道

1. 监督要点及监督依据

泄压通道监督要点及监督依据见表 3－271。

2. 监督项目解析

泄压通道是设备验收阶段重要的技术监督项目。

泄压通道和压力释放装置是防止开关柜内部电弧对运行操作人员造成伤害的重要保障，是柜体满足 IAC 要求的重要措施。

表 3－271　　泄压通道监督要点及监督依据

监督要点	监督依据
1. 开关柜各高压隔室均应设有泄压通道或压力释放装置。当开关柜内产生内部故障电弧时，压力释放装置应能可靠打开，压力释放方向应避开巡视通道和其他设备。 2. 泄压盖板泄压侧应选用尼龙螺栓进行固定。 3. 柜顶装有封闭母线桥架的开关柜，其母线舱也应设置专用的泄压通道或压力释放装置	1.《国家电网有限公司关于印发十八项电网重大反事故措施（修订版）的通知》（国家电网设备〔2018〕979 号）12.4.1.5。 2.《12kV～40.5kV 高压开关柜采购标准　第 1 部分：通用技术规范》（Q/GDW 13088.1—2018）5.2.20　对开关柜限制并避免内部电弧故障的要求 d）。 3.《国家电网有限公司关于印发十八项电网重大反事故措施（修订版）的通知》（国家电网设备〔2018〕979 号）12.4.2.2

若在设备验收阶段，压力释放装置（气体绝缘开关柜）未能满足该监督项目的要求，可能导致万一当开关柜产生内部故障电弧时，压力释放装置将溢出的压力气体排向非无人经过区域，从而对现场运维人员的人身安全造成伤害。

验收或检修时，应检查泄压通道或压力释放装置与样机是否一致。手动开启相关装置检查，确保开启灵活、可靠；安装各类辅助装置时，应注意不得遮挡泄压通道或影响泄压喷口方向。严禁开关柜带电状态下，在泄压通道附近工作或打开泄压通道。

技术监督人员在查阅资料时，除检查压力释放位置及结构是否满足该监督要求之外，还需关注压力释放装置的结构是否可以可靠地自动打开。

3. 监督要求

技术监督人员应采用查阅资料（出厂资料），查看压力释放位置及结构，核对压力位置及结构。

4. 整改措施

当技术监督人员发现有不符合该监督要点的情况，应建议物资部门停止采购，并要求设备生产商提供书面整改说明，直至符合该监督要点。

3.4.5.5　运输和存储

1. 监督要点及监督依据

运输和存储监督要点及监督依据见表 3－272。

表 3－272　　运输和存储监督要点及监督依据

监督要点	监督依据
1. 充气柜应充微正压气体运输，对于电压互感器直插式结构的充气柜，不宜带电压互感器一起运输。 2. 对开关柜设备及附件的保管应符合要求	1.《12kV～40.5kV 高压开关柜采购标准　第 1 部分：通用技术规范》（Q/GDW 13088.1—2018）5.2.22　对充气柜的补充要求 f）项。 2.《交流高压开关设备技术监督导则》（Q/GDW 11074—2013）5.6.3　监督内容及要求 e）、f）、g）项

2. 监督项目解析

运输和存储是设备验收阶段重要的技术监督项目。

充气式开关柜在运输过程中不做微正压充气处理，可能造成外部潮气进入内部，使柜体受潮而重新进行密封和干燥的工作，使工期延长。

现场检查时出现充气柜压力表不满足 0.01～0.03MPa 的要求。

3. 监督要求

开展本条目监督时，可采用查看压力表值、开关柜保管措施相关资料的方式。

4. 整改措施

不满足要求时，要求厂家进行气体微水测试和密封性测试，直至满足要求。

3.4.5.6　电气性能专项监督

1. 监督要点及监督依据

电气性能专项监督要点及监督依据见表 3－273。

表 3－273　　电气性能专项监督要点及监督依据

监督要点	监督依据
1. 高压开关柜的温升性能应满足标准要求。 2. 开关柜所有绝缘件装配前均应进行局部放电试验，单个绝缘件局部放电量不大于 3pC。 3. 开关柜中的绝缘件应采用阻燃性绝缘材料，阻燃等级需达到 V－0 级	1.《高压开关设备和控制设备标准的共用技术要求》(DL/T 593—2016) 4.5.2 在温升试验规定的条件下，当周围空气温度不超过 40℃时，开关设备和控制设备任何部分的温升不应超过规定的温升极限。 2～3.《国家电网有限公司关于印发十八项电网重大反事故措施（修订版）的通知》(国家电网设备〔2018〕979 号) 12.4.1.9　开关柜所有绝缘件装配前均应进行局部放电试验，单个绝缘件局部放电量不大于 3pC。 12.4.1.7　开关柜中的绝缘件应采用阻燃性绝缘材料，阻燃等级需达到 V－0 级

2. 监督项目解析

开关柜电气性能是设备验收阶段重要的技术监督项目。

开关柜的温升性能应能满足标准要求，若是温升性能不满足要求，开关柜在运行过程中可能出现温升超过开关设备和控制设备规定的温升极限，引发开关柜事故。若开关柜绝缘护套性能不符合要求，若绝缘件为不合格产品，无法阻燃，易导致内部故障扩大。

查阅资料时，还应审查到货开关柜抽检情况的相关资料，开关柜中所有绝缘件装配前均应进行局部放电检测，应具有相应的检测报告，单个绝缘件局部放电量不大于 3pC。

3. 监督要求

开展开关柜电气性能专项技术监督，应查阅资料，主要包括温升性能、绝缘件试验、绝缘件阻燃级别等特性进行逐一核实，并提出相关意见。

4. 整改措施

技术监督人员发现开关柜电气性能不满足细则要求时，记录不满足的条款和参数，并应及时向项目管理部门和物资部提出整改建议，督促其协调生产厂家立即整改，直至满足开关柜绝缘特性选择要求。

3.4.5.7　材质要求

1. 监督要点及监督依据

材质要求监督要点及监督依据见表 3－274。

表 3－274　　材质要求监督要点及监督依据

监督要点	监督依据
1. 充气柜充气隔室应采用 3mm 及以上的 304 不锈钢制造，充气隔室焊缝应进行无损探伤检测。 2. 母线连接器导体材质应为 T2 铜，电导率不小于 56S/m，截面设计应满足额定电流的温升要求	《12kV～40.5kV 高压开关柜采购标准　第 1 部分：通用技术规范》(Q/GDW 13088.1—2018) 5.2.22 对充气柜的补充要求： h) 充气柜充气隔室应采用 3mm 及以上的 304 不锈钢制造，充气隔室焊缝应进行无损探伤检测。主框架及门板的板材厚度不小于 2mm。 j) 母线连接器导体材质应为 T2 铜，电导率不小于 56S/m，截面设计应满足额定电流的温升要求，绝缘件装配前均应进行局部放电试验，$1.1U_r$ 电压下单个绝缘件局部放电量不大于 3pC

2. 监督项目解析

开关柜材质要求是设备验收阶段重要的监督项目之一。

开关柜柜体材质和厚度不达标，柜内发生电弧故障时，开关柜柜体可能无法承受住冲击；母线连接器导体材质不满足导电率要求，可能在故障时电流过大，导致局部过热引发火灾，扩大故障范围。

3. 监督要求

可采用查阅资料的方式，查阅充气隔室、母线连接器的材质、厚度、焊缝等检测记录，或进行试验验证。同时，利用厂内验收环节开展现场验证，查询制造厂家记录、监造记录、现场查看。

4. 整改措施

技术监督人员对开关柜材质要求执行情况进行逐一核实，发现不满足细则要求时，记录不满足的条款和参数，并应及时向项目管理部门和物资部提出整改建议，督促其协调生产厂家立即整改，直至满足开关柜原材料与外观检查要求。

3.4.5.8 金属专项监督

1. 监督要点及监督依据

金属专项监督要点及监督依据见表 3－275。

表 3－275 金属专项监督要点及监督依据

监督要点	监督依据
1. 开关柜敷铝锌钢板厚度满足要求。 2. 开关柜母线材质和导电率满足要求。 3. 开关柜触头镀银层厚度满足要求	1.（1）Q/GDW 13088.1—2018《12kV～40.5kV 高压开关柜采购标准　第 1 部分：通用技术规范》5.2.8。 （2）GB/T 11344—2008《无损检测接触式超声脉冲回波法测厚方法》。 2.（1）Q/GDW 13088.1—2018《12kV～40.5kV 高压开关柜采购标准　第 1 部分：通用技术规范》5.10　母线 5.10.2　材质为 T2，电导率不小于 56S/m。 （2）GB/T 5585.1—2005《电工用铜、铝及其合金母线　第 1 部分：铜和铜合金母线》4.9.1 的表 10 规定： 型号：TMY，THMY 导电率不小于 97%IACS。 3.（1）《国家电网有限公司关于印发十八项电网重大反事故措施（修订版）的通知》（国家电网设备〔2018〕979 号）12.4.1.12。 （2）GB/T 16921—2005《金属覆盖层　覆盖层厚度测量 X 射线光谱方法》

2. 监督项目解析

开关柜的金属专项监督要求是设备验收阶段重要的技术监督项目之一。

铜排连接部位运行日久，容易氧化，增大接触电阻，降低导电性能。

3. 监督要求

利用现场验证母线材质、镀银层厚度、紧固弹簧及触头座材质。厂内验收环节开展现场验证，查询制造厂家记录、监造记录、现场查看。查看铜排连接部位是否有镀银或镀锡措施，厚度是否满足要求。

4. 整改措施

当技术监督人员对开关柜的金属监督要求执行情况进行逐一核实，发现不满足细则要求时，记录不满足的条款和参数，并应及时向项目管理部门和物资部提出整改建议，督促其协调生产厂家立即整改，直至开关柜均满足开关柜的金属监督要求。

3.4.5.9　保护与控制

1. 监督要点及监督依据

保护与控制监督要点及监督依据见表 3－276。

表 3－276　　保护与控制监督要点及监督依据

监督要点	监督依据
1. 继电保护、自动化装置应按要求安装到位。 2. 正、负电源之间以及经常带电的正电源与合闸或跳闸回路之间，应以空端子隔开	1. Q/GDW 13088.1—2018《12kV～40.5kV 高压开关柜采购标准　第 1 部分：通用技术规范》8.1.2 电气二次接口 a）总的要求 1）。 2. GB/T 50976—2014《继电保护及二次回路安装及验收规范》4.4.9 端子排的安装应符合下列要求 6）

2. 监督项目解析

开关柜保护与控制是设备验收阶段重要的技术监督项目之一。

继电保护装置和电能表集中装设在保护室，增加二次电缆长度，中间环节增多，投资成本增大。正、负电源之间以及经常带电的正电源与合闸或跳闸回路之间，应以空端子隔开，能够有效避免误操作导致电源短路引发设备故障。

3. 监督要求

开展开关柜保护与控制监督，应对电气二次接口、端子排安装情况进行检查，并查阅资料，主要包括技术规范书、初步设计图纸、初步设计方案。对开关柜保护与控制装置进行逐一核实，并提出相关意见。

4. 整改措施

技术监督人员对开关柜保护与控制装置进行逐一核实，发现不满足细则要求时，记录不满足的条款和参数，并应及时向项目管理部门和物资部提出整改建议，督促其协调生产厂家立即整改，直至满足对开关柜保护测控装置要求。

3.4.6　设备安装阶段

3.4.6.1　安装工艺

1. 监督要点及监督依据

安装工艺监督要点及监督依据见表 3－277。

表 3－277　　安装工艺监督要点及监督依据

监督要点	监督依据
1. 柜内母线、电缆端子等不应使用单螺栓连接。 2. 导体安装时螺栓可靠紧固，力矩符合有关标准要求	1.《国家电网有限公司关于印发十八项电网重大反事故措施（修订版）的通知》（国家电网设备〔2018〕979 号）12.4.2.3。 2.《电气装置安装工程　母线装置施工及验收规范》（GB 50149—2010）3.3.3　母线与母线或母线与设备接线端子的连接要求：① 螺栓与母线紧固面间均应有平垫圈，母线多颗螺栓连接时，相邻垫圈间有 3mm 以上的净距，螺母侧应装有弹簧垫圈或锁紧螺母；② 母线接触面应连接紧密，连接螺栓应用力矩扳手紧固；③ 钢制螺栓紧固力矩值应符合：M12，31.4～39.2N·m；M16，78.5～98.1N·m

2. 监督项目解析

安装工艺是设备安装阶段最重要的技术监督项目。

开关柜母线排、电缆端子通过的电流较大，其接头部位的安装质量直接决定其载流能力。如果接头部位安装不牢固，通过大电流时往往会松动发热，而这种发热又在开关柜内部，不容易发现，直接影响开关柜的安全运行。因此安装阶段需要严格对安装质量进行监督，重点是监督其安装工艺，以确保其接头部位接触良好，不应使用单螺栓连接，对周围设备安全距离满足要求，必要时可以通过测量回路电阻进行辅助检查。母线安装验收要求应按照隐蔽工程验收标准执行。

3. 监督要求

技术监督人员进行监督时，对开关柜母线、电缆端、导体的安装工艺进行检查，重点检查安装质量和安全距离。具体监督时，应严格按照监督依据的要求执行。

4. 整改措施

当技术监督人员在检查时，在开关柜安装工艺监督过程中发现问题，应做好记录并提交给建设部门督促整改，运检部门根据需要，可采用反馈单的方式协调解决。

3.4.6.2 封堵

1. 监督要点及监督依据

封堵监督要点及监督依据见表 3－278。

表 3－278　封堵监督要点及监督依据

监督要点	监督依据
开关柜间连通部位应采取有效的封堵隔离措施，防止开关柜火灾蔓延	《国家电网有限公司关于印发十八项电网重大反事故措施（修订版）的通知》（国家电网设备〔2018〕979 号）12.4.1.8

2. 监督项目解析

封堵隔离措施是设备安装阶段重要的技术监督项目。

高压开关柜由于是成排布置，一般柜体内部各隔室均有完整的分隔，但部分母线间未采用有效封堵，一旦柜内发生火灾，则可能通过母线处发生延燃，造成严重后果。对于穿越各个隔室之间的电缆孔洞没有封堵完好，就相当于降低了开关柜内燃弧防护能力，引起事故范围的扩大。加强电缆沟封堵，特别是一次电缆进入开关柜内接口封堵，建议采用两块非导磁金属合板合并而成的封板或其他有效封堵方式。

3. 监督要求

技术监督人员进行监督时，应对隔室、柜间的封堵进行检查。对于上述条目应严格按照监督依据和《国家电网公司变电验收通用管理规定　第 5 分册　开关柜验收细则》附录 A6 开关柜隐蔽工程验收标准卡和 A7 开关柜中间工程验收标准卡的要求执行。

4. 整改措施

当技术监督人员在检查时，发现开关柜一、二次电缆及隔室间封堵存在问题，应做好记录并提交给建设部门督促整改，运检部门根据需要可采用反馈单的方式协调解决。

3.4.6.3 泄压通道

1. 监督要点及监督依据

泄压通道监督要点及监督依据见表 3－279。

表 3-279　　泄压通道监督要点及监督依据

监督要点	监督依据
开关柜应检查泄压通道或压力释放装置，确保与设计图纸保持一致。对泄压通道的安装方式进行检查，应满足安全运行要求	《国家电网有限公司关于印发十八项电网重大反事故措施（修订版）的通知》（国家电网设备〔2018〕979 号）12.4.2.2

2. 监督项目解析

泄压通道或压力释放通道是设备安装阶段重要的技术监督项目。

在开关柜制造过程中设置独立的电缆室、断路器室、母线室三个隔室，并通过相应的燃弧试验。当某个隔室发生故障后，产生的高温高压气体将泄压板顶开，不会波及其他室，达到防护和限制故障范围的作用。因此泄压板在设备正常运行时起到隔离有电部位、防尘防潮的作用，发生故障时需要能够瞬间打开释放压力。因此，要审查压力排泄方向应为无人区域（通常为开关柜顶部），但要防止母线桥架等其他设备阻挡泄压通道。对于泄压通道的泄压板固定应选用一侧内部压力容易开启的尼龙螺栓进行固定，另一侧宜用铰链固定。

3. 监督要求

技术监督人员进行监督时，对开关柜泄压通道或压力释放通道布置，以及泄压盖板的安装可以采取现场检查的方式。

4. 整改措施

当技术监督人员在检查时，发现开关柜压力释放通道不通畅或者泄压方向为有人区域时，应做好记录并提交给建设部门督促整改，运检部门根据需要，可采用反馈单的方式协调解决。

3.4.6.4　接地

1. 监督要点及监督依据

接地监督要点及监督依据见表 3-280。

表 3-280　　接地监督要点及监督依据

监督要点	监督依据
1. 柜内接地母线与接地网可靠连接，每段柜接地引下线不少于两点。 2. 装有电器的可开启柜的门应采用截面积不小于 $4mm^2$ 且端部压接有终端附件的多股软铜导线与接地的金属构架可靠连接。 3. 沿开关柜的整个长度延伸方向应设有专用的接地导体。 4. 开关柜的接地导体搭接应满足要求	1. Q/GDW 744—2012《配电网施工检修工艺规范》13.1.2.1　高压开关柜 e)。 2. GB 50171—2012《电气装置安装工程　盘、柜及二次回路接线施工及验收规范》7.0.5。 3. DL/T 5222—2005《导体和电器选择设计技术规定》13.0.6。 4. DL/T 5222—2005《导体和电器选择设计技术规定》7.1.10

2. 监督项目解析

接地要求是设备安装阶段非常重要的技术监督项目。

接地指电力系统和电气装置的中性点、电气设备的外露导电部分和装置外导电部分经由导体与大地相连，可以分为工作接地、防雷接地和保护接地。开关柜外壳、基础框架的接地属于保护接地，是为了防止设备因绝缘损坏带电而危及人身安全所设的接地，其接地使用导体的布置与截面积应满足动、热稳定性要求，以保障可以安全地通过故障电流。开关柜内部的高压电器的金属支架应有符合技术条件的接地，且与专门的接地导体连接；各个开关柜的金属柜架也应通过专用接地体合格接地。

3. 监督要求

技术监督人员进行监督时，应严格按照要点的要求进行逐条检查，重点检查接地体设置、接地引线截面积及所有的金属部件是否可靠接地，以及接地电阻。具体监督时，应严格按照监督依据和参照《国家电网公司变电验收通用管理规定　第 5 分册　开关柜验收细则》附录 A6 开关柜隐蔽工程验收标准卡和 A7 开关柜中间验收标准卡的要求执行。

4. 整改措施

当技术监督人员在检查时，发现开关柜接地存在问题，应做好记录并提交给建设部门督促整改，运检部门根据需要，可采用反馈单的方式协调解决。

3.4.6.5　二次回路

1. 监督要点及监督依据

二次回路监督要点及监督依据见表 3－281。

表 3－281　　二次回路监督要点及监督依据

监督要点	监督依据
1. 正、负电源之间以及经常带电的正电源与合闸或跳闸回路之间，应以空端子隔开。 2. 导线用于连接门上的电器、控制台板等可动部位时，尚应符合下列规定：① 应采用多股软导线，敷设长度应有适当裕度；② 线束应有外套塑料缠绕管保护；③ 与电器连接时，端部应压接终端附件；④ 在可动部位两端应固定牢固。 3. 开关柜内的交直流接线，不应接在同一段端子排上。 4. 交流电流和交流电压回路、不同交流电压回路、交流和直流回路、强电和弱电回路，以及来自开关场电压互感器二次的四根引入线和电压互感器开口三角绕组的两根引入线均应使用各自独立的电缆	1. GB/T 50976—2014《继电保护及二次回路安装及验收规范》4.4.9　端子排的安装应符合下列要求 6。 2. GB 50171—2012《电气装置安装工程　盘、柜及二次回路接线施工及验收规范》6.0.3　①～④。 3～4.《国家电网有限公司关于印发十八项电网重大反事故措施（修订版）的通知》（国家电网设备〔2018〕979 号）5.3.1.10、15.6.3.2

2. 监督项目解析

二次回路安装是设备安装阶段重要的技术监督项目。

开关柜二次回路通常作为电源、控制、信号传递的回路，其可靠性直接关系到开关柜能否正常工作，因此不允许其有中间接头；开关柜二次电缆繁多，为了安装方便和以后检修便捷，因此要编号清晰，排列整齐；二次回路通常传递的是弱电信号，为了防止干扰，不允许和强电回路使用同一根电缆；穿越各功能小室的二次电缆均应加装金属管或金属档板遮盖，金属管、接口与挡板应光滑无划破导线的毛刺；微机装置背后接线端子上一只端子只能接一根线，如并头需在端子排上实现；二次回路端子排前要有标记牌端子。每只端子只能接一根线，端子排外侧导电部分不能外露。盘面上微机继电器/转换开关/MCB 小开关上的桩头只能接 1 根线。其余元器件的接线桩需要加装弹簧垫圈，每个桩头的接线不能超过两根。所有连接件均应采用铜质材料；二次回路接线的每个端子要有编号，端子排及继电器接线不能并接，确实需要其余并接不能超过两根。电流互感器回路的电流试验端子可采用具备电流试验部件可靠、使用方便、短路开合明显的端子排型试验端子产品。保护跳闸、重合闸回路须设置分、断位置明显的压板或开关，压板放在面板上，压板应接通接触良好、断口明显、相邻压板不能相碰，采用阻燃型产品；软线与元器件或端子排相连时，应经过渡接线头。接至端子排的应用针式接线头，接至元器件的应用圈式接线头。

3. 监督要求

技术监督人员进行监督时，应对二次回路接线的安装进行检查。重点检查二次电缆安装、排列、走向等。应严格按照监督依据和参照《国家电网公司变电验收通用管理规定　第 5 分册　开关柜验收细则》附录 A6 开关柜隐蔽工程验收标准卡和 A7 开关柜中间验收标准卡的要求执行。

4. 整改措施

当技术监督人员在检查时，发现开关柜二次回路接线存在问题，应做好记录并提交给建设部门督促整改，运检部门根据需要可采用反馈单的方式协调解决。

3.4.6.6 绝缘件

1. 监督要点及监督依据

绝缘件监督要点及监督依据见表3－282。

表3－282　　绝缘件监督要点及监督依据

监督要点	监督依据
24kV及以上开关柜内的穿柜套管、触头盒应采用双屏蔽结构，其等电位连线（均压环）应长度适中，并于母线及部件内壁可靠连接	《国家电网有限公司关于印发十八项电网重大反事故措施（修订版）的通知》（国家电网设备〔2018〕979号）12.4.1.10

2. 监督项目解析

绝缘件是设备安装阶段重要的技术监督项目。

针对24kV及以上的开关柜内的穿柜套管、触头盒应采用内外屏蔽结构（内部浇注屏蔽网）均匀电场产品，不得采用无屏蔽或内壁涂半导体漆屏蔽产品，屏蔽引出线应采用复合绝缘包封；穿柜套管、触头盒的等电位连线（均压环）应与母线及部件内壁可靠固定（接触），等电位线的长度要适中，不得出现余度过长绕圈打弯，保证其与母线等电位，防止产生悬浮电位造成放电。不应采用弹簧片作为等电位连接方式。

3. 监督要求

技术监督人员进行监督时，对开关柜内的触头盒、穿墙套管的监督主要是检查其产品是否满足要求及安装工艺是否按照设备厂家的要求进行安装，并将安装的结果拍照存档。具体监督时，严格按照监督依据和参照《国家电网公司变电验收通用管理规定　第5分册　开关柜验收细则》附录A6开关柜隐蔽工程验收标准卡和A7开关柜中间验收标准卡的要求执行。

4. 整改措施

当技术监督人员在检查时，发现开关柜触头盒、穿墙套管的安装存在问题时，应做好记录并提交给运检部门根据需要，可采用反馈单的方式协调解决。

3.4.7 设备调试阶段

3.4.7.1 真空断路器

1. 监督要点及监督依据

真空断路器监督要点及监督依据见表3－283。

表3－283　　真空断路器监督要点及监督依据

监督要点	监督依据
真空断路器交接试验项目应齐全，并满足标准要求	（1）Q/GDW 11651.5—2017《变电站设备验收规范　第5部分：开关柜》表A.8　二、开关柜整体试验验收 7　交流耐压试验。 （2）电气装置安装工程电气设备交接试验标准》（GB 50150—2016）11.0.1 真空断路器的试验项目　1～6

2. 监督项目解析

真空断路器的交接试验是设备调试阶段重要的监督项目。

真空断路器作为开关柜的主要元器件，要完成全套的交接试验项目，包括测量绝缘电阻；测量每相导电回路的电阻；交流耐压试验；测量断路器的分、合闸时间，测量分、合闸的同期性，测量合闸时触头的弹跳时间；测量分、合闸线圈及合闸接触器线圈的绝缘电阻和直流电阻；断路器操动机构的试验。

3. 监督要求

开展本条目监督时，可采用旁站监督，主要包括《国家电网公司变电验收通用管理规定 第5分册 开关柜验收细则》“开关柜出厂验收（试验）标准卡”“一、断路器试验验收”中相关内容记录试验项目及结论。

4. 整改措施

当发现本条款各项不满足时，应记录不满足的条款和参数并及时向项目管理单位提出，要求调试单位停止试验，对相关部件进行更换或处理后重新进行试验，直至试验通过。

3.4.7.2 二次回路试验

1. 监督要点及监督依据

二次回路试验监督要点及监督依据见表3－284。

表3－284　二次回路试验监督要点及监督依据

监督要点	监督依据
二次回路试验项目应齐全，并满足标准要求	《电气装置安装工程电气设备交接试验标准》（GB 50150—2016）“22.0.1 二次回路的试验项目，应包括下列内容： 1 测量绝缘电阻； 2 交流耐压试验。”

2. 监督项目解析

二次回路试验是设备调试阶段重要的监督项目。

二次回路的交流耐压试验，是保证设备可靠运行的重要手段。当系统经受短时电压波动及过电压时，辅助和控制电源可能产生波动，若辅助和控制回路及部件绝缘性能较低，可能造成部件绝缘击穿及烧损情况。

3. 监督要求

开展本条目监督时，可采用旁站监督，主要包括《国家电网公司变电检测通用管理规定 第18分册 外施交流耐压试验细则》中相关记录试验项目及结论。

4. 整改措施

当发现本条款各项不满足时，应记录不满足的条款和参数并及时向项目管理单位提出，要求调试单位停止试验，对相关部件进行更换或处理后重新进行试验，直至试验通过。

3.4.7.3 避雷器试验

1. 监督要点及监督依据

避雷器试验监督要点及监督依据见表3－285。

表 3-285　避雷器试验监督要点及监督依据

监督要点	监督依据
柜内避雷器的交接试验报告项目应齐全，结果满足要求	GB 50150—2016《电气装置安装工程电气设备交接试验标准》20.0.4

2. 监督项目解析

避雷器试验是设备调试阶段重要的监督项目。

开关柜内避雷器配置应符合技术规范要求，确保开关柜能够承受一定的过电压。金属氧化物避雷器直流参考电压和0.75倍直流参考电压下的泄漏电流是考核金属氧化物避雷器的主要指标。

3. 监督要求

开展本条目监督时，可采用查阅避雷器试验报告或抽样送检。

4. 整改措施

当发现本条款各项不满足时，应记录不满足的条款和参数并及时向项目管理单位提出，要求调试单位停止试验，对相关部件进行更换或处理后重新进行试验，直至试验通过。

3.4.7.4　互感器试验

1. 监督要点及监督依据

互感器试验监督要点及监督依据见表 3-286。

表 3-286　互感器试验监督要点及监督依据

监督要点	监督依据
开关柜中的互感器试验项目应齐全，试验结果应满足相关标准要求	GB 50150—2016《电气装置安装工程电气设备交接试验标准》10.0.1 互感器的试验项目：1、4、6、7、8、9

2. 监督项目解析

互感器试验是设备调试阶段非常重要的监督项目。

互感器作为开关柜的主要元器件，要完成全套的试验项目，包括绝缘电阻测量；局部放电试验；交流耐压试验；绝缘介质性能试验；测量绕组的直流电阻；检查接线绕组组别和极性；误差和变比测量；测量电流互感器的励磁特性曲线。保护用电流互感器测量值准确性，关系到继电保护装置能否正确、快速、可靠动作，伏安特性试验不合格的电流互感器，可能造成继电保护装置、误发信误动作或拒动作，造成事故扩大，甚至影响电网安全。

3. 监督要求

开展本条目监督时，可采用查阅互感器试验报告/抽样送检。

4. 整改措施

当发现本条款各项不满足时，应记录不满足的条款和参数并及时向项目管理单位提出，要求调试单位停止试验，对相关部件进行更换或处理后重新进行试验，直至试验通过。

3.4.7.5　保护与控制

1. 监督要点及监督依据

保护与控制监督要点及监督依据见表 3-287。

表 3－287　　保护与控制监督要点及监督依据

监督要点	监督依据
安装完毕后，应对断路器二次回路中的防跳继电器、非全相继电器进行传动，并保证在模拟手合于故障时不发生跳跃现象	Q/GDW 50150—2016《交流高压开关设备技术监督导则》5.7.3 e）的 4）、10）

2. 监督项目解析

保护与控制是设备调试阶段非常重要的监督项目。

开关柜继电保护装置的可靠运行，是保证电网异常或发生故障时设备发信或断路器可靠动作的重要装置。

3. 监督要求

开展本条目监督时，可采用现场验证，主要包括机构防跳功能。

4. 整改措施

当发现本条款各项不满足时，应记录不满足的条款和参数并及时向项目管理单位提出，要求调试单位停止试验，对相关部件进行更换或处理后重新进行试验，直至试验通过。

3.4.7.6　绝缘气体

1. 监督要点及监督依据

绝缘气体监督要点及监督依据见表 3－288。

表 3－288　　绝缘气体监督要点及监督依据

监督要点	监督依据
1. 气体湿度测量（适用时）。 2. 气体密封性试验（适用时）。 3. 气体密度继电器校验（适用时）	Q/GDW 13088.1—2018《12kV～40.5kV 高压开关柜采购标准第 1 部分：通用技术规范》6.3.2 现场交接试验项目：f）、g）、h）

2. 监督项目解析

绝缘气体是设备调试阶段重要的监督项目。

SF_6气体绝缘开关柜中的绝缘及灭弧介质，其含微水、纯度和压力，直接关系到SF_6气体绝缘及灭弧性能，直接影响断路器内部的绝缘和开断能力，因此对SF_6气体微水测试及密度计校验进行技术监督。

3. 监督要求

开展本条目监督时，可采用旁站监督、交接试验的方式，主要包括《国家电网公司变电检测通用管理规定　第 39 分册　SF_6密度表（继电器）校验细则》《国家电网公司变电检测通用管理规定　第 40 分册　气体密封性检测细则中相关表单》，记录试验项目及结论。

4. 整改措施

当发现本条款不满足时，应记录不满足的条款和参数，并及时向项目管理单位反映情况，要求说明原因，并限期整改。

3.4.8　竣工验收

3.4.8.1　功能特性

1. 监督要点及监督依据

功能特性监督要点及监督依据见表 3－289。

表 3－289　功能特性监督要点及监督依据

监督要点	监督依据
1. 开关柜内各隔室均安装驱潮加热器，加热、驱潮装置与临近元件、电缆及电线的距离应大于 50mm。 2. 开关柜电气闭锁应单独设置电源回路，且与其他回路独立。 3. 开关柜如有强制降温装置，应装设带防护罩、风道布局合理的强排通风装置、进风口应有防尘网。风机启动值应按照厂家要求设置合理，风机故障应发出报警信号	1. Q/GDW 11651.5—2017《变电站设备验收规范　第 5 部分：开关柜》A7　开关柜中间验收标准卡 5：电缆室第 5 条。 2. Q/GWD 13088.1—2018《12.5～40.5kV 高压开关柜采购标准　第 1 部分：通用技术规范》5.2.19　i)。 3. Q/GWD 13088.1—2018《12kV～40.5kV 高压开关柜采购标准　第 1 部分：通用技术规范》5.2.31

2. 监督项目解析

功能特性是竣工验收阶段技术监督项目之一。

开关柜内加热驱潮装置可靠运行是保证设备正常运行的重要措施，能够防止开关柜内因空气湿度过大造成凝露等影响设备绝缘性能，避免开关柜烧毁事故的发生。加热驱潮装置与邻近元件、电缆及电线保持大于 50mm 的安全距离，主要为了防止发热器件产生的热量烧毁元件、电缆及电线。开关柜电气闭锁设置独立回路主要是保证其他回路发生故障时，闭锁回路仍能够可靠工作，防止发生闭锁失效导致的人身伤亡事故。开关柜强制降温装置装设防尘网主要是避免外界的浮尘进入开关柜影响开关柜的绝缘性能。因此将加热驱潮装置、电气闭锁、降温装置纳入竣工验收阶段技术监督项目之一。

3. 监督要求

开展本条目监督时，可采用现场验证和检查的方式。

4. 整改措施

如发现开关柜内的加热驱潮装置、电气闭锁、降温装置不满足监督要点要求，应记录不满足的条款和参数，应及时向项目管理单位反映情况，要求供应商按订货合同要求补足。

3.4.8.2　反事故措施

1. 监督要点及监督依据

反事故措施监督要点及监督依据见表 3－290。

表 3－290　反事故措施监督要点及监督依据

监督要点	监督依据
1. 在电压互感器一次绕组中对地间串接线性或非线性消谐电阻、加零序电压互感器或在开口绕组加阻尼或其他专门消除此类谐振的装置。 2. 正、负电源之间以及经常带电的正电源与合闸或跳闸回路之间，应以空端子隔开。 3. 高压开关柜内手车开关拉出后，隔离带电部位的挡板应可靠封闭，禁止开启	1.《国家电网有限公司关于印发十八项电网重大反事故措施（修订版）的通知》（国家电网设备〔2018〕979 号）14.4.1.2。 2. GB/T 50976—2014《继电保护及二次回路安装及验收规范》4.4.9　端子排的安装要求　6。 3.《国家电网有限公司关于印发十八项电网重大反事故措施（修订版）的通知》（国家电网设备〔2018〕979 号）4.2.9

2. 监督项目解析

反事故措施是竣工验收阶段最重要的技术监督项目。

设备反事故措施，均是针对公司系统内曾发生的设备故障、电网事故、人身伤亡事件而制定，通过落实相关反事故措施内容，能够有效避免设备故障、电网事故及人身伤亡事件再次发生，因此对相关反事故措施内容开展技术监督。

3. 监督要求

开展本条目监督时，可现场验证和检查电压互感器消谐措施、空端子的设置、活门机构独立锁止功能（确保单人双手无法打开活门）。

4. 整改措施

当发现本条款不满足时，应及时向项目管理单位反映情况，对监督过程中发现存在的问题，应要求供应商按反事故措施要求立即进行整改，直至满足反事故措施要求为止。

3.4.8.3 二次回路检查

1. 监督要点及监督依据

二次回路检查监督要点及监督依据见表 3－291。

表 3－291　　二次回路检查监督要点及监督依据

监督要点	监督依据
电流、电压互感器二次回路连接导线截面积应满足要求	DL/T 448—2016《电能计量装置技术管理规程》6.4　电能计量装置配置原则　i）

2. 监督项目解析

二次回路检查是竣工验收阶段重要的监督项目。

电流互感器配置情况，涉及二次侧电流测量值准确性，因此电流互感器配置情况进行技术监督。配置应遵循计量回路相关要求。

3. 监督要求

开展本条目监督时，可采用现场验证，记录电流互感器和电压互感器二次回路线径截面积。

4. 整改措施

当发现本条款不满足时，应及时向项目管理单位反映情况，对监督过程中发现存在的问题，应要求供应商或安装施工单位立即进行整改。

3.4.8.4 防误功能

1. 监督要点及监督依据

防误功能监督要点及监督依据见表 3－292。

表 3－292　　防误功能监督要点及监督依据

监督要点	监督依据
高压开关柜防误功能应齐全、性能良好；新投开关柜应装设具有自检功能的带电显示装置，并与接地开关及柜门实现强制闭锁；配电装置有倒送电源时，间隔网门应装有带电显示装置的强制闭锁。开关柜应选用 LSC2 类（具备运行连续性功能）、“五防”功能完备的产品	《国家电网有限公司关于印发十八项电网重大反事故措施（修订版）的通知》（国家电网设备〔2018〕979 号）4.2.10、12.4.1.1

2. 监督项目解析

防误功能是竣工验收阶段技术监督项目之一。

高压开关柜防误功能是保障设备及人员安全的重要措施，在竣工验收时应作为重要检查项目。新投入开关柜的带电显示装置与接地开关或者柜门之间的闭锁主要是防止带电合接地开关造成短路事故以及带电开柜门造成人身伤亡。近些年光伏等的接入使配电装置存在电源倒送的隐患，在带电显示器和配电装置的间隔网门间设置强制闭锁，主要是为了防止人身伤亡事故。因此，将防误功能纳入竣工验收阶段技术监督项目之一。

3. 监督要求

开展本条目监督时，可采用现场验证和检查的方式，设备的防误功能应完备可靠。

4. 整改措施

当发现本条款不满足时，应及时向项目管理单位反映情况，对监督过程中发现的问题，应要求供应商或安装施工单位立即进行整改。

3.4.8.5　接地

1. 监督要点及监督依据

接地监督要点及监督依据见表 3－293。

表 3－293　　接地监督要点及监督依据

监督要点	监督依据
柜内接地母线与接地网可靠连接，每段柜接地引下线不少于两点	Q/GDW 744—2012《配电网施工检修工艺规范》13.1.2.1　高压开关柜　e）

2. 监督项目解析

接地是竣工验收阶段重要的监督项目。

接地是保障设备及人身安全的重要措施，是保障设备及人员安全的最后一道屏障。

3. 监督要求

开展本条目监督时，可采用现场验证和检查的方式，主要检查接地材料的规格和接地点数量。

4. 整改措施

当发现本条款不满足时，应及时向项目管理单位反映情况，对监督过程中发现存在的问题，应要求安装施工单位立即进行整改。

3.4.8.6　封堵

1. 监督要点及监督依据

封堵监督要点及监督依据见表 3－294。

表 3－294　　封堵监督要点及监督依据

监督要点	监督依据
开关柜间连通部位应采取有效的封堵隔离措施，防止开关柜火灾蔓延	《国家电网有限公司关于印发十八项电网重大反事故措施（修订版）的通知》（国家电网设备〔2018〕979 号）12.4.1.8

2. 监督项目解析

封堵是竣工验收阶段重要的监督项目。

开关柜间连通部位进行有效封堵能够防止事故时烟气及燃烧物等沿孔洞扩散，因此需对封堵情况进行技术监督。

3. 监督要求

开展本条目监督时，可采用现场验证和检查的方式，检查开关柜间封堵的材料是否符合要求，以及封堵工艺能否保障事故发生时对烟气及燃烧物进行有效阻隔。

4. 整改措施

当发现本条款不满足时，应及时向项目管理单位反映情况，对监督过程中发现存在的问题，应要求安装施工单位立即进行整改。

3.4.8.7 泄压通道

1. 监督要点及监督依据

泄压通道监督要点及监督依据见表 3－295。

表 3－295　泄压通道监督要点及监督依据

监督要点	监督依据
泄压盖板泄压侧应选用尼龙螺栓进行固定	Q/GDW 13088.1—2018《12kV～40.5kV 高压开关柜采购标准　第 1 部分：通用技术规范》5.2.20　对开关柜限制并避免内部电弧故障的要求　d

2. 监督项目解析

泄压通道是竣工验收阶段重要的监督项目。

开关柜泄压通道能够保障开关柜内部故障产生电弧时，压力能够按照预定的方向释放，避免对人员造成伤害，泄压通道的盖板泄压侧采用尼龙螺栓主要是保障故障发生时螺栓能够断裂开，有效释放压力，因此需对泄压通道设置情况进行技术监督。

3. 监督要求

开展本条目监督时，可采用现场验证和检查的方式，一方面检查泄压通道的开口设置在无人经过的区域；另一方面，检查泄压盖板泄压侧采用尼龙螺栓固定。

4. 整改措施

当发现本条款不满足时，应及时向项目管理单位反映情况，对监督过程中发现的问题，应要求安装施工单位立即进行整改。

3.4.8.8 开关室环境

1. 监督要点及监督依据

开关室环境监督要点及监督依据见表 3－296。

表 3－296　开关室环境监督要点及监督依据

监督要点	监督依据
1. 配电室应按反事故措施要求配置调温、除湿设施。 2. 空调出风口不得朝向柜体，防止凝露导致绝缘事故。 3. 在 SF_6 配电装置室低位区应安装能报警的氧量仪和 SF_6 泄漏报警仪，在工作人员入口处应装设显示器。 4. 在电缆从室外进入室内的入口处、敷设两个及以上间隔电缆的主电缆沟道和到单个间隔或设备分支电缆沟道的交界处应设置防火墙，在主电缆沟道内每间隔 60m 应设置一道防火墙	1.《国家电网有限公司关于印发十八项电网重大反事故措施（修订版）的通知》（国家电网设备〔2018〕979 号）12.4.1.16。 2.《变电站设备验收规范　第 5 部分：开关柜》（Q/GDW 11651.5—2017）表 A.7 开关柜中间验收标准卡：一、开关柜验收的 1　开关柜各部面板　⑥。 3.《国家电网公司电力安全工作规程变电部分》（Q/GDW 1799.1—2013）11.5。 4.（1）《国网设备部关于印发变电站（换流站）消防设备设施等完善化改造原则（试行）的通知》（设备变电〔2018〕15 号）4.2.4.8。 （2）《火力发电厂与变电站设计防火规范》（GB 50229—2006）11.3.1。 （3）《电力设备典型消防规程》（DL 5027—2015）10.5.4

2. 监督项目解析

开关室环境是竣工验收阶段重要的监督项目。

开关室环境，包括通风、除湿、降温等辅助设备，能够降低高温、大负荷期间的设备运行稳定，以及雨季、潮湿天气期间的室内湿度，防止绝缘加速劣化，提高设备运行水平；空调出风口朝向柜体可能会导致柜内产生凝露造成绝缘事故，应合理设置出风口朝向；SF_6 气体绝缘设备开关室内，

SF_6气体泄漏仪及氧含量仪的正常工作，是保证发生SF_6气体泄漏时能够正确报警，提醒人员做好防护措施，或自动开启通风装置，保证人身安全；多条电缆交汇处应设置防火墙，并保证防火墙的设置密度，避免电缆着火事故的扩大，因此开关室环境是竣工验收阶段重要的监督项目。

3. 监督要求

开展本条目监督时，可采用现场验证和检查的方式检查配电室通风、除湿、降温设施配置；空调出风口朝向设置；含氧量及SF_6气体浓度监测装置，记录配电室通风、除湿、降温设施，含氧量及SF_6气体浓度监测装置配置及功能；电缆沟内防火墙的设置情况以及防火墙设置密度。

4. 整改措施

当发现本条款不满足时，应及时向项目管理单位反映情况，对监督过程中发现问题的设备，要求施工单位进行整改并验收合格方可通过竣工验收。

3.4.9 运维检修阶段

3.4.9.1 运行巡视

1. 监督要点及监督依据

运行巡视监督要点及监督依据见表3－297。

表3－297　　运行巡视监督要点及监督依据

监督要点	监督依据
1. 运行巡视周期应符合相关规定。 2. 巡视项目重点关注开关室空调等设备运行情况、氧量仪和SF_6泄漏报警仪定期检验情况和运行情况、开关柜内声响、异味情况	1. Q/GDW 1168—2013《输变电设备状态检修试验规程》5.12.1.1 表34 高压开关柜巡检项目。 2.（1）Q/GDW 11074—2013《交流高压开关设备技术监督导则》5.9.3 k）对于开关柜，应重点监督以下内容：2)。 （2）《国家电网公司变电运维管理规定（试行）第5分册　开关柜运维细则》（国网（运检/3）828—2017）1.4.6、2.1.1　例行巡视的2.1.1.5

2. 监督项目解析

运行巡视中巡视项目是运维检修阶段重要的监督项目之一。

开关柜的巡视项目和巡视要求是保证巡视质量、发现运行缺陷的重要手段之一，将巡视发现的设备异常运行状态或故障及时上报、安排处理，能够有效保证设备安全稳定运行，提高供电可靠性。

开关室空调等设备具有除湿、降温等功能，开关室空调等设备运行正常能够在潮湿、高温环境下进行除湿、降温，有效减缓开关柜绝缘老化速度，确保开关柜安全稳定运行。因此，需要定期对开关室空调、加热除湿器等设备功能进行检查，确保其功能正常。

开关室内充气柜发生SF_6气体泄漏不仅影响设备的安全稳定运行，也会对人体造成危害。开关室需要安装氧量仪和SF_6泄漏报警仪，是保证发生SF_6气体泄漏时能够正确报警，提醒人员做好防护措施或自动开启通风装置，确保人身安全的一种有效措施，须设置在开关室门外。巡视人员或运维人员进入开关室前，氧量仪和SF_6泄漏报警仪能够起到警示和人身保护作用，因此需要对其定期检验，保证完好。开关柜过负荷运行或发生局部放电现象时，会发出声响或产生异味，通过巡视能够察觉，及时发现开关柜运行异常或运行缺陷。

设备运行工况存在变化，受天气、负荷等影响，同时部分缺陷需要在夜间或其他特殊情况下巡视较易发现，因此应根据不同运行工况，开展定期和不定期巡视，以确保能够及时发现设备运行中存在的问题。

3. 监督要求

开展本条目监督时，可采用查阅资料（巡视记录）。

4. 整改措施

当发现本条款不满足时，应及时向运维单位反映情况，要求说明原因，并限期整改。

3.4.9.2 状态检测

1. 监督要点及监督依据

状态检测监督要点及监督依据见表 3－298。

表 3－298　　状态检测监督要点及监督依据

监督要点	监督依据
1. 带电检测周期、项目应符合相关规定。 2. 停电试验应按规定周期开展，试验项目齐全；当对试验结果有怀疑时应进行复测，必要时开展诊断性试验	1.《交流高压开关设备技术监督导则》（Q/GDW 11074—2013）k）对于开关柜，应重点监督以下内容： 4）每年迎峰度夏（冬）前应开展超声波局部放电检测、暂态地电压检测，并形成检测记录。 2.《输变电设备状态检修试验规程》（Q/GDW 1168—2013）5.12.1 及 5.12.2 相关内容

2. 监督项目解析

状态检测是运维检修阶段重要的监督项目之一。

开关柜红外热像检测结果异常、温度监测装置检测结果异常、暂态地电压检测（带电）结果异常、超声波局放检测异常、特高频局部放电检测异常均表示开关柜内部存在故障或异常，如不及时处理将会使得故障扩大；分合闸线圈电流电压检测异常表示线圈内部存在缺陷，如不及时更换将导致线圈在运行过程中故障，进而导致开关拒动。当发现带电检测结果异常时，应根据现场情况，综合运用多种检测手段进行确认。

停电检修对开关柜所做的工作可分为试验和维护两大类，试验工作主要包括通流、机械、绝缘三类。停电检修开关柜维护项目主要包括开关柜积污和凝露情况检查与处理，此项目不合格会发生沿面的放电甚至闪络，导致高压柜发生绝缘事故，其危害轻则造成设备损坏，重则引发大面积停电；绝缘子、穿墙套管检查与处理，此项目不合格将会严重影响其绝缘性能，引发绝缘故障；触头等导体连接部位检查，如有变色痕迹表明导体连接部位温度过高，有磨损表明动静触头配合不好；开关柜加热除湿装置检查，此项目不合格将导致凝露，影响绝缘性能和造成设备锈蚀；带电显示装置检查，此项目不合格将有可能导致运维人员产生误操作。

3. 监督要求

应查阅试验报告检查试验项目是否完成，结果是否满足要求，查阅修试记录。

4. 整改措施

当发现本条款不满足时，应及时向运维单位反映情况，要求说明原因，并限期整改。

3.4.9.3 状态评价与检修决策

1. 监督要点及监督依据

状态评价与检修决策监督要点及监督依据见表 3－299。

表 3-299　　状态评价与检修决策监督要点及监督依据

监督要点	监督依据
1. 状态评价应基于巡检及例行试验、诊断性试验、在线监测、带电检测、家族缺陷、不良工况等状态信息，包括其现象强度、量值大小以及发展趋势，结合与同类设备的比较，作出综合判断。 2. 开关柜的状态检修策略既包括年度检修计划的制定，也包括缺陷处理、试验、不停电的维修和检查等。检修策略应根据设备状态评价的结果动态调整。 3. 每年应进行短路容量计算、载流量校核，不满足要求的应纳入技改计划	1.《输变电设备状态检修试验规程》（Q/GDW 1168—2013）4.3.1。 2.《12（7.2）kV～40.5kV 交流金属封闭开关设备状态检修导则》（Q/GDW 612—2011）5　开关柜的状态检修策略。 3.《交流高压开关设备技术监督导则》（Q/GDW 11074—2013）5.9.3　h）

2. 监督项目解析

状态评价与检修决策是运维检修阶段非常重要的技术监督项目。

状态评价不按照规定开展，不结合红外测温、温度监测装置、超声波局放、暂态地电位检测等带电检测手段准确判断开关柜状态，合理制定状态检修策略，可能导致开关柜运行状况恶化；随着电网结构的发展变化，短路电流逐年变化，如每年不按规定进行短路容量计算、载流量校核，可能导致开关无法开断短路电流，扩大事故。

3. 监督要求

通过查阅状态评价报告、检修计划、校核报告/技改计划检查状态评价是否满足要求。

4. 整改措施

当发现本条款不满足时，应及时向运维单位反映情况，要求说明原因，并限期整改。

3.4.9.4　缺陷处理

1. 监督要点及监督依据

缺陷处理监督要点及监督依据见表 3-300。

表 3-300　　缺陷处理监督要点及监督依据

监督要点	监督依据
加强带电显示闭锁装置的运行维护，保证其与接地开关（柜门）间强制闭锁的运行可靠性。防误操作闭锁装置或带电显示装置失灵时应尽快处理	《国家电网有限公司关于印发十八项电网重大反事故措施（修订版）的通知》（国家电网设备〔2018〕979 号）12.4.3.1

2. 监督项目解析

缺陷处理是运维检修阶段的技术监督项目之一。

带电显示闭锁装置是开关柜重要的“五防”装置，失灵将不能有效防止电气误操作。

3. 监督要求

通过查阅缺陷记录和现场验证的方式检查带电显示闭锁装置运行情况。

4. 整改措施

防误操作闭锁装置或带电显示装置失灵由设备运维检修部门予以整改，应作为严重缺陷尽快予以消除。

3.4.9.5　反事故措施落实

1. 监督要点及监督依据

反事故措施落实监督要点及监督依据见表 3-301。

表 3-301　　反事故措施落实监督要点及监督依据

监督要点	监督依据
1. 未经型式试验考核前，不得进行柜体开孔等降低开关柜内部故障防护性能的改造。 2. 投切并联电容器、交流滤波器用断路器必须选用 C2 级断路器。 3. 高压开关柜内手车开关拉出后，隔离带电部位的挡板应可靠封闭，禁止开启	《国家电网有限公司关于印发十八项电网重大反事故措施（修订版）的通知》（国家电网设备〔2018〕979 号）12.4.1.15、12.1.1.2、4.2.9

2. 监督项目解析

反事故措施落实是运维检修阶段最重要的技术监督项目。

未进行开关柜型式试验验证，在柜体上开孔加装测温窗口，破坏了开关柜内部故障防护性能，给人身和设备带来风险。用于投切电容器负荷的断路器，触头在合闸时需承受暂态电压和关合涌流，分闸时需承受触头分开后其两端的恢复电压。在开断容性负载时，由于电流过零时，电压处于最大幅值，容性负载残余电压的原因，可能造成分断过程中电弧重击穿、损伤触头等，极端情况下可能造成设备爆炸。C2 级断路器指断路器型式试验验证的容性电流开合试验中具有非常低的重击穿概率。

设备反事故措施，均是针对公司系统内曾发生的设备故障、电网事故、人身伤亡事件而制定，通过落实相关反事故措施内容，能够有效避免设备故障、电网事故及人身伤亡事件再次发生，因此对相关反事故措施内容开展技术监督。

3. 监督要求

通过查阅出厂资料、运行记录、巡视记录、缺陷记录及现场检查等方式，检查是否满足反事故措施要求。

4. 整改措施

运维检修阶段发现的反事故措施不满足应由运维检修单位负责整改。

3.4.10 退役报废阶段

3.4.10.1 技术鉴定

1. 监督要点及监督依据

技术鉴定监督要点及监督依据见表 3-302。

表 3-302　　技术鉴定监督要点及监督依据

监督要点	监督依据
1. 电网一次设备进行报废处理，应满足以下条件之一： （1）国家规定强制淘汰报废； （2）设备厂家无法提供关键零部件供应，无备品备件供应，不能修复，无法使用； （3）运行日久，其主要结构、机件陈旧，损坏严重，经大修、技术改造仍不能满足安全生产要求； （4）退役设备虽然能修复但费用太大，修复后可使用的年限不长，效率不高，在经济上不可行； （5）腐蚀严重，继续使用存在事故隐患，且无法修复； （6）退役设备无再利用价值或再利用价值小； （7）严重污染环境，无法修治； （8）技术落后不能满足生产需要；	1.《电网一次设备报废技术评估导则》（Q/GDW 11772—2017） “4 通用技术原则 电网一次设备进行报废处理，应满足以下条件之一： a）国家规定强制淘汰报废； b）设备厂家无法提供关键零部件供应，无备品备件供应，不能修复，无法使用； c）运行日久，其主要结构、机件陈旧，损坏严重，经大修、技术改造仍不能满足安全生产要求； d）退役设备虽然能修复但费用太大，修复后可使用的年限不长，效率不高，在经济上不可行； e）腐蚀严重，继续使用存在事故隐患，且无法修复； f）退役设备无再利用价值或再利用价值小；

续表

监督要点	监督依据
（9）存在严重质量问题不能继续运行； （10）因运营方式改变全部或部分拆除，且无法再安装使用； （11）遭受自然灾害或突发意外事故，导致毁损，无法修复。 2. 开关柜满足下列技术条件之一，且无法修复，宜进行报废： （1）主要技术指标不符合 Q/GDW 1168 技术要求，且无法修复； （2）“五防”闭锁功能不完善，且无法修复； （3）柜内元部件外绝缘爬距不满足开关柜加强绝缘技术要求，母线室、断路器室、电缆室为连通结构； （4）网门结构的开关柜，外壳防护性能不满足安全运行要求； （5）内部故障电流大小和短路持续时间（IAC 等级水平）达不到技术标准要求； （6）开关柜未设置泄压通道，且无法修复； （7）开关柜内关键组件不能满足 Q/GDW 1168 技术要求及电网发展需要，且无法修复，可局部报废	g）严重污染环境，无法修治； h）技术落后不能满足生产需要； i）存在严重质量问题不能继续运行； j）因运营方式改变全部或部分拆除，且无法再安装使用； k）遭受自然灾害或突发意外事故，导致毁损，无法修复。” 2.《电网一次设备报废技术评估导则》（Q/GDW 11772—2017）5.7 a）主要技术指标（交流耐压试验、操动机构试验等）不符合 Q/GDW 1168 技术要求，且无法修复； b）“五防”闭锁功能不完善，且无法修复； c）柜内元部件外绝缘爬距不满足开关柜加强绝缘技术要求，母线室、断路器室、电缆室为连通结构； d）网门结构的开关柜，外壳防护性能不满足安全运行要求； e）内部故障电流大小和短路持续时间（IAC 等级水平）达不到技术标准要求； f）开关柜未设置泄压通道，且无法修复； g）开关柜内关键组件（互感器、避雷器等）不能满足 Q/GDW 1168 技术要求及电网发展需要，且无法修复，可局部报废。”

2. 监督项目解析

技术鉴定是退役报废阶段重要的监督项目。

对开关柜设备技术鉴定不到位，可能造成设备未到寿命年限而提前退役，造成资产浪费。开关柜设备是否安全运行，对于电网安全运行影响较大，涉及 PMS、ERP 等多个系统。开关柜设备退役后需要及时在系统中更新状态，遇到规划有巨大变化、设备不满足运行要求、缺少零配件且无法修复等不可抗拒的因素，断路器不及时报废，将对电网设备运行造成巨大危害。设备内部报废手续履行不到位，可能造成废旧设备重新流入电网，对电网设备运行危害巨大。

3. 监督要求

开展本条目监督时，可采用查阅资料或现场检查，包括开关柜退役设备评估报告，抽查 1 台退役开关柜。

4. 整改措施

当技术监督人员在查阅资料和现场检查时，发现配电开关柜设备退役情况不满足相关标准、规程要求，应及时将现场情况通知相关运维管理部门，督促相关单位完善整改，直至相关资料及程序满足相关标准、规程要求。

3.5 直 流 电 源

3.5.1 规划可研阶段

3.5.1.1 设备运行环境要求

1. 监督要点及监督依据

设备运行环境要求监督要点及监督依据见表 3－303。

表 3-303　　设备运行环境要求监督要点及监督依据

监督要点	监督依据
1. 直流电源类设备环境适用性（海拔、温度、抗震等）应满足运行现场的环境条件。 2. 设备安装及使用地点无影响设备安全的不良因素	1.《直流电源系统技术监督导则》（Q/GDW 11078—2013）5.1.2.3　直流电源类设备环境适用性（海拔、温度、抗震等）是否满足运行现场的环境条件。 2. 国家电网公司《变电站直流电源系统技术标准》（Q/GDW 11310—2014） "4.1.4　安装使用地点无强烈振动和冲击，无强电磁干扰，外磁场感应强度不得超过 0.5mT。 4.1.5　安装垂直倾斜度不超过 5%。 4.1.6　使用地点不得有爆炸危险介质，周围介质不含有腐蚀金属和破坏绝缘的有害气体及导电介质。"

2. 监督项目解析

设备运行环境要求是规划可研阶段重要的监督项目。设备运行环境要求在规划可研阶段起前提和基础的作用，是整个项目能够科学、高效开展的必备条件之一，对项目后期的顺利进行有制约效果。在规划可研阶段规范设备的运行环境要求有利于保障整个项目科学、有序开展，减少故障概率，是提高设备的安全运行性能的前提之一。

3. 监督要求

开展本条目监督时，可采用参加可研报告审查会、查阅资料的方式，包括工程可研报告、可研报告评审意见和可研批复文件等，查阅结果是否满足要求。

4. 整改措施

记录工程可研报告、可研报告评审意见和批复文件查阅结果是否满足要求。当不满足要求时，应向相关职能部门提出重新开始设备运行环境情况的评估工作。

3.5.1.2　蓄电池选型（含一体化电源）

1. 监督要点及监督依据

蓄电池选型（含一体化电源）监督要点及监督依据见表 3-304。

表 3-304　　蓄电池选型（含一体化电源）监督要点及监督依据

监督要点	监督依据
1. 采用阀控式密封铅酸蓄电池。 2. 铅酸蓄电池应采用单体为 2V 的蓄电池，直流电源成套装置组柜安装的铅酸蓄电池宜采用单体为 2V 的蓄电池，也可采用 6V 或 12V 组合电池	《电力工程直流系统设计技术规程》（DL/T 5044—2014） "3.3.1　蓄电池型式选择应符合下列要求：直流电源宜采用阀控式密封铅酸蓄电池，也可采用固定型排气式铅酸蓄电池。 3.3.2　铅酸蓄电池应采用单体为 2V 的蓄电池，直流电源成套装置组柜安装的铅酸蓄电池宜采用单体为 2V 的蓄电池，也可采用 6V 或 12V 组合电池。"

2. 监督项目解析

蓄电池选型（含一体化电源）是规划可研阶段较重要的监督项目。随着阀控式密封铅酸蓄电池技术的不断发展完善，该项技术得到了广泛的应用，事实证明此类型的蓄电池为变电站直流电源系统的安全运行及维护提供了可靠的保障。故在蓄电池选型阶段一般要求选择阀控密封铅酸蓄电池，电池电压以 2V 为宜。

3. 监督要求

开展本条目监督时，可采用参加可研报告审查会或者查阅资料的方式，包括工程可研报告、可研报告评审意见和可研批复文件等，查阅结果是否满足要求。记录工程可研报告、可研报告评审意见和批复文件查阅结果是否满足要求。当不满足要求时，应向相关职能部门提出重新进行蓄电池选型工作的可研性研究。

4. 整改措施

记录工程可研报告、可研报告评审意见和批复文件查阅结果是否满足要求。当不满足要求时，应向相关职能部门提出重新开始设备运行环境情况的评估工作。

3.5.1.3　充电装置选型（含一体化电源）

1. 监督要点及监督依据

充电装置选型（含一体化电源）监督要点及监督依据见表3-305。

表3-305　　充电装置选型（含一体化电源）监督要点及监督依据

监督要点	监督依据
充电装置选用高频开关电源模块型	《电力工程直流系统设计技术规程》（DL/T 5044—2014）“3.4.1　充电装置型式宜选用高频开关电源模块型充电装置，也可选用相控式充电装置。”

2. 监督项目解析

充电装置选型（含一体化电源）是规划可研阶段较重要的监督项目。高频开关电源作为一种安全、可靠、高效、节能的电源技术，已达到非常成熟完备的技术层次，并在实际生产活动中得到大量实际应用，所以充电装置建议选用高频开关电源模块型。

3. 监督要求

开展本条目监督时，可采用参加可研报告审查会或者查阅资料的方式，包括工程可研报告、可研报告评审意见和可研批复文件等，查阅结果是否满足要求。记录工程可研报告和可研报告评审意见中充电装置选型结果是否满足要求。当不满足要求时，应向相关职能部门提出重新进行充电机选型工作的可研性研究。

4. 整改措施

记录工程可研报告、可研报告评审意见和批复文件查阅结果是否满足要求。当不满足要求时，应向相关职能部门提出重新开始设备运行环境情况的评估工作。

3.5.1.4　直流电源系统（含一体化电源）

1. 监督要点及监督依据

直流电源系统（含一体化电源）监督要点及监督依据见表3-306。

表3-306　　直流电源系统（含一体化电源）监督要点及监督依据

监督要点	监督依据
1. 1000kV变电站宜按直流负荷相对集中配置2套直流电源系统。 2. 直流换流站宜按极或阀组和公用设备分别设置直流电源系统，背靠背换流站宜按背靠背换流单元和公用设备分别设置直流电源系统	《电力工程直流系统设计技术规程》（DL/T 5044—2014） “3.3.3　蓄电池组数配置应符合下列要求： 9. 1000kV变电站宜按直流负荷相对集中配置2套直流电源系统，每套直流电源系统装设2组蓄电池； 11. 直流换流站宜按极或阀组和公用设备分别设置直流电源系统，每套直流电源系统应装设2组蓄电池。站公用设备用蓄电池组可分散或集中设置。背靠背换流站宜按背靠背换流单元和公用设备分别设置直流电源系统，每套直流电源系统应装设2组蓄电池。”

2. 监督项目解析

直流系统规划可研阶段中特高压变电站和直流换流站配置直流电源的数量和变电站重要等级和

重要性有关，同时考虑到特高压变电站和直流换流站站用面积较大，因此特高压变电站宜按直流负荷相对集中配置直流电源系统，直流换流站宜按极或阀组和公用设备分别设置直流电源系统，背靠背换流站宜按背靠背换流单元和公用设备分别设置直流电源系统。此项内容是特高压变电站和直流换流站直流电源系统规划可研阶段重要的基础内容之一。

3. 监督要求

开展本条目监督时，可采用参加可研报告审查会、查阅资料的方式，包括工程可研报告、可研报告评审意见和可研批复文件等。当不满足要求时，应向相关职能部门提出重新开始进行直流电源配置的可研性研究。

4. 整改措施

记录工程可研报告和可研报告评审意见中直流电源系统配置是否满足要求。当不满足要求时，应向相关职能部门提出重新开始直流电源配置工作。

3.5.1.5 蓄电池组配置（含一体化电源）

1. 监督要点及监督依据

蓄电池组配置（含一体化电源）监督要点及监督依据见表 3－307。

表 3－307　蓄电池组配置（含一体化电源）监督要点及监督依据

监督要点	监督依据
应按变电站电压等级合理配置蓄电池组数： 1. 110kV 及以下变电站宜装设 1 组蓄电池，对于重要的 110kV 变电站也可装设 2 组蓄电池。 2. 220kV～750kV 变电站应装设 2 组蓄电池。 3. 1000kV 变电站宜按直流负荷相对集中配置 2 套直流电源系统，每套直流电源系统装设 2 组蓄电池。 4. 当串补站毗邻相关变电站布置且技术经济合理时，宜与毗邻变电站共用蓄电池组。当串补站独立设置时，可装设 2 组蓄电池。 5. 直流换流站宜按极或阀组和公用设备分别设置直流电源系统，每套直流电源系统应装设 2 组蓄电池。站公用设备用蓄电池组可分散或集中设置。背靠背换流站宜按背靠背换流单元和公用设备分别设置直流电源系统，每套直流电源系统应装设 2 组蓄电池	《电力工程直流系统设计技术规程》（DL/T 5044—2014） “3.3.3　蓄电池组数配置应符合下列要求： 7）110kV 及以下变电站宜装设 1 组蓄电池，对于重要的 110kV 变电站也可装设 2 组蓄电池。 8）220kV～750kV 变电站应装设 2 组蓄电池。 9）1000kV 变电站宜按直流负荷相对集中配置 2 套直流电源系统，每套直流电源系统装设 2 组蓄电池。 10）当串补站毗邻相关变电站布置且技术经济合理时，宜与毗邻变电站共用蓄电池组。当串补站独立设置时，可装设 2 组蓄电池。 11）直流换流站宜按极或阀组和公用设备分别设置直流电源系统，每套直流电源系统应装设 2 组蓄电池。站公用设备用蓄电池组可分散或集中设置。背靠背换流站宜按背靠背换流单元和公用设备分别设置直流电源系统，每套直流电源系统应装设 2 组蓄电池。”

2. 监督项目解析

蓄电池组配置（含一体化电源）是规划可研阶段最重要的监督项目。直流系统规划可研阶段的蓄电池组数配置主要是与系统运行方式、蓄电池组容量结合起来考虑，考虑到整个直流系统负荷的要求来进行选择和配置。蓄电池组配置是直流电源系统规划可研阶段重要的基础内容之一。

3. 监督要求

开展本条目监督时，可采用参加可研报告审查会或者查阅资料的方式，包括工程可研报告、可研报告评审意见和可研批复文件等，查阅蓄电池组配置数量是否满足要求。记录工程可研报告和可研报告评审意见中蓄电池组配置是否满足要求。当不满足要求时，应向相关职能部门提出重新进行蓄电池组配置的可研性研究。

4. 整改措施

记录工程可研报告、可研报告评审意见和批复文件查阅结果是否满足要求。当不满足要求时，应向相关职能部门提出重新设备运行环境情况的评估工作。

3.5.1.6 蓄电池容量（含一体化电源）

1. 监督要点及监督依据

蓄电池容量（含一体化电源）监督要点及监督依据见表 3-308。

表 3-308 蓄电池容量（含一体化电源）监督要点及监督依据

监督要点	监督依据
蓄电池容量选择应符合下列规定： 1. 满足全厂（站）事故全停电时间内的放电容量。 2. 满足事故初期（1min）直流电动机启动电流和其他冲击负荷电流的放电容量。 3. 满足蓄电池组持续放电时间内随机冲击负荷电流的放电容量	《电力工程直流系统设计技术规程》（DL/T 5044—2014） "6.1.5 蓄电池容量选择应符合下列规定： 1. 满足全厂（站）事故全停电时间内的放电容量。 2. 满足事故初期（1min）直流电动机启动电流和其他冲击负荷电流的放电容量。 3. 满足蓄电池组持续放电时间内随机冲击负荷电流的放电容量。"

2. 监督项目解析

蓄电池容量（含一体化电源）是规划可研阶段最重要的监督项目。直流电源是变电站安全运行的基础，随着变电站综合自动化程度的提高以及无人值守站的投运，相应提高蓄电池保证组容量，对直流电源整体的可靠运行有非常重要的意义。蓄电池组容量选择是直流电源系统规划可研阶段重要的核心内容之一。

3. 监督要求

开展本条目监督时，可采用参加可研报告审查会或者查阅资料的方式，包括工程可研报告、可研报告评审意见和可研批复文件等，查阅蓄电池组容量选择是否满足要求。记录工程可研报告和可研报告评审意见中蓄电池组容量选择是否满足要求。

4. 整改措施

当不满足要求时，应向相关职能部门提出重新进行设备运行环境情况的评估工作。

3.5.1.7 充电装置配置（含一体化电源）

1. 监督要点及监督依据

充电装置配置（含一体化电源）监督要点及监督依据见表 3-309。

表 3-309 充电装置配置（含一体化电源）监督要点及监督依据

监督要点	监督依据
应按变电站电压等级和蓄电池组数配置充电装置数量： 1. 每组蓄电池宜配置 1 套高频型充电装置。 2. 330kV 及以上电压等级变电站及重要的 220kV 变电站，应采用三套充电装置、两组蓄电池组的供电方式	1.《电力工程直流系统设计技术规程》（DL/T 5044—2014） "3.4.2 1 组蓄电池时，充电装置的配置应符合下列规定： 1. 采用相控式充电装置时，宜配置 2 套充电装置； 2. 采用高频开关电源模块型充电装置时，宜配置 1 套充电装置，也可配置 2 套充电装置。 3.4.3 2 组蓄电池时，充电装置的配置应符合下列规定： 1 采用相控式充电装置时，宜配置 3 套充电装置； 2 采用高频开关电源模块型充电装置时，宜配置 2 套充电装置，也可配置 3 套充电装置。" 2.《国家电网有限公司关于印发十八项电网重大反事故措施（修订版）的通知》（国家电网设备〔2018〕979 号） "5.3.1.8 330kV 及以上电压等级变电站及重要的 220kV 变电站，应采用三套充电装置、两组蓄电池组的供电方式。"

2. 监督项目解析

充电装置容量（含一体化电源）是规划可研阶段重要的监督项目。充电装置的配置主要是与变电站电压等级和蓄电池组数相配合。充电装置的配置不得少于变电站的蓄电池组数。

3. 监督要求

开展本条目监督时，可采用参加可研报告审查会或者查阅资料的方式，包括工程可研报告、可研报告评审意见和可研批复文件等，查阅充电装置配置数量是否满足要求。记录工程可研报告和可研报告评审意见中充电装置配置是否满足要求。

4. 整改措施

当不满足要求时，应向相关职能部门提出重新进行设备运行环境情况的评估工作。

3.5.2 工程设计阶段

3.5.2.1 接线方式

1. 监督要点及监督依据

接线方式监督要点及监督依据见表 3－310。

表 3－310　　接线方式监督要点及监督依据

监督要点	监督依据
1. 1 组蓄电池的直流电源系统接线方式应满足： （1）1 组蓄电池配置 1 套充电装置时，宜采用单母线接线； （2）1 组蓄电池配置 2 套充电装置时，宜采用单母线分段接线，2 套充电装置应接入不同母线段，蓄电池组应跨接在两段母线上 2. 2 组蓄电池的直流电源系统接线方式应满足： （1）直流电源系统应采用两段单母线接线，两段直流母线之间应设联络电器。 （2）2 组蓄电池配置 2 套充电装置时，每组蓄电池及其充电装置应分别接入相应母线段； 3. 2 组蓄电池配置 3 套充电装置时，每组蓄电池及其充电装置应分别接入相应母线段。第 3 套充电装置应经切换电器对 2 组蓄电池进行充电。 4. 接线方式应满足切换操作时直流母线始终连接蓄电池运行的要求	1～3.《电力工程直流系统设计技术规程》（DL/T 5044—2014） “3.5.1　1 组蓄电池的直流电源系统接线方式应符合下列要求： （1）1 组蓄电池配置 1 套充电装置时，宜采用单母线接线； （2）1 组蓄电池配置 2 套充电装置时，宜采用单母线分段接线，2 套充电装置应接入不同母线段，蓄电池组应跨接在两段母线上。 3.5.2　2 组蓄电池的直流电源系统接线方式应符合下列要求： （1）直流电源系统应采用两段单母线接线，两段直流母线之间应设联络电器。正常运行时，两段直流母线应分别独立运行。 （2）2 组蓄电池配置 2 套充电装置时，每组蓄电池及其充电装置应分别接入相应母线段。 （3）2 组蓄电池配置 3 套充电装置时，每组蓄电池及其充电装置应分别接入相应母线段。第 3 套充电装置应经切换电器对 2 组蓄电池进行充电。 4.《国家电网有限公司关于印发十八项电网重大反事故措施（修订版）的通知》（国家电网设备〔2018〕979 号）5.3.1.2　两组蓄电池的直流电源系统，其接线方式应满足切换操作时直流母线始终连接蓄电池运行的要求。”

2. 监督项目解析

接线方式是工程设计阶段重要的监督项目之一。严格直流电源系统接线方式的选择，满足动力或合闸母线的条件，对保证直流电源系统安全、稳定、可靠运行有重要意义，必须严格遵守监督依据的各项规程要求，方能以科学、合理的方式构建各级直流电源网络。

3. 监督要求

开展本条目监督时，可采用参加可研审查会或查阅资料的方式，包括直流电源系统初设报告、设计图纸、系统图等。记录工程可研报告、设计图纸直流电源接线方式、满足动力或合闸母线的条件是否满足要求。

4. 整改措施

经查记录工程可研报告、设计图纸等直流电源接线方式不满足要求时，应向相关职能部门提出重新开始进行直流电源接线方式、动力或合闸母线的设计。

3.5.2.2　网络供电方式

1. 监督要点及监督依据

网络供电方式监督要点及监督依据见表 3－311。

表 3－311　　网络供电方式监督要点及监督依据

监督要点	监督依据
1. 直流电源系统馈出网络应采用集中辐射或分层辐射供电方式。 2. 分层辐射供电方式应按电压等级设置分电屏，严禁采用环状供电方式。 3. 断路器储能电源、隔离开关电机电源、35（10）kV 开关柜顶可采用每段母线辐射供电方式	《国家电网有限公司关于印发十八项电网重大反事故措施（修订版）的通知》（国家电网设备〔2018〕979 号）“5.3.1.9　直流电源系统馈出网络应采用集中辐射或分层辐射供电方式，分层辐射供电方式应按电压等级设置分电屏，严禁采用环状供电方式。断路器储能电源、隔离开关电机电源、35（10）kV 开关柜顶可采用每段母线辐射供电方式。”

2. 监督项目解析

网络供电方式是工程设计阶段重要的监督项目之一。严格直流电源系统网络供电方式的选择合理设置直流分电屏，对保证直流电源系统安全、稳定、可靠运行有重要意义，必须严格遵守监督依据的各项规程要求，方能以科学、合理的方式构建各级直流电源网络。

3. 监督要求

开展本条目监督时，可采用参加初设审查会或查阅资料的方式，包括直流电源系统初设报告、设计图纸、系统图等。记录工程可研报告、设计图纸分电屏设置是否满足要求。查看记录工程可研报告、设计图纸分电屏设置是否满足要求。

4. 整改措施

不满足要求时应向相关职能部门提出重新进行直流电源分电屏设置的设计。

3.5.2.3　供电安全性要求

1. 监督要点及监督依据

供电安全性要求监督要点及监督依据见表 3－312。

表 3－312　　供电安全性要求监督要点及监督依据

监督要点	监督依据
1. 直流分电柜每段母线宜由来自同一蓄电池组的 2 回直流电源供电。电源进线应经隔离电器接至直流分电柜母线。 2. 对于要求双电源供电的负荷应设置两段母线，两段母线宜分别由不同蓄电池组供电，每段母线宜由来自同一蓄电池组的 2 回直流电源供电，母线之间不宜设联络电器。 3. 公用系统直流分电柜每段母线应由不同蓄电池组的 2 回直流电源供电，宜采用手动断电切换方式。 4. 变电站内端子箱、机构箱、智能控制柜、汇控柜等屏柜内的交直流接线，不应接在同一段端子排上。 5. 试验电源屏交流电源与直流电源应分层布置	1～3.《电力工程直流系统设计技术规程》（DL/T 5044—2014） “3.6.5　直流分电柜接线应符合下列要求： 1）直流分电柜每段母线宜由来自同一蓄电池组的 2 回直流电源供电。电源进线应经隔离电器接至直流分电柜母线。 2）对于要求双电源供电的负荷应设置两段母线，两段母线宜分别由不同蓄电池组供电，每段母线宜由来自同一蓄电池组的 2 回直流电源供电，母线之间不宜设联络电器。 3）公用系统直流分电柜每段母线应由不同蓄电池组的 2 回直流电源供电，宜采用手动断电切换方式。” 4～5.《国家电网有限公司关于印发十八项电网重大反事故措施（修订版）的通知》（国家电网设备〔2018〕979 号） “5.3.1.10　变电站内端子箱、机构箱、智能控制柜、汇控柜等屏柜内的交直流接线，不应接在同一段端子排上。 5.3.1.11　试验电源屏交流电源与直流电源应分层布置。”

2. 监督项目解析

供电安全性要求是工程设计阶段重要的监督项目之一。严格按照要求布置直流电源系统网络，两段母线分别由不同蓄电池组供电，交直流电源不在同一段端子排上，对保证直流电源馈线网络安全供电具有重要意义。

3. 监督要求

开展本条目监督时，可采用参加初设审查会、查阅资料的方式，包括直流电源系统初设报告、设计图纸、系统图等。记录分电屏设置是否满足要求。

4. 整改措施

不满足要求时应向相关职能部门提出重新进行直流电源分电屏设置的设计。

3.5.2.4 蓄电池组选型与容量

1. 监督要点及监督依据

蓄电池组选型与容量监督要点及监督依据见表 3－313。

表 3－313　　蓄电池组选型与容量监督要点及监督依据

监督要点	监督依据
1. 采用阀控式密封铅酸蓄电池； 2. 铅酸蓄电池应采用单体为 2V 的蓄电池，直流电源成套装置组柜安装的铅酸蓄电池也可采用 6V 或 12V 蓄电池	《电力工程直流系统设计技术规程》（DL/T 5044—2014） "3.3.1　蓄电池型式选择应符合下列要求：直流电源宜采用阀控式密封铅酸蓄电池，也可采用固定型排气式铅酸蓄电池。 3.3.2　铅酸蓄电池应采用单体为 2V 的蓄电池，直流电源成套装置组柜安装的铅酸蓄电池宜采用单体为 2V 的蓄电池，也可采用 6V 或 12V 组合电池。"
蓄电池容量要求： 1. 满足全厂（站）事故全停电时间内的放电容量； 2. 满足事故初期直流电动机启动电流和其他冲击负荷电流的放电容量； 3. 满足蓄电池组持续放电时间内随机冲击负荷电流的放电容量； 4. 蓄电池容量计算应满足相关设计规程要求	1～3.《电力工程直流系统设计技术规程》（DL/T 5044—2014） "6.1.5　蓄电池容量选择应符合下列规定： 1）满足全厂（站）事故全停电时间内的放电容量。 2）满足事故初期（1min）直流电动机启动电流和其他冲击负荷电流的放电容量。 3）满足蓄电池组持续放电时间内随机冲击负荷电流的放电容量。" 4.《电力工程直流系统设计技术规程》（DL/T 5044—2014） "6.1.6　蓄电池容量选择的计算应符合下列规定： 1）按事故放电时间分别统计事故放电电流，确定负荷曲线。 2）根据蓄电池型式、放电终止电压和放电时间，确定相应的容量换算系数 K_c。 3）根据事故放电电流，按事故放电阶段逐段进行容量计算，当有随机负荷时，应叠加在初期冲击负荷或第一阶段以外的计算容量最大的放电阶段。 4）选取与计算容量最大值接近的蓄电池标称容量 C10 作为蓄电池的选择容量。 5）蓄电池容量选择应按照本规程附录 C'C.2　蓄电池容量选择'的方法计算。"

2. 监督项目解析

蓄电池组选型与容量是工程设计阶段较重要的监督项目之一。蓄电池为变电站直流电源系统的安全运行的可靠保障，严格直流电源系统蓄电池的选型设计，对保证直流电源系统安全、稳定、可靠运行有重要意义，必须严格遵守监督依据的各项规程要求，方能以科学、合理的方式构建直流电源网络。

3. 监督要求

开展本条目监督时，可采用参加初设审查会或查阅资料的方式，包括直流电源系统初设报告、设计图纸、系统图等。记录工程可研报告、设计图纸蓄电池选型和容量是否满足要求。

4. 整改措施

查看记录工程可研报告、设计图纸蓄电池选型是否合理，不满足要求时应向相关职能部门提出重新设计蓄电池选型和容量。

3.5.2.5 蓄电池组安装位置

1. 监督要点及监督依据

蓄电池组安装位置监督要点及监督依据见表 3－314。

表 3-314　　蓄电池组安装位置监督要点及监督依据

监督要点	监督依据
1. 胶体式阀控式密封铅酸蓄电池宜采用立式安装，贫液吸附式的阀控式密封铅酸蓄电池可采用卧式或立式安装。 2. 蓄电池安装宜采用钢架组合结构，可多层叠放，应便于安装、维护和更换蓄电池。台架的底层距地面为 150～300mm，整体高度不宜超过 1700mm。 3. 同一层或同一台上的蓄电池间宜采用有绝缘的或有护套的连接条连接，不同一层或不同一台上的蓄电池间宜采用电缆连接	《电力工程直流系统设计技术规程》（DL/T 5044—2014） "7.2　阀控式密封铅酸蓄电池组布置 7.2.2　胶体式阀控式密封铅酸蓄电池宜采用立式安装，贫液吸附式的阀控式密封铅酸蓄电池可采用卧式或立式安装。 7.2.3　蓄电池安装宜采用钢架组合结构，可多层叠放，应便于安装、维护和更换蓄电池。台架的底层距地面为 150～300mm，整体高度不宜超过 1700mm。 7.2.4　同一层或同一台上的蓄电池间宜采用有绝缘的或有护套的连接条连接，不同一层或不同一台上的蓄电池间宜采用电缆连接。"

2. 监督项目解析

蓄电池组安装位置是工程设计阶段重要的监督项目之一。严格直流电源系统网络供电方式的选择，对保证直流电源系统安全、稳定、可靠运行有重要意义，必须严格遵守监督依据的各项规程要求，方能以科学、合理的方式构建各级直流电源网络。

3. 监督要求

开展本条目监督时，可采用查阅初设报告和施工图纸等方式。记录工程可研报告和可研报告评审意见中蓄电池安装位置是否满足要求。

4. 整改措施

查看初设报告和施工图纸等蓄电池安装位置是否满足要求，不满足要求时应向相关职能部门提出重新对蓄电池的安装位置进行设计。

3.5.2.6　微机监控装置配置

1. 监督要点及监督依据

微机监控装置配置监督要点及监督依据见表 3-315。

表 3-315　　微机监控装置配置监督要点及监督依据

监督要点	监督依据
直流电源系统宜按每组蓄电池组设置一套微机监控装置	《电力工程直流系统设计技术规程》（DL/T 5044—2014）"5.2.5　直流电源系统宜按每组蓄电池组设置一套微机监控装置。"

2. 监督项目解析

直流电源系统宜按每组蓄电池组设置一套微机监控装置，不建议两组蓄电池共用一套微机监控装置，给安全运行带来隐患。微机监控装置配置是工程设计阶段中的基础环节之一，故权重为"I"，满足"按每组蓄电池组设置一套微机监控装置"的加 2 分。蓄电池组在线监测装置是监测蓄电池运行情况的可靠手段，对直流电源系统的安全稳定运行有重大意义，有助于消除蓄电池系统的安全运行隐患。

3. 监督要求

开展本条目监督时，可采用查阅设计图纸、系统图等方式。记录工程可研报告和可研报告评审意见中微机监控装置配置结果是否满足要求。

4. 整改措施

记录配置蓄电池组在线监测装置是否满足要求，不满足要求时应向相关职能部门建议对微机监控装置配置或蓄电池组在线监测装置重新进行设计。

3.5.2.7 蓄电池室

1. 监督要点及监督依据

蓄电池室监督要点及监督依据见表3－316。

表3－316 蓄电池室监督要点及监督依据

监督要点	监督依据
1. 蓄电池室应满足标准中专用蓄电池室的通用要求。 2. 阀控式密封铅酸蓄电池室应满足标准中阀控式密封铅酸蓄电池组专用蓄电池室的特殊要求。 3. 新建变电站300Ah及以上的阀控式蓄电池组应安装在各自独立的专用蓄电池室内或在蓄电池组间设置防爆隔火墙。 4. 酸性蓄电池室（不含阀控式密封铅酸蓄电池室）照明、采暖通风和空气调节设施均应为防爆型，开关和插座等应装在蓄电池室的门外	1～2.《电力工程直流系统设计技术规程》（DL/T 5044—2014） “8.1 专用蓄电池室的通用要求： 8.1.1 蓄电池室的位置应选择在无高温、无潮湿、无震动、少灰尘、避免阳光直射的场所，宜靠近直流配电间或布置有直流柜的电气继电器室。 8.1.2 蓄电池室内的窗玻璃应采用毛玻璃或涂以半透明油漆的玻璃，阳光不应直射室内。 8.1.3 蓄电池室应采用非燃性建筑材料，顶棚宜做成平顶，不应吊天棚，也不宜采用折板或槽形天花板。 8.1.4 蓄电池室内的照明灯具应为防爆型，且应布置在通道的上方，室内不应装设开关和插座。蓄电池室内的地面照度和照明线路敷设应符合《发电厂和变电站照明设计技术规定》（DL/T 5390）的有关规定。 8.1.5 基本地震烈度为7度及以上的地区，蓄电池组应有抗震加固措施，并应符合《电力设施抗震设计规范》（GB 50260）的有关规定。 8.1.6 蓄电池室走廊墙面不宜开设通风百叶窗或玻璃采光窗，采暖和降温设施与蓄电池间的距离不应小于750mm，蓄电池室内采暖散热器应为焊接的钢制采暖散热器，室内不允许有法兰、丝扣接头和阀门等。 8.1.7 蓄电池室内应有良好的通风设施。蓄电池室的采暖通风和空气调节应符合《火力发电厂采暖通风与空气调节设计技术规程》（DL/T 5035）的有关规定。通风电动机应为防爆式。 8.1.8 蓄电池室的门应向外开启，应采用非燃烧体或难燃烧体的实体门，门的尺寸（宽×高）不应小于750mm×1960mm。 8.1.9 蓄电池室不应有与蓄电池无关的设备和通道。与蓄电池室相邻的直流配电间、电气配电间、电气继电器室的隔墙不应留有门窗及孔洞。 8.1.10 蓄电池组的电缆引出线应采用穿管敷设，且穿管引出端应靠近蓄电池的引出端。穿金属管外围应涂防酸（碱）泊漆，封口处应用防酸（碱）材料封堵。电缆弯曲半径应符合电缆敷设要求，电缆穿管露出地面的高度可低于蓄电池的引出端子200mm～300mm。 8.1.11 包含蓄电池的直流电源成套装置柜布置的房间，宜装设对外机械通风装置。 8.2 阀控式密封铅酸蓄电池组专用蓄电池室的特殊要求： 8.2.1 蓄电池室内温度宜为15℃～30℃。 8.2.2 当蓄电池组采用多层叠装且安装在楼板上时，楼板强度应满足荷重要求。” 3～4.《国家电网有限公司关于印发十八项电网重大反事故措施（修订版）的通知》（国家电网设备〔2018〕979号） “5.3.1.3 新建变电站300Ah及以上的阀控式蓄电池组应安装在各自独立的专用蓄电池室内或在蓄电池组间设置防爆隔火墙。 5.3.1.5 酸性蓄电池室（不含阀控式密封铅酸蓄电池室）照明、采暖通风和空气调节设施均应为防爆型，开关和插座等应装在蓄电池室的门外。”

2. 监督项目解析

蓄电池室是工程设计阶段重要的监督项目之一。蓄电池室对蓄电池组的安全、稳定、可靠运行提供保障作用，并且会对蓄电池的使用寿命造成影响。蓄电池室的设计选择是直流电源系统工程设计阶段中不可忽视的重要组成部分。必须严格按照规程要求，对蓄电池室进行设计选择。

3. 监督要求

开展本条目监督时，可采用查阅设计图纸等方式。记录工程设计图纸是否满足要求。

4. 整改措施

不满足要求时应向相关职能部门提出重新对蓄电池室进行设计选择。

3.5.2.8　电缆敷设

1. 监督要点及监督依据

电缆敷设监督要点及监督依据见表 3－317。

表 3－317　　电缆敷设监督要点及监督依据

监督要点	监督依据
1. 蓄电池组正极和负极引出电缆不应共用一根电缆，并采用单根多股铜芯阻燃电缆。 2. 交直流回路不得共用一根电缆，控制电缆不应与动力电缆并排铺设。 3. 直流电源系统应采用阻燃电缆。两组及以上蓄电池组电缆，应分别铺设在各自独立的通道内，并尽量沿最短路径敷设。在穿越电缆竖井时，两组蓄电池电缆应分别加穿金属套管	《国家电网有限公司关于印发十八项电网重大反事故措施（修订版）的通知》（国家电网设备〔2018〕979 号） "5.3.1.4　蓄电池组正极和负极引出电缆不应共用一根电缆，并采用单根多股铜芯阻燃电缆。 5.3.2.3　交直流回路不得共用一根电缆，控制电缆不应与动力电缆并排铺设。 5.3.2.4　直流电源系统应采用阻燃电缆。两组及以上蓄电池组电缆，应分别铺设在各自独立的通道内，并尽量沿最短路径敷设。在穿越电缆竖井时，两组蓄电池电缆应分别加穿金属套管。对不满足要求的运行变电站，应采取防火隔离措施。"

2. 监督项目解析

电缆敷设是工程设计阶段重要的监督项目之一。电缆敷设设计必须严格按照规程要求，尤其是要注意电缆整体防火性能要能满足相关消防要求。

3. 监督要求

开展本条目监督时，可查阅图纸资料等。记录直流系统电缆使用和敷设情况是否满足要求。

4. 整改措施

不满足要求时应向相关职能部门提出重新进行设计。

3.5.2.9　绝缘监测装置

1. 监督要点及监督依据

绝缘监测装置监督要点及监督依据见表 3－318。

表 3－318　　绝缘监测装置监督要点及监督依据

监督要点	监督依据
微机绝缘监测装置配置： 1. 采用单母线分段接线或单母线接线的直流系统，应装设一套绝缘监测装置； 2. 采用二段单母线接线的直流系统应装设两套绝缘监测装置； 3. 每套绝缘监测装置只能有一个接地点； 4. 分电屏安装的接地选线装置，不得再设平衡桥及检测桥回路	《变电站直流电源系统技术标准》（Q/GDW 11310—2014）"5.14.1.1 采用单母线分段接线或单母线接线的直流系统，应装设一套绝缘监测装置；采用二段单母线接线的直流系统应装设两套绝缘监测装置；每套绝缘监测装置只能有一个接地点。分电屏安装的接地选线装置，不得再设平衡桥及检测桥回路。"

2. 监督项目解析

绝缘监测装置是工程设计阶段重要的监督项目之一。直流系统绝缘监测装置的作用，主要是为了实现对直流母线以及其他电流分支的绝缘状况进行实对监测，能够及时发现直流系统的接地故障，是直流电源系统重要组成部分，各项性能指标直接关系到直流电源系统的稳定、可靠运行，设备工程设计阶段对绝缘监测装置必须严格按照规程要求，进行设计选择。

3. 监督要求

开展本条目监督时，可查阅资料，包括直流电源系统初设报告、设计图纸、系统图等，记录绝缘监察装置配置情况是否满足要求。

4. 整改措施

不满足要求时应向相关职能部门提出重新进行设计。

3.5.3 设备采购阶段

3.5.3.1 设备选型合理性

1. 监督要点及监督依据

设备选型合理性监督要点及监督依据见表 3－319。

表 3－319 设备选型合理性监督要点及监督依据

监督要点	监督依据
1. 蓄电池组正极和负极引出电缆不应共用一根电缆，并采用单根多股铜芯阻燃电缆。 2. 采用交直流双电源供电的设备，应具备防止交流窜入直流回路的措施。 3. 直流电源系统除蓄电池组出口保护电器外，应使用直流专用断路器。蓄电池组出口回路宜采用熔断器，也可采用具有选择性保护的直流断路器	《国家电网有限公司关于印发十八项电网重大反事故措施（修订版）的通知》（国家电网设备〔2018〕979 号） “5.3.1.4 蓄电池组正极和负极引出电缆不应共用一根电缆，并采用单根多股铜芯阻燃电缆。 5.3.1.7 采用交直流双电源供电的设备，应具备防止交流窜入直流回路的措施。 5.3.2.5 直流电源系统除蓄电池组出口保护电器外，应使用直流专用断路器。蓄电池组出口回路宜采用熔断器，也可采用具有选择性保护的直流断路器。”

2. 监督项目解析

设备选型合理性是设备采购阶段重要的监督项目之一。保证直流电源设备在采购阶段选择的合理性，是贯彻执行各项反事故措施的基础保证。对保证直流电源系统安全、稳定、可靠运行有重要意义，必须按照监督依据的各项规程要求进行设备采购，杜绝各类设备隐患的产生。

3. 监督要求

开展本条目监督时，可采用查阅查阅资料（技术规范书），检查记录设备选型是否满足监督要点要求。

4. 整改措施

经查资料等如果直流电源设备的选型不满足要求，应向相关职能部门提出意见，及时整改，按本规程要求重新进行采购。

3.5.3.2 蓄电池组

1. 监督要点及监督依据

蓄电池组监督要点及监督依据见表 3－320。

表 3－320 蓄电池组监督要点及监督依据

监督要点	监督依据
蓄电池组电池端电压应满足一致性的要求，阀控式蓄电池在浮充运行中的电压偏差值及开路状态下电压差值，阀控式蓄电池标称电压 2V，浮充运行中的电压偏差值±0.05V，开路电压电压差值为 0.03V	《直流电源系统技术监督导则》（Q/GDW 11078—2013） “5.7.2.3 10）蓄电池组电池端电压一致性的要求，阀控式蓄电池在浮充运行中电压偏差值及开路状态下最大最小电压差值应满足下列的规定。阀控式蓄电池在浮充运行中的电压偏差值及开路状态下电压差值，阀控式蓄电池标称电压 2V，浮充运行中的电压偏差值为±0.05V，开路电压电压差值为 0.03V。”

2. 监督项目解析

蓄电池组是设备采购阶段重要的监督项目之一。蓄电池的质量状况关系到整个直流电源系统后备电源的可靠性，这就要求在设备采购阶段对蓄电池的制造质量保持足够的关注。必须严格按照规程要求，落实各项蓄电池性能指标，进行设备采购。

3. 监督要求

开展本条目监督时，可采用查阅查阅资料（技术规范书），检查记录蓄电池组状况是否满足监督要点要求。

4. 整改措施

经查资料等如果蓄电池组状况不满足要求时，应向相关职能部门提出意见，及时整改，按本规程要求重新进行采购。

3.5.3.3　充电装置

1. 监督要点及监督依据

充电装置监督要点及监督依据见表 3－321。

表 3－321　　充电装置监督要点及监督依据

监督要点	监督依据
1. 充电装置应有充电（恒流限压、恒压充电）、浮充电及自动转换的功能，并具有软启动特性。 2. 充电装置主要技术参数应达到附表 A 中的规定（见附表 A 充电装置的精度及纹波系统允许值）。 3. 高频开关电源模块应满足 $N+1$ 配置，并联运行方式，模块总数不宜小于 3 只。 4. 高频开关电源模块可带电拔插更换。 5. 多只高频开关电源模块并机工作时，各模块承受的电流应能做到自动均分负载，其均流不平衡度应不大于±5%	《变电站直流电源系统技术标准》（Q/GDW 11310—2014） "5.13　充电装置的技术要求： 5.13.4　设备应有充电（恒流限压、恒压充电）、浮充电及自动转换的功能，并具有软启动特性。 5.13.5　充电装置主要技术参数应达到附表 3 中的规定（见附表 A 充电装置的精度及纹波系统允许值）。 5.13.10　高频开关电源要求： a）高频开关电源模块应满足 $N+1$ 配置，并联运行方式，模块总数不宜小于 3 只。 b）高频开关电源模块在监控单元发出指令时，按指令输出电压、电流；脱离监控单元，可输出恒定电压给蓄电池浮充。 c）高频开关电源模块可带电拔插更换。 d）高频开关电源模块可软起动，防止电压冲击。 e）充电装置应控制高频开关电源模块在最佳输出状态，不得使单个高频开关电源模块长期空载或低载运行，防止降压回路开路的后备控母充电模块除外。 f)多只高频开关电源模块并机工作时，各模块承受的电流应能做到自动均分负载，其均流不平衡度应不大于±5%。"

2. 监督项目解析

充电装置是设备采购阶段重要的监督项目之一。充电装置各项性能指标直接关系到直流电源系统的稳定、可靠运行，设备采购阶段对充电装置的严格要求是采购环节的重要节点。必须严格按照规程要求，进行设备采购。

3. 监督要求

开展本条目监督时，可采用查阅查阅资料（技术规范书），检查记录充电装置主要参数是否满足要求。

4. 整改措施

经查资料等如果充电装置主要参数不满足要求时，应向相关职能部门提出意见，及时整改，按规程要求重新进行采购。

3.5.3.4　直流监控装置

1. 监督要点及监督依据

直流监控装置监督要点及监督依据见表 3－322。

表 3－322　　直流监控装置监督要点及监督依据

监督要点	监督依据
1. 监控装置应具备充电、长期运行、交流中断的控制程序，可按照设定程序自动转换运行状态，具备对蓄电池组充电的温度补偿功能。 2. 监控装置满足显示及报警功能要求	《变电站直流电源系统技术标准》（Q/GDW 11310—2014） “5.15　监控装置的要求 5.15.1　控制程序监控装置应具备充电、长期运行、交流中断的控制程序，并按照设定程序自动转换运行状态，并具备对蓄电池组充电的温度补偿功能。 5.15.2　显示及报警功能 5.15.2.1　监控装置应能显示交流输入电压、直流控制母线电压、充电电压、蓄电池组电压、充电装置输出电流、蓄电池的充电、放电电流等参数。 5.15.2.2　监控装置应能对其参数进行设定、修改。若发现交流电压异常、充电装置故障、充电电流异常、母线电压异常、蓄电池电压异常、母线接地等，应能发出相应信号及声光报警。 5.15.2.3　监控装置能诊断其内部的电路故障和不正常的运行状态，并能发出相应信号及声光报警。”

2. 监督项目解析

直流监控装置是设备采购阶段重要的监督项目之一。直流监控装置作为直流电源系统的核心部件之一，集合了大部分智能控制单元，各项性能指标直接关系到直流电源系统的稳定、可靠运行，设备采购阶段对直流监控装置的严格要求是采购环节的重要节点。必须严格按照规程要求，进行设备采购。

3. 监督要求

开展本条目监督时，可采用查阅查阅资料（技术规范书）的方式，检查记录直流监控装置指标是否满足要求。

4. 整改措施

如果直流监控装置指标不满足要求，应向相关职能部门提出意见，及时整改，按本规程要求重新进行采购。

3.5.3.5　直流电源屏柜

1. 监督要点及监督依据

直流电源屏柜监督要点及监督依据见表 3－323。

表 3－323　　直流电源屏柜监督要点及监督依据

监督要点	监督依据
电源设备柜体外壳防护等级应不低于 IP20，户内安装的馈（分）电屏（柜）外壳防护等级应不低于 IP50，户外安装的馈（分）电屏（柜）外壳防护等级应不低于 IP55	《变电站直流电源系统技术标准》（Q/GDW 11310—2014） “5.2.1.5　电源设备柜体外壳防护等级应不低于 GB 4208 中 IP20 的规定，户内安装的馈（分）电屏（柜）外壳防护等级应不低于 IP50，户外安装的馈（分）电屏（柜）外壳防护等级应不低于 IP55。”

2. 监督项目解析

直流电源屏柜是设备采购阶段重要的监督项目之一。直流电源屏柜作为直流电源系统的基础部件之一，其性能的优劣直接影响直流设备的安全运行。必须严格按照规程要求，进行设备采购。

3. 监督要求

开展本条目监督时，可采用查阅资料（直流屏柜型式试验报告），检查记录直流电源屏是否满足要求。

4. 整改措施

经查资料等如果直流电源屏不满足要求时，应向相关职能部门提出意见，及时整改，按本规程要求重新进行采购。

3.5.3.6 绝缘监测装置

1. 监督要点及监督依据

绝缘监测装置监督要点及监督依据见表 3－324。

表 3－324 绝缘监测装置监督要点及监督依据

监督要点	监督依据
1. 直流电源系统应具备交流窜直流故障的测量记录和报警功能，不具备的应逐步进行改造。 2. 进行绝缘检测时引起的直流对地电压波动不大于10%额定电压	1.《国家电网有限公司关于印发十八项电网重大反事故措施（修订版）的通知》（国家电网设备〔2018〕979 号）"5.3.3.3 直流电源系统应具备交流窜直流故障的测量记录和报警功能，不具备的应逐步进行改造。" 2.《变电站直流系统绝缘监测装置技术规范》（Q/GDW 1969—2013）"5.5.2 产品进行绝缘检测时引起的直流对地电压波动应不大于 10%U_n。"

2. 监督项目解析

绝缘监测装置是设备采购阶段重要的监督项目之一。直流系统绝缘监测装置的作用，主要是为了实现对直流母线以及其他电流分支的绝缘状况进行实时监测，能够及时发现直流系统的接地故障，是直流电源系统重要组成部分，各项性能指标直接关系到直流电源系统的稳定、可靠运行，设备采购阶段对绝缘监测装置必须严格按照规程要求进行设备采购。

3. 监督要求

开展本条目监督时，可查阅资料（技术规范书），检查记录微机绝缘监测装置功能是否齐全，指标是否满足要求。

4. 整改措施

如果直流绝缘监测装置指标不满足要求时，应向相关职能部门提出意见，及时整改，按要求重新进行采购。

3.5.3.7 元器件

1. 监督要点及监督依据

元器件监督要点及监督依据见表 3－325。

表 3－325 元器件监督要点及监督依据

监督要点	监督依据
1. 柜内元器件是否具有产品合格证明文件。 2. 同类元器件的接插件应具有通用性和互换性，并符合有关国家及行业标准要求。 3. 测量表计采用 4 位半精度数字式表计，准确度不应低于 1.0 级	1～2.《变电站直流电源系统技术标准》（Q/GDW 11310—2014） "5.2.2.1 柜内安装的元器件均应有产品合格证或证明质量合格的文件。不得选用淘汰的、落后的元器件。 5.2.2.2 同类元器件的接插件应具有通用性和互换性，应接触可靠、插拔方便。插接件的接触电阻、插拔力，允许电流及寿命均应符合有关国家及行业标准要求。" 3.《电力工程直流系统设计技术规程》（DL/T 5044—2014）"5.2.2 直流电源系统测量表计宜采用 4 位半精度数字式表计，准确度不应低于 1.0 级。"

2. 监督项目解析

直流电源屏内的各类元器件作为直流电源系统的基础部件之一，其性能的优劣直接影响直流设备的安全运行。必须严格按照规程要求，进行设备采购。

3. 监督要求

开展本条目监督时，可查阅资料（技术规范书、产品合格证），检查记录元器件、接插件和表计是否满足要求。

4. 整改措施

如果直流电源各类元器件不满足要求，应向相关职能部门提出意见，及时整改，按要求重新进行采购。

3.5.3.8 直流断路器配置

1. 监督要点及监督依据

直流断路器配置监督要点及监督依据见表 3－326。

表 3－326　　直流断路器配置监督要点及监督依据

监督要点	监督依据
1. 直流电源系统除蓄电池组出口保护电器外，应使用直流专用断路器。蓄电池组出口回路宜采用熔断器或具有选择性保护的直流断路器。 2. 直流断路器不能满足上、下级保护配合要求时，应选用带短路短延时保护特性的直流断路器	《国家电网有限公司关于印发十八项电网重大反事故措施（修订版）的通知》（国家电网设备〔2018〕979 号）“5.3.2.5　直流电源系统除蓄电池组出口保护电器外，应使用直流专用断路器。蓄电池组出口回路宜采用熔断器，也可采用具有选择性保护的直流断路器。 5.3.1.13　直流断路器不能满足上、下级保护配合要求时，应选用带短路短延时保护特性的直流断路器。”

2. 监督项目解析

直流断路器配置是设备采购阶段重要的监督项目之一。蓄电池出口可以采用熔断器或具有熔断器特性的直流断路器。在短路电流过大时，需要配置带短路短延时特性的直流断路器以实现上下级级差配合。

3. 监督要求

随设备材料批次开展抽检，现场检查蓄电池出口保护电器选择是否合适，各级保护电器配置是否合理。

4. 整改措施

不满足要求时应向相关职能部门提出重新进行采购。

3.5.4 设备制造阶段

3.5.4.1 蓄电池

1. 监督要点及监督依据

蓄电池监督要点及监督依据见表 3－327。

表 3－327　　蓄电池监督要点及监督依据

监督要点	监督依据
1. 对直流电源类设备中的蓄电池核对性放电、事故放电能力等参数进行测试，必要时对蓄电池极板和极柱焊接工艺、安全阀动作值进行抽检。 2. 蓄电池组（220V 系统）事故冲击放电能力应满足“蓄电池组以预放电流放电 1h 后，叠加冲击电流放电 1 次，冲击电流应符合附表 B 规定，冲击放电时蓄电池组端电压应不低于 202V”的要求	1.《直流电源系统技术监督导则》（Q/GDW 11078—2013）“5.4.2.4　结合实际情况对直流电源类设备中的蓄电池核对性放电、事故放电能力等参数进行测试，必要时对蓄电池极板和极柱焊接工艺、安全阀动作值进行抽检。” 2.《电力用固定型阀控式铅酸蓄电池》（DL/T 637—2019）“7.3.5　冲击放电性能不同标称电压蓄电池的预放电流和冲击放电电流应符合表 7 规定（见附表 B 预放电流、冲击电流）。”

2. 监督项目解析

蓄电池是设备制造阶段重要的监督项目。蓄电池的质量对直流电源系统的安全性能有直接影响，对保证直流电源系统投运后的安全、稳定、可靠运行有重要意义，必须按照监督依据的各项规程要求进行蓄电池制造工作，杜绝各类设备质量隐患的产生。

3. 监督要求

开展本条目监督时，可对蓄电池容量试验进行旁站见证，查阅资料工艺流程卡、试验记录、蓄电池安全阀抽检报告，蓄电池事故冲击放电能力报告等。

4. 整改措施

如果记录蓄电池相关参数及试验结果不满足要求，应向相关职能部门提出意见，及时整改，按本规程要求进行蓄电池制造工作。

3.5.4.2　充电装置

1. 监督要点及监督依据

充电装置监督要点及监督依据见表 3－328。

表 3－328　　充电装置监督要点及监督依据

监督要点	监督依据
1. 充电装置应有充电（恒流限压、恒压充电）、浮充电及自动转换的功能，并具有软启动特性。 2. 充电装置主要技术参数应达到附表 A 中的规定（见附表 A 充电装置的精度及纹波系统允许值）。 3. 高频开关电源模块应满足 $N+1$ 配置，采用并联运行方式，模块总数不宜小于 3 只。 4. 高频开关电源模块可带电拔插更换。 5. 多只高频开关电源模块并机工作时，各模块承受的电流应能做到自动均分负载，其均流不平衡度应不大于±5%	《变电站直流电源系统技术标准》（Q/GDW 11310—2014） “5.13.4　设备应有充电（恒流限压、恒压充电）、浮充电及自动转换的功能，并具有软启动特性。 5.13.5　充电装置主要技术参数应达到附表 3 中的规定（见附表 A 充电装置的精度及纹波系统允许值）。 5.13.10　高频开关电源要求： a）高频开关电源模块应满足 $N+1$ 配置，并联运行方式，模块总数不宜小于 3 只。 b）高频开关电源模块在监控单元发出指令时，按指令输出电压、电流；脱离监控单元，可输出恒定电压给蓄电池浮充。 c）高频开关电源模块可带电拔插更换。 d）高频开关电源模块可软起动，防止电压冲击。 e）充电装置应控制高频开关电源模块在最佳输出状态，不得使单个高频开关电源模块长期空载或低载运行，防止降压回路开路的后备控母充电模块除外。 f）多只高频开关电源模块并机工作时，各模块承受的电流应能做到自动均分负载，其均流不平衡度应不大于±5%。”

2. 监督项目解析

充电装置是设备制造阶段重要的监督项目。充电装置的质量对直流电源系统的安全性能有直接影响，对保证直流电源系统投运后的安全、稳定、可靠运行有重要意义，必须按照监督依据的各项规程要求进行充电装置制造工作，杜绝各类设备质量隐患的产生。

3. 监督要求

开展本条目监督时，可采用旁站见证、查阅资料（工艺流程卡或试验记录）等方法。

4. 整改措施

如果记录充电装置参数及均浮充转换功能不满足要求，应向相关职能部门提出意见，及时整改，按要求进行充电装置制造工作。

3.5.4.3　监控器

1. 监督要点及监督依据

监控器监督要点及监督依据见表 3－329。

表 3－329　　监控器监督要点及监督依据

监督要点	监督依据
1. 监控器应具备温度补偿、定时均充、充电曲线管理等功能；应具备蓄电池组脱离直流母线报警功能；具备充电方式转换的事件记录功能。 2. 监控器应满足相关控制程序、显示及报警功能和“三遥”功能要求	1.《直流电源系统技术监督导则》（Q/GDW 11078 一 2013） “5.4.2.6　监控器应具备温度补偿、定时均充、充电曲线管理等功能；应具备蓄电池组脱离直流母线报警功能；具备充电方式转换的事件记录功能。 2.《电力系统直流电源柜订货技术条件》（DL/T 459—2000）5.17　微机监控装置的要求 5.17.1　控制程序 监控装置应具有充电、长期运行、交流中断的控制程序（示意图见附录 A）。 5.17.2　显示及报警功能 5.17.2.1　监控装置应能显示控制母线电压、动力母线电压、充电电压、蓄电池组电压、充电浮充电装置输出电流等参数。 5.7.2.2　监控装置应能对其参数进行设定、修改。若发现下列状态：交流电压异常、充电浮充电装置故障、母线电压异常、蓄电池电压异常、母线接地等，应能发出相应信号及声光报警。其保护及报警功能应符合 5.16 的规定。 5.17.3　“三遥”功能 监控装置内应设有通信接口，实现对设备的遥信、遥测及遥控。”

2. 监督项目解析

监控器是设备制造阶段重要的监督项目。直流电源系统监控器作为直流电源系统的核心部件之一，集合了大部分智能控制单元，各项性能指标直接关系到直流电源系统的稳定、可靠运行，必须按照监督依据的各项规程要求进行监控器制造工作，杜绝各类设备质量隐患的产生。

3. 监督要求

开展本条目监督时，可旁站见证控制器的参数设定、程序转换等功能，采用查阅资料（工艺流程卡或试验报告）等方法。

4. 整改措施

如果记录查阅见证结果不满足要求，应向相关职能部门提出意见，及时整改，按要求进行充电装置制造工作。

3.5.5　设备验收阶段

3.5.5.1　直流屏出厂验收

1. 监督要点及监督依据

直流屏出厂验收监督要点及监督依据见表 3－330。

表 3－330　　直流屏出厂验收监督要点及监督依据

监督要点	监督依据
1. 柜体应设有保护接地，接地处应有防锈措施和明显标志。门应开闭灵活，开启角不小于 90°，门锁可靠。门与柜体之间应采用截面积不小于 $4mm^2$ 的多股软铜线可靠连接。 2. 紧固连接应牢固、可靠，所有紧固件均具有防腐镀层或涂层，紧固连接应有防松措施。 3. 元件和端子应排列整齐、层次分明、不重叠，便于维护拆装。长期带电发热元件的安装位置应在柜内上方。交流、直流接线端子应分置于屏柜不同层（侧）。 4. 直流柜正面操作设备的布置高度不应超过 1800mm，距地面高度不应低于 400mm。 5. 直流柜内电流在 63A 及以下的直流馈线，应经电力端子出线。端子宜装设在柜的两侧或中部下方，以便与电缆连接，装设绝缘监测装置的传感器。	1～9.《变电站直流电源系统技术标准》（Q/GDW 11310—2014） “5.2.1　柜体结构要求 5.2.1.2　柜体应设有保护接地，接地处应有防锈措施和明显标志。门应开闭灵活，开启角不小于 90°，门锁可靠。门与柜体之间应采用截面积不小于 $4mm^2$ 的多股软铜线可靠连接。 5.2.1.3　紧固连接应牢固、可靠，所有紧固件均具有防腐镀层或涂层，紧固连接应有防松措施。 5.2.1.4　元件和端子应排列整齐、层次分明、不重叠，便于维护拆装。长期带电发热元件的安装位置应在柜内上方。交流、直流接线端子应分置于屏柜不同层（侧）。 5.2.1.5　电源设备柜体外壳防护等级应不低于 GB 4208 中 IP20 的规定，户内安装的馈（分）电屏（柜）外壳防护等级应不低于 IP50，户外安装的馈（分）电屏（柜）外壳防护等级应不低于 IP55。

续表

监督要点	监督依据
6. 柜内安装的元器件均应有产品合格证或证明质量合格的文件。不得选用淘汰的、落后的元器件。 7. 同类元器件的接插件应具有通用性和互换性，应接触可靠、插拔方便。插接件的接触电阻、插拔力，允许电流及寿命，均应符合有关国家及行业标准要求。 8. 柜内母线、引线应采取硅橡胶热缩或其他防止短路的绝缘防护措施，截面符合设计要求，导线、导线颜色、指示灯、按钮、行线槽、涂漆、均应符合国家或行业有关标准的规定。 9. 直流电压表、电流表精度应不低于 1.5 级。数字表精度不低于 1.0 级。 10. 直流屏柜内底部应装有截面积不小于 100mm² 的接地铜排	5.2.1.6　直流柜正面操作设备的布置高度不应超过 1800mm，距地面高度不应低于 400mm。 5.2.1.7　直流柜内电流在 63A 及以下的直流馈线，应经电力端子出线。端子宜装设在柜的两侧或中部下方，以便与电缆连接和装设绝缘监测装置的传感器。 5.2.2　元器件的要求 5.2.2.1　柜内安装的元器件均应有产品合格证或证明质量合格的文件。不得选用淘汰的、落后的元器件。 5.2.2.2　同类元器件的接插件应具有通用性和互换性，应接触可靠、插拔方便。插接件的接触电阻、插拔力，允许电流及寿命，均应符合有关国家及行业标准要求。 5.2.2.3　柜内母线、引线应采取硅橡胶热缩或其他防止短路的绝缘防护措施。 5.2.2.4　直流电压表、电流表应采用精度不低于 1.5 级。" 10.《站用交直流一体化电源系统技术规范》(Q/GDW 576—2010) "4.5.1.6　直流屏柜内底部应装有截面积不小于 100mm² 的接地铜排。 4.5.2.2　导线、导线颜色、指示灯、按钮、行线槽、涂漆、均应符合国家或行业有关标准的规定。"

2. 监督项目解析

直流电源屏柜是设备验收阶段重要的监督项目。直流电源屏柜作为直流电源系统的基础部件之一，其性能的优劣直接影响直流设备的安全运行。必须严格按照规程要求，进行直流屏出厂验收。

3. 监督要求

开展本条目监督时，可检查现场柜体接地情况，柜门开启是否符合要求，检查紧固件、元件和端子是否满足安装要求。

4. 整改措施

如果记录结果不满足要求，应向相关职能部门提出意见，及时整改，按要求进行直流屏出厂验收工作。

3.5.5.2　高频电源模块出厂验收

1. 监督要点及监督依据

高频电源模块出厂验收监督要点及监督依据见表 3－331。

表 3－331　　高频电源模块出厂验收监督要点及监督依据

监督要点	监督依据
1. 充电装置应有充电（恒流限压、恒压充电）、浮充电及自动转换的功能，并具有软启动特性。 2. 充电装置主要技术参数应达到附表 A 中的规定（见附表 A 充电装置的精度及纹波系统允许值）。 3. 高频开关电源模块应满足 $N+1$ 配置，并联运行方式，模块总数不宜小于 3 只。 4. 高频开关电源模块可带电拔插更换。 5. 多只高频开关电源模块并机工作时，各模块承受的电流应能做到自动均分负载，其均流不平衡度应不大于 ±5%	《变电站直流电源系统技术标准》(Q/GDW 11310—2014) "5.13　充电装置的技术要求 5.13.4　设备应有充电（恒流限压、恒压充电）、浮充电及自动转换的功能，并具有软启动特性。 5.13.5　充电装置主要技术参数应达到附表 3 中的规定（见附表 A 充电装置的精度及纹波系统允许值）。 5.13.10　高频开关电源要求： a）高频开关电源模块应满足 $N+1$ 配置，并联运行方式，模块总数不宜小于 3 只。 b）高频开关电源模块在监控单元发出指令时，按指令输出电压、电流；脱离监控单元，可输出恒定电压给蓄电池浮充。 c）高频开关电源模块可带电拔插更换。 d）高频开关电源模块可软起动，防止电压冲击。 e）充电装置应控制高频开关电源模块在最佳输出状态，不得使单个高频开关电源模块长期空载或低载运行，防止降压回路开路的后备控母充电模块除外。 f）多只高频开关电源模块并机工作时，各模块承受的电流应能做到自动均分负载，其均流不平衡度应不大于 ±5%。"

2. 监督项目解析

高频电源模块出厂验收是设备验收阶段重要的监督项目。高频电源模块的寿命受其温升的影响很大，其性能的优劣又直接影响直流设备的安全运行。所以必须严格按照规程要求，进行高频开关电源模块验收工作，尤其是对模块运行温度问题的检查。

3. 监督要求

开展本条目监督时，可查阅温升试验报告或现场检查满载情况下温升是否不超过极限值。现场检查高频电源情况、模块配置、是否可独立工作，带电插拔、稳流稳压等技术参数、散热功能是否满足安装要求。

4. 整改措施

如果记录结果不满足要求，应向相关职能部门提出意见，及时整改，按要求进行高频电源模块验收工作。

3.5.5.3 绝缘监测装置出厂验收

1. 监督要点及监督依据

绝缘监测装置出厂验收监督要点及监督依据见表 3－332。

表 3－332　　绝缘监测装置出厂验收监督要点及监督依据

监督要点	监督依据
1. 系统绝缘降低报警功能应满足下列要求： a）直流系统对地绝缘电阻报警值可在 10kΩ～60kΩ 范围内设定； b）直流系统中任何一极的对地绝缘电阻降低到整定值时，应发出告警信息； c）直流系统对地绝缘故障报警响应时间应不大于 100s； d）直流系统对地绝缘故障报警准确率应为 100%； e）直流系统对地绝缘电阻不大于报警值时，产品应自行启动支路选线功能。 2. 直流系统绝缘监测装置应能实时监测并显示直流系统母线电压、正负母线对地电压、正负母线对地交流电压、正负母线对地绝缘电阻及支路对地绝缘电阻等数据。 3. 当直流系统发生有效值 10V 及以上的交流窜电故障时，产品应能发出交流窜电故障告警信息，并显示窜入交流电压的幅值	《直流电源系统绝缘监测装置技术条件》（DL/T 1392—2014） "5.5.1.2　系统绝缘降低报警 系统绝缘降低报警功能应满足下列要求： a）直流系统对地绝缘电阻报警值可在 10kΩ～60kΩ 范围内设定； b）直流系统中任何一极的对地绝缘电阻降低到表 4 中的整定值时，应发出告警信息； c）直流系统对地绝缘故障报警响应时间应不大于 100s； d）直流系统对地绝缘故障报警准确率应为 100%； e）直流系统对地绝缘电阻小于等于报警值时，产品应自行启动支路选线功能。 5.4.1　直流系统绝缘监测装置应能实时监测并显示直流系统母线电压、正负母线对地电压、正负母线对地交流电压、正负母线对地绝缘电阻及支路对地绝缘电阻等数据。 5.5.5.1　当直流系统发生有效值 10V 及以上的交流窜电故障时，产品应能发出交流窜电故障告警信息，并显示窜入交流电压的幅值。"

2. 监督项目解析

绝缘监测装置出厂验收是设备验收阶段重要的监督项目之一。直流系统绝缘监测装置的作用，主要是为了实现对直流母线以及其他电流分支的绝缘状况进行实时监测，能够及时发现直流系统的接地故障，是直流电源系统重要组成部分，各项性能指标直接关系到直流电源系统的稳定、可靠运行，设备验收阶段对绝缘监测装置必须严格按照规程要求，进行验收试验。

3. 监督要求

开展本条目监督时，可现场检查或查阅相关报告检查是否满足安装要求。

4. 整改措施

如果记录结果不满足要求，应向相关职能部门提出意见，及时整改，按要求进行绝缘监测装置出厂验收工作。

3.5.5.4 储存运输

1. 监督要点及监督依据

储存运输监督要点及监督依据见表 3－333。

表 3－333　储存运输监督要点及监督依据

监督要点	监督依据
1. 蓄电池组及直流屏的产品名称、型号规格应标示清楚。 2. 装箱资料应有装箱清单、出厂试验报告、合格证、电气原理图和接线图、安装使用说明书、随机附件及备件清单。 3. 蓄电池在运输过程中，产品不得受剧烈冲撞和暴晒雨淋，不得倒置；在装卸过程中应轻搬轻放，严防掉、掷、翻滚、重压；储存应符合下列要求：存放在－10℃～40℃干燥、通风、清洁的仓库内，不受阳光直射、离热源（暖气设备）不得少于2m、避免与任何有毒气体有机溶剂接触，不得倒置。 4. 直流屏在运输过程中，不应有剧烈冲击和倾倒放置等；设备在贮存期间：应放在空气流通、温度在（－25～55）℃之间、月平均相对湿度不大于 90%、无腐蚀性和爆炸气体的仓库内，在贮存期间不应淋雨、曝晒、凝露和霜冻	《直流电源系统技术监督导则》（Q/GDW 11078—2013） “5.6.2.1　蓄电池组的标志、包装、运输、储存应满足 DL/T 637《阀控式密封铅酸蓄电池订货技术条件》有关规定： a）蓄电池组应有下列标志：制造厂名及商标、型号及规格、极性符号、生产日期。 b）包装箱外壁应有下列标志：产品名称、型号及规格、数量、制造厂名、单箱净重及毛重、标明防潮、不准倒置、轻放等标记、出厂日期、产品批号。 c）蓄电池包装应符合制造厂有关技术文件规定。随同产品出厂提供下列文件：产品合格证、装箱单、产品使用维护说明书。 d）在运输过程中，产品不得受剧烈冲撞和暴晒雨淋，不得倒置；在装卸过程中应轻搬轻放，严防掉、掷、翻滚、重压。 e）储存应符合下列要求：存放在－10℃～40℃干燥、通风、清洁的仓库内，不受阳光直射，离热源（暖气设备）不得少于 2m，避免与任何有毒气体有机溶剂接触，不得倒置。 f）不得超过厂家允许的储存时间，否则将影响蓄电池使用寿命和功能。 5.6.2.2　直流电源充电装置、直流馈线屏（柜）、分电屏（柜）等设备的标志、包装、运输、储存应满足 DL/T 459《电力用直流电源设备》有关规定。”

2. 监督项目解析

储存运输是设备验收阶段重要的监督项目之一。储存运输是设备出厂的最后关键程序，其标准执行的优劣直接影响设备的投运，必须严格按照规程要求，进行设备的储存运输。

3. 监督要求

开展本条目监督时，可现场检查是否满足安装要求。

4. 整改措施

如果记录结果不满足要求，应向相关职能部门提出意见，及时整改，按要求进行直流电源设备储存运输工作。

3.5.5.5　到货验收

1. 监督要点及监督依据

到货验收监督要点及监督依据见表 3－334。

表 3－334　到货验收监督要点及监督依据

监督要点	监督依据
1. 蓄电池组、附件的检测报告及设备数量满足订货合同、设计图纸及相关标准要求。 2. 出厂试验应按相关标准、规程及订货合同执行，并提供完整、合格的试验报告。 3. 订货合同中规定的见证或抽检项目，应按要求开展并符合相关标准规定。 4. 同组蓄电池的端电压均衡性应满足《电力用固定型阀控式铅酸蓄电池》（DL/T 637—2019）的要求、内阻与平均值的偏差应不超过±10%	1～3.《国家电网公司直流电源系统技术监督导则》（Q/GDW 11078—2013） “5.5.2.2　现场验收阶段主要监督以下内容： a）蓄电池组、附件的检测报告及设备满足订货合同、设计图纸及相关标准要求； b）出厂试验应按相关标准、规程及订货合同执行，并提供完整、合格的试验报告； c）订货合同中规定的见证或抽检项目，应按要求开展并符合相关标准规定。” 4.《电力用固定型阀控式铅酸蓄电池》（DL/T 637—2019） “7.4.1　端电压均衡性蓄电池组按 8.22 试验，同组蓄电池的端电压均衡性应不超出表 8 的规定。 7.4.2.1　试验室测量蓄电池内阻 蓄电池组按 8.23.1 试验，同组蓄电池内阻与平均值的偏差应不超过±10%。”

2. 监督项目解析

到货验收是设备验收阶段重要的监督项目之一。到货验收是设备验收阶段的最后程序，为其后的设备安装起到保证作用，其标准执行的优劣直接影响设备的投运，必须严格按照规程要求，进行设备的到货验收工作。

3. 监督要求

开展本条目监督时，可查阅资料，包括检查蓄电池开路电压和内阻测试记录。

4. 整改措施

如果记录结果不满足要求，应向相关职能部门提出意见，及时整改，按本规程要求进行直流电源设备到货验收工作。

3.5.5.6 蓄电池专项技术监督

1. 监督要点及监督依据

蓄电池专项技术监督要点及监督依据见表 3－335。

表 3－335 蓄电池专项技术监督要点及监督依据

监督要点	监督依据
对新建变电工程固定型阀控式铅酸蓄电池性能开展专项监督，抽取样品开展性能一致性试验及大电流放充电循环寿命试验，并进行单只蓄电池拆解检查。试验结果应满足《国网设备部关于印发〈2019 年电网设备电气性能、金属及土建专项技术监督工作方案〉的通知》（设备技术〔2019〕15 号文）中“蓄电池性能专项监督”部分要求	《国网设备部关于印发〈2019 年电网设备电气性能、金属及土建专项技术监督工作方案〉的通知》（设备技术〔2019〕15 号）七、电气性能专项技术监督项目要求 （二）蓄电池性能专项监督

2. 监督项目解析

蓄电池专项技术监督是设备验收阶段重要的监督项目之一。此项内容主要开展蓄电池到货抽检，开展蓄电池一致性检测、循环寿命加速试验和蓄电池拆解检测，检测判断蓄电池各项性能和寿命是否满足相关标准要求，对保证蓄电池质量具有重要作用。

3. 监督要求

开展本条目监督时，可检查专项技术监督试验报告或进行现场见证。

4. 整改措施

如果记录结果不满足要求，应向相关职能部门提出意见，及时整改，按本规程要求进行蓄电池专项技术监督工作。

3.5.6 设备安装阶段

3.5.6.1 柜体基本要求

1. 监督要点及监督依据

柜体基本要求监督要点及监督依据见表 3－336。

表 3－336 柜体基本要求监督要点及监督依据

监督要点	监督依据
1. 柜体应设有保护接地，接地处应有防锈措施和明显标志。门与柜体之间应采用截面积不小于 4mm^2 的多股软铜线可靠连接。 2. 紧固件均具有防腐镀层或涂层，紧固连接应有防松措施。	.《变电站直流电源系统技术标准》（Q/GDW 11310—2014） “5.2.1.2 柜体应设有保护接地，接地处应有防锈措施和明显标志。门应开闭灵活，开启角不小于 90°，门锁可靠。门与柜体之间应采用截面积不小于 4mm^2 的多股软铜线可靠连接。

续表

监督要点	监督依据
3. 交流、直流接线端子应分置于屏柜不同层（侧）。 4. 直流柜正面操作设备的布置高度不应超过 1800mm，距地面高度不应低于 400mm	5.2.1.3　紧固连接应牢固、可靠，所有紧固件均具有防腐镀层或涂层，紧固连接应有防松措施。 5.2.1.4　元件和端子应排列整齐、层次分明、不重叠，便于维护拆装。长期带电发热元件的安装位置应在柜内上方。交流、直流接线端子应分置于屏柜不同层（侧）。 5.2.1.6　直流柜正面操作设备的布置高度不应超过 1800mm，距地面高度不应低于 400mm。”

2. 监督项目解析

柜体的可靠接地是为了防止直流装置金属外壳带电危及人身的安全。紧固件应连接紧密，防止紧固件锈蚀。交、直流电源端子混合使用，容易造成检修、试验人员操作失误导致交直流短接，造成交流电源混入直流系统，进而继电保护动作，导致全站停电事故，所以交流、直流接线端子应分置于屏柜不同层（侧）。直流柜正面操作设备的布置高度应考虑到利于检修人员的现场操作，从而要求直流柜设备合理布置。对柜体提出基本要求，有利于设备的安全运行，保证现场检修人员的人身安全，方便检修人员现场操作设备，提高了工作效率。

3. 监督要求

开展本条目监督时，可采用现场检查柜体接地情况，柜门开启是否符合要求，检查紧固件、元件和端子是否满足安装要求。

4. 整改措施

当发现本条目不满足时，应及时提出设计变更以满足现场柜体安装的基本要求。

3.5.6.2　蓄电池组安装工艺要求

1. 监督要点及监督依据

蓄电池组安装工艺要求监督要点及监督依据见表 3－337。

表 3－337　　蓄电池组安装工艺要求监督要点及监督依据

监督要点	监督依据
1. 蓄电池柜（室）内的蓄电池应摆放整齐并保证蓄电池间距不小于 15mm，层间距不小于 150mm。 2. 导电板或连接线使用耐酸六角螺栓与端子连接	1.《变电站直流电源系统技术标准》（Q/GDW 11310—2014） “5.8.1.4　蓄电池柜（室）内的蓄电池应摆放整齐并保证蓄电池间距不小于 15mm，层间距不小于 150mm。” 2.《固定型阀控式铅酸蓄电池　第 2 部分：产品品种和规格》（GB/T 19638.2—2014） “5　连接方式 固定型蓄电池由于是成组使用，其连接方式有两种：一种是用导电板连接；另一种是使用连接线连接。导电板或连接线使用耐酸六角螺栓与端子连接，通常情况选用螺丝杆的直径为 6mm～12mm。”

2. 监督项目解析

对蓄电池安装工艺要求不到位，可能造成施工质量下降，影响蓄电池的正常运行，间距不够会影响到蓄电池组正常运行时散热，从而降低蓄电池的使用寿命。重要工艺环节如不严格要求就无法保证设备安装阶段工程质量，良好的蓄电池安装工艺能够保障蓄电池运行，提高蓄电池的使用寿命。

3. 监督要求

开展本条目监督时，可现场检查蓄电池摆放间距及安装情况，检查电池导电板或连接线。

4. 整改措施

当发现本条目不满足时，应根据现场蓄电池组安装情况对照标准向相关部门提出整改要求。

3.5.6.3 充电装置要求

1. 监督要点及监督依据

充电装置要求监督要点及监督依据见表 3－338。

表 3－338　　充电装置要求监督要点及监督依据

监督要点	监督依据
1. 充电柜应通风、散热良好，必要时采用强制通风措施。 2. 每套充电装置应有两路交流输入，互为备用，自动切换。每路交流输入应来自所用电不同的低压母线。 3. 直流高频模块和通信电源模块应加装独立进线断路器	1～2.《变电站直流电源系统技术标准》（Q/GDW 11310—2014） “5.13.2　充电柜应通风、散热良好，必要时采用强制通风措施。 5.13.3　每套充电装置应有两路交流输入，互为备用，自动切换。每路交流输入应来自所用电不同的低压母线。” 3.《国家电网有限公司关于印发十八项电网重大反事故措施（修订版）的通知》（国家电网设备〔2018〕979 号）5.3.1.14　直流高频模块和通信电源模块应加装独立进线断路器

2. 监督项目解析

充电柜通风散热不好会影响充电装置的正常运行以及使用寿命。充电装置只有一路交流输入电源运行不可靠，交流电源故障时会造成充电装置失电，影响变电站直流电源的可靠输出。充电装置运行不可靠，使得直流电源不能正常输出，造成直流负荷不能正常工作以及蓄电池欠充电，从而影响变电站安全稳定运行。

3. 监督要求

开展本条目监督时，可采用现场检查充电柜通风散热情况，两路交流输入是否稳定可靠，每个直流高频模块和通信电源模块是否有独立进线断路器。

4. 整改措施

当发现本条目不满足时，应根据现场充电装置安装情况对照标准向相关部门提出整改要求。

3.5.6.4 电缆选择及敷设

1. 监督要点及监督依据

电缆选择及敷设监督要点及监督依据表 3－339。

表 3－339　　电缆选择及敷设监督要点及监督依据

监督要点	监督依据
1. 电缆应采用阻燃电缆，应避免与交流电缆并排铺设。蓄电池电缆应采用单芯多股铜电缆。两组蓄电池的电缆应分别铺设在各自独立的通道内。 2. 蓄电池组正极和负极引出电缆不应共用一根电缆，并采用单根多股铜芯阻燃电缆。 3. 交直流回路不得共用一根电缆，控制电缆不应与动力电缆并排铺设。对不满足要求的运行变电站，应采取加装防火隔离措施	1.《变电站直流电源系统技术标准》（Q/GDW 11310—2014） “5.2.2.5　电缆应采用阻燃电缆，应避免与交流电缆并排铺设。蓄电池电缆应采用单芯多股铜电缆。两组蓄电池的电缆应分别铺设在各自独立的通道内。” 2～3.《国家电网有限公司关于印发十八项电网重大反事故措施（修订版）的通知》（国家电网设备〔2018〕979 号） “5.3.1.4　蓄电池组正极和负极引出电缆不应共用一根电缆，并采用单根多股铜芯阻燃电缆。 5.3.2.3　交直流回路不得共用一根电缆，控制电缆不应与动力电缆并排铺设。对不满足要求的运行变电站，应采取加装防火隔离措施。”

2. 监督项目解析

因为蓄电池短路电流及瞬时充电电流较大，所以对于单芯多股铜电缆，增加电缆截面积，同时防止蓄电池电流过大引起火灾，采用阻燃电缆。蓄电池电缆敷设如果与交流电缆并排铺设，容易互相影响，蓄电池组正极和负极引出电缆正负极应采用单独的电缆，这样可以提高绝缘水平，减少正负极间电容值，蓄电池正负极电缆分别敷设并在各自独立的通道内防止蓄电池电缆短路。蓄电池电缆如果不按照要求选择，敷设不正确，直流电缆着火后，直接影响直流系统的正常运行，可能造成全站直流电源消失情况，从而导致全站停电事故。

3. 监督要求

开展本条目监督时，可采用现场检查电缆铺设情况。

4. 整改措施

当发现本条目不满足时，应根据现场电缆选择及敷设情况对照标准向相关部门提出整改要求。对于蓄电池电缆无法设置独立通道的，要采取阻燃、防爆、加隔离护板或护套等措施。

3.5.6.5　蓄电池室（柜）要求（土建专业）

1. 监督要点及监督依据

蓄电池室（柜）要求（土建专业）监督要点及监督依据见表 3－340。

表 3－340　　蓄电池室（柜）要求（土建专业）监督要点及监督依据

监督要点	监督依据
1. 新建变电站 300Ah 及以上的阀控式蓄电池组应安装在各自独立的专用蓄电池室内或在蓄电池组间设置防爆隔火墙。 2. 酸性蓄电池室（不含阀控式密封铅酸蓄电池室）照明、采暖通风和空气调节设施均应为防爆型，开关和插座等应装在蓄电池室的门外。 3. 蓄电池室的门应向外开启，应采用非燃烧体或难燃烧体的实体门，门的尺寸（宽×高）不应小于750mm×1960mm。蓄电池室温度宜保持在（15～30）℃，最高不得超过 35℃，不能满足的应装设调温设施	1～2.《国家电网有限公司关于印发十八项电网重大反事故措施（修订版）的通知》（国家电网设备〔2018〕979 号） “5.3.1.3　新建变电站 300Ah 及以上的阀控式蓄电池组应安装在各自独立的专用蓄电池室内或在蓄电池组间设置防爆隔火墙。 5.3.1.5　酸性蓄电池室（不含阀控式密封铅酸蓄电池室）照明、采暖通风和空气调节设施均应为防爆型，开关和插座等应装在蓄电池室的门外。” 3.《直流电源系统技术监督导则》（Q/GDW 11078—2013） “5.7.2.3　2）蓄电池室的门应向外开启，门上应有“严禁烟火”等字样。蓄电池室内禁止明火，不得安装能发生电气火花的器具（如开关、插座等）。蓄电池室照明充足、通风良好，应使用防爆灯具。蓄电池室温度宜保持在（15～30）℃，最高不得超过 35℃，不能满足的应装设调温设施。”

2. 监督项目解析

变电站在同一蓄电池室内安装多组蓄电池，防止一组蓄电池发生爆炸时对其他蓄电池组造成破坏，所以要在蓄电池组之间装设防爆隔火墙。室内应保持适当的温度，并保持良好的通风，为蓄电池提供良好的运行环境，提高蓄电池组的使用寿命，提高直流系统安全运行可靠性。蓄电池室内不得安装能发生电气火花的器具是为了防止电气火花造成蓄电池短路，从而引起蓄电池发生火灾。蓄电池室的门应向外开启，应采用非燃烧体或难燃烧体的实体门，为了保证蓄电池发生事故时，能够保障蓄电池室及时打开，进行事故处理，将事故的损失最小化。对于蓄电池室的要求至关重要，直接关系蓄电池的安全稳定运行，是保障蓄电池运行环境的重要环节，良好的环境有利于提高蓄电池的使用寿命，保证直流系统运行的可靠性。如果蓄电池室不满足要求，将为蓄电池的运行埋下重大隐患，因此有必要对蓄电池室提出要求。

3. 监督要求

开展本条目监督时，可现场检查蓄电池室防爆措施、通风、散热及温度是否满足要求。

4. 整改措施

当发现本条目不满足时，应根据蓄电池室的现场情况对照标准向相关部门提出补修要求。

3.5.7 设备调试阶段

3.5.7.1 交流进线切换试验

1. 监督要点及监督依据

交流进线切换试验监督要点及监督依据见表 3－341。

表 3－341 交流进线切换试验监督要点及监督依据

监督要点	监督依据
1. 每个成套充电装置应有两路交流输入，互为备用，自动切换、动作可靠；应有防止过电压保护措施。 2. 每套充电装置的每路交流输入应来自所用电不同的低压母线	1.《直流电源系统技术监督导则》（Q/GDW 11078—2013） "5.7.2.4 每个成套充电装置应有两路交流输入，互为备用，自动切换、动作可靠；应有防止过电压保护措施。" 2.《国家电网公司变电站直流电源系统技术标准》（Q/GDW 11310—2014） "5.13.3 每套充电装置应有两路交流输入，互为备用，自动切换。每路交流输入应来自所用电不同的低压母线。"

2. 监督项目解析

充电装置只有一路交流输入电源运行不可靠，交流电源故障时会造成充电装置失电，影响变电站直流电源的可靠输出。交流输入电源易由于过电压造成短路。充电装置交流进线切换试验不成功，充电装置的交流输入电源得不到保障，直接影响充电装置可靠运行，使得直流电源不能正常输出，造成直流负荷不能正常工作以及蓄电池欠充电，从而影响变电站安全稳定运行。

3. 监督要求

开展本条目监督时，可采用查阅设备调试报告，现场检查交流切换试验结果。

4. 整改措施

发现本条目不满足时应及时提出试验要求，试验结果合格后方可确认直流电源装置具备运行条件。

3.5.7.2 充电装置输出试验

1. 监督要点及监督依据

充电装置输出试验监督要点及监督依据见表 3－342。

表 3－342 充电装置输出试验监督要点及监督依据

监督要点	监督依据
1. 新建或改造的变电站选用充电、浮充电装置，应满足稳压精度优于±0.5%、稳流精度优于±1%、输出电压纹波系数不大于 0.5%的技术要求。 2. 各模块平均输出 50%～100%的额定电流值时，其均流不平衡度不应超过±5%	1.《直流电源系统技术监督导则》（Q/GDW 11078—2013） "5.7.2.4 充电装置安装调试，其主要内容和功能、指标、参数应满足如下要求： 1）每个成套充电装置应有两路交流输入，互为备用，自动切换、动作可靠；应有防止过电压保护措施。 2）高频开关电源模块应满足 $N+1$ 配置，并联运行方式，模块总数不宜小于 3 只。 3）高频开关电源模块在微机监控装置发出指令时，按指令输出电压、电流。脱离监控单元，可输出恒定电压给蓄电池浮充电。 4）高频开关电源模块可带电拔插更换；高频开关电源模块可软起动，防止电压冲击。充电屏柜应通风良好，必要时增加强制通风装置。 5）充电装置的精度及纹波系统允许值，详见表 4（见附表 A）。" 2.《电力工程直流电源设备通用技术条件及安全要求》（GB/T 19826—2014） "5.2.1.7 多台同型号的高频开关电源模块并机工作时，各模块应能按比例均分负载，当各模块平均输出 50%～100%的额定电流值时，其均流不平衡度不应超过±5%。"

2. 监督项目解析

充电装置参数好坏直接影响充电装置的输出。各模块均流不平衡，造成模块负荷分配不均，易损坏、降低模块的使用寿命。充电装置输出试验的好坏直接影响直流负荷的正常运行，充电装置参数不合格，对充电装置输出埋下了隐患，因此有必要进行充电装置输出试验。

3. 监督要求

开展本条目监督时，可查阅设备调试报告，应满足对高频模块与相控式充电机的参数要求。

4. 整改措施

当发现本条目不满足时，应及时提出试验要求，试验数据不合格，建议进行更换，待试验数据合格后方可确认充电装置具备运行条件。

3.5.7.3　绝缘监测装置调试

1. 监督要点及监督依据

绝缘监测装置调试监督要点及监督依据见表 3－343。

表 3－343　　绝缘监测装置调试监督要点及监督依据

监督要点	监督依据
1. 绝缘监测装置整定值应满足：220V 设置为 25kΩ，110V 设置为 15kΩ。 2. 当直流系统发生接地故障，其绝缘水平下降到低于规定值时，绝缘监测装置应满足以下要求：① 可靠动作；② 能反映接地的极性；③ 能选出故障馈线；④ 发出声光信号并具有远方信号触点。 3. 绝缘监测装置应具备接地故障记忆及历史记录追忆。 4. 绝缘监测装置应具备“交流窜入”以及“直流互窜”的测记、选线及告警功能。 5. 绝缘监测装置能定量显示母线和支路的正、负极对地电压及绝缘电阻值	《变电站直流电源系统技术标准》（Q/GDW 11310—2014） “5.14.1.4　绝缘监测装置整定值应满足：220V 设置为 25kΩ，110V 设置为 15kΩ。 5.14.1.5　当直流系统发生接地故障，其绝缘水平下降到低于规定值时，绝缘监测装置应满足以下要求：① 可靠动作；② 能反映接地的极性；③ 能选出故障馈线；④ 发出声光信号并具有远方信号触点。 5.14.1.6　绝缘监测装置应具备接地故障记忆及历史记录追忆。 5.14.1.7　绝缘监测装置应具备“交流窜入”以及“直流互窜”的测记、选线及告警功能。 5.14.1.8　绝缘监测装置能定量显示母线和支路的正、负极对地电压及绝缘电阻值。”

2. 监督项目解析

因为直流厂家众多、技术水平存在差异，造成绝缘监测装置功能欠缺，不能满足技术标准的要求，所以要进行现场调试试验，确认绝缘监测装置具备相应的功能。绝缘监测装置调试能够发现装置功能的缺陷，及时进行完善，保证装置能够在发生直流接地、交流窜入以及直流互窜时，正确告警，准确告知检修人员故障原因，及时进行故障处理，保障变电站内设备安全稳定运行。

3. 监督要求

开展本条目监督时，可现场验证或查阅绝缘监测装置型式试验或功能性试验报告。

4. 整改措施

当发现本条目不满足时，应及时提出试验要求，试验结果合格后方可确认绝缘监测装置具备运行条件。

3.5.7.4　蓄电池单体内阻测试

1. 监督要点及监督依据

蓄电池单体内阻测试监督要点及监督依据见表 3－344。

表 3－344　　蓄电池单体内阻测试监督要点及监督依据

监督要点	监督依据
蓄电池内阻测试实际值应与制造厂提供的阻值一致，允许偏差范围为±10%	《国家电网公司输变电设备检修规范》（国家电网生技〔2005〕173号）“附件八：直流电源系统检修规范　第十七条　蓄电池更换：实际测试应与制造厂提供的阻值一致，允许偏差范围为±10%。”

2. 监督项目解析

有些蓄电池内阻测试实际值与制造厂提供的阻值存在差异。蓄电池内阻存在差异，长期运行会直接影响蓄电池容量降低，规定偏差范围为±10%，从而保证蓄电池组内阻的一致性，提高蓄电池的使用寿命。

3. 监督要求

开展本条目监督时，可查阅蓄电池内阻测试报告或旁站见证蓄电池内阻测试试验。

4. 整改措施

当发现本条目不满足时，应及时提出试验要求，试验数据不合格，建议进行更换，待试验数据合格后方可确认蓄电池具备运行条件。

3.5.7.5　蓄电池全组核对性放电试验

1. 监督要点及监督依据

蓄电池全组核对性放电试验监督要点及监督依据见表 3－345。

表 3－345　　蓄电池全组核对性放电试验监督要点及监督依据

监督要点	监督依据
对新投运蓄电池组进行三次充放电循环，第一次循环不应低于 $0.95C_{10}$，第三次循环达到额定容量，若达不到额定容量值的 100%，此组蓄电池为不合格	《站用交直流一体化电源系统技术规范》（Q/GDW 576—2010）“4.3.2.1.3　蓄电池组容许进行三次充放电循环，第一次循环不应低于 $0.95C_{10}$，第三次循环达到额定容量。”

2. 监督项目解析

有些新投蓄电池组容量不能满足要求，三次充放电循环后，达不到额定容量值的 100%。蓄电池容量达不到要求，在发生变电站交流失电时，会造成变电站内设备全站失电，影响变电站可靠安全稳定运行。

3. 监督要求

开展本条目监督时，可采用查阅蓄电池容量试验报告，查看试验报告中按照 10 小时放电率进行放电，其中一只电池达到终止电压，停止放电，在 3 次循环内容量达不到 100%，此组电池为不合格。

4. 整改措施

当发现本条目不满足时，应及时提出试验要求，试验数据不合格，建议进行更换，待试验数据合格后方可确认蓄电池具备运行条件。

3.5.7.6　空气开关级差配合特性校核

1. 监督要点及监督依据

空气开关级差配合特性校核监督要点及监督依据见表 3－346。

表 3-346　　空气开关级差配合特性校核监督要点及监督依据

监督要点	监督依据
1. 直流系统各级保护装置的配置，应根据预期短路电流计算结果，保证具有可靠性、选择性、灵敏性和速动性。 2. 新建变电站投运前，应完成直流电源系统断路器上下级级差配合试验，核对熔断器级差参数，合格后方可投运	1.《直流电源系统技术监督导则》（Q/GDW 11078—2013） "5.1.2.5　直流系统各级保护装置的配置，应根据预期短路电流计算结果，保证具有可靠性、选择性、灵敏性和速动性，并满足 GB 14285 有关规定。" 2.《国家电网有限公司关于印发十八项电网重大反事故措施（修订版）的通知》（国家电网设备〔2018〕979 号） "5.3.2.1　新建变电站投运前，应完成直流电源系统断路器上下级级差配合试验，核对熔断器级差参数，合格后方可投运。"

2. 监督项目解析

加强直流断路器的上下级的级差配合管理，目的是保证当一路直流馈出线出现故障时，不会造成越级跳闸情况。空气开关级差配合特性校核，能够保证空气开关正确动作，准确选择故障空气开关跳闸，不会造成越级跳闸扩大停电范围，保证直流负荷正常运行。

3. 监督要求

开展本条目监督时，可查阅直流熔断器配置图，现场进行直流保护级差试验见证，查阅级差校验试验报告。

4. 整改措施

当发现本条目不满足时，应及时提出试验要求，试验数据不合格，建议进行更换，待试验数据合格后方可确认空气开关具备运行条件。

3.5.7.7　连续供电试验

1. 监督要点及监督依据

连续供电试验监督要点及监督依据见表 3-347。

表 3-347　　连续供电试验监督要点及监督依据

监督要点	监督依据
交流电源突然中断，直流母线应连续供电，电压波动不应大于额定电压的 10%	《电力系统用蓄电池直流电源装置运行与维护技术规程》（DL/T 724—2000） "5.3.7　直流母线连续供电试验 交流电源突然中断，直流母线应连续供电，电压波动不应大于额定电压的 10%。"

2. 监督项目解析

交流电源失电时，直流供电时存在直流电压波动较大的情况。直流电压波动较大不能保证变电站设备稳定运行，可见保证直流装置输出稳定的电压是十分重要的。

3. 监督要求

开展本条目监督时，可在调试过程中现场进行相关调试试验，查阅相关调试试验报告。

4. 整改措施

当发现本条目不满足时，应及时提出试验要求，试验数据合格后方可确认直流电源装置具备运行条件。

3.5.7.8　表计试验

1. 监督要点及监督依据

表计试验监督要点及监督依据见表 3-348。

表 3－348　　表计试验监督要点及监督依据

监督要点	监督依据
直流电压表、电流表精度不低于 1.5 级，数字显示表精度不低于 1.0 级	《电力工程直流系统设计技术规程》（DL/T 5044—2014）“5.2.2　直流电源系统测量表计宜采用 4 位半精度数字式表计，准确度不应低于 1.0 级。”

2. 监督项目解析

直流电压表、电流表精度不够，显示不准确。直流表计显示不准确，影响检修人员对正常电压、电流的判断。

3. 监督要求

开展本条目监督时，可查阅产品说明书、调试报告。

4. 整改措施

当发现本条目不满足时，应及时提出试验要求，试验数据合格后方可确认直流表计具备运行条件。

3.5.7.9　保护及报警功能试验

1. 监督要点及监督依据

保护及报警功能试验监督要点及监督依据见表 3－349。

表 3－349　　保护及报警功能试验监督要点及监督依据

监督要点	监督依据
直流电源系统报警值的设置、显示值、报警值、“三遥”功能应满足标准要求	《变电站直流电源系统技术标准》（Q/GDW 11310—2014） “5.14　直流电源系统报警值的设置，显示与报警、‘三遥’功能应满足标准要求。”

2. 监督项目解析

直流电源系统报警值的设置、显示值、报警值、“三遥”功能达不到标准要求。直流电源系统保护及报警功能试验，在直流系统发生故障时能够准确告警，及时发现直流设备故障，及时消除，保障直流设备安全稳定运行，提供可靠的直流电源。

3. 监督要求

开展本条目监督时，可现场查看，检查报警试验。

4. 整改措施

当发现本条目不满足时，应及时提出试验要求，试验结果合格后方可确认直流电源装置具备运行条件。

3.5.8　竣工验收阶段

3.5.8.1　系统设备的配置

1. 监督要点及监督依据

系统设备的配置监督要点及监督依据见表 3－350。

表 3－350　　系统设备的配置监督要点及监督依据

监督要点	监督依据
1. 蓄电池组正极和负极引出电缆不应共用一根电缆，并采用单根多股铜芯阻燃电缆。 2. 直流电源系统馈出网络应采用集中辐射或分层辐射供电方式，分层辐射供电方式应按电压等级设置分电屏，严禁采用环状供电方式。断路器储能电源、隔离开关电机电源、35（10）kV 开关柜顶可采用每段母线辐射供电方式。 3. 交直流回路不得共用一根电缆，控制电缆不应与动力电缆并排铺设。 4. 直流电源系统应采用阻燃电缆。两组及以上蓄电池组电缆，应分别铺设在各自独立的通道内，并尽量沿最短路径敷设。在穿越电缆竖井时，两组蓄电池电缆应分别加穿金属套管。 5. 直流电源系统除蓄电池组出口保护电器外，应使用直流专用断路器。蓄电池组出口回路宜采用熔断器，也可采用具有选择性保护的直流断路器	《国家电网有限公司关于印发十八项电网重大反事故措施（修订版）的通知》（国家电网设备〔2018〕979 号） “5.3.1.4　蓄电池组正极和负极引出电缆不应共用一根电缆，并采用单根多股铜芯阻燃电缆。 5.3.1.9　直流电源系统馈出网络应采用集中辐射或分层辐射供电方式，分层辐射供电方式应按电压等级设置分电屏，严禁采用环状供电方式。断路器储能电源、隔离开关电机电源、35（10）kV 开关柜顶可采用每段母线辐射供电方式。 5.3.2.3　交直流回路不得共用一根电缆，控制电缆不应与动力电缆并排铺设。 5.3.2.4　直流电源系统应采用阻燃电缆。两组及以上蓄电池组电缆，应分别铺设在各自独立的通道内，并尽量沿最短路径敷设。在穿越电缆竖井时，两组蓄电池电缆应分别加穿金属套管。对不满足要求的运行变电站，应采取防火隔离措施。 5.3.2.5　直流电源系统除蓄电池组出口保护电器外，应使用直流专用断路器。蓄电池组出口回路宜采用熔断器，也可采用具有选择性保护的直流断路器。”

2. 监督项目解析

直流系统的馈出接线方式应采用辐射状供电方式，以保障上下级开关的级差配合，提高直流系统供电可靠性。蓄电池短路电流及瞬时充电电流较大，采用单芯多股铜电缆，增加电缆截面积，同时防止蓄电池电流过大引起火灾，采用阻燃电缆。蓄电池电缆敷设如果与交流电缆并排铺设，容易互相影响，蓄电池组正极和负极引出电缆正负极应采用单独的电缆，这样可以提高绝缘水平，减少正负极间电容值，蓄电池正负极电缆分别敷设并在各自独立的通道内防止蓄电池电缆短路。直流专用断路器在断开回路时，其灭弧室能产生一与电流方向垂直的横向磁场（容量较小的直流断路器可外加一辅助永久磁铁，产生一横向磁场），将直流电弧拉断。普通交流断路器应用在直流回路中，存在很大的危险性，普通交流断路器在断开回路中，不能遮断直流电流，包括正常负荷电流和故障电流。这主要是由于普通交流断路器，其灭弧机理是靠交流电流自然过零而灭弧的，而直流电流没有自然过零过程，因此，普通交流断路器不能熄灭直流电流灭弧。当普通交流断路器遮断不了直流负荷电流时，容易将使断路器烧损，当遮断不了故障电流时，会使电缆和蓄电池组着火，引起火灾。直流断路器与熔断器混合保护的级差配合比较困难，由于无时限的空气断路器的脱扣速度基本不变，而熔断器的动作具有反时限特性。无论空气断路器安装在熔断器的上级还是下级，总在某些短路电流范围内会失去选择性，因此不应在直流断路器的下级使用熔断器。

66kV 及以上变电站直流系统的馈出接线方式应采用辐射状供电方式，如果负荷处电源开关下口出现故障，仅跳负荷断路器，避免了直流小母线负荷断路器下口故障，由于小母线总进线断路器很难实现与下级负荷断路器的级差配合而误动，造成停电范围扩大。蓄电池电缆如果不按照要求选择，敷设不正确，就会极易造成事故，直接影响直流系统的正常运行。断路器混用会造成断路器的损坏，会使电缆和蓄电池组着火，引起火灾，存在很大的危险性。

3. 监督要求

开展本条目监督时，可采用查看系统网络图，直流系统所有馈出网络应满足辐射状供电方式，现场采用调整充电机电压的方法，判断是否有环网。现场检查直流系统电缆是否采用了阻燃电缆，电缆通道中是否并排铺设交流电缆；蓄电池正极和负极引出电缆是否采用了独立电缆，分别铺设在各自独立的通道内；在穿越电缆竖井时，是否加穿了金属套管。现场检查直流系统保护电器，不应有交流断路器和交直流两用断路器，直流断路器下级不应使用熔断器等。

4. 整改措施

当发现本条目不满足时，应及时提出设计变更使直流系统所有馈出网络满足供电方式的要求及直流系统电缆材质、铺设方式的要求。当发现本条目不满足时，应及时提出对交直流两用断路器进行更换及严禁在直流断路器下级使用熔断器要求，达到标准要求后方可确认直流电源装置具备运行条件。

3.5.8.2 蓄电池安装

1. 监督要点及监督依据

蓄电池安装监督要点及监督依据见表3－351。

表3－351　　蓄电池安装监督要点及监督依据

监督要点	监督依据
1. 蓄电池安装位置应符合设计要求。蓄电池组应排列整齐，间距应均匀，应平稳牢固。 2. 连接条、螺栓应齐全，并用厂家规定的力矩扳手进行紧固。蓄电池的正、负端接线柱应极性正确，应无变形、无损伤。 3. 蓄电池组的每个蓄电池应在外表面用耐酸材料按顺序标明编号。蓄电池外观应无裂纹、损伤；密封应良好，应无渗漏，接线柱无锈蚀现象。 4. 蓄电池组电缆引出线正、负极的极性及标识应正确，且正极应为赭色，负极应为蓝色。蓄电池组电源引出电缆不应直接连接到极柱上，应采用过渡板连接。电缆接线端子处应有绝缘防护罩。 5. 蓄电池柜（室）内的蓄电池应摆放整齐并保证蓄电池间距不小于15mm、层间距不小于150mm	1～4.《电气装置安装工程蓄电池施工及验收规范》（GB 50172—2012）“6　质量验收 1）蓄电池室的建筑工程及其辅助设施应符合设计要求，照明灯具和开关的形式及装设位置应符合设计要求。 2）蓄电池安装位置应符合设计要求。蓄电池组应排列整齐，间距应均匀，应平稳牢固。 3）蓄电池间连接条应排列整齐，螺栓应紧固、齐全，极性标识应正确、清晰。 4）蓄电池组每个蓄电池的顺序编号应正确，外壳应清洁，液面应正常。 4.1.4　蓄电池组的引出电缆的敷设应符合《电气装置安装工程电缆线路施工及验收规范》（GB 50168）的有关规定。电缆引出线正、负极的极性及标识应正确，且正极应为赭色，负极应为蓝色。蓄电池组电源引出电缆不应直接连接到极柱上，应采用过渡板连接。电缆接线端子处应有绝缘防护罩。” 5.《变电站直流电源系统技术标准》（Q/GDW 11310—2014）“5.8.1.4　蓄电池柜（室）内的蓄电池应摆放整齐并保证蓄电池间距不小于15mm，层间距不小于150mm。”

2. 监督项目解析

蓄电池室内不得安装能发生电气火花的器具是为了防止电气火花造成蓄电池短路，从而引起蓄电池发生火灾。对蓄电池安装工艺要求不到位，可能造成施工质量下降，影响蓄电池的正常运行，间距不够会影响蓄电池组正常运行时散热，从而降低蓄电池的使用寿命。蓄电池紧固时由于力度过大造成蓄电池极柱损坏。蓄电池安装完毕没有按照顺序进行编号，给检修工作造成不必要的麻烦。蓄电池组电缆存在引出线正、负极的极性及标识不正确的情况，蓄电池组电源引出电缆直接连接到极柱上，未采用过渡板连接，电缆接线端子处应有绝缘防护罩，造成蓄电池发生短路。

对于蓄电池室的要求至关重要，直接关系蓄电池的安全稳定运行，是保障蓄电池运行环境的重要环节，良好的环境有利于提高蓄电池的使用寿命，保证直流系统运行的可靠性。重要工艺环节如不严格要求就无法保证设备安装阶段工程质量，良好的蓄电池安装工艺能够保障蓄电池运行，提高蓄电池的使用寿命。蓄电池安装时安装在厂家规定的力矩扳手进行紧固，保证蓄电池组的完好。蓄电池组的每个蓄电池按顺序标明编号，便于检修人员进行检修。蓄电池组电缆引出线正、负极的极性及标识应正确，便于检修人员分清蓄电池极性，蓄电池组电源引出电缆应采用过渡板连接并加保护罩，防止蓄电池正负极短路发生，保证蓄电池安全稳定运行。

3. 监督要求

开展本条目监督时，可现场检查蓄电池室灯具是否齐全完好，开关应安装在室外，通风电机运转正常。现场检查，蓄电池摆放符合标准要求；蓄电池连接安装符合标准要求；蓄电池外观良好，无渗漏，编号齐全；蓄电池组电缆引出线符合标准要求。

4. 整改措施

当发现本条目不满足时，应根据现场蓄电池室灯具开关实际情况、蓄电池摆放安装工艺、蓄电池对外观及电缆引出线的情况及时提出更改要求，达到标准要求后方可确认蓄电池具备送电条件。

3.5.8.3 充电机交流投切检查

1. 监督要点及监督依据

充电机交流投切检查监督要点及监督依据见表 3－352。

表 3－352　　充电机交流投切检查监督要点及监督依据

监督要点	监督依据
每个成套充电装置应有两路交流输入，互为备用，具有手动、自动投切功能	《直流电源系统技术监督导则》（Q/GDW 11078—2013）“5.7.2.4　每个成套充电装置应有两路交流输入，互为备用，自动切换、动作可靠；应有防止过电压保护措施。” 《变电站直流电源系统技术标准》（Q/GDW 11310—2014）“5.13.3　每套充电装置应有两路交流输入，互为备用，自动切换。每路交流输入应来自站用电不同的低压母线。”

2. 监督项目解析

充电装置只有一路交流输入电源运行不可靠，交流电源故障时会造成充电装置失电，影响变电站直流电源的可靠输出。充电交流投切检查不合格，充电装置的交流输入电源得不到保障，直接影响充电装置可靠运行，使得直流电源不能正常输出，造成直流负荷不能正常工作以及蓄电池欠充电，从而影响变电站安全稳定运行。

3. 监督要求

开展本条目监督时，可采用现场检查手动、自动投切功能。

4. 整改措施

当发现本条目不满足时，应及时提出试验要求，试验结果合格后方可确认直流电源装置具备运行条件。

3.5.8.4 充放电试验

1. 监督要点及监督依据

充放电试验监督要点及监督依据见表 3－353。

表 3－353　　充放电试验监督要点及监督依据

监督要点	监督依据
蓄电池组安装完成后应对蓄电池组进行全容量核对性充放电试验，经 3 次充放电仍达不到 100%额定容量的应整组更换	《国家电网有限公司关于印发十八项电网重大反事故措施（修订版）的通知》（国家电网设备〔2018〕979 号）“5.3.2.2　竣工验收时，应对蓄电池组进行全容量核对性充放电试验，经 3 次充放电仍达不到 100%额定容量的应整组更换。”

2. 监督项目解析

有些蓄电池安装完成后整组容量不能满足要求，三次充放电循环后，达不到额定容量值的 100%。蓄电池随着运行时间变化内阻变化较大，对每次内阻值做好测量，与记录进行比较，能够发现运行中异常或故障电池。蓄电池全容量的核对性放电试验，可使蓄电池得到活化，容量 100%，使用寿命延长，确保变电站安全运行。蓄电池内阻测试及时发现异常或故障蓄电池，并及时进行处理，保障蓄电池良好运行，提高整组蓄电池的使用寿命。

3. 监督要求

开展本条目监督时，可检查试验记录，在三次循环之内是否达到 100%容量要求；试验方法是否规范。检查试验记录，是否有蓄电池组内阻值的测量记录。

4. 整改措施

当发现本条目不满足时，应及时提出试验要求，试验数据不合格，建议进行更换，待试验数据合格后方可确认蓄电池具备运行条件。

3.5.8.5 均衡试验

1. 监督要点及监督依据

均衡试验监督要点及监督依据见表 3－354。

表 3－354　　均衡试验监督要点及监督依据

监督要点	监督依据
蓄电池电压的均衡试验。开路端电压最高值与最低值的差值ΔU≤30mV（2V）；浮充状态 24h 端电压最高值与最低值的差值ΔU≤50mV（2V）	《变电站直流电源系统技术标准》（Q/GDW 11310—2014） “5.8.3　阀控式蓄电池的一致性要求 阀控式蓄电池开路状态下最大最小电压值应满足 0.03V（2V）；0.04V（6V）；0.06V（12V）；阀控式蓄电池在浮充运行中电压偏差值应满足±0.05V（2V）；±0.15V（6V）；±0.3V（12V）。新安装蓄电池组中不合格电池的数量达到或超过整组数量的 5%时应整组更换。”

2. 监督项目解析

每个电池放电不完全相同，对于部分电池可能会偏大或偏小，影响蓄电池的内阻和容量，进而影响整组电池的出力，为使电池能在健康的水平下工作，对蓄电池电压进行均衡充电试验。蓄电池电压的均衡试验能够使得蓄电池电压保持一致性，保证蓄电池健康运行。

3. 监督要求

开展本条目监督时，可采用检查试验报告或现场实测，端电压的均衡性能符合标准要求。

4. 整改措施

应及时提出试验要求，试验数据不合格，建议进行更换，待试验数据合格后方可确认蓄电池具备运行条件。

3.5.8.6 脱离直流母线告警功能

1. 监督要点及监督依据

脱离直流母线告警功能监督要点及监督依据见表 3－355。

表 3－355　　脱离直流母线告警功能监督要点及监督依据

监督要点	监督依据
应具备蓄电池组脱离直流母线报警功能： 1. 模拟蓄电池出口熔断器熔断报警模拟试验，蓄电池组总出口熔断器熔断告警接点信号应可靠上传至调控部门。 2. 模拟蓄电池组各种脱离直流母线试验，检验系统监控装置应具有报警功能	1.《国家电网有限公司关于印发十八项电网重大反事故措施（修订版）的通知》（国家电网设备〔2018〕979 号） “5.3.2.6　直流回路隔离电器应装有辅助触点，蓄电池组总出口熔断器应装有报警触点，信号应可靠上传至调控部门。直流电源系统重要故障信号应硬接点输出至监控系统。 5.3.3.5　站用直流电源系统运行时，禁止蓄电池组脱离直流母线。” 2.《直流电源系统技术监督导则》（Q/GDW 11078—2013） “5.4.2.6　监控器应具备温度补偿、定时均充、充电曲线管理等功能；应具备蓄电池组脱离直流母线报警功能；具备充电方式转换的事件记录功能。”

2. 监督项目解析

目前大部分变电站为无人值守，蓄电池一旦发生出口熔断器熔断以及蓄电池至母线的隔离开关故障，必然会造成蓄电池脱离母线，如果发生此类故障，不能正确报警，告警接点信号不能可靠上传至调控部门，不能及时发现蓄电池脱离直流母线的故障，如果变电站内交流电源发生故障必定会造成由于直流电源无输出而引起事故的发生，可见蓄电池组脱离直流母线的模拟试验是保障直流充电装置发生故障时直流电源可靠供应的保障。

3. 监督要求

开展本条目监督时，可检查试验报告或现场试验，蓄电池出口保护熔断器熔断报警模拟试验结果正确。检查试验报告，蓄电池组各种脱离直流母线的模拟试验是否齐全，报警信号是否正确。

4. 整改措施

当发现本条目不满足时，应提出试验要求，测试结果不合格，建议进行整改，待试验结果合格后方可确认蓄电池是否具备运行条件。

3.5.8.7　级差配合试验

1. 监督要点及监督依据

级差配合试验监督要点及监督依据见表 3－356。

表 3－356　　级差配合试验监督要点及监督依据

监督要点	监督依据
新建变电站投运前，应完成直流电源系统断路器上下级级差配合试验，核对熔断器级差参数，合格后方可投运	《国家电网有限公司关于印发十八项电网重大反事故措施（修订版）的通知》（国家电网设备〔2018〕979 号）“5.3.2.1　新建变电站投运前，应完成直流电源系统断路器上下级级差配合试验，核对熔断器级差参数，合格后方可投运。”

2. 监督项目解析

加强直流断路器的上下级的级差配合管理，目的是保证当一路直流馈出线出现故障时，不会造成越级跳闸情况。直流断路器的级差配合试验，能够保证空气开关正确动作，准确选择故障空气开关跳闸，不会造成越级跳闸扩大停电范围，保证直流负荷正常运行。

3. 监督要求

开展本条目监督时，可现场检查直流空气开关配置、试验报告等，判断是否满足级差配合要求。

4. 整改措施

当发现本条目不满足时，应提出试验要求，试验结果不合格，建议更换满足要求的直流断路器，待试验结果合格后方可确认直流断路器具备运行条件。

3.5.8.8　直流绝缘监测装置试验

1. 监督要点及监督依据

直流绝缘监测装置试验监督要点及监督依据见表 3－357。

表 3－357　　直流绝缘监测装置试验监督要点及监督依据

监督要点	监督依据
1. 是否按要求对直流绝缘监测装置进行基本功能、投切检测桥、交流窜电、直流互窜试验等。	1.《直流电源系统绝缘监测装置技术条件》（DL/T 1392—2014） “5.5.1.1　基本功能 当直流系统发生下列故障时，产品应能迅速、准确、可靠动作，发出绝缘故障报警信息：

续表

监督要点	监督依据
2. 直流电源系统应具备交流窜直流故障的测量记录和报警功能	a）单极一点接地及绝缘降低。 b）单极多点接地及绝缘降低。 c）两极同支路同阻值接地及绝缘降低。 d）两极同支路不同阻值接地及绝缘降低。 e）两极不同支路同阻值接地及绝缘降低。 f）两极不同支路不同阻值接地及绝缘降低。 5.5.4.1　在绝缘检测过程中，因投切检测桥必然引起系统正负母线对地电压的波动，系统负极母线对地电压应小于系统额定电压的 55%。 5.5.4.2　为防止直流系统一点接地引发保护误动，直流系统正负母线对地电压比值不得超出 $U-/U+$ =0.55/0.45≤1.222 的范围，超出时产品应发出报警信息。 5.5.5　交流窜电告警 5.5.5.1　当直流系统发生有效值 10V 及以上的交流窜电故障时，产品应能发出交流窜电故障告警信息，并显示窜入交流电压的幅值。 5.5.5.2　产品应能选出交流窜入的故障支路。 5.5.6　直流互窜告警 5.5.6.1　当直流系统发生直流互窜故障时，产品应能发出直流互窜故障告警信息。 5.5.6.2　产品应能选出直流互窜的故障支路。" 2.《国家电网有限公司关于印发十八项电网重大反事故措施（修订版）的通知》（国家电网设备〔2018〕979 号） "5.3.3.3　直流电源系统应具备交流窜直流故障的测量记录和报警功能，不具备的应逐步进行改造。"

2. 监督项目解析

直流接地对变电站内设备可靠运行造成严重威胁，直接影响继电保护装置不可靠动作。因为直流厂家生产的绝缘监测装置功能越来越强大，装置能够根据现场实际情况正确告警是十分重要的，检修人员能够根据现场装置的告警信息准确判断故障原因，及时消除故障。直流绝缘监测装置试验，保证装置能够在发生直流接地故障时，准确地根据故障原因进行告警，使得检修人员能够及时准确判断故障原因，及时进行故障处理，保障变电站内设备安全稳定运行。

3. 监督要求

开展本条目监督时，可检查试验报告或现场试验验证，试验项目应齐全。

4. 整改措施

当发现本条目不满足时，应提出试验要求，试验结果不合格，建议更换满足功能要求的直流绝缘监测装置，待试验结果合格后方可确认直流绝缘监测装置具备运行条件。

3.5.8.9　技术资料

1. 监督要点及监督依据

技术资料监督要点及监督依据见表 3－358。

表 3－358　　技术资料监督要点及监督依据

监督要点	监督依据
提供完备的订货文件、监造报告、出厂试验报告、型式试验报告、设计图纸、备品备件资料、使用说明书、交接试验报告、验收记录、施工记录、调试报告、监理报告，可提供电子版本的资料。 设计联络文件主要包括： 1. 系统设备配置一览表。包括蓄电池容量，充电装置、微机监控装置、绝缘监测装置、蓄电池组电压巡检仪等主要设备和装置的相关参数。 2. 系统网络图。包括蓄电池组至直流屏（柜）、直流屏至分电屏（柜）及各供电支路电缆（导线）长度、截面，以及各级保护电器安装处的短路预期电流值。 3. 保护电器配置一览表。包括各级保护电器的型号、厂家、额定电流以及极限短路分断能力和分断时间等相关参数。 4. 设备安装图。包括蓄电池组布置，电缆或导线的走径及主要装置和元器件的安装图	《直流电源系统技术监督导则》（Q/GDW 11078—2013） "8.3　直流电源类设备验收投产后，项目主管部门应及时将订货文件、设计联络文件、监造报告、设计图纸资料、供货清单、使用说明书、备品备件资料、出厂试验报告、型式试验报告、施工记录、交接试验报告、监理报告、调试报告、验收记录等资料移交存档，运行维护单位应及时将收集的设备台账等基础资料录入生产管理信息系统。"

2. 监督项目解析

变电站投运后，设备基础资料缺失严重，造成设备发生故障时没有资料可循。技术资料作为设备能够可靠运行的依据，保证设备资料有章可循。

3. 监督要求

开展本条目监督时，可检查各种文件资料，说明书应与实际设备型号相符，试验报告项目齐全。

4. 整改措施

当发现本条目不满足时，应及时向相关部门汇报资料不满足要求要点的情况，按要求补充相关技术资料。

3.5.9 运维检修阶段

3.5.9.1 运行巡视

1. 监督要点及监督依据

运行巡视监督要点及监督依据见表 3－359。

表 3－359　运行巡视监督要点及监督依据

监督要点	监督依据
1. 运行巡视周期应符合相关规定。 2. 巡视项目重点关注： a）蓄电池浮充电压满足相关要求。 b）蓄电池外观：检查壳体应清洁和有无爬酸现象，并保持通风和干燥；壳体应无渗漏、变形；极柱螺丝应无松动；环境温度应正常；检查连接片无松动和腐蚀现象，蓄电池支架接地应完好。 c）高频开关电源充电装置外观检查：模块的运行、均流指示灯和故障灯应指示正确；模块的壳体应完好无损；散热装置运行正常。 d）绝缘监测及监控装置应无异常报警。 e）两段直流母线之间设置联络断路器或隔离开关，正常运行时断路器或隔离开关处于断开位置。 f）站用直流电源系统运行时，蓄电池组无脱离直流母线	1.《国家电网公司变电运维管理规定》（国网（运检/3）828—2017）第六十三条 巡视分类及周期。 2.《直流电源系统技术监督导则》（Q/GDW 11078—2013）“5.9.2 表 5 直流电源类设备运维技术监督的重点项目和内容。”

2. 监督项目解析

为确保直流电源的安全稳定，保障电网安全，及时掌握直流电源的设备运行状况及相关缺陷隐患，对发现的问题能够及时处理，确保直流电源安全可靠运行。直流设备外观缺陷可通过巡视发现，这些基础工作的开展有利于及时发现并处理相关缺陷隐患，确保直流电源安全可靠运行。

3. 监督要求

开展本条目监督时，可查阅直流电源设备运行巡视记录等资料。

4. 整改措施

当发现本条目不满足时，应及时按照巡视要求对直流电源设备进行运行巡视。

3.5.9.2 状态检测

1. 监督要点及监督依据

状态检测监督要点及监督依据见表 3－360。

表 3－360　　状态检测监督要点及监督依据

监督要点	监督依据
直流电源装置的工作状态应能传送到当地后台或远方的监控中心，报警信号应与监控后台信号一致	《国家电网公司变电评价管理规定》[国网（运检/3）830—2017] 第 24 分册《站用直流电源系统精益化评价细则》 "第 7 条　直流电源装置的工作状态应能传送到当地后台或远方的监控中心。 第 11 条　报警信号应与监控后台信号一致。"

2. 监督项目解析

本条款是运维检修阶段的重要内容，为保证直流电源系统工作正常可靠，应能使其工作状态及时传送到当地后台或远方的监控中心，直流电源设备的报警信号应与监控后台一致，在发生故障时能够正确报警，确保直流电源安全可靠运行。

3. 监督要求

开展本条目监督时，可查阅资料（测试记录）/现场检测。

4. 整改措施

当发现本条目不满足时，应及时提出对直流电源设备监控报警信息进行检查整改。

3.5.9.3　状态评价与检修决策

1. 监督要点及监督依据

状态评价与检修决策监督要点及监督依据见表 3－361。

表 3－361　　状态评价与检修决策监督要点及监督依据

监督要点	监督依据
1. 状态检修应遵循"应修必修，修必修好"的原则，依据设备状态评价的结果，考虑设备风险因素，动态制定设备的检修计划，合理安排状态检修的计划和内容。 2. 状态评价应实行动态化管理，每次检修或试验后应进行一次状态评价	《变电站直流系统状态检修导则》(Q/GDW 606—2011) "3.1　状态评价应遵循"应修必修，修必修好"的原则，依据设备状态评价的结果，考虑设备风险因素，动态制定设备的检修计划，合理安排状态检修的计划和内容。 3.2　状态评价应实行动态化管理，每次检修或试验后应进行一次状态评价。"

2. 监督项目解析

直流电源设备状态检修工作应遵循"应修必修，修必修好"的原则，依据直流电源设备状态评价的结果，考虑设备风险因素，动态制定蓄电池、充电机等设备的检修计划，合理安排状态检修的计划和内容。每次检修或试验后应进行一次状态评价，确保蓄电池、充电装置等设备可靠运行。

3. 监督要求

开展本条目监督时，可查阅资料。

4. 整改措施

当发现本条目不满足时，应及时提出对直流电源设备进行状态评价并制定相应的检修策略。

3.5.9.4　故障/缺陷处理

1. 监督要点及监督依据

故障/缺陷处理监督要点及监督依据见表 3－362。

2. 监督项目解析

站用直流系统设备典型故障和异常处理应严格按照《国家电网公司变电运维管理规定》[国网（运检/3）828—2017] 第 24 分册《站用直流电源系统运维细则》进行故障和异常情况的处理。

表 3－362　　故障/缺陷处理监督要点及监督依据

监督要点	监督依据
站用直流系统设备典型故障和异常处理应符合规范要求	《国家电网公司变电运维管理规定》[国网（运检/3）828—2017] 第 24 分册《站用直流电源系统运维细则》 “4.1　直流失电处理。 4.2　直流系统接地处理。 4.3　充电装置交流电源故障处理。 4.4　充电模块故障处理。 4.5　直流母线电压异常处理。 4.6　蓄电池容量不合格处理。 4.7　交流窜入直流处理。”

3. 监督要求

开展本条目监督时，可查阅资料（缺陷、故障记录）/现场检查。

4. 整改措施

当发现本条目不满足时，应严格按照规范要求对故障或异常情况进行处理。

3.5.9.5　反事故措施落实

1. 监督要点及监督依据

反事故措施落实监督要点及监督依据见表 3－363。

表 3－363　　反事故措施落实监督要点及监督依据

监督要点	监督依据
1. 两套配置的直流电源系统正常运行时，应分列运行。当直流电源系统存在接地故障情况时，禁止两套直流电源系统并列运行。 2. 直流电源系统应具备交流窜直流故障的测量记录和报警功能，不具备的应逐步进行改造。 3. 新安装阀控密封蓄电池组，投运后每 2 年应进行一次核对性充放电试验，投运 4 年后应每年进行一次核对性充放电试验。 4. 站用直流电源系统运行时，禁止蓄电池组脱离直流母线	《国家电网有限公司关于印发十八项电网重大反事故措施（修订版）的通知》（国家电网设备〔2018〕979 号） “5.3.3.2　两套配置的直流电源系统正常运行时，应分列运行。当直流电源系统存在接地故障情况时，禁止两套直流电源系统并列运行。 5.3.3.3　直流电源系统应具备交流窜直流故障的测量记录和报警功能，不具备的应逐步进行改造。 5.3.3.4　新安装阀控密封蓄电池组，投运后每 2 年应进行一次核对性充放电试验，投运 4 年后应每年进行一次核对性充放电试验。 5.3.3.5　站用直流电源系统运行时，禁止蓄电池组脱离直流母线。”

2. 监督项目解析

此项内容为运行检修阶段重点条款，应严格按照《国家电网有限公司关于印发十八项电网重大反事故措施（修订版）的通知》（国家电网设备〔2018〕979 号）落实关于蓄电池核对性放电、交流窜直流故障等方面要求。

3. 监督要求

开展本条目监督时，可采用查阅资料/现场检查方式。

4. 整改措施

当发现本条目不满足时，应根据反事故措施要求进行整改。

3.5.9.6　检修周期与检修项目

1. 监督要点及监督依据

检修周期与检修项目监督要点及监督依据见表 3－364。

表 3－364　　检修周期与检修项目监督要点及监督依据

监督要点	监督依据
1. 直流电源系统的检修周期应与试验周期一致，试验周期推荐为 3 年。 2. 变电站直流系统的检修分类及检修项目应符合附表 D 规定	《变电站直流系统状态检修导则》（Q/GDW 606—2011） “3.5　直流电源系统的检修周期应与试验周期一致，试验周期推荐为 3 年。 4.5　变电站直流系统的检修分类及检修项目见表 1（附表 D）。”

2. 监督项目解析

按照《变电站直流系统状态检修导则》（Q/GDW 606—2011）直流电源系统的检修周期应与试验周期一致，试验周期推荐为 3 年，应该严格按照检修分类和检修项目开展检修试验。

3. 监督要求

开展本条目监督时，可采用查阅资料方式。

4. 整改措施

当发现本条目不满足时，应根据严格检修项目要求进行整改。

3.5.9.7　日常维护及定期轮换试验

1. 监督要点及监督依据

日常维护及定期轮换试验监督要点及监督依据见表 3－365。

表 3－365　　日常维护及定期轮换试验监督要点及监督依据

监督要点	监督依据
1. 单个蓄电池电压测量每月 1 次，蓄电池内阻测试每年至少 1 次。 2. 直流系统中的备用充电机应半年进行 1 次启动试验	《国家电网公司变电运维管理规定》［国网（运检/3）828—2017］ “第八十一条　日常维护 （四）单个蓄电池电压测量每月 1 次，蓄电池内阻测试每年至少 1 次。 第八十二条　设备定期轮换、试验 （四）直流系统中的备用充电机应半年进行 1 次启动试验。”

2. 监督项目解析

为保证蓄电池运行正常，应对蓄电池电压每月测量 1 次，蓄电池内阻每年至少测试 1 次。为验证站用直流系统备用充电机性能正常可靠，应定期进行轮换试验，保证备用充电机在需要时能够正常运行，提供正常的直流输出。

3. 监督要求

开展本条目监督时，可查阅蓄电池电压、内阻测试记录表和轮换试验表。

4. 整改措施

当发现本条目不满足时，应按照规定要求定期开展维护及定期轮换试验。

3.5.10　退役报废阶段

3.5.10.1　技术鉴定

1. 监督要点及监督依据

技术鉴定监督要点及监督依据见表 3－366。

表 3-366　　技术鉴定监督要点及监督依据

监督要点	监督依据
1. 电网一次设备进行报废处理，应满足以下条件之一： （1）国家规定强制淘汰报废； （2）设备厂家无法提供关键零部件供应，无备品备件供应，不能修复，无法使用； （3）运行日久，其主要结构、机件陈旧，损坏严重，经大修、技术改造仍不能满足安全生产要求； （4）退役设备虽然能修复但费用太大，修复后可使用的年限不长，效率不高，在经济上不可行； （5）腐蚀严重，继续使用存在事故隐患，且无法修复； （6）退役设备无再利用价值或再利用价值小； （7）严重污染环境，无法修治； （8）技术落后不能满足生产需要； （9）存在严重质量问题不能继续运行； （10）因运营方式改变全部或部分拆除，且无法再安装使用； （11）遭受自然灾害或突发意外事故，导致毁损，无法修复。 2. 直流电源设备满足下列技术条件之一，且无法修复，宜进行报废： （1）蓄电池组。 1）蓄电池组在三次充放电循环内，容量达不到额定容量的80%； 2)蓄电池漏液、爬碱等异常蓄电池数量达到整组数量的20%及以上； 3）运行四年及以上的阀控蓄电池组，核对性放电一次后，在浮充电状态下（25℃），单体电压偏差值超过规定（标称电压为2V的阀控蓄电池单体电压偏差值不超过±0.05V，6V的不超过±0.15V，12V的不超过±0.3V）的蓄电池数量达到整组数量10%及以上。 （2）充电装置。 1）相控型充电装置稳压精度大于±1%；高频开关电源型充电装置稳压精度大于±0.5%，经修试不能达到标准性能； 2）相控型充电装置稳流精度大于±2%；高频开关电源型充电装置稳流精度大于±1%，经修试不能达到标准性能； 3）相控型充电装置纹波精度大于 1%；高频开关电源型充电装置纹波精度大于0.5%，经修试不能达到标准性能； 4）装置在六个月内连续发生两次停机故障。 （3）屏（柜）。 1）直流馈线屏（柜）、分电屏（柜）保护电器大量采用交流断路器和熔断器，且不便于更换的； 2）直流馈线屏、分电屏（柜）整体绝缘老化、主要元器件缺陷严重，不能满足运行要求且无法修复的设备； 3）直流馈线屏（柜）、分电屏（柜）内主要元器件和绝缘监测装置及直流断路器超过规定年限的。 （4）其他部件。 1）直流供电网络采用环网供电，且保护电器级差配置不合理，故障时失去动作选择性。 2)回路电缆整体绝缘下降，经现场技术测定无修复可能的。 3）直流绝缘监测装置工作不稳定、误报接地故障，经修试不能恢复原性能，或在六个月内连续发生两次工作不稳定故障。 4）蓄电池巡检仪、内阻仪工作不稳定、电压采集误差超过±1%，经修试不能恢复原性能；温度采集值不稳定，偏差超过±3%，经修试不能恢复原性能；装置通信不稳定，数据丢失严重，经修试不能恢复原性能，或六个月内连续发生两次同类型故障。 5）直流断路器机械寿命、电气寿命、开断容量不满足要求、外壳破损严重	1.《电网一次设备报废技术评估导则》（Q/GDW 11772—2017） “4. 通用技术原则 电网一次设备进行报废处理，应满足以下条件之一： a）国家规定强制淘汰报废； b）设备厂家无法提供关键零部件供应，无备品备件供应，不能修复，无法使用； c）运行日久，其主要结构、机件陈旧，损坏严重，经大修、技术改造仍不能满足安全生产要求； d）退役设备虽然能修复但费用太大，修复后可使用的年限不长，效率不高，在经济上不可行； e）腐蚀严重，继续使用存在事故隐患，且无法修复； f）退役设备无再利用价值或再利用价值小； g）严重污染环境，无法修治； h）技术落后不能满足生产需要； i）存在严重质量问题不能继续运行； j）因运营方式改变全部或部分拆除，且无法再安装使用； k）遭受自然灾害或突发意外事故，导致毁损，无法修复。” 2.《直流电源系统技术监督导则》（Q/GDW 11078—2013） “5.10.2.2　蓄电池组报废标准 1）蓄电池组在三次充放电循环内，容量达不到额定容量的80%； 2）蓄电池漏液、极板弯曲、龟裂、变形等异常蓄电池数量达到整组数量的20%及以上； 3）运行四年及以上的阀控蓄电池组，核对性放电一次后，在浮充电状态下（25℃），单体电压偏差值超过规定的蓄电池数量达到整组数量 10%及以上。 5.10.2.3　充电装置报废标准 1）充电装置稳压精度不满足管理规范要求，相控型充电装置稳压精度大于±1%；高频开关电源型充电装置稳压精度大于±0.5%，经修试不能达标准性能。 2）充电装置稳流精度不满足管理规范要求，相控型充电装置稳流精度大于±2%；高频开关电源型充电装置稳流精度大于±1%，经修试不能达到标准性能。 3）充电装置纹波精度不满足管理规范要求，相控型充电装置纹波精度大于 1%；高频开关电源型充电装置纹波精度大于 0.5%，经修试不能达到标准性能。 4）装置在六个月内连续发生两次停机故障。 5.10.2.4　屏（柜）报废标准 1）直流馈线屏（柜）、分电屏（柜）保护电器大量采用交流断路器和熔断器，且不便于更换的。 2）直流馈线屏、分电屏（柜）整体绝缘老化、主要元器件缺陷严重，不能满足运行要求且无法修复的设备。 3）直流馈线屏（柜）、分电屏（柜）内主要元器件和绝缘监测装置及直流断路器均含有大量电子元器件，根据电子元器件有效工作寿命要求，工作年限一般为10年，超过规定年限应进行整体更换。 5.10.2.5　其他部件报废标准 1）直流供电网络采用环网供电，且保护电器级差配置不合理，故障时失去动作选择性。 2）回路电缆整体绝缘下降，经现场技术测定无修复可能的。 3）直流绝缘监测装置工作不稳定、误报接地故障，经修试不能恢复原性能，或在六个月内连续发生两次工作不稳定故障。 4）蓄电池巡检仪、内阻仪工作不稳定、电压采集误差超过±1%，经修试不能恢复原性能；温度采集值不稳定，偏差超过±3%，经修试不能恢复原性能；装置通信不稳定，数据丢失严重，经修试不能恢复原性能，或六个月内连续发生两次同类型故障。 5）直流断路器机械寿命、电气寿命、开断容量不满足要求，外壳破损严重。”

2. 监督项目解析

为避免国有资产流失，并提高设备使用价值，需要规范直流电源设备报废鉴定审批手续。规范直流电源设备报废鉴定审批手续，有利于避免国有资产流失。

3. 监督要求

开展本条目监督时，可查阅资料，包括项目可研报告、项目建议书、直流电源设备鉴定意见等。

4. 整改措施

当发现本条目不满足时，应及时提出直流电源设备报废鉴定审批手续应规范的工作要求。

3.5.10.2 废铅酸蓄电池处置（环境保护）

1. 监督要点及监督依据

废铅酸蓄电池处置（环境保护）监督要点及监督依据见表 3－367。

表 3－367　　废铅酸蓄电池处置（环境保护）监督要点及监督依据

监督要点	监督依据
废铅酸蓄电池的收集、贮存、运输、转移、利用应委托持有危险废物经营许可证的企业统一处置，不得将废电池转移给无废铅酸蓄电池经营许可证的单位和个人，严禁在收集、贮存、运输、转移过程中擅自倾倒电解液，拆解、破碎、丢弃废电池	（1）《废铅酸蓄电池回收技术规范》（GB/T 37281—2019）4 的要求。 （2）《废铅酸蓄电池处理污染控制技术规范》（HJ 519—2009） “4.1.1　废铅酸蓄电池属于危险废物，从事废铅酸蓄电池收集、贮存、利用的单位应按照《危险废物经营许可证管理办法》的规定获得经营许可证。禁止无经营许可证或者不按照经营许可证规定从事废铅酸蓄电池收集、贮存、利用的经营活动。” （3）《中华人民共和国固体废物污染环境防治法》

2. 监督项目解析

由于蓄电池胡特殊性，在退役报废阶段对废铅酸蓄电池的处置关系到环保问题，应该按照国家法律法规要求对蓄电池进行正确处理。

3. 监督要求

开展本条目监督时，可查阅退役报废设备处理记录，废铅酸蓄电池处置应符合国家法律法规及相关技术标准要求。记录废铅酸蓄电池处置是否符合标准要求及不符合项。

4. 整改措施

当发现本条目不满足时，应及时提出报废处理的工作要求。

4 开关类设备及直流电源技术监督典型案例

4.1 组 合 电 器

4.1.1 工程设计阶段

【案例 1】工程设计、设备采购阶段未考虑 GIS 母线设备配置合理性，导致运维检修困难。

1. 情况简介

对某 110kV 变电站 110kV 双母线接线方式的 GIS 的母线避雷器和电压互感器进行耐压试验时，因为未设置独立的隔离开关，所以对母线及断路器耐压试验时，须将避雷器和电压互感器拆卸，过程十分复杂，恢复异常困难，耗费了大量人力物力，检修试验时间大大增加，同时不利于 GIS 内部清洁度的控制。变电站一次接线图见图 4－1，现场图见图 4－2。

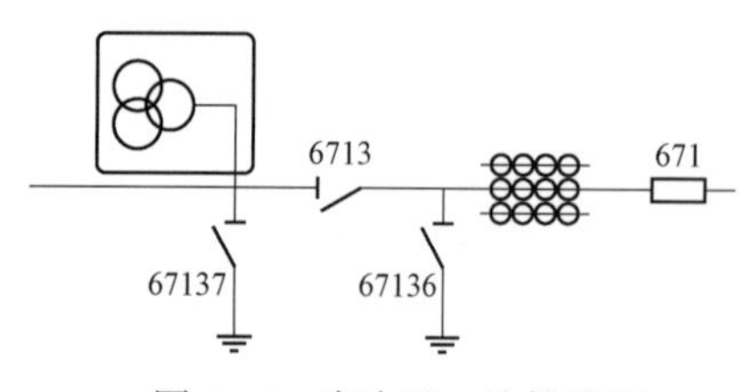

图 4－1　变电站一次接线图

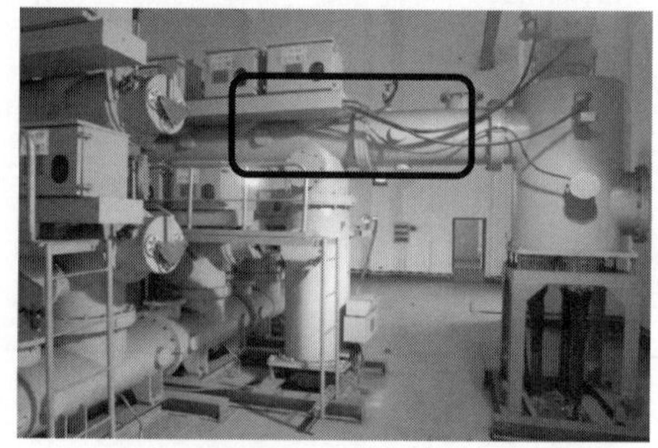

图 4－2　现场图

2. 问题分析

该变电站在建设初期违反了工程设计阶段第 3 项监督要点和设备采购阶段第 1 项监督要点：双母线、单母线或桥形接线中，GIS 母线避雷器和电压互感器应设置独立的隔离开关。设计单位未能在设计阶段考虑母线避雷器和电压互感器的设计问题，相关设计联络会上也未能发现该问题。设备采购阶段，如果相应技术监督项目得到执行，也能够及时避免不符合要求的 GIS 生产、安装直到投运，最终给运维检修带来了困难。

3. 处理措施

应加强工程设计、设备采购的规范性，在工程开展前组织设计联络会，加强设计审查。在设备安装、验收阶段也应关注此类问题，发现类似问题后应及时整改，避免在设备投运后对检修运行工作产生不利影响。

4.1.2 设备制造阶段

【案例 2】设备制造阶段对绝缘件监督不到位，导致运维检修阶段专业巡视发现异常。

1. 情况简介

对 220kV 某变电站进行带电检测时，发现某间隔 B 相出线的三个盆式绝缘子处均测量到较强的特高频局放信号，超声波法和 SF_6 气体成分分析法均未测量到可疑信号。在存在疑似信号的绝缘子处安装了局部放电特高频在线监测系统，发现信号逐步增大，随即决定解体更换存在疑似信号部位的 F、G、H 的盆式绝缘子，更换新盆式绝缘子后该间隔重新投运。特高频信号最大处示意图见图 4－3。

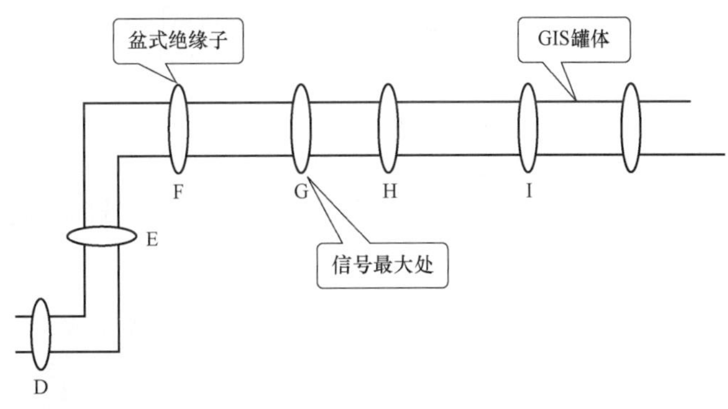

图 4－3 特高频信号最大处示意图

对更换的盆子进行 X 光探伤、耐压、局部放电试验，发现有一个盆子内部存在一条长约 150mm、直径约为 2mm 的气泡。绝缘盆子返厂试验及解剖情况见图 4－4。

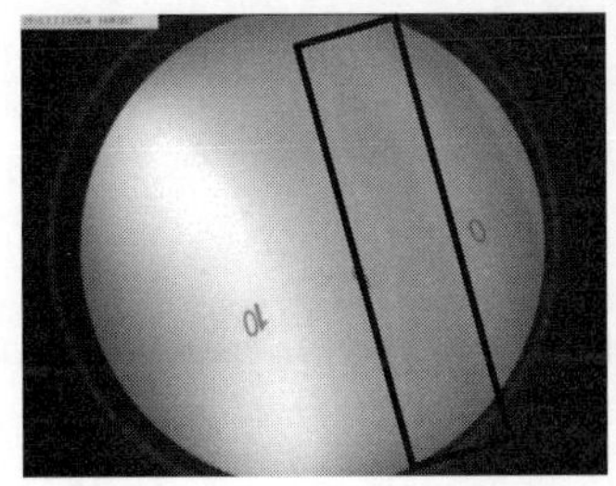

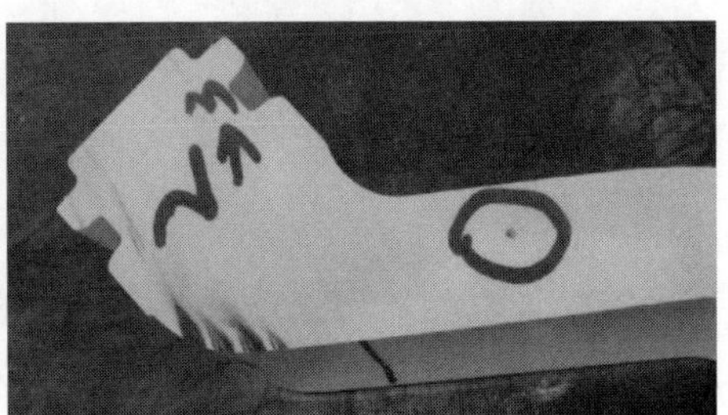

图 4－4 绝缘盆子返厂试验及解剖情况

2. 问题分析

本案例中，违反了设备制造阶段第 3 项监督要点：GIS 内绝缘件应逐只进行 X 射线探伤试验、工频耐压试验和局部放电试验，局部放电量不大于 3pC；252kV 及以上瓷空心绝缘子应逐支进行超声纵波探伤检测，由 GIS 制造厂完成，并将试验结果随出厂试验报告提交用户。

由于设备制造阶段监督不到位导致缺陷设备投入运行。在运维检修阶段，通过专业巡视发现设备缺陷并及时处理，避免了缺陷进一步扩大。

3. 处理措施

应加强在设备制造阶段对绝缘件的检查，按照出厂验收标准对盆式绝缘子进行耐压、局部放电及 X 光探伤试验并填写相关记录。在设备运行阶段应严格按照检测周期开展局放检测工作，将局部放电检测结果与背景及历史值比较，异常时应采用多种方法（超声波、特高频、气体分析、示波器等）综合分析。

4.1.3 设备验收阶段

【案例 3】设备验收阶段 GIS 设备到货验收监督不到位，导致设备调试阶段直流电阻超标。

1. 情况简介

某 500kV 变电站 220kV GIS（ZF9－252）设备调试阶段进行回路电阻试验时，发现 19 处回路电阻超标（都超过了出厂值 20%以上，有的甚至超过了出厂值的 50%），经排查其中 15 处处于母线隔离开关和母线之间的连接导体上（其连接导体采用两侧触头插入方式连接，中间为梅花触头），另 4 处在出线隔离开关和出线套管间的连接导体上。检查发现动静触头接触部位均凹陷一个小坑，其黑色为氧化受损部位，用手触摸黑点明显感觉到毛糙不平，同时在黑点周围有划伤印记，见图 4－5。经分析，该 220kV GIS 为整间隔运输，但其母线导体是单独运输的，因其母线隔离开关和母线之间的连接导体处于单侧悬空状态且未有效支撑固定，运输过程中的振动导致触头和触指接触面磨损，引发接触电阻超标。现场对该站所有母线隔离开关和母线之间的连接导体以及出线隔离开关和出线套管间的连接导体进行解体检查，更换所有出现磨损的部件，再次测量确认回路电阻是否合格，2008 年投运至今未出现异常。

图 4－5 动触头表面与静触头接触部位明显有黑点

2. 问题分析

本案例违反了设备验收阶段中第 2 项监督要点：GIS 出厂运输时，应在断路器、隔离开关、电压互感器、避雷器和 363kV 及以上套管运输单元上加装三维冲击记录仪，其他运输单元加装振动指示器。运输中如出现冲击加速度大于 3g 或不满足产品技术文件要求的情况，产品运至现场后应打开相应隔室检查各部件是否完好，必要时可增加试验项目或返厂处理。但本案例由于执行了技术监督设备调试阶段第 2 项监督要点，对主回路电阻进行测量并与出厂值比较，及时发现了设备缺陷，避免了缺陷设备投运。

3. 处理措施

应加强对设备结构的掌握，审核厂家运输方案，到货验收时要检查三维冲击记录仪和振动指示器，交接验收要加强对回路电阻的校核，确保所有电气回路都测试到，将现场测试值与出厂试验值进行比对，一旦发现有异常要深入查明原因。

4.1.4 设备安装阶段

【案例 4】设备安装阶段对导体连接质量管理及执行情况核查不到位导致导体断裂。

1. 情况简介

某 220kV 变电站母差保护动作，现场检查 220kV 正、副母联断路器 26102 隔离开关上部副母线盆式绝缘子，共发现一处开裂放电痕迹，两处明显开裂。

拆解时发现与母线连接的分支导体均为焊接结构，其中 2610 副母气室 A 相分支导体从焊接部位完全脱落（见图 4-6），对 B、C 相分支导体的焊接部位进行着色检查，发现 C 相分支导体背离故障盆子侧有一道约 3cm 的裂纹，从厂房仓库中随机挑选两个同样焊接结构的元件进行着色探伤，发现焊接处存在大量的气孔，见图 4-7。

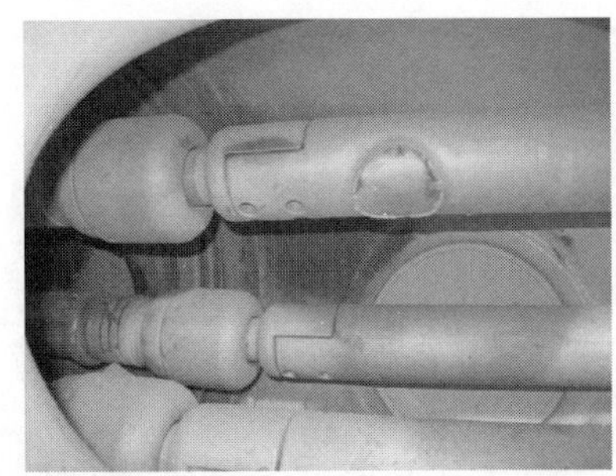
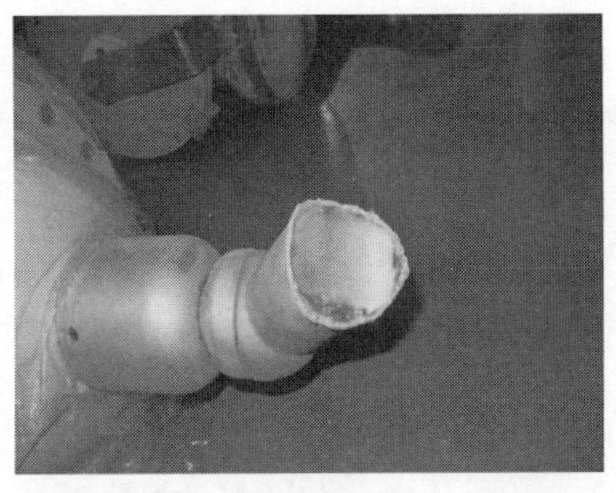

图 4-6 2610 副母气室 A 相分支导体完全脱落

图 4-7 焊接部位着色检查发现裂缝及气泡

经调查发现，该焊接结构的分支母线为外协厂生产，外协厂家提供的工艺文件在工艺流程上存在不足，且 GIS 厂家对焊接成品缺乏完备的检测手段，因此可能存在焊接质量达不到原厂设计值的隐患。

2. 问题分析

该案例违反设备安装阶段第 4 项监督要点：安装过程中，对于电缆及母线的连接处等难以直接观察的部位，应利用有效的检测仪器和手段进行核查，确保连接可靠。相关单位在设备制造及安装阶段未由按照要求开展导体连接部位检查，导致设备质量不能达到设计标准是本案例发生的主要原因。

3. 处理措施

应加强对设备安装质量的把控，尤其是部分组件由外协厂家负责制造的，外协厂家应提供能够证明生产工艺满足设备制造要求的书面文件。厂家应由有资质人员对外协厂家工艺进行检查，相关文件应随设备一并交付。

4.1.5 竣工验收阶段

【案例 5】竣工验收中设备外观监督不到位导致机构箱进水。

1. 情况简介

某 220kV 变电站 GIS 开关机构箱进水受潮造成三相跳闸。现场打开 232 开关 B 相机构箱后盖板，发现 B 相机构箱靠后侧底部有水迹，B 相机构箱后部右上侧固定大螺栓挂有水珠（见图 4－8）。分析原因为机构箱加热防潮措施不完善，密封不良进水，箱内辅助接点受潮，引起第一组非全相保护接点间的绝缘降低发生爬闪，加在第一组非全相保护时间继电器上的电压达到其动作值，导致开关三相同时跳闸。

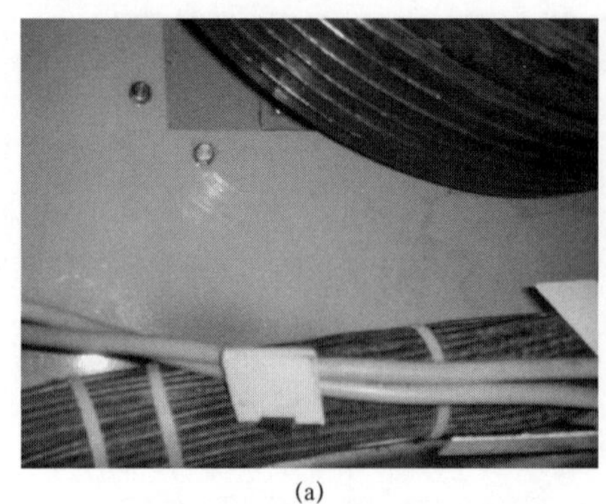
(a)

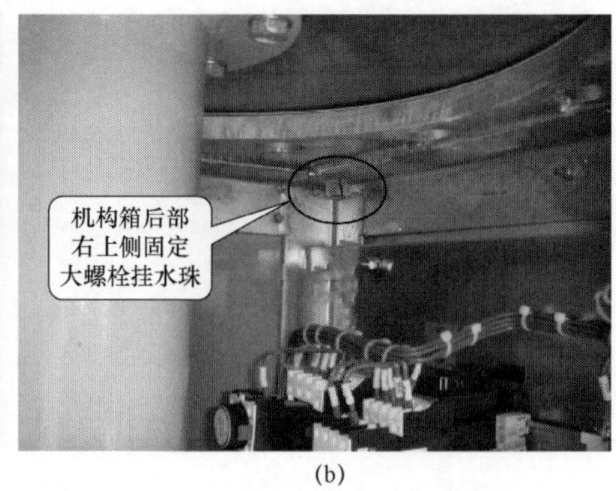

(b)

图 4－8　现场照片

（a）B 相机构箱靠后侧底部有水迹；（b）B 相机构箱后部右上侧固定大螺栓挂有水珠

2. 问题分析

在竣工验收阶段，违反了第 1 项监督要点：所有柜、箱防雨防潮性能应良好，本体电缆防护应良好。

3. 处理措施

应在设备制造阶段考核汇控柜、机构箱的密封件是否满足产品要求，并根据变电站所在地的实际情况考虑加装驱潮防潮装置。在验收阶段，应加强对汇控柜、机构箱密封件的检查，并检验驱潮防潮装置是否能在湿度达到触发值时正确开启并实现驱潮防潮效果。

4.2 断　路　器

4.2.1 设备制造阶段

【案例 6】设备制造阶段绝缘件监督不到位导致的断路器爆炸事故。

1. 情况简介

某 500kV 变电站 5023 开关运维检修阶段爆炸故障后现场查看时，发现 5023 开关 C 相损坏严重，

A 相、B 相绝缘子损伤严重，B 相机构箱破损。C 相本体与操动机构箱完全脱离，灭弧室瓷套完全破碎，支柱绝缘子碎片散落在方圆约 200m 范围内。

对该断路器拉杆进行局部放电试验和材料特性分析，发现故障原因是绝缘拉杆在制造过程中由于材料和工艺原因导致气隙数量太多，气隙体积太大，在长期运行中发生局部放电造成绝缘劣化，最终导致绝缘拉杆击穿，使支持瓷套爆裂。

2. 问题分析

绝缘拉杆在制造过程中材料和工艺不满足相关要求，违反了设备制造阶段中绝缘件监督的第 6 项监督要点：SF_6 断路器所使用的环氧树脂浇注件，在组装前应分别测量其局部放电量，且不大于 3pC（不包括并联电容器的局部放电量）。若在设备制造过程中及时检查绝缘拉杆是否做局部放电试验，局部放电试验结果是否满足不大于 3pC 的要求，该绝缘件被及时检查出存在缺陷而不被安装在设备上。在出厂验收阶段和竣工验收阶段进行耐压与局部放电试验时，若对应技术监督项目未得到有效执行时，也可能会使该缺陷未被及时发现。

3. 处理措施

技术监督人员应在设备制造阶段加强设备绝缘件监督，重点在出厂监造时，检查绝缘件是否全部完成耐压与局部放电试验，试验结果满足不大于 3pC 的要求进行资料检查。若在设备制造阶段监督人员发现设备绝缘件（绝缘拉杆，盆式绝缘子）相关耐压与局部放电测试卡空白，则应当立即停止该绝缘件的安装工作，检查同型号同批次绝缘件耐压与局部放电相关试验是否已完成并合格。若同其他绝缘件耐压局部放电试验合格，且外观等其他条件均满足出厂要求，则将该已完全耐压局部放电试验的绝缘件代替该绝缘件进行设备装配。

4.2.2 设备制造阶段

【案例 7】设备制造阶段中机械磨合监督不到位导致断路器灭弧室爆炸故障。

1. 情况简介

某 500kV 变电站 2 号主变压器 325 断路器发生灭弧室爆炸故障，故障引起 2 号主变压器低后备保护动作（短路电流 33.168kA），2 号主变压器三侧开关跳闸、2 号主变压器 5 号低抗过火燃烧。故障发生后，查阅故障断路器红外测温报告，发现设备故障前红外测温结果存在明显异常，主要表现为断路器 A 相较 B、C 相温度偏高，发热处位于灭弧室顶部法兰及灭弧室瓷套部位，相间绝对温差约 20K。

现场对 325 断路器 A 相灭弧室进行解体，发现：

（1）动、静触头接触面镀银层明显磨损，露铜深度接近 1mm；

（2）静弧触头表面有明显电弧烧蚀痕迹，静弧触头内部存在大量黑色碳化物；

（3）灭弧室底部存在大量铜质粉末，经分析，该粉末为动静触头磨损后掉落。

2. 问题分析

断路器在制造过程中装配工艺不满足相关要求，违反了设备制造阶段中机械磨合的监督要点：断路器出厂试验时应进行不少于 200 次机械操作，200 次操作完成后应彻底清洁壳体内部，并制定相应的标准化作业指导书，连续 200 次操作前后应分别测量开关装置的回路电阻，应无明显偏差，再进行其他出厂试验。若在设备制造过程中及时检查动、静触头配合，机械磨合是否满足相关要求，该断路器应会被及时检查出存在缺陷而不被安装在设备上。在设备调试阶段和竣工验收阶段进行回路电阻试验时，若对应技术监督项目未得到有效执行时，也可能会使该缺陷未被及时发现。

3. 处理措施

技术监督人员应在设备制造阶段加强设备机械磨合，重点在出厂监造时，对断路器机械磨合过程结果满足相关要求进行资料检查。若在设备制造阶段监督人员发现设备机械磨合测试卡空白，则应当立即停止该断路器的安装工作，检查同型号同批次断路器机械磨合是否已完成并合格。若同其他断路器机械磨合合格，且外观等其他条件均满足出厂要求，则将该已完全试验的断路器代替该缺陷断路器进行设备装配。

4.2.3　设备验收阶段

【案例 8】设备验收阶段电气设备性能的断路器机械特性测试监督不到位导致断路器无法分闸，造成断路器分闸线圈烧毁。

1. 情况简介

某 220kV 变电站 4X76 断路器在执行遥控分闸操作时，发生 B、C 相无法分闸现象，造成断路器分闸线圈烧毁。检查发现 B、C 相合闸弹簧处于未完全释能状态，齿轮盘需继续转 60° 才能到达正常的合后位置，不具备分闸条件。

本次发生故障的断路器所使用的弹簧操动机构通过在合闸弹簧端部插入不同数量的插片，进而调整断路器合闸弹簧、分闸弹簧的输出能量，以使断路器机械特性满足相应技术要求。通过查阅 4X76 断路器出厂试验报告，发现 A 相、B 相、C 相分别添加了 8 片（约 9mm）、3 片（约 4mm）、5 片（约 6mm）插片，导致 B、C 相弹簧合闸弹簧、分闸弹簧输出能量均不满足要求值，导致断路器无法分闸，造成断路器分闸线圈烧毁。

2. 问题分析

操动机构中插片数量不同导致的合、分闸弹簧输出能量不满足制造厂的要求值违反了设备验收阶段中断路器机械特性测试监督的第 1、2 项监督要点：断路器出厂试验应在机械特性试验中同步记录触头行程曲线，并确保在规定的参考机械行程特性包络线范围内。断路器出厂试验应对主触头与合闸电阻触头的时间配合关系进行测试。同时违反了设备调试阶段中断路器机械特性试验的监督要点：断路器合—分时间及操动机构辅助开关的转换时间与断路器主触头动作时间之间的配合试验检查，对 220kV 及以上断路器，合—分时间应符合产品技术条件中的要求，且满足电力系统安全稳定要求。若在设备验收过程中及时检查出断路器机械特性试验结果是否满足相关要求，该操动机构应会被及时检查出存在缺陷而不被安装在设备上。在设备调试阶段和竣工验收阶段进行机械特性试验时，若对应技术监督项目未得到有效执行时，也可能会使该缺陷未被及时发现。

3. 处理措施

技术监督人员应在设备验收阶段加强设备机械特性监督，重点在出厂监造时，对断路器机械特性试验结果满足相关要求进行资料检查。若在设备验收阶段监督人员发现设备机械特性试验测试卡空白，则应当立即停止该操动机构的安装工作，检查同型号同批次断路器机械特性试验是否已完成并合格。若同其他操动机构机械特性试验合格，且外观等其他条件均满足出厂要求，则将该已完全试验的操动机构代替该缺陷机构进行设备装配。

4.2.4　设备调试阶段

【案例 9】设备调试阶段中电气设备性能的检漏（密封试验）试验监督不到位导致断路器泄漏

事故。

1. 情况简介

某 500kV 变电站 5013 开关在运维检修阶段发现 5013 开关 SF_6 压力低报警，当值值班员现场检查发现 SF_6 压力值分别为：A 相 0.76MPa，B 相 0.71MPa，C 相 0.75MPa（现场环境温度 10℃，湿度 45%），B 相压力值明显偏低，并已接近分合闸闭锁压力值。5013 开关的 SF_6 气体额定值、低气压报警值及分合闸闭锁压力值分别为 0.8M、0.72M、0.7MPa。经汇报后，网调紧急将 5013 开关从运行改为热备用补气，补气周期 20 天，根据《SF_6 高压断路器状态评价导则》规定，小于半年属于异常状态。设备停运后，经采用红外检漏仪检测发现 5013 开关 B 相主轴动密封处漏气严重，导致了开关的 SF_6 压力低报警。

2. 问题分析

主轴动密封处在制造过程中工艺不满足相关要求违反了设备制造阶段中设备监造工作监督的第 3 项监督要点：停工待检（H 点）、现场见证（W 点）、文件见证（R 点）管控到位，记录详尽。同时违反了设备调试阶段中检漏（密封试验）试验的监督要点：泄漏值的测量应在断路器充气 24h 后进行。采用灵敏度不低于 1×10^{-6}（体积比）的检漏仪对断路器各密封部位、管道接头等处进行检测时，检漏仪不应报警；必要时可采用局部包扎法进行气体泄漏测量。以 24h 的漏气量换算，每一个气室年漏气率不应大于 0.5%。若在设备制造过程中及时检查主轴动密封是否做检漏（密封试验）试验，试验结果是否满足相关要求，该主轴动密封应会被及时检查出存在缺陷而不被安装在设备上。在设备调试阶段和竣工验收阶段进行检漏（密封试验）试验时，若对应技术监督项目未得到有效执行时，也可能会使该缺陷未被及时发现。

3. 处理措施

技术监督人员应在设备制造阶段加强设备待检点监督，重点在出厂监造时，对检查主轴等相关密封是否全部完成检漏（密封试验）试验，试验结果满足相关要求进行资料检查。若在设备制造阶段监督人员发现设备相关检漏（密封试验）试验测试卡空白，则应当立即停止该主轴的安装工作，检查同型号同批次检漏（密封试验）相关试验是否已完成并合格。若同其他主轴等相关密封试验合格，且外观等其他条件均满足出厂要求，则将该已完全检漏（密封试验）试验的主轴等相关部件代替该缺陷主轴进行设备装配。

4.2.5 竣工验收阶段

【案例 10】竣工验收阶段的断路器机械特性试验监督不到位导致断路器合后即分故障。

1. 情况简介

某 220kV 变电站 2H75 开关检修后恢复送电，运行操作执行港洋 2H75 开关合闸时，开关合闸失败。值班员检查，发现开关三相在分闸位置，开关非全相保护控制箱内非全相保护掉牌动作，保护屏上三相操作箱上三相开关分闸位置灯亮，603 保护和 303 保护无动作信号。220kV 录波器未启动。

现场检查断路器本体外观无异常，操动机构内各部位螺栓紧固，轴销及各传动部件无异常，端子排上二次接线牢固。调阅 2H75 线路保护 NSR303 的开入变位顺序如下：2H75 开关合上后 0.8s 左右，2H75 开关 B 相跳开，后开关三相不一致继电器动作，跳开 A、C 两相。现场进行了断路器的常规特性试验，各项数据均符合要求。二次人员对开关分合闸控制回路进了检查也无异常。前后操作断路器 15 次，断路器无卡涩，无拒动，未发现合不上或偷跳现象，三相不一致保护也未动作。使用示波器检查合闸操作时分闸线圈的带电情况，未发现异常。对 2H75 断路器进行速度测试，测试结

果显示B相开关合闸速度略微偏高1.3%（0.1m/s），推断由于B相开关合闸速度略高使合闸剩余能量略大而导致开关合后即分。

2. 问题分析

断路器在设备调试过程中设备调试不满足相关要求违反了竣工验收阶段中断路器机械特性试验监督的第1、2项要点：断路器合一分时间及操动机构辅助开关的转换时间与断路器主触头动作时间之间的配合试验检查，对220kV及以上断路器，合一分时间应符合产品技术条件中的要求，且满足电力系统安全稳定要求。若在设备调试过程中及时检查断路器机械特性试验结果是否满足相关要求，该断路器应会被及时检查出存在缺陷而不被安装在设备上。在设备调试阶段和竣工验收阶段进行机械特性试验时，若对应技术监督项目未得到有效执行时，也可能会使该缺陷未被及时发现。

3. 处理措施

技术监督人员应在设备调试阶段加强设备机械特性试验，重点在出厂监造时，对断路器机械特性试验结果满足相关要求进行资料检查。若在设备调试阶段监督人员发现设备机械特性试验测试卡空白，则应当立即停止该断路器的安装工作，检查同型号同批次断路器机械特性试验是否已完成并合格。若同其他断路器机械特性试验合格，且外观等其他条件均满足出厂要求，则将该已完全试验的断路器代替该缺陷断路器进行设备装配。

4.2.6 竣工验收阶段

【案例11】竣工验收阶段的断路器机械特性试验监督不到位导致的断路器静弧触指与压气缸之间燃弧，造成静弧触指及其屏蔽罩烧毁。

1. 情况简介

某220kV线路4H45线C相因异物发生接地故障，220kV线路4H45线两侧保护动作，C相跳闸，重合不成，一侧后加速跳开三相开关，另一侧后加速三相开关跳闸，但C相开关本体触头未能分开，母差失灵保护动作，跳开Ⅲ段母线所连接开关。故障时短路电流17.5kA，故障测距距变电站约2.1km。现场检查线路4H45开关分位但回路电阻测量发现C相未成功分闸。对4H45开关进行了SF_6分解产物分析，A、B相正常，C相SO_2为73.1μL/L，H_2S为5.6μL/L，CO为4.4μL/L，初步判断C相开关本体存在故障。

解体发现4H45断路器C相灭弧室内压气缸在靠近底部的地方环形断裂，压气缸的下半部分已经难以辨认，压气缸断口有电弧灼烧和熔断的痕迹；动、静弧触头上有灼痕，但是无变形或烧蚀；动触头触指烧蚀严重；绝缘拉杆、轴销、密封圈检查无异常，手动操作绝缘拉杆与拐臂传动正确。A相灭弧室内部动静触头、绝缘拉杆、轴销、拐臂等无异常，操作传动正确。该断路器在安装过程中，机构未调整到位，造成机构存在过冲隐患。压气缸和气缸在到达合闸位置后，继续相向运动了约30mm，导致静弧触指在压气缸压接处（根部），接触状况恶劣，同时双动灭弧室拐臂锁死，导致在分闸时，压气缸从根部被绝缘拉杆的拉力拉脱，造成静弧触指与压气缸之间燃弧，造成静弧触指及其屏蔽罩烧毁，同时压气缸底部一周均有电弧扫过。

2. 问题分析

断路器在设备调试过程中设备调试不满足相关要求违反了竣工验收阶段中断路器机械特性试验监督的第1、2项要点：断路器合一分时间及操动机构辅助开关的转换时间与断路器主触头动作时间之间的配合试验检查，对220kV及以上断路器，合一分时间应符合产品技术条件中的要求，且满足电力系统安全稳定要求。若在设备调试过程中及时检查断路器机械特性试验结果是否满足相关要求，该断路器应会被及时检查出存在缺陷而不被安装在设备上。在设备调试阶段和竣工验收阶段进行机械特性试验时，若对应技术监督项目未得到有效执行时，也可能会使该缺陷未被及时发现。

3. 处理措施

技术监督人员应在设备调试阶段加强设备机械特性试验，重点在出厂监造时，对断路器机械特性试验结果满足相关要求进行资料检查。若在设备调试阶段监督人员发现设备机械特性试验测试卡空白，则应当立即停止该断路器的安装工作，检查同型号同批次断路器机械特性试验是否已完成并合格。若同其他断路器机械特性试验合格，且外观等其他条件均满足出厂要求，则将该已完全试验的断路器代替该缺陷断路器进行设备装配。

4.3 隔 离 开 关

4.3.1 设备制造阶段

【案例 12】设备制造阶段隔离开关厂内制造监督不到位导致遗留了部分金属碎削。

1. 情况简介

对某开关站 25651 隔离开关（SPV）进行检修，检查发现隔离开关转动瓷瓶和导电底座间连接用的铝套开裂，隔离开关动触头不能分开，隔离开关上导电臂内传动杆卡死不能移动。上导电臂内传动杆作用是在隔离开关合闸时向上移动使动触头合上并夹紧静触头，在分闸时应向下移动使动触头打开隔离开关分闸，当传动杆在隔离开关合闸位置卡死，在分闸时动触头将不能打开，导致隔离开关不能分闸。

2. 问题分析

在对隔离开关上导电臂解体后发现内部有金属碎削，传动杆与导电臂的接触部位间隙很小且存在一定的氧化与集灰现象。与厂家在现场初步分析认为在隔离开关厂内制造过程中对隔离开关清理不干净，遗留了部分金属碎削，进入传动杆与上导电臂的接触面引起传动杆卡死，造成隔离开关不能分闸。

若在设备制造阶段，整体安装后进行相应的分合试验，及时检查隔离开关的传动机构部件，可能会发现内部存在金属碎削，从而对其进行相应的处理，该缺陷就会在厂内被消除，而不是安装在设备上。

3. 处理措施

更换转动绝缘子与导电底座间连接铝套，清理上导电臂内金属碎屑，以及上导电臂孔内氧化物；隔离开关分合闸操作灵活可靠，分合闸均到位。更换该隔离开关，严格把控隔离开关的出厂，防止再次出现遗留金属碎屑的情况。技术监督人员应在设备制造阶段加强设备的监督。

4.3.2 设备安装阶段

【案例 13】设备安装阶段导电回路安装监督不到位导致触头发热。

1. 情况简介

2016 年 4 月 11 日晚，运检人员在某变电站红外测温时发现 2 号低抗 11231 隔离开关（GW 55－126

DW）B 相存在发热，温度最高点为隔离开关低抗侧触头与导电臂连接螺栓组部件，温度为 75.3℃。同组 A 相隔离开关相同位置温度为 26.6℃，C 相位 19.5。当时运行电流 1190A，环境温度 10℃。

2. 问题分析

4 月 7 日，对发热的隔离开关进行停电检查，测试该段隔离开关的回路电阻，电阻值在 68～72μΩ 之间，将触指、触头从导电臂上拆下后，发现接触面上存在一层淡黄褐色的油脂状物质，且触指侧接触面油脂状物质多于触头侧接触面。该项违反了设备安装阶段中导电回路安装的第 2 项监督要点：触头表面应平整、清洁，并涂以薄层中性凡士林。若在设备安装阶段监督到位，则可避免设备在运行过程中发热。

3. 问题处理

采用百洁布、无水乙醇对触头、触指与导电臂的接触面分别进行清洗，清洁后组装复原，再次测量回路的接触电阻，回路的电阻值降低到 13～18μΩ 之间。对清洁后的回路升流至 1200A，待温度稳定后对接头部位进行测温，此时温度的最亮点为触头、触指之间接触部位，约 39.2℃，触头、触指与导电臂之间的温度与导电臂本体温度接近。

4.3.3 竣工验收阶段

【案例 14】竣工验收阶段静触头表面有异物引起导电回路电阻不合格。

1. 情况简介

某变电站 550kV 隔离开关在竣工验收阶段，进行隔离开关导电回路电阻值测试时发现，试验电流 100A，测得的电阻大于出厂值的 1.2 倍。该项违反了竣工验收阶段的导电回路电阻测量的监督要点：宜采用电流不小于 100A 的直流压降法，测试结果不应大于出厂值的 1.2 倍。

2. 问题分析

经现场检查发现，静触头上面有 RTV 涂层，如图 4－9 所示。经分析，绝缘子喷涂 RTV 涂层时，未对静触头进行相应的防护，由于现场有风，导致 RTV 飘落到静触头上，影响了隔离开关的回路电阻。现场竣工验收时，按照监督要求进行，及时发现了问题，防止了设备带缺陷投运。

图 4－9　静触头上面有 RTV 涂层

3. 问题处理

由于静触头上涂抹有中性凡士林，RTV 仅仅是附着在上面，并没有粘贴，所以通过毛巾或者百洁布蘸取小许酒精，可以将 RTV 擦拭干净，然后再次测量隔离开关导电回路电阻值，测试结果合格。

4.3.4 运维检修阶段

【案例 15】运维检修阶段检修试验时发现隔离开关合闸不到位。

1. 情况简介

2010 年 3 月 14 日，某变电站报 5295 线 50412 隔离开关 B、C 两相合闸正常，A 相合闸不到位。该隔离开关为 AREVA 公司 2005 年产品，型号为 SPO2T/550。后台监控系统显示 50412 隔离开关在中间位置，如不及时处理，一旦带上负载即有可能因动、静触头接触不良、压力不足而造成动、静触头接触部分发热，严重时会有烧熔现象的发生。该项违反了运维检修技术监督的第 11 项：操动机构分合闸操作应灵活可靠，动静触头接触良好。

2. 问题分析

经现场排查，发现是辅助开关 CS1 上端的分闸绿片在向合闸方向的转动过程中，下沿顶开了左边合闸的 SQ2 接点，而不是正常由红色合闸凸轮片打开的 SQ2 接点，从而造成合闸回路提前断电（图 4－10 中指出的位置为合闸的 SQ2 接点）。后台监控仍然显示 50412 隔离开关处于中间位置。

此类辅助开关转动、隔衬材料为绝缘塑料制品，由于辅助开关在组装时相互的隔衬之间可能存在间隙，加之长期的操作，造成辅助开关在转动过程中整体下沉（见图 4－10 上圆圈标识处），使得合闸回路被提前切断；机械行程不满足；信号回路未接通；后台监控机显示隔离开关在中间位置。

图 4－10　辅助开关故障点

3. 问题处理

此类问题应该更换辅助开关，而由于现场缺少备件，所以考虑制作一个厚度为 2～5mm 的插片垫在辅助开关底部将其归位，使得辅助开关在分、合闸过程中能够正确动作。这种小插片制作简单，利用辅助开关底部 2 个小孔进行固定，安装便利，填补了辅助开关轴销上、下窜动间隙，使其能够可靠动作。实物见图 4－11，经现场实际运行操作检验，切实可行，此类故障现象已消除。

【案例 16】运维检修阶段运维巡视发现隔离开关引线连接松动。

1. 问题简介

2005 年 3 月 24 日 9 时 18 分左右，运维值班人员在例行交接班巡视时，发现 2 号主变压器 7023 隔离开关主变压器侧 B 相上法兰接线柱固定转轴与连接引线线夹松动、放电严重。该项违反了运维巡视中的第 3 条：检查传动部件、触头、高压引线、接地线等外观是否有异常。

9 时 45 分，当值值长汇报情况紧急，必须立即停电进行处理。在随后的调电操作过程中，隔离开关 B 相导线连同接线座于 10 时 18 分脱落，如图 4－12 所示，弹至隔离开关 A 相导电杆，造成相间短路，2 号主变压器差动Ⅰ、差动Ⅱ保护动作，2602 开关、702 开关跳闸。

2. 问题分析

根据现场拆解接线座的情况，如图 4－13 所示，分析事故原因，认定事故原因是：南瓷厂 GW4 隔离开关导电轴芯下端固定螺母松动，在运行过程中发热，将轴芯螺牙、弹簧垫圈烧熔，并造成导电轴芯脱落。

图 4-11　插片的现场应用

图 4-12　隔离开关接线座脱落

图 4-13　脱落接线座拆解图

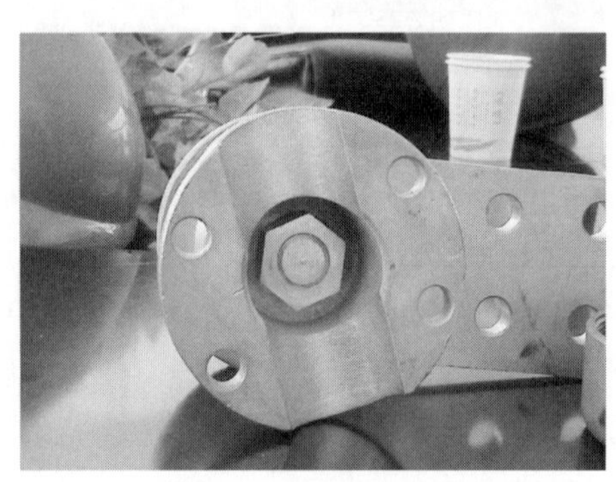
图 4-14　新的接线座

3. 问题处理

更换新的接线座（见图 4-14），并加垫片抬高桩头，使现场的导线有弧度，可以隔离开关在正常动作时，支柱绝缘子与接线座不受力。在运维检修阶段需要对隔离开关的状态进行监督，同时在设备制造、设备安装阶段对设备引线进行监督，保证其在钳夹最不利的位置下，隔离开关支柱绝缘子和硬母线的支柱绝缘子不应受额外的作用力。

4.4 开　关　柜

4.4.1 规划可研阶段

【案例 17】 设备规划可研阶段中开关柜额定短路开断电流不满足远景发展规划需求导致的开关柜短路故障。

1. 情况简介

某 110kV 变电站 10kV 开关柜，型号为 XGN2-12，2006 年出厂，2007 年 11 月投运，变电站建设初期因未充分考虑远景发展规划需求，选择了25kA的开关柜设备。因电网快速发展，经核算，2017年10kV母线最大短路电流为34.75kA，超过开关柜设备25kA的开断能力，只能采取分列运行方式。但分列运行时发生故障的短路电流仍然较大，达到25.2kA，引起设备严重损坏，箱体炸裂，设备严重受损。

2. 问题分析

开关柜在规划可研阶段的设备选型和参数选择方面不满足第3项监督要求：开关柜额定短路开断电流应满足现场运行实际要求和远景发展规划需求。若在开关柜设备规划阶段对当地经济和电网发展情况进行充分评估，选取具有较大额定短路开断电流的开关设备，该批设备短路开断电流参数应可以及时更正，避免后续故障发生。

3. 处理措施

技术监督人员应在规划可研阶段加强开关柜额定短路开断电流校核，重点是根据规划所在地区经济和电网发展情况，通过科学的计算，充分评估未来该变电站最大可能短路电流，监督、要求设计单位选择满足要求的开关柜。

4.4.2 工程设计阶段

【案例18】工程设计阶段中电压互感器回路消谐措施不完善导致的互感器本体损坏。

1. 情况简介

某110kV变电站10kV母线TV开关柜（XGN2－12）设备投运后2年内反复发生故障，情况均为柜内互感器单相或三相本体绝缘击穿，最终导致母线二次电压失压。该站供电区域为山区，故障前，一般有大风雷雨天气，监控显示系统10kV母线电压降低信号反复发出。该站10kV母线TV为3TV接线方式，3支TV高压侧非极性端直接接地。

2. 问题分析

该TV柜在工程设计阶段违反了电压互感器回路监督项目中第1条监督点：在电压互感器一次绕组中对地间串接线性或非线性消谐电阻、加零序电压互感器或在开口绕组加阻尼或其他专门消除此类谐振的装置。若在工程设计阶段按照细则对TV柜消谐回路情况进行检查，应该可以避免不满足消谐要求的设备投入运行。若在设备验收阶段再次对TV柜消谐回路进行验收，应该可以避免存在问题的设备投入运行。

3. 处理措施

技术监督人员应在开关柜工程设计阶段加强监督，对设备的消谐装置进行重点核查，应有专用的消谐装置。根据运行经验，采取以下一次消谐方式效果很好。具体措施是：① 在高压侧中性点串联单相TV，该零序电压互感器选用抗谐振阻振荡电压互感器，且三台单相电压互感器和零序电压互感器应选用相同厂家产品；② 三相TV的二次开口三角形绕组与零序TV的一个补偿绕组串联后接电压继电器。如果消谐功能不满足，记录不满足的条款和参数，要求设计单位予以整改。

4.4.3 设备采购阶段

【案例19】设备采购阶段未执行反事故措施导致未能通过设备验收。

1. 情况简介

某110kV变电站10kV开关柜，开关柜型号为KYN28A－12Z，2013年出厂，2013年12月投运，在开展新建工程到货验收工作中，发现 10kV 开关柜 C 相母排对地刀连杆距离约为 100mm，若采用热缩套包裹后不满足 125mm 要求，存在安全隐患。

对 10kV 开关柜柜体内部进行重新设计安装，确保开关柜内相间距离、对地距离满足 125mm 的要求，处理后投运至今未出现因对地距离或相间距离过近引起的放电或者设备故障。

2. 问题分析

10kV 开关柜 C 相母排对地刀连杆距离约为 100mm，若采用热缩套包裹后不满足 125mm 要求，违反了设备采购阶段中绝缘性能的第 1、2 项监督要点：“1. 高压开关柜其外绝缘应满足以下条件：空气绝缘净距离：相间和相间对地，≥100mm（对 7.2kV），≥125mm（对 12kV），≥180mm（对 24kV），≥300mm（对 40.5kV）；带电体至门，≥130mm（对 7.2kV），≥155mm（对 12kV），≥210mm（对 24kV），≥330mm（对 40.5kV）。最小标称统一爬电比距要求：瓷质绝缘≥ $\sqrt{3}\times18$mm/kV，有机绝缘≥ $\sqrt{3}\times20$mm/kV。2. 新安装开关柜禁止使用绝缘隔板。即使母线加装绝缘护套和热缩绝缘材料，也应满足空气绝缘净距离要求。在出厂验收阶段和竣工验收阶段进行现场测量，检查开关柜内空气绝缘净距离。”

3. 处理措施

技术监督人员应在设备采购阶段加强开关柜绝缘特性监督，重点在厂内验收时，抽查开关柜内空气绝缘净距离。在出厂验收阶段和竣工验收阶段进行现场测量，重点检查开关柜接地开关连杆对母排、母线桥至进线总路柜处对地和母排相间距离是否满足 125（12kV）、300mm（40.5kV）要求，应及时向项目管理部门和物资部提出整改建议，督促其协调生产厂家立即整改。

4.4.4 设备制造阶段

【案例 20】设备制造阶段中开关柜功能特性不符合要求存在安全隐患。

1. 情况简介

某 110kV 输变电工程，运维检修部技术监督人员在开关柜制造厂家进行监督检查，发现该批开关柜“五防”功能不满足要求，出线侧带电显示仪不能在显示有电的时候实现与线路侧接地开关联锁，技术监督人员立即要求厂家完善。

2. 问题分析

开关柜“五防”功能不满足要求，出线侧带电显示装置不能实行与线路侧接地开关联锁违反了设备制造阶段开关柜电气性能第 1 项监督项目功能特性的第 1 监督要点：的第 4 项监督要点：“1. 开关柜应选用 LSC2 类（具备运行连续性功能）、‘五防’功能完备的产品。新投开关柜应装设具有自检功能的带电显示装置，并与接地开关（柜门）实现强制闭锁，带电显示装置应装设在仪表室。”

3. 处理措施

技术监督人员应在设备制造阶段加强电气性能技术监督，在厂家设备出厂前对出厂的开关柜进行抽查，采取实际测量、操作检查等方式进行验证，对不满足反事故措施的务必要求厂家整改。

4.4.5 设备验收阶段

【案例 21】开关柜在施工现场未按照要求存放导致柜内进水受潮。

1. 情况简介

某 110kV 变电站新建施工中，施工单位在土建交安验收后通知开关柜厂家送开关柜到现场，准备进行安装工作。现场工作人员在地面接货后，未将开关柜移至开关室内，就打开开关柜外包装箱进行到货检查，检查后只简单对开关柜进行篷布临时遮挡，准备待第二天人员到位后再将开关柜移至开关室内的安装位置。但夜间时遇下雨刮风，使部分篷布被吹开后，开关柜淋雨受潮。

2. 问题分析

开关柜在施工现场淋雨受潮违反了设备验收阶段第 5 项监督项目运输和存储第 2 个监督要点：对开关柜设备及附件的保管应符合要求。现场施工单位的工作人员违反所有运输用临时防护罩在安装前应保持完好的规定，且取下原有包装后，未采取可靠的防雨、防潮措施。

3. 处理措施

技术监督人员应在设备验收阶段加强到货验收的监督，重点对送达施工现场的设备及其零件等检查有无锈蚀、损伤和变形等异常情况。要检查充气开关柜气体压力表数值，确保是微正压运输。设备现场拆装前，工厂或现场储存应保持原包装放置于平整、无积水、无腐蚀性气体的场地，对有防雨要求的设备应有相应防雨措施，在室外放置需垫上枕木并加篷布遮盖，采取可靠的防雨、防潮措施。如遇现场条件不满足防潮、防晒、防尘要求，必须立即组织人手将开关柜移至开关室内。

4.4.6 设备安装阶段

【案例 22】设备安装阶段封堵监督不到位导致封堵缺失。

1. 情况简介

某 110kV 变电站 10kV 开关柜，检查发现开关柜电缆室电缆通道未进行封堵，这为开关柜的安全运行留下安全隐患，如图 4－15 所示。该问题是由于设备安装阶段技术监督执行不到位所引起的开关柜封堵问题。

图 4－15　未封堵开关柜电缆室

2. 问题分析

该开关柜的安装违反了开关柜技术监督设备安装阶段第 2 项监督内容封堵：“开关柜间连通部位应采取有效的封堵隔离措施，防止开关柜火灾蔓延”。设备安装人员也未及时发现，现场技术监督也未到位，导致开关柜电缆室通道未封堵。若在设备安装阶段严格按照技术监督条款对开关柜的封堵措施进行检查，则可以避免此类问题的发生。

3. 处理措施

技术监督人员在设备安装阶段加强开关柜的监督工作，应重点对开关柜各仓室是否有效封堵进行监督。对于该问题，要求建设部门责令设备厂家提供有效封堵，并组织安装验收。对于类似问题建议采取以下措施：设备安装人员和验收人员应认真仔细，严格按照规程执行安装和验收工作；技术监督人员应严格按照监督要点执行监督工作，确保类似问题不会再次发生。

4.4.7 设备调试阶段

【案例 23】设备调试阶段中主回路电阻试验不规范导致的开关柜短路故障。

1. 情况简介

某 110kV 变电站 635 号开关柜（KYN28－12 型）在投运后不到一年即发生三相短路故障，现场发现柜顶母线室泄压挡板冲开，柜内母线穿柜套管，母线侧手车动、静触头烧损严重。测量开关柜连接母线的分支母排连接螺栓孔直径 17mm，手车母线侧静触头固定螺栓直径 10mm，螺栓与螺孔处的连接存在松动，导致电气接触不良、回路电阻增大。在负荷电流的作用下，触头盒由于接触电阻增大引起发热，触头盒在高温下发生碳化，C 相触头盒首先绝缘击穿，直至相间短路。

2. 问题分析

手车静触头盒螺栓紧固不良隐患在交接试验阶段未能检出，违反了设备调试阶段中开关柜交接试验报告监督的第 1 项监督要点：分别测量每面开关柜带母线至出线接线板的回路电阻值。通过测量带母线至出线接线板的回路电阻值，可以检查母线与手车触头，断路器与手车触头，以及其他连接部位的电气连接情况。开关柜的主回路指金属封闭开关设备中传送电能的回路中的所有导电部分，由于《电气装置安装工程　电气设备交接试验标准》（GB 50150—2016）未对开关柜设备主回路电阻测试的试验范围进行规定，以前调试单位往往用断路器的回路电阻试验代替开关柜的主回路电阻试验；而断路器手车推入后，手车动、静触头的接触属于隐蔽部位，无法检查是否接触良好。开关柜投运后，受母线停电困难的限制，无法带母线进行回路电阻测试，从而失去对手车触头处电气连接性能的监督手段，只有手车拉出后才能检查触头有无烧损的后果。

3. 处理措施

技术监督人员在设备调试阶段应重点检查主回路电阻试验项目的试验报告，确保母线、手车触头纳入回路电阻试验范围，并按间隔、相别进行比对试验数据有无明显差异。对回路电阻明显超标的应查找回路电气连接情况，处理后再进行试验，直至试验数据合格。对在运设备，如存在总路及母线停电情况，也应带母线及出线连接测量回路电阻，电阻值与交接试验数据进行比对。

4.4.8　竣工验收阶段

【案例 24】设备竣工验收阶段中开关柜功能特性监督不到位导则开关柜内局部放电。

1. 情况简介

某 110kV 变电站 35kV 开关柜（XGN17－40.5），2003 年 8 月投运。2015 年 8 月 20 日，运维人员巡视时，发现 35kV 开关室内有疑似放电声，且开关柜封闭母线桥外壳有水迹。对 35kV 运行的开关柜进行超声波局放测试，发现 35kV 多个断路器开关柜下部的超声波检测异常。现场打开开关柜发现开关柜下部设备室受潮严重，现场工作人员同时进行开关柜内耐压局部放电试验，结果超标。

开关柜室运行环境潮湿，湿度大于 90%，且开关柜电缆室内未安装除湿烘潮装置，导致开关柜柜内受潮严重，超声波检测异常。关柜电缆室安装除湿烘潮装置后，除湿效果明显，柜内未再出现潮湿现象。

2. 问题分析

开关柜电缆室内未安装除湿烘潮装置，不满足相关要求，违反设备竣工阶段中开关柜电气设备性能的第 1 项监督项目功能特性第 1 条监督要点：1. 柜内各隔室均安装常加热型驱潮加热器。若在设备采购过程中，技术规范书中应明确开关柜应具备驱潮及加热设施，避免招标遗漏该项目。在制造阶段、出厂验收阶段和竣工验收阶段进行检查，若对应技术监督项目未得到有效执行时，应及时发现并整改。

3. 处理措施

技术监督人员应在设备采购阶段加强开关柜电气设备性能选择监督，重点在技术规范书中应明确空气绝缘开关柜应具备驱潮及加热设施，加热器除湿装置温、湿度应具有人工整定功能。若在制造阶段、出厂验收阶段和竣工验收阶段技术监督人员发现开关柜未加装驱潮及加热设施，应及时向项目管理部门和物资部提出整改建议，督促其协调生产厂家立即整改。

4.4.9 运维检修阶段

【案例 25】运维检修阶段中停电检修监督不到位导致的直流接地事故。

1. 情况简介

某 220kV 变电站在日常运行中频发直流全接地信号，经检查发现 901 号开关柜储能电机回路负极接地，进一步检查发现线芯外绝缘有破损，更换备用芯后故障消除，事后调查发现 901 号开关柜在一个月前进行了停电检修，但检修人员未按要求进行辅助回路和控制回路绝缘电阻检查，导致这一隐患未被发现。

2. 问题分析

辅助回路和控制回路绝缘电阻未检查违反了运维检修阶段中状态检测监督项目的第 2 项监督要点：2.停电试验应按规定周期开展，试验项目齐全；当对试验结果有怀疑时应进行复测，必要时开展诊断性试验。原因在于检修人员在停电检修中往往注重对于容易引起绝缘故障的一次部分进行检查和试验工作，而对于二次回路疏于检查。

3. 处理措施

技术监督人员应在运维检修阶段加强状态检测监督，检查是否严格按照技术监督和标准化作业指导书要求进行试验和检修，不能漏项。

【案例 26】运维检修阶段中防设备事故措施监督不到位导致的开关柜爆炸事故。

1. 情况简介

某 220kV 变电站 943 号开关柜（XGN2－12 型，2000 年投运）在分开电容器组的过程中开关爆炸，导致开关柜损毁，经检查发现其开关为早期投运的断路器，不满足 C2 级断路器的要求，在开断过程中因无法熄弧导致开关爆炸。

2. 问题分析

用于电容器投切的真空断路器不选用 C2 级断路器违反了运维检修阶段中防设备事故措施监督的第 1 项监督要点：用于电容器投切的真空断路器必须选用 C2 级断路器。原因在于早期投运的断路器基本都不是无重燃断路器，不满足 C2 级的要求，又没有得到及时更换，导致此次事故的发生。

3. 处理措施

技术监督人员应在运维检修阶段加强防设备事故措施监督，对于不满足 C2 级要求的用于电容器投切的真空断路器必须尽快进行更换。

4.5 直 流 电 源

4.5.1 工程设计阶段

【案例 27】工程设计阶段中“网络供电方式”和“接线方式”不满足要求导致的变电站停电事故。

1. 情况简介

某 330kV 变电站于 1995 年投入运行，2003 年将全站直流系统改造为 2 组蓄电池、3 组充电装置供电方式，但 110kV 电压等级设备的直流系统供电方式始终没有进行改造，仅更换了直流总断路器，保持原有的直流母线单段运行方式，所有 110kV 电压等级设备的直流回路均由同一个直流总断路器供电，且未将控制和保护直流负荷分开，采用直流小母线环网供电，未按照辐射型馈线供电，见图 4-16。2014 年，直流总断路器发生故障时，造成了 110kV 电压等级设备的保护、控制直流电源全部失去，导致事件扩大，造成该站所供 15 座 110kV 变电站、5 座铁路牵引变停电。

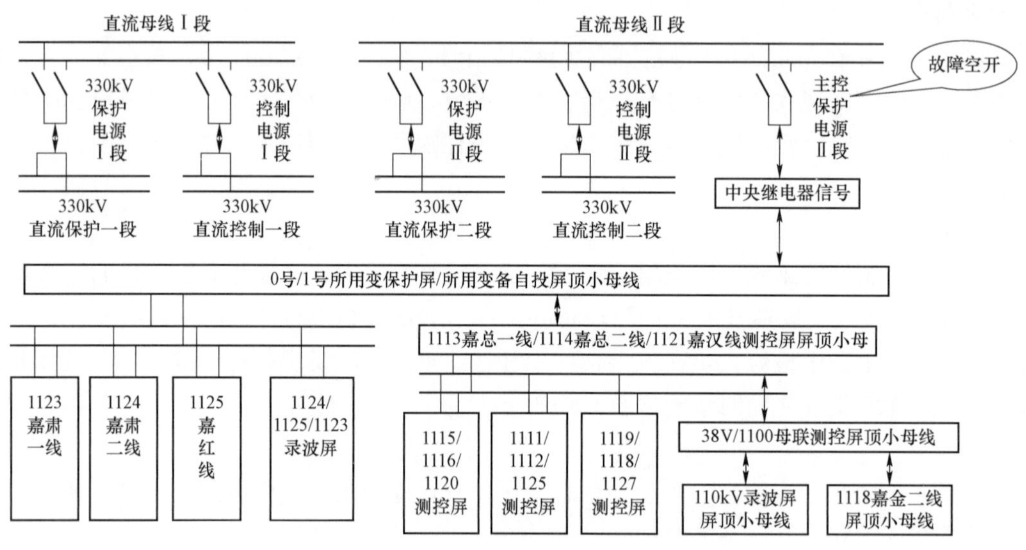

图 4-16　110kV 侧控制和保护直流馈线图（事故前）

2. 问题分析

该变电站 110kV 电压等级设备的直流电源回路违反了工程设计阶段关于网络供电方式和接线方式的监督要求。事故后，110kV 电压等级设备的直流系统馈出网络按照辐射状供电方式要求进行了改造，将 110kV 侧电压等级设备的保护、控制电源由单段运行方式改为分段运行方式，110kV 电压等级设备的保护、控制电源分离，形成各自独立的直流回路，提高了直流电源系统的可靠性。

3. 处理措施

对于新建变电站，在工程设计阶段要严格把关，直流系统的馈线网络应采用辐射状供电方式，严禁采用环状供电方式，并根据蓄电池组配置情况，合理选择直流母线运行方式；已运行变电站，对直流电源系统网络供电方式和接线方式进行全面排查，对不满足监督要求的变电站及时整改。

4.5.2　设备采购阶段

【案例 28】设备采购阶段绝缘监测装置不具备交流窜入直流测记和报警功能导致的直流系统事故隐患。

1. 情况简介

某 220kV 变电站直流电源系统配置两段直流电源母线，其中每套直流母线各配置一台直流绝缘监测装置，直流母线为 110V 电压等级。直流屏及直流绝缘监测装置均为珠海泰坦公司生产，其中直流绝缘监测装置型号为 TEP－G－C（D），每套直流电源系统各配置一台直流绝缘监测装置，两套直流电源系统独立运行。2014 年 12 月在进行变电站例行巡视时，使用万用表测量交流电压档测量两段母线对地交流电压值，均显示 58.5V，但两段直流绝缘监测装置显示母线电压、直流对地电压和绝缘电阻均正常。经检查，发现直流两段母线正极在端子排处存在短接现象，且同时交流电源通过通信控制单元窜入直流系统。监控通信屏上的 DF1910D 通信控制单元同时使用交流电源和直流电源，如图 4－17 所示，由于其工作电源设置不合理，导致交流电源通过 DF1910D 通信控制单元窜入直流系统。

图 4－17　装置工作电源接线图（事故前）

2. 问题分析

该变电站直流电源系统选用的直流绝缘监测装置违反了设备采购阶段关于具有交流窜入直流测记和报警功能的监督要求。选用的直流绝缘装置不具备交流窜入直流、两组直流互窜故障检测功能，以致这些接地故障将长期存在于直流系统，危及系统安全。事后及时更换不能满足技术要求的直流系统绝缘监测装置，排查消除了事故隐患。

3. 处理措施

新建或改造的变电站，直流系统绝缘监测装置应具备交流窜直流故障的测记和报警功能。原有的直流系统绝缘监测装置，应逐步进行改造，使其具备交流窜直流故障的测记和报警功能，确保直流系统的供电可靠性。应加强对设备采购及设备制造阶段的管控，从源头上把关，杜绝不合格的直流系统绝缘监测装置进入电网，以保证绝缘监测装置特性技术指标满足要求。加强新设备技术培训，及时修订完善现场运行规程，确保符合实际，满足现场运行要求。

4.5.3 设备制造阶段

【案例 29】设备制造阶段监控器不具备蓄电池组脱离直流母线报警功能导致的变电站事故扩大。

1. 情况简介

某 330kV 变电站站用直流电源系统采用“两电两充”模式，1999 年投运，配置 2 组蓄电池，个数 108 只/每组，容量 300Ah/每组；改造后 2 组蓄电池容量，个数 104 只/每组，容量 500Ah/每组。2016 年，根据国家电网公司批复计划，组织实施该 330kV 变电站综自、直流系统改造工程，分别完成直流Ⅰ段母线改造，直流Ⅱ段母线改造，并完成两面充电屏和两组蓄电池安装投运。改造更换后的两组新蓄电池未与直流母线导通，原因为该 2 组蓄电池组至两段母线之间串接隔离开关在断开位置（该隔离开关原用于均/浮充方式转换，改造过渡期用于新蓄电池连接直流母线），即直流母线处于无蓄电池运行状态，监控系统未报警。2016 年，充电装置交流电源因故失去后，造成直流母线失压，导致扩大了电网事故，故障造成该 330kV 变电站及相邻某 110kV 变电站等 8 座 110kV 变电站失压。

2. 问题分析

该变电站直流电源监控装置在设备制造阶段违反了监控器应具备蓄电池组脱离直流母线报警功能的条款要点，未能及时报警，导致蓄电池与直流母线一直处于未导通状态，未及时发现蓄电池脱离直流母线的重大隐患。针对存在的问题和薄弱环节，逐一制定防范措施和整改计划，及时了更换不能满足技术要求的监控器等装置，排查消除事故隐患，坚决防止直流电源等二次系统设备问题导致事故扩大。

3. 处理措施

新建或改造的变电站，直流系统监控器应具备蓄电池组脱离直流母线报警功能。已运行变电站，对直流电源系统监控装置进行全面排查，对不满足监督要求的变电站及时整改，确保直流系统的供电可靠性。加强对设备制造阶段的管控，从源头上把关，杜绝不合格的直流电源监控装置进入电网，以保证监控装置特性技术指标满足要求。加强新设备技术培训，及时修订完善现场运行规程，确保符合实际，满足现场运行要求。

4.5.4　设备验收阶段

【案例 30】设备验收阶段高频电源模块出厂验收充电装置性能不能满足现场要求。

1. 情况简介

某变电站直流电源系统操作电压为 DC220V，系统采用单母线分段接线运行方式，母联隔离开关在分闸位置，1 号充电装置带Ⅰ段直流负载，2 号充电装置带Ⅱ段直流负载，配置有 2 组充电装置和 2 组蓄电池。2014 年 12 月，变电站直流系统报“蓄电池组过压、控制母线过压、第 1 台充电模块偏高”的信号，实际测量是 2 号充电装置第 1 台充电模块异常造成输出电压过高，导致 2 号充电装置的输出电压达到 260.1V，严重偏高，直流母线电压异常。

2. 问题分析

该变电站高频开关电源模块违反了设备验收阶段关于高频电源模块出厂验收的监督项目要求，充电装置性能不能满足现场要求，导致直流母线电压异常，对直流系统及蓄电池组的安全造成威胁。针对存在的问题，对变电站全部不满足技术要求的高频开关电源模块进行了及时更换，并加强高频开关电源模块散热系统的清洁及巡视工作，有效保障了变电站直流系统的安全。

3. 处理措施

新建或改造的变电站，应根据设备验收阶段对高频电源模块出厂验收的有关技术要求，严格对模块的各项参数进行验收测试，及时发现问题模块。加强充电模块运维时的巡视检查，并做好清洁工作，防止充电模块风扇积尘导致散热不良。增加充电模块等各类常见故障设备的备品备件，以便出现故障时能够及时处理，避免因返厂维修浪费时间而导致事故的进一步扩大。

4.5.5　设备安装阶段

【案例 31】设备安装阶段充电装置模块散热性能不良导致的直流电源系统故障。

1. 情况简介

某 110kV 变电站直流系统采用为“单电单充”供电，配置 5 台高频开关电源模块，型号为

GZ11020－9，配置 54 只 2V 阀控式密封铅酸蓄电池，容量为 200Ah。正常运行状态下控制母线电压 115V，合闸母线电压 121V，直流馈线Ⅰ段、Ⅱ段分段运行。2014 年 8 月，充电模块在运行中告警，无电流输出，变电站直流负载由蓄电池组供电，直流电源系统母线电压持续下降，充电模块散热风扇停止工作，发热严重。对高频开关电源模块进行了外观检查，未见明显异常。对高频开关电源模块进行带载试验，发现部分模块的散热风扇出现故障，不能正常运行，同时部分模块的带载能力不达标，超过 60%负载时就出现过载保护停止输出。因此判断高频开关电源模块过热保护，导致无输出，致使蓄电池组带全站负载；高频开关电源模块风冷功能失效，导致当其中一台故障，其他模块负载加大时，散热不良，连锁反应使剩余模块保护动作，无输出。

2. 问题分析

该变电站高频开关电源模块违反了设备安装阶段有关充电装置的要求，充电柜应通风、散热良好，必要时采用强制通风措施，高频开关电源模块风冷功能失效，导致开关电源模块过热保护，无输出，致使蓄电池组带全站负载，造成安全隐患。事后立即对变电站全部不满足技术要求的高频开关电源模块进行更换，并对新换充电模块进行负载测试和带载测温测试，满足标准要求。

3. 处理措施

新建或改造的变电站，设备安装阶段应充分重视充电装置散热性能的要求，保证充电柜通风、散热良好，必要时采用强制通风措施。加强对变电站充电装置的日常巡视，加强高频开关电源模块散热系统的清洁工作，保证充电装置环境温度在合格范围内。增加充电模块等各类常见故障设备的备品备件，以便出现故障时能够及时处理，避免因返厂维修浪费时间而导致事故的进一步扩大。

【案例 32】设备安装阶段充电装置交流输入不满足要求导致的直流电源系统故障。

1. 情况简介

某 110kV 变电站直流电源系统采用单母分段接线运行方式，如图 4－17 所示。直流电源系统配置 1 组共 108 只阀控式铅酸蓄电池，容量为 300Ah。配置 1 套充电装置，装有双路交流进线切换装置，正常运行时，充电装置由第 1 路交流进线供电，第 2 路交流进线备用；当第 1 路交流进线失压时，切换至第 2 路交流进线供电。直流电源系统正常运行状态下控制母线电压为 221V，合闸母线电压为 242V，蓄电池组不仅作为直流电源系统备用电源，同时也作为 10kV 开关的合闸电源。2010 年 4 月，直流电源系统发出充电装置交流失压报警，1 号所用电屏的充电装置Ⅰ路交流空气断路器跳闸，充电装置屏内的双路交流进线切换装置切换失败，导致 2 号所用电屏的充电装置Ⅱ路交流电源无法正常向充电装置供电，充电装置交流失压，蓄电池组直接向直流负载供电。检查发现，充电机两路交流输入取自同一台站用变的 10kV 低压母线，进一步对交流配电输入单元解体发现，交流配电输入单元内部 2 路交流输入端子烧黑，并有烧焦味，后盖板被烧毁元器件熏黑，交流配电输入单元箱体内发生过严重的短路故障，如图 4－18 所示。

图 4－18　交流配电输入单元解体图

2. 问题分析

该变电站由于交流进线切换装置故障，导致充电装置互为备用的两路交流输入无法自动切换，且不满足设备安装阶段关于每路交流输入应来自所用电不同的低压母线的要求。发生事故后，导致蓄电池组直接长时间带载，未能及时对蓄电池组进行容量恢复，导致蓄电池组间接报废。事后立即对变电站全部不满足技术要求的双路交流进线切换装置进行更换，并对新换双路交流进线切换装置进行带载测试；及时进行整改，保证充电装置有两路独立的交流输入互为备用；并对蓄电池组进行了更换，保证直流系统的安全。

3. 处理措施

新建或改造的变电站，设备安装阶段应充分重视充电装置交流输入的要求，保证充电装置有两路独立的交流输入互为备用。已运行变电站，对不满足每路交流输入应来自所用电不同的低压母线的情况，及时进行整改。加强对设备采购及设备制造阶段的管控，杜绝不合格的交流进线切换装置进入电网，并加强对交流切换单元的日常巡视检查和直流监督。加强变电站蓄电池运行管理，及时发现问题蓄电池组，消除安全隐患。

4.5.6 设备调试阶段

【案例 33】设备调试阶段充电装置特性参数不满足标准要求。

1. 情况简介

某 220kV 变电站直流电源系统采用“两电两充”模式，两套充电装置额定容量均为 DC220V/40A×4 只，2 组阀控密封式铅酸蓄电池均为 2V104 只，容量 300Ah。2013 年 9 月，对充电装置进行性能测试，本次试验共测试了四台高频开关电源模块，各模块稳压精度最大值分别为－0.697%、－0.723%、－0.724%和－0.738%，全部超过标准规定的±0.5%允许范围，不合格；各模块稳流精度最大值分别为 2.39%、2.70%、2.52%和 2.34%，全部超过标准规定的±1.0%允许范围，现场测试接线如图 4－19 所示。对直流充电屏装置及元器件进行了检查，充电模块及各个监测模块均正常运行，无异常现象，整个试验过程，交流电源、直流负载和测试装置均处于正常状态，经上述内容分析，充电模块稳压精度、稳流精度特性参数超标与测试装置和工况环境无关，是充电模块自身质量问题所造成。

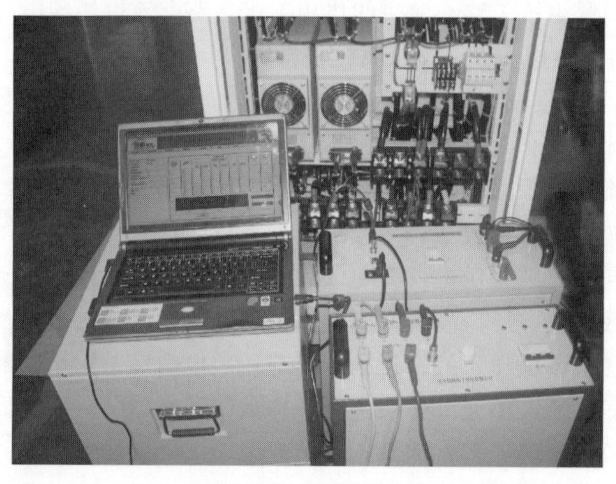

图 4－19　直流电源综合特性现场测试接线图

2. 问题分析

该变电站充电装置违反了设备调试阶段关于充电装置输出试验的项目监督要求，不满足稳压精度优于±0.5%、稳流精度优于±1%的技术要求，长期运行将对直流电源系统安全稳定造成威胁。针对这一问题，及时联系了充电装置厂家，返厂维修并更换新充电模块，使充电装置稳压精度等特性参数满足了标准要求，消除了隐患。

3. 处理措施

新建或改造的变电站，应根据设备调试阶段对充电装置输出试验的有关技术要求，严格对模块的稳压精度、稳流精度、纹波系数等各项参数进行测试，及时发现问题模块，消除安全隐患。加强现场直流充电屏的安装验收管理工作，避免因现场上下楼搬运、装卸车等情况损坏设备。加强现场直流充电屏的日常运行维护管理工作，对变电站直流电源充电装置运行维护开展定期检测，以保证充电装置特性技术指标满足要求。

4.5.7 竣工验收阶段

【案例 34】竣工验收阶段蓄电池组总出口熔断器未配置熔断告警接点导致的变电站事故扩大。

1. 情况简介

某 220kV 变电站直流系统采用 1 台相控充电装置、1 台高频充电装置和 1 组蓄电池配置，蓄电池组回路采用老式 RT0 型熔断器，经计算与下级 10kV 合闸总熔断器满足级差配合要求。2006 年，因 10kV 合闸回路短路，由于该熔断器的安秒特性曲线误差较大，蓄电池熔断器与下级 10kV 合闸熔断器同时熔断。熔断器熔断后，撞击指示器被熔断器的铭牌挡住没有弹出，值班人员未能及时发现。由于熔断器本身设计上的缺陷，受环境温度和湿度的影响较大，熔断时间分散性大。由于熔断器结构原因，出厂无法检测其报警触点能否可靠动作，无法检测其安秒特性曲线是否准确。

2. 问题分析

该变电站蓄电池组回路熔断器违反了竣工验收阶段关于验收试验的监督项目要求，蓄电池组总出口熔断器熔断告警接点信号不能够可靠上传至调控部门。2006 年，该变电站 66kV 线路发生三相短路故障，蓄电池熔断器早已熔断，而值班人员未能及时发现，保护失去直流电源均未动作，造成该站 220kV 母线及 66kV 母线停电。事后及时更换了新型蓄电池组总出口熔断器，并配置有熔断告警接点，使熔断器能够可靠发出告警，告警信号可靠上传至调控部门；对蓄电池出口熔断器进行定期检查，进行周期性更换，保障了直流系统安全。

3. 处理措施

进一步落实反事故措施要求，除蓄电池组总出口使用熔断器以外，变电站直流系统应采用具有自动脱扣功能的直流专用断路器，严禁使用交流断路器，并加强直流断路器上、下级之间的级差配合的运行维护管理。新建或改造的变电站，竣工验收阶段应严格按照验收试验要求，开展蓄电池组脱离直流母线的模拟试验，模拟蓄电池出口熔断器熔断报警模拟试验，蓄电池组总出口熔断器熔断告警接点信号应可靠上传至调控部门。运行变电站，定期对蓄电池出口熔断器及熔断告警接点进行检查，及时更换存在隐患的熔断器。当直流断路器与蓄电池组出口总熔断器配合时，应考虑动作特性的不同，对级差做适当调整，蓄电池出口也可采用具有熔断器特性的直流断路器作为保护元件。

4.5.8 运维检修阶段

【案例 35】运维检修阶段蓄电池故障导致的变电站全站失压。

1. 情况简介

某 220kV 变电站直流电源系统采用“两电三充”配置，配置 2 组蓄电池，个数 104 只/每组，容量 300Ah/每组，两组蓄电池为浮充运行方式。因雷击，该 220kV 变电站的 110kV 两段母线相继发生三相故障，导致 10kV 电压下降，直流充电装置退出运行。110kV 侧母线保护动作，但因蓄电池异常，使直流电源不稳定，造成站内多个110kV断路器未跳开。现场对故障蓄电池解剖分析：对第一组中电压较差电池38、81及99号电池进行解体分析发现，该3只电池都出现负极汇流排与部分极耳连接位置严重腐蚀呈海绵状甚至脱离的情况，如图4-20所示。经对81号电池现场解剖可知，正极有11片跟汇流排连接，负极有12片跟汇流排连接。负极汇流排与负极极耳连接处腐蚀严重，直接导致大部分负极极耳与负极汇流排脱离。据此解剖分析，该220kV变电站发生故障后蓄电池在供电期间，蓄电池内部腐蚀严重，性能降低，导致直流电压降低。

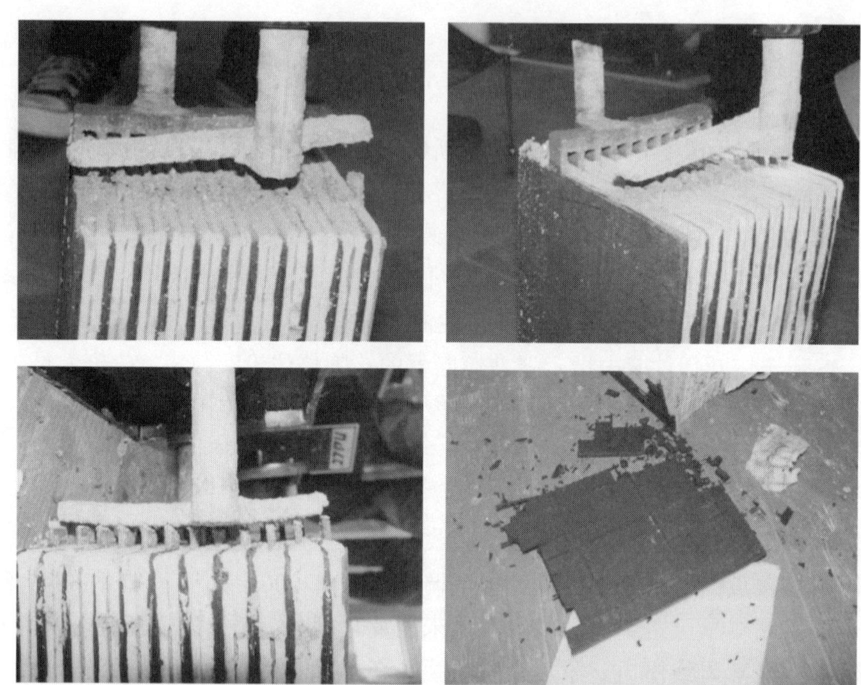
图4-20　蓄电池解体检查

2. 问题分析

该变电站违反了运维检修阶段有关监督要求，未按要求对变电站直流电源蓄电池组开展定期例行巡视、专业巡视、日常维护及检修试验，未能及时发现蓄电池缺陷及故障，造成该220kV变电站全站失压。事后及时对2组蓄电池进行了整组更换，并对变电站直流电源蓄电池组定期开展例行巡视、专业巡视、日常维护及检修试验，以便及时发现蓄电池缺陷及故障，有效防范因直流电源系统蓄电池故障导致的事故扩大及变电站停电事故。

3. 处理措施

按照技术监督要求，在运维检修阶段对变电站直流电源蓄电池组定期开展例行巡视、专业巡视、日常维护及检修试验。严格按要求定期对蓄电池组进行核对性充放电试验和内阻测试，并永久保存试验结果和历史试验数据，并对电压异常或内阻偏高的落后电池单体及运行5年以上的蓄电池组进行重点关注，认真分析其核对性充放电试验和内阻测试的历史数据。对于长期浮充备用的电池组，应设置合理的充电电压，保持适当的环境温度，有条件的建议每年对电池组进行一次均衡充电与放电，以保证其电压的一致性及其内部活性物质的活性，防止因少数电池长期欠充或过充而造成整组开路的现象。